Mastercam X7
数控加工立体化实例教程

谭雪松 / 主编
张延敏 殷鹏军 / 副主编

人 民 邮 电 出 版 社
北 京

图书在版编目（CIP）数据

Mastercam X7数控加工立体化实例教程 / 谭雪松主编. -- 北京 : 人民邮电出版社, 2017.3（2023.1重印）
（边做边学）
职业院校机电类“十三五”微课版创新教材
ISBN 978-7-115-42560-7

Ⅰ. ①M… Ⅱ. ①谭… Ⅲ. ①数控机床－加工－计算机辅助设计－应用软件－高等职业教育－教材 Ⅳ. ①TG659-39

中国版本图书馆CIP数据核字(2016)第132233号

内容提要

本书共8章，主要内容包括Mastercam X7的基础知识、二维图形的绘制与编辑、曲线与曲面设计、三维实体建模、CAM加工的基础知识、二维铣削加工、三维铣削加工及数控车削加工。书中实例典型，并给出了详细的操作步骤，以便读者能够轻松自如地学习和掌握软件的使用技巧。

本书内容丰富，实例典型，适合作为职业院校机电一体化、数控技术、模具设计与制造、机械制造与自动化等专业的教材，还可以作为模具设计和制造工程技术人员的自学用书。

◆ 主　　编　谭雪松
　副 主 编　张延敏　殷鹏军
　责任编辑　刘盛平
　责任印制　焦志炜

◆ 人民邮电出版社出版发行　　北京市丰台区成寿寺路11号
　邮编　100164　　电子邮件　315@ptpress.com.cn
　网址　http://www.ptpress.com.cn
　北京虎彩文化传播有限公司印刷

◆ 开本：787×1092　1/16
　印张：20.75　　　　2017年3月第1版
　字数：535千字　　　2023年1月北京第7次印刷

定价：49.80元

读者服务热线：(010)81055256　印装质量热线：(010)81055316
反盗版热线：(010)81055315

前言 FOREWORD

Mastercam 是美国 CNC Software 公司开发的一款基于 PC 平台的 CAD/CAM 软件，它集二维绘图、三维实体造型、曲面设计以及数控编程等多种功能于一身，广泛应用于机械制造、汽车、航空、造船、家电等行业，是世界上功能强大、应用广泛且加工策略丰富的数控加工编程软件之一，同时也是 CAM 软件中具有代表性的、增长率较快的加工软件之一。

本书面向初级用户，从基础入手，深入浅出地介绍了 Mastercam X7 的主要功能和用法，引导读者熟悉软件中各种工具的用法，并掌握各种加工策略的使用范围和方法。

本书具有以下特色：

（1）将针对实例开发的微课视频以二维码的形式嵌入到书中相应位置，读者通过手机等终端设备的“扫一扫”功能，可以直接读取这些视频，从而加深对软件操作的认识和理解。

（2）书中既介绍了 Mastercam X7 的基础理论知识，又提供了丰富的绘图练习，便于教师采取“边讲边练”的教学方式进行教学。

（3）在内容的组织上，本书精心选取 Mastercam X7 的常用功能及与数控加工密切相关的知识构成全书的内容体系，突出了实用的原则。

（4）本书将理论知识融入大量的实例中，使学生在实际应用中不知不觉地掌握理论知识，提高操作技能。

本书参考学时为 64 学时，各章的教学课时可参考下面的学时分配表。

章节	课程内容	学时	
		讲授	实训
第 1 章	Mastercam X7 的基础知识	2	
第 2 章	二维图形的绘制与编辑	4	4
第 3 章	曲线与曲面设计	4	6
第 4 章	三维实体建模	4	6
第 5 章	CAM 加工的基础知识	2	2
第 6 章	二维铣削加工	4	4
第 7 章	三维铣削加工	4	8
第 8 章	数控车削加工	6	4
学时总计		30	34

本书所附相关素材，请到人邮教育社区（www.ryjiaoyu.com）免费下载。书中用到的素材图形文件都按章收录在“素材”文件夹下，任课教师可以调用和参考这些图形文件。

本书由谭雪松任主编，张延敏、殷鹏军任副主编。参加本书编写工作的还有沈精虎、黄业清、宋一兵、冯辉、郭英文、计晓明、董彩霞、滕玲、管振起等。

由于作者水平有限，书中难免存在疏漏与不足之处，敬请读者批评指正。

编 者

2016 年 10 月

目录 CONTENTS

CONTENTS

第1章 Mastercam X7的基础知识

Mastercam X7是由美国CNC软件公司推出的一款基于PC平台的CAD/CAM集成化软件。凭借卓越的设计及加工功能，Mastercam X7在世界上拥有众多的忠实用户，被广泛应用于机械、电子、航空等领域。Mastercam X7对硬件要求不高，目前在我国制造业及教育界使用广泛，有着极为广阔的应用前景。

学习目标

- 初步了解Mastercam X7与数控加工之间的关系。
- 初步熟悉Mastercam X7的操作界面及特点。
- 掌握合并图形、存档以及图形转换等文件管理的基本方法。
- 初步了解Mastercam X7操作的基本过程。

1.1 数控加工与 Mastercam X7

Mastercam X7 模块涵盖了二维绘图、三维建模、二维铣削加工、三维铣削加工、车削加工、多轴加工等。其中，二维铣削加工、三维铣削加工、车削加工以及多轴加工属于数控加工类别，而二维绘图和三维建模是创建数控加工程序的基础和前提。

1.1.1 数控加工简介

1. 数控加工术语

数控加工的专业性很强，术语比较多，掌握好数控加工的专业术语，对于学好 Mastercam X7 数控加工非常必要。

（1）数控程序

数控编程是把零件的工艺过程、工艺参数、机床的运动以及刀具位移量等信息用数控语言记录在程序单上，并经校核的全过程。为了与数控系统的内部程序及自动编程用的源程序相区别，把从外部输入的直接用于加工的程序称为数控加工程序，简称为数控程序。

（2）插补、直线插补和圆弧插补

① 插补。大多数零件的轮廓是由一些简单的几何元素（直线、圆弧等）构成的，一般情况下，我们只知道构成零件轮廓几何元素的起点坐标和终点坐标，这在数控机床上要想加工出符合要求的零件轮廓是远远不够的，还需要根据有关的信息指令进行“数据密化”的工作，即根据给定的信息在轮廓起点和终点之间计算出若干个中间点的坐标值。

② 直线插补。一种插补方式，在此方式中，两点间的插补沿着直线的点群来逼近，从而沿此直线控制刀具的运动。

③ 圆弧插补。一种插补方式，在此方式中，根据两端点间的插补数字信息，计算出逼近实际圆弧的点群坐标值，从而控制刀具沿这些点运动，加工出圆弧曲线。

（3）刀具补偿

刀具补偿就是通过数控系统计算偏差，将控制对象由刀具中心或刀架参考点变换到刀尖或刀刃边缘上，这样可以大大减少数控编程的工作量，提高数控程序的利用率。刀具补偿包括刀具半径补偿和刀具长度补偿。

（4）固定原点和浮动原点

固定原点又称机床原点，它是数控机床的一个固定参考点。例如，CK630 数控车床的固定原点的位置是 X = 200 mm，Z = 400 mm。

浮动原点体现了数控机床的一种性能，具有浮动原点功能的数控机床，可以用同一条纸带在工作台的不同位置上加工出相同的形状。数控系统中并不需要储存永久原点位置，数控测量系统的原点可以设在相对机床基准点的任一位置上。

（5）定位精度和重复精度

定位精度是指数控机床定位块单次移动时所能达到的精度值，而重复精度是指定位块反复运动时，每次在相同定位点的精度值。这两个数据对于数控剪板机和折弯机有很高的要求。

（6）其他专业术语

其他专业术语如表 1-1 所示。

表 1-1 其他专业术语

术语名称	术语含义
刀具功能	依据相应的格式，识别或调入刀具
进给功能	定义进给速度技术规范的命令
主轴功能	定义主轴速度技术规范的命令
绝对尺寸	距坐标系原点的直线距离或角度值
增量尺寸	在一系列点的增量中，各点距前一点的距离或角度值
参考位置	沿着坐标轴上的一个固定点，可将机床坐标原点作为参考基准
字符	用于表示一组控制数据的元素符号
子程序	加工程序的一部分，子程序可由适当的加工控制命令调用而生效

2. 数控加工坐标系

用数控机床进行加工时，刀具到达的位置信息必须传递给 CNC 系统，然后由 CNC 系统发出信号并使刀具移动到这个位置。这就要采用某个坐标系中的坐标值给出其应到达的位置。CNC 系统所采用的坐标系有两种，即机械坐标系和编程坐标系。

（1）机械坐标系

机械坐标系是机床上固有的坐标系，是数控机床加工运动的基本坐标系，也是考察刀具在机床上实际运动位置的基准坐标系。

① 机床原点

机械坐标系的原点也叫机床原点或零点。机床原点是由机床制造商规定的机械原点，它在装配、调试机床时已经确定下来，是机床加工的基准点。

• 数控车床的原点：数控车床的机床原点一般取在卡盘端面与主轴中心线的交点处。

• 数控铣床的原点：数控铣床的机床原点一般取在 *X*、*Y*、*Z* 坐标的正方向极限位置上，如图 1-1 所示。

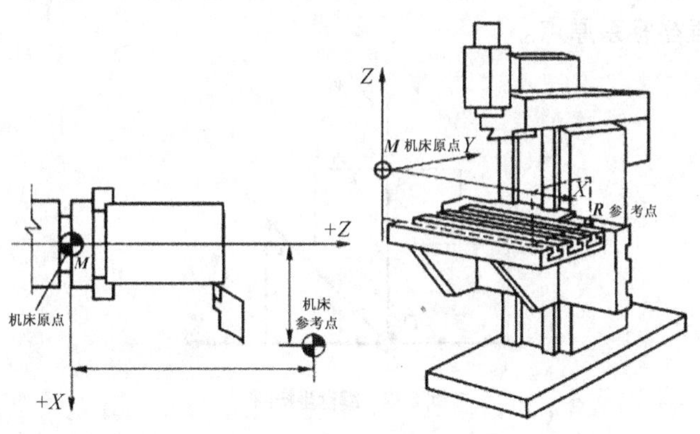

图 1-1 机床原点

② 机床参考点

机床参考点是用于对机床运动进行检测和控制的固定位置点。它是由机床制造厂家定义的一个点，和机床零点的坐标位置关系是固定的，其位置参数存储在数控系统中。机床参考点的位置是在每个轴上用挡块和限位开关精确地预先确定好的，多位于加工区域的边缘，如图 1-1 所示。

在使用中，机械坐标系是由机床参考点相对坐标来确定的。机床系统启动后，通过返回参考点操作建立机械坐标系。机械坐标系一经建立，只要不切断电源就不会发生变化。

③ 机械坐标系的确定

• 机械坐标系的确定原则。机床上的刀具和工件间的相对运动称为表面成型运动。某些机床的表面成型运动形式表现为刀具运动而工件静止，另一些机床的表面成型运动形式则表现为刀具静止而工件运动。坐标系的确定原则是刀具相对于静止的工件而运动。根据这个原则，无论是刀具运动还是工件运动，编程时都以刀具的运动轨迹来编写程序。这样可以按照零件图的加工轮廓直接确定数控机床的加工过程。

• 机床坐标轴的确定方法。在普通机床操作时，习惯使用上、下、左、右、向中心、离中心、右旋、左旋、正转、反转等术语，但数控机床要使用程序、指令进行操作，这就要求操作时采用国际或国内的通用标准。机械坐标系是用右手笛卡儿坐标系作为标准确定的，使用右手定则可以帮助记忆。

一般情况下，主轴的方向为 *Z* 坐标，*X* 坐标平行于工件的装夹平面，取水平位置。根据右手笛卡儿坐标系的规定，确定了 *Z* 坐标和 *X* 坐标的方向，*Y* 坐标的方向就自然确定了。

要点提示

坐标轴正负的确定原则：增大刀具与工件之间距离的方向为轴的正方向，反之为轴的负方向。对于数控车床来说，平行于主轴方向（纵向）的轴为 Z 轴，垂直于主轴方向（横向）的轴为 X 轴，刀具远离工件的方向为正方向；对于龙门机床，当从主轴向左侧立柱看时，刀具相对工件向右运动的方向就是 X 坐标的正方向。

（2）编程坐标系

编程坐标系是编写程序时所使用的坐标系，也可称为相对坐标系，其各轴的方向应与所使用机床相应坐标轴的方向一致，如图 1-2 所示。编程坐标系一般供编程使用，确定编程坐标系首先要确定编程坐标系原点。

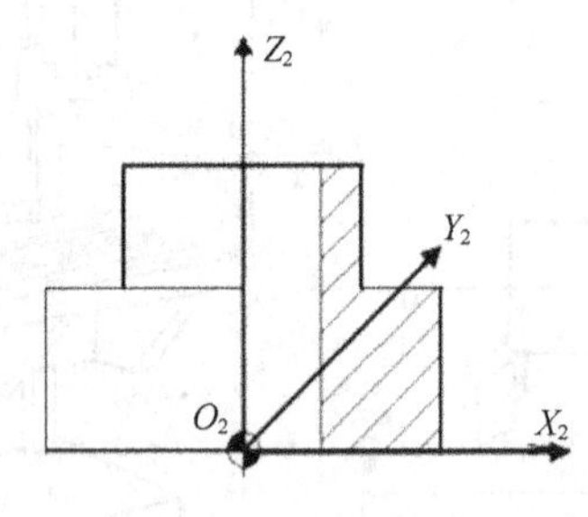

图 1-2　编程坐标系

编程原点是编程坐标系的原点，是根据加工零件图样及加工工艺要求选定的，不必考虑工件毛坯在机床上的实际装夹位置，并且原点应该尽量选在零件的设计基准或工艺基准上。

3. 数控加工程序编制的方法

数控加工程序的编制方法主要分为手工编程与自动编程两种。

（1）手工编程

手工编程是指从零件图样分析、工艺处理、数值计算、编写加工程序单到程序校核均由人工完成的全过程。

手工编程适合编写进行点位加工或几何形状不太复杂的零件加工。

（2）自动编程

自动编程是指在计算机及相应软件系统的支持下，自动生成数控加工程序的过程。它充分发挥了计算机快速运算和存储的功能。其特点是采用简单、习惯的语言对加工对象的几何形状、加工工艺、切削参数及辅助信息等内容按规则进行描述，再由计算机自动地进行数值计算、刀具中心运动轨迹计算、后置处理，生出零件加工程序单，并且对加工过程进行模拟。

自动编程的具体步骤说明如下。

① 分析图样、确定工艺过程。在数控机床上加工零件时，工艺人员拿到的原始资料是零件图。根据零件图，工艺人员可以对零件的形状、尺寸精度、表面粗糙度、工件材料、毛坯种类和热处理状况等进行分析，然后选择机床、刀具，确定定位夹紧装置、加工方法、加工顺序及切削用量。

要点提示

在确定工艺过程中，应充分考虑所用数控机床的指令功能，充分发挥机床的性能，以求做到加工路线合理、走刀次数少和加工工时短。

② 计算刀具轨迹的坐标值。根据零件图的几何尺寸及设定的编程坐标系，计算出刀具中心的运动轨迹，得到全部刀位数据。一般数控系统具有直线插补和圆弧插补的功能，对于形状比较简单的平面类零件（如直线和圆弧组成的零件）的轮廓加工，只需要计算出几何元素的起点、终点、圆弧的圆心（或圆弧的半径）、两几何元素的交点或切点的坐标值。

如果数控系统不带刀具补偿功能，则要计算刀具中心的运动轨迹坐标值。对于形状复杂的零件（如由非圆曲线、曲面组成的零件），需要用直线段（或圆弧段）逼近实际的曲线或曲面，根据所要求的加工精度计算出其节点的坐标值。

③ 编写零件加工程序。根据加工路线计算出刀具运动轨迹数据和已确定的工艺参数及辅助动作，编程人员可以按照所用数控系统规定的功能指令及程序段格式，逐段编写出零件的加工程序。

要点提示

编写时应注意：第一，程序书写的规范性，应便于表达和交流；第二，在对所用数控机床的性能与指令充分熟悉的基础上，掌握各指令使用的技巧和程序段编写的技巧。

④ 将程序输入数控机床。将加工程序输入数控机床的方式有光电阅读机、键盘、磁盘、磁带、存储卡、连接上级计算机的 DNC 接口及网络等。

目前常用的方法是通过键盘直接将加工程序输入（MDI 方式）到数控机床程序存储器中，或通过计算机与数控系统的通信接口将加工程序传送到数控机床的程序存储器中，由机床操作者根据零件加工需要进行调用。

⑤ 程序校验与首件试切。数控程序必须经过校验和试切才能正式用于加工。在有图形模拟功能的数控机床上，可以进行图形模拟加工，检查刀具轨迹的正确性，对无此功能的数控机床可进行空运行检验。

1.1.2 Mastercam X7 简介

Mastercam X7 对硬件要求不高，操作灵活，易学易用，并具有良好的性价比，包括美国在内的各工业大国大多采用该系统作为设计、加工制造的标准。

1. Mastercam X7 的组成

Mastercam X7 具有二维几何图形设计、三维曲面设计、刀具路径模拟、加工实体模拟等功能，并提供友好的人机交互操作环境，从而实现了从产品的几何设计到加工制造的 CAD/CAM 一体化。作为 CAD/CAM 集成软件，Mastercam X7 系统包括设计（CAD）和加工（CAM）两大部分。

（1）设计（CAD）部分

设计（CAD）部分主要由 Design 模块来实现，它具有完整的曲线曲面功能，不仅可以设计和编辑二维、三维空间曲线，还可以生成方程曲线。采用 NURBS、PARAMETERICS 等数学模型，可以用多种方法生成曲面，并具有丰富的曲面编辑功能。

（2）加工（CAM）部分

加工（CAM）部分主要由铣削、车削、线切割和雕刻 4 个模块实现，目前这些部分已经集成在一起。

①铣削模块：可以用来生成铣削加工刀具路径，并可进行外形铣削、型腔加工、钻孔加工、平面加工、曲面加工以及多轴加工等操作，在实际加工中应用非常广泛。

②车削模块：可以用来生成车削加工刀具路径，并可进行粗 / 精车、切槽以及车螺纹等加工操作。

③线切割模块：用来生成线切割激光加工路径，从而能高效地编制出线切割加工程序，可进行 2 ~ 4 轴上下异形加工模拟，并支持各种 CNC 控制器。

④雕刻模块：基于 Mastercam 强大的曲面粗加工以及灵活的精加工功能，采用相适应的加工方式可达到理想的雕刻加工的目的。结合雕刻模型的特点，基本上可以划分为线性型、凸凹模型、复杂曲面型以及浮雕 4 种。

2. Mastercam X7 系统的特点

Mastercam X7 与微软公司的 Windows 技术紧密结合，是一款用户界面更为友好、设计更加高效的版本软件。借助于 Mastercam X7，用户可以方便快捷地完成从产品 2D/3D 外形设计、CNC 编程到自动生成 NC 代码的整个工作流程。

（1）新型设计操作窗口

Mastercam X7 采用全新的设计界面，使用户能更高效地进行设计开发，操作界面可以让用户自行定义，从而建立适合自己的开发设计风格。同时，它加强了对历史记录的操作，回退功能更加完善。总之，Mastercam X7 版本的界面变化相当大，可以使用户进行高效、快捷的操作。

（2）高速的产品开发性能

产品开发性能是用户最关心的，Mastercam X7 版本中 important Z-level tool paths 的执行效果较以往最大可提高 400%。另外，Mastercam X7 的新功能 Enhanced Machining Model 可高速地加快程序设计并保证设计精度。操作管理集成功能可以把同一个加工任务的各项操作集中在一起。同时任务管理器的操作界面也更加简洁、清晰。

（3）丰富的设计工具

Mastercam X7 兼容了 CAD 设计工具，使之更加贴近用户。同时，Mastercam X7 也具有强大的 3 轴和多轴加工功能，强化了 3 轴曲面加工和多轴刀具路径功能，主要特征如下。

① 独特的昆式曲面设计功能。

② 丰富实用的设计捕捉功能。

③ 外形铣削方式有 2D、2D 倒角、螺旋式渐降斜插及残料加工。外形铣削、挖槽及全圆铣削，保证了工件加工的精密度。

④ 独特的交线清角功能。

⑤ 挖槽粗加工、等高外形及残料粗加工采用快速等高加工技术，大幅减少计算时间。

⑥ 改用人性化的路径模拟界面，让用户可以精确地观看及检查刀具路径。

另外，Mastercam X7 有内置的纠错功能，可以自动地减少设计过程中出现错误的概率。

3. Mastercam X7 工作界面简介

Mastercam 从 X 版本开始已经完全采用了 Windows 风格，Mastercam X7 工作界面在此基础上进行了调整和优化，如图 1-3 所示。

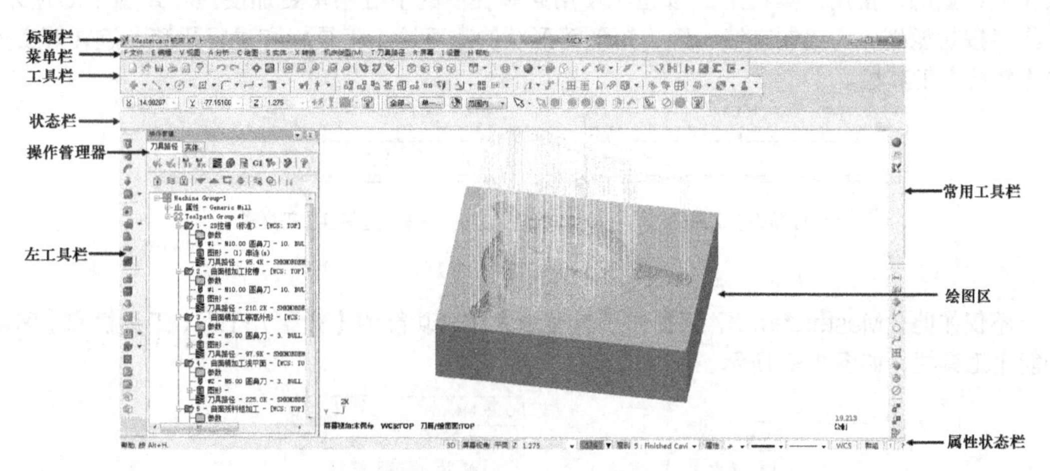

图 1-3 Mastercam X7 工作界面

（1）标题栏

在整个界面的顶端，用于显示软件名称、模块名称、软件版本号等。

（2）菜单栏

Mastercam X7 的菜单栏采用了 Windows 风格，如图 1-4 所示，每个主菜单都具有下拉菜单。

F 文件 E 编辑 V 视图 A 分析 C 绘图 S 实体 X 转换 机床类型(M) T 刀具路径 R 屏幕 I 设置 H 帮助

图 1-4 菜单栏

菜单栏中几乎包含了所有的 Mastercam X7 的命令，这些命令根据功能的不同放在不同的菜单组中。菜单组包括文件、编辑、视图、分析、绘图、实体、转换、机床类型、刀具路径、屏幕、设置及帮助。各菜单组的功能如表 1-2 所示。

表 1-2 菜单组的功能

菜单名	功能说明
【文件】	包括创建、打开、保存、合并等文件命令
【编辑】	包括对图形进行删除、修整等编辑命令
【视图】	包括对视图方向、显示比例、视图布局等进行控制的命令
【分析】	对图形对象的几何信息进行分析
【绘图】	提供图形绘制的基本命令，尺寸标注命令也在此列
【实体】	提供构建实体模型的命令
【转换】	包含平移、镜像、旋转、缩放等变换几何图形的命令
【机床类型】	用于选择机床的类型
【刀具路径】	用于创建刀具路径
【屏幕】	控制屏幕显示的各种命令
【设置】	对软件本身的各种设置
【帮助】	主要包含 Mastercam X7 的帮助文档

（3）工具栏

工具栏包含各种功能和命令的快捷按钮，一般在菜单栏的下方。工具栏是为了方便用户操作而设置的，使用工具栏上的按钮比使用菜单栏中的下拉菜单更加便捷。如图 1-5 所示，工具栏按功能划分为绘制直线、圆、矩形等形状的【草绘】工具栏和进行平移、旋转等变换的【转换】工具栏。

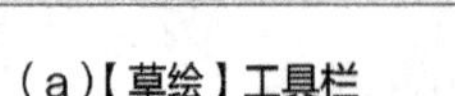

（a）【草绘】工具栏

（b）【转换】工具栏

图1-5 工具栏（1）

不仅如此，Mastercam X7 还提供了具有强大编辑功能的【修整 / 打断】工具栏和【常用功能】工具栏，如图 1-6 所示。

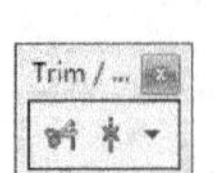

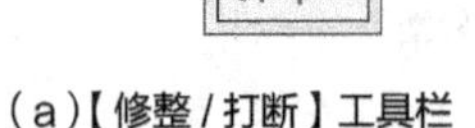

（a）【修整 / 打断】工具栏

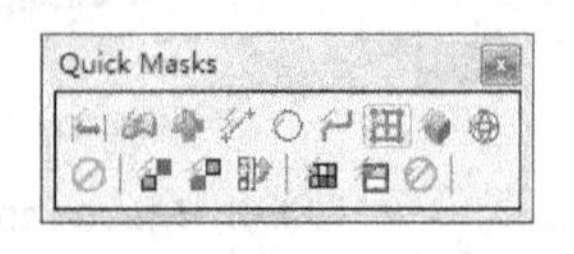

（b）【常用功能】工具栏

图1-6 工具栏（2）

用户可以根据自己的习惯对工具栏进行定制。在工具栏的空白处单击鼠标右键，弹出图 1-7 所示的快捷菜单，该菜单显示了所有工具栏的名称，单击相应的名称可以切换该工具栏的显示或隐藏状态，名称前有“√”表示该工具栏已经显示在屏幕上。

通过双击和拖动可以改变已被显示的工具栏的位置，而且工具栏也可以竖直地排列在界面的两侧或浮动在图形窗口上。

在图 1-7 所示的快捷菜单中选择【用户自定义】选项，将弹出【自定义】对话框，如图 1-8 所示。

改变【种类】下拉列表中的选项，可以在【命令】分组框中得到不同的按钮，拖动按钮到图形窗口或工具栏的空白处可以获得用户自定义的工具栏。如果拖动到已存在的工具栏中，可以增减已存在的工具栏中的按钮。

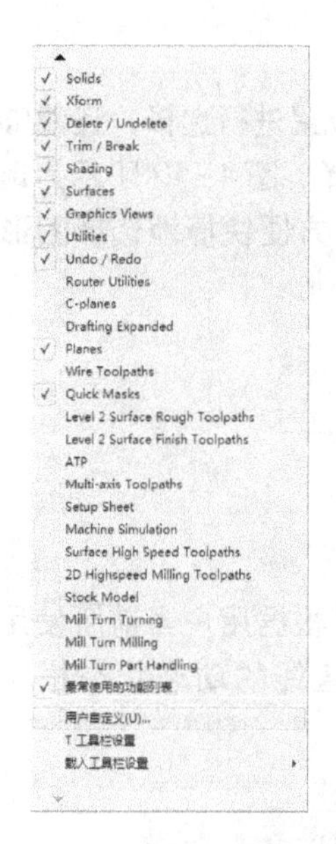

图 1-7 快捷菜单

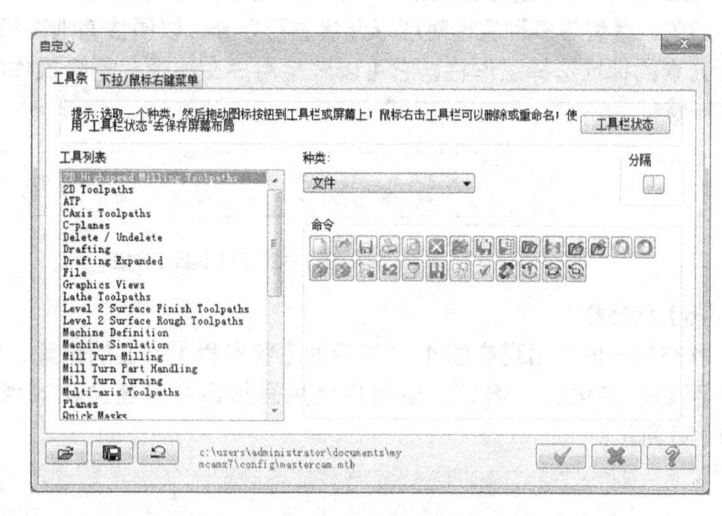

图 1-8 【自定义】对话框

（4）坐标文本框

使用坐标文本框可以在对应的框中输入 *X*、*Y*、*Z* 的坐标，如图 1-9 所示。在文本框中不仅可以输入数字，而且还可以输入简单的加、减、乘、除和带括号的代数式，系统将自动计算代数式的结果。同时在鼠标光标移动时，该文本框可以自动地捕捉和查询当前鼠标光标的坐标位置。

当 Mastercam X7 要求用户输入一个点时，该坐标文本框进入激活状态。

① 当移动鼠标光标而又希望某个坐标值不变时，可以先输入该坐标，然后单击对应的按钮，该坐标出现红色提示。移动鼠标光标时，该坐标值不会发生变化。

② 当希望在一个对话框中输入 3 个坐标时，可以单击按钮，这时出现一个对话框，在该框中可以直接输入类似"x（10）y（4+5）z（6*3）"这样的表达式。

③ 当希望捕捉到屏幕上已经存在的图形元素的特征点时，可以先移动鼠标光标到该点，然后单击按钮，将出现图 1-10 所示的下拉菜单。在该菜单中可以选择捕捉坐标原点、圆的圆心、直线或圆弧的端点、两个图形元素的交点、直线或圆弧的中点、屏幕上已存在的点、圆弧的等分点、鼠标光标与图形元素最接近的点、与某个点相对的点以及某个图形元素的切点或法向点。

④ 当使用自动捕捉时，如果图形元素太密，可以单击按钮，这时出现图 1-11 所示的【光标自动抓点设置】对话框，用户可以对捕捉方式进行设置。

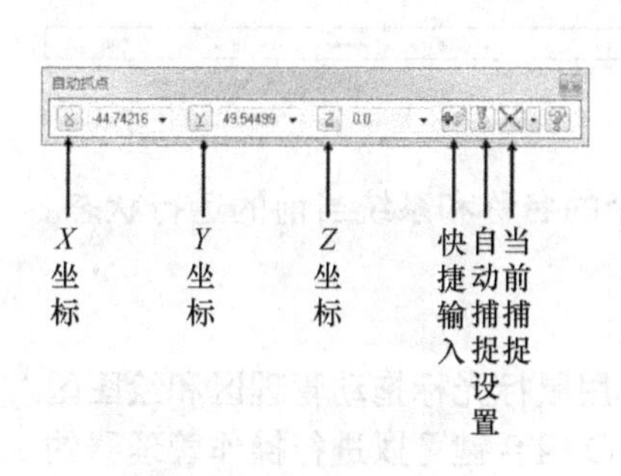

图 1-9 坐标文本框

图 1-10 下拉菜单

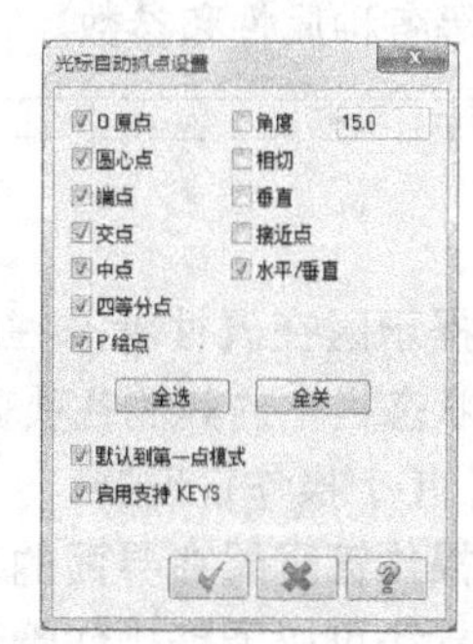

图 1-11 【光标自动抓点设置】对话框

（5）标准选择工作栏

Mastercam X7 的选择功能非常灵活，不仅可以根据图形元素的位置进行选择，还能够按层、颜色、线型等多种属性对图形元素进行划分，以便快速地进行选择。图 1-12 所示为选择图形元素的标准选择工作栏，它可以满足用户在编辑和删除操作时，方便快捷地选择图形中的某一特征。

图 1-12 标准选择工作栏

（6）状态栏

状态栏一般会出现在图 1-3 所示的【状态栏】所在的位置，它是根据用户当前所使用的命令而动态变化的。例如，当用户使用画线命令时将会出现绘制直线的动态状态栏，如图 1-13 所示。

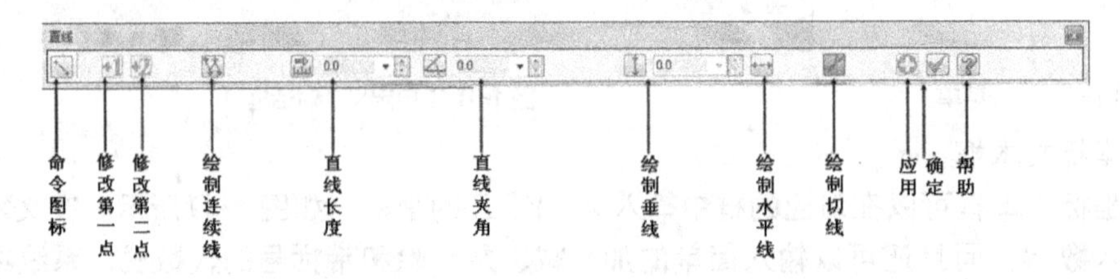

图 1-13 绘制直线的动态状态栏

（7）常用工具栏

每操作一个命令，系统自动将操作的命令按钮记录在图形窗口最右边的竖直工具栏中，这就是常用工具栏，也可称作常用功能工具栏。在使用过程中，由于使用过的命令都集中在该工具栏上，因此免去了很多查找按钮的工作，大大节省了时间。

（8）图形窗口

操作界面中最大的区域就是图形窗口，用于显示绘图内容，也叫绘图区。在绘图区中可以进行图形的各种操作。图形窗口的左下角显示 Gview（图形视角）、WCS 坐标系和 Cplane（构图平面）的设置信息。

（9）属性状态栏与提示区

属性状态栏在界面的最下方，主要用来显示和设置当前绘制的图形元素的各种状态，如图 1-14 所示。在属性状态栏中可以设置构图平面、构图深度、图层、颜色、线型、线宽、坐标系等各种属性和参数。

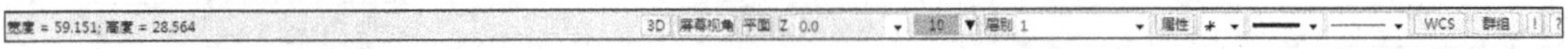

图 1-14 属性状态栏

提示区在属性状态栏的左端，在部分操作中会显示指令的名称和系统当前的运行状态。属性状态栏中的其他各项功能如表 1-3 所示。

（10）操作管理器

操作管理器在界面的左边，用于显示刀具路径和实体。用鼠标光标拖动管理区和绘图区的分界线可以调整操作管理器和绘图区的大小。通过按 Alt+O 组合键可以进行操作管理器的隐藏或显示操作。

表 1-3　属性状态栏中其他各项的功能表

项目	功能
3D	用于切换 2D/3D 构图模式。在 2D 状态下，输入的图形元素具有当前的构图深度。在 3D 状态下，用户可以不受构图深度的约束
屏幕视角	用于选择、创建、设置视角
平面	用于选择、创建、设置构图平面
Z 0.0	用于设置构图深度，可以直接输入，或单击某个图形元素，以该图形元素的 Z 坐标作为构图深度
10	用于设置作图颜色。可以单击颜色区，在弹出的【颜色】对话框中进行选择，也可以单击▾按钮，再选择屏幕上的图形元素，以该图形元素的颜色作为绘图色
层别 1	用于设置图层，单击该区域将出现【图层管理器】对话框，并用于选择、创建、设置图层属性
属性	用于属性设置，可以设置线型、颜色、点的类型、层、线宽等图形属性
——— ▾	通过下拉列表框选择线型
——— ▾	通过下拉列表框选择线宽
WCS	工作坐标系，用于选择、设置、创建工作坐标系
群组	工作群组，用于选择、设置、创建工作群组
!	状态栏设置
?	求助

1.2 系统配置设置

初次使用 Mastercam X7 时，一般要进行系统配置。所谓的系统配置就是设置系统的默认值，系统存储这些值到文件“*.CFG”中，用户可以定制自己习惯的绘图环境。

执行【设置】/【系统配置】命令，系统将弹出【系统配置】对话框，如图 1-15 所示。在【系统配置】对话框中可以设置启动、公差、文件、文件转换、屏幕、颜色等可以保证系统正常运行的重要参数，这些参数的系统默认值一般可以满足用户的要求。当系统运行不正常的时候，可以检查这里面的参数设置是否有误。

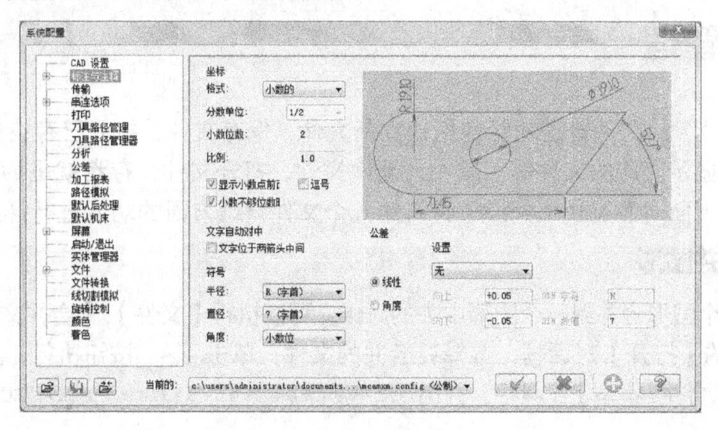

图 1-15 【系统配置】对话框

常见的问题是公差设置的问题，特别是在串连中出现串连不成功的情况，可能就是因公差设置过大或者过小造成的。下面以公差设置为例说明其设置方法。

在【系统配置】对话框左侧的列表框中选择【公差】选项，将打开图 1-16 所示的【公差】选项卡。该选项卡中的选项主要用来设置 Mastercam X7 完成某项操作的精度。

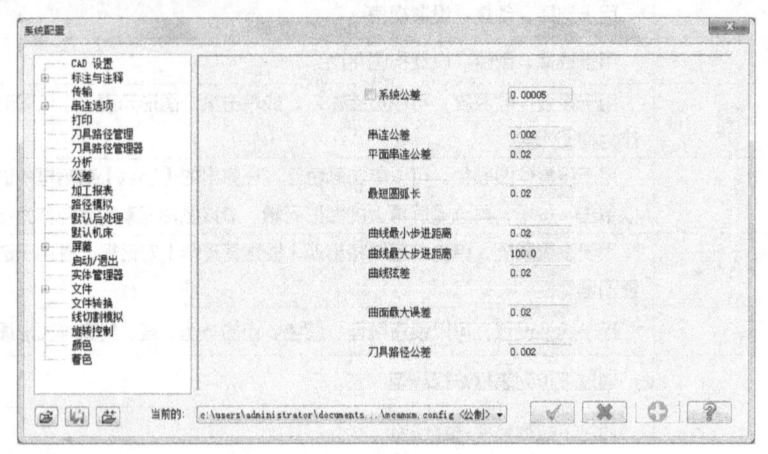

图 1-16 【公差】选项卡

- 【系统公差】：用来确定两个点能够区分的最小距离。当两个点小于该值时即可认为重合。该值也是最小直线段的长度。
- 【串连公差】：对图形元素进行串连时，确定两个图形元素的端点能够串连的最大距离。超出该值则图形元素间将不能形成串连。
- 【平面串连公差】：图形元素与平面之间的最短距离。当图形元素与平面之间的距离小于平面串连公差时，可认为图形元素在平面上。
- 【最短圆弧长】：设置生成最短圆弧的长度，限制系统生成较多非常小的圆弧。
- 【曲线最小步进距离】：设置沿着曲线创建刀具路径或者将曲线打断成圆弧的最小步长。
- 【曲线最大步进距离】：设置沿着曲线创建刀具路径或者将曲线打断成圆弧的最大步长。
- 【曲线弦差】：用直线代替曲线时两者之间的最大差值。
- 【曲面最大误差】：设置曲线创建曲面时的最大误差。
- 【刀具路径公差】：计算刀具路径的公差。该值越小，程序段越多。

1.3 文件管理

Mastercam X7 的文件管理功能包括建立新文件、保存文件、打开已存在的文件、合并文件、转换文件、显示打印的文件等。其中，新建文件、打开文件、存盘就是 Windows 的功能，这里不再详述。下面对 Mastercam X7 特有的几个文件管理方面的功能进行详细说明。

1.3.1 合并图形

当需要将几个图形合并到一个图形中去的时候，可以执行【文件】/【合并文件】命令，将弹出图 1-17 所示的【打开】对话框，选择要合并的文件，单击 打开(O) 按钮执行，这时屏幕上出现图 1-18 所示的【合并 / 模型】工具栏，并出现 选择新的位置,编辑的选项以缩放,旋转,或镜射,使用目前的属性/刀具面,或选择"套用"接受. 提示。

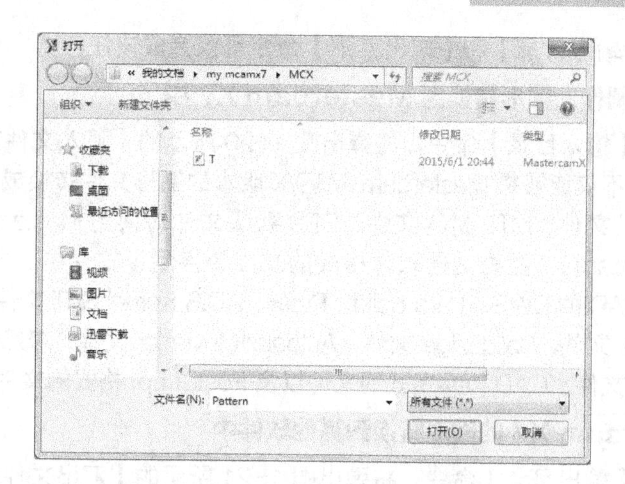

图 1-17 【打开】对话框

图 1-18 【合并 / 模型】工具栏

可以选择一个新的位置，或使用当前的属性或构图平面放大、旋转、镜像当前准备合并的图形。

1.3.2 部分存档

如果要将当前图形中的某一个局部存在磁盘上，可以执行【文件】/【部分保存】命令，系统提示"选取保存的图素"，选择好要保存的图形元素后，按 Enter 键，在图 1-19 所示的【另存为】对话框中确定文件名，然后单击"保存(S)"按钮保存选取的图素。

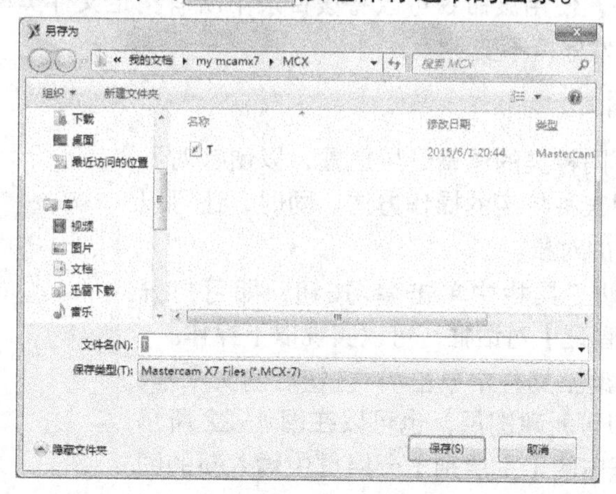

图 1-19 【另存为】对话框

1.3.3 图形转换

不同的软件具有不同的特色，有些软件在造型方面功能强大，比较容易操作；有些软件则在加工方面独具特色。Mastercam X7 在数控加工方面功能较强，非常适合工厂使用，但造型方面不如 Pro/E、SolidWorks 等软件。因此，不少工厂使用 Pro/E、SolidWorks 等软件造型，然后用 Mastercam X7 进行数控编程，但这样就面临一个文件转换问题，在 Mastercam X7 主菜单【文件】中执行【输入目录】和【输出目录】命令可以完成该任务。

1. 将其他软件制作的图形转换到 Mastercam X7 中

执行【文件】/【输入目录】命令，将弹出图 1-20 所示的【汇入文件夹】对话框。

Mastercam X7 不仅能够将 Mastercam 7/8/9/X 版本的图形文件转换成 X7 版，而且还可以将第 9 版的 TL9 刀具文件、MTL 材料文件、OP9 默认文件转换到 Mastercam X7 版中来。最为重要的是，Mastercam X7 能将其他软件格式的文件转换到该软件中，支持的格式有 DX7F、STEP、IGES、AutoCAD 的 DWG、Para Solid、Pro/E、ACIS Kernel SAT 文件、VDA 文件、Rhino 3D 文件、SolidWorks 文件、SolidEdge 文件、Autodesk Inventor 文件、ASCII 文件、Catia 文件、HPGL 绘图机格式的文件、CAD Key 格式的文件以及 PostScript 格式的文件。

2. 将 Mastercam X7 的图形转换到其他软件中

执行【文件】/【输出目录】命令，将弹出图 1-21 所示的【汇出文件夹】对话框。

图 1-20 【汇入文件夹】对话框

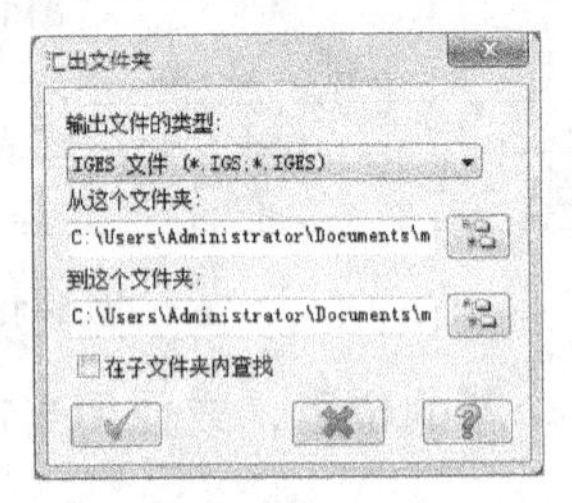

图 1-21 【汇出文件夹】对话框

Mastercam X7 能将自身 MCX7 格式的图形文件转换为其他 CAD 软件能接受的图形格式文件，支持的格式有 MC9、MC8、DX7F、STEP、IGES、AutoCAD 的 DWG、Para Solid、ACIS Kernel SAT 文件、VDA 文件、ASCII 文件、Catia 文件以及 PostScript 格式的文件。

这里需要说明的是，使用该命令可以将该目录下所有指定文件类型的文件一次转换到指定的目录下，原来的文件保持不变。

1.3.4 图层管理

使用图层可以将不同种类的图素分层放置，以便针对不同类型的图素统一采用某种特定的操作方法。同时，还可以显示或隐藏选定图层上的对象。

在屏幕下方的辅助工具栏中单击 层别 按钮，即可打开图 1-22 所示的【层别管理】对话框，可以实现以下操作。

- 新建图层。在辅助工具栏中单击 层别 按钮后的文本框，在其中输入图层编号即可新建图层，也可以在图 1-22 所示的【层别管理】对话框中的【主层别】分组框中输入新的图层编号和名称（用来区分图层的用途）来新建图层。在对话框顶部的图层列表的【名称】列中双击激活文本框，也可以输入图层名称。
- 图层排序。在【层别管理】对话框顶部左侧单击【号码】列，可以按照图层编号采用升序和降序两种方式排序。
- 设置当前图层。当前图层是指当前处于激活可编辑状态的图层。在图层列表中双击需要设置为当前图层的图层编

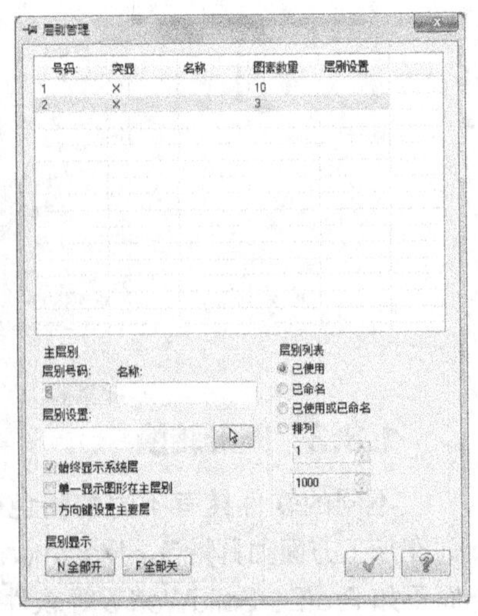

图 1-22 【层别管理】对话框

号，使之显示为黄色背景即可。也可以在【主层别】分组框中输入需要设置为当前图层的编号。单击按钮可以在绘图区选择一个对象，从而将对象所在的图层设为当前层。

• 显示或隐藏图层。在【层别管理】对话框中单击【突显】列中的相应位置，可以设置图层的显示或隐藏状态。若该图层显示为“×”则为可见状态，否则为不可见状态。在【层别显示】分组框中单击 N全部开 按钮可以显示全部图层，单击 F全部关 按钮仅显示当前图层。

1.4 Mastercam X7 编程过程

使用 Mastercam X7 的目的就是要设计具体的数控机床的数控加工程序。利用 Mastercam X7 设计具体机床的数控加工程序一般要经过 4 个步骤：建立几何模型、产生刀具路径、后置处理产生具体的机床程序、模拟加工送入数控机床。

数控编程先后经历了手工编程、APT 语言编程以及交互式图形编程 3 个阶段，其中交互式图形编程就是通常所说的 CAM 软件编程，这种编程方法速度快、精度高、直观、简便，目前在生产中应用很广泛。

交互式图形编程以 CAD 技术为前提，因为 CAD 技术生成的产品造型包含了数控编程所需的基本信息，CAM 软件根据这些信息可以自动计算加工刀具路径。在 Mastercam X7 上实现 CAM 编程的基本流程及内容如图 1-23 所示。

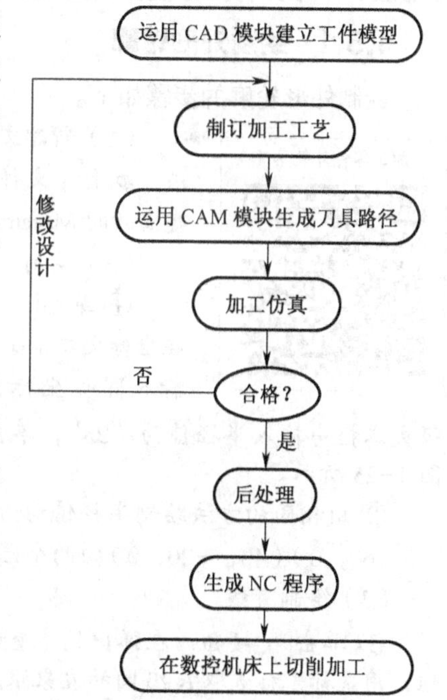

图 1-23 设计数控加工程序的一般步骤

1. 建立几何模型

使用 Mastercam X7 编程，首要任务就是建立几何模型。建立几何模型的方法有以下 3 种。

• 使用 Mastercam X7 自带的几何造型功能。

• 从其他 CAD 软件导入。利用 Mastercam X7 图形转换功能或者直接读取功能，可以从其他软件中将已经做好的图形转换到 Mastercam X7 中，这样可以发挥软件各自的特点，实现图形数据的交换与共享。

• 采用三坐标测量机测量或者用扫描仪扫描。可以使用三坐标测量机或图像扫描仪产生的数据，用 Mastercam X7 的 ASCII 码接口将数据读入，将测得的数据转换为 Mastercam X7 的图形文件。

2. 产生刀具路径

工件模型建立以后，则进入加工方案和加工参数的选择阶段。合理选择加工方案和设置参数是保证加工质量和效率的前提，因此在产生数控程序前，要进行工件工艺的分析，选择合适的加工方式，制订加工工艺路线，设计加工工序与工步，选择刀具和切削用量等。

Mastercam X7 可以根据不同的加工工艺要求，采用轮廓加工、挖槽加工、钻孔加工、平面加工、雕刻加工、曲面粗加工、曲面精加工、多轴加工等方式，通过人机交互设置刀具和切削参数，从而能够自动产生切削路径，并可以将刀具路径和参数存储在 NCI 文件中。

3. 后置处理产生具体的机床程序

后置处理是将所产生的刀具路径转换为具体的数控机床的数控指令。不同数控机床的指令格式可能不同，在转换为数控程序之前，要查看 Mastercam X7 当前系统设置的后置处理程序是否与正在使用的数控机床相对应，如果不是，则要选择与当前使用的数控机床相对应的后置处理程序。后置处理产生的程序扩展名为“.nc”。

4．模拟加工送入数控机床

后置处理产生的 NC 程序可以通过计算机提供的串行或并行接口，利用 Mastercam X7 通信功能直接送到数控机床中。在加工前最好进行模拟加工，以避免机床发生碰撞。以前数控机床的模拟采用的是和工件相似的材料硬度较低的零件，既费时也浪费资金，而现在可以在数控软件中直接模拟。

1.5 入门实例——加工零件外轮廓

现以加工图 1-24 所示的零件外轮廓为例，说明使用 Mastercam X7 编程的整个过程。分析该图，不难发现 *R*25 圆弧的圆心是设计基准，因此可以将工件零点设定在 *R*25 圆的圆心上。

1.5.1 绘制外形轮廓

绘制外形轮廓的步骤如下。

（1）新建文件

执行【文件】/【新建文件】命令，建立新的 Mastercam X7 文件。

（2）绘制圆

① 单击【草绘】工具栏中的按钮，在坐标文本框中输入圆心坐标（0，0，0），然后在半径文本框中输入半径值为“25”，单击按钮确定，结果如图 1-25 所示。

② 用相同的方法绘制半径值均为 12.5，圆心坐标分别为（10，60，0）、（40，-20，0）的两个圆，结果如图 1-26 所示。

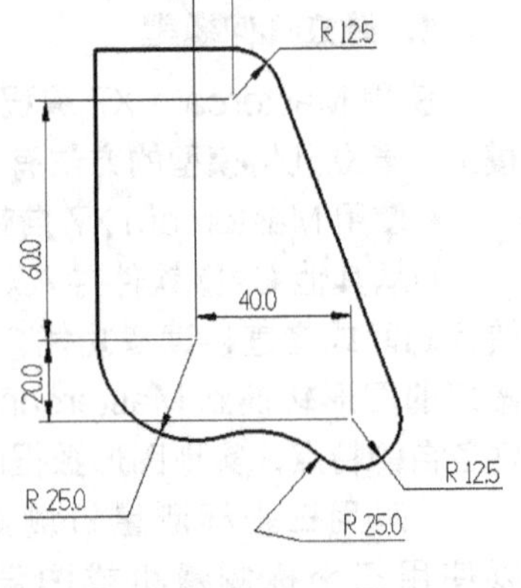

图 1-24　零件外轮廓零件

（3）绘制直线

① 单击按钮，在弹出的【直线】工具栏中单击按钮，用鼠标光标选取 *R*25 圆的左象限点，绘制垂线。

②单击按钮，用相同的方法绘制与 *R*12.5 相切的水平线，结果如图 1-27 所示。

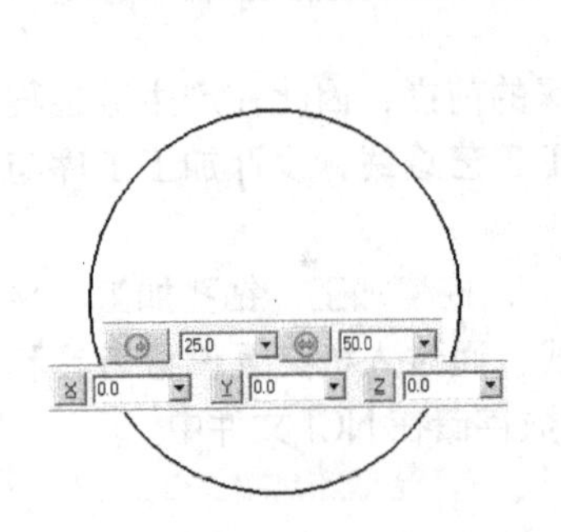

图 1-25　绘制圆 1

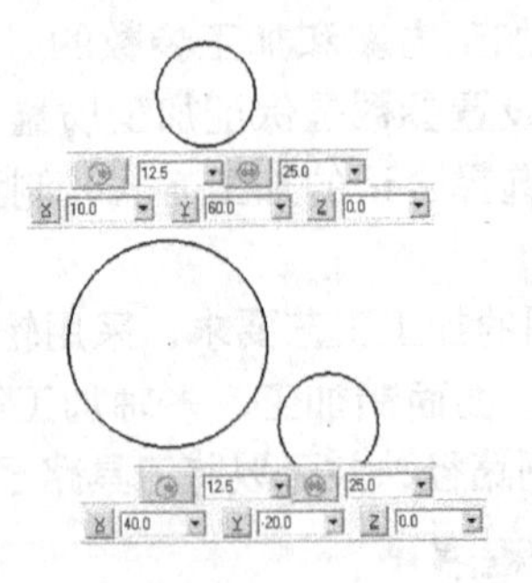

图 1-26　绘制圆 2 和圆 3

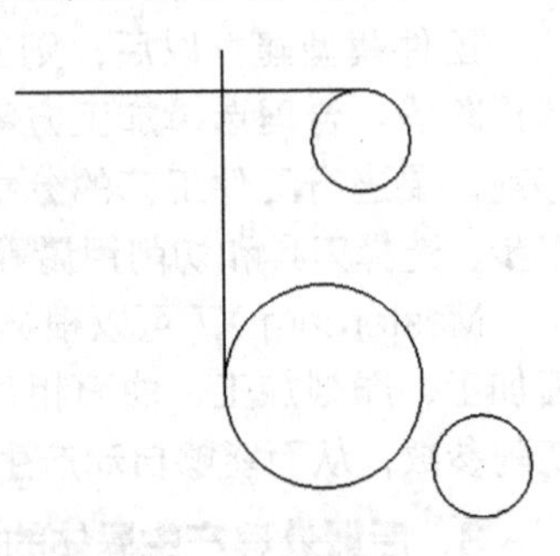

图 1-27　绘制垂直和水平线

③ 单击按钮，绘制 $R12.5$ 两圆的公切线，结果如图 1-28 所示。

（4）绘制圆弧

① 单击按钮，在【倒圆角】工具栏中输入半径值为 25，然后单击按钮，设定为不修剪方式倒圆角。

② 依次选取下方的两个圆为公切线对象，单击确定，结果如图 1-29 所示。

③ 修剪图形。执行【编辑】/【修剪 / 打断】/【修剪 / 打断 / 延伸】命令，单击工具栏中的按钮，启动“修剪二物体”模式，依次选取要修剪的图形，结果如图 1-30 所示。

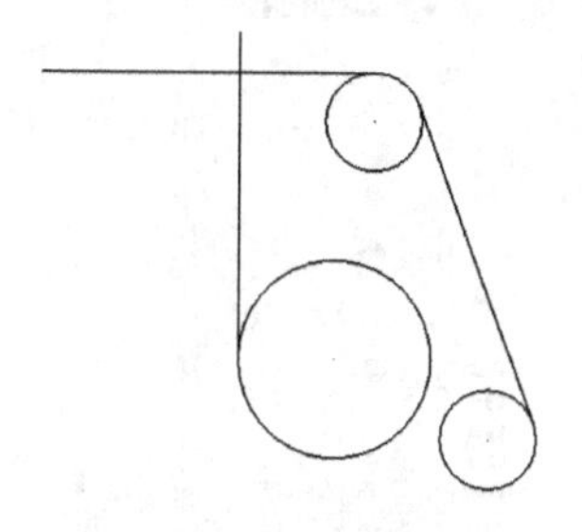

图 1-28 绘制公切线（1）

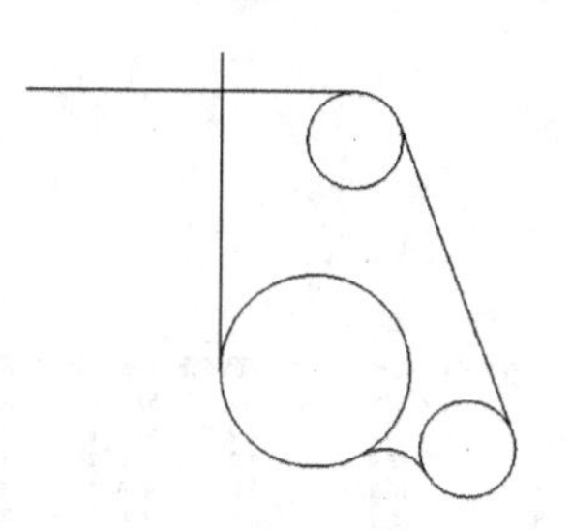

图 1-29 绘制公切线（2）

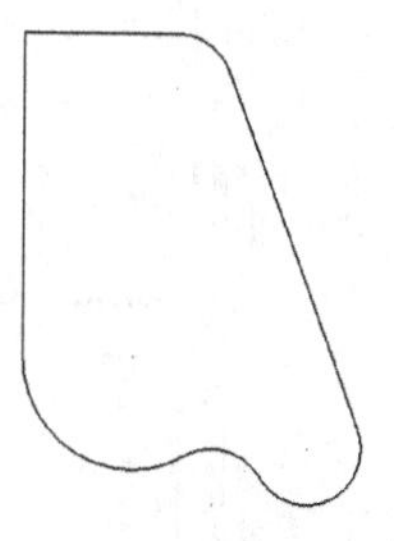

图 1-30 修剪图形

1.5.2 创建刀具路径

加工零件外轮廓 2

造型完成以后就可以进入刀具参数的设计阶段，创建外形铣削加工形成刀具路径。具体步骤如下。

（1）设置加工环境

① 执行【机床类型】/【铣床】/【默认】命令，启动铣削系统模块。

② 在【操作管理器】中单击【属性】选项组中的【材料设置】选项，系统弹出【机器群组属性】对话框。

③ 在【机器群组属性】对话框中按照图 1-31 所示设置材料参数，单击按钮确定，结果如图 1-32 所示。

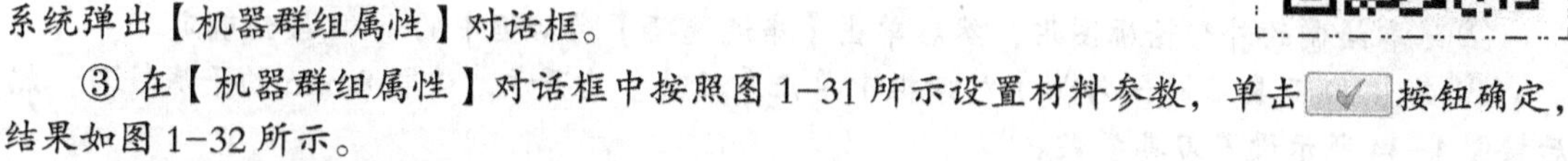

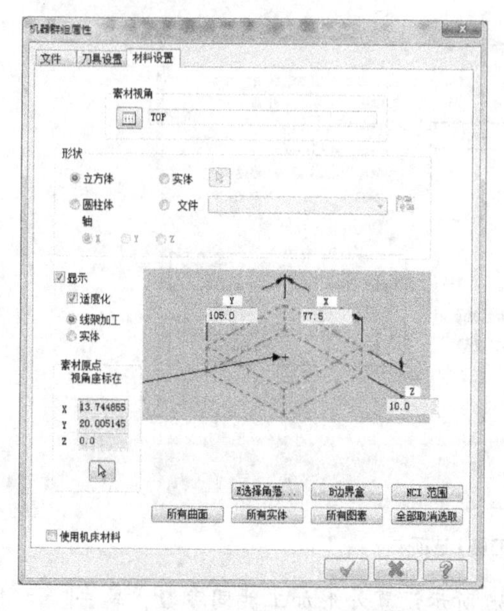

图 1-31 【机器群组属性】对话框

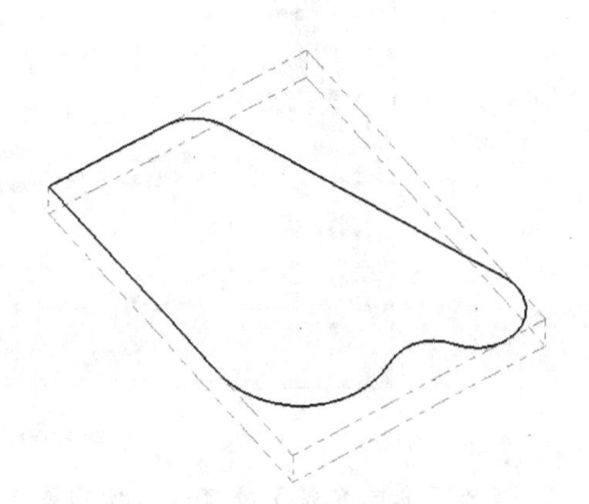

图 1-32 材料设置

（2）创建刀具

① 执行【刀具路径】/【刀具管理器】命令，系统弹出【刀具管理】对话框。

② 在下方刀具库中选取 8 mm 的平底铣刀，双击其名称，将其添加到应用系统中，结果如图 1-33 所示。

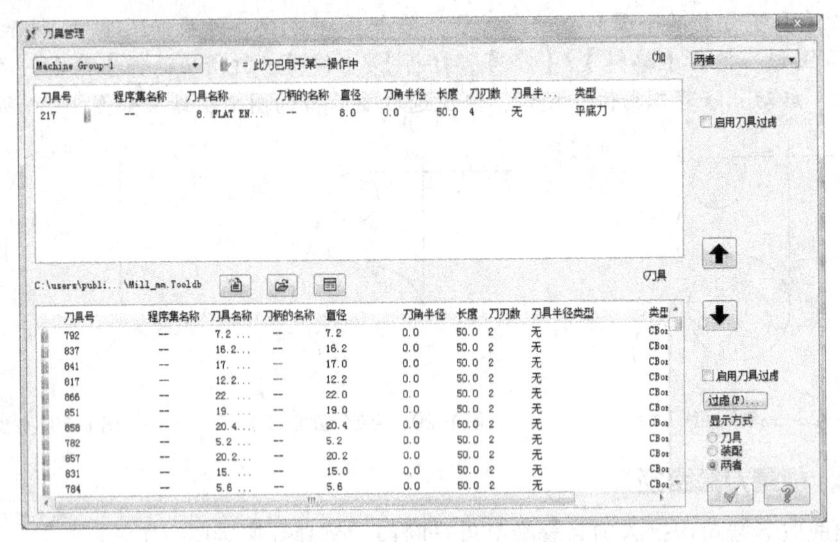

图 1-33 【刀具管理】对话框

（3）创建外形铣削刀具路径

① 执行【刀具路径】/【外形铣削】命令，在【输入新 NC 名称】对话框中输入程序名称，然后单击 按钮确定。

② 选取绘制的外形轮廓图形，然后单击【串连选项】对话框中的 按钮确定。

③ 在【2D 刀具路径 - 外形】对话框中单击【刀具】选项卡，选取 8 mm 的平底铣刀，然后按图 1-34 所示设置刀具参数。

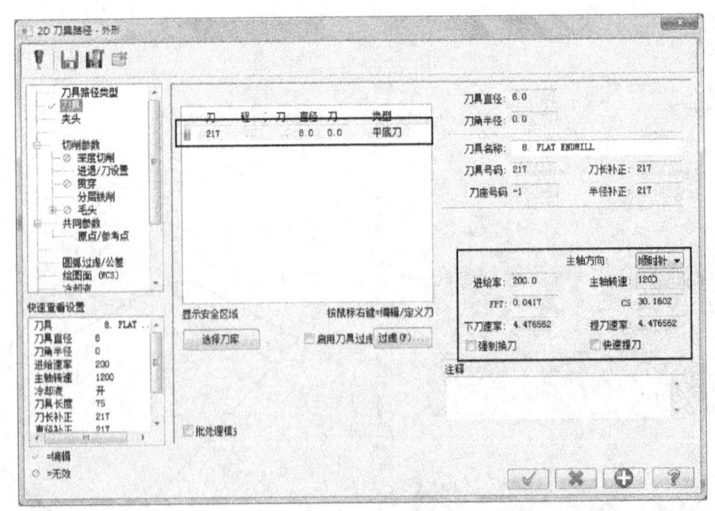

图 1-34 【刀具】选项卡

④ 单击【共同参数】选项卡，按照图 1-35 所示设置外形加工共同参数，单击 按钮确定，生成的刀具路径如图 1-36 所示。

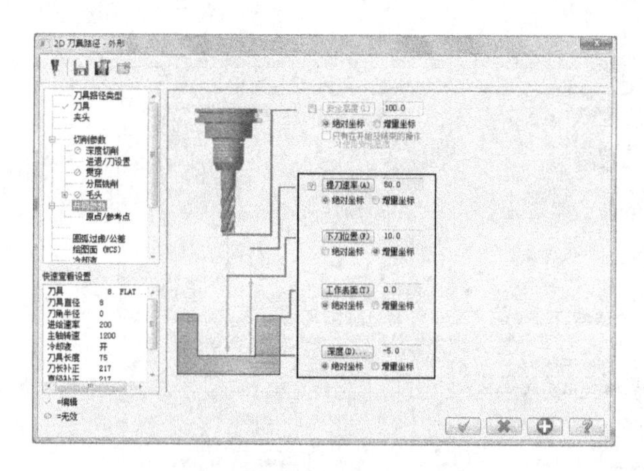

图1-35 【共同参数】选项卡

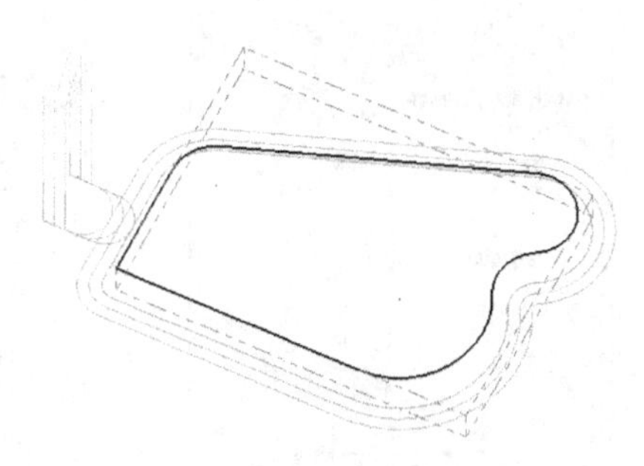

图1-36 刀具路径

1.5.3 后置处理

刀具路径产生以后，为了保证程序的正确性，应该利用计算机进行验证，可以检验出碰刀、漏加工等现象。只有经过计算机切削验证的程序才算是基本上无误的NC程序，才可以导入到相应的机床进行加工。

（1）实体切削验证

① 单击【操作管理器】对话框中的按钮，系统弹出图1-37所示的【实体切削验证】对话框。

② 单击按钮，开始模拟刀具路径进行外形铣削加工，结果如图1-38所示。

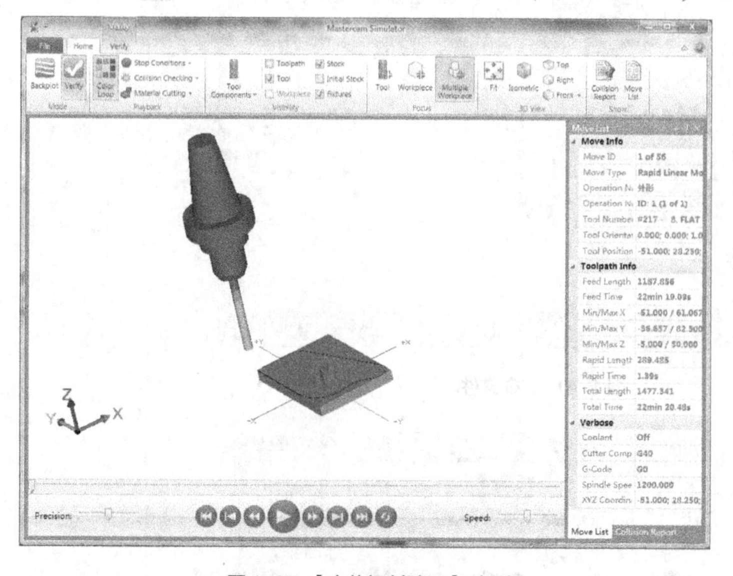

图1-37 【实体切削验证】对话框

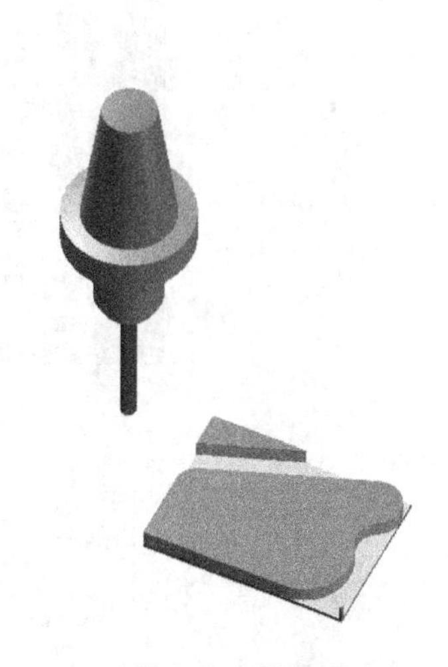

图1-38 模拟加工

（2）生成NC程序文件

① 单击操作管理器中的G1按钮，系统弹出图1-39所示的【后处理程序】对话框。

② 采用系统默认选项，然后单击【后处理程序】对话框中的按钮，在图1-40所示的【另存为】对话框中选取要存放程序的位置即可。

③ 单击【另存为】对话框中的 保存(S) 按钮，得到程序文件如图1-41所示。

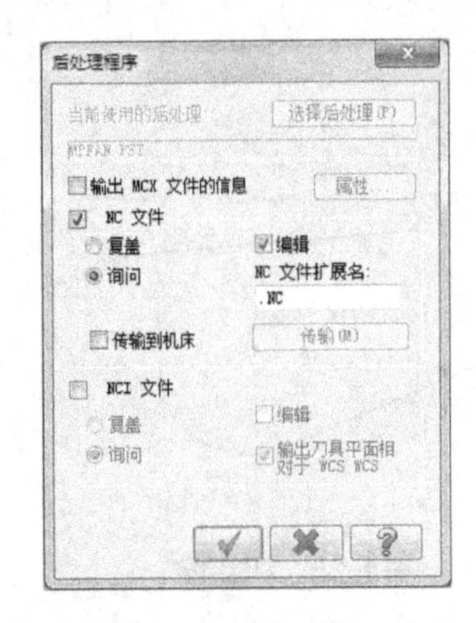

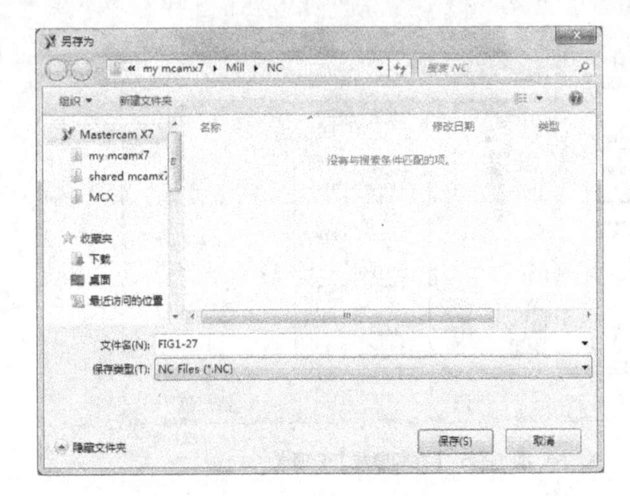

图 1-39 【后处理程序】对话框　　　　图 1-40 【另存为】对话框

（3）生成文件传输至机床

如果希望将程序直接送入数控机床，可先勾选图 1-39 中所示的【传输到机床】复选项，然后单击 传输(M) 按钮，系统弹出图 1-42 所示的【传输】对话框。

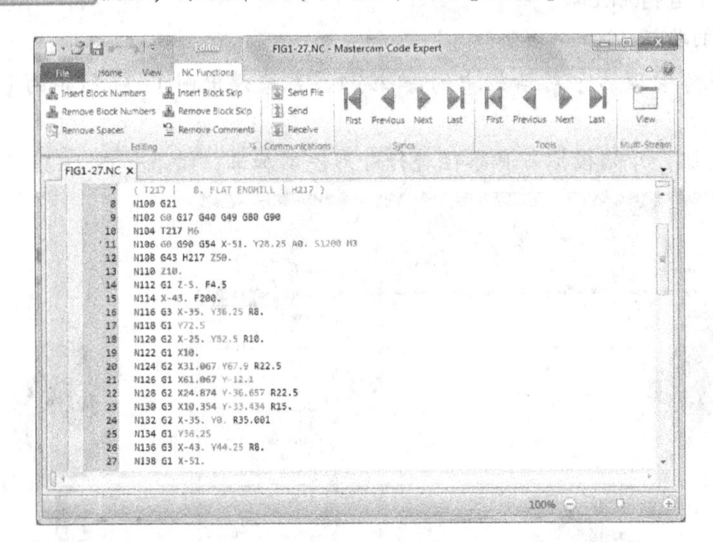

图 1-41　NC 文件

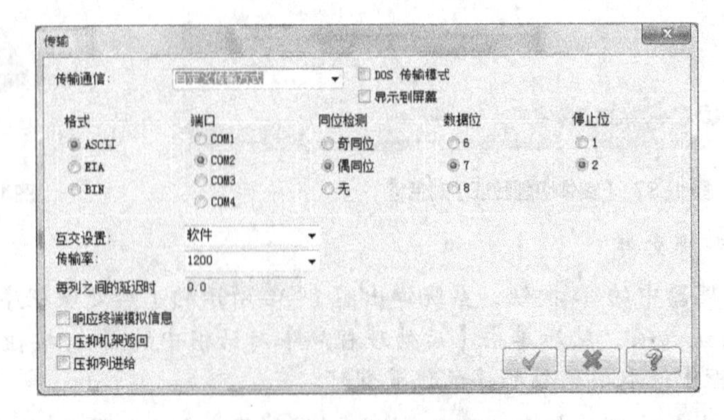

图 1-42 【传输】对话框

在【传输】对话框中根据具体的数控机床的要求设置好传输格式、通信端口、奇偶校验、数据位和停止位、互交设置、传输率等，再单击 按钮确定。在数控机床端也设置好对应的参数，并将机床操作置于接受状态（不同机床的操作有所差别）。一切准备就绪后单击图 1-39 所示的【后处理程序】对话框中的 按钮，Mastercam X7 就将程序输入到数控机床中。

（4）生成加工报表

加工报表是供加工人员做加工前的准备使用的。报表内容包括零件的程序名、刀具号码、刀具直径、刀具补偿号、整个零件所需要的加工时间等数据。

在操作管理器的空白处单击鼠标右键，在弹出的快捷菜单中选择【加工报表】选项，在【加工报表】对话框中设置相关项点，即可生成图 1-43 所示的加工报表。

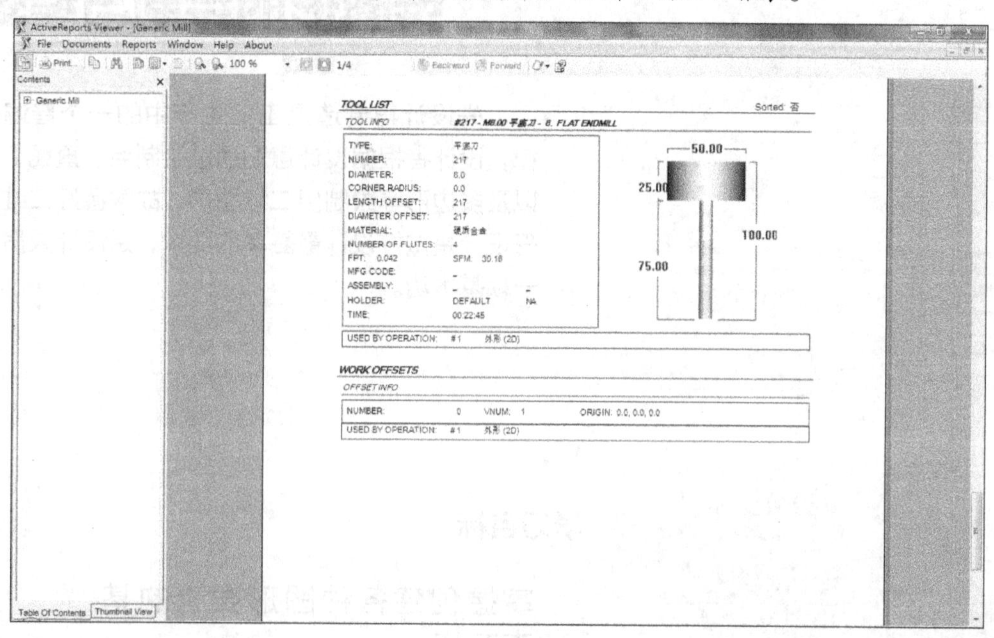

图 1-43 加工报表

本章小结

本章是对 Mstercam X7 软件的整体概述，对软件运行、模块、界面以及文件管理等内容进行了说明，并加之入门实例的讲解，能够让读者迅速的了解和熟悉 Matercam X7 的基础。如果读者对除 Matercam X7 之外的设计软件有所了解和使用的话，在本章节结束时可总结异同，触类旁通。

习题

1. 阐述 Mastercam X7 系统由哪几个模块组成，分别应用在哪些领域。
2. 简述 Mastercam X7 软件的特点。
3. 尝试设置系统配置。
4. 启动软件后，尝试打开和关闭 Mastercam X7 文件。

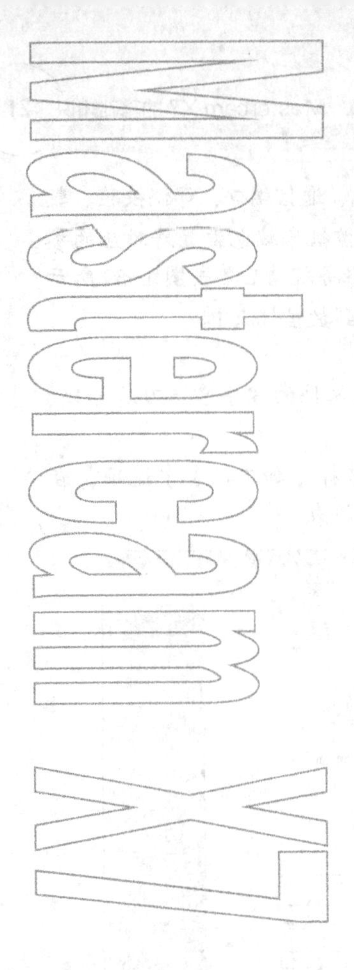

Chapter

第2章 二维图形的绘制与编辑

先设计再制造是工业生产中的一个普遍规律，设计者根据设计意图通过绘制点、直线、圆以及多边形等绘制出二维图形，故掌握好二维图形设计是做好设计最基本的要求，是设计人员的一项基本功。

学习目标

- 掌握创建各种图形要素的基本方法。
- 掌握二维图形的编辑方法和技巧。
- 明确创建复杂二维图形的基本技巧。
- 熟练运用各种绘图方法绘制复杂图形。

2.1 绘制二维图形

在开始绘制二维图形前，读者需要掌握一些绘制图形和编辑图形的基本方法及技巧，例如，点、直线、自由曲线的绘制，同时还应该掌握一些 Mastercam X7 二维加工的基本方法和注意事项，为加工的便捷做好铺垫。

2.1.1　重点知识讲解

1. 二维图形绘制环境的设置

Mastercam X7 是对图形进行编程的，图形编程的步骤是：①绘制图形；②设置参数；③生成程序；④模拟加工；⑤送入数控机床。因此，在绘制二维图形时要考虑到编程的方法而进行操作。

Mastercam X7 二维绘图一般采取以下步骤。

（1）设置构图平面

一般的工程图都由主视图、俯视图和左视图 3 个视图来表达零件的形状和各部分的相对位置关系，如图 2-1 所示。因此在 Mastercam X7 环境下工作，首先要设置构图平面，即确定绘制的二维图形要放置在哪个平面上。

单击界面下方的平面按钮，弹出图 2-2 所示的【构图平面设置】下拉菜单。选择【W 绘图面等于 WCS】选项，表示在平行于 *XY* 平面并距 *XY* 平面一定距离的平面上绘制图形。

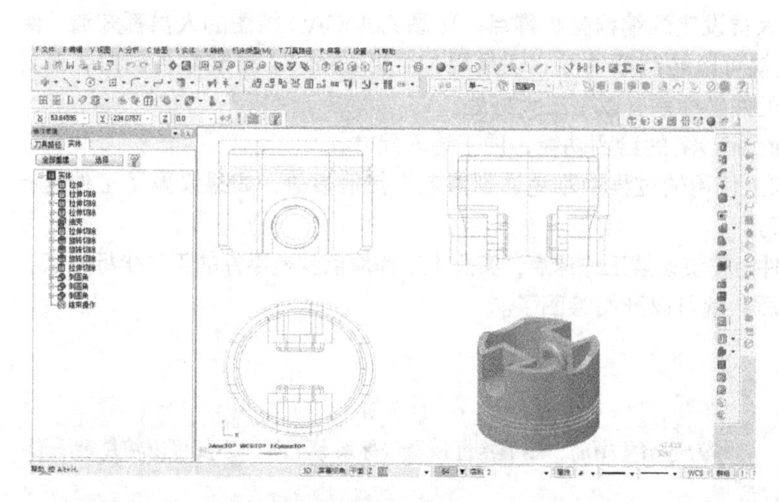

图 2-1　工程图

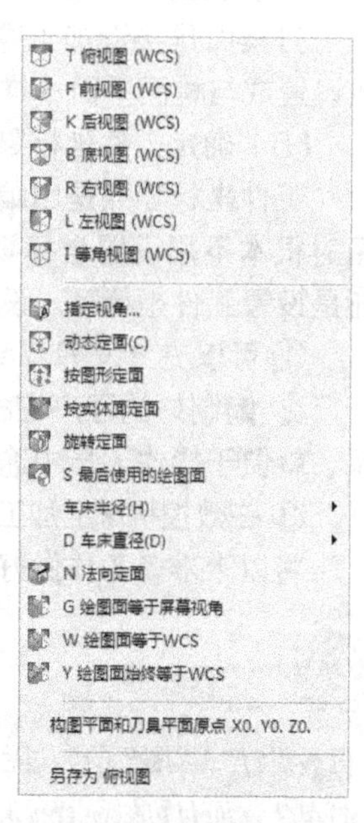

图 2-2 【构图平面设置】菜单

（2）设置图素的特征属性

图素的特征属性包括图素的颜色、线型、点样式、层别以及线宽等，是绘制图形前必须设置的属性特征。单击界面下方的属性按钮，系统弹出图 2-3 所示的【属性】对话框。在【属性】对话框中可以通过单击图素各特征所对应的选项进行线型、线宽、颜色等设置。

(3)设置工作深度

构图平面实际上只确定了绘图平面的方向，并没有确定绘图位置，因此需要通过工作深度来确定绘图位置。

工作深度是指构图平面所在的深度，即构图平面所在的位置。例如，前面设置了构图平面为【俯视图】，这时绘制的图形将出现在 *XY* 平面（$Z = 0$）上。如果希望绘制的图形出现在 $Z = -10$ 的平面上，就应该设置工作深度。

要设置工作深度，可以在最下面状态栏的 Z 0.0 文本框中直接输入深度数值，此后再绘制二维图形时，系统会自动在坐标值上加上 *Z* 坐标。

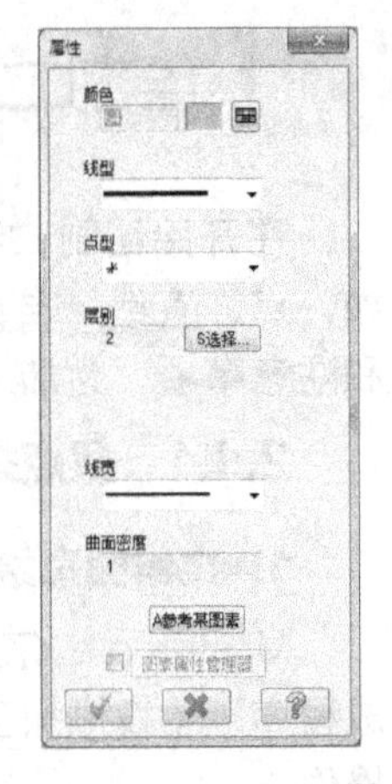
图 2-3 【属性】对话框

要点提示

铣削深度与工作深度的概念是不同的，铣削深度是指加工时刀具所在平面的深度，它是相对于 Z = 0 的表面而言的。一般来说，在二维外形铣削中，铣削深度与工作深度无关，但习惯上还是将工作深度设置为 0。

(4)设置刀具面

刀具面是接近加工零件的那个平面。在外形铣削加工中，刀具面可以使用默认值“关”，或设置成与构图平面一样的平面。

(5)确定工件坐标零点

工件坐标零点是由编程人员设定的编程坐标零点，熟悉 AutoCAD 绘图的人员都知道，绘图时根本不用设置坐标零点就可以绘制零件图。但是用 Mastercam X7 绘制零件图时，最好还是设置工件坐标系。设置工件坐标系有以下三大好处。

① 可以充分发挥 Mastercam X7 的绘图功能，便于输入尺寸。

② 编制好的程序在机床上使用的过程中难免遇到停电或其他事故，如果设置了工件坐标系，就便于操作人员中途对刀。

③ 在数控机床上加工零件时需要设置工作原点，实际上工作原点就是零件的工件坐标原点。

将以上准备工作做好以后，就可以开始绘图了。

要点提示

机械设计二维图形绘制过程中，巧妙的运用构图面、图形特征以及坐标系等工具，不仅可以将复杂图形简单化，而且可以显著提高设计效率。

2. 二维图形的绘制方法

二维绘图功能主要使用图 2-4 所示的【绘图】菜单栏中的各种命令，或者单击图 2-5 所示的【绘图】工具栏中各种命令按钮。

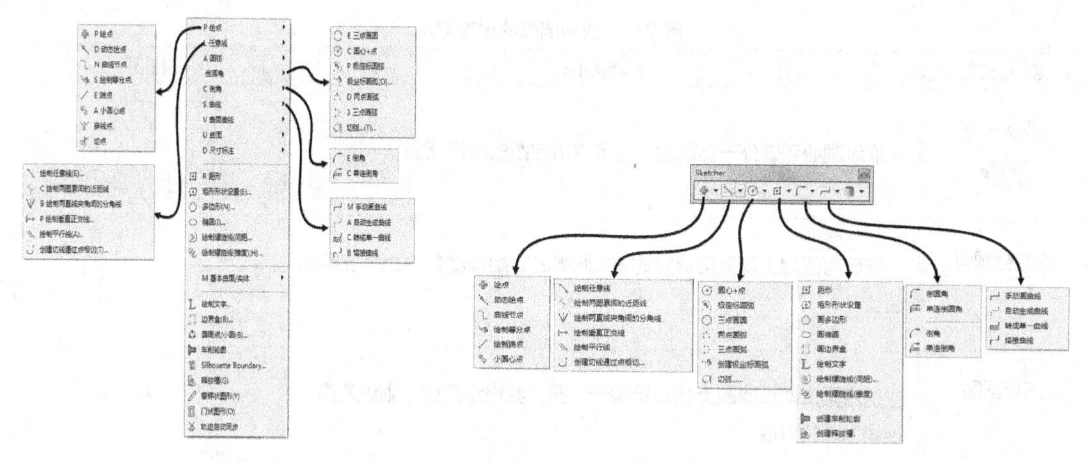

图 2-4 【绘图】菜单栏　　　　图 2-5 【绘图】工具栏

（1）绘制直线

在工具栏中单击按钮旁的按钮，可以使用 6 种方式创建直线，用法如表 2-1 所示。

表 2-1 直线的创建方法

创建方式	创建方法	图例
绘制任意线	输入坐标或使用鼠标光标确定线段端点绘制任意的线段	
绘制两图素间的近距线	绘制两个已知图形之间距离最短的线段	
绘制两夹角间的分角线	绘制角平分线	
绘制垂直正交线	绘制与指定图线垂直或相切的直线	
绘制平行线	绘制与指定图线相平行的线	
创建切线通过点相切	绘制与曲线或者圆弧上一点相切的线	

要点提示

平行线、分角线是工程图绘制过程中常用的绘图辅助手段，平行线相当于机械制图中的丁字尺，而分角线则可以作为量角器、三角板使用。

（2）绘制圆和圆弧

在工具栏中单击按钮旁的按钮，可以使用 7 种方式创建圆或圆弧，用法如表 2-2 所示。

表 2-2 圆和圆弧的创建方法

创建方式	创建方法	图例
圆心＋点	通过圆心和圆外一点画圆，也可以指定圆的半径画圆	
极坐标圆弧	在已有圆周上以极坐标方式输入圆弧的起始角度和终止角度绘制圆弧	
三点画圆	指定圆上两点或圆上 3 点绘制一个圆，若指定两点，则这两点连线为圆的直径	
两点画弧	指定圆弧的两个端点和圆弧半径画弧	
三点画弧	指定圆弧的起点、终点和弧上一点绘制圆弧	
极坐标画弧	指定圆弧半径、起始角度和终止角度绘制圆弧	
切弧	绘制与选定图线相切的圆弧，圆弧可以与一个或多个图线相切	

要点提示

使用工具绘制相切圆弧时，可以使用工具栏中的、、、、、和工具依次绘制各种相切圆弧，相关的示例如表 2-3 所示。

表 2-3 相切圆的创建方法

创建方式	说明	图例	创建方式	说明	图例
	创建与选定图线相切的半圆弧，可指定圆弧半径，并从 4 个结果中选取 1 个			创建与选定图线相切的圆，可指定圆半径	
	创建与选定的一条直线相切，另一条选定直径经过其圆心的圆，可指定圆的半径			从选定图线上选定点引出相切圆弧	

续表

创建方式	说明	图例	创建方式	说明	图例
	创建与3个图线相切的圆弧			创建与3个图线相切的圆	
	创建与两个图线相切的圆弧，可指定圆弧半径				

（3）创建点

在工具栏中单击按钮旁的按钮，可以使用6种方式创建点，用法如表2-4所示。

表2-4 点的创建方法

创建方式	创建方法	图例
绘点	输入坐标或单击确定点的位置	
动态绘点	在选取的线段、圆弧、曲线或曲面上动态地绘制点，绘图时在该点处将显示一个与曲线相切的箭头	
曲线节点	显示样条曲线上的控制点，移动控制点的位置可以改变曲线形状	
绘制等分点	在选定曲线上创建等分点	
绘制端点	在所有图线的端点处创建点	
小圆心点	创建圆或圆弧的圆心点	R:255 G:255 B:255

单击按钮使用【指定位置】方式创建点时，单击按钮旁的按钮，还可以选中各类特殊点，具体用法如表2-5所示。

表2-5 特殊点的用法

图标	含义	示意图	图标	含义	示意图
原点	在坐标原点	+	圆心	圆的圆心	+

续表

图标	含义	示意图	图标	含义	示意图
端点	选定曲线距离选定点最近的端点		交点	选定两曲线的交点，如不相交，则延伸相交	
中心	曲线中点处		选择点	选择已有点	
四等分点	圆周的 4 个等分点		引导方向	圆弧或曲线延长线上一定距离的点	
接近点	在选定曲线上距离单击位置最接近的点		相对点	选择一点后，输入与该点的相对参数后生成的另一点	

（4）其他图形的绘制

在 Mastercam X7 中，还有创建矩形、倒角、多边形、椭圆、文字等基本图形。

① 绘制四边形。在工具栏中单击按钮，然后将鼠标光标定在工作区，单击鼠标左键后（四边形的一个角），在工作区合适位置再次单击鼠标左键（四边形的另一个角），即可完成四边形的绘制，也可单击按钮旁的按钮，选取矩形形状设置...选项，在图 2-6 所示的【矩形选项】对话框中设置矩形参数，定量绘制四边形。

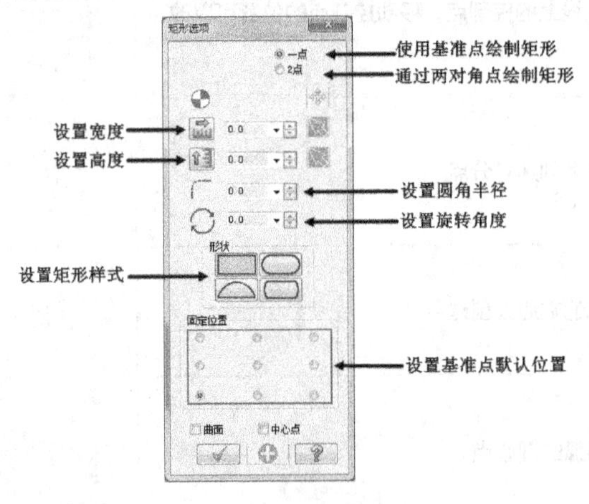

图 2-6 【矩形选项】对话框

要点提示

在 Mastercam 中绘制工程图，时常是先绘制矩形，然后根据矩形特征作为定位基准，绘制其他图形元素，再经过修剪、倒圆角、尺寸标注等完善图形要素。

② 绘制多边形。在工具栏中单击按钮旁的按钮，选取【画多边形】选项，打开【多

边形选项】对话框，在这里可以创建多边形，如图 2-7 所示。

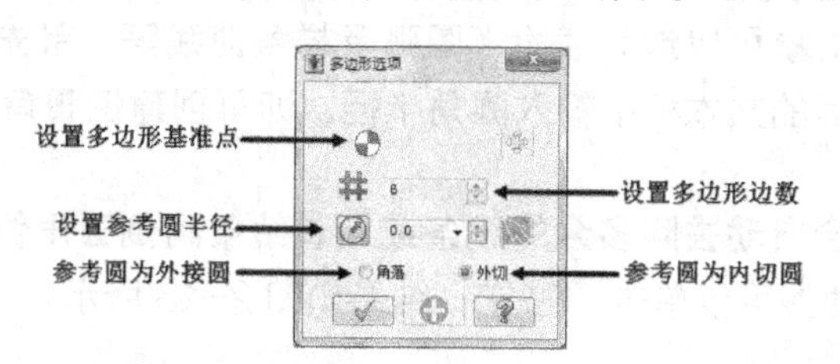

图 2-7 【多边形选项】对话框

绘制多边形时，首先在坐标输入框中输入其中心坐标，然后设置多边形边数和参考圆半径。指定多边形参考圆半径有两种方式：选取【角落】方式时，指定多边形外接圆为参考圆，如图 2-8 所示；选取【外切】方式时，指定多边形内切圆为参考圆，如图 2-9 所示。

③ 绘制椭圆。在工具栏中单击按钮旁的按钮，选取【画椭圆】选项，在图 2-10 所示的【椭圆选项】对话框可以详细设计创建椭圆的各种选项。

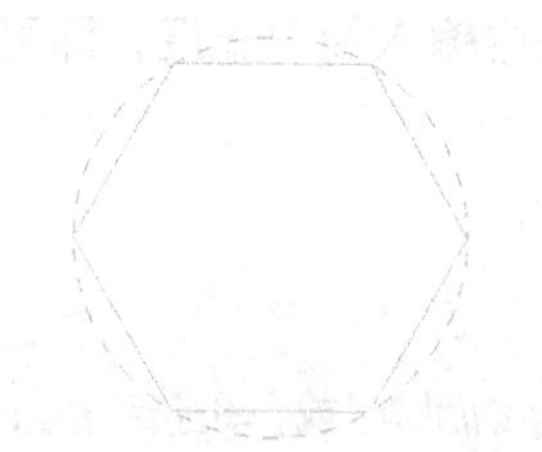

图 2-8 【角落】方式

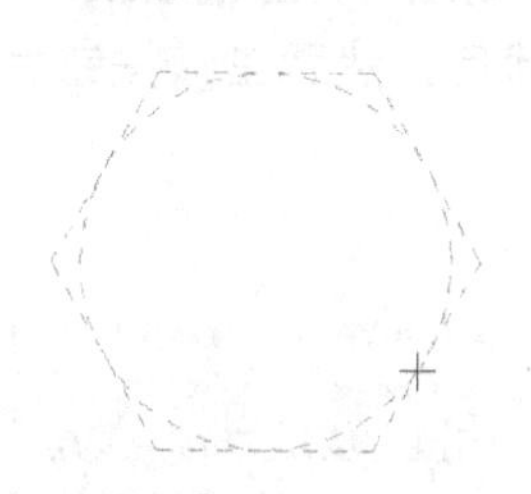

图 2-9 【外切】方式

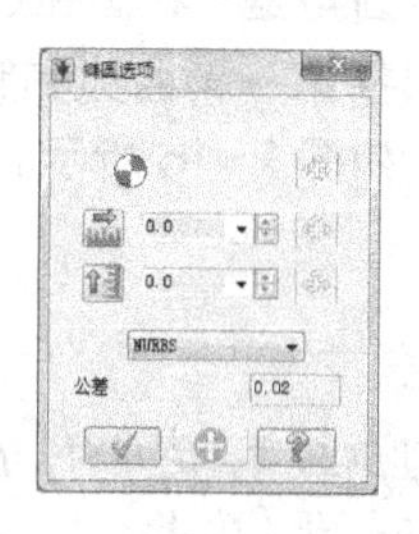

图 2-10 【椭圆选项】对话框

④ 绘制文字。在工具栏中单击按钮旁的按钮，选取【绘制文字】选项，打开【绘制文字】对话框，在这里可以详细设计创建文本的各种选项，如图 2-11 所示。

单击 真实字型... 按钮，打开【字体】对话框，可加入各种中文字体。设置好文本参数后，选取文本的起始位置即可完成创建工作，文本的起始位置为其左下角点，如图 2-12 所示。

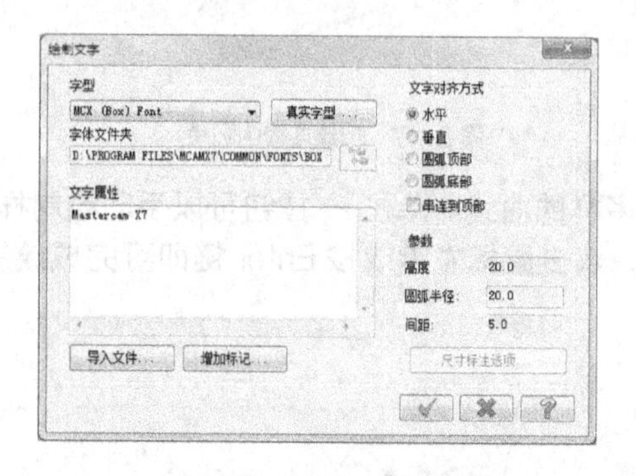

图 2-11 【绘制文字】对话框

MASTERCAM X7

MASTERCAM X7

Mastercam X7

图 2-12 绘制的文本

要点提示

文字的绘制一般应用在技术要求标注、注释以及标题栏的制作，其设计样式的不同，直接影响整张图纸的美观性，望读者用美学的视角审视文字的绘制方法和技巧。

⑤ 创建倒圆角。在工具栏中单击按钮可以打开倒角工具，该选项可用于绘制两个几何对象之间的圆角，几何对象可以选为线段、圆弧及样条曲线等。首先选择第一条曲线和第二条曲线，然后在按钮后的文本框中输入圆角半径，即可创建倒圆角，如图 2-13 和图 2-14 所示。

在倒圆角时，系统会自动去除多余的线条或延长线条到倒圆角位置。如果要保留倒圆角后多余的边线或不延伸曲线可以单击按钮，结果如图 2-15 所示。

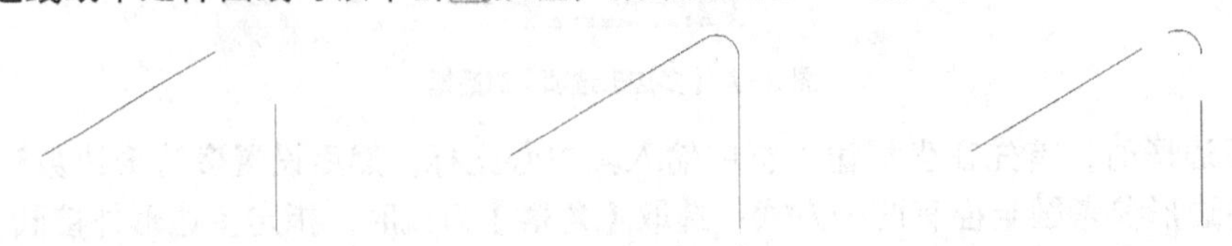

图 2-13 倒圆角前的直线　　图 2-14 倒圆角结果　　图 2-15 不修剪结果

⑥ 创建倒角。在工具栏中单击按钮旁的按钮，选取【串连倒角】选项，可以创建倒角。倒圆角是一种圆弧过渡，倒角则是一种直线过渡，二者创建方法相似。

选择第一条曲线和第二条曲线后，然后在按钮后的文本框中输入倒角长度，即可创建倒角，如图 2-16 所示。

要点提示

在创建倒圆角和倒角时，在工具栏中单击按钮旁的按钮，选取【串连倒圆角】或【串连倒角】选项，都可以打开【串连选项】对话框，在选定的一组连续几何对象之间创建倒圆角或倒角，如图 2-17 所示。

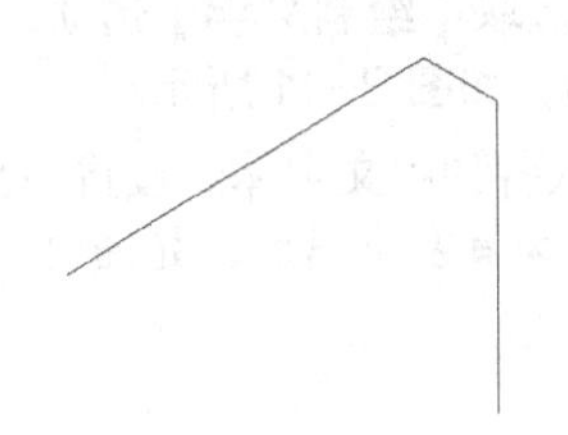

图 2-16 创建倒角

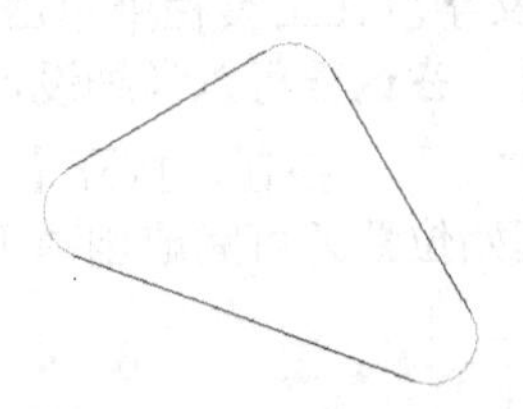

图 2-17 创建连续倒圆角

⑦ 绘制样条曲线。样条曲线是一种形状变化多样的曲线。单击按钮可以手动绘制样条曲线，依次选取曲线经过的参考点即可绘制曲线，双击鼠标左键或按 Enter 键即可完成绘制，如图 2-18 和图 2-19 所示。

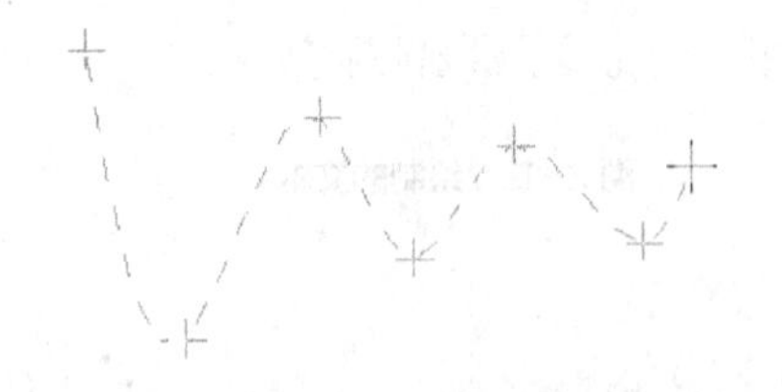

图 2-18 曲线轨迹

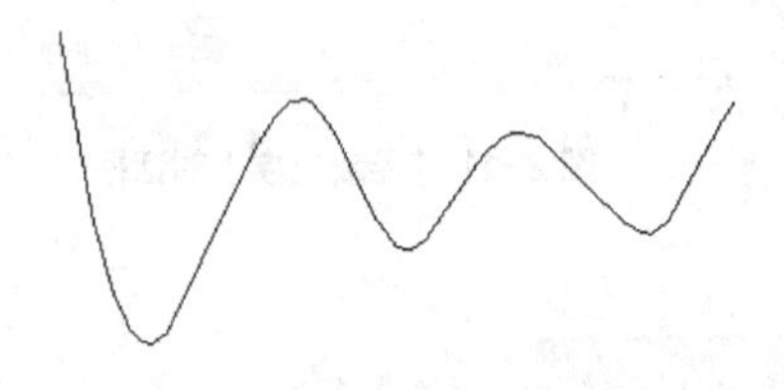

图 2-19 样条曲线

单击按钮旁的按钮，选取【自动生成曲线】选项，从一个点序列中选择第一个点、第二个点及最后一点，系统自动绘制出经过全部点的样条曲线，如图 2-20 所示。

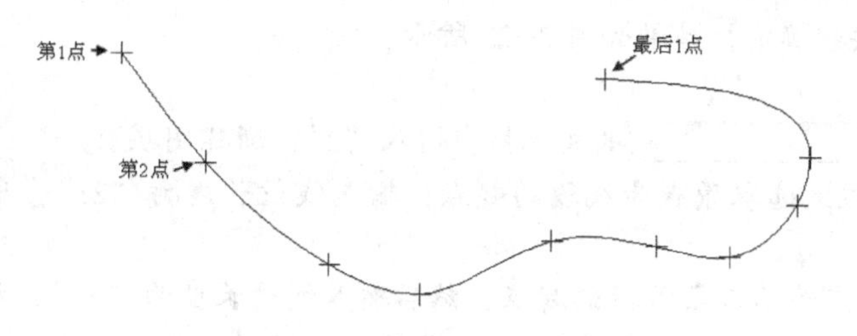

图 2-20　自动输入方式创建曲线

2.1.2　实战演练——绘制法兰盘

法兰盘是机械设计中典型的零件，毛坯为铸造件，在机械加工中多采用铣削、钻削等加工方式加工，下面以图 2-21 所示的法兰盘二维图形为例介绍直线、矩形、圆的绘制以及图形的修剪操作。

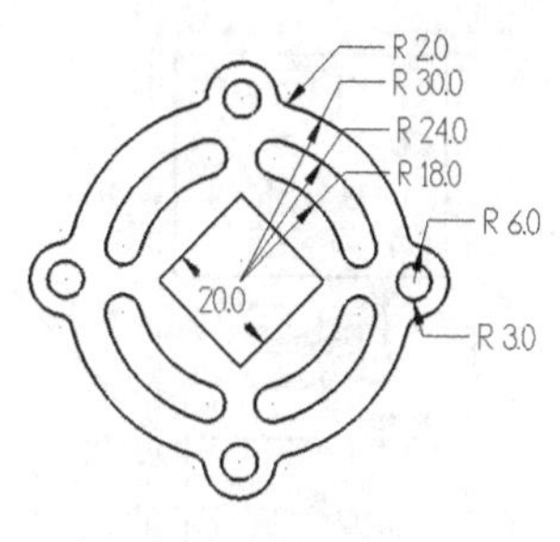

图 2-21　法兰盘

1. 涉及的应用工具

（1）绘图环境设置，包括绘图平面、坐标轴的显示以及线宽的设置。

（2）绘制矩形和线段。

（3）以【圆心 + 点】模式绘制圆。

（4）以中心点为旋转中心创建图形旋转特征。

（5）采用分割物体的模式修剪图形。

（6）创建图形倒圆角特征。

2. 操作步骤概况

操作步骤概况，如图 2-22 所示。

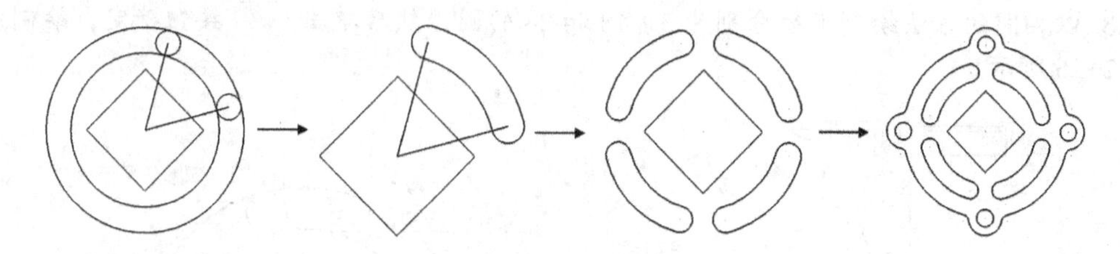

图 2-22　操作步骤

3. 绘制法兰盘

（1）绘图环境设置

① 单击工具栏中的按钮，设置前视图为绘图平面。

② 按 F9 键，显示坐标轴。

③ 单击（线宽）选项，选择第三条实线。

（2）绘制矩形

① 执行【绘图】/【矩形形状设置】命令，在弹出的【矩形选项】对话框中设置矩形长为 20，高为 20，设置旋转角度为 45°。在【固定位置】选项中单击中心点，然后选择原点为中心固定点绘制矩形。

② 单击 按钮确定，结果如图 2-23 所示。

（3）绘制线段

① 在 层别 1 的文本框中输入“2”，新建图层 2。

② 单击 按钮，选取原点为线段的起点，输入线段长度为“21”，角度为“15”，单击 按钮。

③ 选取坐标原点为第二条线段的起点，然后输入线段长度为“21”，角度为“75”，单击 按钮确定，结果如图 2-24 所示。

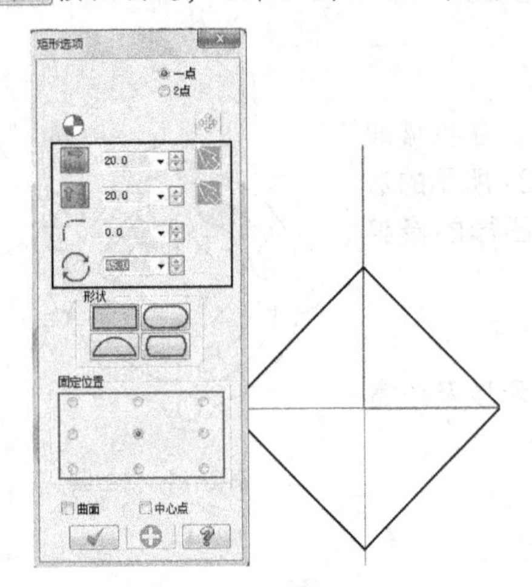

图 2-23 绘制矩形

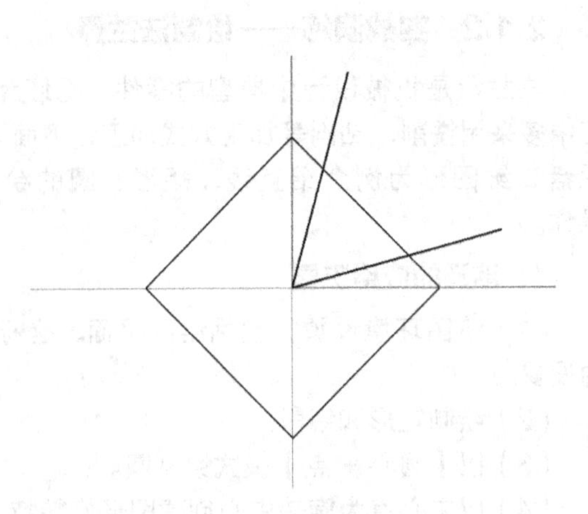

图 2-24 绘制线段

（4）绘制圆

① 将 层别 2 文本框中的 2 改为“1”，将图层 1 设置为当前图层。

② 执行【绘图】/【圆弧】/【圆心 + 点】命令，输入圆的半径为“3”，绘制图 2-25 所示的圆，然后单击 按钮确定。

③ 以相同的方法绘制半径分别为 3、18 和 24 的圆，然后单击 按钮确定，绘制结果如图 2-26 所示。

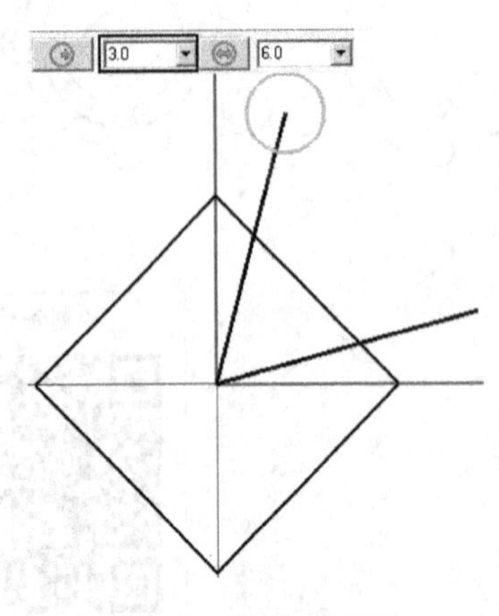

图 2-25 绘制 *R*3 的圆

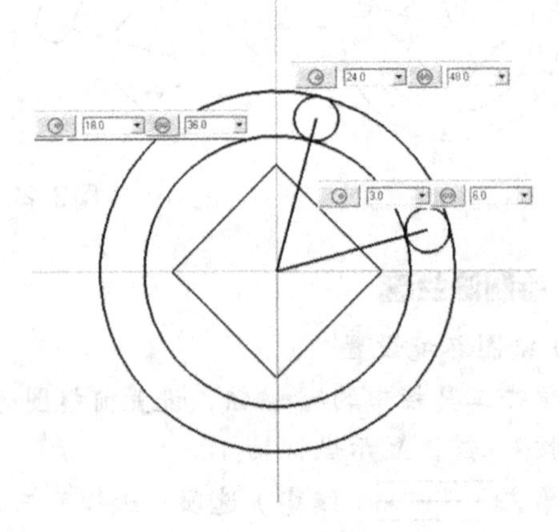

图 2-26 绘制圆

（5）修剪图形

① 按 F9 键隐藏坐标轴。

② 单击按钮，打开【修剪 / 延伸 / 打断】工具栏，然后单击按钮进行线段的分割。

③ 依次单击选取图 2-27 所示的图形位置进行分割物体修剪，结果如图 2-28 所示。

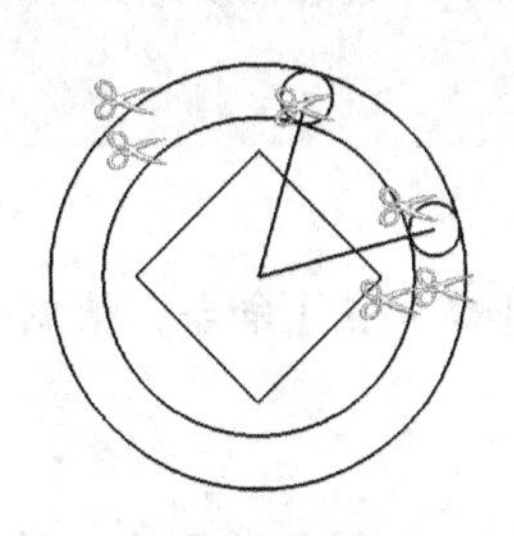

图 2-27　修剪图形

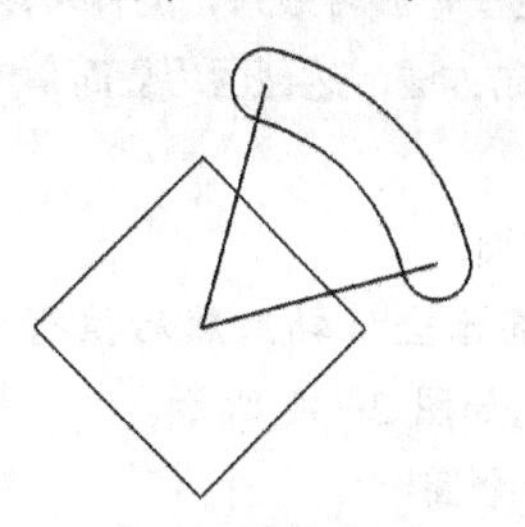

图 2-28　修剪结果

要点提示

单击按钮，在图 2-29 所示的【修剪 / 延伸 / 打断】工具栏中可以选择多种修剪图形的方式。例如，单击按钮可以对两图形相交之外的部分进行修剪，而单击按钮，可以对两图形相交之外的其中一图形的部分进行修剪。

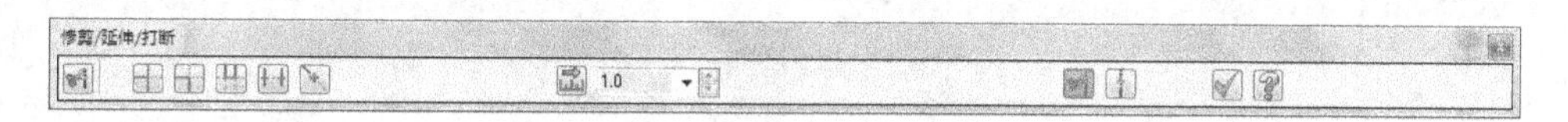

图 2-29 【修剪 / 延伸 / 打断】工具栏

（6）旋转图形

① 单击层别 1 工具栏中的层别按钮，在弹出的【层别管理】对话框的【突显】列中，单击层别 2 的“×”标识，“×”标识将消失，即表示取消图层 2 的显示。

② 单击按钮，依次选取图 2-30 所示的图素，然后按 Enter 键确定。

③ 在【旋转】对话框中设置参数，单击按钮确定，结果如图 2-31 所示。

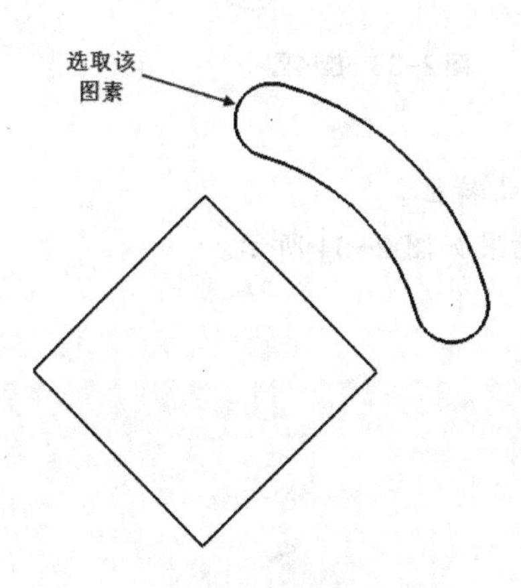

图 2-30　选取旋转对象

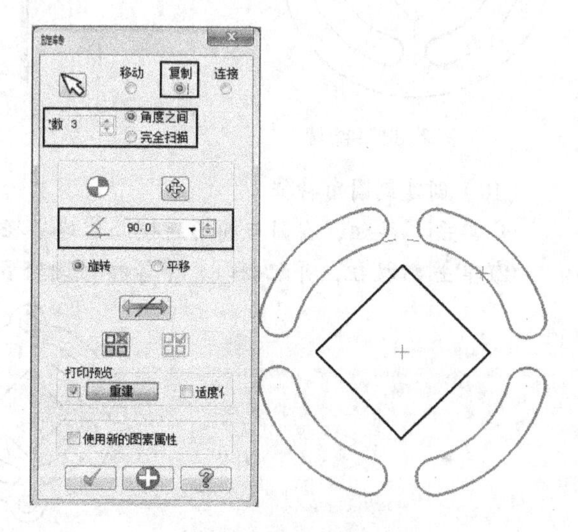

图 2-31　旋转图形

要点提示

图 2-31 所示的图形旋转效果，同样可以通过【镜像】功能获得，只不过过程较为烦琐，读者在绘制图形过程中要总结方法，达到运用最简单的方法绘制图形的目的。

（7）绘制圆

按 F9 键显示坐标轴，然后执行【绘图】/【圆弧】/【圆心 + 点】命令，绘制半径分别为 3、6 和 30 的圆，如图 2-32 所示。

（8）打断全圆

① 执行【编辑】/【修剪 / 打断】/【全圆打断】命令，选取上步骤绘制的 3 个圆，然后按 Enter 键确定。

② 在弹出的【全圆打断的圆数量】对话框中输入“4”，将全圆打断为 4 段，然后按 Enter 键确定。

（9）旋转图形

① 单击按钮，依次选择 $R6$ 和 $R3$ 两个圆，然后按 Enter 键确定。

② 在弹出的【旋转】对话框中设置参数，单击按钮确定，然后单击按钮，去除图形颜色，结果如图 2-33 所示。

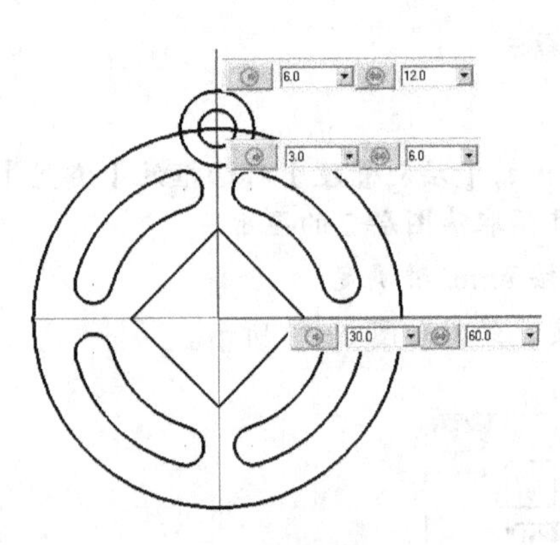

图 2-32 绘制圆

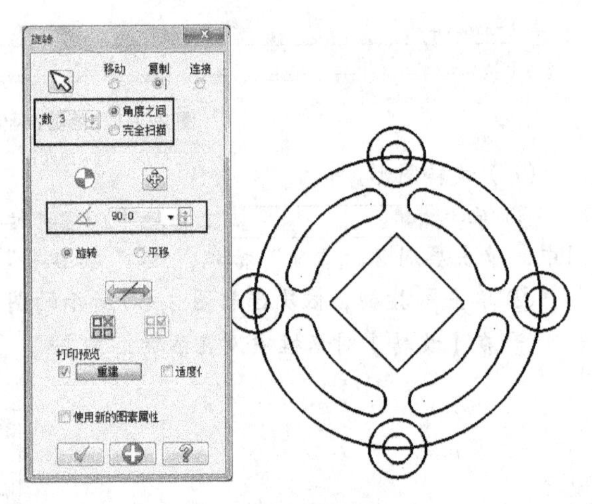

图 2-33 旋转圆

（10）创建倒圆角特征

① 单击按钮，在圆与圆的连接处创建半径为 $R2$ 的圆角特征。

② 单击按钮，并配合、等按钮删除多余图素，结果如图 2-34 所示。

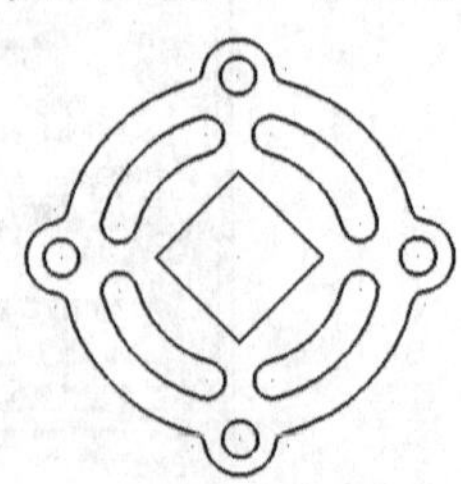

图 2-34 最终结果

要点提示

如果想让图形恰当的显示在绘图区，则可以单击【适度化】按钮，或者单击与适度化功能类似的操作【重画】按钮，但此按钮只能够刷新屏幕。同时也可以通过单击【目标放大】按钮和【目标缩小】按钮实现手动调节。

2.1.3　综合训练——绘制垫板

垫板是工装夹具设计中典型的零件，在机械加工中多采用铣削、钻削等加工方式加工。下面以图 2-35 所示的垫板二维图形为例，介绍直线、矩形、圆的绘制以及图形的修剪操作。

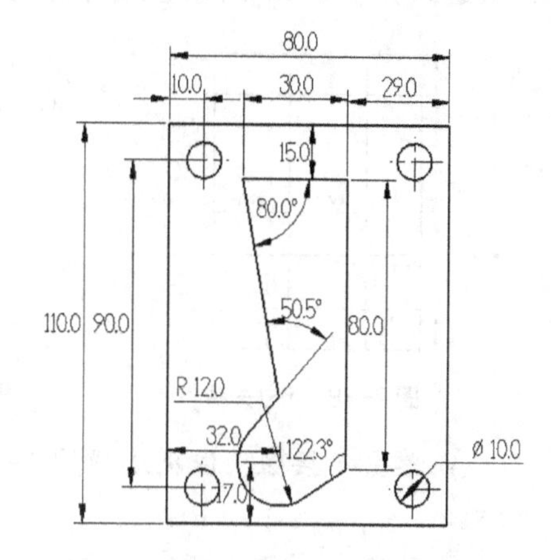

图 2-35　垫板

1. 涉及的应用工具

（1）绘图环境设置，包括绘图平面、坐标轴的显示以及线宽的设置。

（2）绘制矩形和线段。

（3）修剪图形。

（4）绘制圆弧，并用直线连接圆弧和线段。

（5）绘制圆心及圆。

（6）创建图形镜像特征，形成 4 个定位孔。

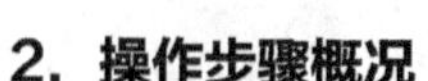

2. 操作步骤概况

操作步骤概况，如图 2-36 所示。

3. 绘制垫板

（1）设置绘图环境

① 单击工具栏中的按钮，设置俯视图为绘图平面，再单击按钮。

② 设置线型、线宽为第二条实线。

（2）绘制垫板轮廓

① 单击按钮，然后在弹出的【直线】工具栏中单击按钮，绘制以下连续线，结果如图 2-37 所示。

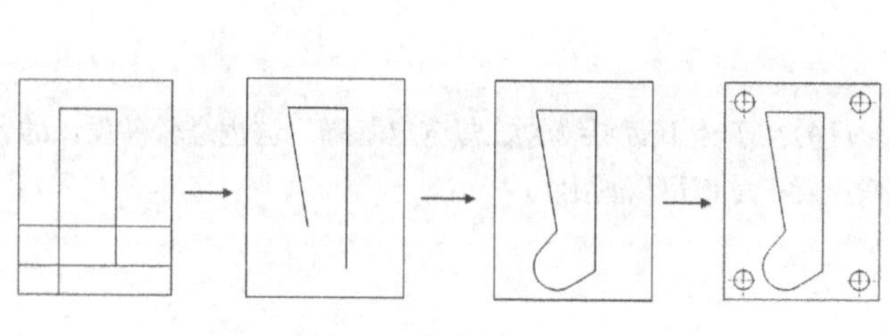

图 2-36　操作步骤

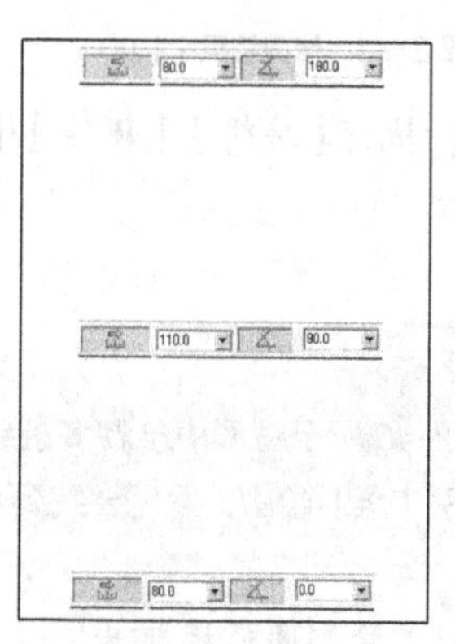

图 2-37　矩形

- 线段的第一个点为原点，输入长度为“80”，角度为“0”，按 Enter 键确定。
- 输入长度为“110”，角度为“90”，按 Enter 键确定。
- 输入线段长度为“80”，角度为“180”，按 Enter 键确定。
- 连接起点。

② 执行【绘图】/【任意线】/【绘制平行线】命令，选择要与之平行的线段，在 0.0 文本框中输入距离，尺寸如图 2-38 所示，最终结果如图 2-39 所示。

③ 执行【编辑】/【修剪/打断】/【修剪/打断/延伸】命令，单击按钮修剪图形，依次选择图 2-40 所示线段 1 和线段 2。

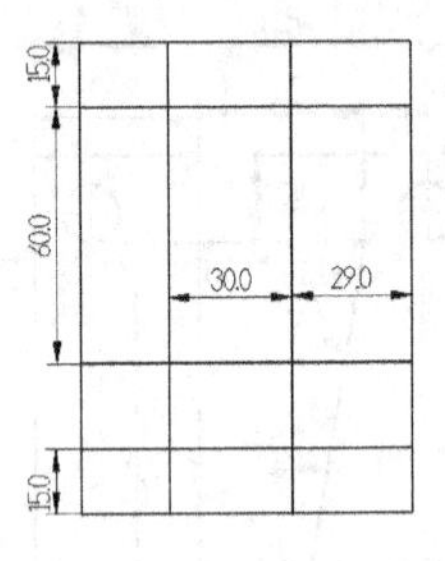

图 2-38 尺寸关系

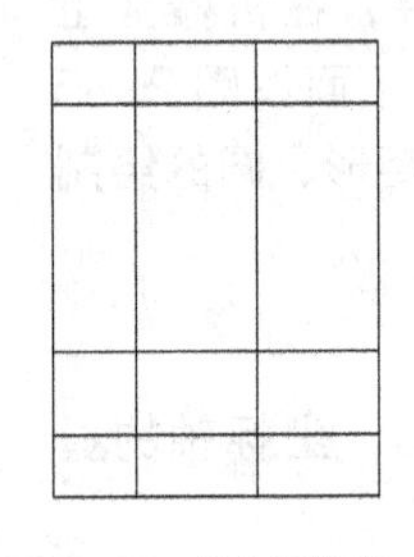
图 2-39 绘制平行线

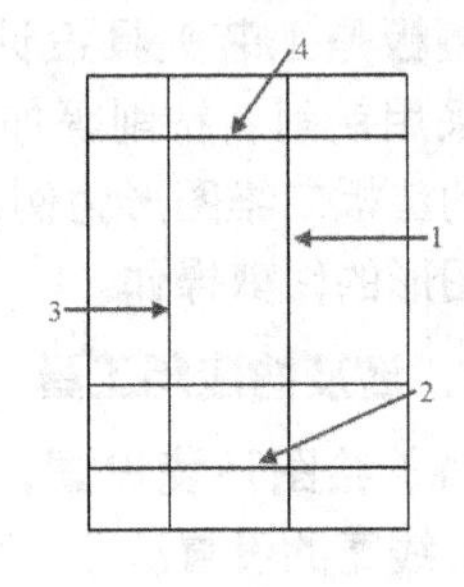

图 2-40 选取修剪对象

④ 单击按钮，依次选择图 2-40 所示的线段 1、线段 3 和线段 4，修剪结果如图 2-41 所示。

⑤ 单击按钮，指定线段的起点，输入线段长度为“65”，角度为“280”，按 Enter 键确定，结果如图 2-42 所示。

⑥ 同理修剪线段，结果如图 2-43 所示。

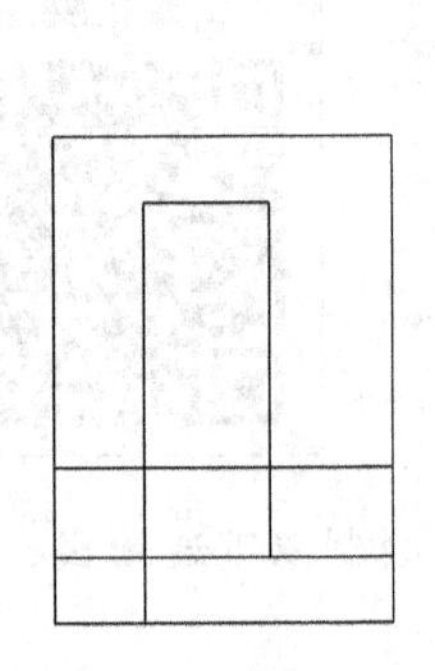
图 2-41 修剪结果（1）

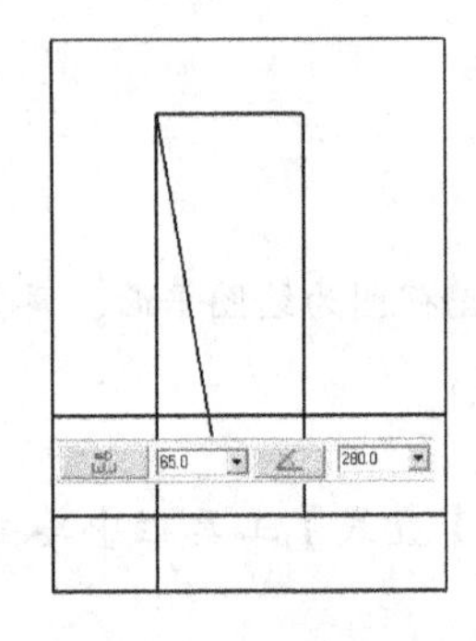

图 2-42 绘制线段

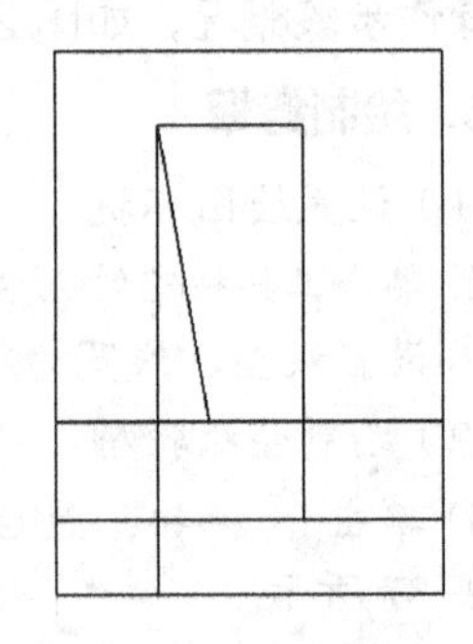
图 2-43 修剪结果（2）

⑦ 执行【编辑】/【删除】/【删除图素】命令，删除多余的线条，垫板外轮廓结果如图 2-44 所示。

要点提示

在图 2-40 所示图形中绘制多条线段，目的在于为下面斜线的绘制奠定基础，这也是软件设计的弊端，倘若手工纸质绘图，只需要找到偏斜角度及长度就可以画出。

（3）绘制圆弧连接头

①执行【绘图】/【圆弧】/【极坐标圆弧】命令，输入圆心坐标（32，17，0），输入圆弧的

半径为“12”，起始角度为“120”，终止角度为“320”，单击按钮确定，结果如图 2-45 所示。

② 单击按钮，然后在工具栏中单击按钮，启动绘制切弧模式，分别选中圆弧与点 1，按 Enter 键确定。选中圆弧与点 2，按 Enter 键确定，结果如图 2-46 所示。

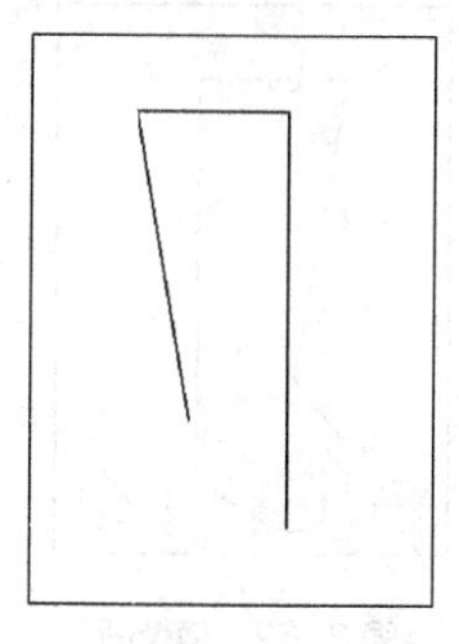

图 2-44 删除结果

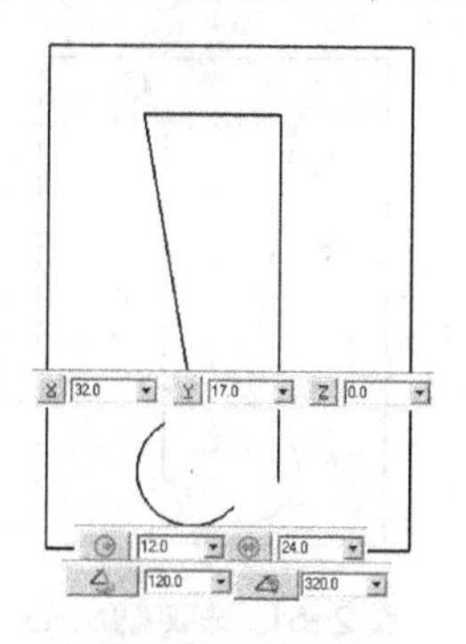

图 2-45 绘制圆弧

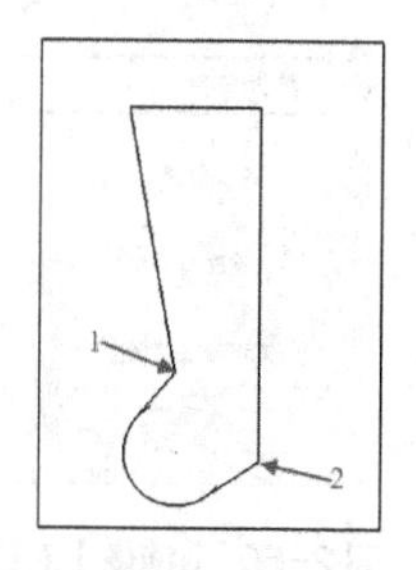

图 2-46 绘制切线

③ 单击按钮，修剪圆弧，结果如图 2-47 所示。

（4）绘制垫板定位孔

① 在 属性 工具栏中将线型修改为中心线。

② 单击按钮，绘制两端点分别为（10，2，0）、（10，17，0）的中心线然后单击按钮确定；用相同的方法绘制两端点分别为（2，10，0）、（17，10，0）的中心线，结果如图 2-48 所示。

③ 将线型设为实线，然后执行单击按钮，选中两中心线的相交点为圆心，输入直径为“10”，结果如图 2-49 所示。

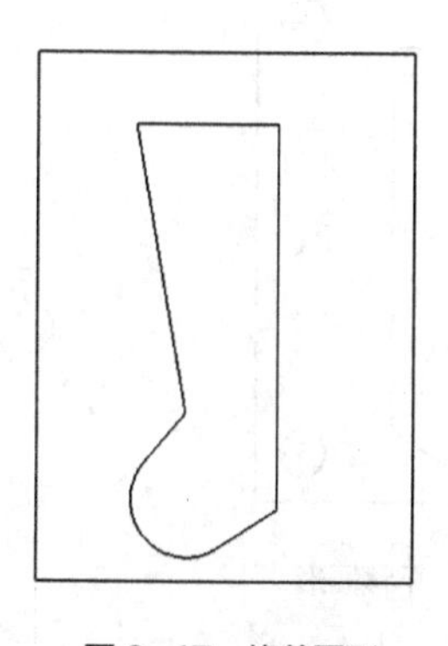

图 2-47 修剪图形

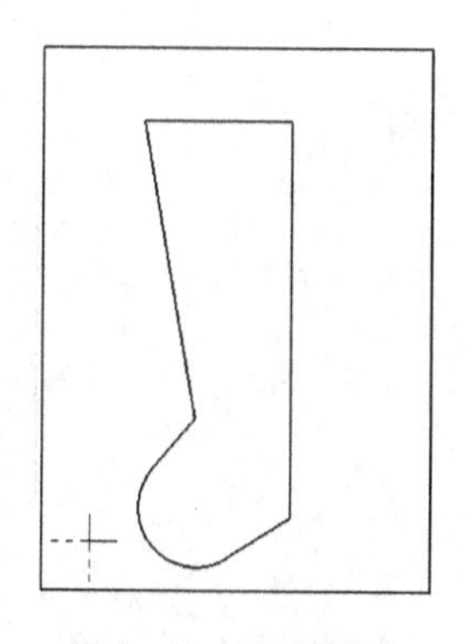

图 2-48 绘制中心线

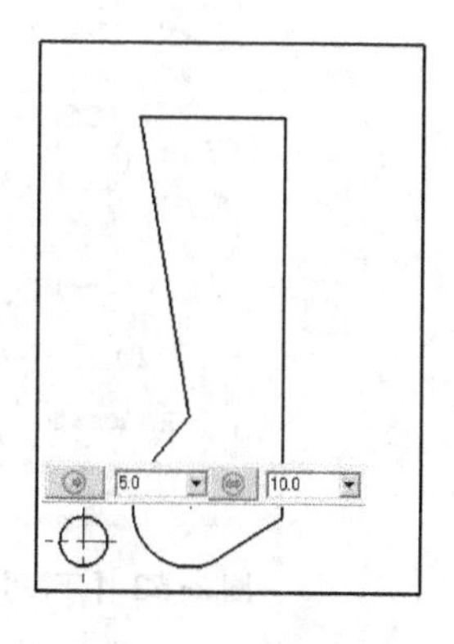

图 2-49 绘制圆

（5）创建图形镜像特征

① 执行【转换】/【镜像】命令，选中绘制的圆和两条中心线，按 Enter 键确定，在图 2-50 所示的【镜像】对话框中设置镜像参数。

② 然后在【镜像】对话框中单击按钮，在绘图区中选择图 2-51 所示的两线段中点为镜像中线，结果如图 2-52 所示。

要点提示

大多工程图里均有对称的图形要素，在计算机辅助设计中只需通过镜像或旋转即可完成对称图形的绘制。读者多注意镜像、旋转等工具的运用，可以起到事半功倍的效果。

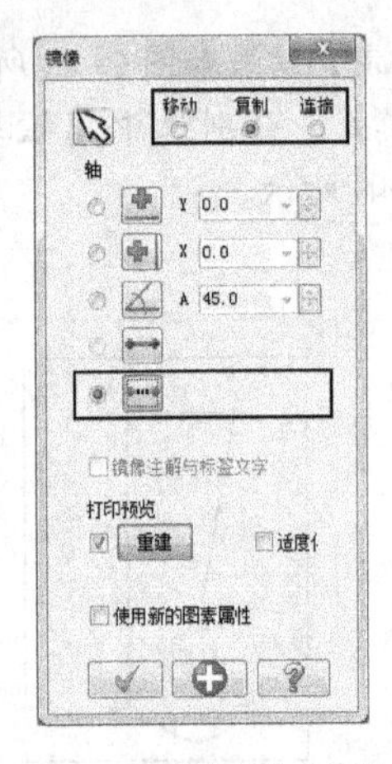

图2-50 【镜像】对话框

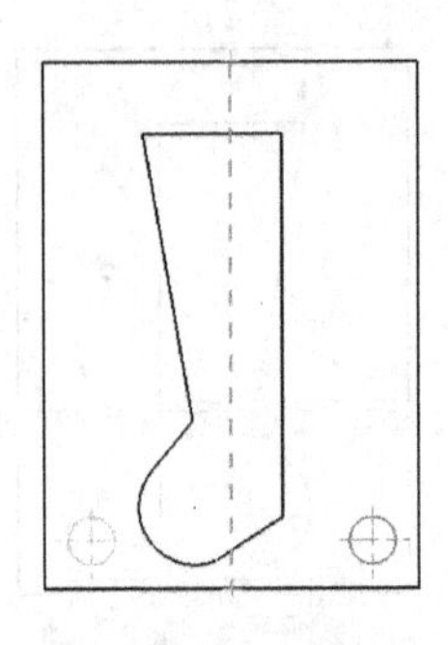

图2-51 选取镜像中心

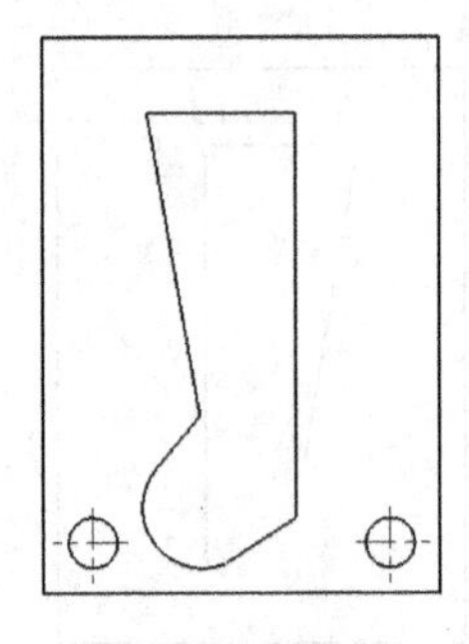

图2-52 镜像图形

（6）创建图形平移特征

① 执行【转换】/【平移】命令，选中绘制的两个圆和所有的中心线，然后按 Enter 键确定。

② 在图 2-53 所示的【平移】对话框中设置平移参数，单击 ✓ 按钮确定，结果如图 2-54 所示。

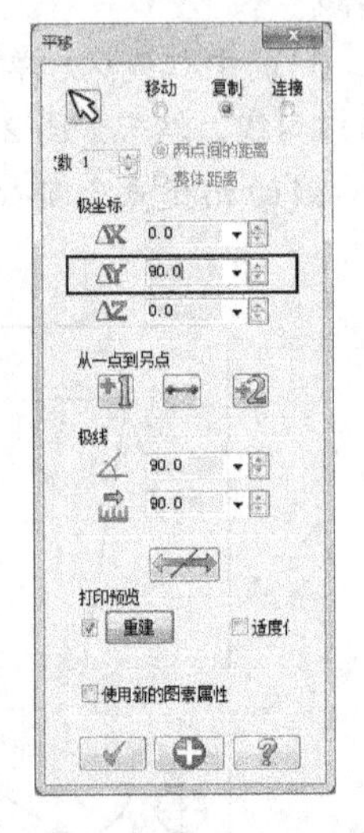

图2-53 【平移】对话框

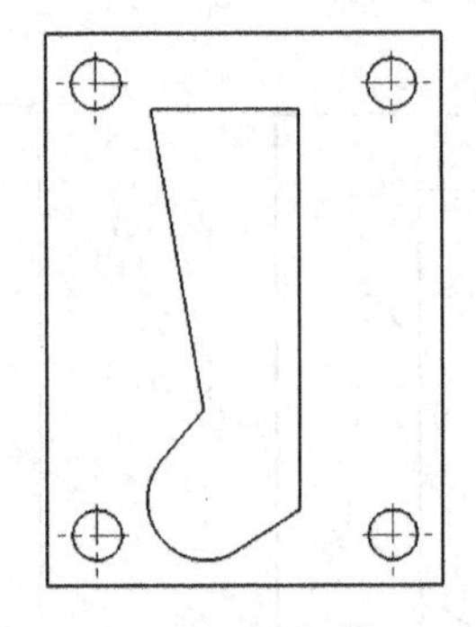

图2-54 平移图形

2.2 编辑二维图形

编辑、转换命令都是对屏幕上已存在的图形进行编辑、修改，以获得新的图形，主要包含修剪、打断、平移、旋转、镜像、比例缩放、单体补正、串连补正等。

2.2.1 重点知识讲解

1. 图形的修剪与打断

对几何图形进行修剪与打断是将曲线进行修剪或将其延伸到交点的操作，被修剪的曲线必须在同一个构图平面内，执行【编辑】/【修剪 / 打断 / 延伸】命令，系统提供了图 2-55 所示的 8 种方法，其中，【修剪 / 打断 / 延伸】、【多物修整】以及【两点打断】是比较常用的命令。

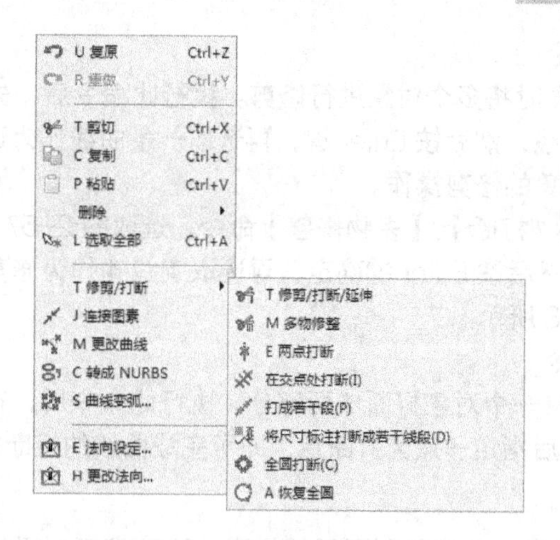

图 2-55　二维图形的修剪 / 打断方法

（1）【修剪 / 打断 / 延伸】命令

执行【编辑】/【修剪 / 打断】/【修剪 / 打断 / 延伸】命令，其工具栏提供了 5 种操作方法，如图 2-56 所示。

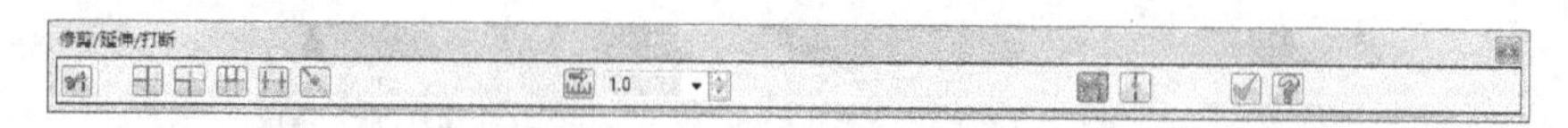

图 2-56 【修剪 / 延伸 / 打断】工具栏

操作方法如表 2-6 所示。

表 2-6 【修剪 / 打断 / 延伸】命令操作方法

修剪类型	操作方法	修剪前	修剪后
【单一物体修剪】按钮	先选取要修剪的直线、弧或样条曲线，然后选取另一直线、弧或样条曲线，即可完成对第一条曲线的修剪		
【两物体修剪】按钮	依次选择要修剪的两条直线、弧或样条曲线，即可完成对两条曲线的修剪		
【三物体修剪】按钮	先选择需要修剪的两条直线、弧或样条曲线，然后选择第 3 条曲线，则前两条曲线与第 3 条曲线组成边界修剪边界外的图素		
【分割物体】按钮	直接选取一条直线要修剪的部分，即可完成对直线或圆弧的修剪		
【修剪至点】按钮	先选取需要修剪的直线、弧或样条曲线，然后指定修剪点，即可完成修剪		

（2）【多物修整】命令

【多物修整】命令可同时将多个对象进行修剪。执行此命令后，先在绘图区选取需要修剪的多条直线、弧或样条曲线，然后按 Enter 键，再选取一条曲线作为边界，指定需要保留的一边，即可完成多个操作对象的修剪操作。

执行【编辑】/【修剪 / 打断】/【多物修整】命令，选取图 2-57 所示的直线 1、2 和曲线 3 作为需要修剪的图素，然后按 Enter 键确定，再选取直线 4 作为修剪边界，单击需要保留的一方，修剪结果如图 2-58 所示。

（3）【两点打断】命令

【两点打断】命令可将一个对象打断成两部分。执行此命令后，在绘图区选取需要打断的直线、弧或样条曲线，然后指定一点为打断点，即可完成曲线的打断操作。

2. 平移

平移就是将选取的图素移动或复制到新的位置，移动或复制后的图素不改变方向、大小和形状，图素可以在同一平面内移动，也可以从一个平面移动到另一个平面。

执行【转换】/【平移】命令，或者在工具栏中单击按钮即可打开图 2-59 所示的【平移】对话框。

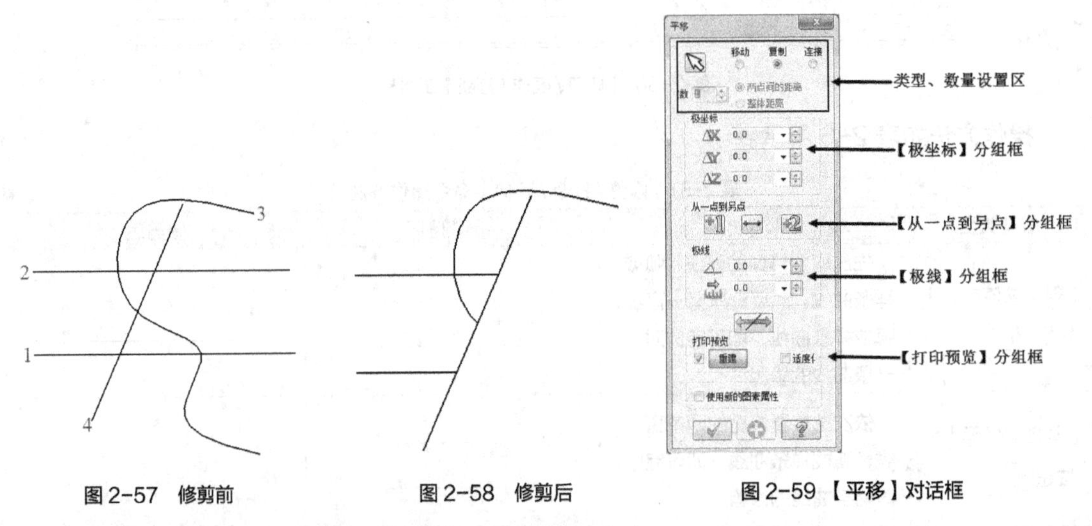

图 2-57　修剪前　　图 2-58　修剪后　　图 2-59 【平移】对话框

下面对对话框中各工具的用法进行说明。

（1）类型、数量设置区：设置平移类型等参数。

- ：增加或删除图素。如果一个或几个该被平移的图素漏选了，则可以通过单击该按钮，然后再选取被漏选的图素来纠正。若一个或几个不该被平移的图素被选中了，也可通过单击该按钮，然后再选取被误选的图素来纠正。
- 【移动】单选项：选取此类型，系统只显示平移后的图形，而原始图形不被显示，可理解为原始的图形被移动了。
- 【复制】单选项：选取此类型，系统不仅显示平移后的图形，还显示原始图形。可理解为生成的图形是由原始图形复制而来的，原始图形仍然存在。
- 【连接】单选项：选取此类型，系统除了显示原始和平移后的图形外，还将各个对应的端点用线连接起来。

（2）【极坐标】分组框：通过点坐标的方式来确定图形平移的位置。

- ΔX：用以控制 *X* 方向的平移增量。
- ΔY：用以控制 *Y* 方向的平移增量。
- ΔZ：用以控制 *Z* 方向的平移增量。

（3）【从一点到另点】分组框：以两点为参照来平移图形。这两点连线的方向即为平移的方向，其长度即为平移的距离。

- ：参照起点平移图形。
- ：以存在的一条线段为参照来平移图形。
- ：参照终点平移图形。

要点提示

在进行平移过程中，单击了或按钮后，只需在绘图区确定两个不同的点即可完成图形平移的矢量定义。

（4）【极线】分组框：以极线的方式来确定平移的位置。

其中，第一项用以确定平移的方向，第二项用以确定平移的距离。

3．旋转

旋转就是将一个图形以某已知点为中心进行旋转操作，操作后的图素不改变大小和形状，但可以改变方向。执行【转换】/【旋转】命令，或者单击工具栏上的按钮即可打开【旋转】对话框，可以对旋转各个参数进行设置。

下面对以下几个工具的用法进行说明，其余工具的功能与前面介绍的【平移】对话框中的功能相似。

- ：确定新的旋转中心。
- 【旋转】单选项：旋转方式。
- 【平移】单选项：平移方式。
- ：删除旋转图形中的某一个图形。
- ：恢复旋转图形中的某一个图形。

4．镜像

镜像命令主要用于将一个图形沿某一条线进行镜像操作。执行【转换】/【镜像】命令，或者单击工具栏上的按钮即可启动命令，系统弹出【镜像】对话框，其大部分按钮和选项的用法与【平移】对话框中的相同，在此不再赘述。仅说明以下按钮的用法。

- ：沿 *Y* 轴对称，或对称轴为平行于 *Y* 轴的一条直线。
- ：沿 *X* 轴对称，或对称轴为平行于 *X* 轴的一条直线。
- ：沿某一斜线对称。
- ：以某一线段为对称轴。
- ：以两点的连线为对称轴。

按照图 2-60 所示设置镜像参数，以一条通过原点且与水平方向成 45° 夹角的斜线作为对称轴镜像矩形，结果如图 2-61 所示。

图 2-60 【镜像】对话框

图 2-61 镜像后的图形

要点提示

若单击按钮前面的小圆圈，系统则默认以原始图形的几何中心作为斜线通过的点绘制一条 45° 的斜线进行镜像。如果单击按钮，则系统会要求选取一个参照点来确定镜像斜线的位置。沿 X、Y 向镜像的用法与此相同。

5. 比例缩放

将图形按一定的比例进行缩放，基本原理就是将图形元素上的各特征点与缩放中心相连，根据缩放倍率沿连线缩放，得到新特征点。相邻新特征点彼此连接形成新的图形，就是缩放后的图形。比例缩放命令主要用于将一个图形按一定的比例进行缩放。

执行【转换】/【比例缩放】命令，或者单击工具栏上的按钮即可打开【比例】对话框，如图 2-62 所示。

（a）等比例缩放

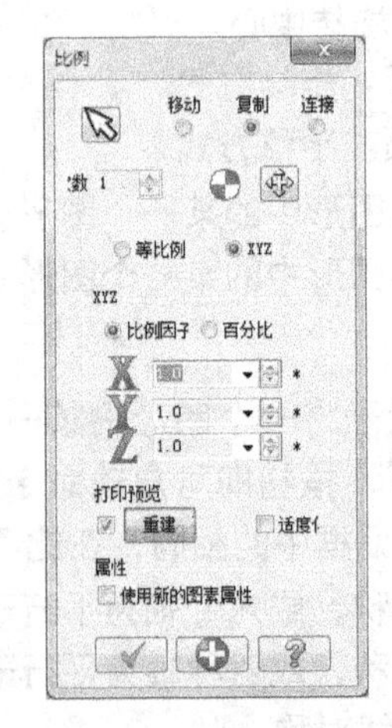

（b）不等比例缩放

图 2-62 【比例】对话框

比例缩放有等比例和不等比例两种类型。

- 等比例缩放：比例因子大于 1 将放大对象，反之将缩小对象，并且对象将沿 *X*、*Y*、*Z* 3 个坐标轴等比例因子缩放。

• 不等比例缩放：需要指定 X、Y、Z 3 个坐标轴缩放的比例因子，对象将沿 X、Y、Z 3 个坐标轴按各自的参数缩放。

要点提示

比例缩放是工程图放置在图纸模板中的修正工具，通常是按原比例绘制图形，然后根据工程图模板设定缩放比例，以恰当的大小放置图形，同时将缩放比例填写在标题栏中，故缩放比例系数应尽量保持在一个小数内。

6. 单体补正

单体补正命令用于将选定的图形元素按指定的方向偏移指定的距离。执行【转换】/【单体补正】命令，或者单击工具栏上的按钮即可启动该命令，系统将弹出图 2-63 所示的【补正】对话框，可以对补正次数、间距、方向等参数进行设置。

在【补正】对话框中的按钮后面的文本框中输入偏移距离数值。设置完成后，首先选择要被偏移的图素，再单击确定要偏移的方向即可完成偏移操作，结果如图 2-64 所示。

要点提示

对曲线进行偏移操作后，曲线的形状有可能发生一定程度的变化。

7. 串连补正

串连补正命令用于将选定的几何图形按指定方向偏移指定的距离。执行【转换】/【串连补正】命令，或单击工具栏上的按钮即可启动命令，弹出【串连补正选项】对话框。例如，将原矩形向外偏移距离 10，并对偏移后的转角处进行圆角处理，将对话框中的参数按图 2-65 所示进行设置，串连补正后的图形如图 2-66 所示。

图 2-63 【补正】对话框　　图 2-64　偏移圆弧　　图 2-65 【串连补正选项】对话框

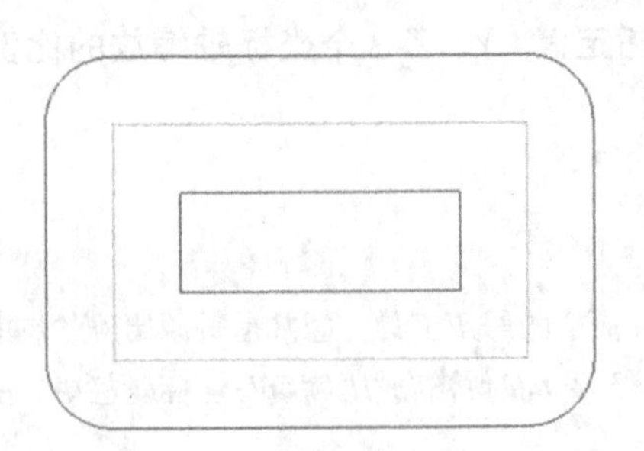

图 2-66 串连补正结果

2.2.2 实战演练——绘制样板零件

样板零件是工装夹具及传动结构中的常见零部件。下面以图 2-67 所示零件的外轮廓为例，介绍图形绘制与编辑的操作过程。

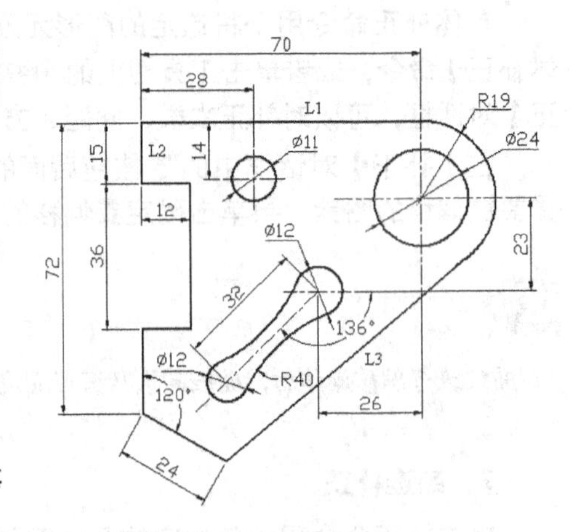

图 2-67 样板零件

1. 涉及的应用工具

(1) 绘图环境设置，包括绘图平面、坐标轴的显示以及线宽的设置。

(2) 利用直线工具绘制辅助中心线。

(3) 以【圆心 + 点】模式绘制圆、公切圆。

(4) 绘制切线和连续线，构成样板的外部轮廓。

(5) 采用【单一物体修剪】、【两物体修剪】等修剪命令修剪图形。

2. 操作步骤概况

操作步骤概况，如图 2-68 所示。

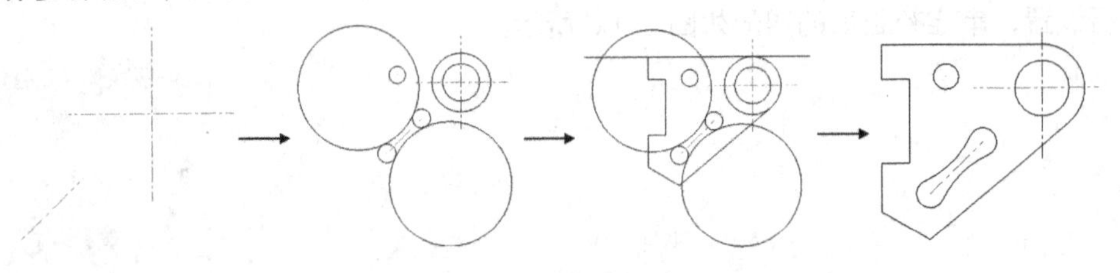

图 2-68 操作步骤

3. 绘制样板零件

(1) 绘图环境设置

① 单击工具栏中的按钮，设置俯视图为绘图平面。

② 按 F9 键，显示坐标轴。

③ 单击（线型）选项，选择中心线为当前线型。

(2) 绘制辅助线

① 单击按钮，输入起点坐标为（−30，0，0），在长度和角度文本框中分别输入“60”和“0”。

② 输入起点坐标为（0，30，0），在长度和角度文本框中分别输入“60”和“−90”。

③ 输入起点坐标为（-26，-23，0），在长度和角度文本框中分别输入“32”和“-136”，结果如图2-69所示。

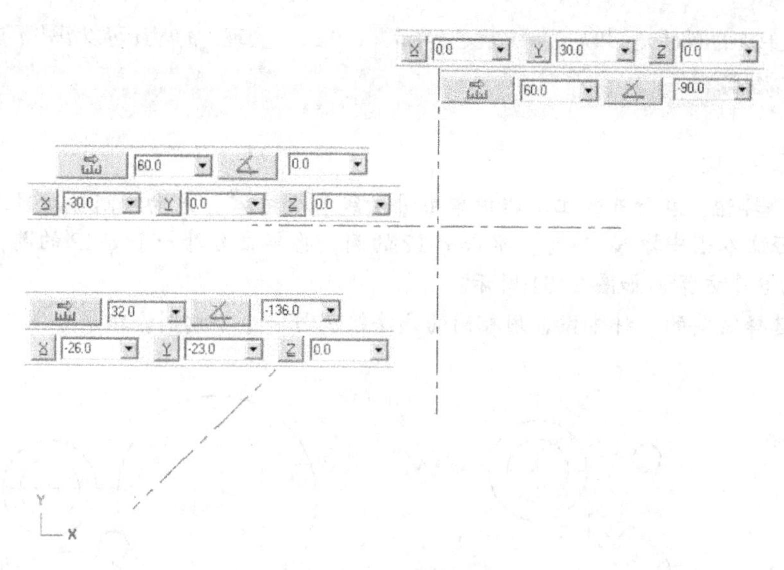

图2-69　绘制辅助线

要点提示

在绘制竖直或者水平线段时，可以单击【线段】工具栏中的【垂直】按钮或【水平】按钮，只需输入水平线段起始位置和长度即可以绘制垂线。

（3）绘制圆

① 将线型修改为实线，选择第二条实线为线宽，并将新建图层2设置为当前图层。

② 单击按钮，然后在绘图区拾取原点为圆心，绘制半径分别为12和19的圆。

③ 输入圆心坐标为（-42，5，0），绘制直径为11的圆。

④ 在绘图区捕捉左下角斜线的两个端点，分别以线段的两端点为圆心，绘制直径为12的圆，结果如图2-70所示。

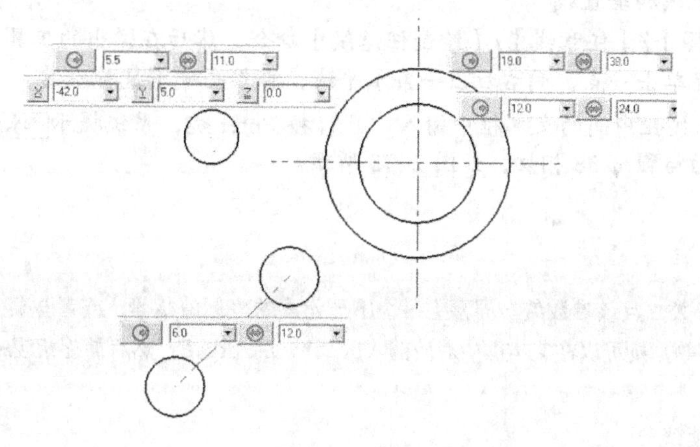

图2-70　绘制圆

要点提示

当绘制圆心在原点的圆时，可以通过输入圆心坐标（0，0，0）实现，同时还可以单击【自动抓点】工具栏中的按钮实现。

（4）绘制公切圆

① 单击按钮，在打开的工具栏中单击【切线】按钮，启动绘制公切圆工具。

② 在半径文本框中输入“40”，单击 ϕ12 的圆，再单击另外一个 ϕ12 的圆，屏幕上将出现满足条件的 8 个方案，如图 2-71 所示。

③ 单击选择需要的一种方案，用相同的方法绘制另一个公切圆，结果如图 2-72 所示。

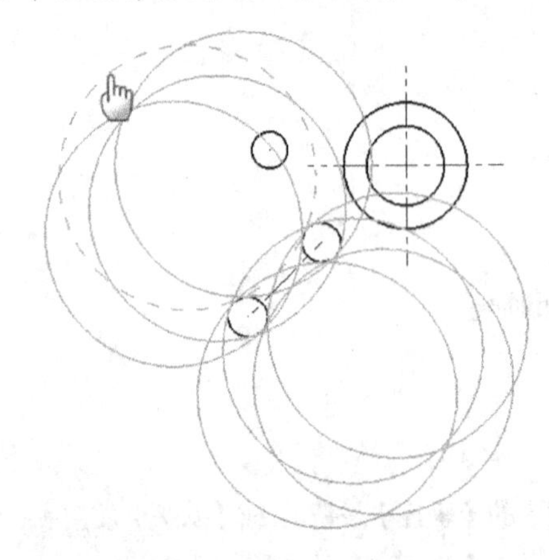

图 2-71 满足条件的公切圆

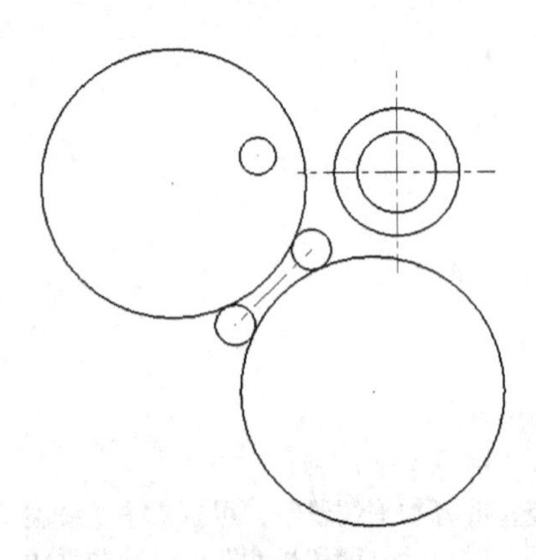

图 2-72 绘制公切圆

要点提示

在 Mastercam X7 中，如果满足条件时有多种情况出现，系统会将所有满足条件的情况显示在屏幕上，由用户自行选择。

（5）绘制水平线和垂直线

① 执行【绘图】/【任意线】/【绘制任意线】命令，然后在弹出的工具栏中单击按钮，在屏幕上适当位置单击一点，向右拉出一条水平线，再单击一下鼠标左键。

② 在和按钮中间的文本框中输入“y”，按 Enter 键，系统提示选取点，捕捉 ϕ38 上象限点，直线自动与圆 ϕ38 相切，如图 2-73 所示。

要点提示

如果仅输入一个参数，且该参数值与屏幕上某个图形元素的坐标值相等，或者与某一个图形元素的直径、半径、长度相等，则可以在文本框中对应输入 X、Y、D、R、L，然后捕捉相应的图形元素即可。

（6）绘制连续线

① 执行【绘图】/【任意线】/【绘制任意线】命令，然后在弹出的工作栏中单击按钮。

② 在坐标文本框中依次输入坐标(−70，19，0)、(−70，4，0)、(−58，4，0)、(−58，−32，0)、(−70，−32，0)和(−70，−53，0)，然后在长度文本框中输入“24”，在角度文本框中输入“−30”。

③ 单击按钮，将鼠标光标移动到与 ϕ38 的圆相切的切点附近单击，完成切线的绘制，结果如图 2−74 所示。

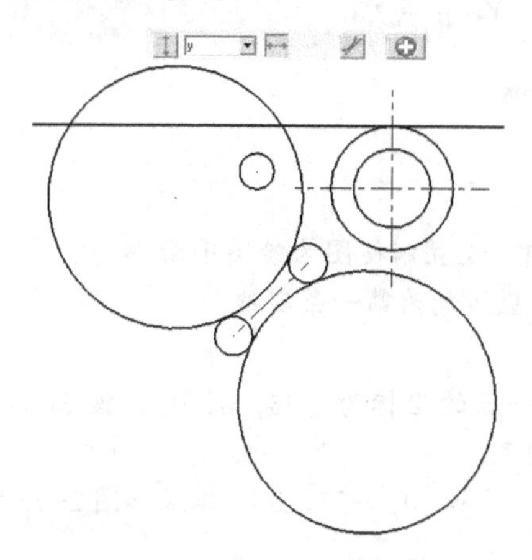

图 2−73 绘制切线

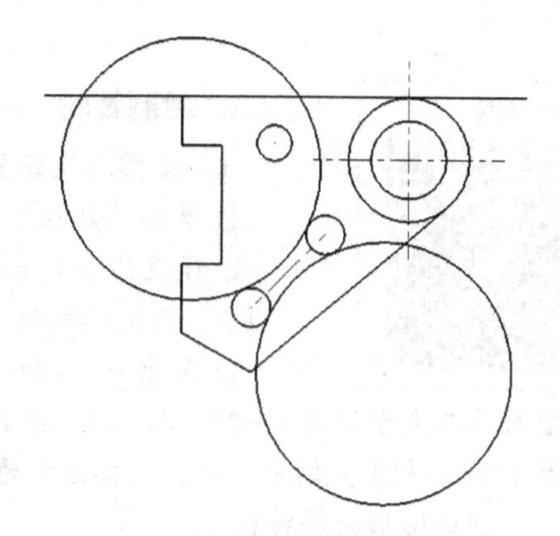

图 2−74 绘制连续线

(7) 修剪单一物体

单击按钮，然后结合【修剪 / 延伸 / 打断】工具栏中的按钮，进行图形的修剪和整理，修剪步骤提示如图 2−75 所示。

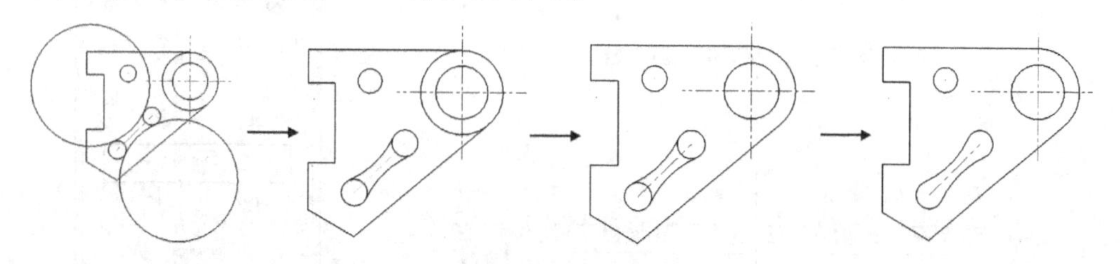

图 2−75 修剪图形

2.2.3 综合训练——绘制棘轮截面

棘轮是将匀速圆周运动转变为间歇运动的常用零部件，其二维截面绘制尺寸的大小直接影响到运动方式转换的效果。本例将使用旋转、平移、修剪等绘图和编辑工具绘制一个棘轮截面的图案，使最后创建的设计结果如图 2−76 所示。

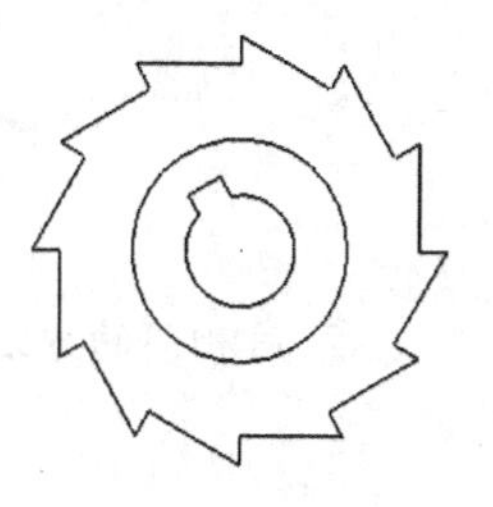

图 2−76 棘轮截面

1. 涉及的应用工具

(1) 绘图环境设置，包括绘图平面、坐标轴的显示以及线宽的设置。
(2) 绘制圆和线段，并利用平移工具绘制平行线。
(3) 修剪图形，并绘制棘轮中心圆的轮廓。
(4) 旋转复制棘轮齿形。
(5) 修剪棘轮齿形多余线段，并删除辅助线。

2. 操作步骤概况

操作步骤概况，如图 2−77 所示。

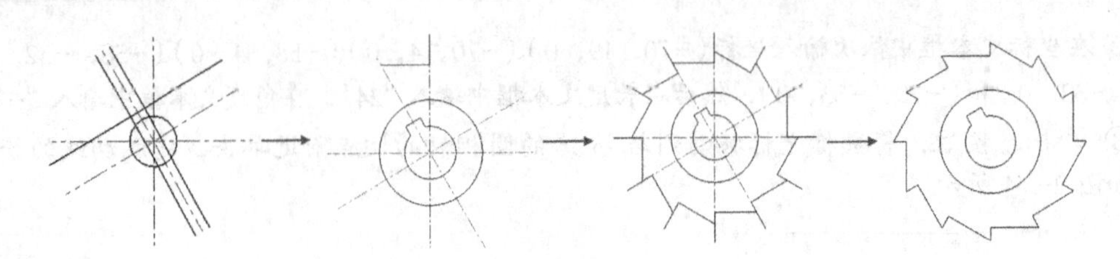

图 2-77 操作步骤

3. 绘制棘轮

（1）绘图环境设置

① 单击工具栏中的按钮，设置俯视图为绘图平面。

② 设置线型为点画线，设置线宽为第一条实线。

（2）绘制辅助线

① 单击按钮，输入第一点的坐标为（25，0，0），按 Enter 键确定。输入第二点坐标为（-25，0，0），按 Enter 键确定。

② 同理绘制垂直的中心线，坐标分别为（0，25，0）和（0，-25，0），结果如图 2-78 所示。

（3）创建图形旋转特征

① 执行【转换】/【旋转】命令，选取水平中心线，然后按 Enter 键确定，在图 2-79 所示的【旋转】对话框中设置旋转参数为 30°，结果如图 2-80 所示。

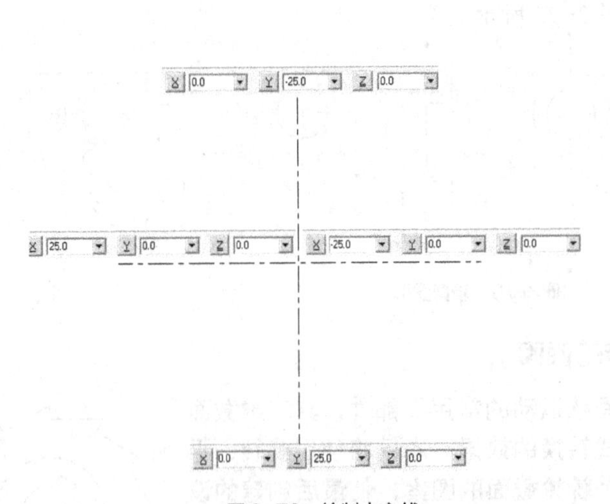

图 2-78 绘制中心线

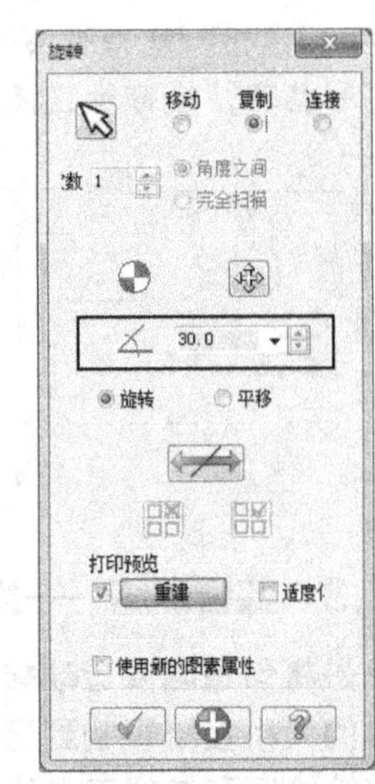

图 2-79 【旋转】对话框

② 用相同的方法对垂直中心线进行旋转操作，旋转角度为 30°，结果如图 2-81 所示。

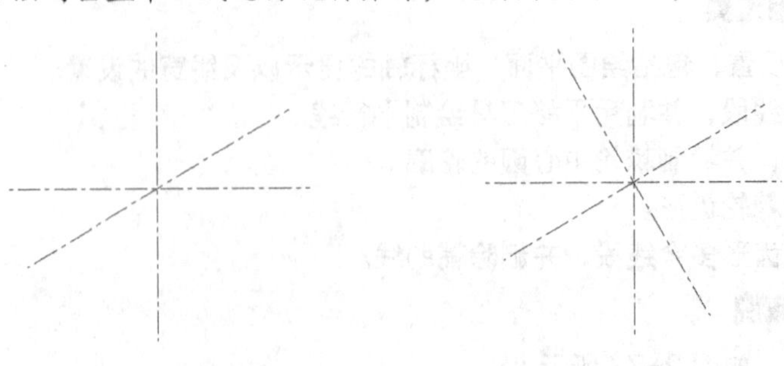

图 2-80 旋转图形（1） 图 2-81 旋转图形（2）

（4）绘制圆和直线

① 将图层2设置为当前图层，设置线型为实线，设置线宽为第二条实线。

② 单击按钮，设置圆心为坐标原点，输入半径为“6”，单击按钮确定。

③ 单击按钮，选取图2-82所示的辅助线a作为参数线段，然后输入平移值为“8”，单击平移方向在参数线段的上部。

④ 单击按钮，选取辅助线b作为参数线段，然后输入平移值为“2”，单击平移方向在参数线段的左部。

⑤ 使用同样的方法在辅助线b的右部创建平行线段，结果如图2-83所示。

⑥ 单击按钮，然后单击工具栏上的按钮，修剪图形，单击按钮确定，然后删除多余图素，结果如图2-84所示。

（5）绘制圆

单击按钮，绘制圆心为原点，半径为12的圆，单击按钮确定，结果如图2-85所示。

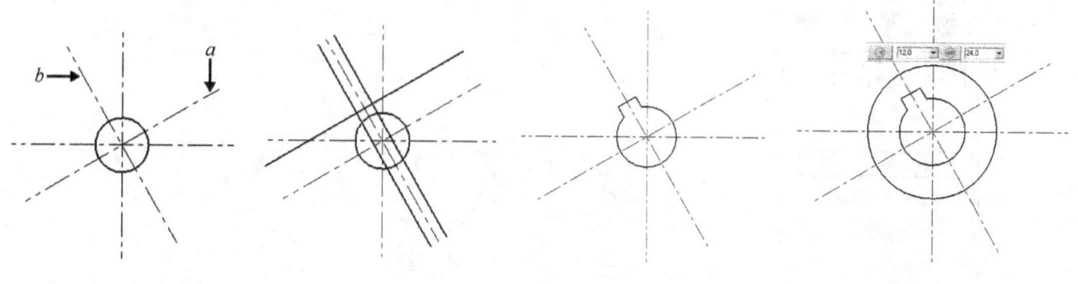

图2-82 平移对象　　图2-83 平移结果　　图2-84 修剪图形　　图2-85 绘制圆

（6）绘制线段

① 单击按钮，输入第一点的坐标为（0，20，0），第二点位于y轴的左部，长度自定，但确保与角度为120°的辅助线相交。

② 单击按钮，输入第一点的坐标为（0，20，0），输入角度为“90”，长度自定，结果如图2-86所示。

要点提示

注意这里在绘制垂直的线段时，长度要确定大于4。

③ 修剪水平的线段，结果如图2-87所示。

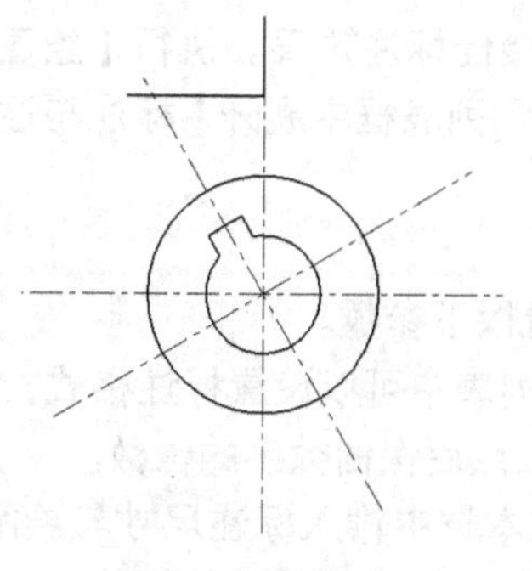

图2-86 绘制直线

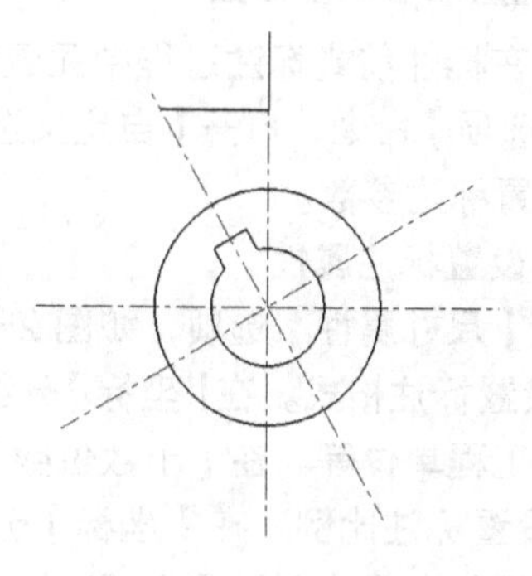

图2-87 修剪水平线段

要点提示

案例棘轮齿形的设计较为随意，只是为了讲述绘图方法的应用，在实际机械制图过程中，需要运用精确的参数定义齿形。

（7）旋转复制图形

① 执行【转换】/【旋转】命令，选取图 2-87 所示圆上方的两条线段，然后按 Enter 键确定。

② 在图 2-88 所示的【旋转】对话框中设置旋转参数，然后单击 按钮确定，结果如图 2-89 所示。

③ 单击 按钮修剪图形，并隐藏图层 1，结果如图 2-90 所示。

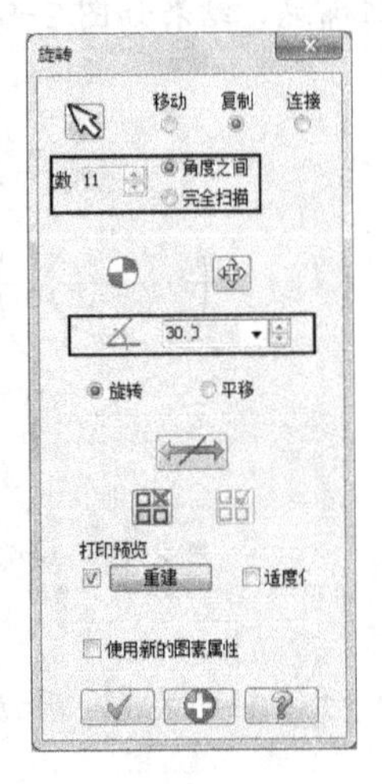

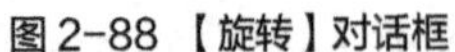
图 2-88 【旋转】对话框

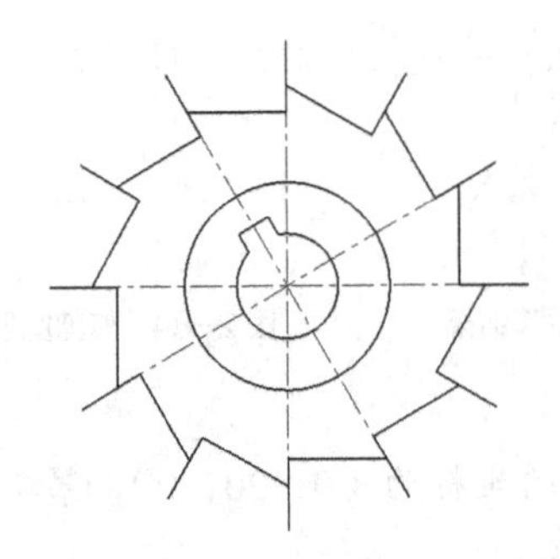
图 2-89 旋转后图形

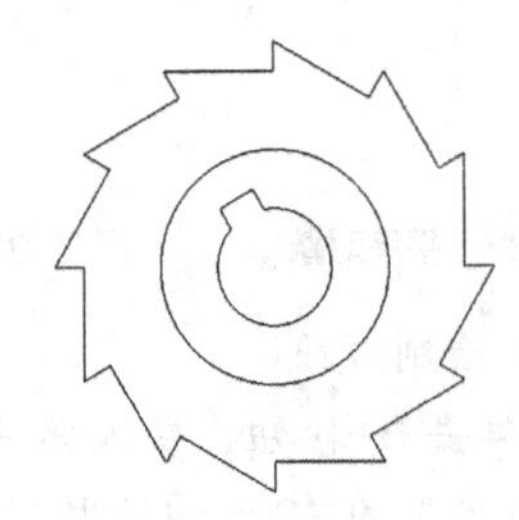
图 2-90 最终结果

2.3 尺寸标注及图案填充

标注和填充是绘制二维图形时的两项辅助工作。前者的主要任务是在图形上标注尺寸和其他符号，后者的主要任务是使用一定的图案填充图形中的空白区域。

1. 配置尺寸标注参数

用户在标注前或标注过程中配置标注参数，以获得最佳标注效果。执行【绘图】/【尺寸标注】/【选项】命令，打开【自定义选项】对话框，在左侧列表框中展开【标注与注释】选项，在这里设置标注参数。

（1）设置标注属性

选中【尺寸属性】选项，如图 2-91 所示，可以设置以下参数。

① 设置标注格式。在【坐标】分组框的【格式】下拉列表中可以设置标注格式，有小数的、科学的、工程单位等。在【小数位数】文本框中输入小数点后保留数字的位数。

② 设置标注比例。在【坐标】分组框的【比例】文本框中输入标注尺寸与绘图尺寸之间的比例。例如，将比例设置为“2.0”时，所标注尺寸就是实际绘图尺寸的两倍。

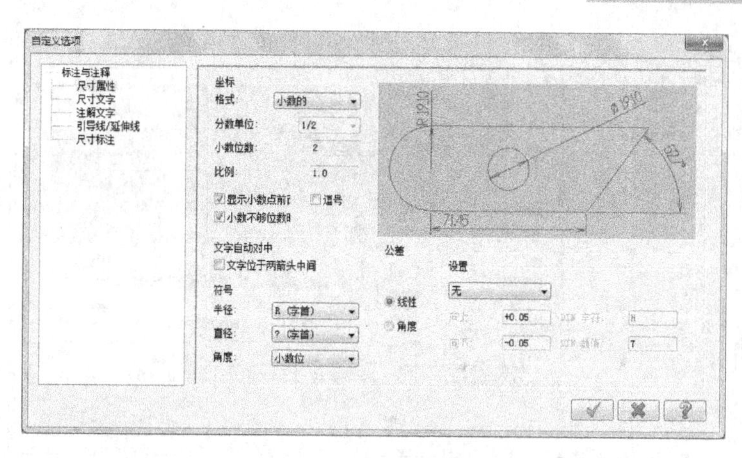

图2-91 【尺寸属性】设置

要点提示

勾选【显示小数点前面…】复选项时，当标注尺寸小于1时，在小数点前显示0；勾选【逗号】复选项时，小数点用“,”表示；勾选【小数不够位数…】复选项时，当实际小数位数不够设置的小数位数时，自动加0补足。

③ 设置符号标注格式。在【符号】分组框中可以设置半径、直径和角度尺寸的标注格式，在相应的下拉列表中选取适当的选项即可。图2-92所示给出了不同符号标注格式的对比。

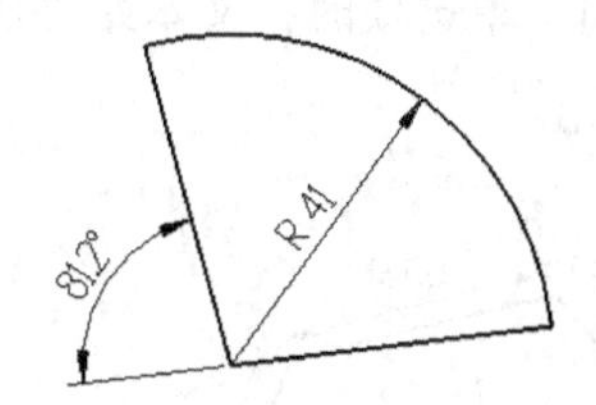

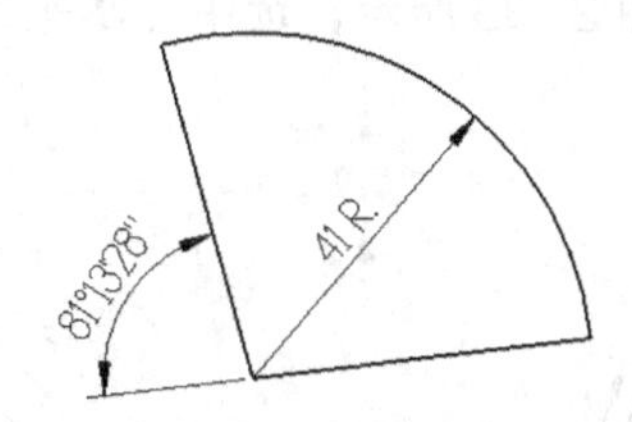

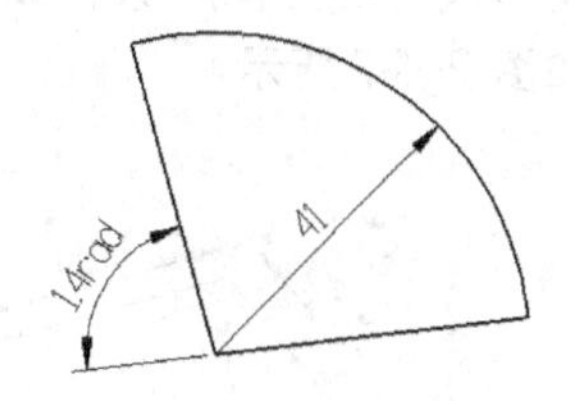

图2-92　不同符号标注格式的对比

④ 设置公差。在【公差】分组框中可以设置公差标注。选中【线性】单选项，可以为线性标注设置公差形式；选中【角度】单选项，可以为角度标注设置公差形式。具体公差形式在【设置】分组框的下拉列表中选择，如图2-93和图2-94所示。

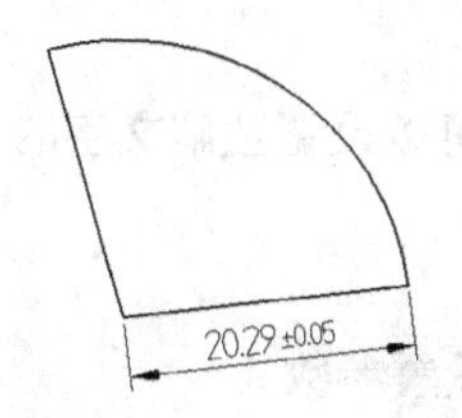

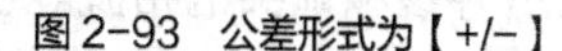
图2-93　公差形式为【+/-】

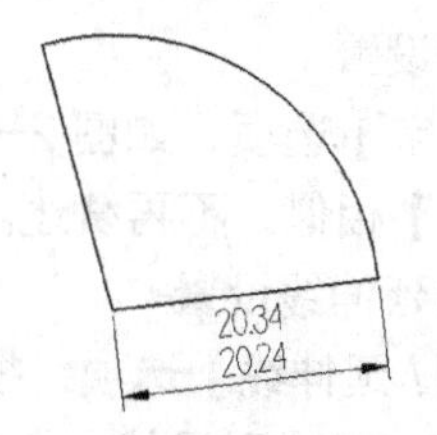

图2-94　公差形式为【上下限制】

(2) 设置标注文本

选中【尺寸文字】选项，如图2-95所示，可以设置以下参数。

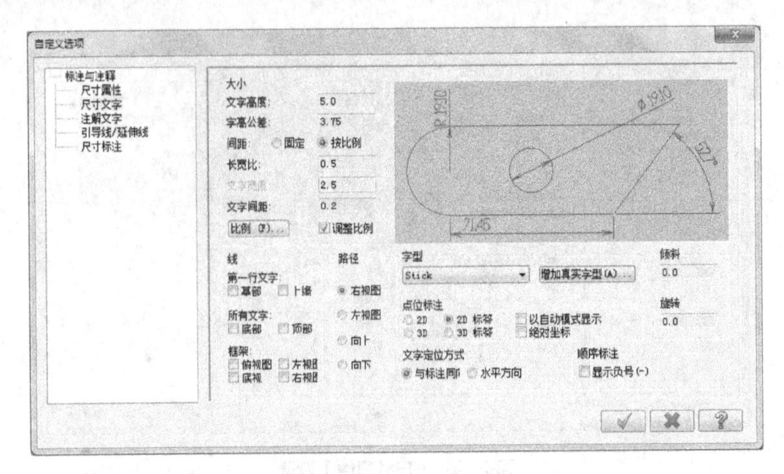

图 2-95 尺寸文字设置

① 设置文本大小。在【大小】分组框中可以设置尺寸文本的高度、宽度、字符间距、行距以及公差高度等参数，设置后的效果可在右侧的预览窗口中预览。

② 设置字体。在【字型】下拉列表中可以选取需要的字体，单击 增加真实字型(A)... 按钮可以加入更多的字体。

③ 在文字上添加线或边框。如果要在标注文字上添加线或边框，则在【线】分组框中勾选相应的复选项即可。

④ 文字书写方向。在【路径】分组框中可以设置文本采用从左到右、从右到左、从下到上还是从上到下的书写方向。

⑤ 设置文本定位方式。在【文字定位方式】分组框中选中【与标注同向】单选项时，文本方向与尺寸线方向一致，如图 2-96 所示；选中【水平方向】单选项时，文本始终水平放置，如图 2-97 所示。

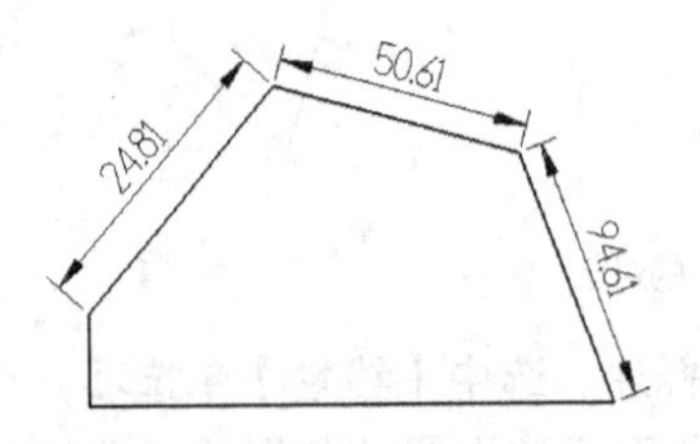

图 2-96 定位方式为【与标注同向】

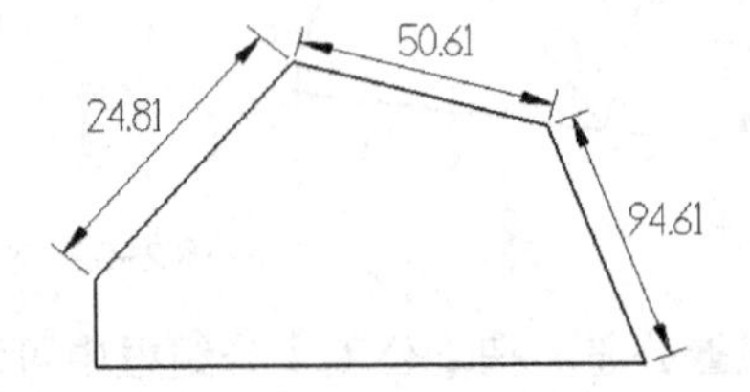

图 2-97 定位方式为【水平方向】

（3）注解文字设置

选中【注解文字】选项，如图 2-98 所示，在此处可以设置注解文字的具体参数，其设置方法与【尺寸文字】相似，不再赘述。

（4）引导线和延伸线设置

选中【引导线 / 延伸线】选项，按照图 2-99 所示设置参数。

① 引导线设置。在【引导线】分组框中可以设置引导线和箭头的格式。引导线形式有【标准】和【实体】两种，二者的对比如图 2-100 和图 2-101 所示。

在【引导的显示】选项中可以选择是显示双侧引导线箭头、单侧引导线箭头还是不显示引导线箭头，图 2-102 所示仅显示一侧箭头，图 2-103 所示不显示箭头。

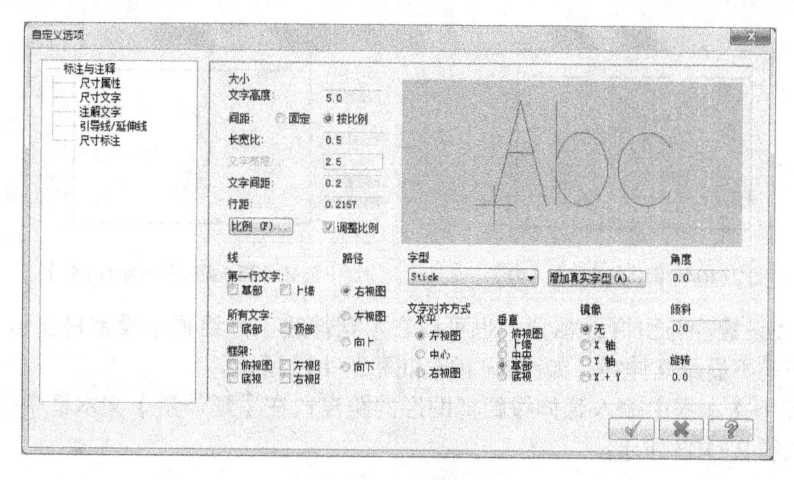

图 2-98　注解文字设置

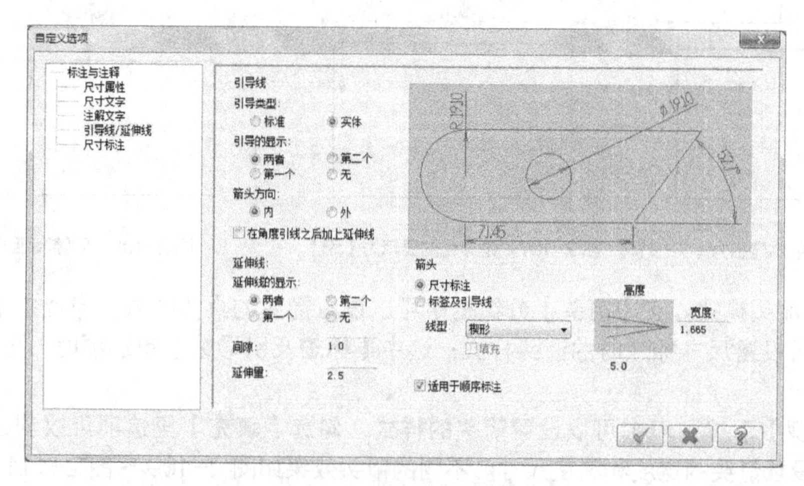

图 2-99　引导线 / 延伸线设置

图 2-100　引导线形式为【标准】　　图 2-101　引导线形式为【实体】

图 2-102　引导线的显示为【第一个】　　图 2-103　引导线的显示为【无】

箭头的方向可以有【内】和【外】两个选项，其对比如图 2-104 和图 2-105 所示。

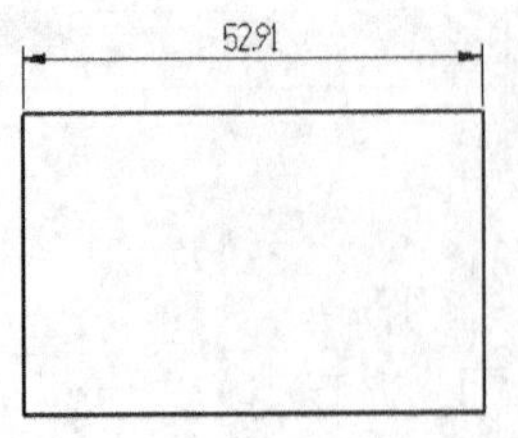

图 2-104 箭头的方向为【内】

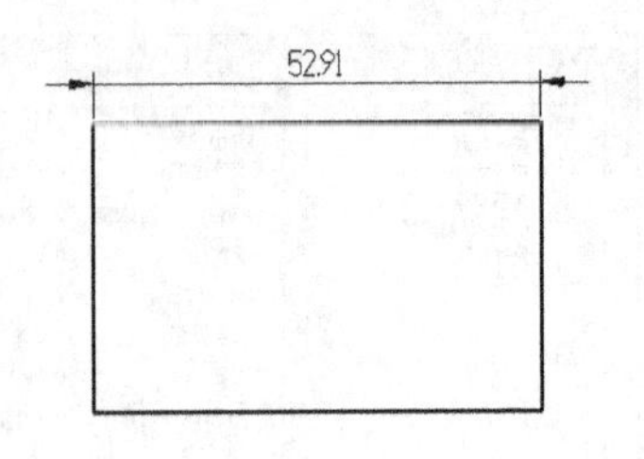

图 2-105 箭头的方向为【外】

② 延伸线设置。与引导线相似，也可以在【延伸线】分组框中设置是显示双侧延伸线、单侧延伸线还是不显示延伸线，如图 2-106 和图 2-107 所示。

在【间隙】文本框中输入延伸线距离图形的距离；在【延伸量】文本框中输入延伸线的延伸长度，如图 2-108 所示。

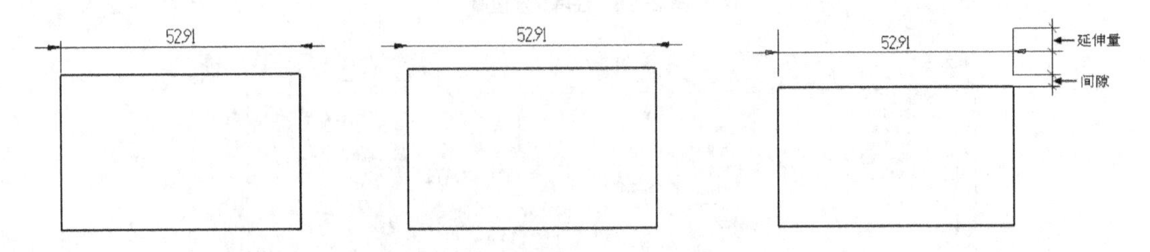

图 2-106 延伸线的显示为【第一个】 图 2-107 延伸线的显示为【无】 图 2-108 间隙和延伸量

③ 设置箭头样式。在【箭头】分组框中可以设置箭头的具体样式。当选中【尺寸标注】单选项时，可设置尺寸标注时的箭头样式；选中【标签及引导线】单选项时，可设置注释中的箭头样式。

在【线型】下拉列表中可以设置箭头的样式，勾选【填充】复选项可以创建实心箭头。在右侧可以设置箭头的宽度和高度尺寸。不同的箭头效果如图 2-109 ~ 图 2-111 所示。

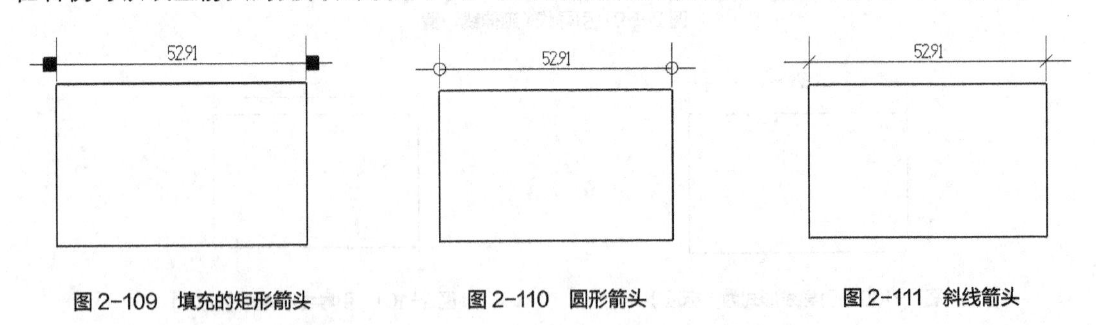

图 2-109 填充的矩形箭头 图 2-110 圆形箭头 图 2-111 斜线箭头

2. 各种尺寸的标注方法

在尺寸标注时，根据尺寸的特点可以选用不同的标注方法。

（1）标注水平尺寸

执行【绘图】/【尺寸标注】/【标注尺寸】/【水平标注】命令，可以标注水平尺寸。

水平尺寸用来标注两点之间的水平距离。标注时，首先选取第一点，然后选取第二点，随后系统动态显示标注结果，在适当位置单击鼠标左键完成标注，如图 2-112 所示。

（2）标注垂直尺寸

执行【绘图】/【尺寸标注】/【标注尺寸】/【垂直标注】命令，可以标注垂直尺寸。

垂直尺寸用来标注两点之间的垂直距离。标注时，首先选取第一点，然后选取第二点，随后系统动态显示标注结果，在适当位置单击鼠标左键完成标注，如图 2-113 所示。

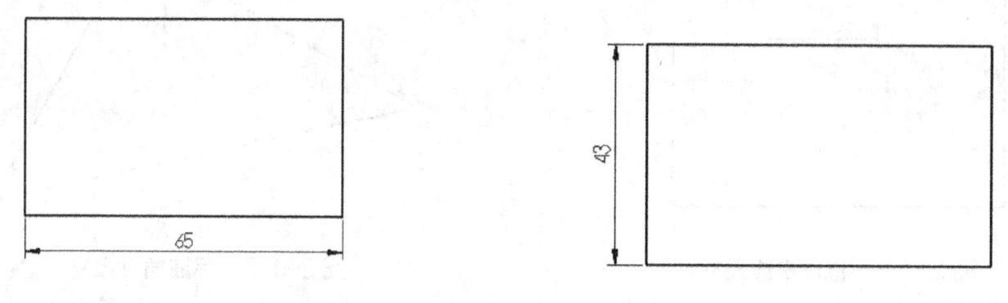

图 2-112　标注水平尺寸　　　图 2-113　标注垂直尺寸

（3）标注平行尺寸

执行【绘图】/【尺寸标注】/【标注尺寸】/【平行标注】命令，可以标注平行尺寸。

平行尺寸用来标注两点之间的距离，尺寸线与所标注的直线平行，通常用于斜线的标注。选取两个参照点即可完成标注，如图 2-114 所示。

（4）标注基准尺寸

基准尺寸用于以已标注的水平、垂直或平行尺寸为基准对一系列点进行线性标注。

标注一个一般尺寸作为基准尺寸后，执行【绘图】/【尺寸标注】/【标注尺寸】/【基准标注】命令，然后选取创建的基准尺寸，系统会选用基准尺寸的第一个端点作为新标注尺寸的第一个参照点，选取第二个尺寸的第二个参照点后即可完成尺寸标注，如图 2-115 所示。

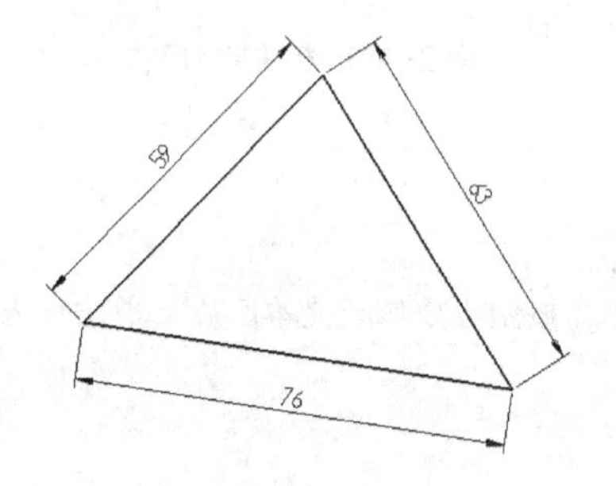

图 2-114　标注平行尺寸

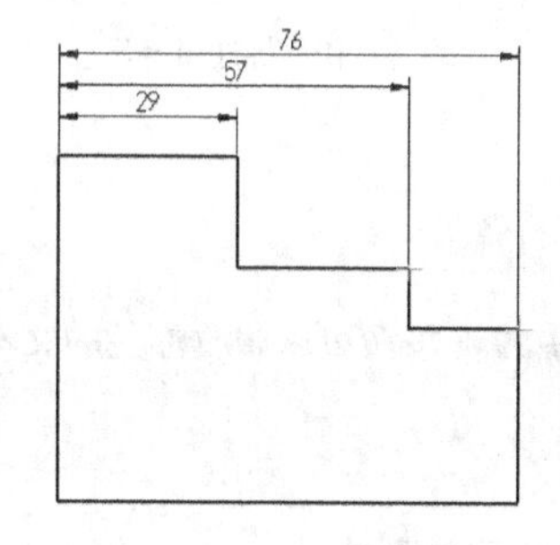

图 2-115　标注基准尺寸

（5）标注串连尺寸

标注串连尺寸时也需要选取一个已有尺寸作为参照，与基准尺寸不同的是，串连尺寸首尾相连，通常为了美观而标注在同一水平线上。

标注一个一般尺寸作为基准尺寸后，执行【绘图】/【尺寸标注】/【标注尺寸】/【串连标注】命令，然后选取创建的基准尺寸，系统会选用基准尺寸的第二个端点作为新标注尺寸的第一个参照点，选取第二个尺寸的第二个参照点后即可完成尺寸标注，如图 2-116 所示。

（6）标注角度尺寸

执行【绘图】/【尺寸标注】/【标注尺寸】/【角度标注】命令，可以标注角度尺寸。

角度尺寸用于标注两条非平行线之间的夹角。选取第一条直线后，再选取第二条直线，系统动态显示角度标注，移动鼠标光标到合适位置，单击鼠标左键完成标注，如图 2-117 所示。

（7）标注圆弧尺寸

执行【绘图】/【尺寸标注】/【标注尺寸】/【圆弧标注】命令，可以标注圆或圆弧的半径或直径尺寸。

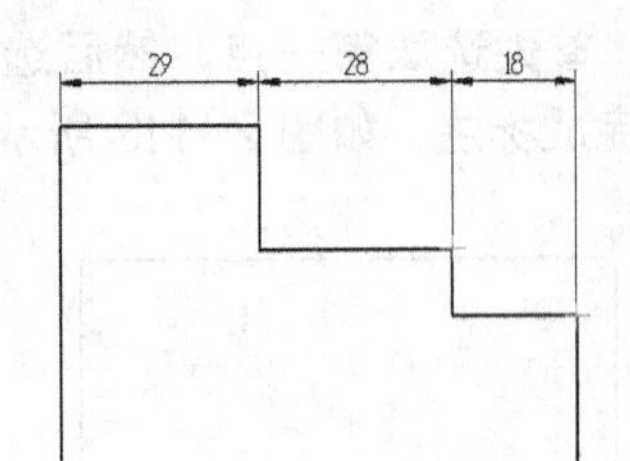

图 2-116 标注串连尺寸

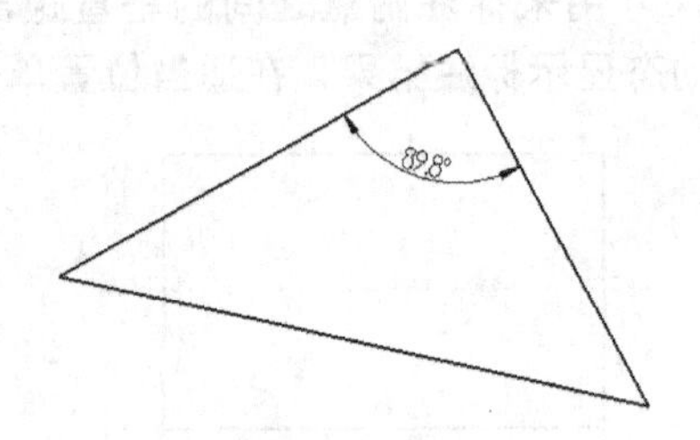

图 2-117 标注角度尺寸

启动圆弧标注工具后，在状态栏中单击按钮可标注直径尺寸，选取需要标注直径尺寸的圆后，系统将动态显示一个直径尺寸，移动鼠标光标到合适位置，单击鼠标左键完成标注，如图 2-118 所示。

如果需要标注半径尺寸，则在状态栏中单击按钮，如图 2-119 所示。

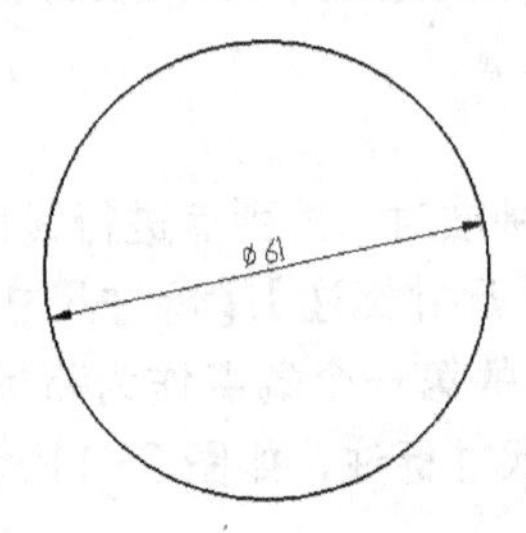

图 2-118 标注直径尺寸

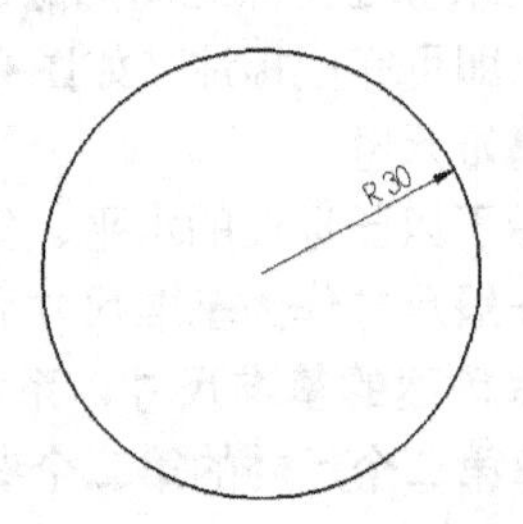

图 2-119 标注半径尺寸

要点提示

单击状态栏中的按钮可以修改标注的文本内容。单击按钮可以修改文本高度。单击按钮可以修改箭头样式。

（8）标注正交尺寸

执行【绘图】/【尺寸标注】/【标注尺寸】/【正交标注】命令，可以标注点到直线的距离、点到直线端点的距离以及两平行线之间的距离。首先选取一条直线，然后选取点或另一条直线即可建立正交尺寸，如图 2-120 所示。

（9）标注相切尺寸

执行【绘图】/【尺寸标注】/【标注尺寸】/【相切标注】命令，可以标注点到圆弧或直线到圆弧的距离。首先选取一段圆弧，然后选取点或另一条直线即可建立相切尺寸，如图 2-121 所示。

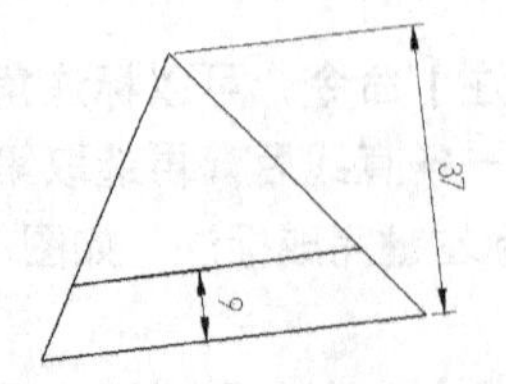

图 2-120 标注正交尺寸

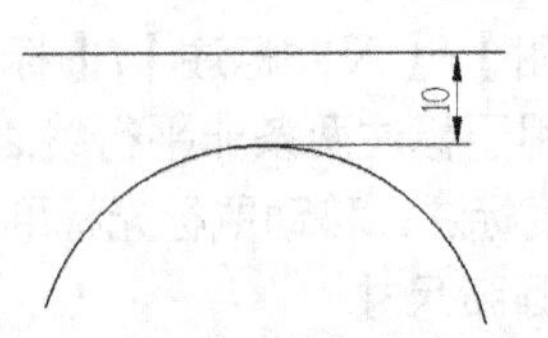

图 2-121 标注相切尺寸

3. 编辑尺寸

在进行尺寸标注过程中，如果需要修改尺寸标注结果时，可以编辑选定的尺寸。首先单击工具栏中的按钮进入快速标注模式。

选中需要编辑的尺寸，然后单击按钮，打开图 2-122 所示的【编辑尺寸文字】对话框。在顶部的文本框中输入新的标注内容即可。单击按钮还可以输入特殊字符。在对话框下部还可以编辑公差标注。

图 2-122 【编辑尺寸文字】对话框

4. 创建注解文字

在工具栏中单击按钮打开图 2-123 所示的【注解文字】对话框，可以在绘图中加入注解文字对其进行辅助说明。

（1）输入注解文字的方法

可以使用 3 种方法输入注解文字：一是在对话框顶部的文本框中输入文本内容；二是单击导入文件(L)...按钮导入已经创建好的文本文件；三是单击增加标记(A)...按钮打开如图 2-124 所示的【选择符号】对话框中输入特殊符号。

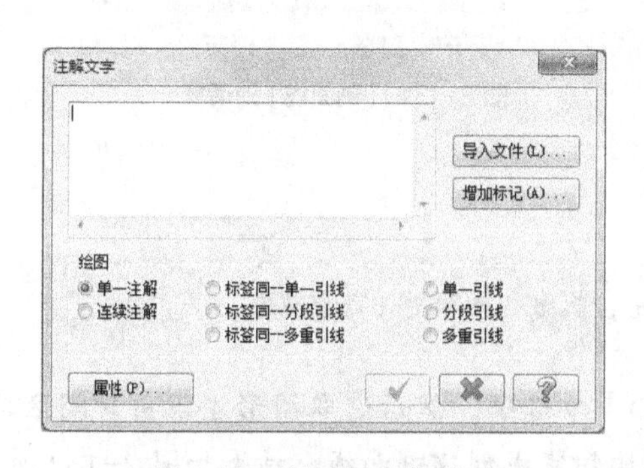

图 2-123 【注解文字】对话框

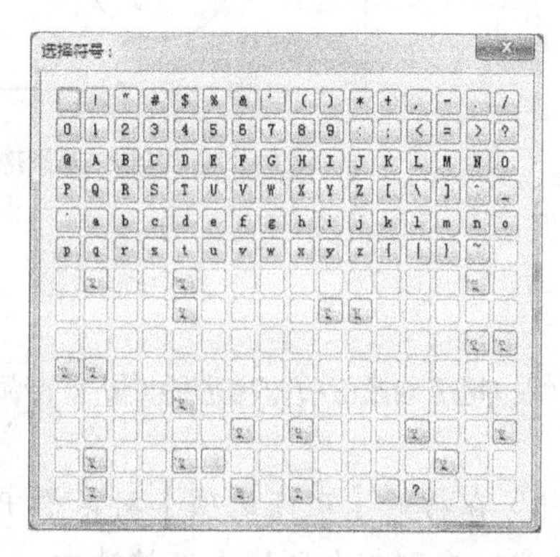

图 2-124 【选择符号】对话框

（2）注解产生方式

在【绘图】分组框中设置注解的方式，共有 8 种类型供用户选择，图 2-125 ~ 图 2-129 所示为其中的 5 种。

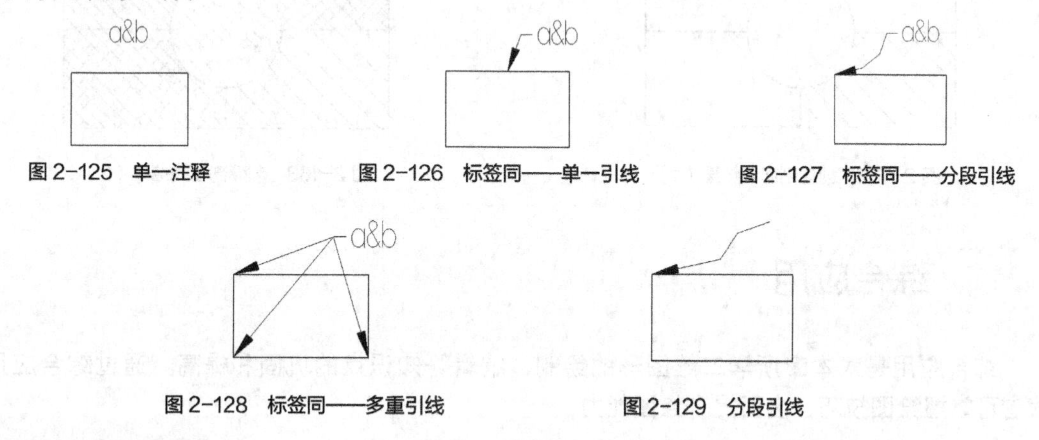

图 2-125　单一注释　　图 2-126　标签同——单一引线　　图 2-127　标签同——分段引线

图 2-128　标签同——多重引线　　图 2-129　分段引线

5. 创建剖面线

剖面线用于表示零件上剖切的断面形状，下面结合实例说明其创建方法。

（1）使用矩形工具、圆工具和直线工具绘制图 2-130 所示的图形。

（2）在工具栏中单击按钮旁的按钮，选择【剖面线】选项，打开【剖面线】对话框，在这里为图形添加剖面线。

（3）在【实体特征陈列】分组框中选取【铁】选项，单击 用户定义的剖面线图样(U)... 按钮还可以自定义剖面线形式。

（4）在【参数】分组框中设置剖面线间距为 7.0，倾角为 45.0°，然后单击按钮，如图 2-131 所示。

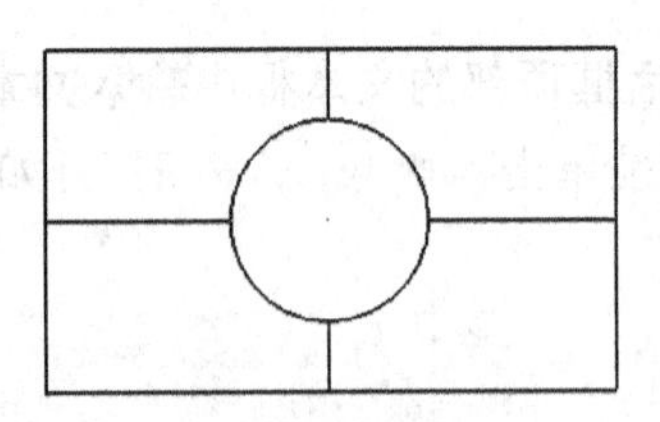

图 2-130 绘制二维图形

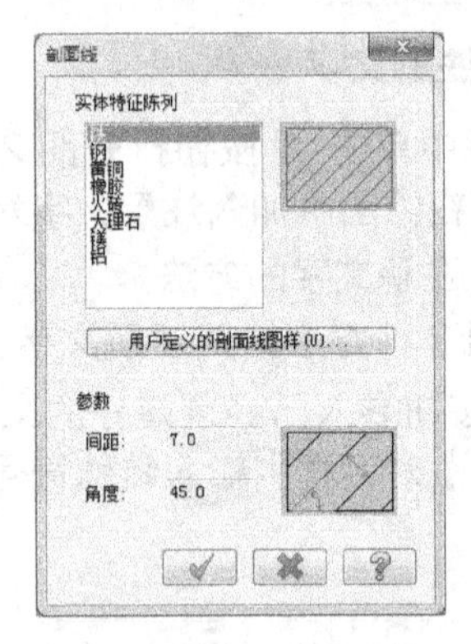

图 2-131 【剖面线】对话框

要点提示

剖面线的间距参数可根据图形的大小自行调整，直至符合机械制图等相关制图规范。

（5）在打开【串连选项】对话框中选中【2D】单选项，然后选取图形左下角封闭区域的 5 条边线，直到整个区域全部被选中，单击按钮完成创建剖面线，结果如图 2-132 所示。

（6）使用同样方法在其他区域填充不同的剖面线，参考结果如图 2-133 所示。

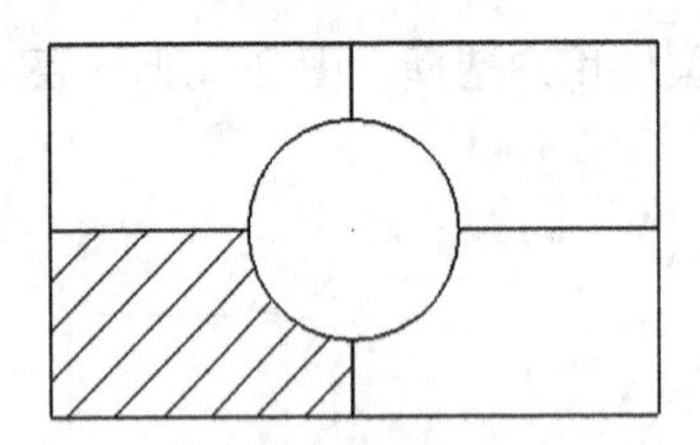

图 2-132 创建剖面线结果（1）

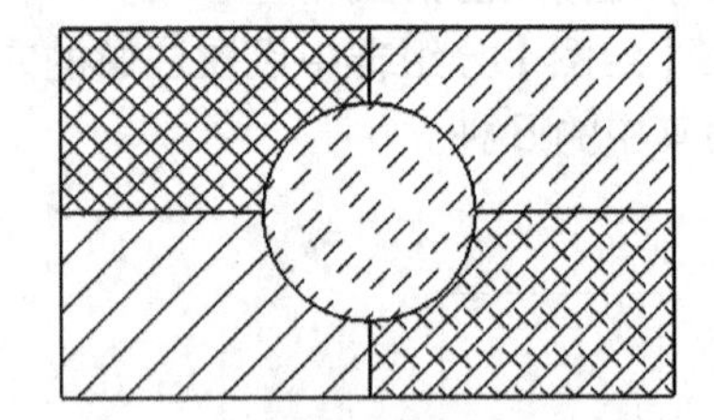

图 2-133 创建剖面线结果（2）

2.4 综合应用

综合应用是对本章所学二维图形的绘制、编辑等知识点的巩固和提高。通过综合应用，读者可掌握绘图技巧，全面提升绘图能力。

2.4.1 综合应用 1——绘制机座主视图

下面以在数控铣床或加工中心上加工图 2-134 所示零件的外轮廓为例，介绍图形绘制与编辑的操作过程。

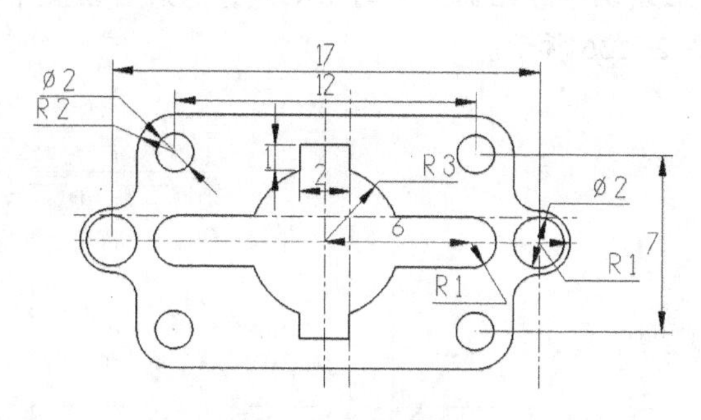

图 2-134 样板零件

1. 涉及的应用工具

（1）绘图环境设置，包括绘图平面、坐标轴的显示以及线宽的设置。

（2）利用直线工具及图形平移绘制辅助中心线。

（3）绘制机座内轮廓结构图。

（4）通过运用矩形、圆、倒圆角以及图形镜像等工具，构成机座的外部轮廓。

（5）设置尺寸标注环境，根据主视图标准进行尺寸标注。

2. 操作步骤概况

操作步骤概况，如图 2-135 所示。

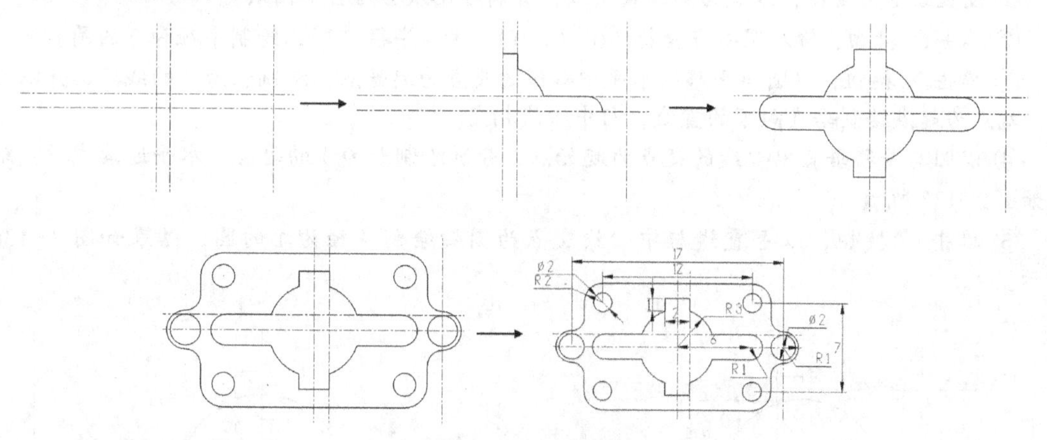

图 2-135 操作步骤

3. 绘制机座主视图

（1）绘图环境设置

① 单击工具栏中的按钮，设置前视图为绘图平面。

② 按 F9 键，显示坐标轴。

③ 单击（线型）选项，选择中心线为当前线型。

（2）绘制辅助线

① 单击按钮，输入起点坐标为（10，0，0），在长度和角度文本框中分别输入“20”和“180”。

② 输入起点坐标为（0，6，0），在长度和角度文本框中分别输入“12”和“270”。

③ 输入起点坐标为（8.5，6，0），在长度和角度文本框中分别输入“12”和“270”。

④ 将水平中心线向上复制平移距离为 1 的中心线，然后将垂直中心线向右复制平移距离为 1 的中心线，结果如图 2-136 所示。

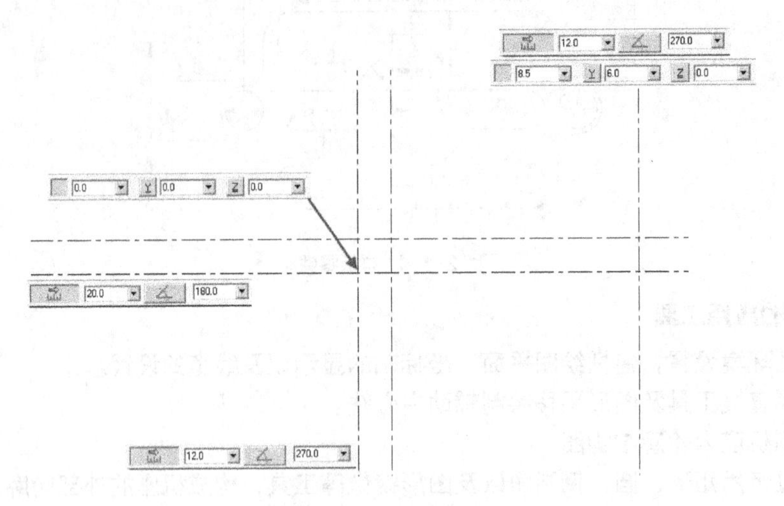

图 2-136 绘制辅助线

（3）绘制圆及直线

① 设置线形为实线，线宽为第二条实线，并新建图层 2 为当前图层。

② 单击按钮，输入圆心点坐标（0，0，0），输入半径“3”，绘制半径为 3 的圆。

③ 单击按钮，以圆与平移的水平中心线的交点为起始点，绘制长为 3 的线段，并以此线段端点为起点绘制垂直向下的直线，与中心线相交。

④ 以圆与平移垂直中心线的交点为起始点，分别绘制长为 1 的垂直、水平连续线段，结果如图 2-137 所示。

⑤ 单击按钮，以垂直线与中心线交点为圆心绘制半径为 1 的圆，结果如图 2-138 所示。

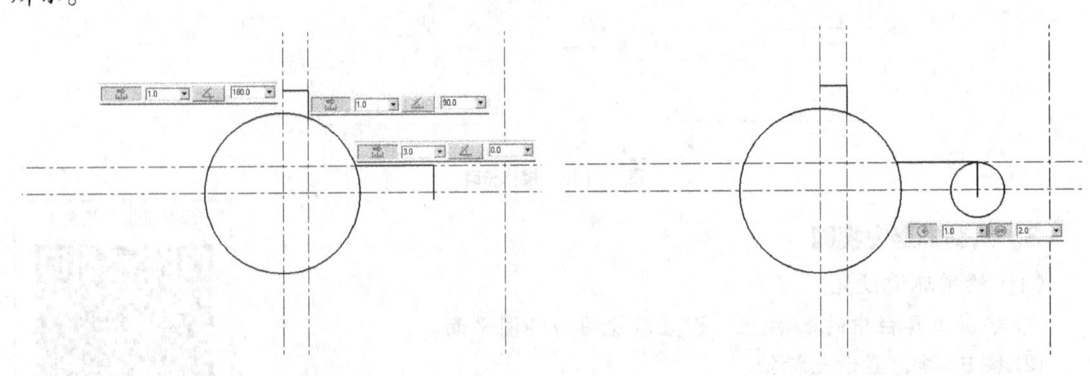

图 2-137 绘制线段　　图 2-138 绘制圆

⑥ 单击按钮，修剪图形，修剪结果如图 2-139 所示。

（4）镜像图形

① 执行【转换】/【镜像】命令，在绘图区框选绘制的实线，然后按 Enter 键确定。

② 在弹出的【镜像】对话框中，设置轴定位参数为 *X* 轴，结果如图 2-140 所示。

③ 用相同的方法镜像其他角度的图形，最终镜像结果如图 2-141 所示。

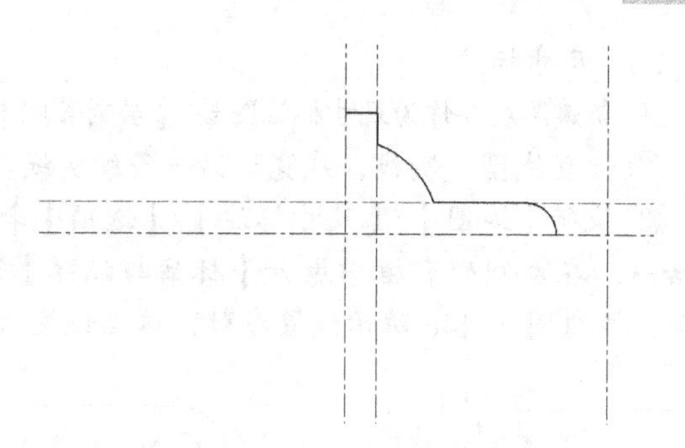

图 2-139　修剪图形

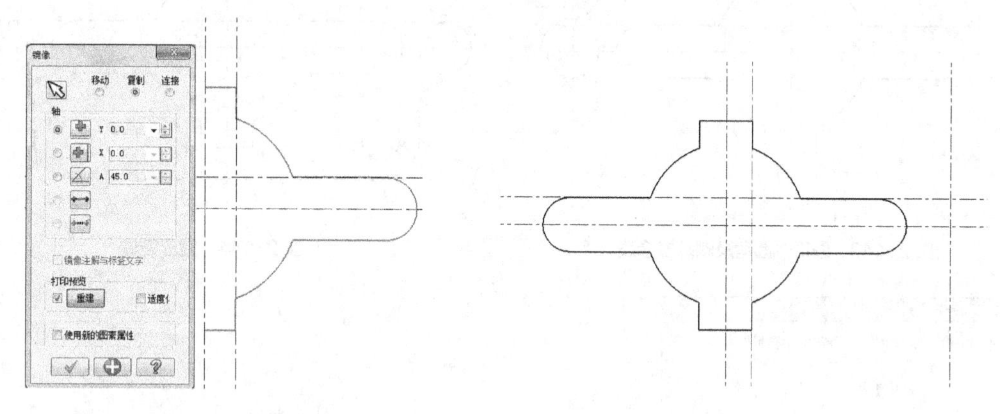

图 2-140　镜像图形　　　　图 2-141　最终镜像结果

（5）绘制机座外轮廓结构

① 单击 按钮，绘制中心在原点，长宽分别为 15、10 的长方形。

② 单击 按钮，对矩形进行倒圆角处理，倒圆角半径为 1.5。

③ 单击 按钮，绘制圆心为（8.5，0，0），直径分别为 2、2.5 的同心圆，然后绘制与倒圆角同心的圆，直径为 1.5，结果如图 2-142 所示。

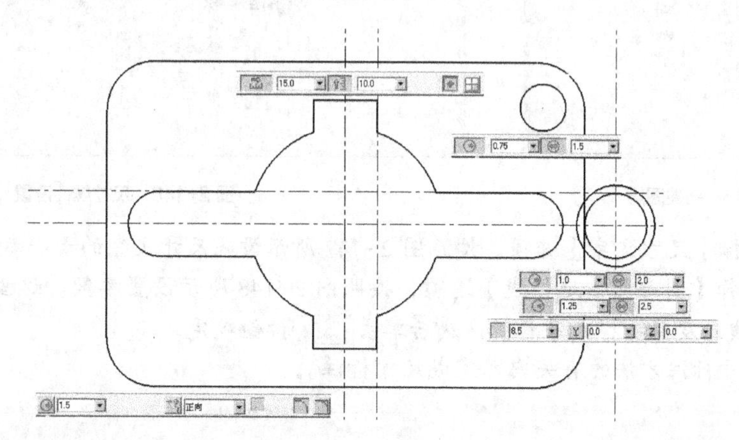

图 2-142　绘制圆和矩形

④ 单击 按钮，对直径为 2.5 的圆与矩形进行倒圆角处理，倒圆角半径为 1，并删除多余图形，结果如图 2-143 所示。

⑤ 执行【转换】/【镜像】命令，创建图形镜像特征，最终结果如图 2-144 所示。

（6）尺寸标注

① 新建图层3作为尺寸标注图层，【层别管理】对话框如图2–145所示。

② 设置线型为实线，线宽为第一条细实线。

③ 执行【绘图】/【尺寸标注】/【选项】命令，打开【自定义选项】对话框，在左侧列表框中展开【标注与注释】选项，选中【尺寸属性】选项，按照图2–146所示设置参数，这里设置所有尺寸为整数。

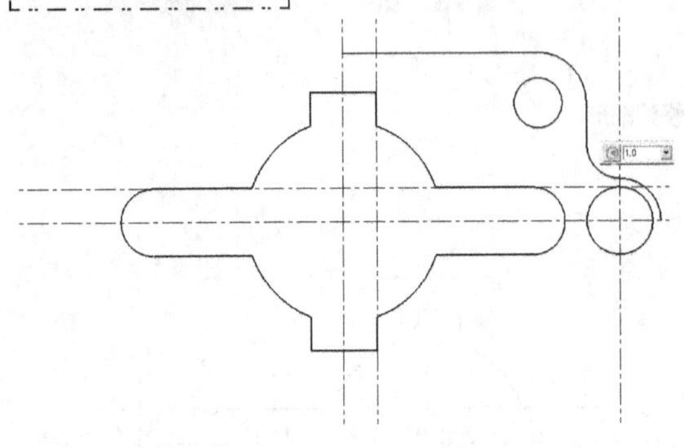

图2–143　图形倒圆角及删除多余线

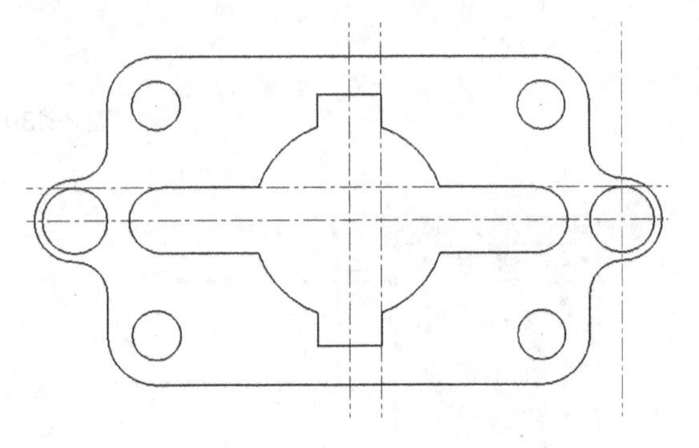

图2–144　图形镜像

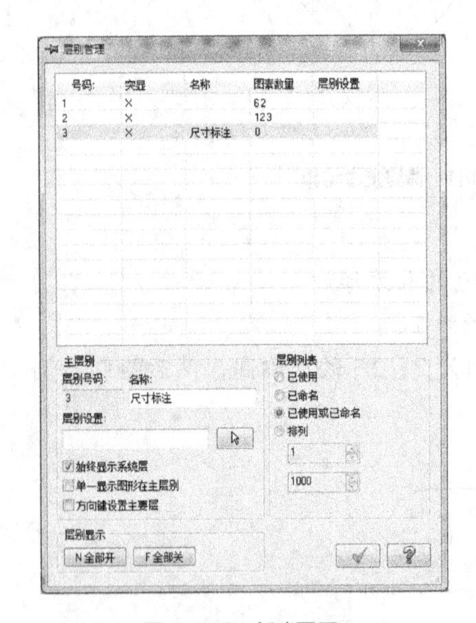

图2–145　新建图层

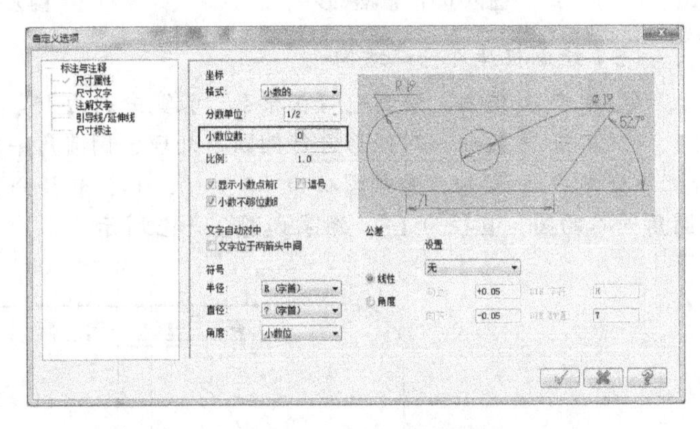

图2–146　尺寸属性设置

④ 单击选择【尺寸文字】选项，按照图2–147所示设置尺寸文字的大小参数。

⑤ 单击选择【引导线/延伸线】选项，按照图2–148所示设置参数。这里主要设置尺寸线、尺寸延伸线以及箭头样式等参数，然后单击 按钮确定。

⑥ 参考尺寸标注方法的有关内容完成尺寸标注。

要点提示

引导线/延伸线的设置主要集中在箭头样式的设计，机械制图中一般保持填充三角形样式，而尺寸大小则需要根据图形尺寸大小做出相应的调整。

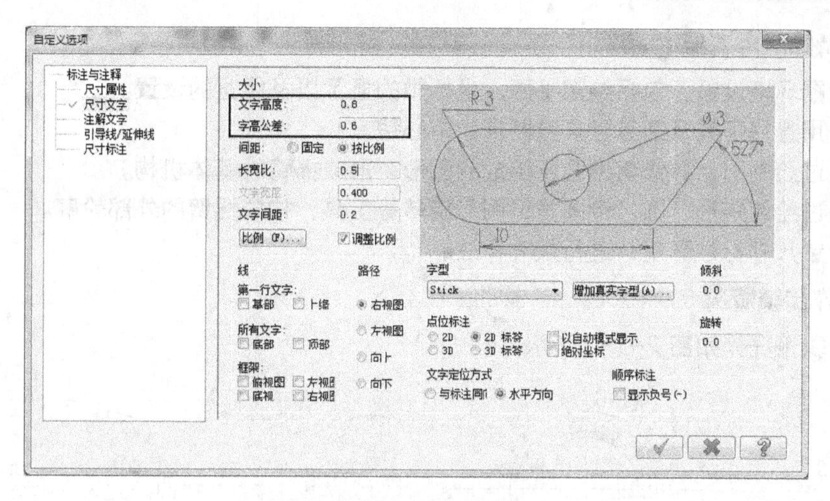

图 2-147 尺寸文字设置

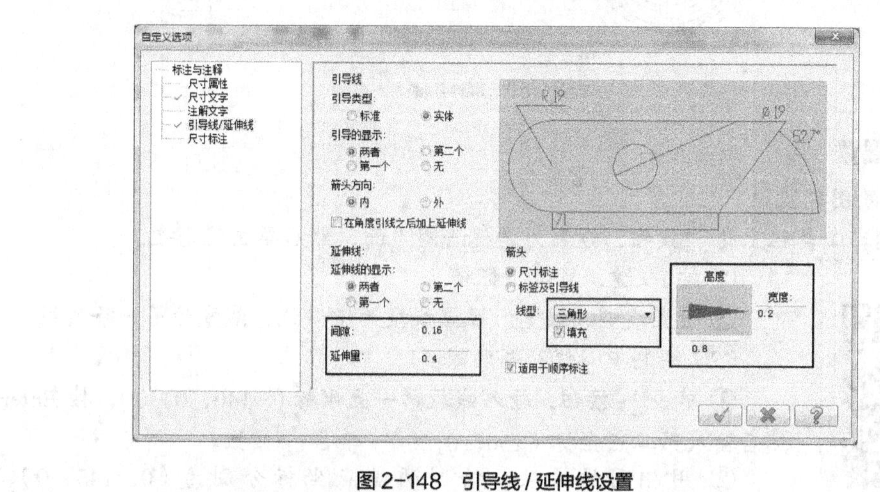

图 2-148 引导线 / 延伸线设置

2.4.2 综合应用 2——绘制摇臂

摇臂是一端装在单立柱上，可绕立柱轴线回转，并可沿其轴线上下移动且具有水平导轨的零件，通过绘制图 2-149 所示的摇臂图形，讲述二维图形的综合应用技术。

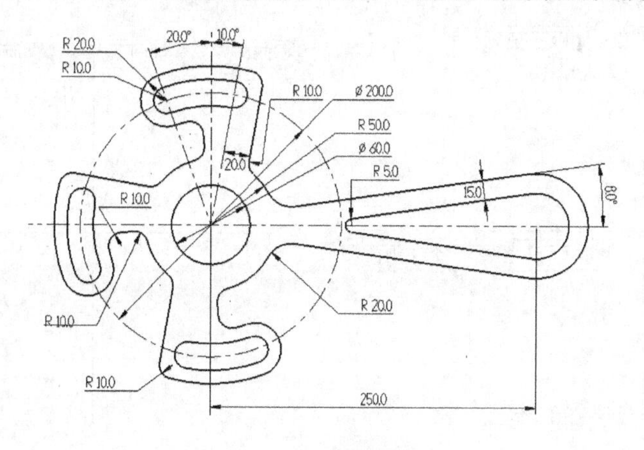

图 2-149 摇臂平面图

1. 涉及的应用工具

（1）绘图环境设置，包括绘图平面、坐标轴的显示以及线宽的设置。

（2）利用直线工具及圆等工具绘制辅助中心线。

（3）通过绘制圆，并修剪由圆所组成的图形，形成摇臂的基体机构。

（4）通过绘制矩形、圆、倒圆角、图形旋转等工具，构成摇臂的外部轮廓。

（5）设置尺寸标注环境，进行尺寸标注。

2. 操作步骤概况

操作步骤概况，如图 2-150 所示。

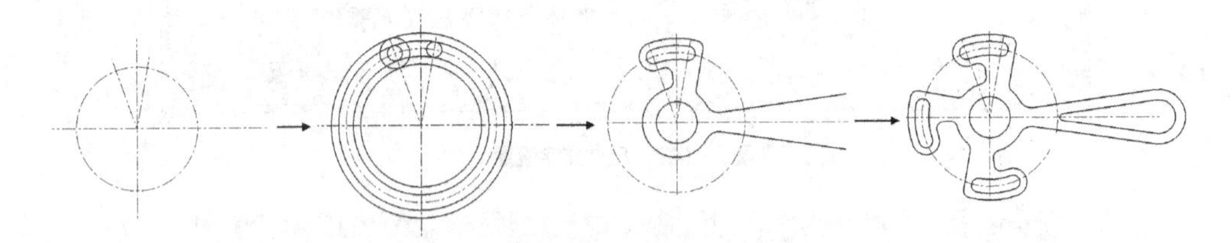

图 2-150 操作步骤

3. 绘制摇臂

（1）设置绘图环境

① 单击顶部工具栏上的按钮，设置为俯视绘图平面，然后单击按钮。

② 按 F9 键，显示坐标轴

③ 设置线型、线宽。设置线型为中心线，线宽为第一条实线。

（2）绘制中心线和辅助线

① 单击按钮，输入线段第一点坐标（-140，0，0），按 Enter 键，然后输入第二点坐标（250，0，0），单击按钮。

② 用相同的方法，绘制两端点坐标分别为（0，145，0）、（0，-145，0），单击按钮确定，结果如图 2-151 所示。

③ 单击按钮，输入线段第一点坐标（0，0，0），按 Enter 键。分别输入长度为“120”和角度为“80”，单击按钮应用。

④ 用同样的方法，分别输入长度为“120”和角度为“110”的线段，结果如图 2-152 所示。

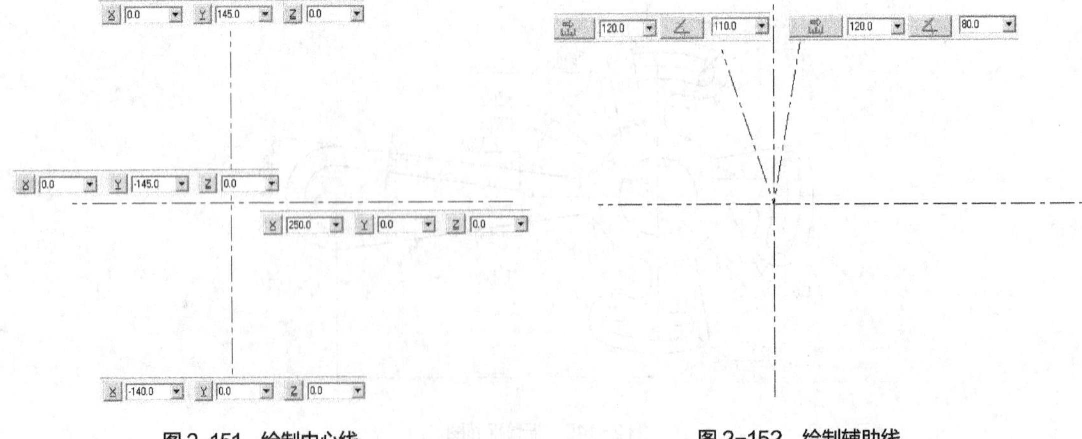

图 2-151 绘制中心线　　图 2-152 绘制辅助线

⑤ 单击按钮，输入圆心点坐标（0，0，0），输入直径“200”，单击按钮确定，结果如图 2-153 所示。

⑥ 增加图层。单击状态栏的 层别 1，在图 2-154 所示的【层别管理】对话框中设置参数，单击按钮确定。

（3）绘制圆

① 将线型修改为实线，线宽设置为第二条实线。

② 单击按钮，输入圆心点坐标为（0，0，0），直径为 240，单击按钮应用。

③ 用同样的方法绘制圆心点坐标为（0，0，0），直径分别为 160、180、220 的圆，结果如图 2-155 所示。

④ 选取交点为圆心，绘制图 2-156 所示的切圆。

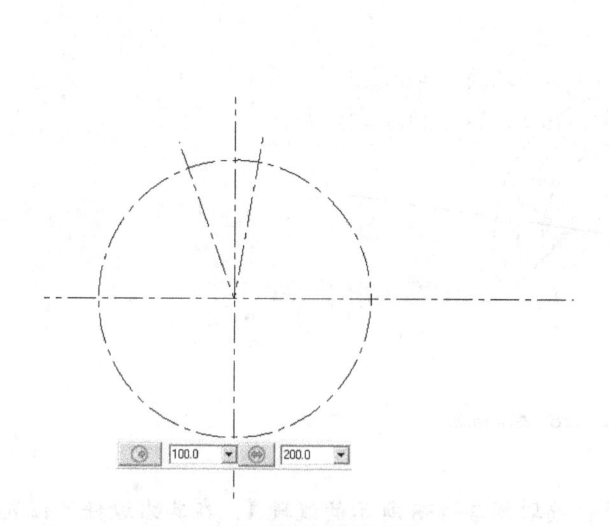

图 2-153　绘制辅助圆

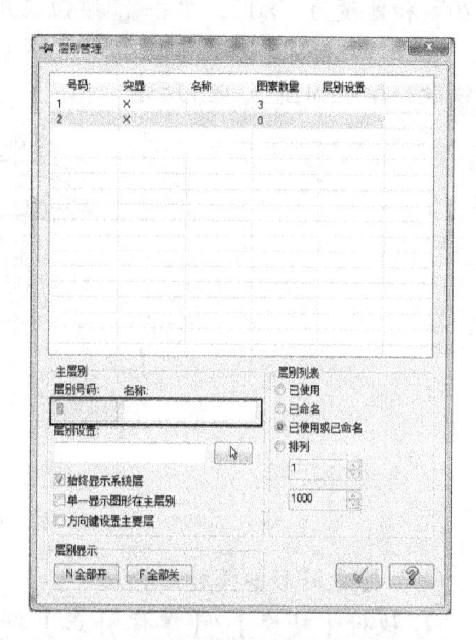

图 2-154 【层别管理】对话框

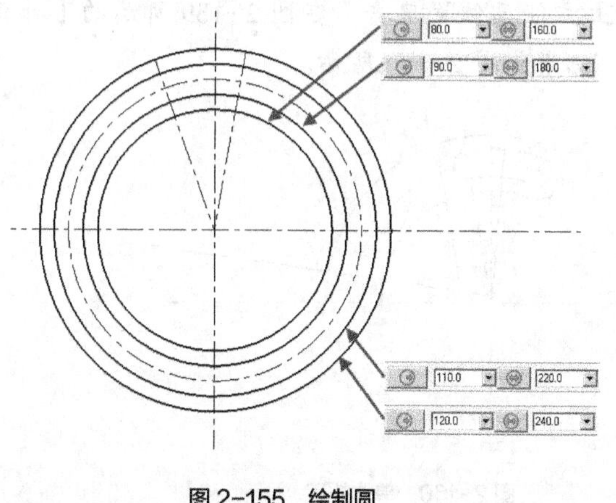

图 2-155　绘制圆

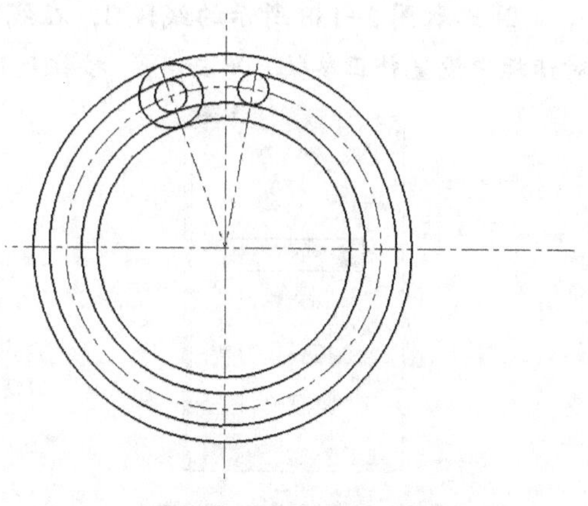

图 2-156　绘制切圆

（4）修剪图形

执行【编辑】/【修剪 / 打断】/【修剪 / 打断 / 延伸】命令，在工具栏中单击按钮，依次选取要修剪的图素，并选取多余的图素，按 Delete 键删除，修剪过程如图 2-157 所示。

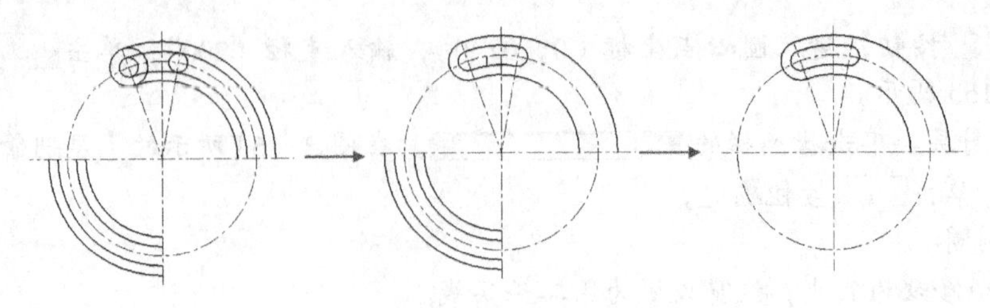

图 2-157 修剪图形

（5）绘制线段

① 单击按钮，输入线段第一点坐标（0，0，0），按 Enter 键，然后分别输入长度为“120”和角度为“80”，单击按钮应用。

② 用同样的方法绘制第一点坐标（0，0，0）、长度 250、角度 8° 和长度 120、角度 95° 的线段，结果如图 2-158 所示。

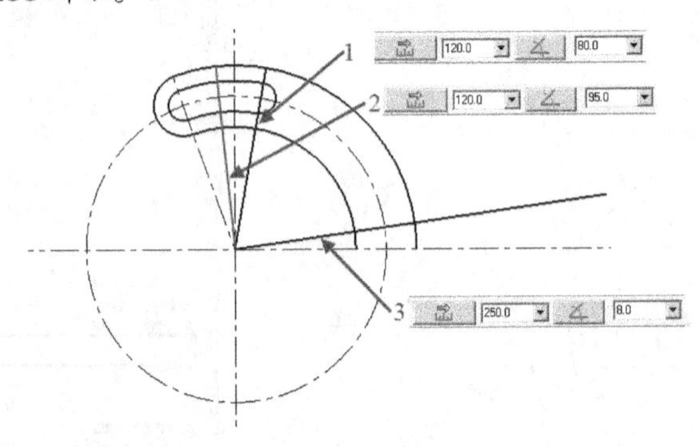

图 2-158 绘制斜线

（6）创建图形单体补正特征

① 执行【转换】/【单体补正】命令，选取图 2-158 所示的线段 1，在其右边任意位置单击，在图 2-159 所示【补正】对话框中设置补正参数，单击按钮。

② 选取图 2-158 所示的线段 3，在线段上方任意位置单击，在图 2-159 所示的【补正】对话框中设置补正参数，单击按钮确定，结果如图 2-160 所示。

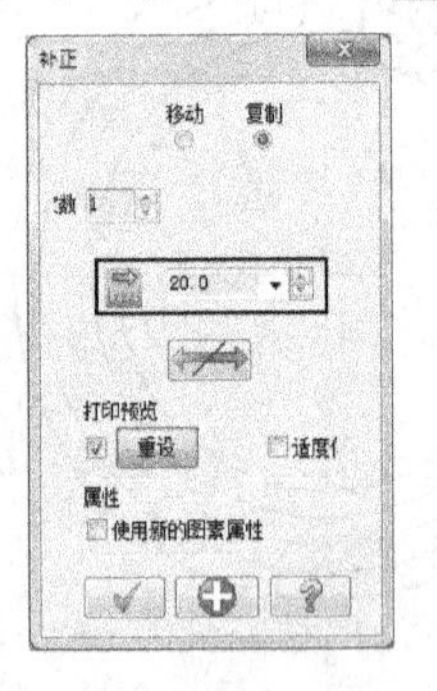

图 2-159 【补正】对话框

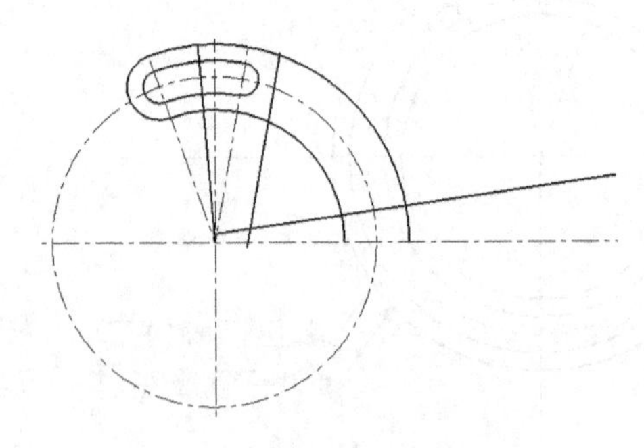

图 2-160 单体补正

（7）绘制圆

单击按钮，绘制圆心点坐标（0，0，0），直径分别为 100、60 的圆，结果如图 2-161 所示。

（8）创建倒圆角特征

①执行【编辑】/【修剪 / 打断】/【在交点处打断】命令，选取图 2-162 所示的线段 1

和圆弧2，按Enter键确定。

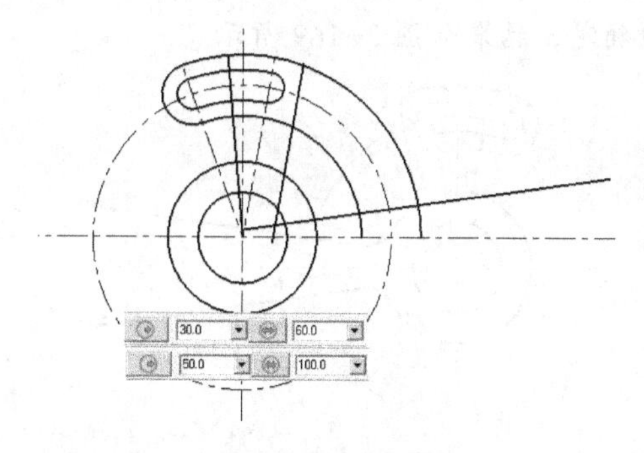

图2-161 绘制圆

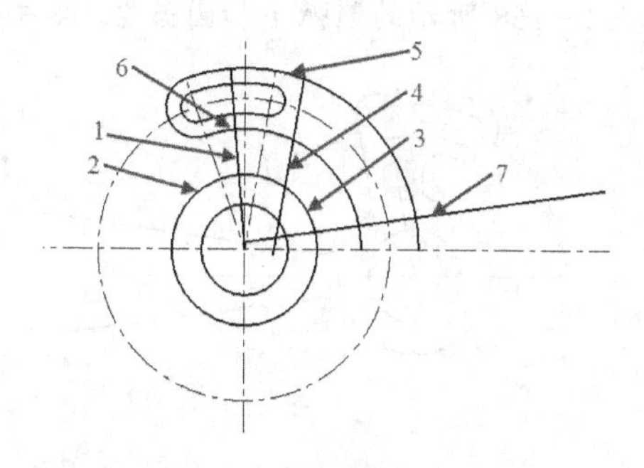

图2-162 倒圆角边

② 执行【绘图】/【倒圆角】/【倒圆角】命令，输入倒圆角半径为“10”，依次选取图2-162所示的圆弧3和线段4、线段4和圆弧5、圆弧6和线段1、线段1和圆弧2，单击按钮应用，结果如图2-163所示。

③ 输入倒圆角半径为“20”，选取线段7和圆弧3，单击按钮确定，结果如图2-164所示。

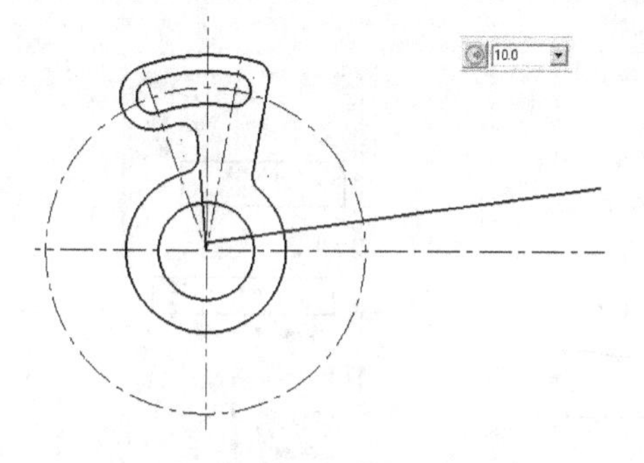

图2-163 倒圆角（1）

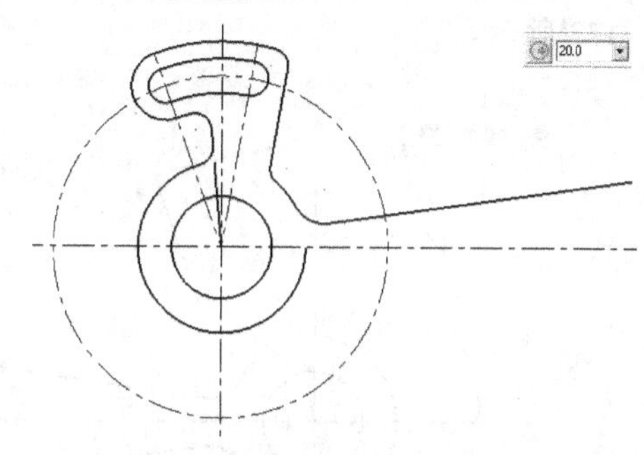

图2-164 倒圆角（2）

④ 删除图素。执行【编辑】/【删除】/【删除图素】命令，选取图2-165所示的线段1，按Enter键将其删除。

（9）创建图形镜像特征

① 执行【转换】/【镜像】命令，选取图2-165所示的圆弧2和线段3，按Enter键确定。

② 在图2-166所示的【镜像】对话框设置镜像参数，然后单击按钮确定，结果如图2-167所示。

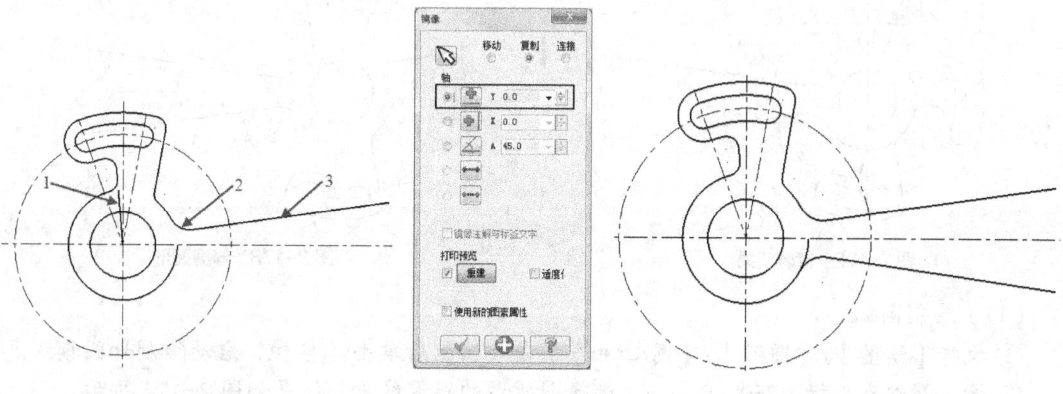

图2-165 选取对象　　图2-166 【镜像】对话框　　图2-167 镜像图形

③ 执行【编辑】/【修剪 / 打断】/【修剪 / 打断 / 延伸】命令，单击按钮，依次选取图 2-168 所示的圆弧 1 和圆弧 2，单击按钮确定，结果如图 2-169 所示。

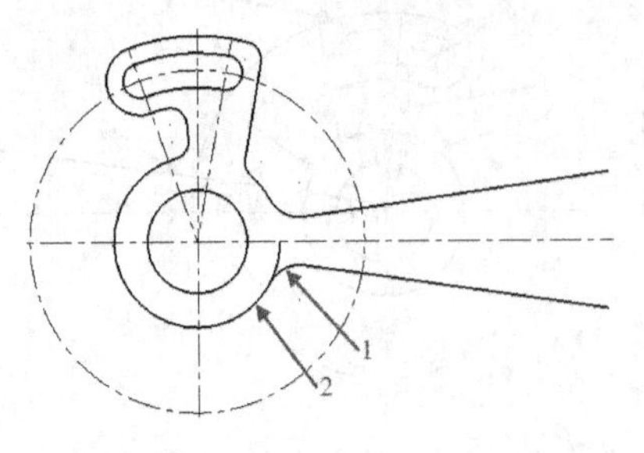

图 2-168 修剪对象

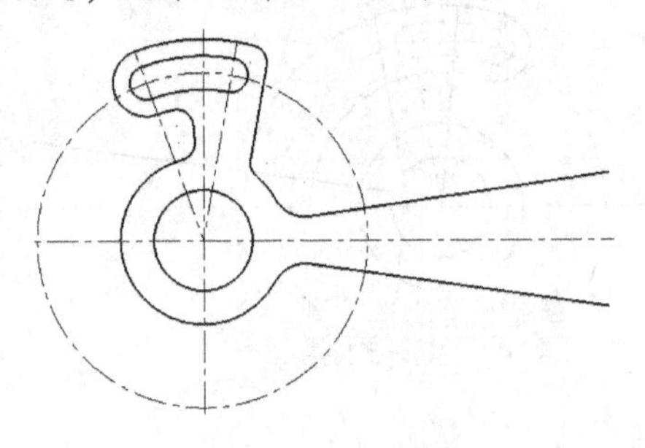

图 2-169 修剪结果

（10）创建图形旋转特征

① 执行【转换】/【旋转】命令，利用选择多边形选取图 2-170 所示的区域，按两次 Enter 键确定。

② 在图 2-171 所示的【旋转】对话框中设置旋转参数，然后单击按钮确定，结果如图 2-172 所示。

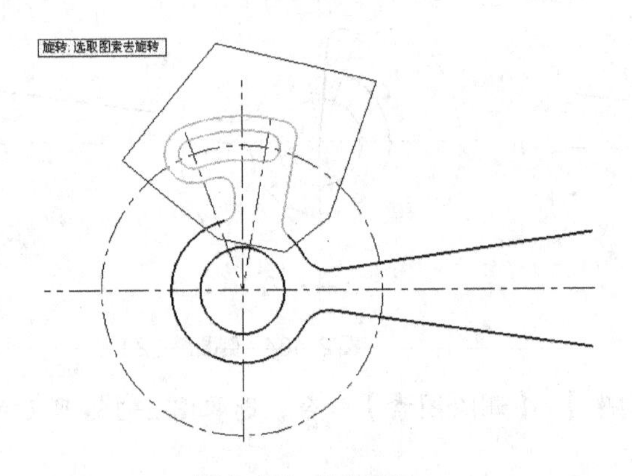

图 2-170 旋转对象

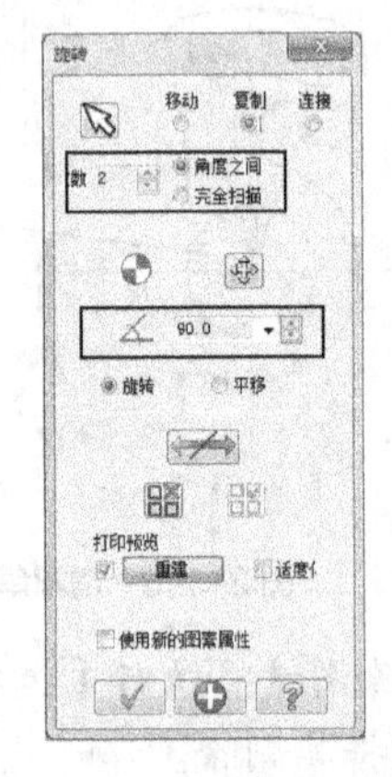

图 2-171 【旋转】对话框

③ 执行【编辑】/【修剪 / 打断】/【修剪 / 打断 / 延伸】命令，单击按钮进行两物体修剪，结果如图 2-173 所示。

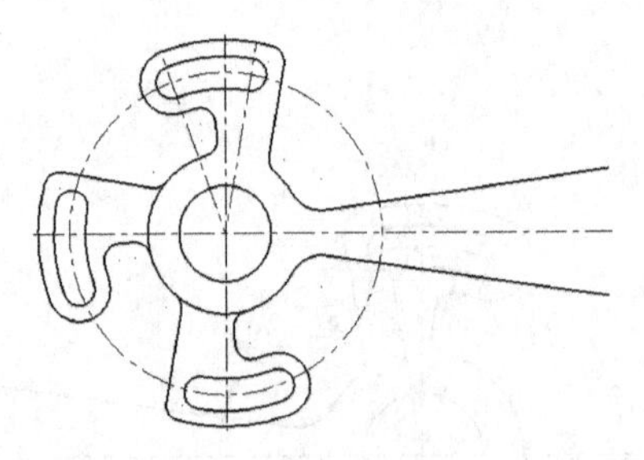

图 2-172 旋转结果

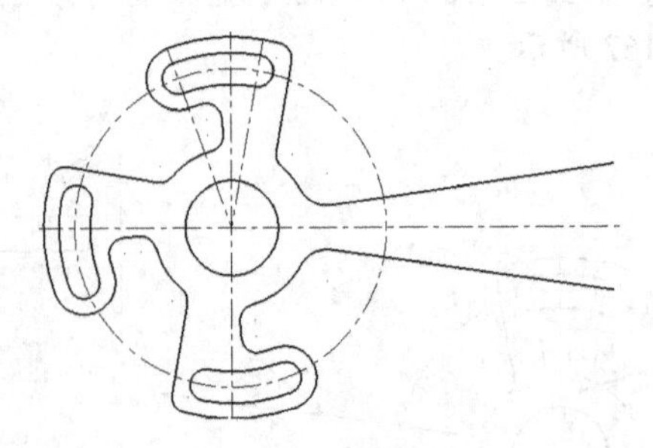

图 2-173 修剪图形

（11）绘制圆弧

① 执行【绘图】/【圆弧】/【圆心 + 点】命令，然后单击按钮，启动绘制切圆模式。

② 输入圆心点坐标（250，0，0），选择图所示的镜像线段，结果如图 2-174 所示。

③ 执行【编辑】/【修剪 / 打断】/【修剪 / 打断 / 延伸】命令，在工具栏中单击按钮，进行图形修剪，结果如图 2-175 所示。

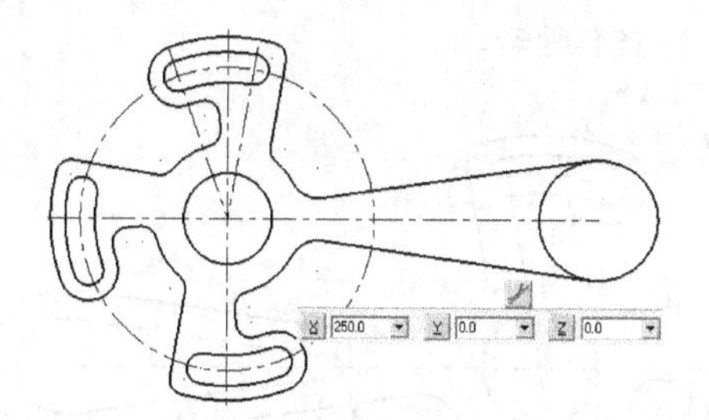

图 2-174　绘制切圆

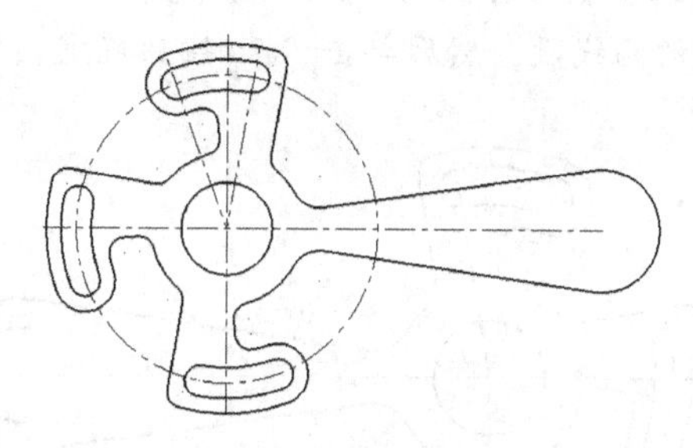

图 2-175　修剪结果

（12）创建串连补正特征

① 执行【转换】/【串连补正】命令，在图 2-176 所示的【串连选项】对话框中单击按钮。

② 依次选取图 2-177 所示的线段和圆弧，然后单击按钮确定。

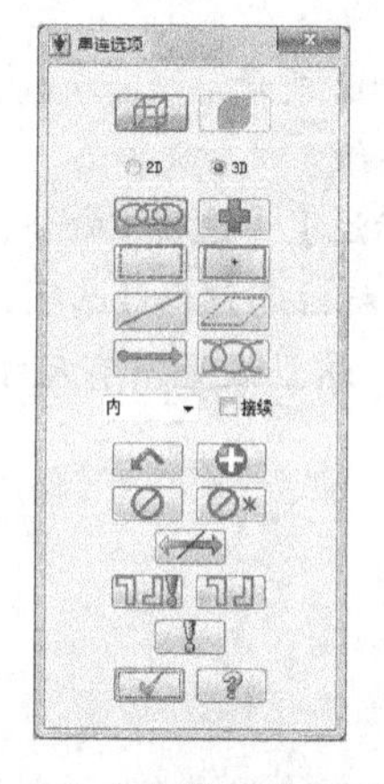

图 2-176【串连选项】对话框

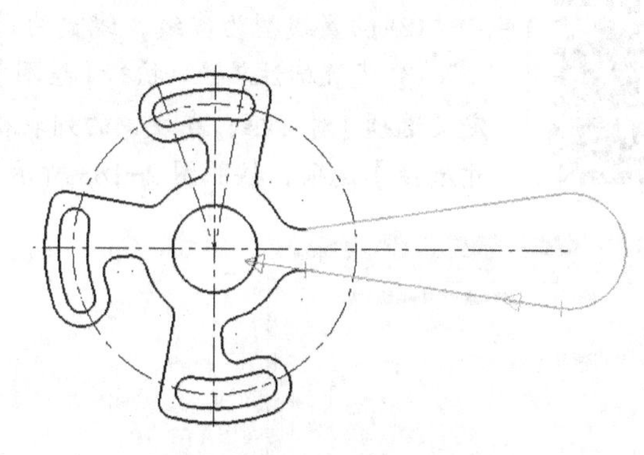

图 2-177　单体补正对象

③ 在图 2-178 所示的【串连补正选项】对话框中输入补正距离“15”，然后单击按钮确定，结果如图 2-179 所示。

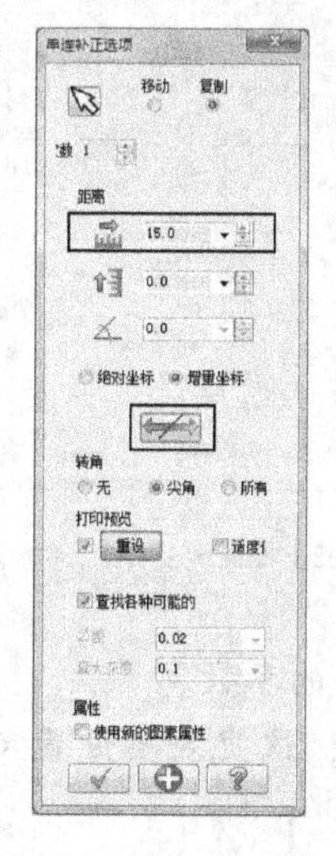

图 2-178【串连补正选项】对话框

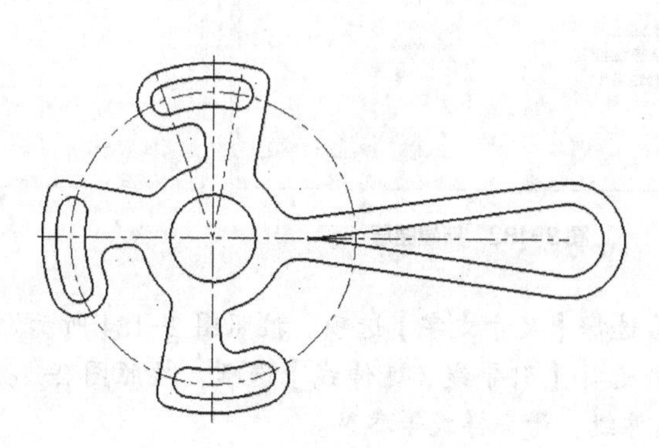

图 2-179　串连补正结果

（13）创建倒圆角特征

执行【绘图】/【倒圆角】/【倒圆角】命令，输入倒圆角半径为“5”，依次选取图 2-180 所示的两线段，然后单击 按钮确定，结果如图 2-181 所示。

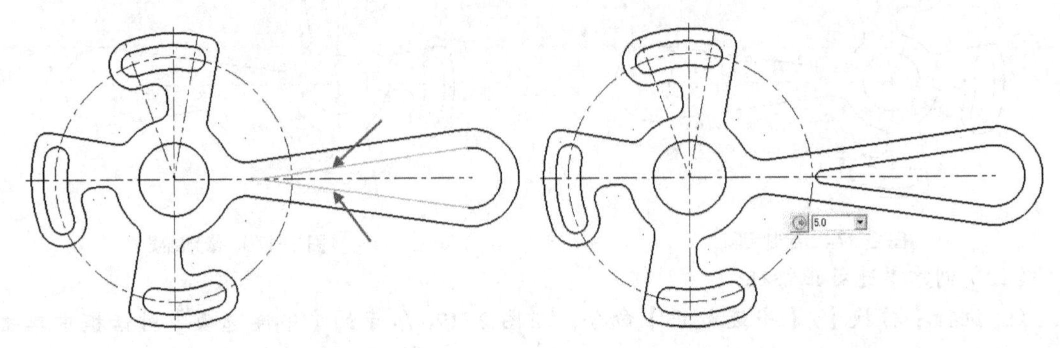

图 2-180 倒圆角边　　　　图 2-181 倒圆角

绘制摇臂 2

（14）标注尺寸

① 新建图层 3 用于标注尺寸，如图 2-182 所示。

② 设置线型为实线，线宽为第一条细实线。

③ 设置标注属性。执行【绘图】/【尺寸标注】/【选项】命令，打开【自定义选项】对话框，在左侧的列表框中展开【标注与注释】选项，选中【尺寸属性】选项，按照图 2-183 所示设置参数，这里设置所有尺寸为整数。

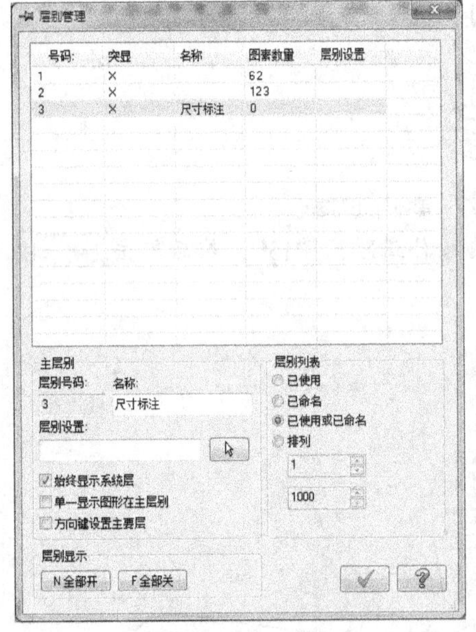

图 2-182 新建图层

图 2-183 【尺寸属性】设置

④ 选择【尺寸文字】选项，按照图 2-184 所示设置尺寸文字大小的参数。

⑤ 选择【引导线 / 延伸线】选项，按照图 2-185 所示设置参数，这里主要设置尺寸线、尺寸延伸线、箭头样式等参数。

⑥ 参考尺寸标注方法的有关内容完成尺寸标注。

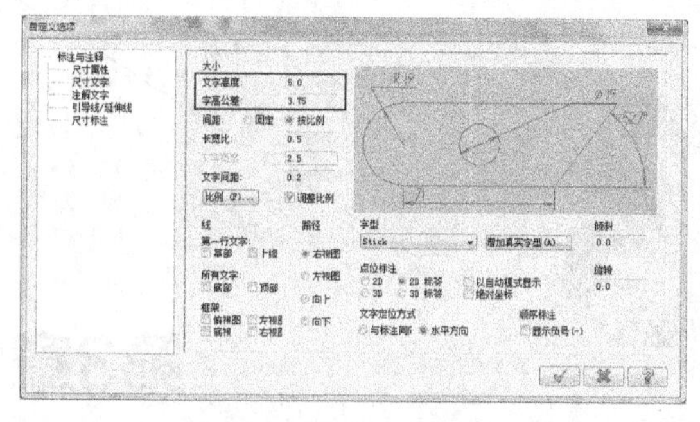

图 2-184 【尺寸文字】设置

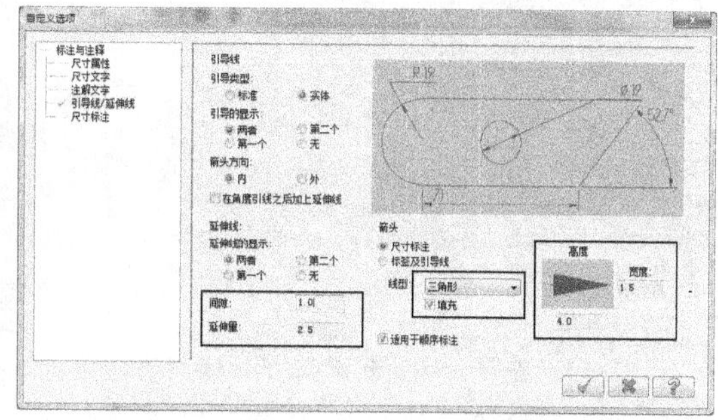

图 2-185 【引导线 / 延伸线】设置

本章小结

绘制二维图形是创建三维模型的基础。无论怎样复杂的二维图形都由直线、圆、圆弧、样条曲线、文本等基本图元组成。系统为每一种图元提供了多种创建方法，在设计时可以根据具体设计情况进行选择。在创建二维图元后，一般都还要使用系统提供的修改、裁剪、复制等工具进一步编辑图元，应该灵活使用捕捉功能，捕捉功能可以迅速找到图形上的关键点，例如圆心、线段中点、切点等。这样不但可以提高设计效率，还可以确保绘图的精确度，最后才可以获得理想的图形。

在现代设计中，二维平面设计与三维建模相辅相成。二维设计和三维设计密不可分，三维造型往往都从二维绘图开始。因此，只有熟练掌握了二维草绘设计工具的用法，才能在三维造型设计中游刃有余。

习题

1. 绘制二维图形的基本方法都有哪些?
2. 二维绘图工具的用途都有哪些?
3. 转换图形时，选取不同的中心点，结果为什么不同?
4. 思考如何才能更好地利用辅助线，提高绘图效率。
5. 根据本章讲述的基本知识，绘制图 2-186 所示的盖板零件的二维图形，绘图时注意总结常用工具的用法以及绘图的基本技巧。

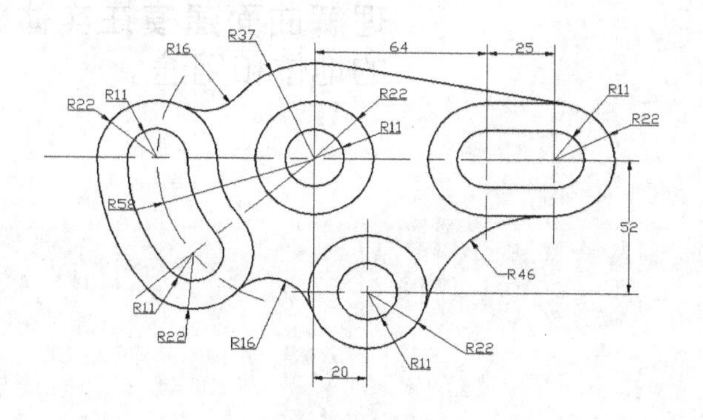

图 2-186　盖板零件

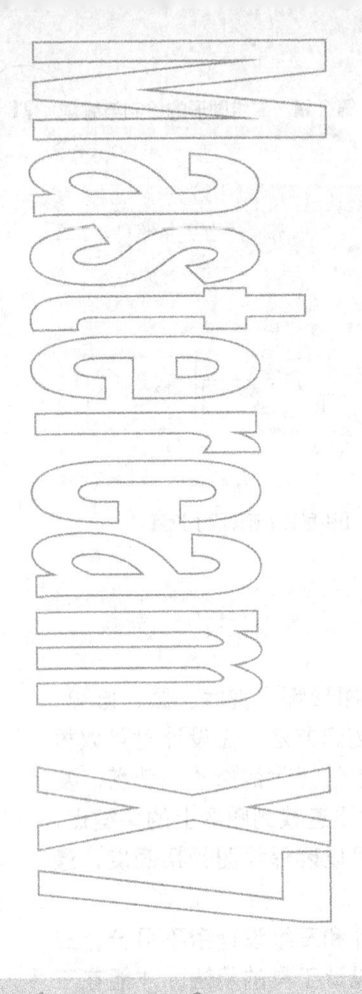

Chapter 3

第3章 曲线与曲面设计

Mastercam X7除了具有前面章节介绍的二维平面绘图功能外，还具有方便、直观的几何造型能力。Mastercam X7为用户提供了设计零件外形所需的理想环境，其强大稳定的造型功能可让设计人员设计出复杂的曲线、曲面零件。

学习目标

- 掌握三维线框模型的创建方法。
- 掌握各种常用曲面设计方法。
- 掌握曲面修剪和曲面倒圆角的基本方法。
- 总结创建复杂曲面的一般技巧。
- 理解曲面建模在实体建模中的地位和用途。

3.1 三维线架绘图

线形框架是曲面的骨架和轮廓，也是三维曲面造型的基础，以下简称“线架”。在曲面造型之前，通常需要先创建三维线架，如图 3-1 所示，然后再通过曲面造型的基本工具和编辑工具，创建图 3-2 所示的三维曲面模型。

3.1.1 重点知识讲解

1. 三维线架的创建

创建三维线架使用的工具与创建二维平面图形基本相同，也主要是绘制由点和线组成的图形，但二维平面图形全部位于一个平面内，而创建三维线架时，要根据设计要求设置构图平面，然后创建出具有空间结构的线框图。

2. 基本构图平面的确定

构图平面指当前绘图操作所在的二维平面，是创建平面图形的平台。只有准确定义了构图平面，后面的设计工作才有实际意义。在 Mastercam X7 中，共有 7 种常见的构图平面，在工具栏中单击按钮右侧的按钮打开下拉菜单，常用的构图平面如图 3-3 所示。

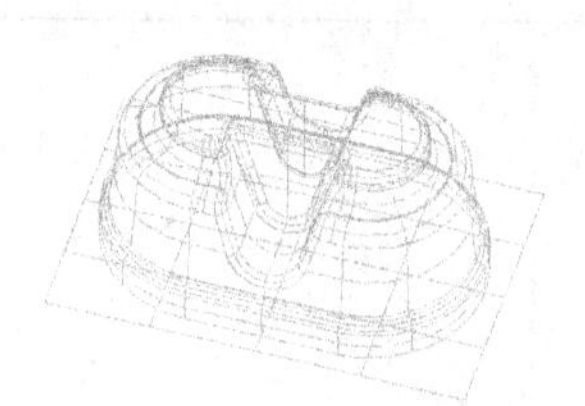

图 3-1 三维线形框架

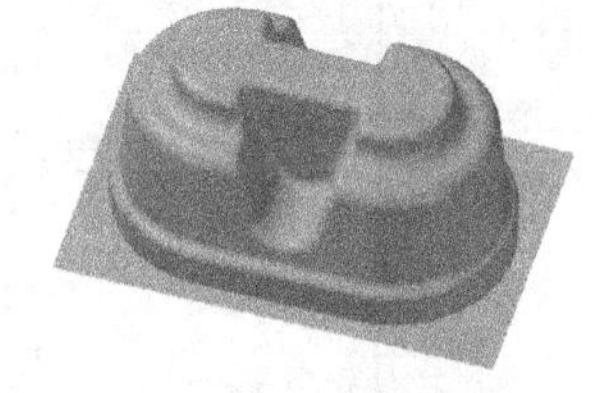

图 3-2 三维曲面模型

图 3-3 构图平面

前 3 个构图平面比较直观，现对后 4 个构图平面进行说明。

- 【按实体面定面】：选取实体上的一个平面作为构图平面。
- 【按图形定面】：选取绘图区的某一个平面、两条线或 3 个点来确定的平面作为构图平面。选取相应的参照后，系统提示用户确定第三坐标轴的方向及对该构图平面命名，按提示操作即可。
- 【指定视角】：选取此项，系统打开图 3-4 所示的【视角选择】对话框，从中选取构图平面。
- 【G 绘图面等于屏幕视角】：当前使用的构图平面与当前所使用的视图面相同。

除以上 7 种常见的构图平面外，另外还有几种构图平面，单击屏幕下方的平面按钮，即可打开【平面】菜单，如图 3-5 所示。

3. 视角的确定

在三维造型过程中，经常需要变换视图的显示方位、大小等，以便观察模型的某些局部细小特征。

（1）视窗设置

在三维造型过程中有时需要同时显示出模型的多个视图，则执行【视图】/【多重视图】命令，打开图 3-6 所示的子菜单。若选择【四个视角】选项，则 4 个视图的显示效果如图 3-7 所示。

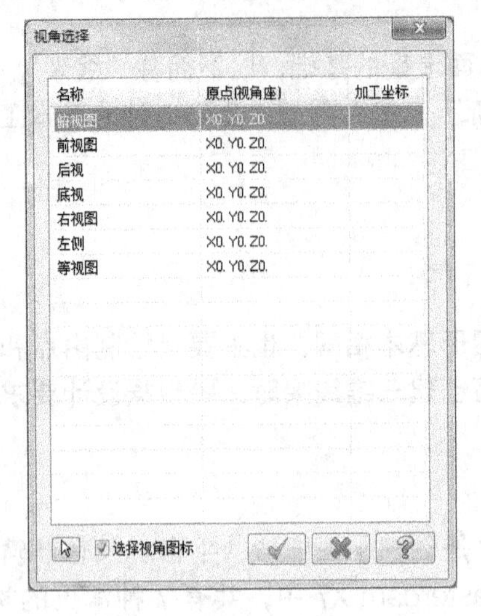

图 3-4 【视角选择】对话框

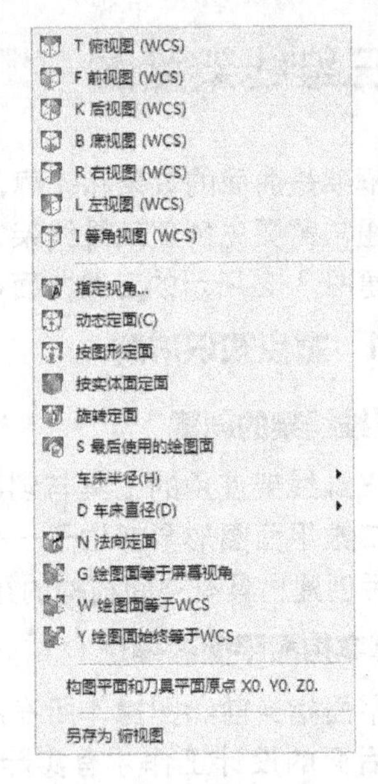

图 3-5 【平面】菜单

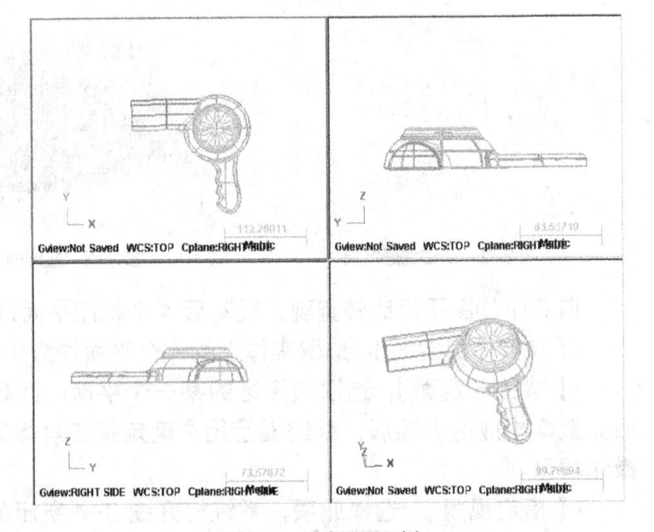

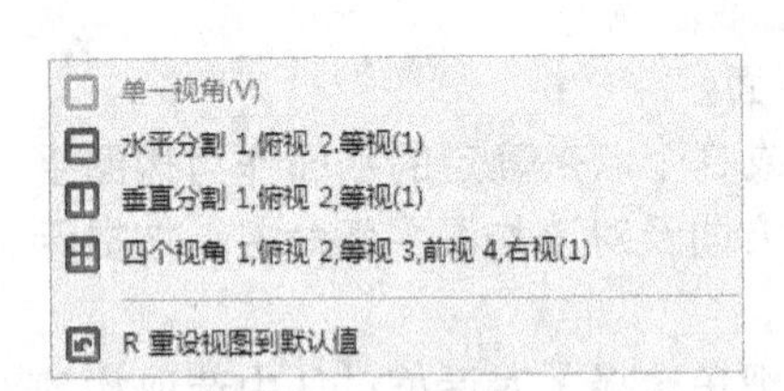

图 3-6 【多重视图】子菜单

图 3-7 视窗设置示例

要点提示

设置为多个视图显示后，仍然可以对图形进行修改。当需要对某一个视图进行操作时，只需要将鼠标光标在相应的视图区中单击一下，就可以将该视图变为活动视图。系统会将活动视图的区域加上红色边框来显示，图 3-7 所示的主视图即为活动视图。

（2）标准视图

在三维设计时，为了观察和修改方便，经常旋转变换视图到特定显示方位。该方位操作完成以后，又希望快速地切换到标准的视图方向上，这时可采用系统提供的【标准视角】功能。

执行【视图】/【标准视角】命令，可以看到图 3-8 所示的菜单。在实际设计中，常用的视图主要有俯视图、前视图、右视图和等角视图。系统将这 4 个视图放在了【图形视角】工具栏中，如图 3-9 所示。

（3）视图定位

系统还提供视图定位功能，执行【视图】/【定方位】命令，可以看到图 3-10 所示的菜单。

图 3-8 【标准视角】子菜单

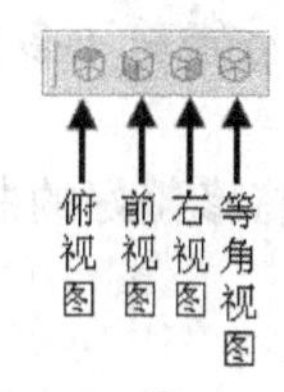

图 3-9 【图形视角】工具栏

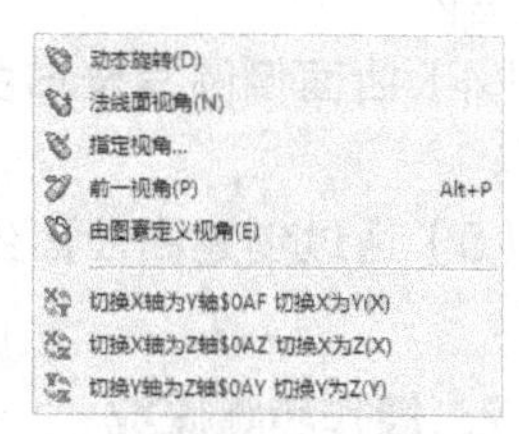

图 3-10 【定方位】子菜单

（4）动态旋转

系统提供了 5 种可以进行动态旋转的方法。

① 在【定方位】子菜单中直接选择【动态旋转】命令。

② 单击【视角操作】工具栏中的按钮。

③ 在屏幕绘图区单击鼠标右键，选择其中的【动态旋转】命令即可。

④ 当采用三键鼠标时，直接按住鼠标中键，移动鼠标光标，可以快速实现动态旋转。

⑤ 按下 End 键也可以实现图形的自由动态旋转。

（5）法线面视角

在【定方位】子菜单中选择【法线面视角】命令，然后选取用于定位视角的法线，沿着该法线定位视角。

（6）选择视角

在【定方位】子菜单中选择【指定视角】命令，或者单击【视角操作】工具栏中的按钮，系统打开【视角选择】对话框，选择需要的视角方向即可。

（7）前一视角

在【定方位】子菜单中选择【前一视角】命令，或者单击【视角操作】工具栏中的按钮，即可快速返回上一个视角方位。

（8）由图素定义视角

系统还提供由图形指定显示方位的功能，这时可以指定图形中的一个平面、两条直线或者 3 个点来定位视角。

（9）视角反向

另外，系统还提供视角反向的功能，可以快速将一个视角反转。

在【定方位】子菜单中提供了 3 个方位的反向，即【切换 X 为 Y(X)】、【切换 X 为 Z(X)】、【切换 Y 为 Z(Y)】。

3.1.2 实战演练——设计手机底座

手机是现代社会最主要的通信工具，其辅助设备的设计一直是手机设计者关注的要点，而图 3-11 所示的手机底座是其中的设计题材之一。手机底座的设计既要外形美观，又要方便使用，故对曲面设计要求较为严格，需要通过三维线架结构搭建骨架，然后通过曲面合成及修剪，达到美观实用的效果。

1. 涉及的应用工具

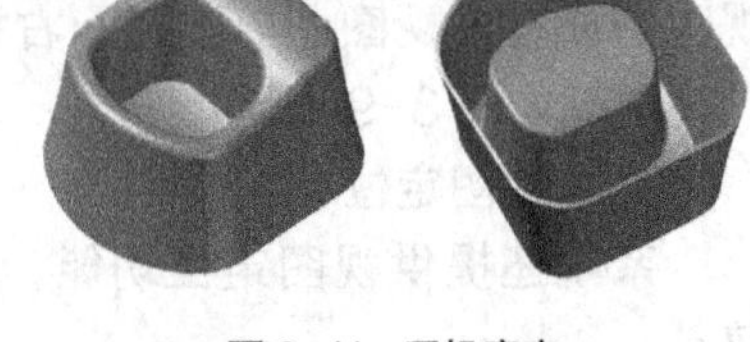
图 3-11 手机底座

(1) 通过图形绘制、修剪等工具绘制手机底座的多个线框。

(2) 通过绘制曲线，为后面的曲面修剪奠定基础。

(3) 通过创建举升曲面、扫描曲面特征，形成手机底座的基体。

(4) 曲面倒圆角修饰曲面结构，同时也修剪了多余的曲面。

(5) 通过创建由曲面生产实体特征，将修整好的曲面变成实体特征，便于后续的模具设计等。

2. 操作步骤概况

操作步骤概况，如图 3-12 所示。

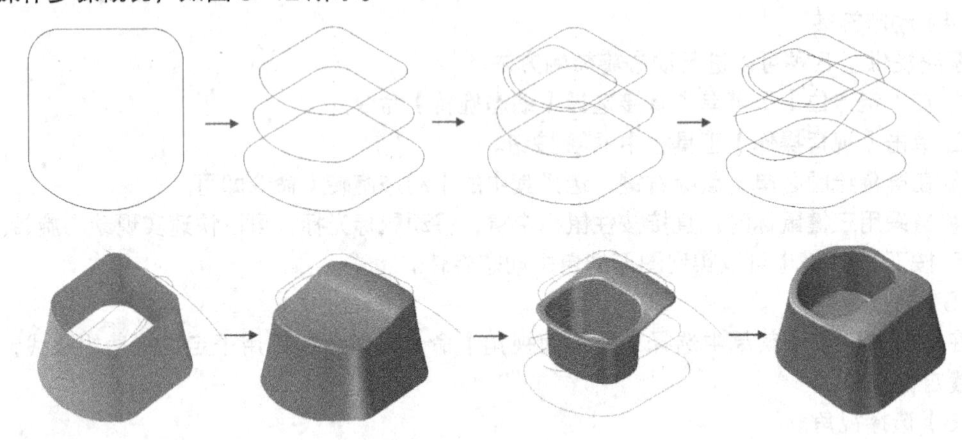
图 3-12 操作步骤

3. 创建铣刀模型

(1) 设置绘图环境

① 设置构图面为俯视图，视角为俯视图，构图深度为 0。

② 设置线型为实线，线宽为第二条参考线。

(2) 创建线框 1

① 单击按钮绘制矩形。参照点坐标（0，0，0），长为 40，宽为 40，按下按钮设置参照点为矩形中心，结果如图 3-13 所示。

② 单击按钮绘制圆，圆心坐标为（0，0，0），半径为 25，结果如图 3-14 所示。

③ 框选全部图形，然后执行【编辑】/【修剪 / 打断】/【在交点处打断】命令，在各交点处将图形断开。

④ 删去多余的图素，保留图 3-15 所示结果。

⑤ 使用工具在图 3-15 中 1 ~ 6 处创建半径为 8 的圆角，结果如图 3-16 所示。

(3) 创建线框 2

① 设置构图面为俯视图，视角为俯视图，构图深度为 -16。

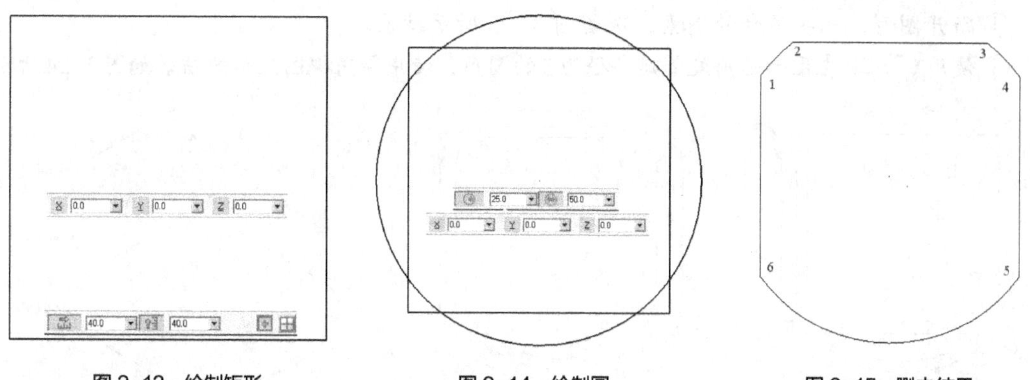

图3-13 绘制矩形　　图3-14 绘制圆　　图3-15 删去结果

② 单击按钮绘制矩形。参照点坐标为（0，0，-16），长46，宽46，按下按钮设置参照点为矩形中心，结果如图3-17所示。

③ 单击按钮绘制圆，圆心（0，0，-16），半径为28，结果如图3-18所示。

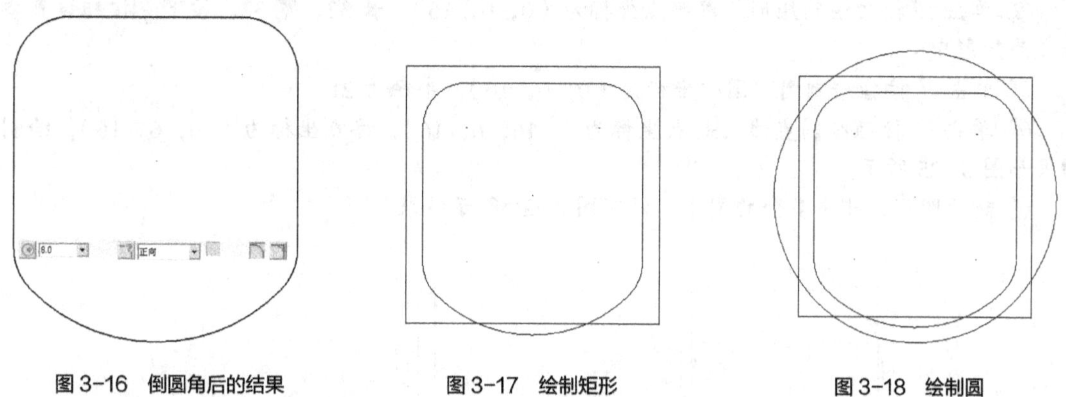

图3-16 倒圆角后的结果　　图3-17 绘制矩形　　图3-18 绘制圆

④ 断开图形，删去多余的图素，保留图3-19所示结果。

⑤ 使用工具在图形转接处创建半径为10的圆角，使用等角视图显示的结果如图3-20所示。

（4）创建线框3

① 设置构图面为俯视图，视角为俯视图，构图深度为16。

② 单击按钮绘制矩形。参照点坐标为（0，0，16），长为36，宽为36，按下按钮设置参照点为矩形中心，结果如图3-21所示。

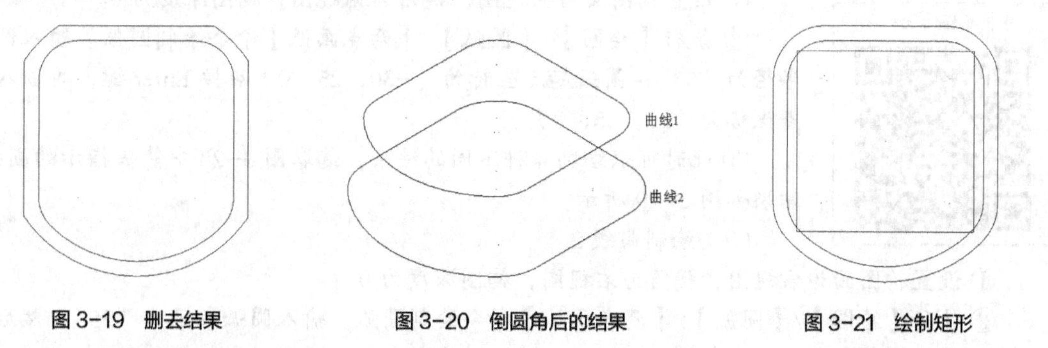

图3-19 删去结果　　图3-20 倒圆角后的结果　　图3-21 绘制矩形

③ 单击按钮绘制圆，圆心坐标为（0，0，16），半径为23，结果如图3-22所示。

④ 断开图形，删去多余的图素，保留图 3-23 所示结果。

⑤ 使用工具在图形转角处创建半径为5的圆角，使用等角视图显示的结果如图 3-24 所示。

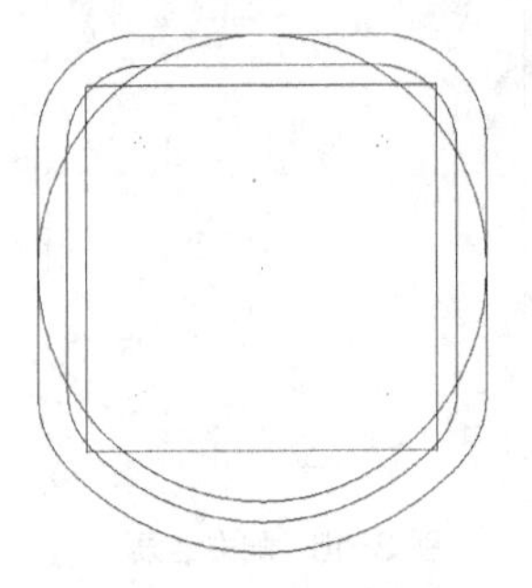

图 3-22　绘制圆

图 3-23　删去结果

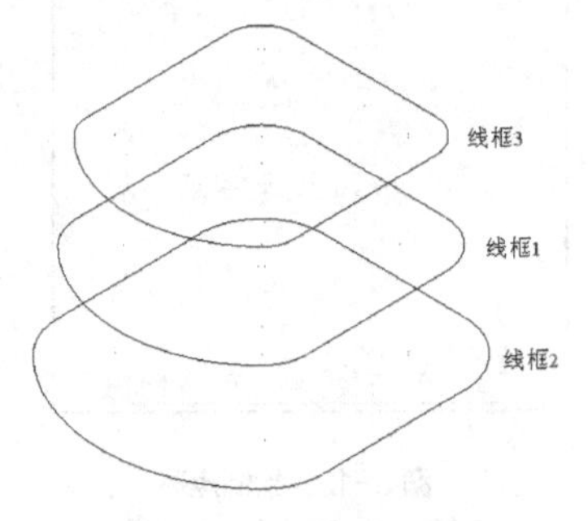

图 3-24　倒圆角后的结果

（5）创建线框 4

① 继续设置构图面为俯视图，视角为俯视图，构图深度为 16。

② 单击按钮绘制矩形。参照点坐标为（0，0，16），长 32，宽 32，按下按钮设置参照点为矩形中心。

③ 单击按钮绘制圆，圆心坐标为（0，0，16），半径为 21。

④ 单击按钮绘制直线。起点坐标为（−16，6，16），终点坐标为（16，6，16），绘制结果如图 3-25 所示。

⑤ 断开图形，删去多余的图素，保留图 3-26 所示结果。

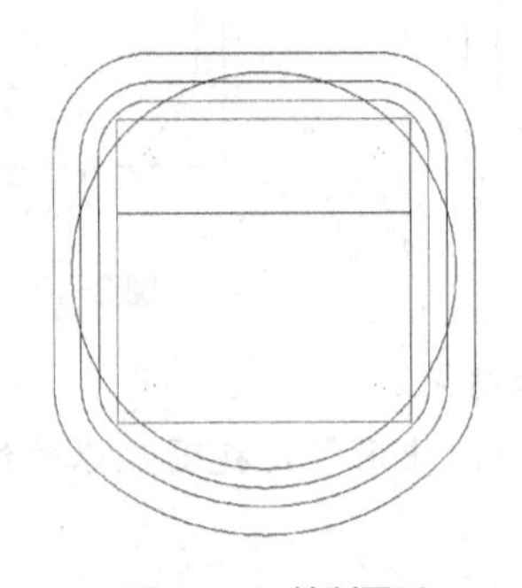

图 3-25　绘制图形

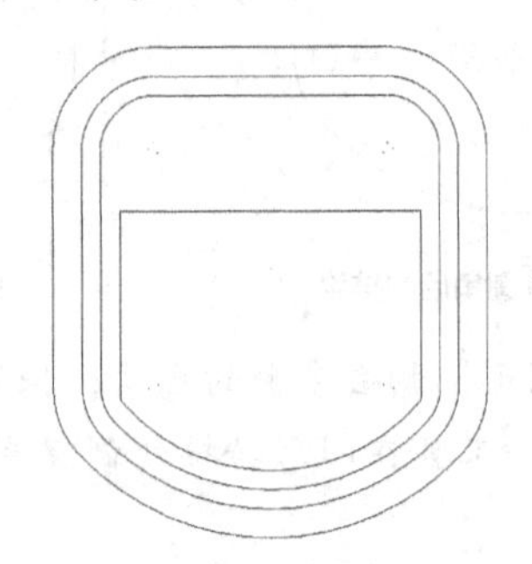

图 3-26　删去结果

⑥ 使用工具在图形转角处创建半径为 5 的圆角，结果如图 3-27 所示。

（6）绘制曲线 1

① 设置构图面为俯视图，视角为俯视图，构图深度为 0。

② 执行【绘图】/【圆弧】/【两点画弧】命令绘制圆弧。输入圆弧半径为“93”，圆弧起点坐标为（−30，25，0）后按 Enter 键，再输入终点坐标为（30，25，0）。

③ 此时可以绘制 4 种不同的结果，选取图 3-28 中箭头指示的圆弧，结果如图 3-29 所示。

（7）绘制曲线 2

① 设置构图面为右视图，视角为右视图，构图深度为 0。

② 执行【绘图】/【圆弧】/【两点画弧】命令绘制圆弧。输入圆弧半径为“35”，然后圆弧起点坐标为（−30，0，0）后按 Enter 键，再输入终点坐标为（20，0，0）。

③ 此时可以绘制 4 种不同的结果，选取图 3-30 中箭头指示的圆弧，结果如图 3-31 所示。

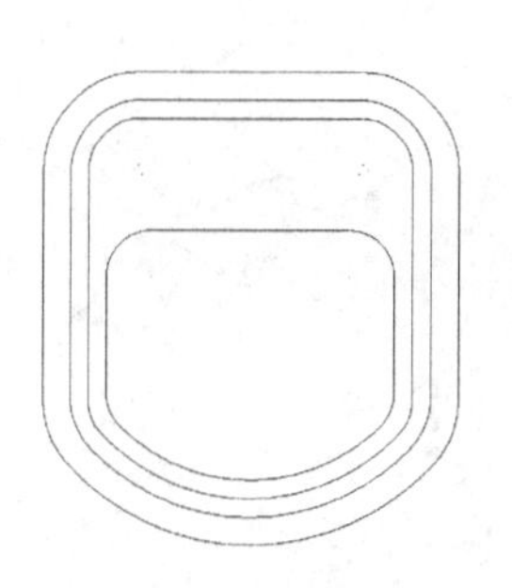

图3-27 倒圆角后的结果

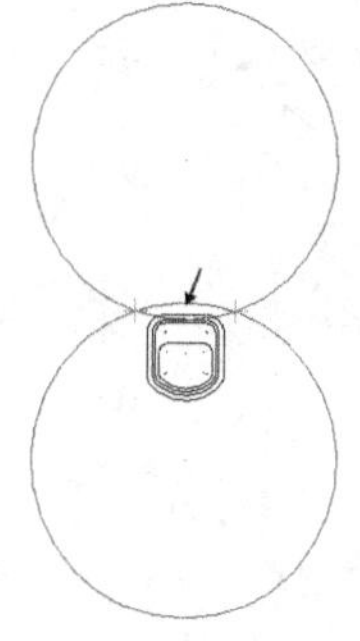

图3-28 选取圆弧段

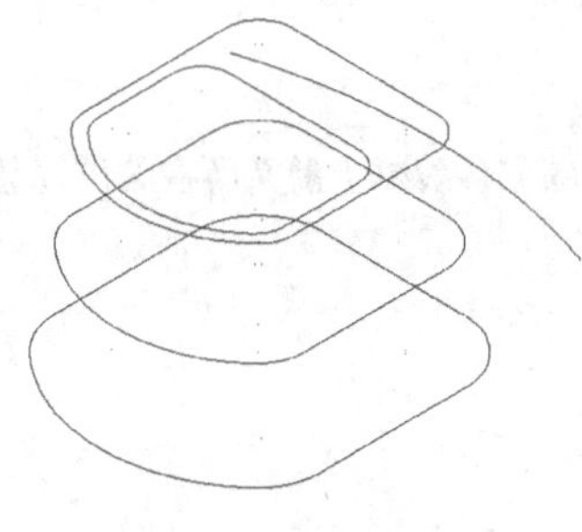

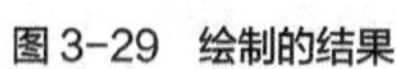

图3-29 绘制的结果

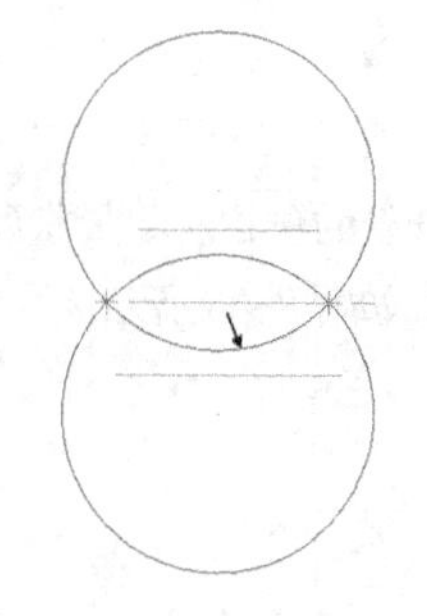

图3-30 选取圆弧段

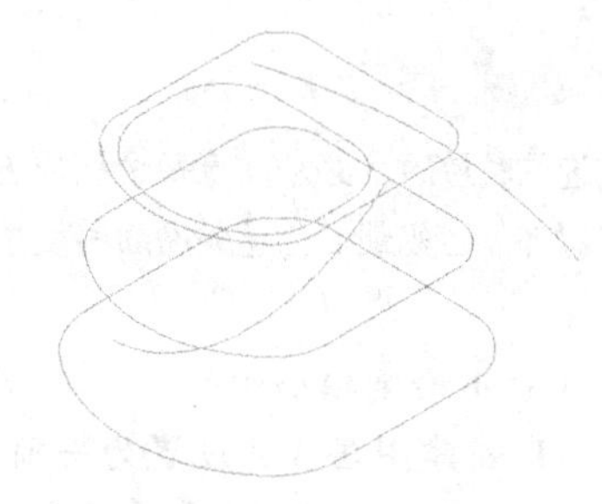

图3-31 绘制的结果

（8）绘制曲线3

① 设置构图面为右视图，视角为右视图，构图深度为0。

② 单击按钮创建样条曲线。依次输入样条曲线经过的点坐标（30，0，0）、（25，10，0）、（15，15，0）、（9，15，0）、（-24，12，0）、（-36，14，0），结果如图3-32所示。

（9）三维曲面环境设置

① 新建图层2作为当前图层。

② 设置当前构图面为俯视图，并设置当前视角为等角视图。

（10）创建举升曲面

① 执行【绘图】/【曲面】/【直纹/举升曲面】命令，打开【串连选项】对话框，单击按钮。

② 依次选择图3-33所示曲线1、曲线2和曲线3，串连3条曲线，注意串连方向均为逆时针方向（若不是，每串连一次单击按钮更改串连方向，结果如图3-34～图3-36所示），最终结果如图3-37所示。

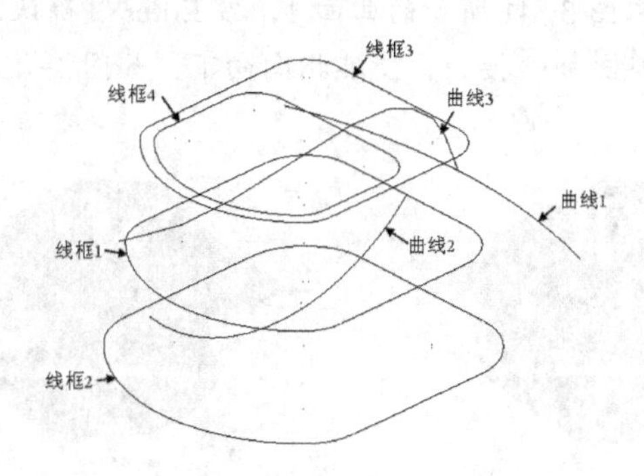

图3-32 最后绘制的三维线框

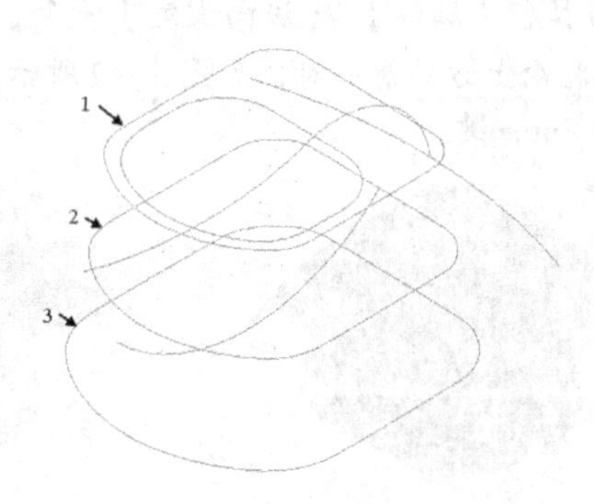

图3-33 线框模型

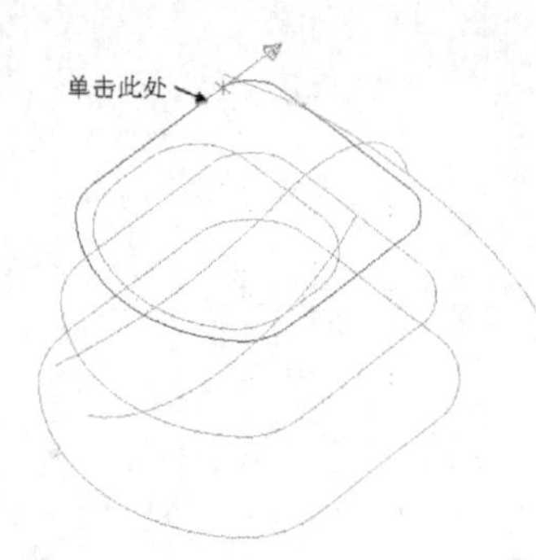

图3-34 选择曲线（1）

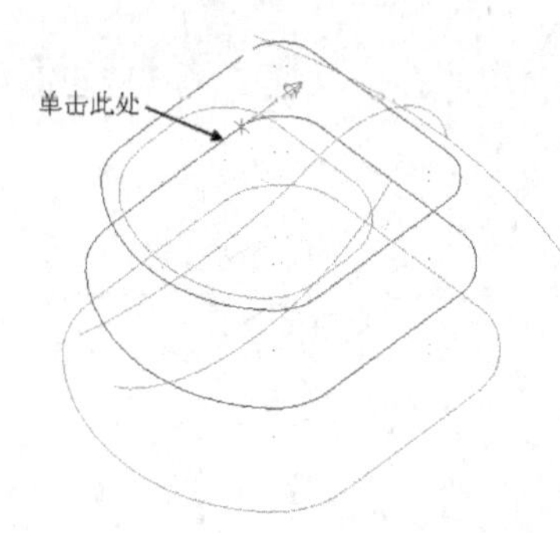

图3-35 选择曲线（2）

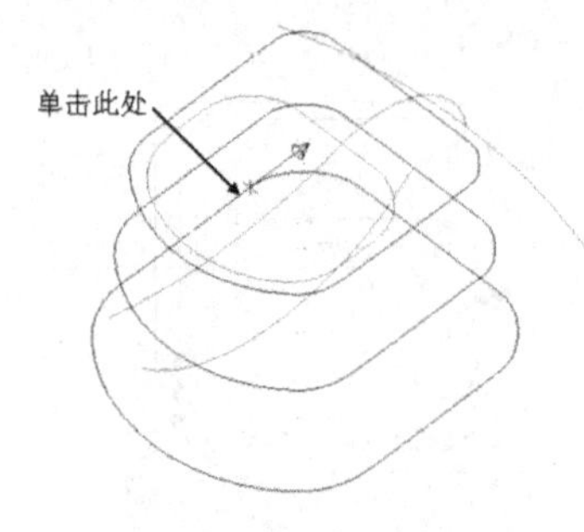

图3-36 选择曲线（3）

要点提示

在选取轨迹时，必须注意每个线框上单击选取的位置应尽量靠近，尽量确保各线框上箭头所在的位置基本对齐，否则最后创建的曲面将发生扭曲，如图3-38所示。

（11）绘制扫描曲面

① 新建图层3并设置为当前图层。

② 执行【绘图】/【曲面】/【扫描曲面】命令，启动扫描曲面工具。

③ 系统提示 扫描曲面: 定义 截面方向外形 ，选取图3-39所示的曲线1，按Enter键确认。

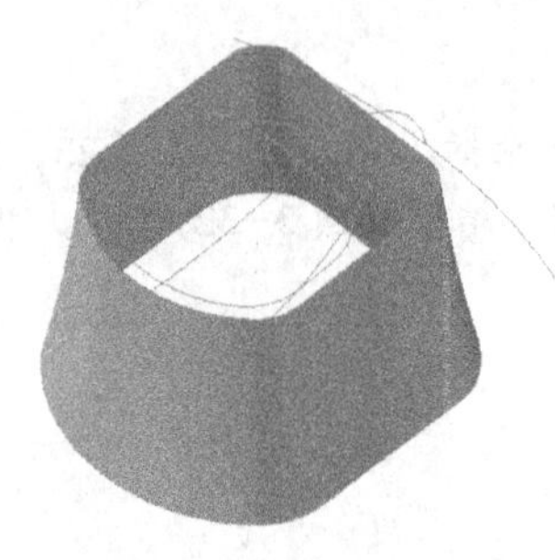

图3-37 选择串连曲线

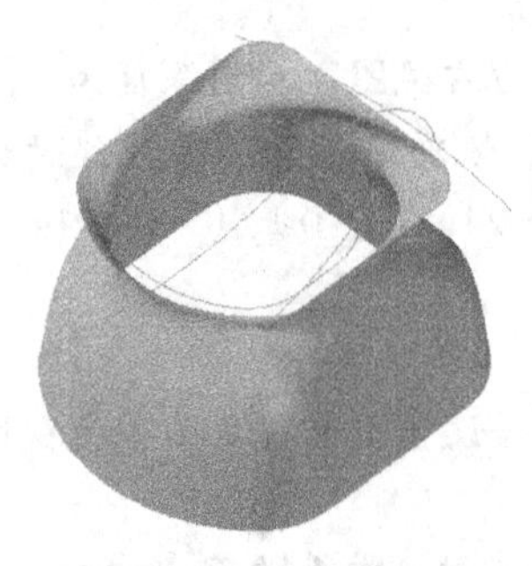

图3-38 举升曲面

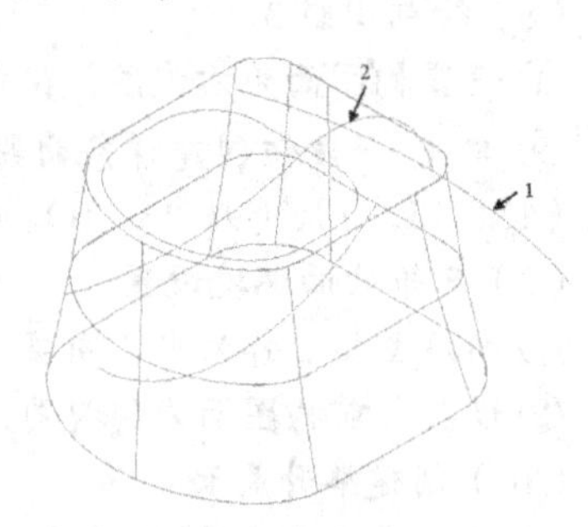

图3-39 选择曲线

④ 系统提示 扫描曲面: 定义 引导方向外形 ，选取图3-39所示的曲线2，按Enter键确认，最后创建的扫描曲面如图3-40所示。

（12）更改法线方向

① 执行【编辑】/【法向设定】命令，选取图3-41所示的曲面1，按Enter键确认，当出现一个指向上方的箭头时，如图3-42所示，单击按钮，使其指向向下，如图3-43所示，然后按Enter键。

图3-40 扫描曲面

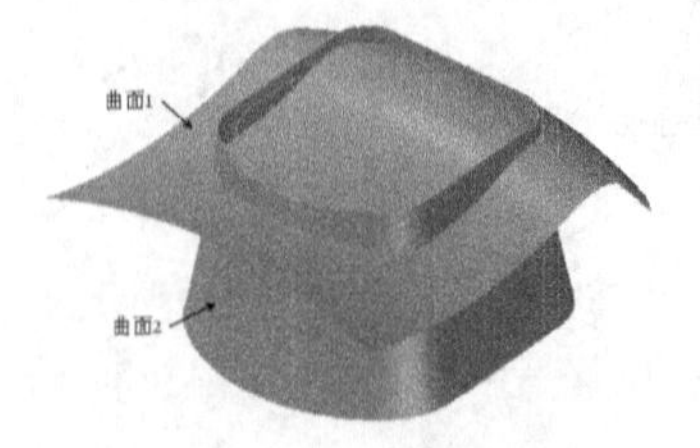

图3-41 选取参照曲面

图3-42 调整前的法向（1）

② 继续选取曲面2，按Enter键确认，当出现一个指向外侧的箭头时，如图3-44所示，单击按钮，使其指向内侧，如图3-45所示，然后按Enter键。

图3-43 调整后的法向（1）

图3-44 调整前的法向（2）

图3-45 调整后的法向（2）

③ 最后再单击按钮完成曲面法线方向的修改。

要点提示

此处修改曲面法向的目的是为下一步曲面倒圆角做准备，以便确定倒圆角时去掉的曲面侧，倒圆角时通常会保留曲面法线指向的曲面侧，而去掉另一侧。

（13）曲面倒圆角

① 执行【绘图】/【曲面】/【曲面倒圆角】/【曲面与曲面倒圆角】命令，启动倒圆角工具。

② 系统提示 选取第一个曲面或按 <Esc> 键去退出 ，单击图3-41所示曲面1，按Enter键确认。

③ 系统提示 选取第二个曲面或按 <Esc> 键去退出 ，单击图3-41所示曲面2，按Enter键确认。

④ 系统弹出【曲面与曲面倒圆角】对话框，按图3-46所示设置参数。

⑤ 单击按钮。结果如图3-47所示。

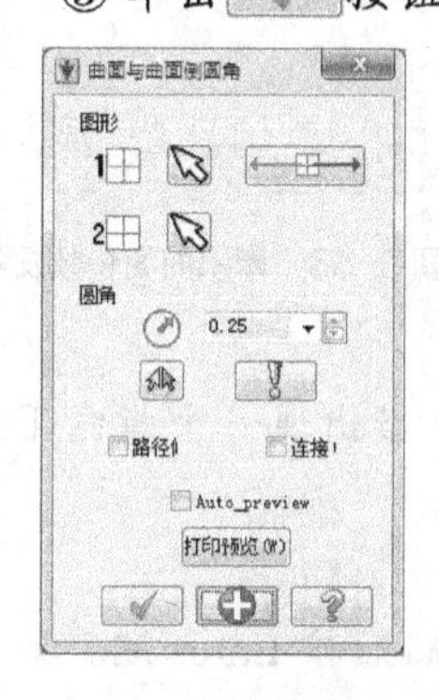

图3-46 曲面与曲面倒圆角参数设置

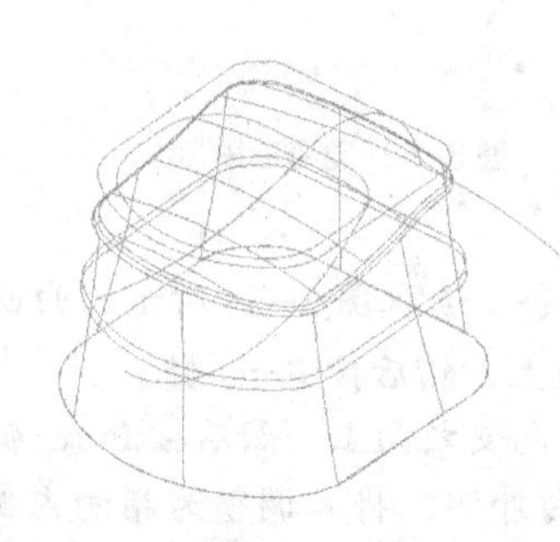

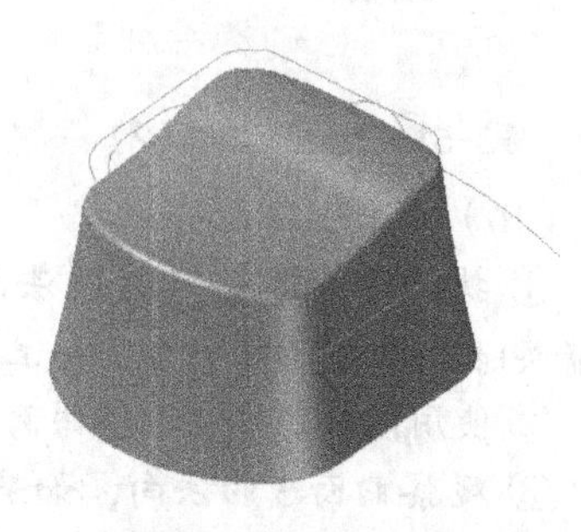
图3-47 曲面倒圆角结果

（14）创建牵引曲面1

① 设置构图面为俯视图。

② 新建图层4，关闭图层2和图层3。

③ 执行【绘图】/【曲面】/【牵引曲面】命令，选取图3-48所示的曲线，然后单击按钮。

④ 在弹出的【牵引曲面】对话框中按图3-49所示设置参数，此时的曲面如图3-50所示，单击按钮旁的按钮，调整牵引方向使之指向下方。单击按钮旁的按钮使曲面下部缩小。单击按钮，结果如图3-51所示。

手机底座的设计3

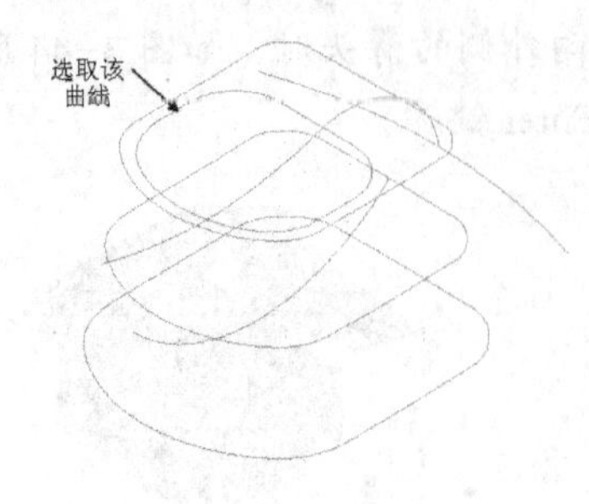

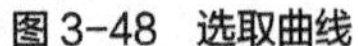
图 3-48　选取曲线

图 3-49　牵引曲面参数设置

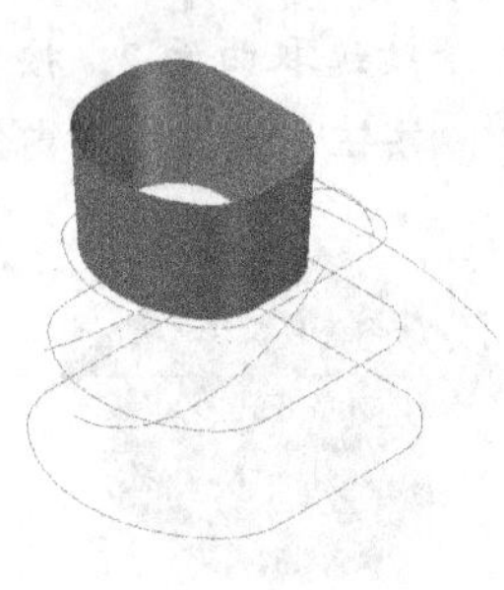

图 3-50　牵引曲面结果（1）

（15）创建牵引曲面 2

① 设置构图面为右视图。

② 新建图层 5。

③ 执行【绘图】/【曲面】/【牵引曲面】命令，系统弹出【串连选项】对话框，单击按钮，选择图 3-52 所示的曲线，然后单击按钮。

④ 在弹出的【牵引曲面】对话框中按图 3-53 所示设置参数，此时的曲面如图 3-54 所示，单击按钮旁的按钮两次，在曲线两侧都创建拉伸曲面。单击按钮，结果如图 3-55 所示。

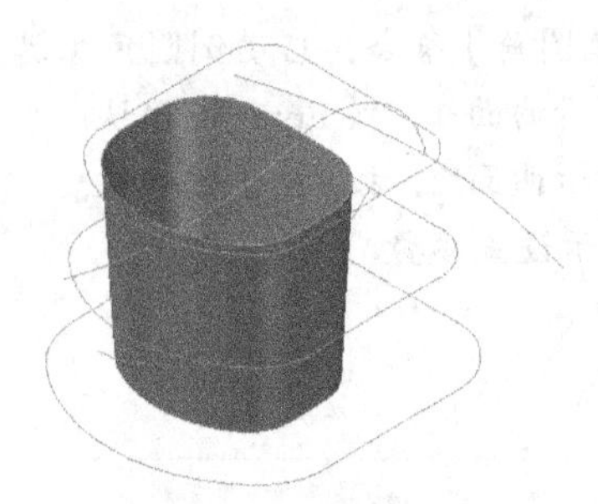

图 3-51　牵引曲面结果（2）

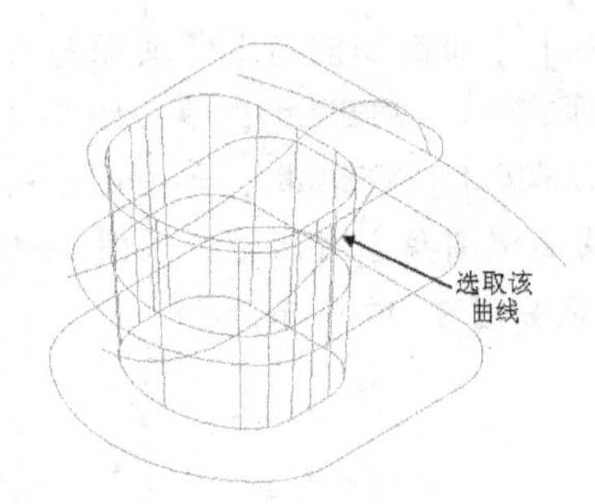

图 3-52　选取曲线

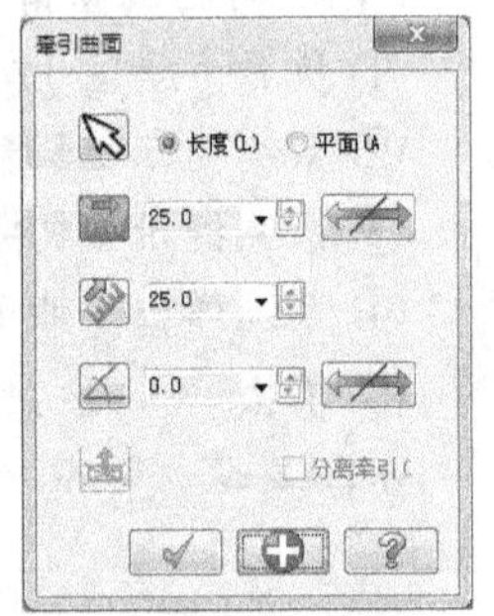

图 3-53　牵引曲面参数设置

（16）更改法线方向

① 执行【编辑】/【更改法向】命令，选取图 3-56 所示的曲面 1，当出现一个指向下方的箭头时，单击按钮，使其指向向上，然后按 Enter 键。

② 使用同样的方法调整曲面 2 的法向使之向上，然后按 Enter 键。

③ 观察曲面 3 的法向，如果其指向外侧，将其调整为指向内侧，然后按 Enter 键。如果已经指向内侧，则不做调整。

④ 最后单击按钮完成曲面法线方向的修改。

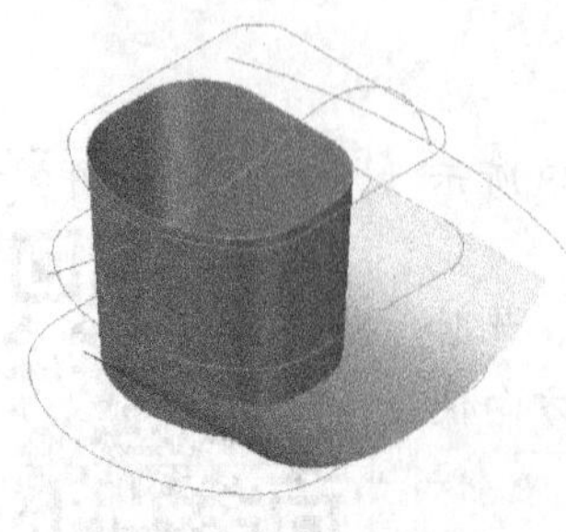

图 3-54　牵引曲面结果（1）

图 3-55　牵引曲面结果（2）

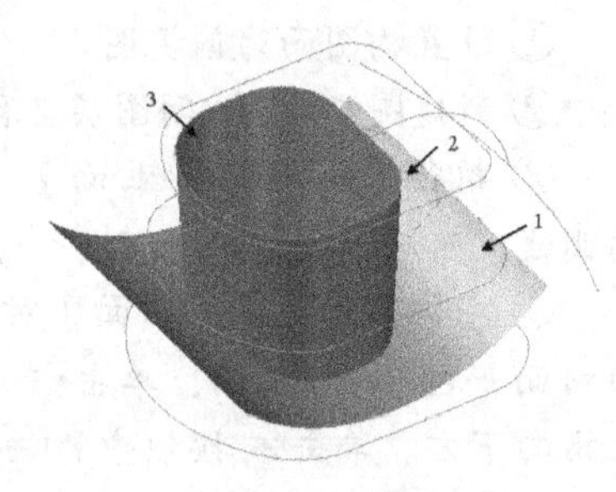

图 3-56　选取曲面

（17）曲面倒圆角

① 执行【绘图】/【曲面】/【曲面倒圆角】/【曲面与曲面倒圆角】命令。

② 系统提示 选取第一个曲面或按 <Esc> 键去退出 ，单击图 3–56 所示的曲面 1 和曲面 2 后按 Enter 键确认。

③ 系统提示 选取第二个曲面或按 <Esc> 键去退出 ，在图 3–57 所示的【标准选择】工具栏中单击 全部... 按钮，系统打开【选取所有的 –– 单一选择】对话框，勾选【层别】复选项。

④ 在下部的图层列表中选中层 4，将其上的曲面作为选择对象，如图 3–58 所示，然后单击 按钮后按 Enter 键确认。

图 3–57 【标准选择】工具栏

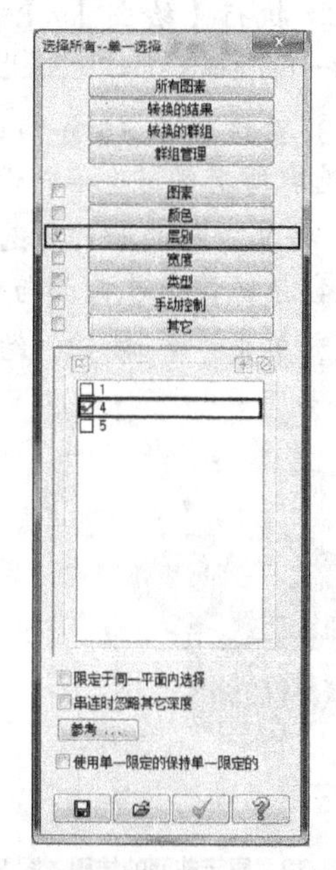

图 3–58 【选取所有的 –– 单一选择】对话框

⑤ 系统弹出【曲面与曲面倒圆角】对话框，按图 3–59 所示设置参数，单击 按钮，结果如图 3–60 所示。

（18）更改法线方向

① 执行【编辑】/【更改法向】命令，依次将图 3–61 所示的侧立曲面的法线方向修改为指向外侧，每修改一个曲面按 Enter 键确认，直至将全部曲面的法线修改完毕。

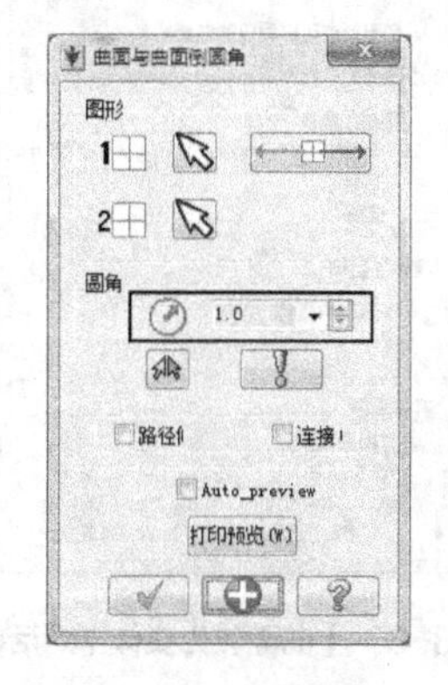

图 3–59 【曲面与曲面倒圆角】对话框

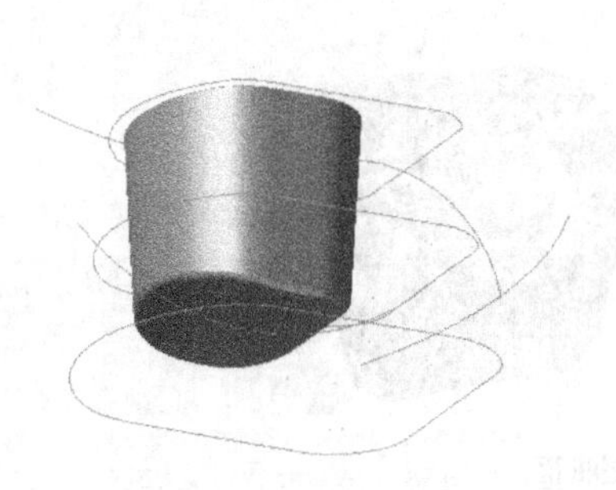

图 3–60　倒圆角结果

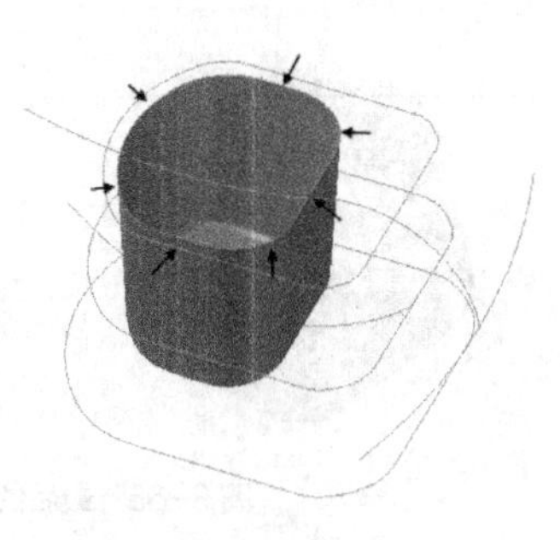

图 3–61　修改曲面法向

② 在状态栏单击 按钮完成曲面法线方向的修改。

要点提示

必须依次修改每一个曲面片的法向，不能有遗漏，修改完毕后应该全面检查一次。

（19）曲面倒圆角

①显示图层 3，结果如图 3-62 所示。

② 执行【绘图】/【曲面】/【曲面倒圆角】/【曲面与曲面倒圆角】命令，系统提示 选取第一个曲面或按 <Esc> 键去退出 ，选取图 3-62 所示的曲面 1，然后按 Enter 键。

③ 系统提示 选取第二个曲面或按 <Esc> 键去退出 ，在【标准选择】工具栏中单击 全部... 按钮，打开【选取所有的 -- 单一选择】对话框，勾选【层别】复选项，然后在下部的图层列表中选中层 4，将其上的曲面作为选择对象，单击 按钮后按 Enter 键确认。

④ 系统弹出【曲面与曲面倒圆角】对话框，并按图 3-63 所示设置参数。

⑤ 单击 按钮，结果如图 3-64 所示。

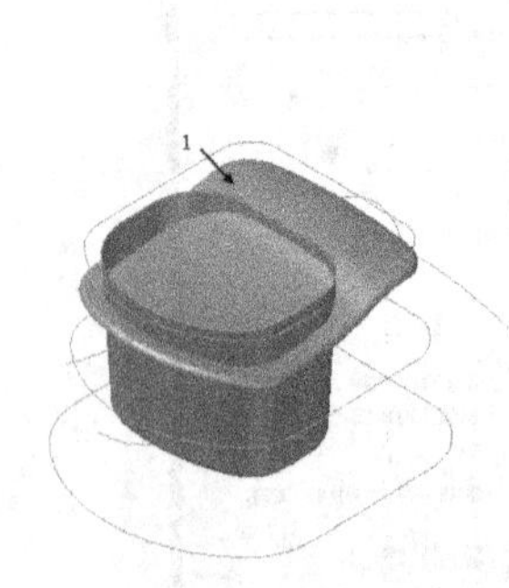

图 3-62　显示曲面的结果

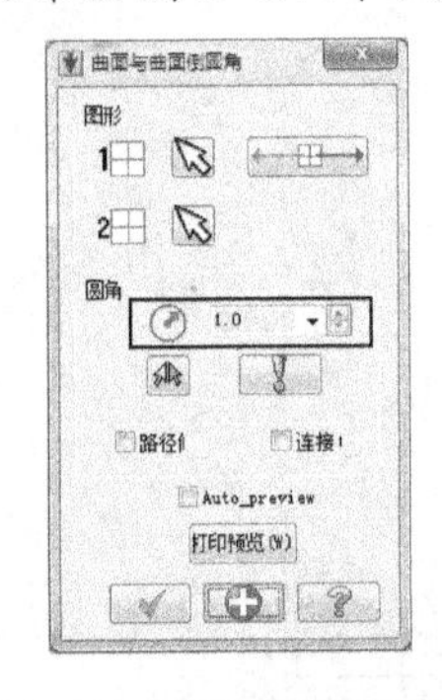

图 3-63【曲面与曲面倒圆角】对话

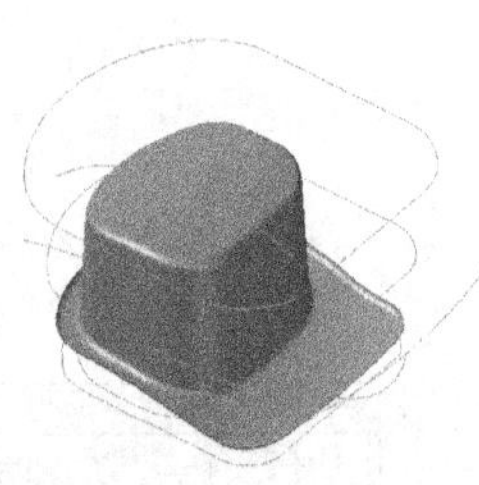

图 3-64　曲面倒圆角结果

⑥ 显示图层 2，关闭图层 1，最后的设计结果如图 3-65 所示。

（20）由曲面创建实体

① 执行【实体】/【由曲面生成实体】命令，打开图 3-66 所示的【曲面转为实体】对话框，接受默认参数设置，然后单击 按钮。

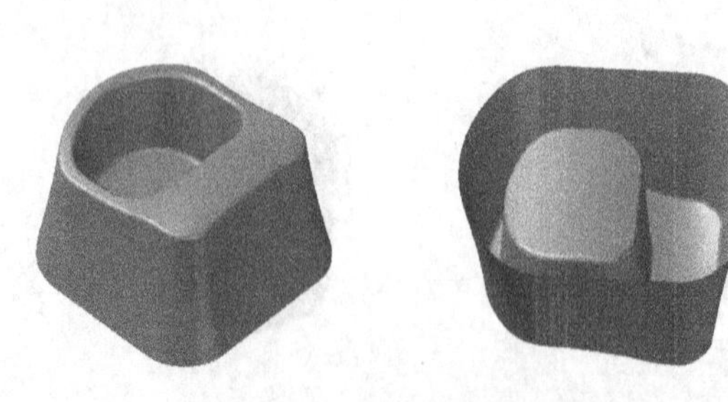

图 3-65　最后创建的曲面

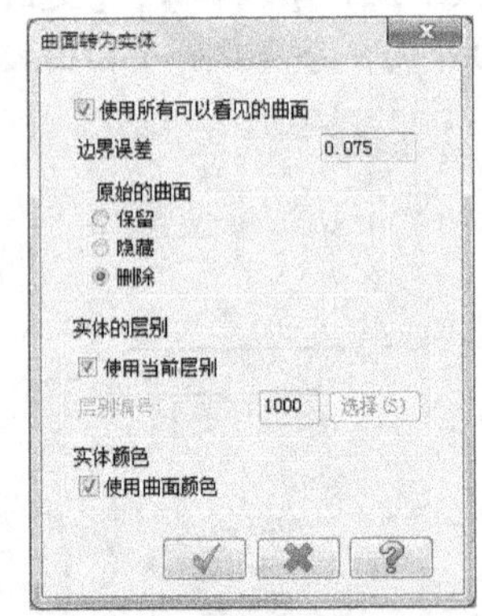

图 3-66【曲面转为实体】对话框

② 系统弹出图 3-67 所示询问对话框，单击 是(Y) 按钮，随后弹出【颜色】对话框，任

意选取一种颜色绘制曲面边界，将曲面转换为薄片实体。

③ 执行【实体】/【薄片加厚】命令，按照图3-68所示设置加厚厚度和加厚方向，然后单击 ✔ 按钮。

④ 在图3-69所示【厚度方向】对话框中单击 切换(F) 按钮调整加厚方向为曲面外侧，如图3-70中箭头指向所示，然后单击 ✔ 按钮。最后创建的实体模型如图3-71所示。

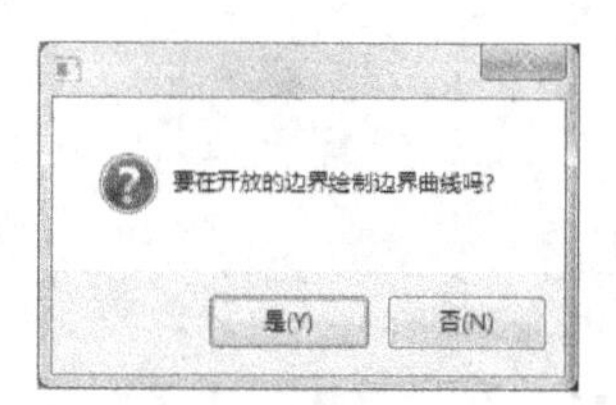

图3-67　询问对话框

图3-68　设置加厚参数

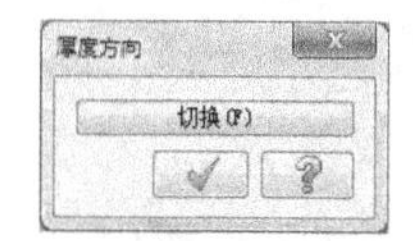

图3-69　【厚度方向】对话框

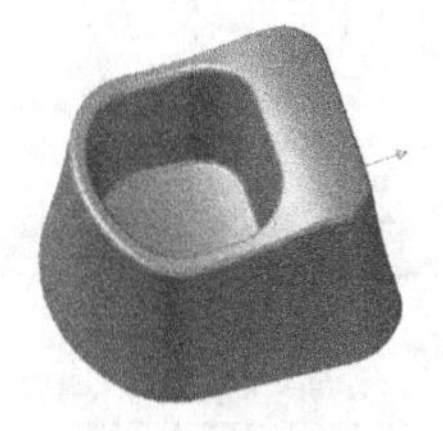

图3-70　确定加厚方向

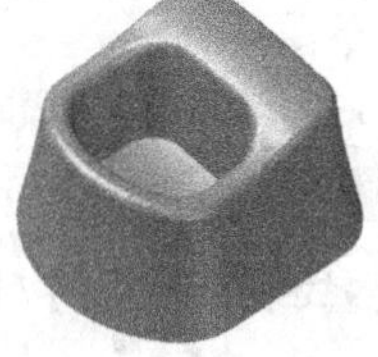
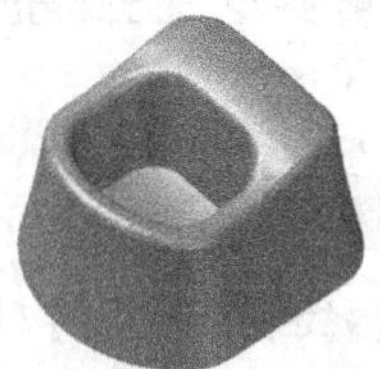

图3-71　最终设计结果

要点提示

1. 在创建举升曲面等时，绘制线框图形是曲面创建成败的关键。

2. 图层的使用是Mastercam X7设计的重要技巧之一，将不同类型的图形元素放在不同的图层上，便于对图形元素进行管理，同时也便于隐藏不再使用的图形元素。

3. 正确设置法线的方向是曲面倒圆角成功的关键。

3.2 创建曲面特征

所谓曲面，是指没有质量、厚度、体积等物理属性的几何表面，与实体相对应，后者则具有质量、厚度和体积等属性，更加接近真实物体。

3.2.1 重点知识讲解

在Mastercam X7中，系统提供了图3-72所示的【直纹/举升曲面】、【转曲面】、【扫描曲面】、【网状曲面】、【围篱曲面】、【牵引曲面】、【挤出曲面】、【基本曲面/实体】、【由实体生成曲面】等常用的曲面创建方法。

1. 创建基本曲面

基本曲面是指直接通过定义参数即可完成一个封闭的曲面体，是曲面设计中的常用命令，其操作简单易懂，创建方法如表3-1所示。

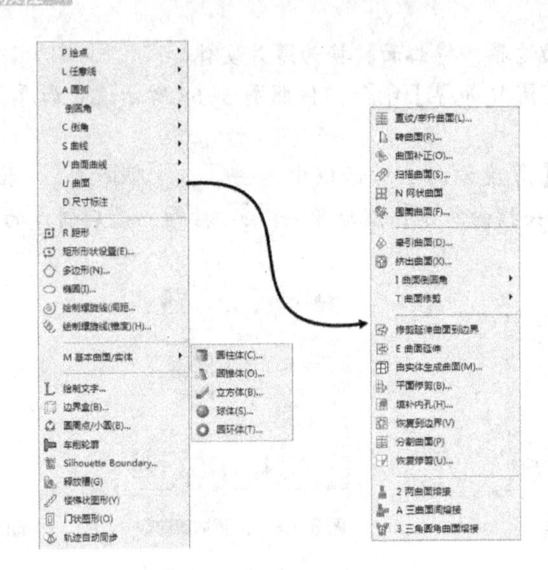

图 3-72　曲面常用创建方法

表 3-1　常用基本曲面的创建方法

名称	创建方法		效果图
基本曲面	圆柱形曲面	【绘图】/【基本曲面 / 实体】/【圆柱体】	
	圆锥形曲面	【绘图】/【基本曲面 / 实体】/【圆锥体】	
	立方体曲面	【绘图】/【基本曲面 / 实体】/【立方体】	
	球体曲面	【绘图】/【基本曲面 / 实体】/【球体】	
	圆环体曲面	【绘图】/【基本曲面 / 实体】/【圆环体】	

2. 直纹 / 举升曲面

直纹 / 举升曲面是将两个或两个以上的截面外形或轮廓以直线熔接方式生成直纹曲面，如果以参数方式熔接则可以生成平滑的举升曲面。

执行【绘图】/【曲面】/【直纹 / 举升曲面】命令，或单击工具栏上的按钮打开【直纹 / 举升】工具栏，如图 3-73 所示。

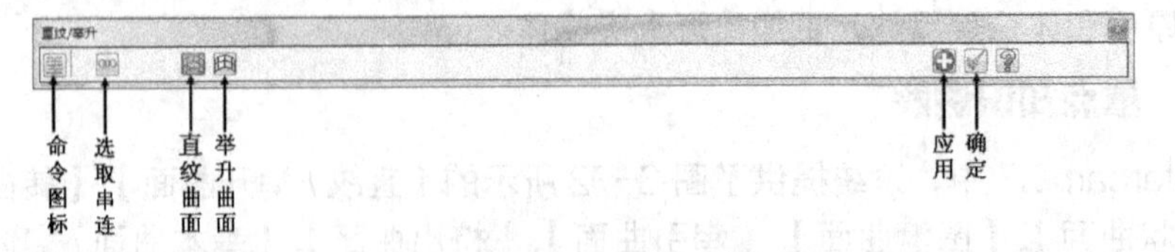

图 3-73 【直纹 / 举升】工具栏

举升曲面与直纹曲面的构建原理相似，都是由两个或者两个以上的截面外形顺接而得到的。二者的区别在于，举升曲面产生的是一个“抛物线式”的熔合曲面，各截面外形间以抛物线相连接，如图 3-74 所示。而直纹曲面只能产生一个线性的熔合曲面，各截面外形间以直线相连接，如图3-75所示。

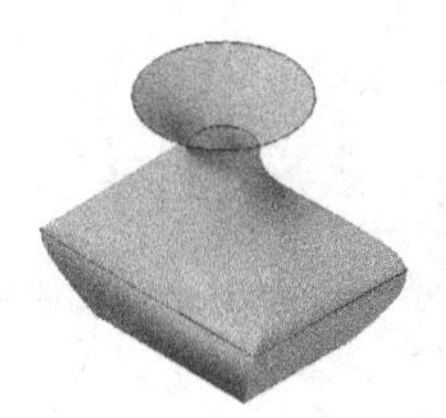

图3-74 举升曲面

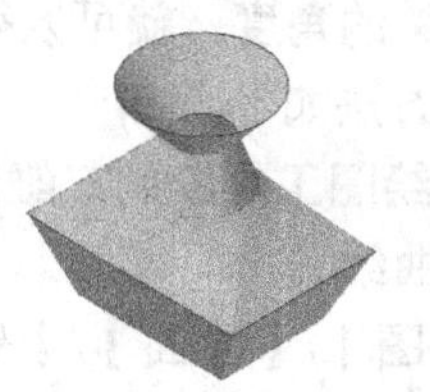

图3-75 直纹曲面

要点提示

构建直纹曲面和举升曲面时，一定要依次在对应点选取，且箭头的方向必须一致，否则串连而成的曲面将会扭曲或者失败。

3. 扫描曲面

扫描曲面就是将一定形状的截面图形沿着一定形状的轨迹线扫过生成的曲面。

创建扫描曲面的方法如下。

（1）使用基本绘图工具绘制二维图形，包括一个扫描截面和一条扫描轨迹线。

（2）执行【绘图】/【曲面】/【扫描曲面】命令，根据提示指定扫描截面和扫描轨迹线。Mastercam X7提供3种形式的扫描曲面。

- 由一个断面和一个引导外形创建扫描曲面特征，结果如图3-76所示。
- 由两个以上的断面外形和一个引导外形创建扫描曲面特征，结果如图3-77所示。

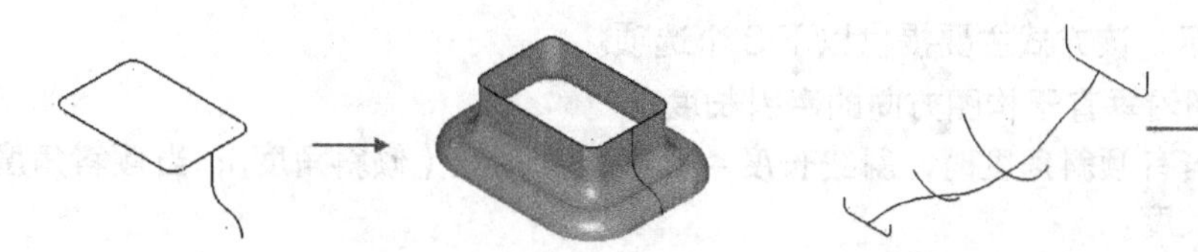

图3-76 一个断面和一个引导外形　　图3-77 两个以上的断面外形和一个引导外形

- 由一个断面外形和两个引导外形创建扫描曲面特征，结果如图3-78所示。

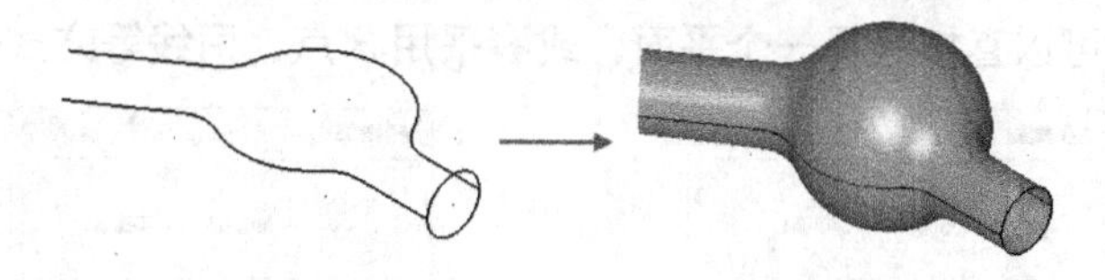

图3-78 一个断面外形和两个引导外形

在进行曲面扫描时，需要注意以下要点。

（1）导引线与几何截面不能处于同一个构图内，否则所创建的曲面是一个平面图形，而非三维曲面。

（2）在串连选取时注意控制各个扫描截面的箭头位置和指示方向。

4. 转曲面

转曲面是将串连选择的线架构外形绕一直线旋转而产生的曲面。选择一条线段作为旋转轴时，系统会在线段的端点上显示一箭头来指示旋转方向（旋转方向由右手定则决定）。用户只要输入与旋转有关的角度，就可以得到旋转曲面。

创建转曲面的方法如下。

（1）使用基本绘图工具绘制二维图形，包括一条旋转轴线和一条空间曲线。

（2）执行【绘图】/【曲面】/【转曲面】命令，根据提示选取旋转截面和旋转轴。指定旋转方向，设置起始旋转角度“45°”和终止旋转角度“180°”，如图 3-79 所示。

（3）使用适当的颜色渲染曲面。

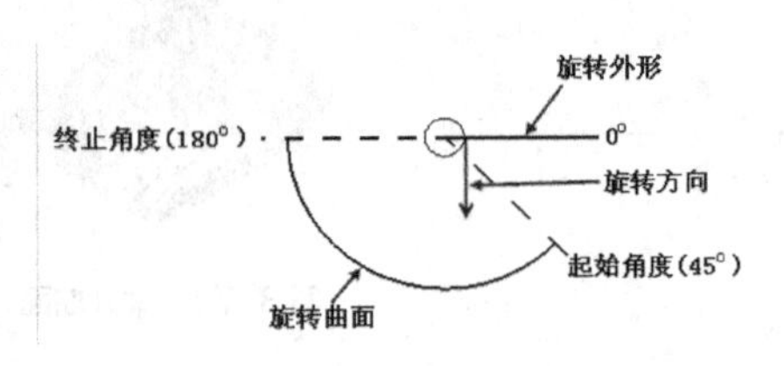

图 3-79　曲面旋转原理

要点提示

在绘制二维图形作为旋转截面时，不要忘记绘制旋转轴线，而且如果母线本身是一个闭合图形，则最后的曲面也是一个中空的闭合曲面。

5. 牵引曲面

牵引曲面是将已经绘制的截面沿某一个方向牵引而挤出的曲面，相当于对线条进行拉伸进而生成曲面。

单击工具栏中的按钮右侧的按钮，在打开的下拉菜单中选取【牵引曲面】选项，即可打开【牵引曲面】对话框。在打开的【牵引曲面】对话框中，提供了两种牵引方式。

（1）长度牵引方式

如图 3-80（a）所示，该方式主要提供以下 3 个选项。

① 投影长度：即沿垂直于构图方向的牵引长度。

② 斜线长度：当有倾斜角度时，斜线长度 = 投影长度 /cos（倾斜角度）；当倾斜角度为 0 时，此值等于投影长度。

③ 倾斜角度：即牵引方向与构图方向的夹角。

（2）平面牵引方式

如图 3-80（b）所示，该方式主要用于将被牵引的对象牵引到一个平面上，可用按钮来定义该平面。用户可以直接选择一个平面，或者采用 3 点、两线等方式来定义该平面。

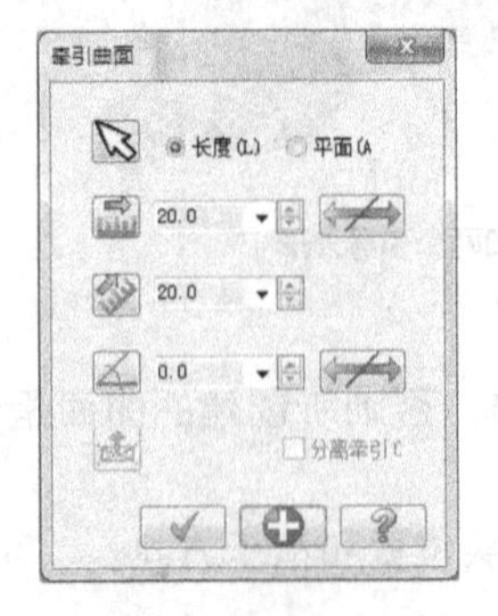

（a）长度牵引方式

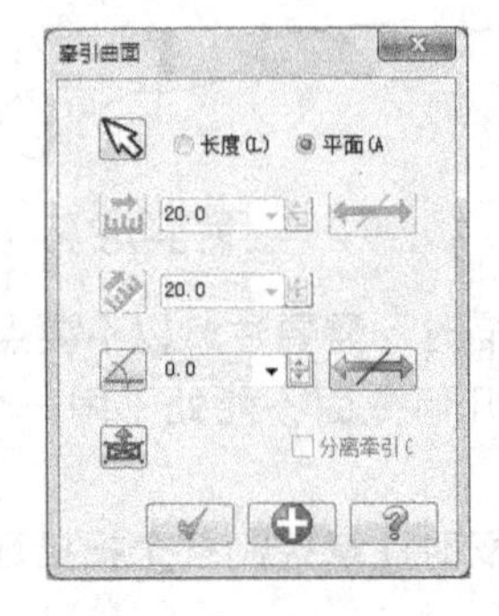

（b）平面牵引方式

图 3-80 【牵引曲面】对话框

使用长度或平面牵引方式创建曲面应注意以下问题。

① 在采用长度方式牵引时，投影长度、斜线长度和倾斜角度 3 个参数只需要设置其中两个即可，第三个参数系统自动计算。

② 在采用平面牵引方式时，必须知道需要牵引到的平面。定义该平面时，可以偏移，也可以按几何规则（3 点、两线等）定义。

6. 网状曲面

网状曲面是由一系列横向、纵向组成的网格状线架构成的曲面。单击工具栏中的按钮，打开图 3-81 所示的【创建网状曲面】工具栏。

图 3-81 【创建网状曲面】工具栏

下面对工具栏中的主要选项进行说明。

（1）：当网状曲线不是标准的 4 边三维线架构，而是 3 边三维线架构时，可以通过选取此项，再选用一个点来替换缺少的那条边。

（2）深度类型有以下 3 种。

①【引导方向】：曲面深度由横向曲线控制。

②【截断方向】：曲面深度由纵向曲线控制。

③【平均】：曲面深度由横向和纵向曲线共同控制，取其深度的平均值。

（3）在工具栏中设置参数后，采用窗口方式选取所有曲线即可完成曲面的创建，同时也应注意以下几点内容。

① 纵向、横向的图素必须有相交点。

② 在选取串联曲线时，首先沿一个方向依次选取第一条、第二条直到最后一条引导方向，然后再选取另一方向。

③ 在选取边界曲线时，其串联方向应与引导方向或截面方向一致。

3.2.2 实战演练——设计花瓶

花瓶主要是家庭、办公场所的装饰品，其外观的精致与否，直接影响花瓶的实用效果，而曲面设置则是创建华丽曲面的最佳设计工具，下面以图 3-82 所示的花瓶的设计，阐述如何使用曲面设计工具设计曲面模型。

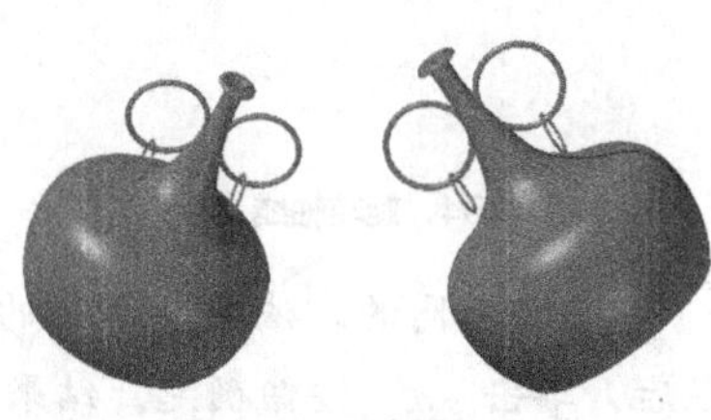

图 3-82 花瓶模型

1. 涉及的应用工具

（1）通过绘制直线、圆弧以及倒圆角等工具绘制花瓶基体的旋转截面及旋转轴。

（2）利用创建旋转曲面特征创建花瓶基体。

（3）绘制曲面圆环，然后通过曲面合并工具合并曲面，形成花瓶的瓶耳。

（4）利用图形镜像工具，将瓶耳镜像到另一边，形成对称效果。

（5）修饰花瓶，后续还可通过由曲面产生实体、曲面加厚的工具，将曲面实体化。

2. 操作步骤概况

操作步骤概况，如图 3-83 所示。

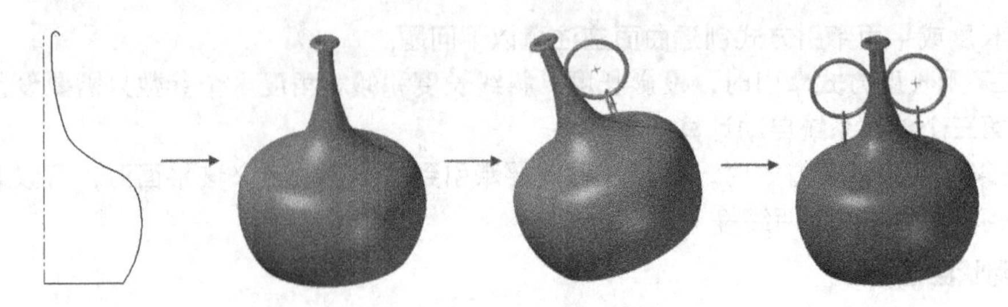

图 3-83 操作步骤

3. 设计花瓶

（1）设置绘图环境

① 单击工具栏中的按钮，设置俯视图视角绘图。

② 在辅助工具栏的选项中，设置线型为点画线。

（2）绘制旋转截面及旋转轴

① 单击按钮，启动绘制直线工具。

② 输入起始点坐标和终点坐标分别为（0，30，0）和（0，-30，0），单击按钮确定，结果如图 3-84 所示。

③ 设置线型及线宽。单击辅助工具栏的选项，设置线型为实线，然后单击选项，设置线条宽度为第二条参考线。

④ 单击按钮，输入起始点坐标和终点坐标分别为（0，-30，0）和（20，-30，0），单击按钮确定，结果如图 3-85 所示。

⑤ 单击工具栏中的按钮，启动【两点画弧】工具栏。

⑥ 选取图 3-86 所示的点作为起始点，并输入终点坐标为（22，-4，0），设置半径值为 25，然后选取图 3-87 所示的圆弧，单击按钮确定，结果如图 3-88 所示。

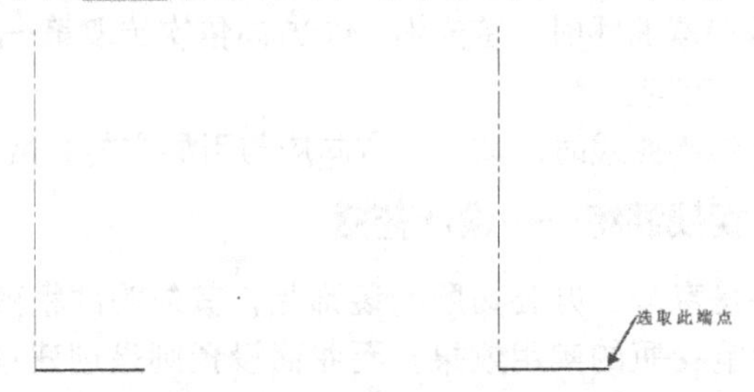

图 3-84 旋转轴线　　图 3-85 绘制直线　　图 3-86 选取起始点

⑦ 以相同的方法按照下面的圆弧起始点、终点坐标值和圆弧半径绘制其他圆弧，绘制完成后，单击按钮确定，结果如图 3-89 所示。

- 起始点、终点坐标分别为（22，-4，0）、（6，5，0），半径值为 30。
- 起始点、终点坐标分别为（6，5，0）、（2，30，0），半径值为 60。
- 起始点、终点坐标分别为（2，30，0）、（4，30，0），半径值为 1。

要点提示

以上圆弧的绘制也可以通过选取上步所绘制圆弧的端点为起始点，然后再输入终点的坐标，从而加快绘制线条的速度。

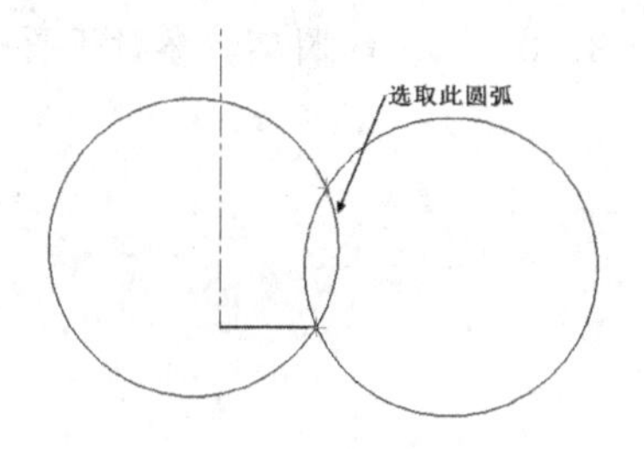

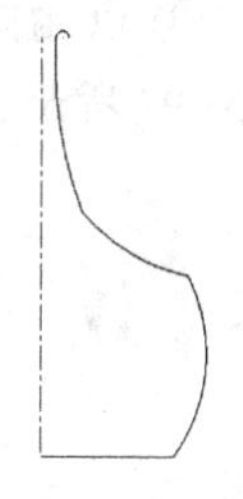

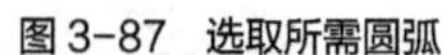

图3-87 选取所需圆弧　　图3-88 绘制圆弧　　图3-89 其他圆弧

⑧ 单击按钮，设置倒圆角半径为10，对图3-90所示的两处进行倒圆角处理，单击按钮确定，结果如图3-91所示。

（3）创建旋转曲面特征

① 设置图层2为当前图层。

② 执行【绘图】/【曲面】/【转曲面】命令，系统弹出【串连选项】对话框。

③ 选取图3-92所示的线条作为旋转截面，按Enter键确定，然后选取图3-92所示的线段作为旋转轴线，单击按钮确定。

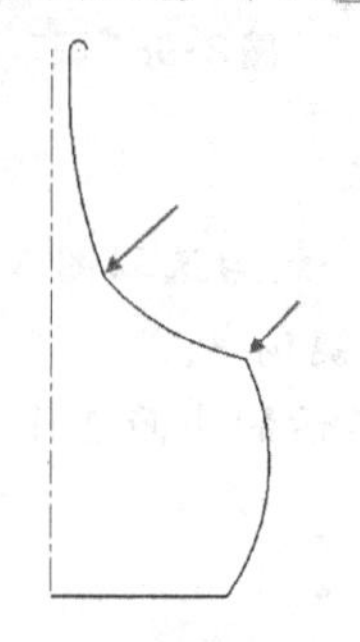

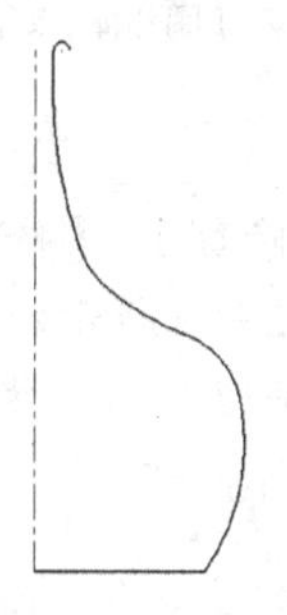

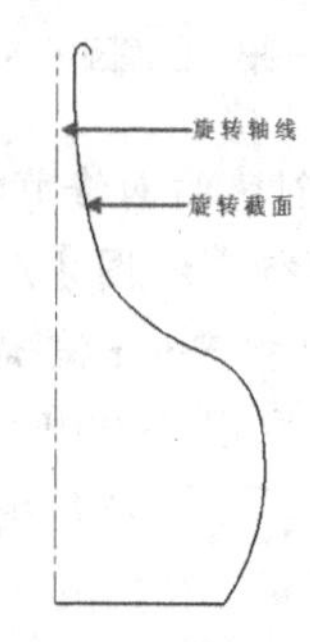

图3-90 倒圆角位置　　图3-91 倒圆角　　图3-92 选取轴及旋转截面

④ 执行【屏幕】/【着色设置】命令，弹出【着色设置】对话框，参数设置如图3-93所示，单击按钮确定，结果如图3-94所示。

（4）创建曲面圆环体特征

① 设置俯视图为当前视图。

② 执行【绘图】/【基本曲面/实体】/【圆环体】命令，输入基准点坐标为（10，18，0），并设置图3-95所示的圆环体参数，单击按钮确定，结果如图3-96所示。

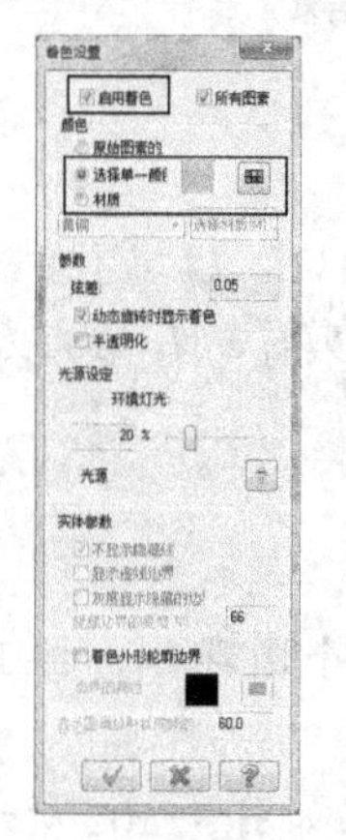

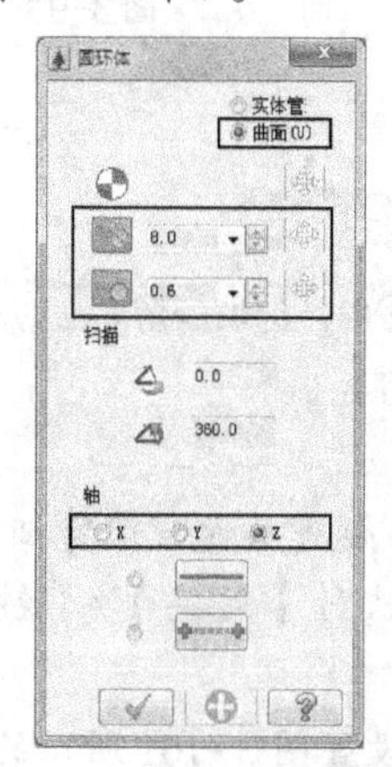

图3-93 【着色设置】对话框　　图3-94 旋转曲面　　图3-95 【圆环体】对话框（1）

③ 以相同的方法在右视图的环境下创建基准点坐标为（8，0，10）的圆环，参数设置如图 3-97 所示，结果如图 3-98 所示。

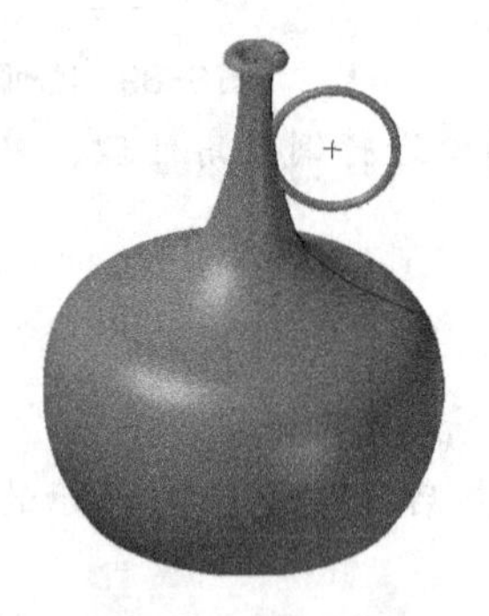
图 3-96 创建圆环体

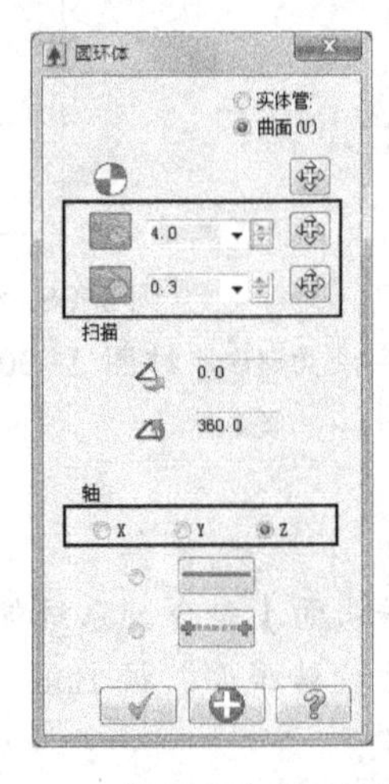

图 3-97 【圆环体】对话框（2）

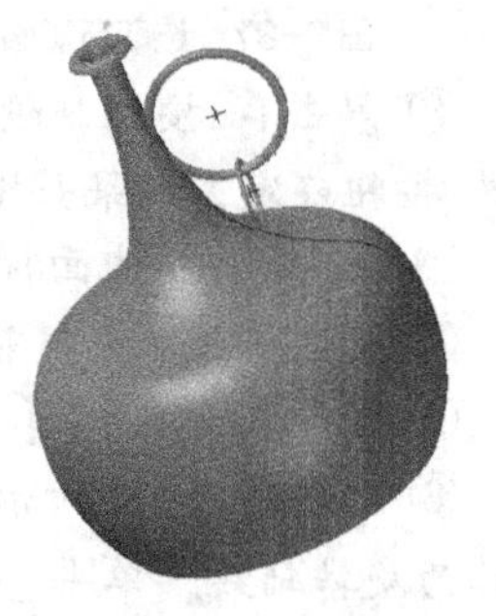
图 3-98 圆环体

（5）创建曲面修剪特征

① 执行【绘图】/【曲面】/【曲面修剪】/【修整至曲面】命令，然后选取图 3-99 所示的曲面 1，按 Enter 键确定，然后选取图 3-99 所示的曲面 2，按 Enter 键确定。

② 选取图 3-99 所示的曲面 1 作为保留曲面，然后选取图 3-99 所示的曲面 2 作为被修剪曲面，单击 ✓ 按钮确定，结果如图 3-100 所示。

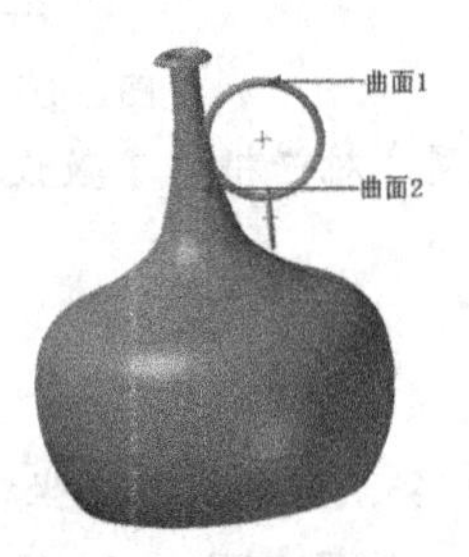

图 3-99 选取修整曲面

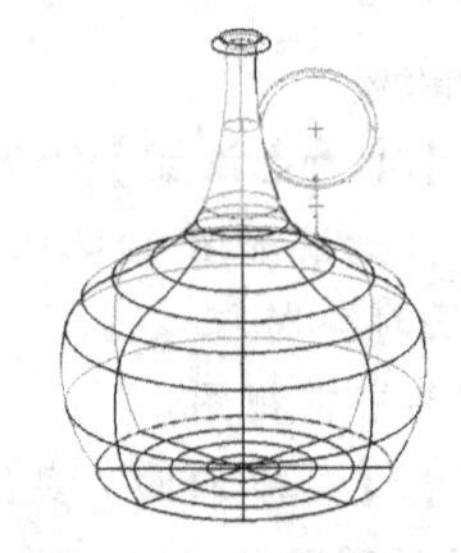
图 3-100 修整结果

要点提示

在步骤②中，选取保留曲面时，应使保留方向箭头沿曲面指向外，当选取被修剪曲面时，修剪方向应沿曲面指向上方。

（6）创建曲面镜像特征

① 执行【转换】/【镜像】命令，然后选取上一步所创建的两个圆环体，按 Enter 键确定。

② 设置图 3-101 所示的镜像曲面参数，单击 ✓ 按钮确定，结果如图 3-102 所示。

③ 隐藏图层 1 的图素，最终结果如图 3-82 所示。

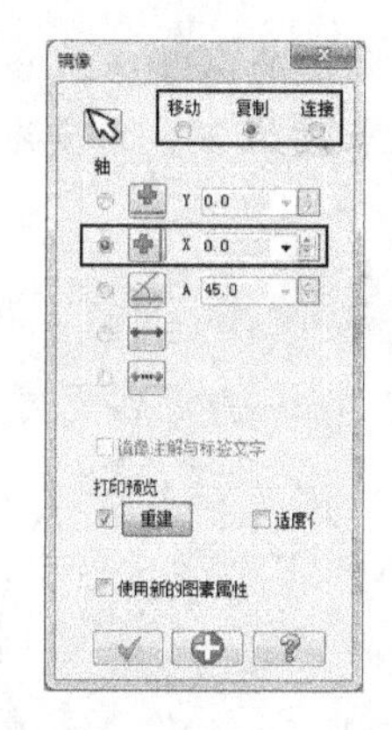

图3-101 【镜像】对话框

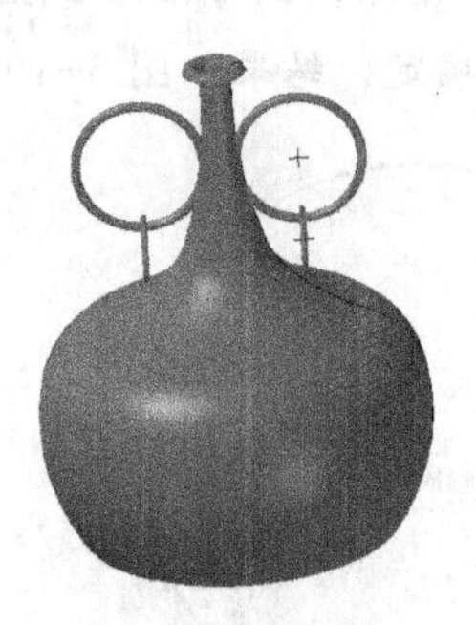

图3-102　镜像曲面

3.2.3　综合训练——设计铣刀

铣刀是机械加工中经常用到的加工工具，也是三维机械设计中经常用到的模型，下面以创建图3-103所示的曲面铣刀模型为例，阐述如何创建机械零件曲面模型。

图3-103　铣刀

1. 涉及的应用工具

（1）通过绘制圆、直线等工具绘制铣刀的一端面。

（2）利用平移工具快捷的创建多个连续的截面。

（3）通过图形旋转工具旋转一定位置的截面，使其产生螺旋铣刀的外形轮廓。

（4）根据轮廓线创建举升曲面特征，形成铣刀主体部分。

（5）创建基本曲面体，形成刀柄。

2. 操作步骤概况

操作步骤概况，如图3-104所示。

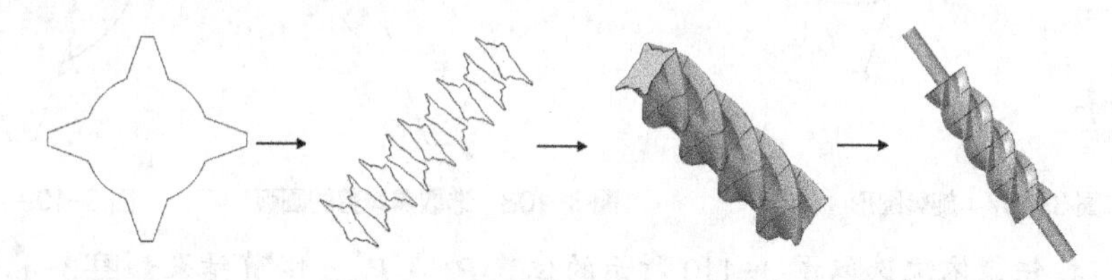

图3-104　操作步骤

3. 创建铣刀模型

（1）绘图环境设置

① 在工具栏中单击按钮，设置构图面为前视图。

② 设置【线宽】为第二条实线。

（2）绘制铣刀轮廓截面

① 单击按钮，输入圆心坐标（0，0，0），绘制半径为20的圆，结果如图3-105所示。

② 单击按钮，输入起点坐标（-2，32，0），输入终点坐标（2，32，0），单击按钮确定。

③ 输入起始点坐标为（-2，32，0），线段长度为 20，角度为 -110°，绘制线段，单击按钮确定；用相同的方法绘制坐标为（2，32，0），线段长度为 20，角度为 -70° 的线段，单击按钮确定，结果如图 3-106 所示。

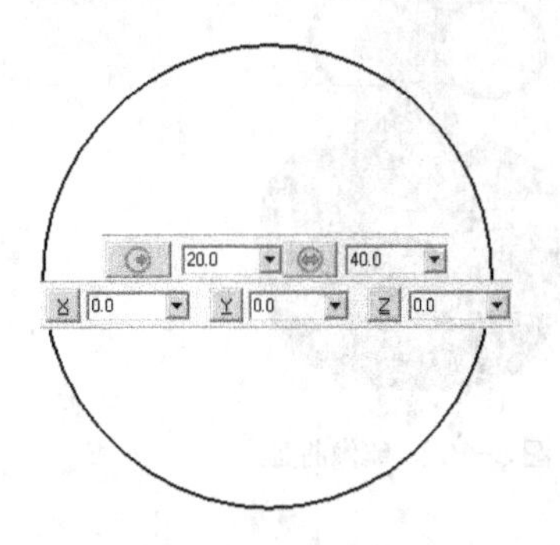

图 3-105 绘制圆

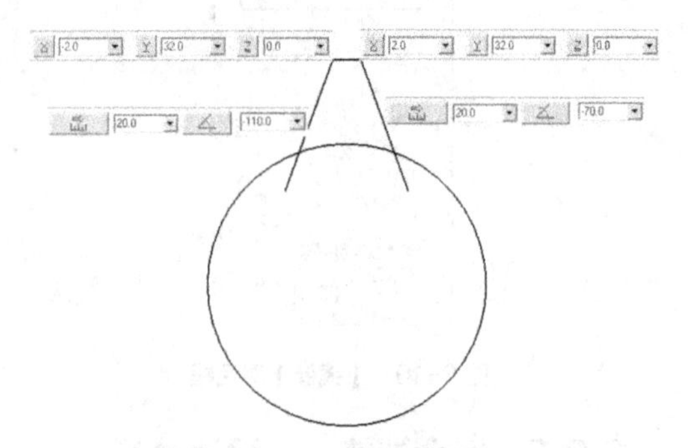

图 3-106 绘制线段

④ 执行【转换】/【旋转】命令，选取上步骤绘制的 3 条线段，然后按 Enter 键确定。

⑤ 在弹出的【旋转】对话框中设置旋转参数，结果如图 3-107 所示。

（3）编辑图形

① 执行【编辑】/【修剪 / 打断】/【修剪 / 打断 / 延伸】命令，在工具栏中单击按钮，分别选取图 3-108 所示的 P_1 ~ P_4 线段，结果如图 3-109 所示。

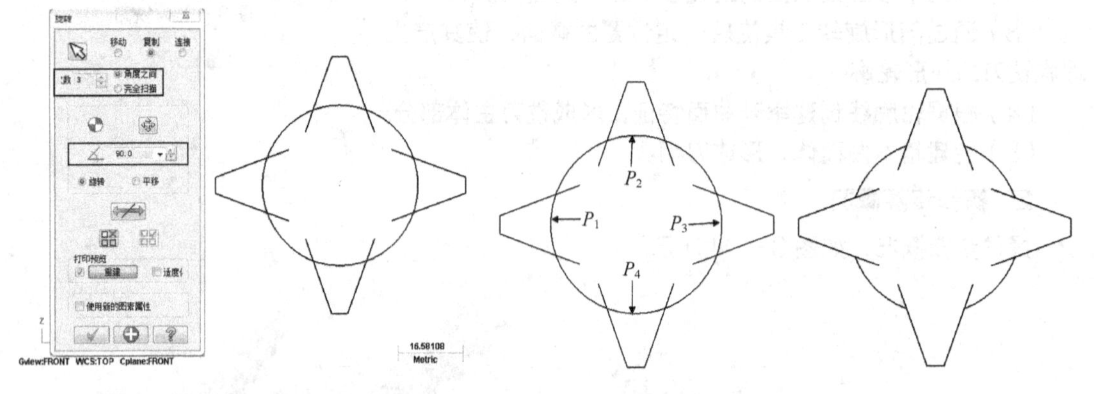

图 3-107 旋转图形 图 3-108 选取需修剪的圆弧 图 3-109 修剪图形

② 单击按钮，依次选取图 3-110 所示的位置 P_1 ~ P_{16}，修剪结果如图 3-111 所示。

（4）平移图形

① 在工具栏中单击按钮，设置构图平面为前视构图，然后单击按钮，设置视图显示为等角视图。

② 执行【转换】/【平移】命令，然后框选图 3-111 所示的图形，按 Enter 键确认。

③ 在弹出的【平移】对话框中设置参数，单击按钮确认，结果如图 3-112 所示。

要点提示

在选取图形时，可以通过包括【视窗放大】、【目标放大】、【缩小】、【动态缩放】等功能实现精确选取。同时也可以采用三键鼠标，直接滚动鼠标中键，以快速实现图形缩放功能。

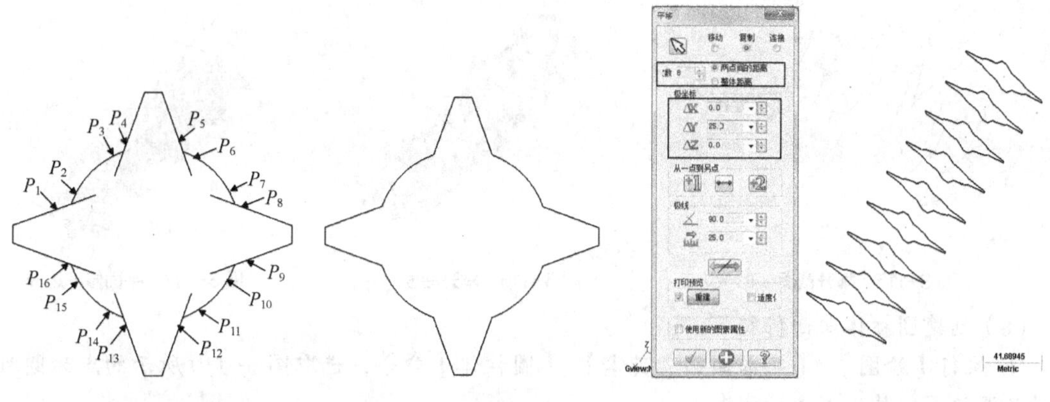

图 3-110　选取需修剪的线段　　图 3-111　修剪图形　　图 3-112　平移图形

（5）旋转图形

① 执行【转换】/【旋转】命令，选取图 3-113 所示的图形 P_1 ~ P_4，按 Enter 键确认。

② 在弹出的对话框中设置参数，单击 ![确认] 按钮确认，结果如图 3-114 所示。

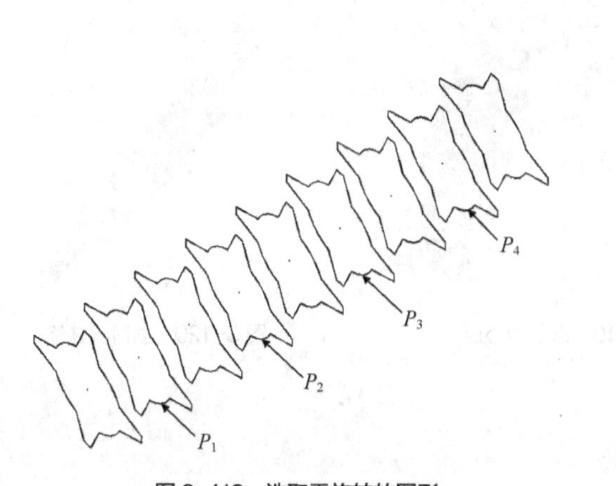

图 3-113　选取需旋转的图形

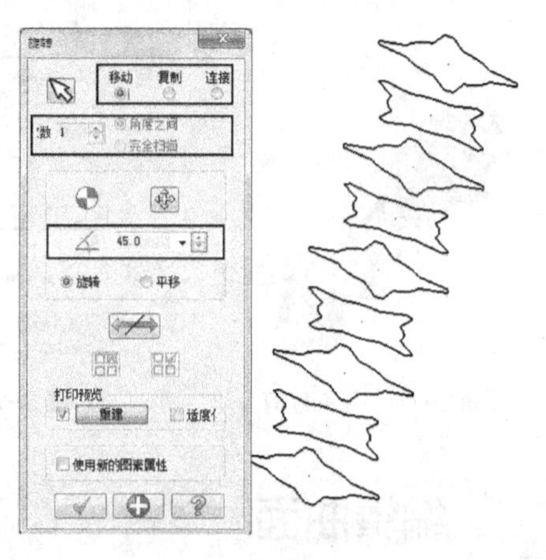

图 3-114　旋转图形

（6）创建举升曲面特征

① 新建图层 2，并将其设置为当前图层。

② 执行【绘图】/【曲面】/【直纹 / 举升曲面】命令，依次选取图 3-115 所示的 F_1 ~ F_9 位置，把 9 个截面依次串连起来，单击 ![确认] 按钮确认。

③ 系统弹出【警示】对话框，单击 确定 按钮，结果如图 3-116 所示。

要点提示

选取截面时注意串连方向均为逆时针，否则举升曲面将出现扭曲等现象，可以通过单击【串连选项】对话框中的 ![反向] 按钮来更改为逆时针方向。

（7）创建平面修剪特征

执行【绘图】/【曲面】/【平面修剪】命令，选择图 3-117 所示的截面，单击 ![确认] 按钮确认，结果如图 3-118 所示。

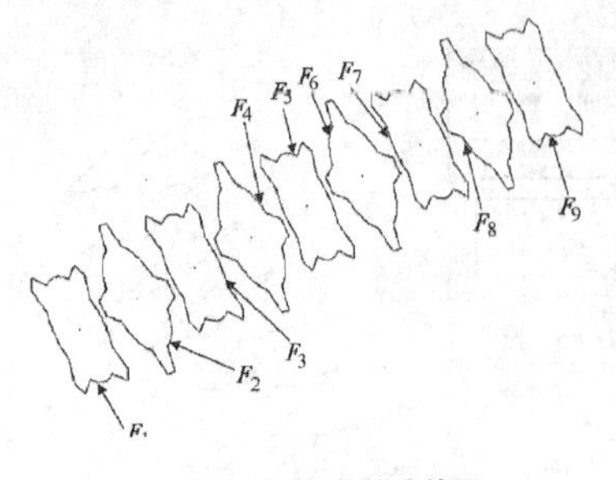

图 3-115 举升截面

图 3-116 举升曲面

图 3-117 平面修剪边界

（8）创建圆柱体曲面特征

① 执行【绘图】/【基本曲面 / 实体】/【圆柱体】命令，选取图 3-119 所示的点为圆柱体的放置位置，并设置圆柱体参数。

② 用相同的方法创建另一端的铣刀把手，并隐藏图层 1 的图素，结果如图 3-120 所示。

图 3-118 平面修剪

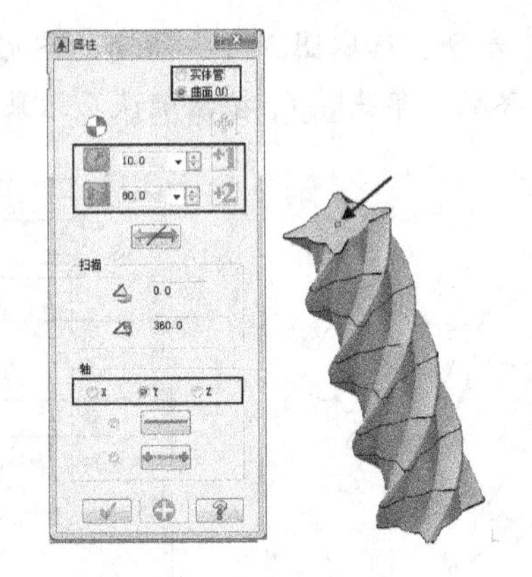
图 3-119 选取中心点

图 3-120 创建圆柱体

3.3 编辑曲面

采用各种曲面设计方法创建曲面后，设计工作尚未完全结束，还需要对曲面进行大量的编辑来完善曲面，直到达到理想的效果。

3.3.1 重点知识讲解

曲面编辑主要有曲面修剪、曲面倒圆角、曲面修复、曲面熔接等功能，如图 3-121 所示，其中以曲面修剪较为复杂多变。

1. 曲面修剪

执行【绘图】/【曲面】/【曲面修剪】命令，即可进入曲面修剪环境，系统提供了下面 3 种修整方式。

- 【修整至曲面】：将曲面修剪到一个参照曲面。
- 【修整至曲线】：将曲面修剪到一条参照曲线。
- 【修整至平面】：将曲面修剪到一个参照平面。

（1）修整至曲面

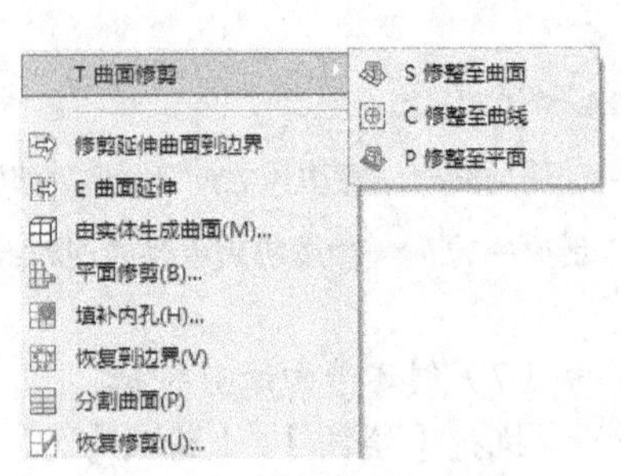

图 3-121 曲面编辑

【修整至曲面】命令是通过选取两组曲面（其中一组曲

面必须只有一个曲面），将其中的一组或两组曲面在两组曲面的交线处断开后选取需要保留的曲面。在选取剪切曲面时，该曲面必须是与被选另一组曲面完全断开的曲面。

执行【绘图】/【曲面】/【曲面修剪】/【修整至曲面】命令，系统提示“选取第一个曲面或按 <Esc> 键去退出”，即提示选取第一个曲面，按 Enter 键确定，系统则提示“选取第二个曲面或按 <Esc> 键去退出”，然后选取第二个曲面按 Enter 键确定，此时可以在图 3-122 所示的【曲面至曲面】工具栏中设置或选取修整类型，并选择要保留的部分，即可完成曲面的编辑。

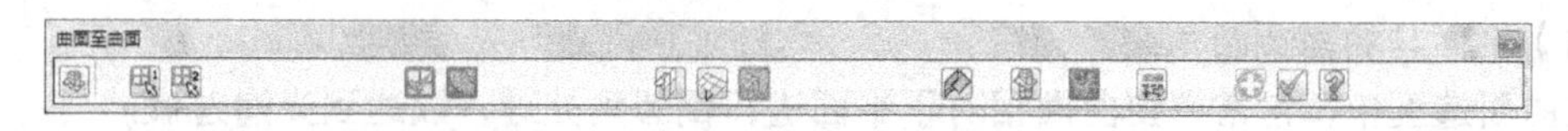

图 3-122 【曲面至曲面】工具栏

该工具栏主要有以下功能按钮。

- ：单击此按钮可返回绘图区重新选取第一个曲面。
- ：单击此按钮可返回绘图区重新选取第二个曲面。
- ：保留被修剪的部分，相当于从修剪平面处将曲面分割开。
- ：删除被修剪的部分。
- ：单击此按钮，修剪第一个曲面，如图 3-123 所示。
- ：单击此按钮，修剪第二个曲面，如图 3-124 所示。

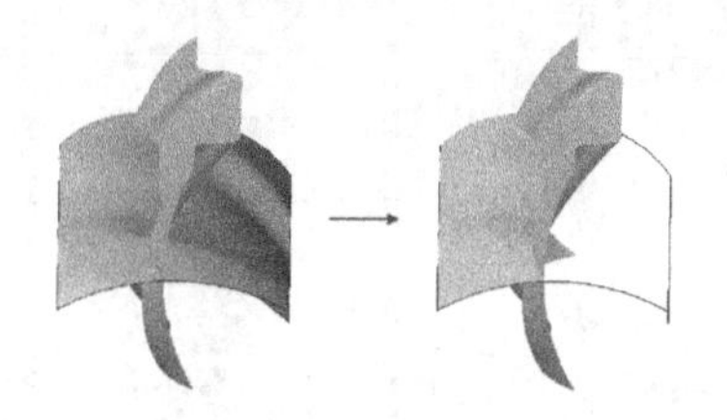

图 3-123　修剪第一个曲面

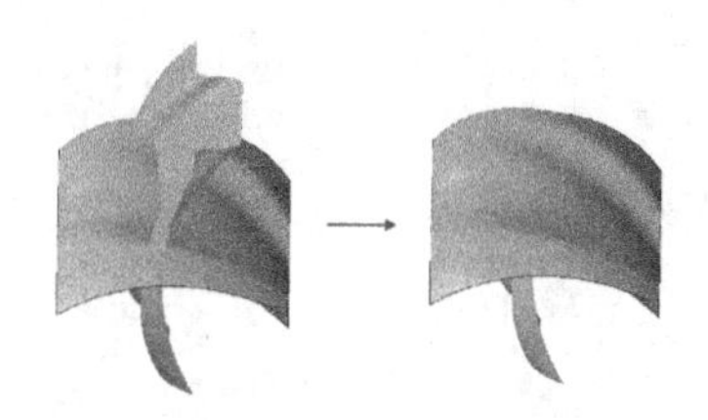

图 3-124　修剪第二个曲面

- ：单击此按钮，同时修剪两个曲面，如图 3-125 所示。
- ：单击此按钮，切换修剪方向。
- ：单击此按钮，使用当前构图层的属性（主要指颜色、线型、线宽、图层等）。

（2）修整至曲线

【修整至曲线】命令可用一个或多个封闭曲线串连对选取的一个或多个曲面进行修剪，操作方法与【修整至曲面】命令基本相同，修剪效果如图 3-126 所示。

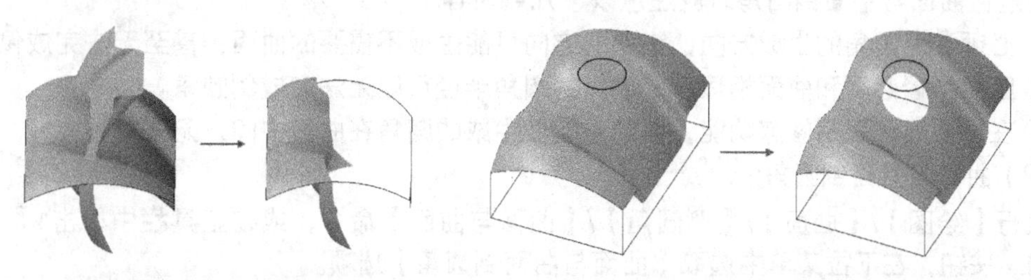

图 3-125　同时修剪两曲面　　图 3-126　修整至曲线

（3）修整至平面

【修整至平面】命令是通过定义一个平面，使用该平面将选取的曲面切开并保留平面法线方向一侧的曲面。

选择平面时，可以选择系统中定义的 X、Y 或者 Z 平面。

2. 曲面倒圆角

执行【绘图】/【曲面】/【曲面倒圆角】命令，即可进入倒圆角环境，系统提供了图 3-127 所示的 3 种倒圆角工具。

- 【曲面与平面】：在曲面与平面之间创建圆角。
- 【曲面与曲面】：在曲面与曲面之间创建圆角。
- 【曲线与曲面】：在曲线与曲面之间创建圆角。

（1）平面与曲面倒圆角

在曲面造型中，常常需要曲面相对于平面进行倒圆角处理，以达到光滑过渡。

执行【绘图】/【曲面】/【倒圆角】/【曲面与平面】命令，或在工具栏中单击按钮右侧的按钮，在下拉菜单中选取【曲面与平面】选项，系统将弹出图 3-128（a）所示的【曲面与平面倒圆角】对话框，单击左上角按钮，展开高级选项，如图 3-128（b）所示。

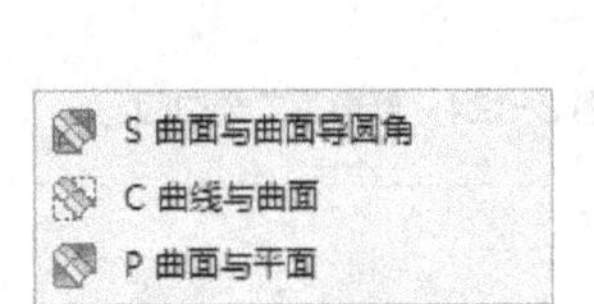

图 3-127 曲面倒圆角命令

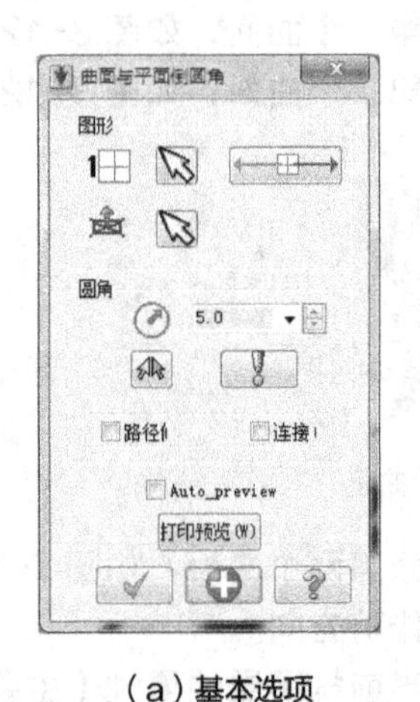

（a）基本选项

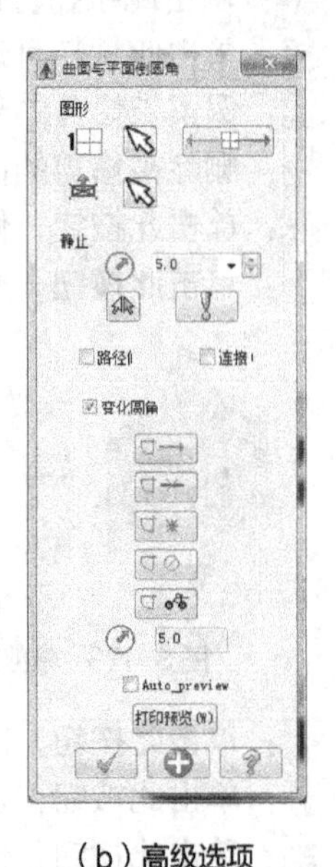

（b）高级选项

图 3-128 【曲面与平面倒圆角】对话框

在进行曲面与平面倒圆角时应注意以下几点内容。

① 必须注意圆角的生成方向，错误的方向可能生成不需要的曲面，甚至无法完成倒圆角。

② 圆角半径必须和曲面相适应，过大的圆角半径可能无法完成倒圆角。

③ 在需要时，采用修剪功能，否则可能使生成的圆角在曲面中间，无法查看。

（2）曲面与曲面倒圆角

执行【绘图】/【曲面】/【倒圆角】/【曲面与曲面】命令，或在工具栏中单击按钮右侧的按钮，在下拉菜单中选取【曲面与曲面倒圆角】选项。

【曲面与曲面倒圆角】对话框各选项与【曲面与平面倒圆角】对话框类似，这里不再重复，具体效果如图 3-129 所示。

（3）曲线与曲面倒圆角

曲线与曲面倒圆角是以预先设计好的曲线为倒圆角边界，将曲面沿着曲线的轨迹进行倒圆角处理，在曲面设计中应用极少。

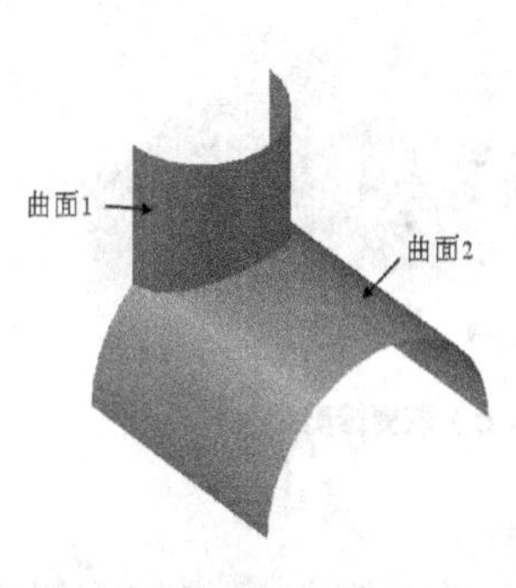

（a）选取参照曲面

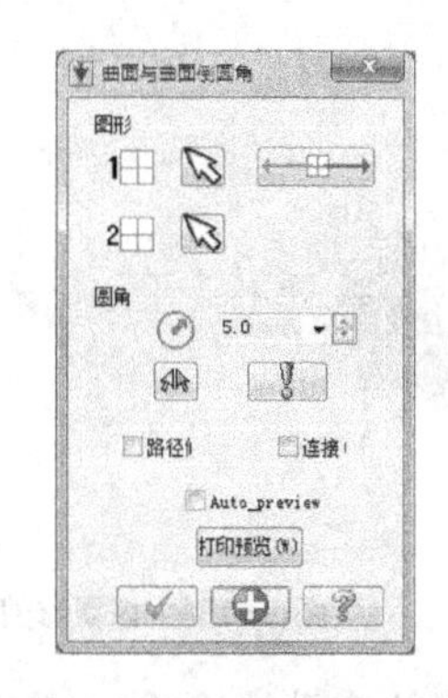

（b）设置倒圆角参数

（c）倒圆角结果

图 3-129　曲面与曲面倒圆角

3. 曲面修复

只有曲面的修整功能，还不能满足创建曲面特征的要求，有时还需要对曲面进行修复操作，系统提供了下面 3 种恢复修剪的工具。

- 【恢复到边界】：恢复曲面到修剪前的形状，仍然为一个完整的曲面。
- 【恢复修剪】：生成一个新的曲面，一般比原曲面大，可以选择保留或删除原始曲面。
- 【填补内孔】：用于填充曲面或者实体中的破孔，但填补的曲面与原曲面为两个独立曲面。

（1）恢复到边界

【恢复到边界】命令用于将已修剪的曲面恢复到修剪前的状态。

执行【绘图】/【曲面】/【恢复到边界】命令，或在工具栏中单击按钮右侧的按钮，在下拉菜单中选取【恢复到边界】选项，系统提示选取一曲面:，用鼠标光标选取顶面作为需要恢复的曲面，然后将鼠标光标移到需要修补的边界，单击鼠标左键，恢复结果如图 3-130 所示。

（a）恢复到边界实例

（b）恢复到边界结果

图 3-130　恢复到边界

（2）恢复修剪

【恢复修剪】命令是重新生成一个新的曲面，一般比原曲面大，可以选择保留或删除原始曲面。

执行【绘图】/【曲面】/【恢复修剪】命令，或在工具栏中单击按钮右侧的按钮，在下拉菜单中选取【恢复修剪】选项，系统提示选取曲面，用鼠标光标选取顶面即可完成恢复修剪，效果对比如图 3-131 所示。

（3）填补内孔

【填补内孔】命令用于填充曲面或者实体中的破孔，但填补的曲面与原曲面为两个独立曲面。

（a）恢复修剪实例

（b）恢复修剪结果

图 3-131 恢复修剪

执行【绘图】/【曲面】/【填补内孔】命令，或在工具栏中单击按钮右侧的按钮，在下拉菜单中选取【填补内孔】选项，系统提示选择一曲面或实体面，用鼠标光标选取顶面，系统提示选择要填补的内孔边界，然后将鼠标光标移到需要修补的边界，填补效果对比如图 3-132 所示。

（a）填补内孔实例

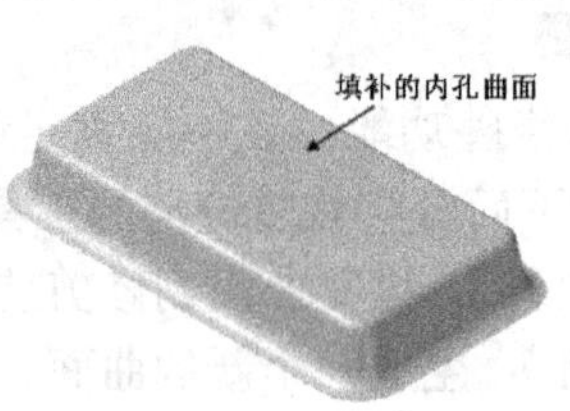

（b）填补内孔结果

图 3-132 填补内孔

4. 曲面分割

曲面分割用于将曲面从纵向或者横向进行分割。

执行【绘图】/【曲面】/【分割曲面】命令，或在工具栏中单击按钮右侧的按钮，在下拉菜单中选取【分割曲面】选项，系统提示选取曲面，用鼠标单击选择需要分割的曲面。此时曲面变色并出现图 3-133 所示的箭头，选择需要分割的位置，单击鼠标左键即可，分割开的曲面如图 3-134 所示。

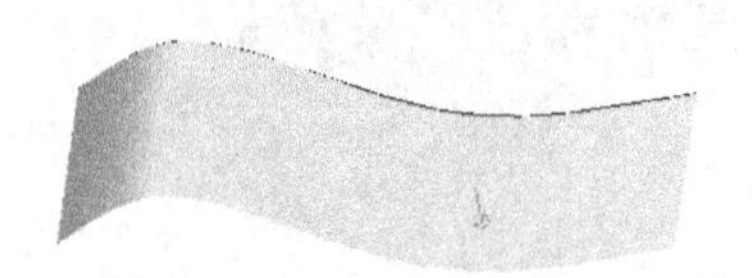

图 3-133 选中后的曲面

图 3-134 分割后的曲面

在操作时，可以通过工具栏控制沿纵向还是横向分割，分割的曲面并不会被删除。

5. 曲面补正

【曲面补正】命令用于将曲面沿其法线方向偏移指定的距离。

执行【绘图】/【曲面】/【曲面补正】命令，或在工具栏中单击按钮，启动【曲面补正】命令，在绘图区选取要补正的曲面后按 Enter 键确定，系统将弹出图 3-135 所示的【补正曲面】工具栏。

图 3-135 【补正曲面】工具栏

该工具栏主要有以下几个功能按钮。

- ：指定偏移距离。
- ：以复制方式偏移，即保留原始曲面。
- ：以移动方式偏移，即删除原始曲面。

在创建曲面补正过程中应注意以下几个问题。

（1）在使用中可以采用先单击按钮，然后单击【方向】按钮以控制是沿曲面内侧补正还是外侧补正。

（2）在使用中可以采用复制偏移方式或移动偏移方式。

（3）当向曲面的内侧发生补正时，过大的偏移距离可能使偏移后的曲面发生交错、挤压变形等。

6. 曲面熔接

前面讲解了 Mastercam X7 提供的曲面修补功能，在实际应用中的曲面可能更加复杂，采用单一的修补功能无法完成，需要将多个曲面合并为一个单一的曲面。这就要用到曲面熔接，这在很多曲面操作中是必要的，因为很多操作都必须保证曲面的单一性。

（1）两曲面熔接

【两曲面熔接】命令可以在两个曲面间产生一段光滑的曲面连接。

执行【绘图】/【曲面】/【两曲面熔接】命令，或在工具栏中单击按钮右侧的按钮，在下拉菜单中选取【两曲面熔接】选项，系统将弹出图 3-136 所示的【两曲面熔接】对话框。

该对话框主要有以下功能选项。

- 1：其后设定的数值分别表示指定第一曲面的起始端和终止端的熔接值。该值越大，则熔接曲面扭曲度越大。
- 2：其后设定的数值分别表示指定第二曲面的起始端和终止端的熔接值。该值越大，则熔接曲面扭曲度越大。
- ：切换熔接方向。
- ：切换熔接对应点，可使熔接发生扭转。
- ：改变熔接位置。
- 【修剪曲面】：用于控制对原始曲面的修剪方式。
- 【保留曲线】：用于控制是否在原始曲面的熔接处生成曲线。

在使用曲面熔接时，由于选择的位置及方向差异，可能导致曲面熔接出现扭曲、交错，此时需要调整熔接方向、熔接位置和扭转方向。

（2）三曲面熔接

【三曲面间熔接】命令用于在 3 个曲面间产生一个光滑的过渡曲面。

执行【绘图】/【曲面】/【三曲面间熔接】命令，系统提示选择第一熔接曲面，单击曲面并将熔接位置拖拉到边界处，再用同样的方法选择第二、第三曲面，最终三曲面熔接结果如图 3-137 所示。

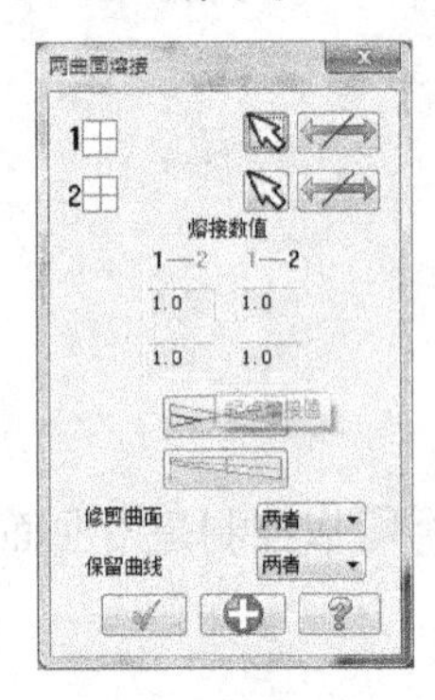

图 3-136 【两曲面熔接】对话框

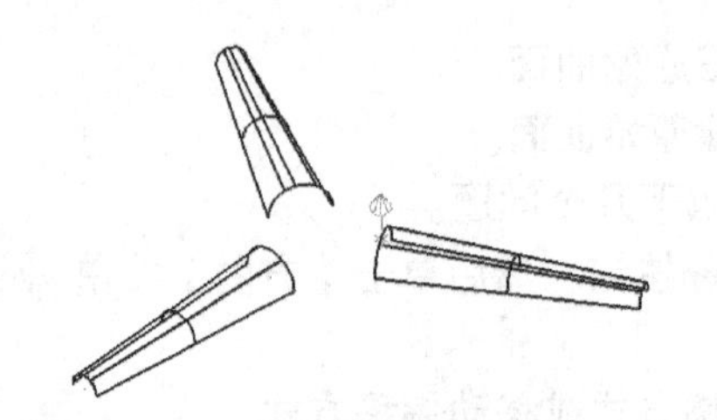

选取熔接曲面

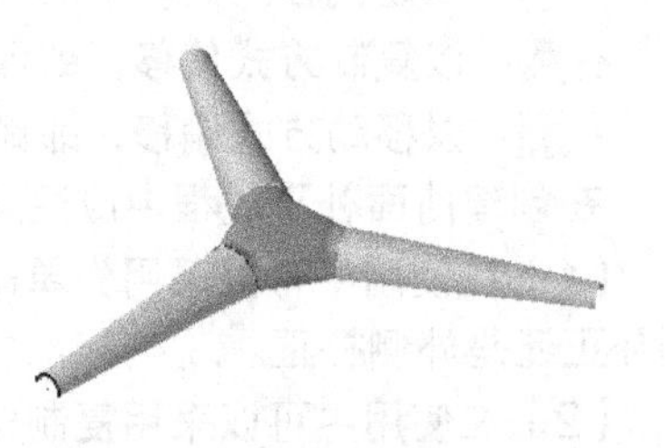

三曲面熔接结果

图 3-137 三曲面熔接

7. 曲面延伸

【曲面延伸】命令用于将曲面沿着其边界延伸指定的距离或延伸至指定的平面。

执行【绘图】/【曲面】/【曲面延伸】命令，或在工具栏中单击按钮右侧的按钮，在下拉菜单中选取【曲面延伸】选项，将弹出图 3-138 所示的【曲面延伸】工具栏。

图 3-138 【曲面延伸】工具栏

该工具栏主要有以下功能选项。

- ：线性延伸，按直线方向延伸。
- ：非线性延伸，可按曲线方向延伸。
- ：延伸到指定的平面。
- ：按指定的距离延伸。

3.3.2 实战演练——设计叶轮

叶轮是水轮机、涡轮机以及船舶机械中常见的零部件，也是进行相关机械设计中经常用到的模型，通过创建图 3-139 所示的模型，可以让用户领会到用简单工具创建复杂模型的方法。

图 3-139 叶轮

1. 涉及的应用工具

（1）利用绘制圆、圆弧等工具绘制叶轮的主体轮廓。

（2）通过创建扫描曲面和旋转曲面特征，创建叶轮的主体模型。

（3）利用投影工具将曲线投影到曲面上，形成叶轮扇叶的边界。

（4）通过创建栅状曲面特征，创建叶轮扇叶曲面。

（5）旋转单个扇叶，完成整体叶轮模型的创建。

2. 操作步骤概况

操作步骤概况，如图 3-140 所示。

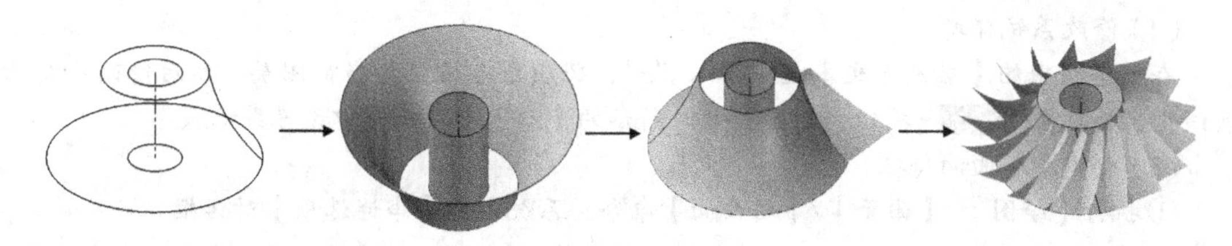

图3-140　操作步骤

3. 创建叶轮

叶轮的设计

（1）绘图环境设置

① 在工具栏中单击按钮，设置等角视图构图。

② 设置线宽为第二条实线。

（2）绘制叶轮轮廓截面

① 执行【绘图】/【圆弧】/【圆心＋点】命令，系统提示输入圆心点坐标，在坐标输入栏中输入圆心点坐标（0，0，0），然后设置半径值为80，单击按钮确定。

② 用相同的方法绘制圆心坐标为（0，0，70），半径值分别为40和20的圆，绘制结果如图3-141所示。

③ 用相同的方法绘制圆心坐标为（0，0，0），半径值为20的圆，结果如图3-142所示。

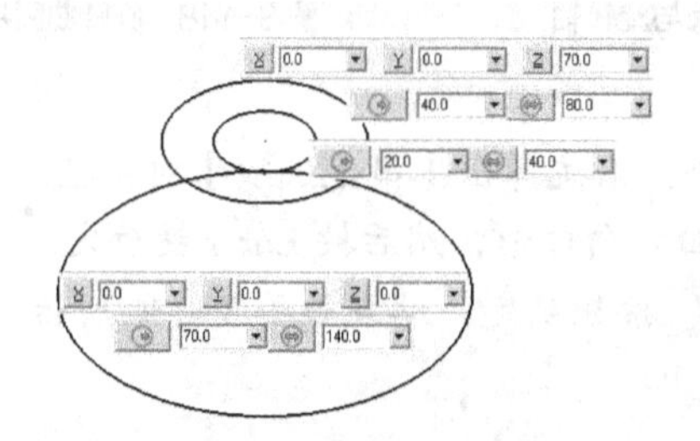

图3-141　绘制圆

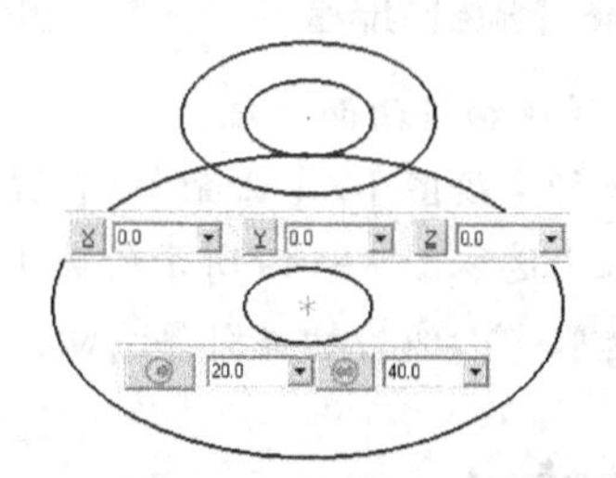

图3-142　绘制圆

④ 单击按钮设置前视图构图。

⑤ 执行【绘图】/【圆弧】/【两点画弧】命令，在绘图区依次选取图3-143所示的两点。

⑥ 输入半径值为140，然后在绘图区选择相应的圆弧，单击按钮确定，所得结果如图3-144所示。

（3）绘制扫描中心线

① 修改线型为中心线，并设置线宽为第一条参考线。

② 执行【绘图】/【任意线】/【绘制任意线】命令，依次输入中心线的起始点坐标（0，0，0）、（0，70，0），单击按钮确定，结果如图3-145所示。

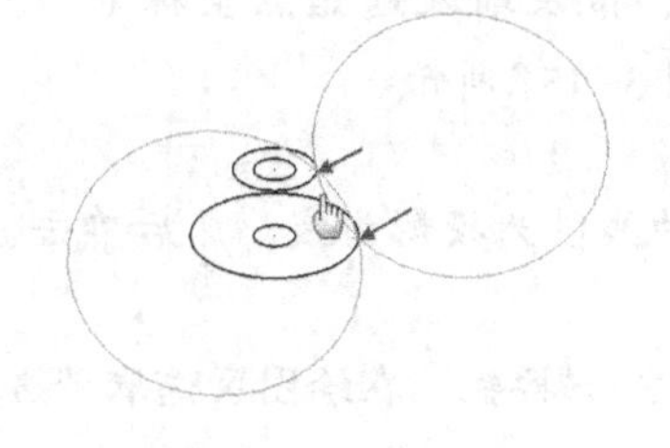

图3-143　选取圆弧

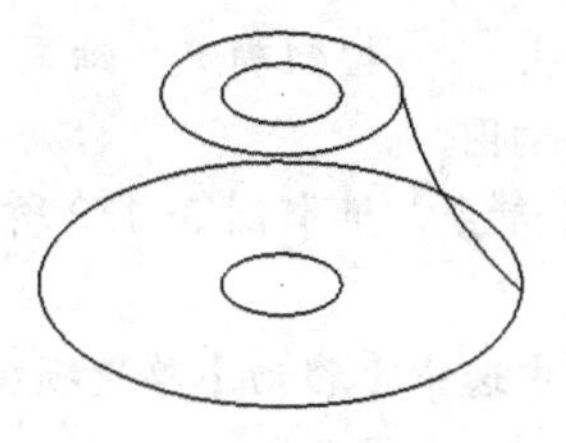

图3-144　叶轮轮廓截面

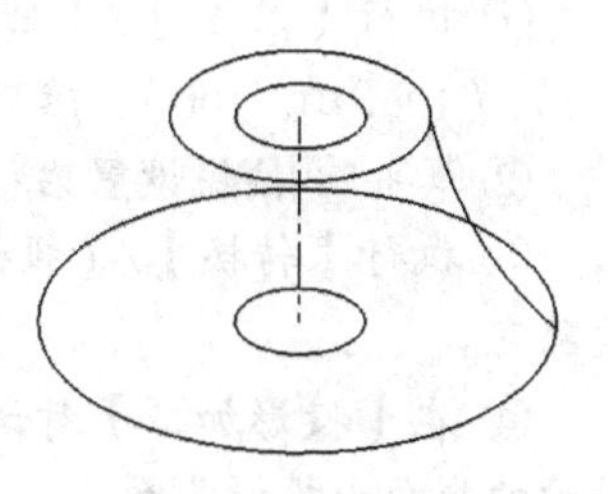

图3-145　绘制中心线

（4）修改系统环境

在状态栏中的【层别】文本框中输入“2”，将图层2设置为当前图层，然后修改线型为实线型，并单击按钮，在图3-146所示的【颜色】对话框中设置系统颜色。

（5）创建旋转曲面特征

① 执行【绘图】/【曲面】/【转曲面】命令，系统弹出【串连选项】对话框。

② 选取图3-147所示曲线1为轮廓曲线，然后单击【串连选项】对话框中的按钮确定。

③ 选取曲线2为旋转轴，单击按钮确定，然后单击按钮进行图形着色，结果如图3-148所示。

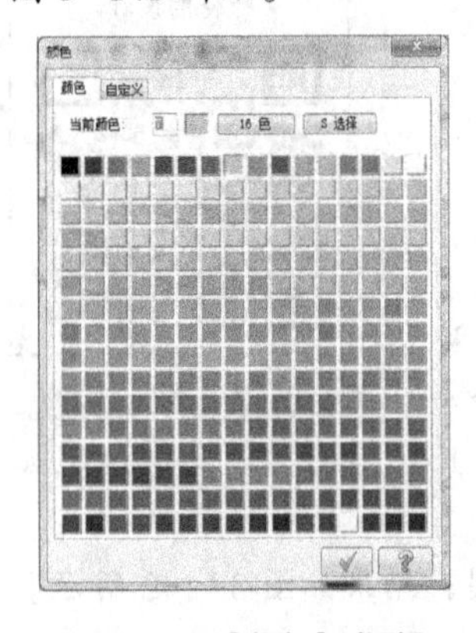
图3-146 【颜色】对话框

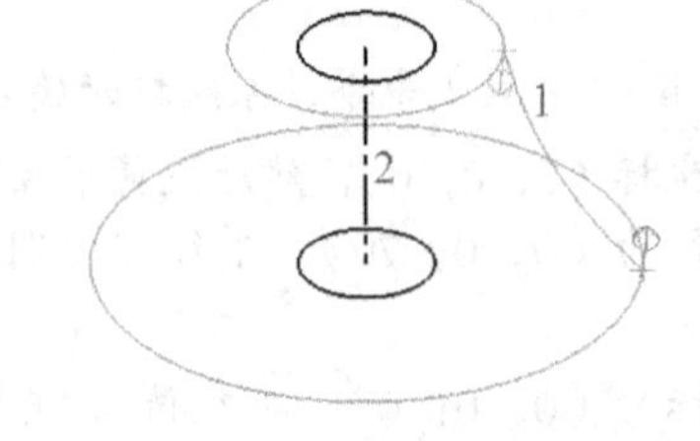

图3-147 旋转截面与旋转轴

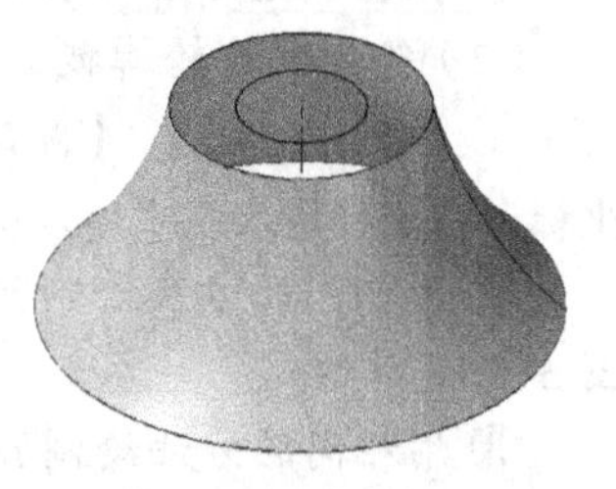
图3-148 旋转曲面特征

（6）创建扫描曲面特征

① 执行【绘图】/【曲面】/【扫描曲面】命令，系统弹出【串连选项】对话框。

② 依次选取图3-149所示的圆1和圆2为截面方向外形，然后按Enter键确定。

③ 选取中心线为扫描引导方向，然后单击按钮确定，结果如图3-150所示。

要点提示

系统提示选取另一截面方向外形时，即选取另外一个半径为R20的圆，注意串选的方向要一致，若不一致则单击【串连选项】对话框中的按钮改变串选的方向。

（7）修改系统环境

① 单击按钮设置平面为右视角，然后单击按钮设置右视图构图。

② 将图层1设置为当前图层。

③ 修改系统颜色，将黑色设置为轮廓线条颜色。

（8）绘制叶轮扇叶轮廓

① 执行【绘图】/【任意线】/【绘制任意线】命令，依次输入起始点坐标（−10，0，100）、（10，70，100），然后单击按钮确定，结果如图3-151所示。

② 单击按钮设置右视图构图。

③ 执行【转换】/【投影】命令，选取图3-152所示的线段为投影曲线，然后单击Enter键确定。

④ 在【投影加工】对话框中选中【移动】单选项，单击按钮，在绘图区选取图3-153所示的曲面为投影曲面。

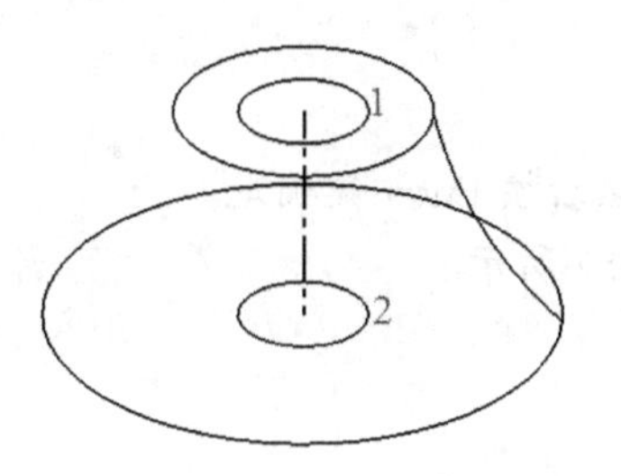

图 3-149　扫描截面和方向外形

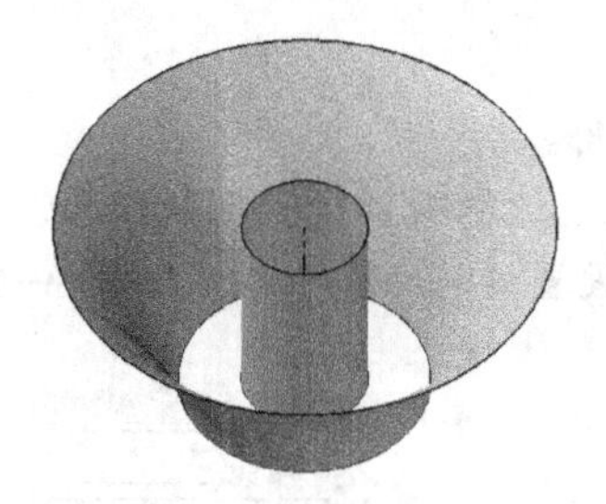

图 3-150　扫描曲面特征

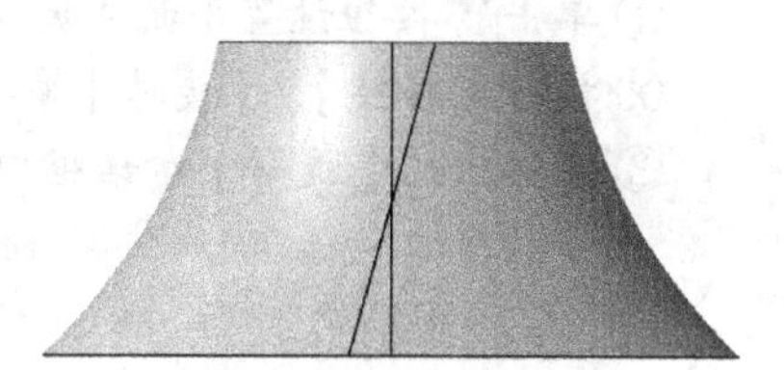

图 3-151　绘制直线

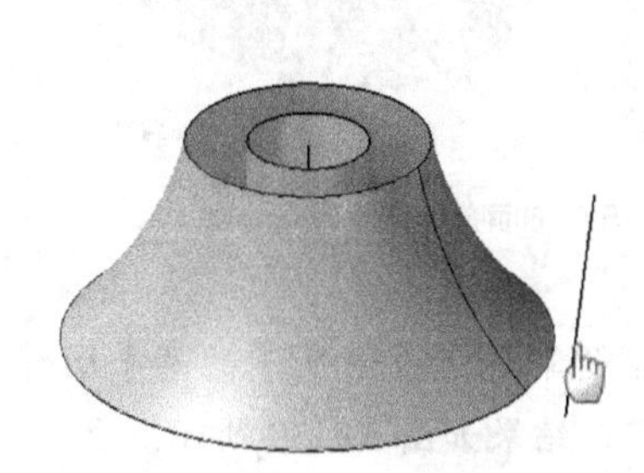

图 3-152　选取投影曲线

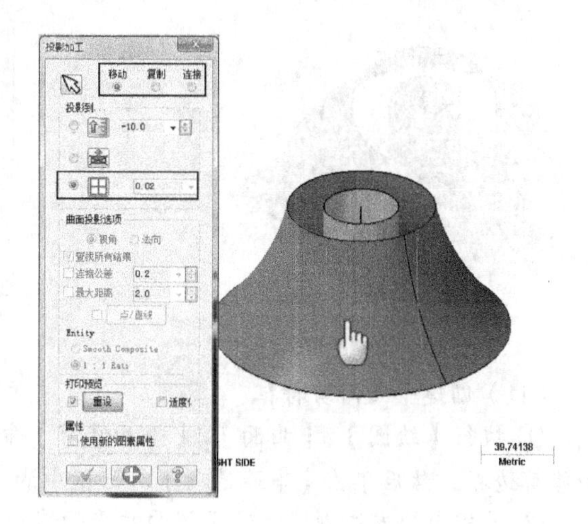

图 3-153　选取投影曲面

⑤ 打开【层别管理】对话框，隐藏图层 2 所有图素，然后单击 ✓ 按钮确定，结果如图 3-154 所示。

(9) 创建栅状曲面特征

① 显示图层2的所有图素，设置图层2为当前图层，并在【颜色】对话框中设置系统颜色。

② 执行【绘图】/【曲面】/【围篱曲面】命令，选取图 3-155 所示的投影曲线所在的曲面，弹出【串连选项】对话框。

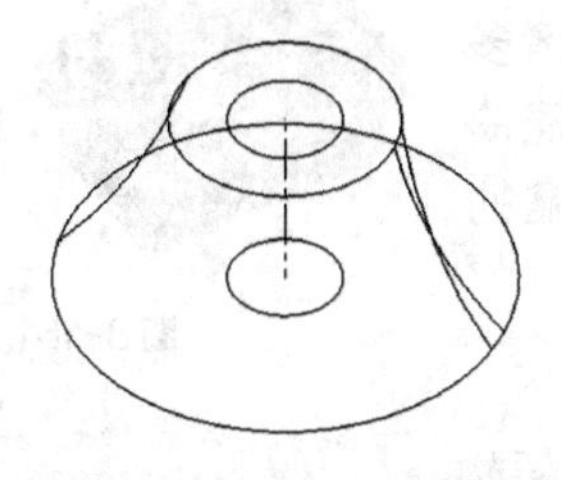

图 3-154　投影曲线

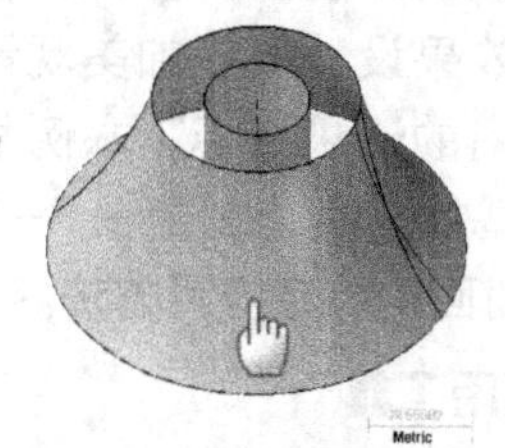

图 3-155　选取曲面

③ 选取投影曲线作为串连曲线，然后单击【串连选项】对话框中的 ✓ 按钮确定。

④ 在【创建围篱曲面】工具栏中设置熔接方式为【线性锥度】，起始高度为 50，结束高度为 10，起始角度为 10°，结束角度为 30°，然后单击 ✓ 按钮确定，结果如图 3-156 所示。

（10）创建旋转特征

① 单击按钮设置平面为俯视角。

② 执行【转换】/【旋转】命令，选取刚创建的栅状曲面，然后按 Enter 键确定。

③ 在弹出的【旋转】对话框中设置旋转参数，结果如图 3-157 所示。

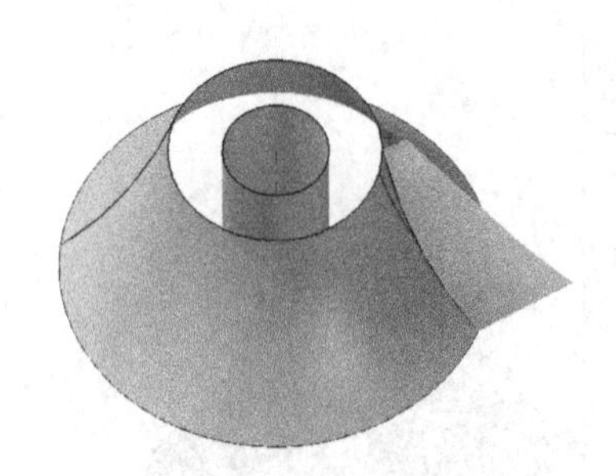

图 3-156 栅状曲面特征

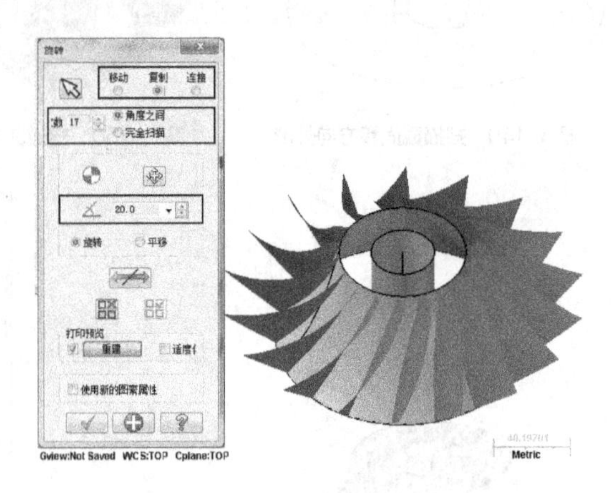

图 3-157 曲面旋转特征

（11）创建平面修剪特征

① 执行【绘图】/【曲面】/【平面修剪】命令，在绘图区选取图 3-158 所示的两个圆作为修剪边界，然后单击【串连选项】对话框中的按钮确定，结果如图 3-159 所示。

② 用相同的方法创建叶轮下端面的平面修剪特征，结果如图 3-160 所示。

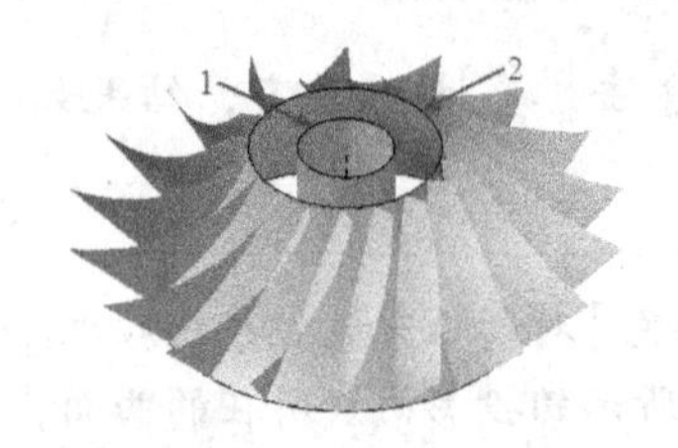

图 3-158 修剪边界

图 3-159 平面修剪特征（1）

图 3-160 平面修剪特征（2）

3.3.3 综合训练——设计肥皂盒

市场上肥皂盒的外观多种多样，在保证使用效果的前提下，将设计效果设计得更加美观和人性化，是诸多塑料模具制造厂商的追求目标。本例将综合使用创建曲面和编辑曲面的基本工具，创建图 3-161 所示肥皂盒的模型，以此介绍曲面的综合应用方法。

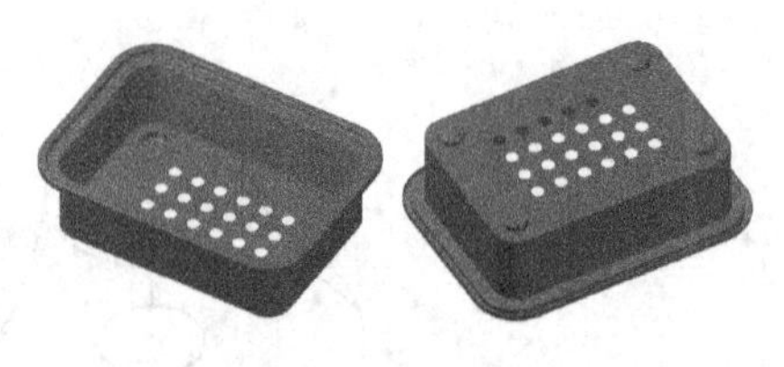

图 3-161 肥皂盒

1. 涉及的应用工具

（1）利用绘制圆、圆弧等工具绘制肥皂盒的基体架构。

（2）通过创建曲面扫描特征，形成肥皂盒的基体曲面，并通过平面修整填充底部平面。

（3）利用曲面修剪工具，将底部曲面修剪到曲线（圆），形成肥皂盒的底座支撑孔。

（4）通过创建旋转曲面和镜像特征，形成肥皂盒底座的 4 个支撑脚。

（5）绘制圆，并通过镜像工具形成弥补的圆，然后将其做曲面修剪。

（6）创建曲面倒圆角特征，对整个曲面进行倒圆角修饰。

2. 操作步骤概况

操作步骤概况，如图 3-162 所示。

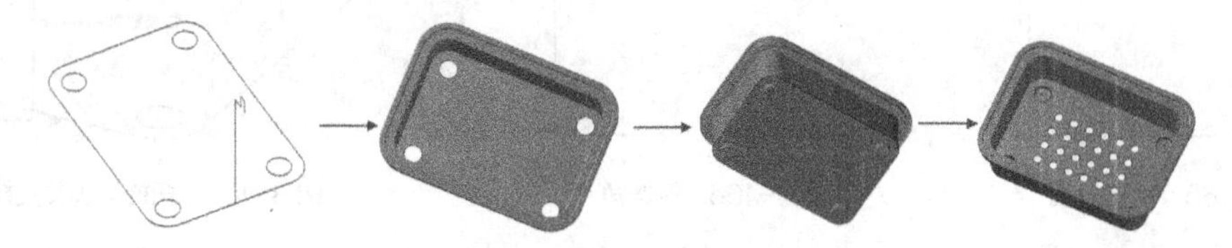

图 3-162 操作步骤

3. 创建肥皂盒

肥皂盒的设计1

（1）绘制扫描轨迹

① 单击工具栏中按钮设置俯视图构图，将图层 1 设置为当前图层，设置工作深度为 0，然后设置【线宽】为第二条实线。

② 绘制矩形。单击按钮，绘制基准点为中心点、矩形宽度为 100、高度为 70 的矩形。

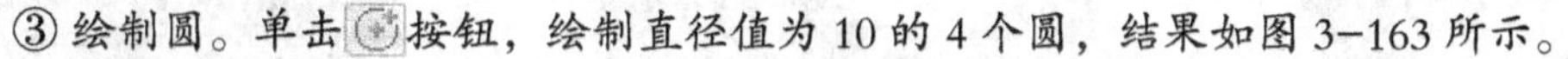

③ 绘制圆。单击按钮，绘制直径值为 10 的 4 个圆，结果如图 3-163 所示。

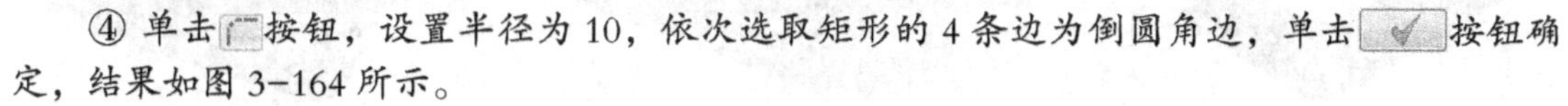

④ 单击按钮，设置半径为 10，依次选取矩形的 4 条边为倒圆角边，单击按钮确定，结果如图 3-164 所示。

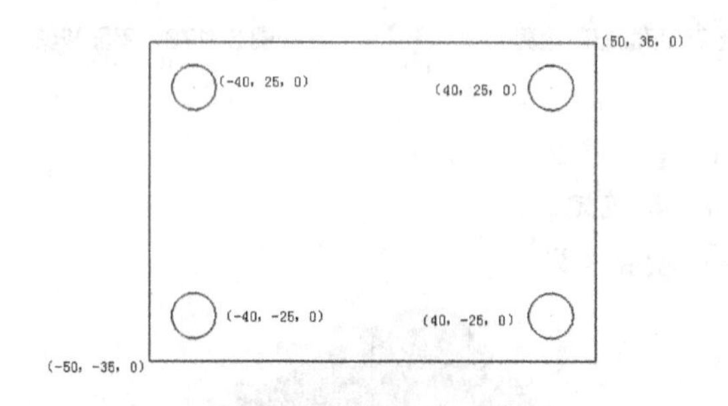

图 3-163 矩形和圆

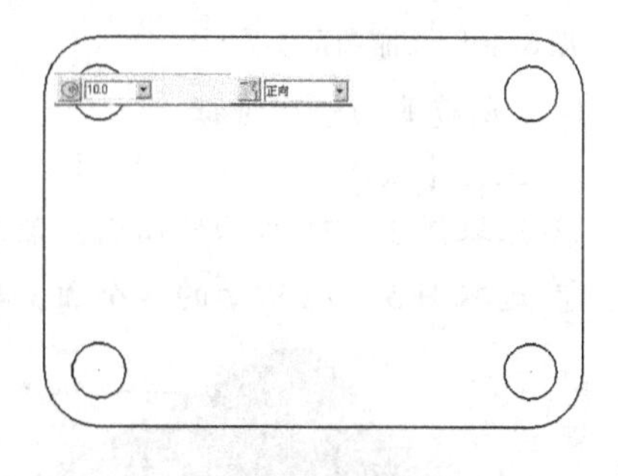

图 3-164 倒圆角

（2）绘制扫描截面

① 在工具栏中单击按钮，设置前视图构图。

② 单击按钮，然后单击按钮，依次输入坐标点（50，0，0）、（50，30，0）、（55，30，0）、（55，33，0）、（58，33，0）、（58，30，0），单击按钮确定，结果如图 3-165 所示。

③ 单击按钮，设置半径为 0.5，对图形进行倒圆角处理，单击按钮确定，结果如图 3-166 所示。

（3）创建扫描曲面特征

① 在工具栏中单击按钮，设置视图显示为等角视图，然后将图层 2 设置为当前图层。

② 执行【绘图】/【曲面】/【扫描曲面】命令，选取图 3-167 所示的扫描截面，单击按钮确定，然后选取图 3-167 所示的扫描轨迹，单击按钮确定。

要点提示

注意在创建扫描曲面之前，先执行【编辑】/【修剪/打断】/【在交点处打断】命令，分别选择相交的两条线段，按 Enter 键，将扫描截面和扫描路径在相交处打断。

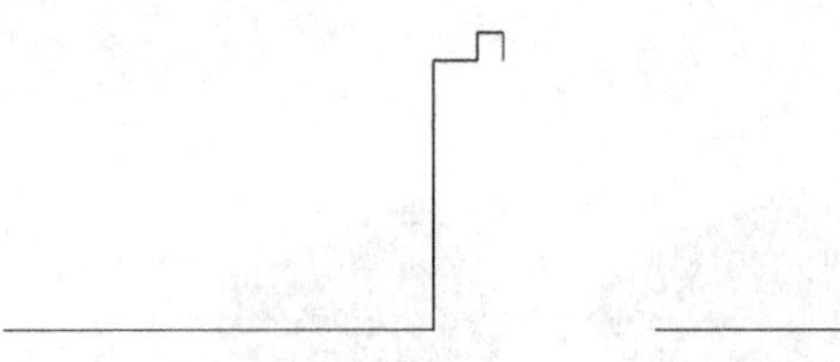
图 3-165　绘制折线

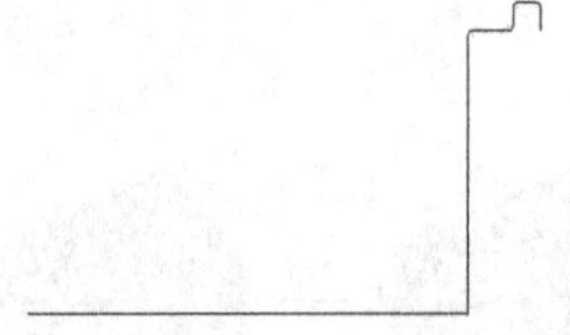
图 3-166　倒圆角

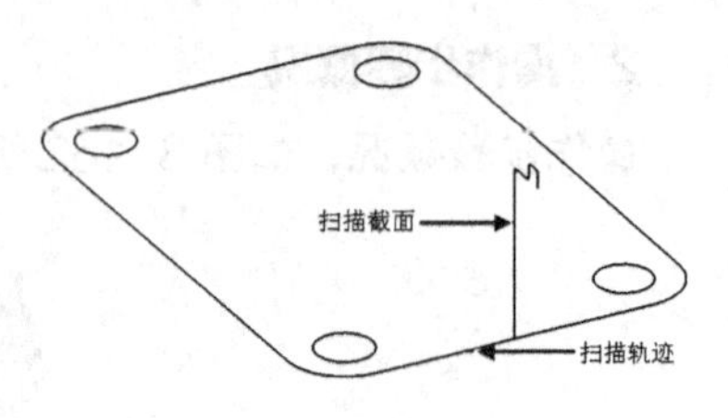

图 3-167　扫描轨迹及扫描截面

③ 单击 按钮确定，然后单击 按钮进行图形着色，结果如图 3-168 所示。

（4）创建平面修剪特征

① 执行【绘图】/【曲面】/【平面修剪】命令。

② 选取图 3-169 所示的边，单击 按钮确定，结果如图 3-170 所示。

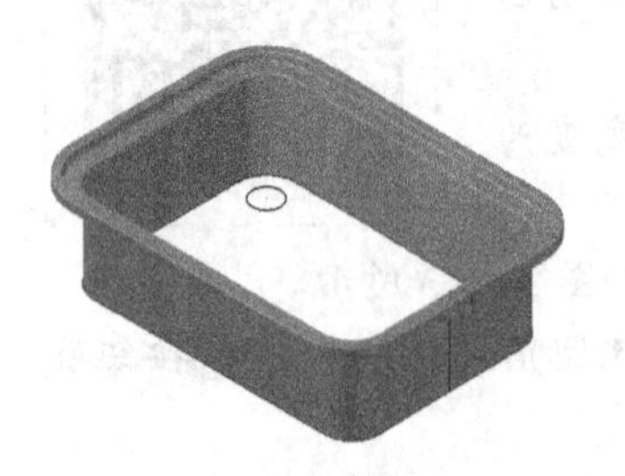
图 3-168　扫描曲面

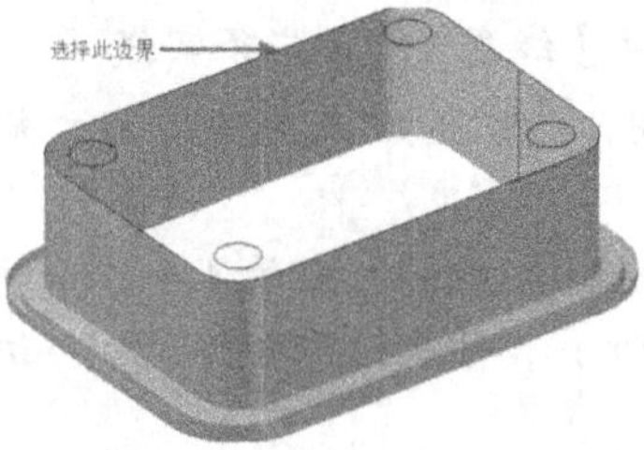

图 3-169　平面修剪边界

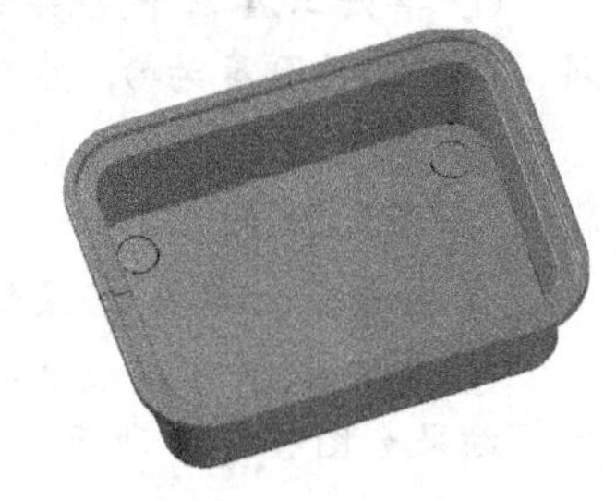
图 3-170　平面修剪

（5）创建曲面修剪特征

① 执行【绘图】/【曲面】/【曲面修剪】/【修整至曲线】命令。

② 选取图 3-171 所示的曲面，然后按 Enter 键确定。

③ 选取图 3-172 所示的 4 个圆，单击 按钮确定。

图 3-171　选取曲面

图 3-172　选取修整曲线

④ 选取图 3-173 所示的曲面为保留曲面，单击 按钮确定，结果如图 3-174 所示。

图 3-173　选取保留曲面

图 3-174　修整曲面

（6）绘制旋转截面

① 在工具栏中单击按钮，设置前视图构图。将图层1设置为当前图层。

② 单击按钮，再单击按钮，然后依次输入（30，0，40）、（30，-3，40）、（25，-3，40）坐标点，单击按钮确定。

③ 将【线型】设置为双点画线。

④ 单击按钮，输入起始点坐标为（25，-3，40）、终点坐标为（25，3，40），绘制旋转中心轴线，单击按钮确定，结果如图3-175所示。

⑤ 将【线型】设置为实线。

⑥ 单击按钮，设置半径值为1，对所绘制的图形倒圆角，单击按钮确定，绘制结果如图3-176所示。

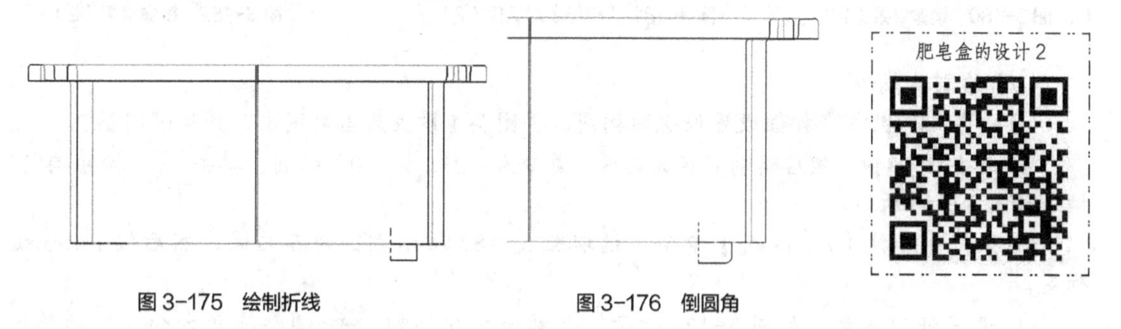

图3-175　绘制折线　　　图3-176　倒圆角

（7）创建旋转曲面特征

① 在工具栏中单击按钮，设置等角视图构图，将图层2设置为当前图层。

② 执行【绘图】/【曲面】/【转曲面】命令，选取图3-177所示的旋转截面，单击按钮确定。

③ 选取图3-177所示的旋转轴，单击按钮确定，结果如图3-178所示。

（8）创建镜像特征

① 在工具栏中单击按钮，设置等角视图构图。

② 执行【转换】/【镜像】命令，选取图3-178所示的旋转曲面，然后按Enter键确定。

③ 设置镜像参数，如图3-179所示，单击按钮确定，结果如图3-180所示。

④ 同理创建后两个的镜像特征，设置镜像参数，如图3-181所示，结果如图3-182所示。

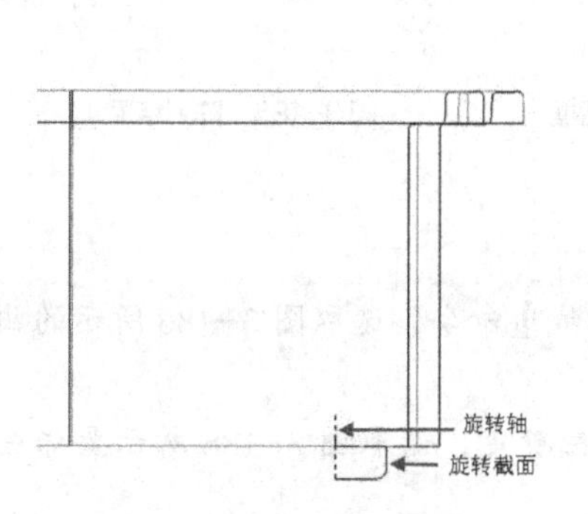

图3-177　旋转轴和旋转截面

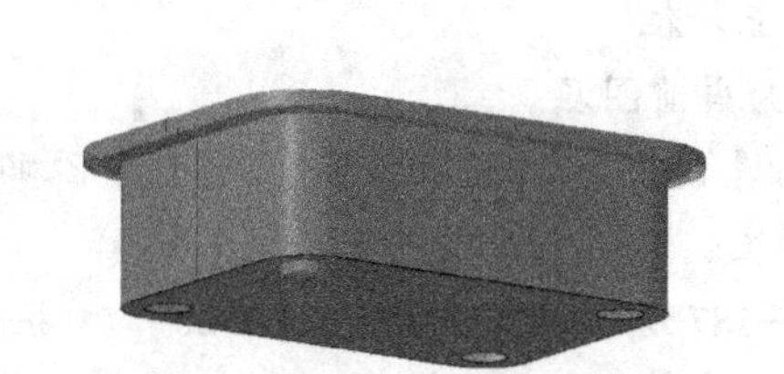

图3-178　旋转曲面

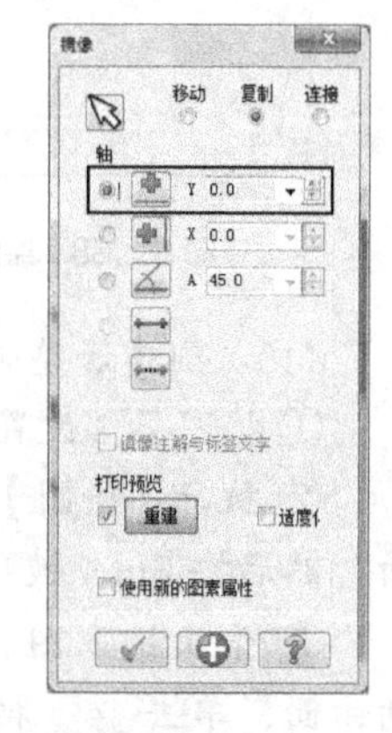

图3-179　【镜像】对话框（1）

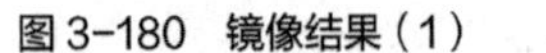

图 3-180 镜像结果（1）

图 3-181 【镜像】对话框（2）

图 3-182 镜像结果（2）

（9）绘制孔截面

① 单击工具栏中按钮设置俯视图构图，将图层 1 设置为当前图层，并隐藏图层 2。

② 单击按钮，然后绘制直径为值 5、圆心为（25，15，0）的圆，单击按钮确定，结果如图 3-183 所示。

③ 执行【转换】/【阵列】命令，选取图 3-183 所示直径为 5 的圆，然后按 Enter 键确定。

④ 设置阵列参数，如图 3-184 所示，并结合方向按钮调整阵列方向，然后单击按钮确定，结果如图 3-185 所示。

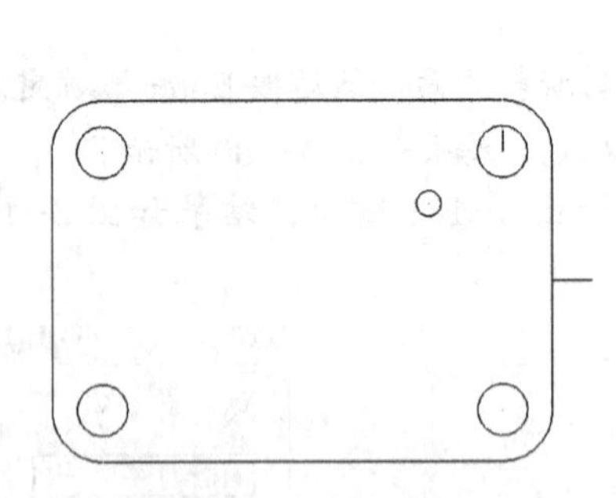

图 3-183 绘制孔截面

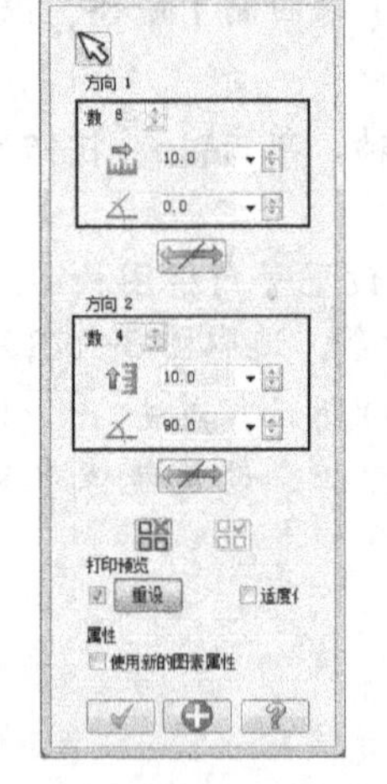

图 3-184 【矩形阵列选项】对话框

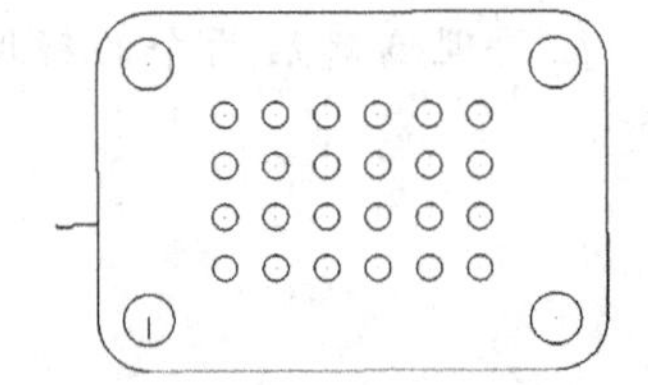

图 3-185 阵列结果

（10）创建修整曲面特征

① 将图层 2 设置为当前图层。

② 执行【绘图】/【曲面】/【曲面修剪】/【修整至曲线】命令，选取图 3-186 所示的曲面，然后按 Enter 键确定。

③ 依次选取图 3-187 所示的阵列曲线，单击按钮确定，选取图 3-188 所示要保留的曲面，单击按钮确定。

最后，隐藏图层 1，并进行图形渲染，最终结果如图 3-189 所示。

图 3-186　选取曲面

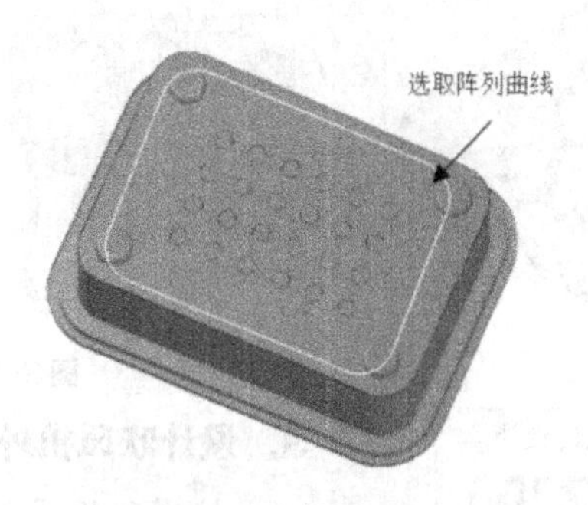

图 3-187　选取曲线

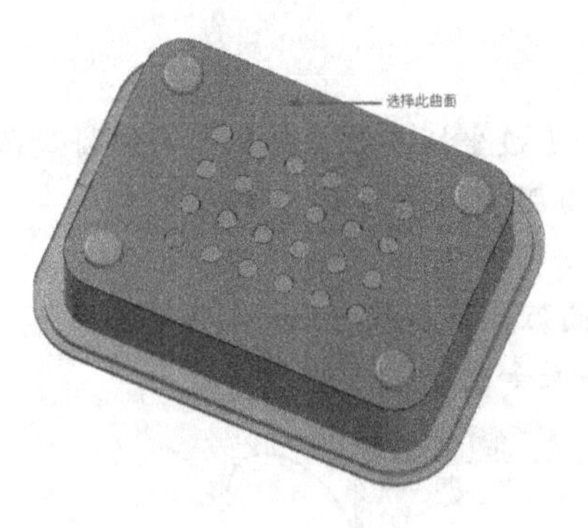

图 3-188　选取保留面

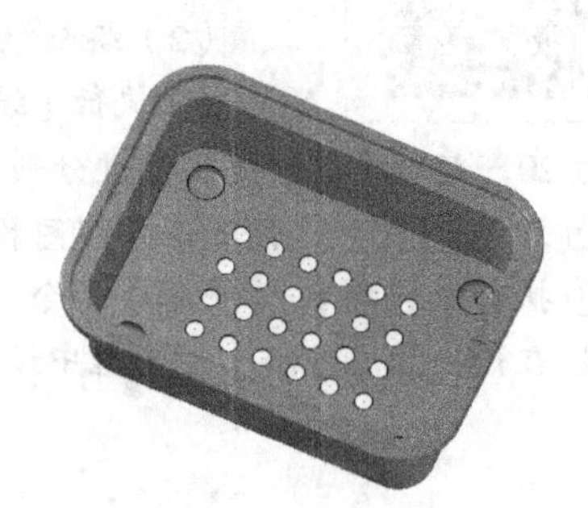

图 3-189　修整结果

3.4 综合应用——设计外壳

图 3-190 所示的吹风机外壳是典型的曲面零件，它是通过创建外壳模型而设计出的模具。通过 Mastercam X7 设计吹风机模具加工方法和编制加工程序，是模具设计和制造中的典型案例。

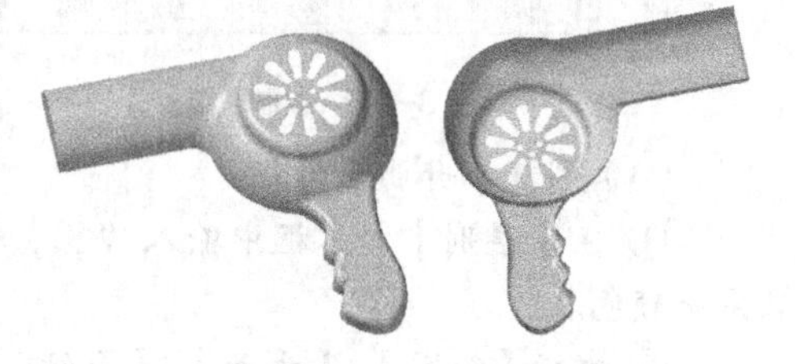

图 3-190　吹风机外壳

1. 涉及的应用工具

（1）绘制举升截面，创建举升曲面特征形成吹风机的出风口。

（2）通过绘制圆、圆弧以及线段绘制旋转截面和旋转轴。

（3）通过创建旋转曲面特征创建吹风机的壳体。

（4）通过绘制样条曲线、圆弧和单体补正工具，绘制吹风机的把手轮廓，并以创建扫描曲面特征创建把手模型。

（5）绘制圆和切线，并通过图形编辑，绘制吹风机散热口的外形。

（6）通过创建平面修剪和曲面倒圆角特征，编辑曲面，即完成吹风机外壳模型的创建。

2. 操作步骤概况

操作步骤概况，如图 3-191 所示。

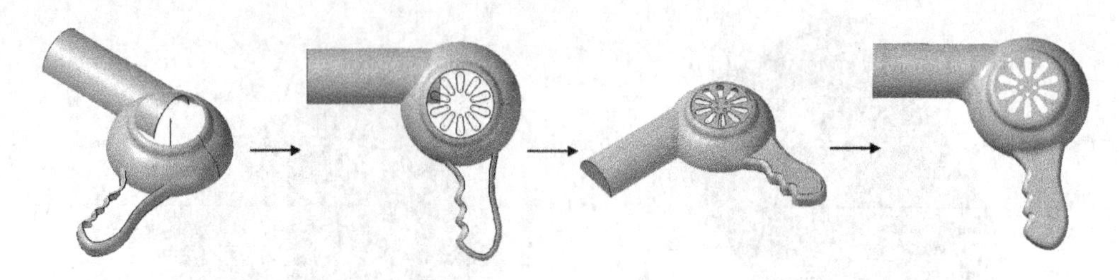

图 3-191 操作步骤

3. 设计吹风机外壳

（1）绘图环境设置

① 在工具栏中单击按钮，设置右视图构图。

② 设置线宽为第二条实线。

（2）绘制举升曲面截面

① 执行【绘图】/【圆弧】/【极坐标画弧】命令，绘制圆心在原点，半径为 20，起始角度和终止角度分别为 0° 和 180° 的圆弧，结果如图 3-192 所示。

② 单击按钮，设置等角视图构图。

③ 执行【转换】/【平移】命令，选取刚绘制的圆弧，然后按 Enter 键确定。

④ 在弹出的【平移】对话框中设置平移参数，结果如图 3-193 所示。

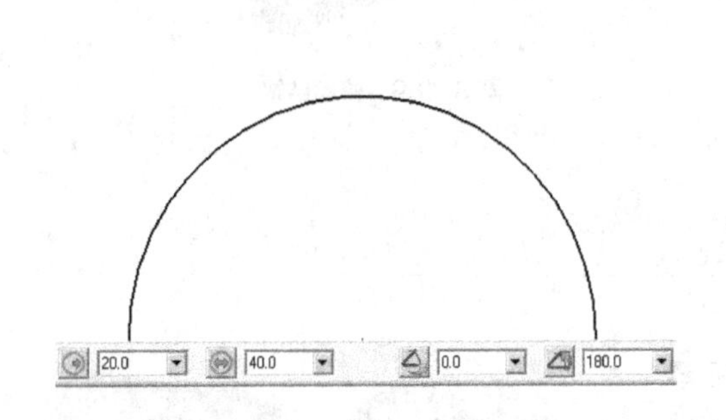

图 3-192 绘制圆弧

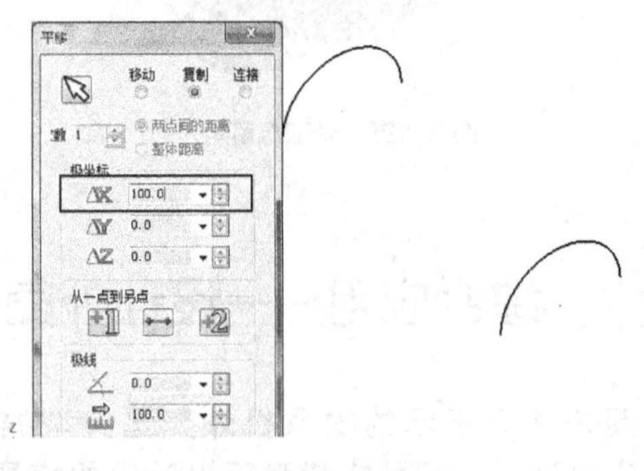

图 3-193 平移图形

（3）创建举升曲面特征

① 在【层别】文本框中输入“2”，设置图层 2 为当前图层，并在【颜色】对话框中修改系统颜色。

② 执行【绘图】/【曲面】/【直纹 / 举升曲面】命令，依次选取两个圆弧，然后单击【串连选项】对话框中的按钮确定。

③ 单击工具栏中的按钮进行图形着色，结果如图 3-194 所示。

要点提示

举升曲面的另个截面的串连方向需要保持一致，否则将出现曲面扭曲或者举升失败等现象，可以通过单击【串连选项】对话框中的按钮改变串连方向。

（4）绘制旋转截面和旋转轴

① 单击按钮，设置前视图构图，然后将图层 1 设置为当前图层。

② 单击工具栏中的按钮，绘制起点坐标为（115，0，40），长度为29.88，角度为90°的直线，结果如图3–195所示。

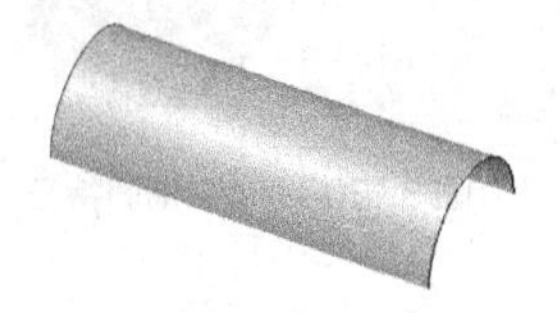
图3–194　举升曲面特征

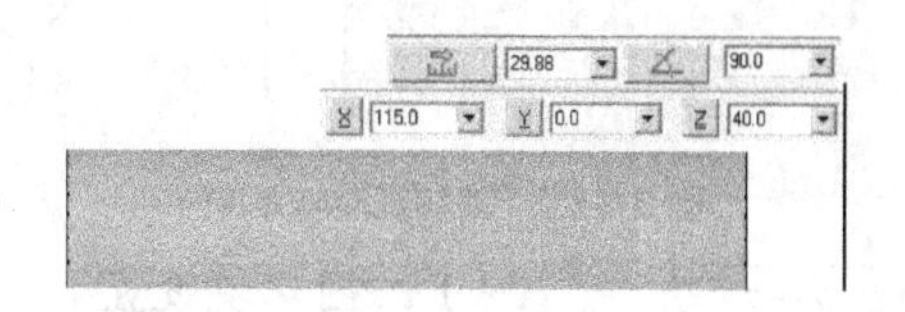

图3–195　绘制线段（1）

③ 单击按钮，绘制圆心坐标为（135，0，40），半径为25的圆，然后用相同的方法绘制圆心坐标（140，24.87817，40）、半径为5的圆，结果如图3–196所示。

④ 单击工具栏中按钮，在下拉选项中单击按钮，在弹出工具栏中单击按钮，然后在绘图区选择刚绘制的两个圆，输入半径为5，结果如图3–197所示。

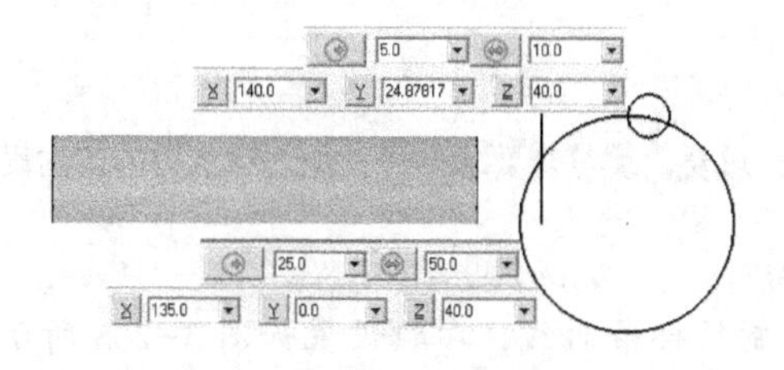

图3–196　绘制圆

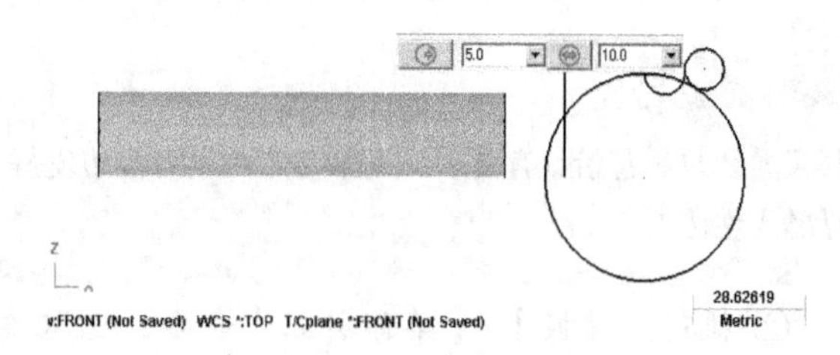

图3–197　绘制切圆

⑤ 单击按钮，选取线段的上端点作为起点，圆的上象限点为终点，如图3–198所示，按Enter键确定；选择线段的下端点作为起点，输入长度为50，角度为0°，绘制结果如图3–199所示。

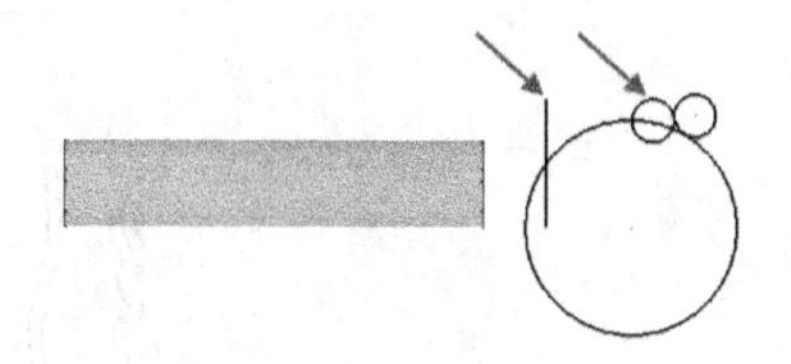
图3–198　选取线段起始点

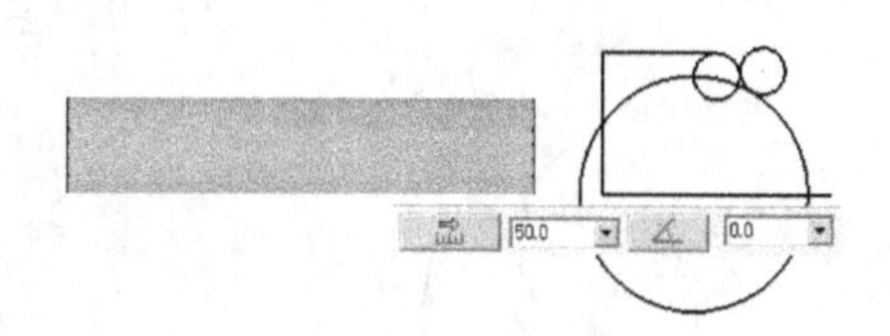

图3–199　绘制线段（2）

⑥ 单击按钮，然后在工具栏中单击按钮，对图形进行修剪，结果如图3–200所示。

⑦ 选取图3–201所示的线段，单击按钮删除选中的线段。

图3–200　修剪图形

图3–201　删除多余图素

（5）创建旋转曲面特征

① 单击按钮，设置等角视图构图，并将图层2设置为当前图层。

② 执行【绘图】/【曲面】/【转曲面】命令，选取图3–202所示的曲线1，然后单击【串连选项】对话框中的按钮确定。

③ 选取图3–202所示的曲线2为旋转轴，单击按钮确定，旋转曲面结果如图3–203所示。

图 3-202 旋转截面与旋转轴

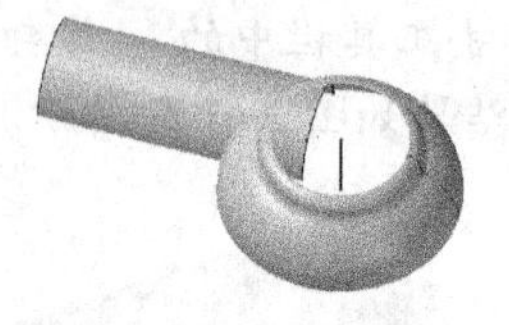

图 3-203 旋转曲面特征

（6）绘图环境设置

单击按钮，将视图模式设置为俯视图，然后将图层 1 设置为当前图层，并单击按钮，使曲面用线框显示。

（7）绘制扫描曲面截面

① 单击按钮，绘制起点坐标为（143，-73，0），终点坐标为（100，-80，0）的样条曲线，如图 3-204 所示。

要点提示

样条曲线只对起始点有要求，其余各点由读者自由发挥，只要大致符合要求即可，但要尽量突出工程设计的人性化。

② 执行【转换】/【单体补正】命令，选取绘制的样条曲线，参数设置如图 3-205 所示，补正方向向里，单击按钮确定，结果如图 3-206 所示。

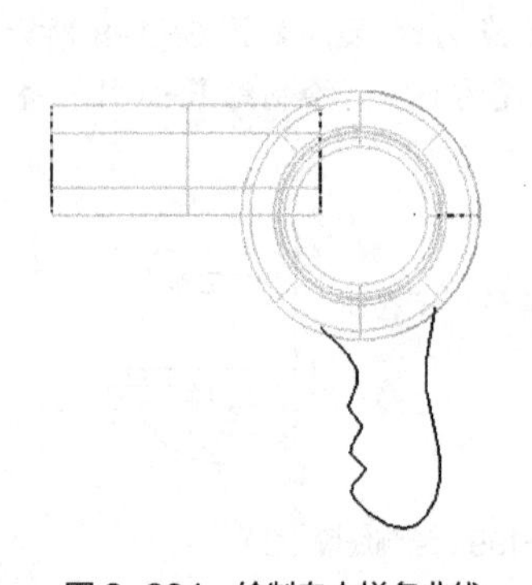

图 3-204 绘制自由样条曲线

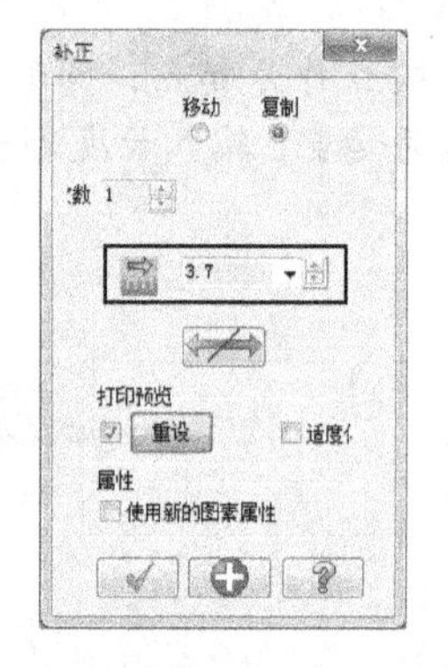

图 3-205 【补正】对话框

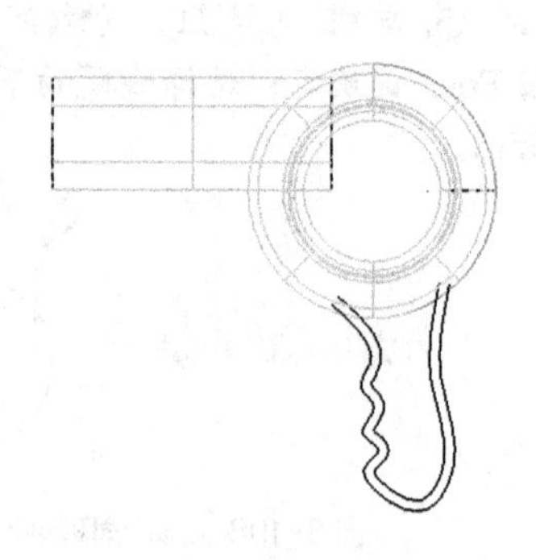

图 3-206 单体补正特征

③ 单击按钮，将视图模式设置为等角视图。

④ 执行【转换】/【平移】命令，选取补正的样条曲线，按 Enter 键确定，参数设置如图 3-207 所示，单击按钮确定，结果如图 3-208 所示。

⑤ 单击按钮，设置右视图构图，单击按钮，选取图 3-209 所示的点为起点，输入长度为 5.72，角度为 90°，结果如图 3-210 所示。

⑥ 执行【绘图】/【圆弧】/【切弧】命令，单击按钮，选取上面绘制的线段，圆弧的起点为线段的上端点，终点为平移曲线的端点，结果如图 3-211 所示。

要点提示

单击按钮，是要绘制动态切弧，首先要选择图 3-210 所示绘制的线段，然后将选取线段的上端点设置为圆弧起点，平移曲线为端点，读者务必谨记。

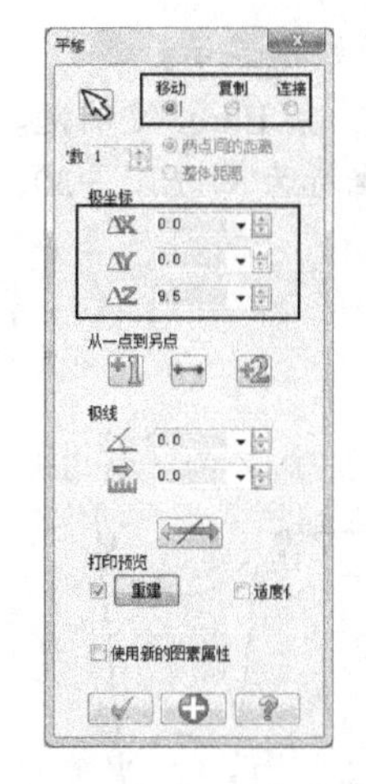
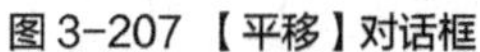

图3-207 【平移】对话框

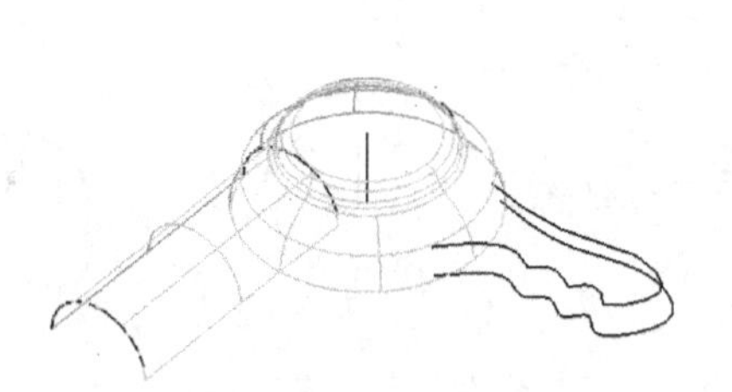

图3-208 平移结果

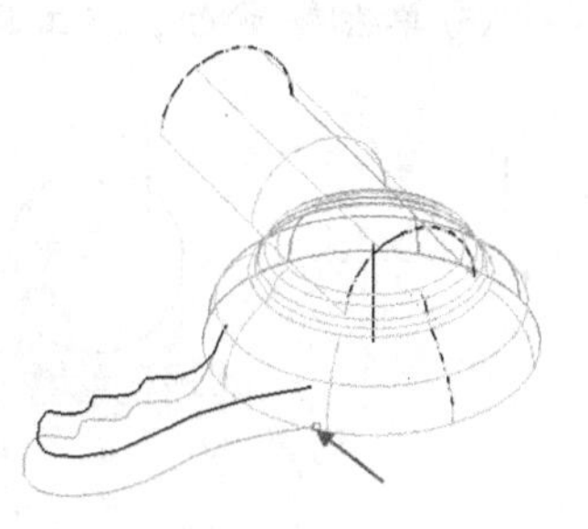

图3-209 选取线段起点

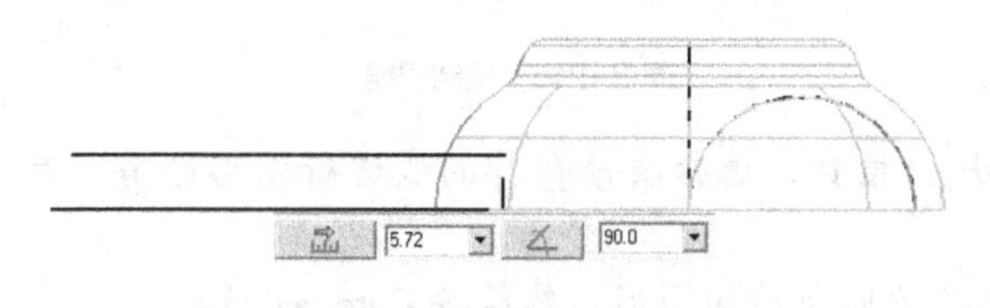

图3-210 绘制线段

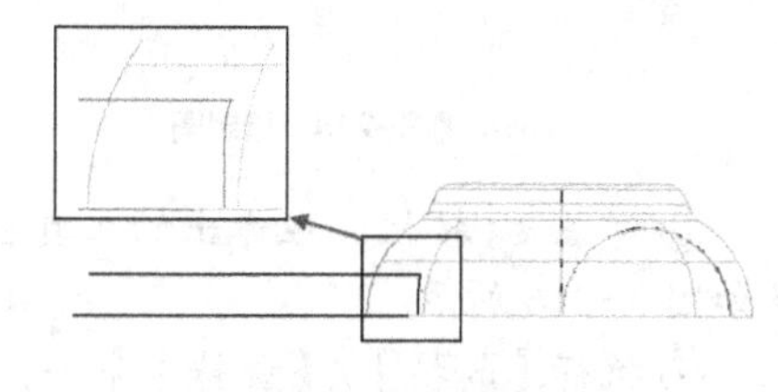

图3-211 绘制切弧

（8）创建扫描曲面特征

① 将图层2设置为当前图层。

② 执行【绘图】/【曲面】/【扫描曲面】命令，单击【串连选项】对话框中的【部分串连】按钮，选取图3-212所示曲线1的截面方向外形，然后按Enter键确定。

③ 单击【串连选项】对话框中的按钮，依次选取曲线2和曲线3为扫描引导方向外形，单击按钮确定。

④ 单击工具栏中的按钮，进行图形着色，结果如图3-213所示。

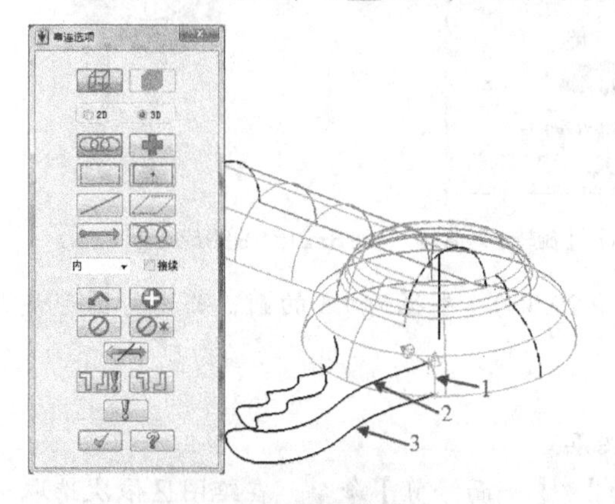

图3-212 扫描截面和轨迹

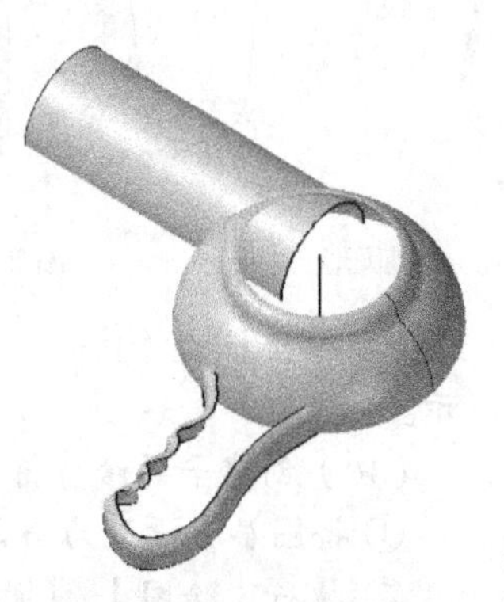

图3-213 扫描曲面特征

（9）绘制平面修剪边界

① 单击按钮，将视图模式设置为俯视图，然后将图层1设置为当前图层。

② 设置绘图深度为 3D 屏幕视角 平面 Z 29.88，并单击按钮，使曲面用线框显示。

③ 单击按钮，绘制圆心坐标为（115，−40，29.88），半径为 25 的圆，按 Enter 键确定。

④ 用相同的方法绘制圆心坐标为（115，−20，29.88），半径 3 和圆心坐标为（115，−30，29.88），直径为 3 的两个圆，然后按 Enter 键确定，结果如图 3−214 所示。

⑤ 单击按钮，在工具栏中单击按钮，绘制图 3−215 所示的切线。

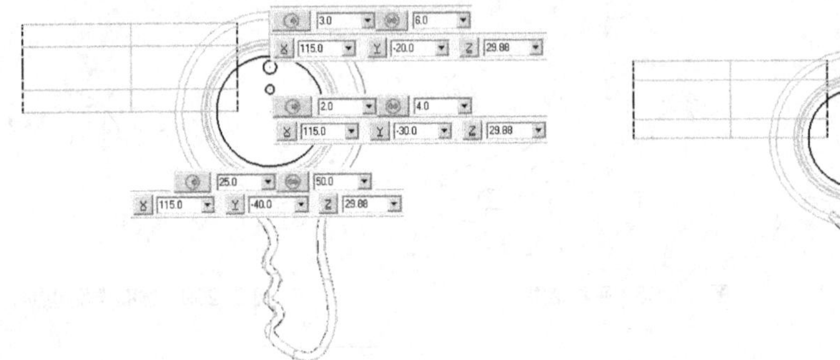

图 3−214 绘制圆　　图 3−215 绘制切线

⑥ 单击按钮，在弹出的工具栏中单击按钮，选择要修剪掉的线进行图形修剪，结果如图 3−216 所示。

⑦ 执行【转换】/【旋转】命令，选择上步骤修剪后的图形，然后按 Enter 键确定。

⑧ 在图 3−217 所示的【旋转】对话框中设置旋转参数，并单击按钮，选择大圆的圆心点为旋转中心，单击按钮确定，结果如图 3−218 所示。

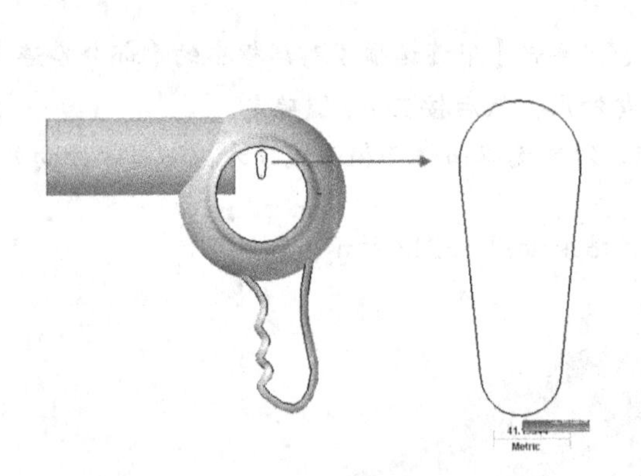

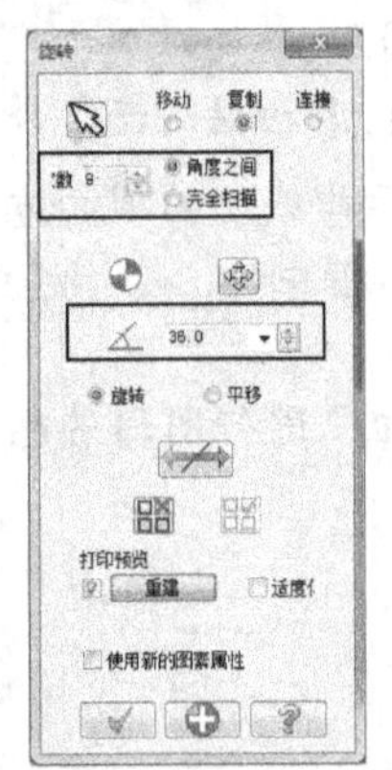

图 3−216 修剪图形　　图 3−217 【旋转】对话框　　图 3−218 图形旋转特征（1）

⑨ 单击按钮，绘制圆心坐标为（115，−35，29.88）、半径为 1.5 的圆，并进行图形旋转操作，如图 3−219 所示。

（10）创建平面修剪特征

① 将图层 2 设置为当前图层。

② 执行【绘图】/【曲面】/【平面修剪】命令，在绘图区依次选取图 3−220 所示的图形为修剪边界，然后按 Enter 键确定。

③ 在系统弹出的【Mastercam】对话框中按 Enter 键确定，结果如图 3−221 所示。

④ 用相同的方法创建两个平面修剪特征，修剪边界如图 3−222 所示，

最终结果如图3-223所示。

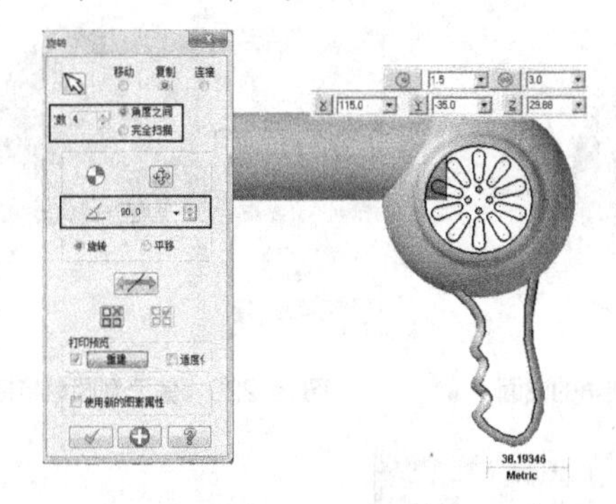

图3-219　图形旋转特征（2）

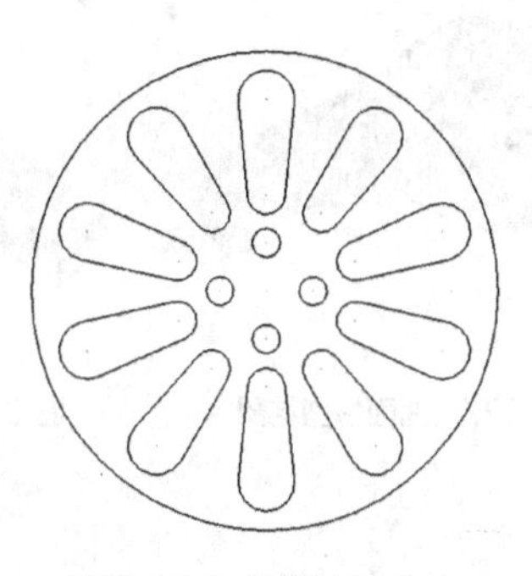

图3-220　修剪边界（1）

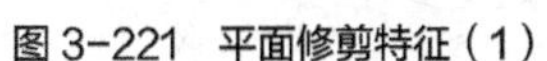

图3-221　平面修剪特征（1）

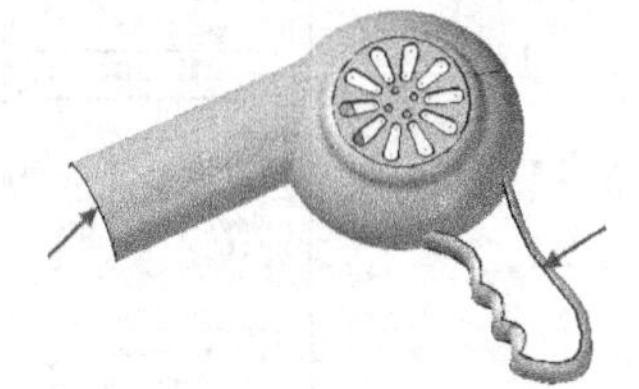

图3-222　修剪边界（2）

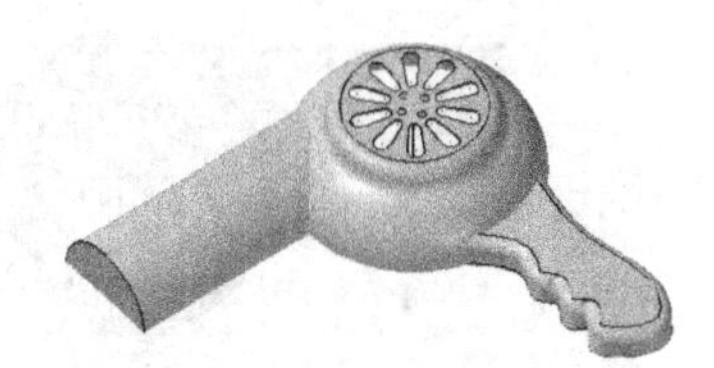

图3-223　平面修剪特征（2）

（11）创建曲面修剪特征

① 隐藏图层1的图素。

② 执行【绘图】/【曲面】/【曲面修剪】/【修整至曲面】命令，依次选取图3-224所示的曲面1和曲面2，按Enter键确定，然后选取曲面3，并按Enter键确定。

③ 单击工具栏中的按钮进行单边修剪，选取图3-225所示的要保留的部分，单击按钮确定，结果如图3-226所示。

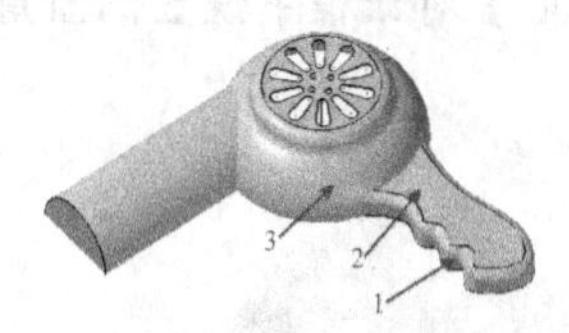

图3-224　选取修整曲面

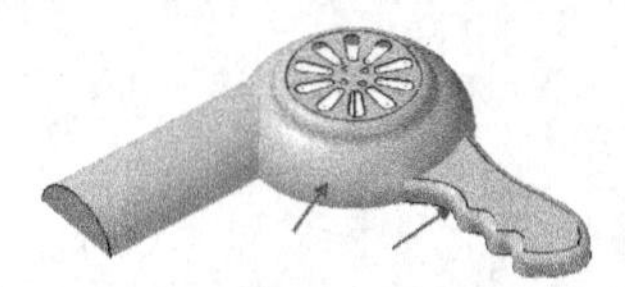

图3-225　选取要保留的曲面

图3-226　曲面修剪

④ 用相同的方法修整吹风机外框的出风口的曲面，在此过程中单击工具栏中的按钮进行两边修剪，结果如图3-227所示。

（12）创建曲面与曲面倒圆角特征

① 执行【绘图】/【曲面】/【倒圆角】/【曲面与曲面】命令，依次选取图3-228所示的曲面1和曲面2，按Enter键确定，然后选取曲面3，并按Enter键确定。

② 在【曲面与曲面倒圆角】对话框中设置倒圆角值为5，结果如图3-229所示。

③ 单击按钮，将视图模式设置为俯视图，并设置绘图深度为30，绘制自由样条曲线如图3-230所示。

④ 执行【转换】/【投影】命令，选取自由样条曲线，然后按Enter键确定。

⑤ 在【投影加工】对话框中选中【移动】单选项，并单击按钮，然后选取吹风机出风口的曲面，按Enter键确定，结果如图3-231所示。

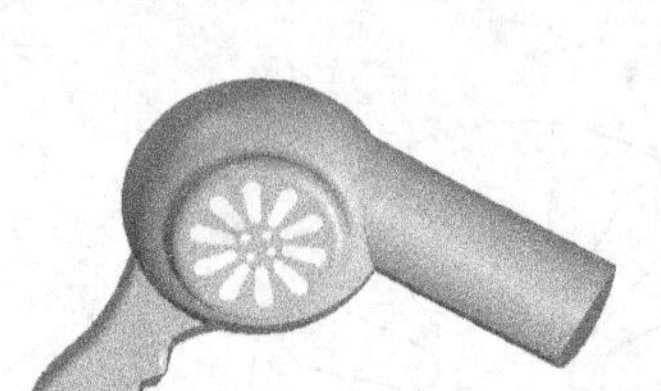

图 3-227 曲面修剪结果

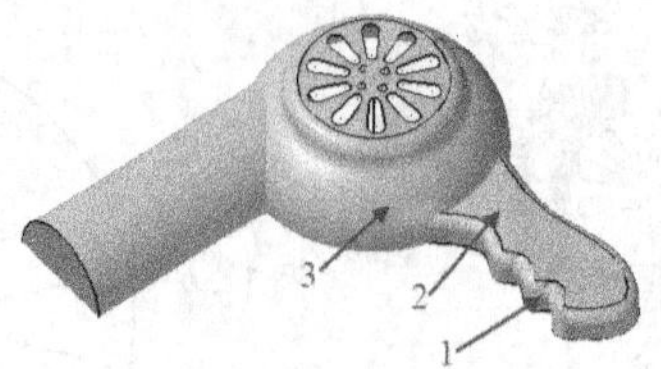

图 3-228 选取倒圆角的曲面

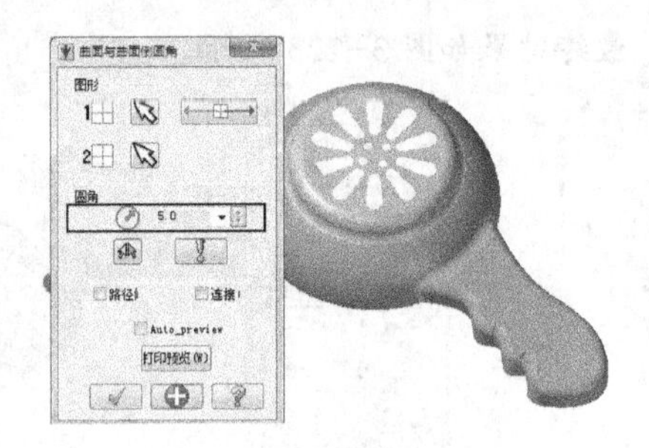

图 3-229 曲面倒圆角特征

图 3-230 绘制样条曲线

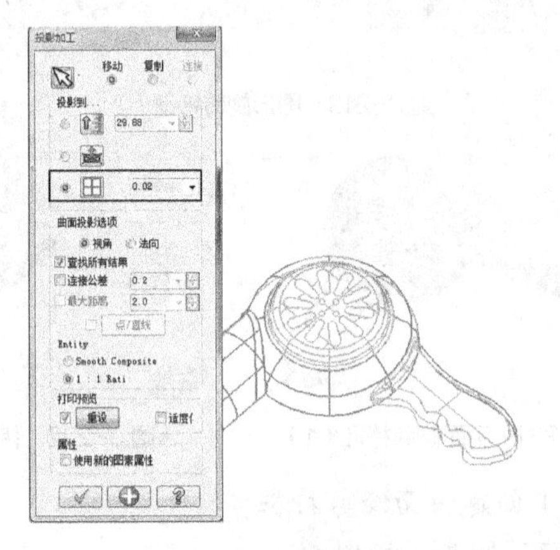

图 3-231 曲线投影

（13）创建曲线与曲面倒圆角。

① 执行【绘图】/【曲面】/【倒圆角】/【曲线与曲面】命令，选取图 3-232 所示的曲面 1 和曲面 2，按 Enter 键确定。

② 选取曲线 3，按 Enter 键确定，并在【曲线与曲面倒圆角】对话框中设置倒圆角参数为 10，结果如图 3-233 所示。

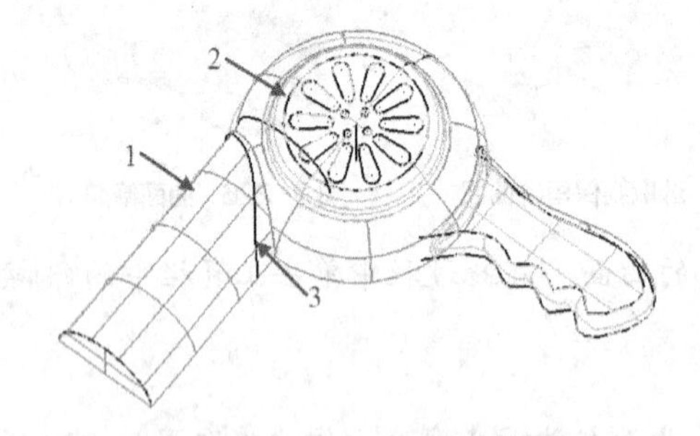

图 3-232 选取倒圆角的曲线与曲面

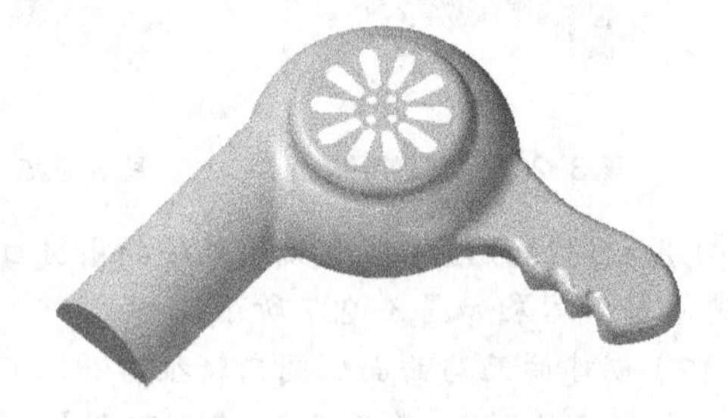

图 3-233 曲面倒圆角特征

本章小结

创建三维模型时，必须对空间坐标系有正确的理解，其中最重要的概念是构图面和屏幕视角。构图面是指绘图时假想的绘图平面，就相当于手工绘图时的绘图板；而屏幕视角是观察图形的角度。构图深度是指构图面沿着其法线方向平移的距离，这样可以获得一组相互平行的构图面。

三维线框图是构建曲面的基本骨架，主要由具有确定位置的一组曲线组成。使用这些开放的曲线或封闭的线框就可以配合举升、拉伸、牵引、扫描等曲面建模工具创建各种符合设计要求的曲面。

在创建复杂曲面模型时，首先使用各种曲面建模手段创建一组独立的曲面，这些曲面还不是最终的设计结果，还需要进一步使用各种曲面编辑手段将其整合为单一的曲面，这些工具中应用最广泛的是曲面修剪、曲面延伸以及曲面倒圆角。

习题

1. 思考题

（1）简要总结曲面创建和编辑的常用方法。

（2）简要说明编辑曲面中修整至曲面、修整至曲线、修整至平面的区别。

（3）创建曲面倒圆角时，如何删除曲面之间的多余部分?

2. 操作题

（1）利用【拉伸曲面】、【扫描曲面】、【曲面倒圆角】等命令，创建图 3-234 所示的模型。操作步骤提示如图 3-235 所示。

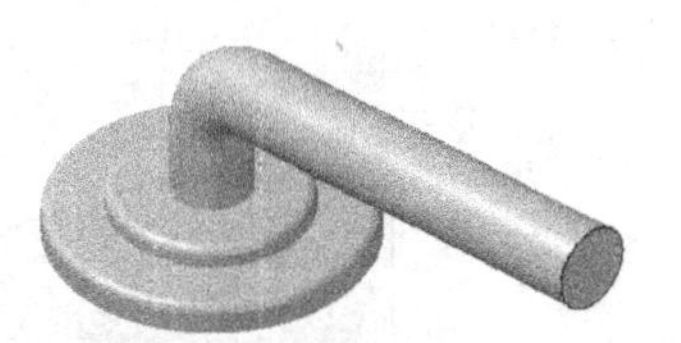

图 3-234　练习（1）

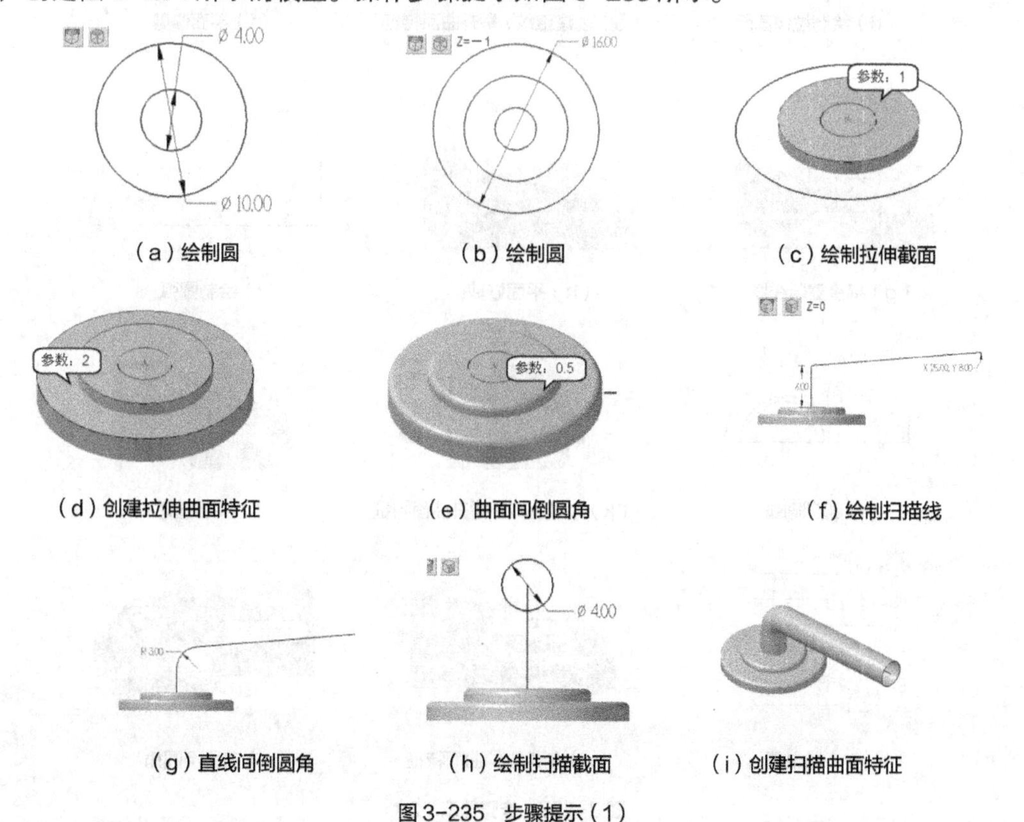

（a）绘制圆　（b）绘制圆　（c）绘制拉伸截面

（d）创建拉伸曲面特征　（e）曲面间倒圆角　（f）绘制扫描线

（g）直线间倒圆角　（h）绘制扫描截面　（i）创建扫描曲面特征

图 3-235　步骤提示（1）

（2）利用【拉伸曲面】、【直纹 / 举升曲面】、【曲面倒圆角】、【平面修剪】、【平面修整】等命令，创建图 3-236 所示的模型。操作步骤提示如图 3-237 所示。

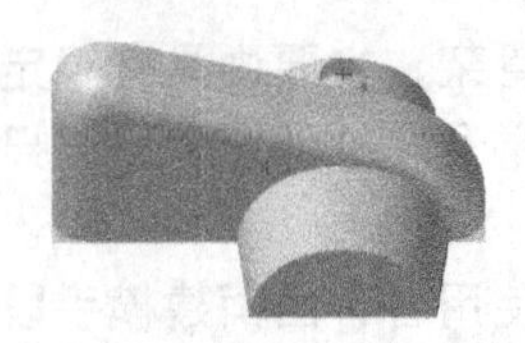

图 3-236 练习（2）

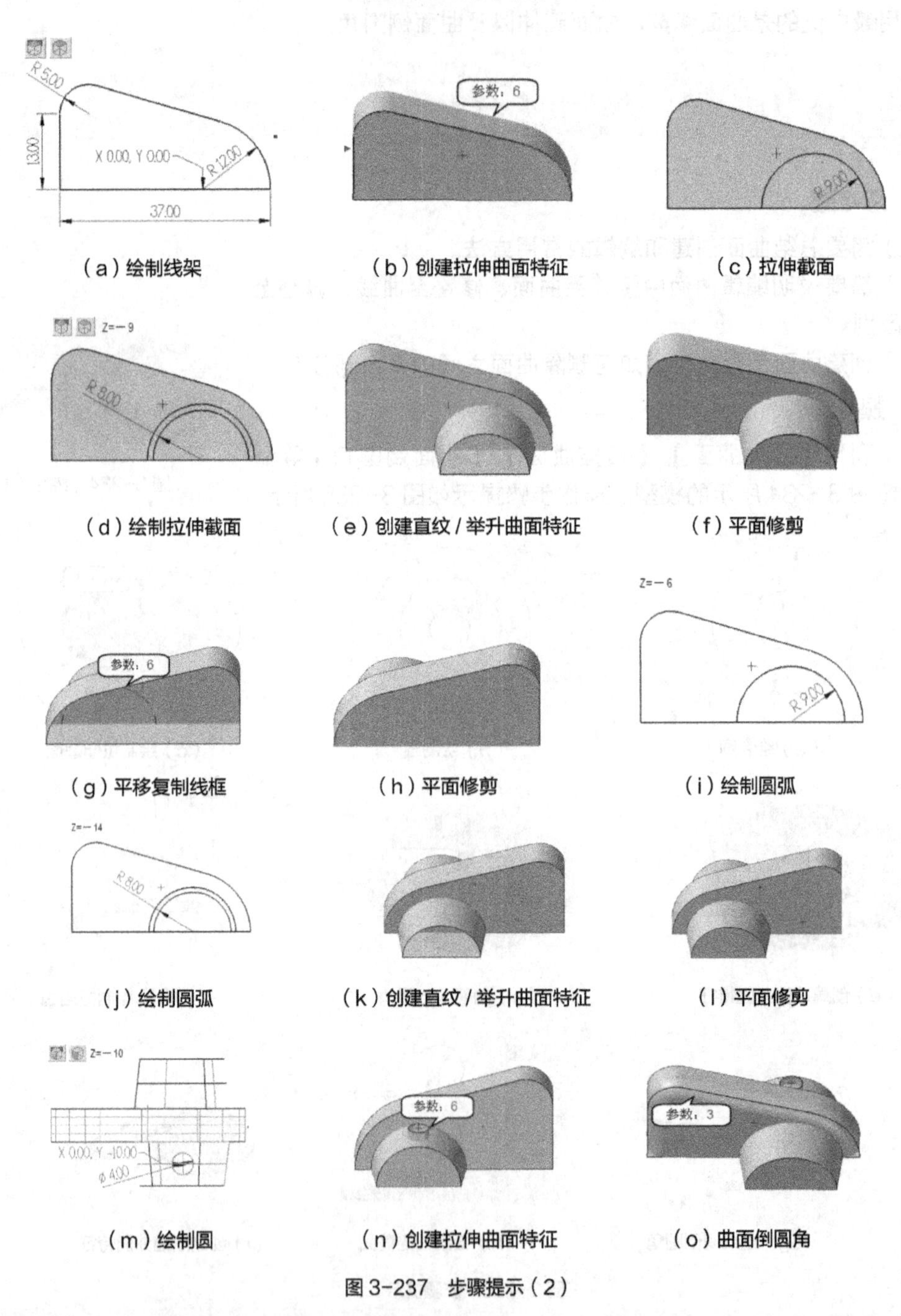

（a）绘制线架 （b）创建拉伸曲面特征 （c）拉伸截面

（d）绘制拉伸截面 （e）创建直纹 / 举升曲面特征 （f）平面修剪

（g）平移复制线框 （h）平面修剪 （i）绘制圆弧

（j）绘制圆弧 （k）创建直纹 / 举升曲面特征 （l）平面修剪

（m）绘制圆 （n）创建拉伸曲面特征 （o）曲面倒圆角

图 3-237 步骤提示（2）

（3）利用【旋转曲面】、【扫描曲面】、【拉升曲面】、【修整至曲面】等命令，创建图 3-238 所示的模型。操作步骤提示如图 3-239 所示。

图 3-238　练习（3）

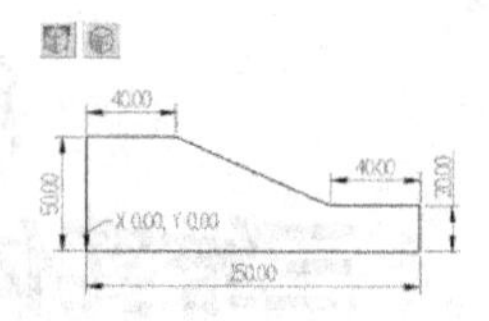

（a）绘制线架

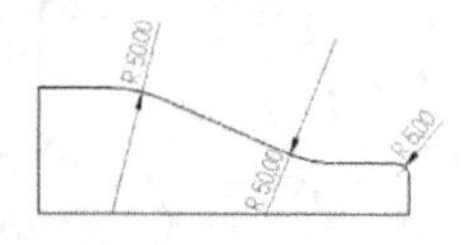

（b）直线间倒圆角

（c）创建旋转曲面特征

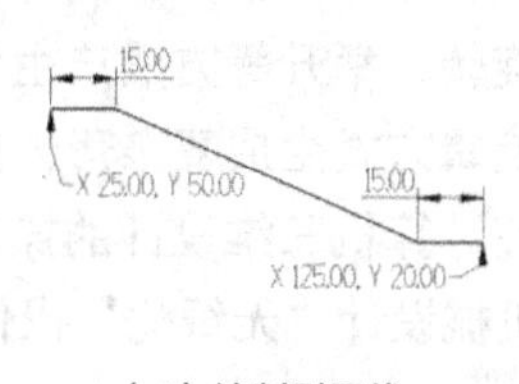

（d）绘制引导线

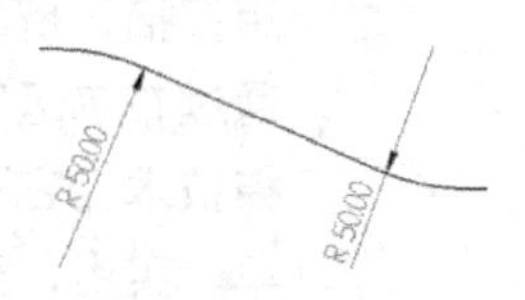

（e）直线间倒圆角

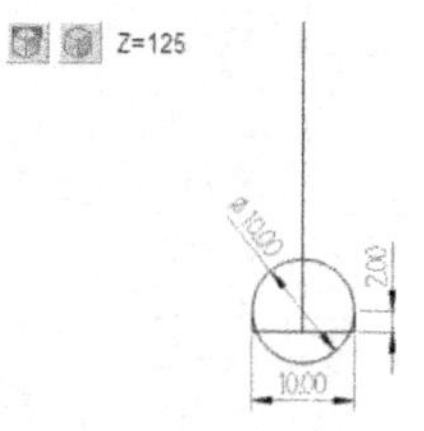

（f）绘制扫描截面

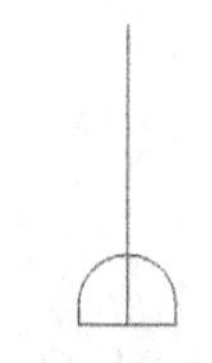

（g）修剪扫描截面

（h）创建扫描曲面特征

（i）旋转复制曲面

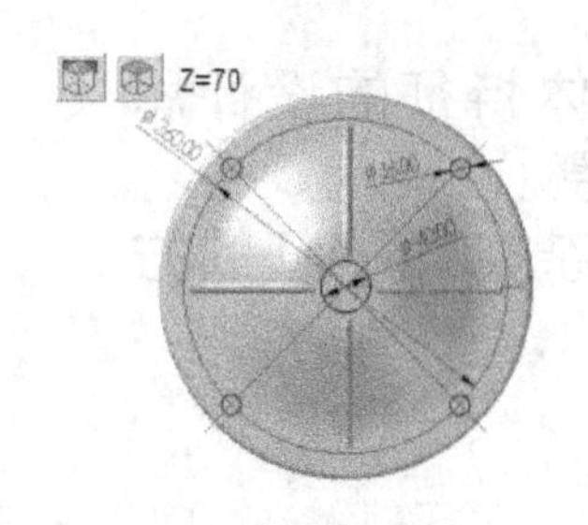

（j）绘制圆

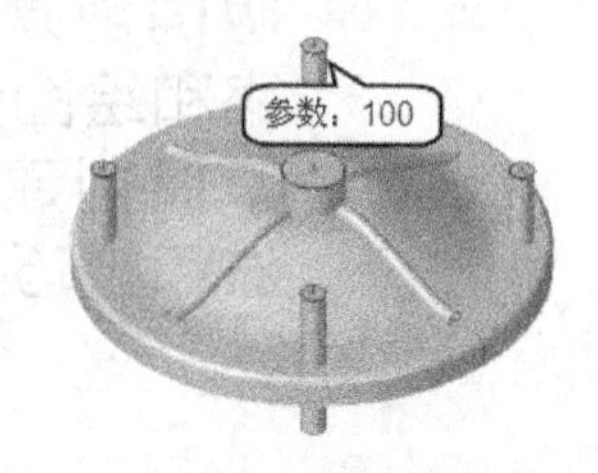

（k）创建拉伸曲面特征

（l）曲面修剪

图 3-239　步骤提示（3）

Chapter 4

第4章 三维实体建模

三维实体建模是利用一些基本图形元素，如长方体、圆柱体、球体、锥体和圆环体，及采用扫描、挤出、旋转、举升等方法产生的实体，通过布尔运算等编辑方式生成复杂形体的一种建模技术，它可以使计算机三维设计的操作更加简单、实用，实现机械设计“无纸化”操作。

学习目标

- 帮助学生了解三维实体特征的直观印象。
- 明确创建实体特征的设计思路和绘图步骤。
- 掌握创建复杂实体特征的方法和技巧。

4.1 创建基本实体

Mastercam X7 相比之前的版本有很大的变化，特别是在三维建模方面，将基本方法进行了整合和拆分，系统提供了图 4-1 所示的 4 种常用的基本方法，创建方法比较简单，只需要定义模型的尺寸参数和放置的位置坐标即可创建模型。

4.1.1　重点知识讲解

1. 创建基本实体

基本实体具有确定的形状，主要包括圆柱体、圆锥体、长方体、球体和圆环体等。

Mastercam X7 中可以创建图 4-2 所示的基本实体。创建每一种基本实体时，系统会打开相应的参数设置对话框，完成参数设置后即可创建该模型。

在【绘图】主菜单中选取【基本曲面 / 实体】选项，打开图 4-3 所示的【创建基本实体】子菜单，选择其中一项即可弹出相关的对话框，在对话框中选中【实体】单选项即可创建实体。若执行【圆柱体】命令，即可在图 4-4 所示的对话框中设置主体参数，要注意的是必须选中【实体管】单选项，才能创建实体，否则将创建基本曲面。

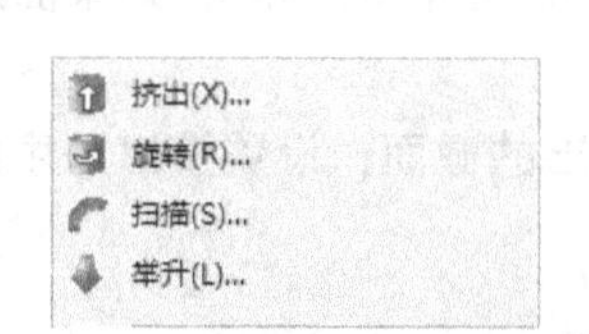

图 4-1　创建实体的基本方法

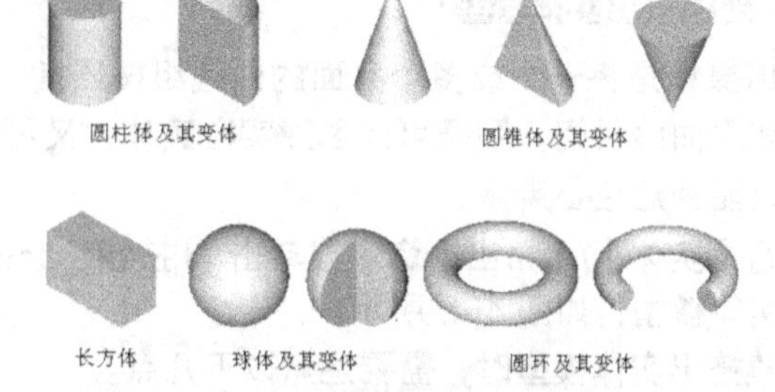

图 4-2　基本实体

图 4-3　创建基本实体的方法

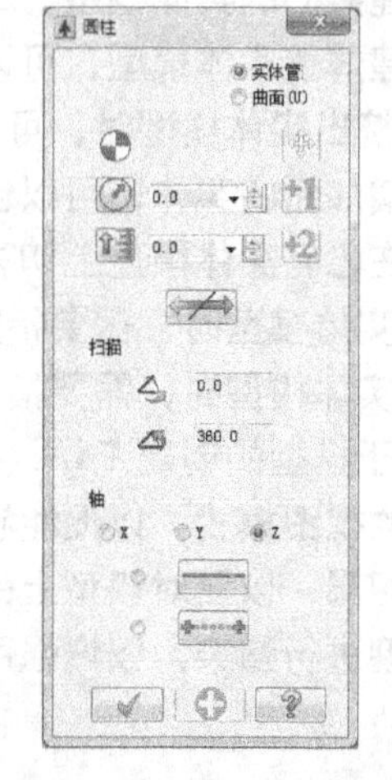

图 4-4　【圆柱】对话框

2. 实体建模基本方法

Mastercam X7 三维建模的基本方法如表 4-1 所示。

表 4-1 实体建模基本方法

基本方法	作用	执行命令	效果图
挤出	挤出是一个由二维图形组成的截面沿着一个直线轨迹运动生成的实体模型	执行【实体】/【挤出】命令或者单击按钮	
旋转	旋转是将一个或多个二维截面图形绕旋转中心轴线旋转指定的角度，最后生成回转型实体模型	执行【实体】/【旋转】命令或者单击按钮	
扫描	扫描比挤出更具有一般性，是将已有截面图形沿着制订的路径作扫描运动生成的实体模型	执行【实体】/【扫描】命令或者单击按钮	
举升	将两个或两个以上的截面用直线或曲线熔接形成实体的方法即为举升，其中用直线熔接的实体常常称之为直纹实体	执行【实体】/【举升】命令或者单击按钮	

3. 创建挤出实体模型

挤出操作是将一个或多个共面的曲线组按照指定方向进行挤出操作生成实体模型的设计方法。如果曲线封闭，则既可以创建实心实体，又可以创建空心实体（壳体）；如果曲线不封闭，则只能创建空心实体。

执行【实体】/【挤出】命令或单击按钮，选择需要挤出的截面，设置挤出深度即可创建挤出实体模型，如图 4-5 所示。

创建挤出实体模型时，需要注意以下几点。

（1）在创建挤出实体模型前，首先要创建二维截面。

- 如果要创建实心的实体模型，二维截面必须是线条首尾顺次相连的封闭图形。
- 如果要创建薄壁实体模型，可以使用不封闭的开口截面。

（2）在创建挤出实体模型时，可以根据需要创建加材料或减材料的实体。

- 如果希望增加新的实体，可以创建加材料实体模型。
- 如果希望在已有实体模型上切去部分材料，可以创建减材料实体。

（3）在创建实体模型时，需要指定模型生成的方向。

（4）在创建实体模型时，需要指定模型的挤出深（高）度。

（5）为了便于模型的创建工作，在创建模型时，可以使用以下设计技巧。

- 设置合理的视图模式，以便能够更好地观察建模过程。
- 合理使用图层，以便对模型上的图素进行管理。
- 适当对模型进行渲染，以增强所设计模型的视觉冲击力。

要点提示

三维机械设计中的创建挤出实体特征，实际上和机械制造工艺中的焊接或者铆接工艺相对应，望读者在三维机械设计过程中加以运用。

4. 创建旋转实体模型

旋转操作是将选定的线框绕指定轴线旋转一定角度后创建的回转体模型。

执行【实体】/【旋转】命令或单击按钮，选择要旋转的截面，然后选择旋转轴，设置旋转角度即可创建旋转实体模型，如图 4-6 所示。

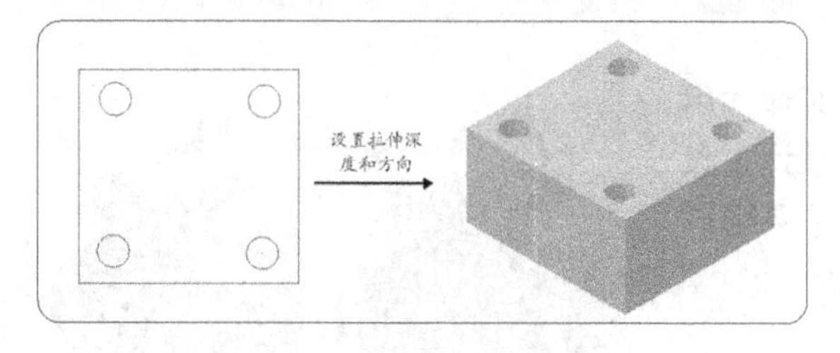

图 4-5　创建挤出实体模型

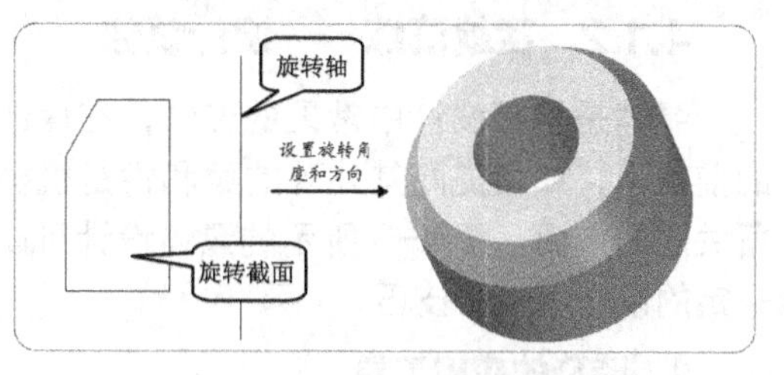

图 4-6　创建旋转实体模型

5. 创建扫描实体模型

扫描操作是将一个封闭线框沿着选定的轨迹线扫描后产生的实体，设计时需要选取扫描截面和扫描轨迹线两个参数。

执行【实体】/【扫描】命令或单击按钮，先选择扫描截面，然后选择扫描的路径，即可创建扫描实体模型，如图 4-7 所示。

要点提示

创建扫描实体特征和旋转实体特征同样可以做切除实体的效果，实际常与机械制造工艺中的车削加工工艺相对应。

6. 创建举升实体模型

执行【实体】/【举升】命令或单击按钮，先选择第一个截面，然后选择第二个截面，即可创建举升实体模型，如图 4-8 所示。

创建举升实体模型时，需要注意以下几点。

（1）首先创建两个或两个以上相互平行的截面。在绘制截面时，可以将各个截面分别放在不同的图层上，各个图层的 Z 轴深度参数不同。

（2）在创建举升实体模型时，要保证各截面遵循“同步、同向”的原则。也就是说，在顺次连接各截面时，各截面的连接起点应该在一条直线上，而且连接方向相同。否则，最后创建的实体模型将产生扭曲失真。

（3）如果改变依次选取的截面顺序，最后生成的实体模型可能不同。

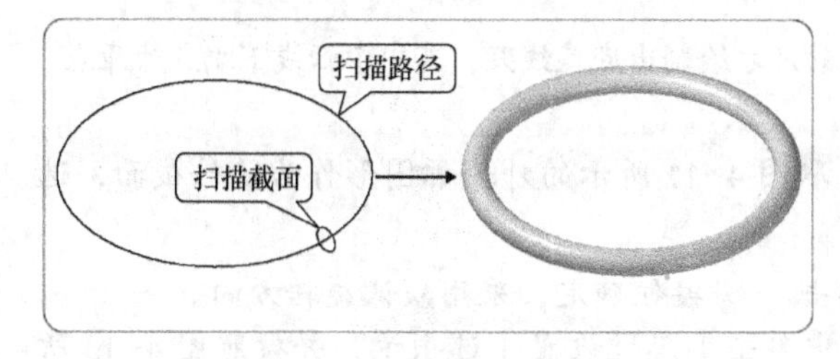

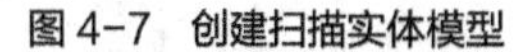
图 4-7　创建扫描实体模型

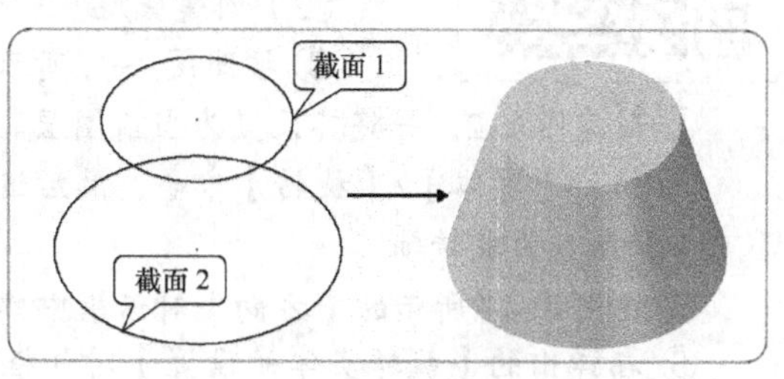

图 4-8　创建举升实体模型

要点提示

系统还设置了由曲面生成实体等功能，但其应用范围将窄，这里不再列举。

4.1.2 实战演练——设计泵体

泵体是机械设计中常见的壳体，在保证泵体作用的前提下，如何提高其外观的柔和性是机械设计人员所关注的方面。图 4-9 所示的泵体设计可以为其提供一定的设计思路和技巧。

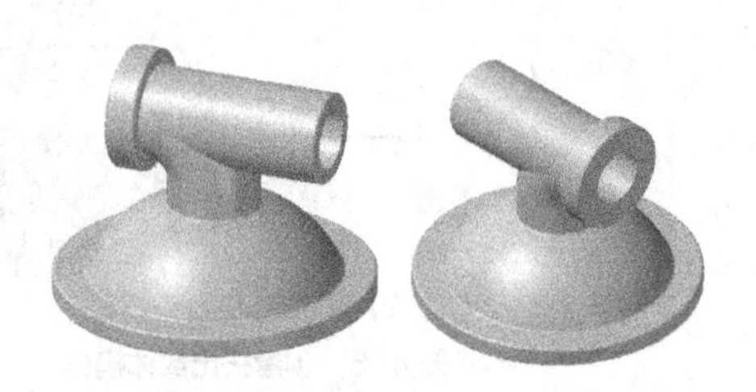

图 4-9 泵体

1. 涉及的应用工具

（1）绘图环境设置，包括绘图平面、坐标轴的显示以及线宽的设置。

（2）利用圆弧、直线等工具绘制旋转截面。

（3）创建旋转实体特征，生成泵体底座。

（4）利用挤出实体特征创建泵管，并创建圆柱体与之形成布尔运算切割特征。

（5）利用扫描实体特征创建泵体连接管，连接底座和泵管。

（6）创建实体倒角特征修饰泵体。

2. 操作步骤概况

操作步骤概况，如图 4-10 所示。

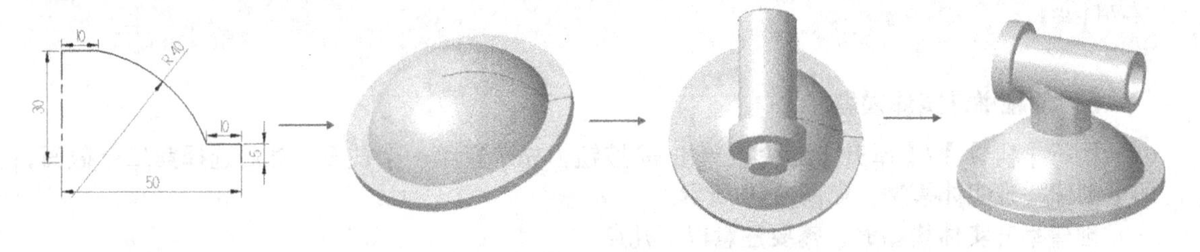

图 4-10 操作步骤

3. 创建泵体模型

（1）绘图环境设置

① 单击工具栏中的按钮，设置前视图构图。

② 设置线型为实线，并设置线宽为第二条实线。

（2）创建底座

① 按照图 4-11 所示的尺寸绘制出底座线架，其中中心线下端点为原点。

② 新建图层 2，并将其设置为当前图层。

③ 执行【实体】/【旋转】命令，然后选取图 4-11 所示的外轮廓图形作为旋转截面，选取中心轴线作为旋转轴。

④ 在图 4-12 所示的【方向】对话框中单击按钮确定，采用默认旋转方向。

⑤ 在弹出的【旋转实体的设置】对话框中单击【薄壁设置】选项卡，并按照图 4-13 所示设置旋转参数，单击按钮确定。

⑥ 在弹出的【方向朝外】对话框中单击 ✓ 按钮确定，结果如图 4-14 所示。

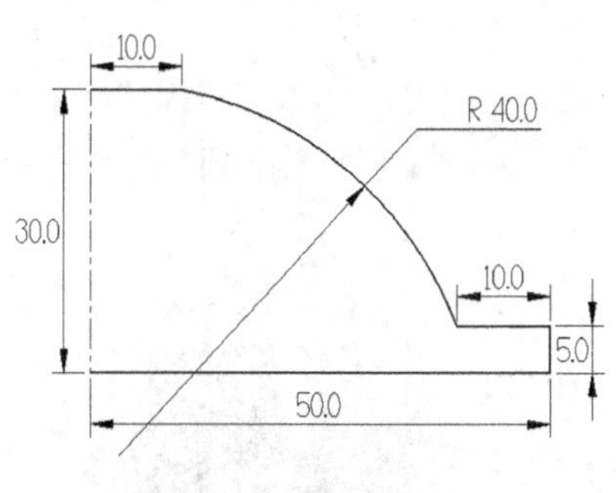

图 4-11　底座尺寸

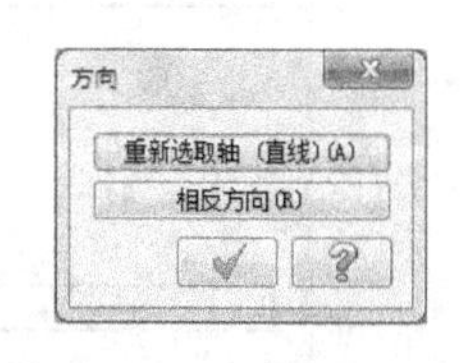

图 4-12 【方向】对话框

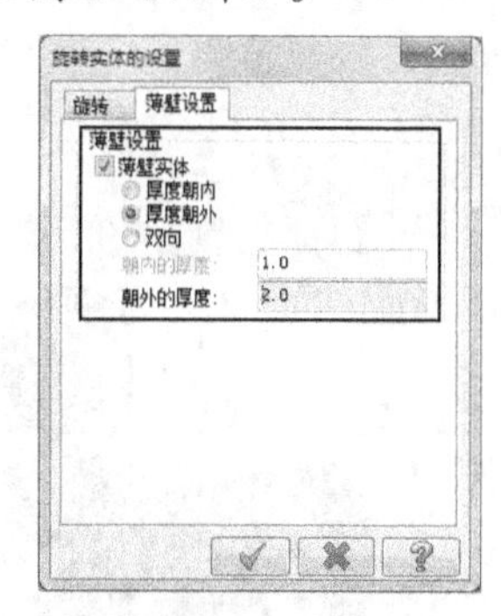

图 4-13 【旋转实体的设置】对话框

（3）创建泵管

① 将图层 1 设置为当前图层。

② 在工具栏中单击按钮，设置俯视图构图，并设置构图深度为 -40。

③ 按照图 4-15 所示的尺寸绘制泵管线架，圆心坐标为（0，60，-40）。

④ 将图层 2 设置为当前图层。

⑤ 执行【实体】/【挤出】命令，然后选取图 4-15 所示的两个圆作为挤出截面，按 Enter 键确认。

⑥ 在图 4-16 所示的【挤出串连】对话框中设置挤出参数，单击 ✓ 按钮，最后创建的挤出实体如图 4-17 所示。

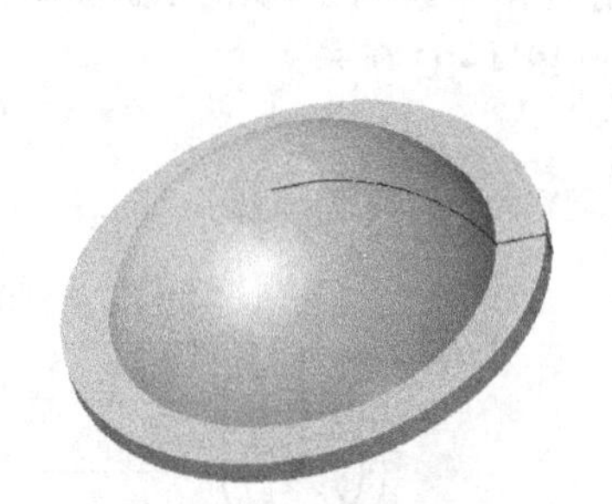
图 4-14　生成的底座实体

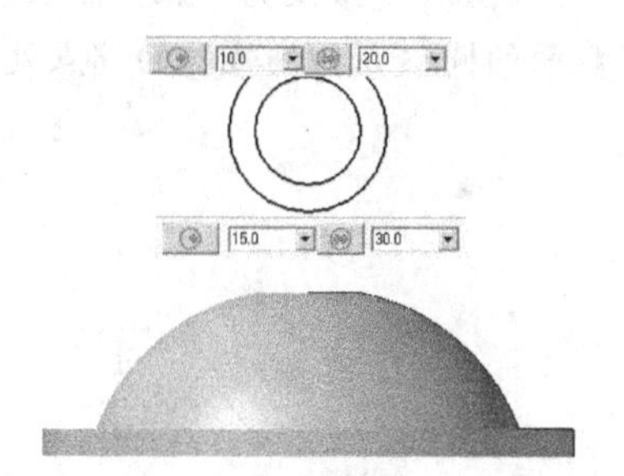

图 4-15　泵管截面尺寸

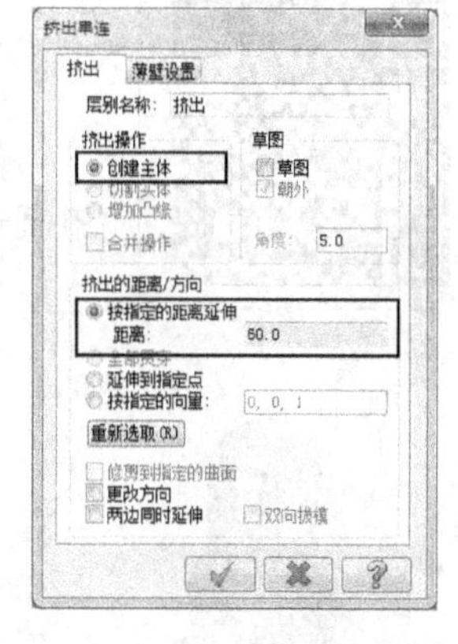

图 4-16 【挤出串连】对话框

（4）创建圆柱体

① 在工具栏上单击按钮，打开【圆柱】对话框，按照图 4-18 所示设置模型参数。

② 选择泵管前端中心为圆柱定位中心，放置形式采用沿 Z 轴水平放置，生成的两个圆柱如图 4-19 所示。

- 大圆柱体半径为 20，长度为 10。
- 小圆柱体半径为 10，长度为 20。

（5）创建布尔运算特征

① 执行【实体】/【布尔运算 - 切割】命令，启动布尔运算工具。

② 依次选择图 4-19 所示的大圆柱和小圆柱，并按 Enter 键确认。其中大圆柱作为运算的

目标实体，而小圆柱作为求差的工具实体，运算结果如图 4-20 所示。

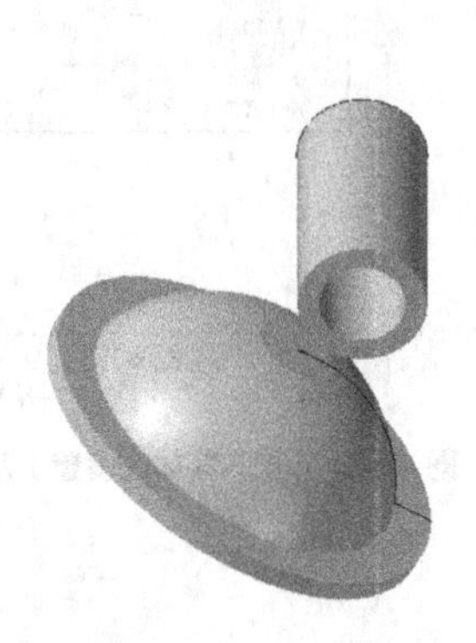

图 4-17 挤出实体

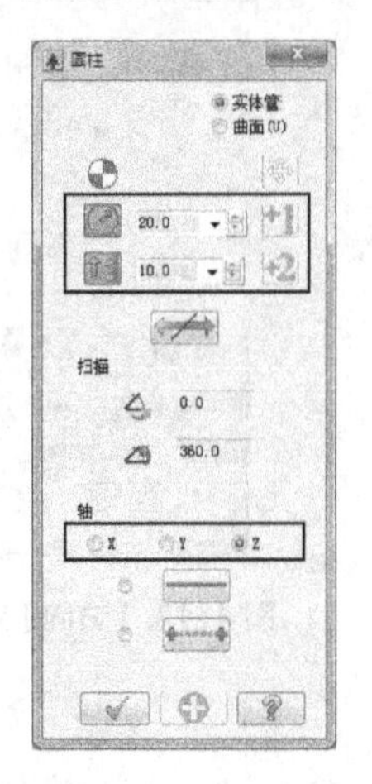

图 4-18 【圆柱】对话框

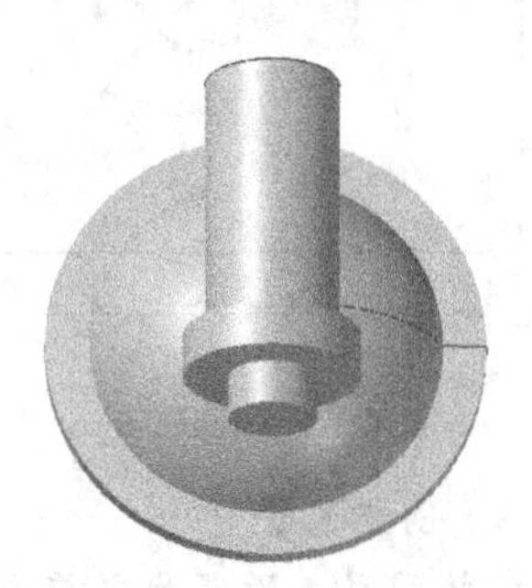

图 4-19 圆柱体

要点提示

执行布尔运算切割时，第一个选取的为目标实体，即需要被切割的实体，后面选取的实体为工具实体，即切割实体的工具，用户切记选取顺序，否则会效果相反或出现错误。

泵体的设计 2

（6）扫描连接管

① 将图层 1 设置为当前图层，并将构图深度修改为 0。

② 在右视图中绘制出连接管扫描轨迹路径，如图 4-21 所示。

③ 将构图深度修改为 -30，然后在前视图中绘制出两个扫描截面，且圆形截面的圆心在扫描轨迹的端点处，如图 4-22 所示。

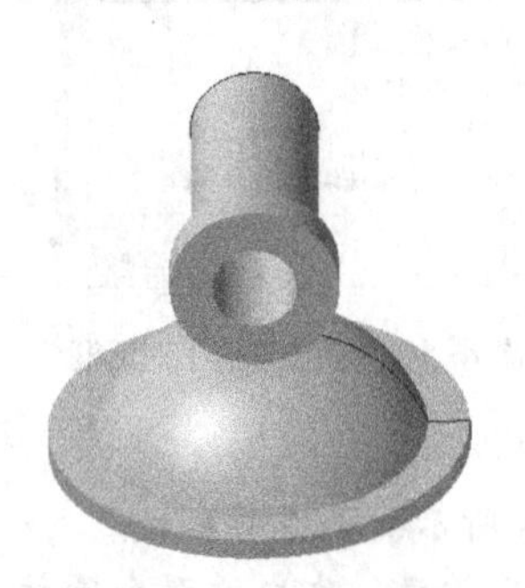

图 4-20 布尔运算结果

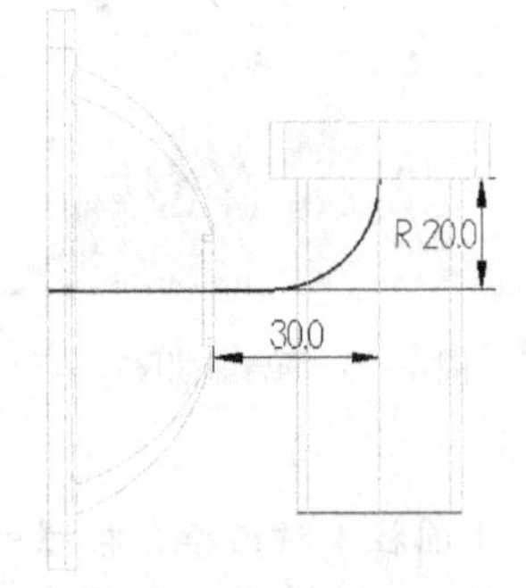

图 4-21 扫描轨迹

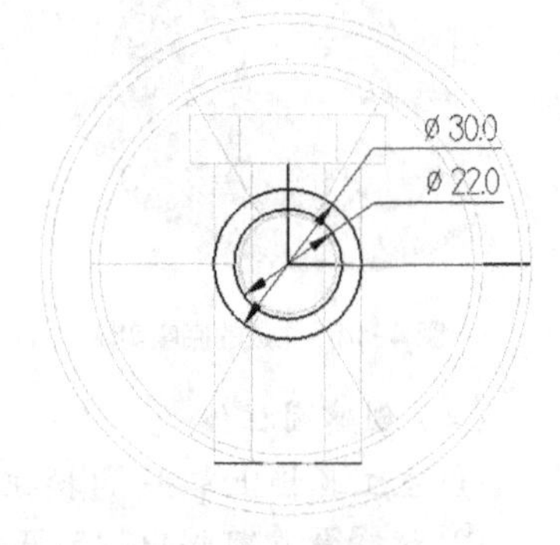

图 4-22 扫描截面

④ 将图层 2 设置为当前图层，并修改系统颜色（自拟）。

⑤ 执行【实体】/【扫描】命令，然后在绘图区选取图 4-23 所示的扫描截面 1、2，按 Enter 键，再选取轨迹线，创建的扫描实体如图 4-24 所示。

⑥ 单击【实体】工具栏中的按钮，执行【布尔运算 - 结合】命令。

⑦ 选择图 4-25 所示的已经生成的各个实体，并按 Enter 键确认。

要点提示

不同步骤创建的实体，不能直接进行倒圆角或者倒角操作，需要通过布尔运算结合将其合并为一体，然后再进行其他操作。

⑧ 执行【实体】/【扫描】命令，串选图4-23所示的扫描截面1，然后选取轨迹线，并按图4-26所示进行扫描设置，单击 按钮确认。

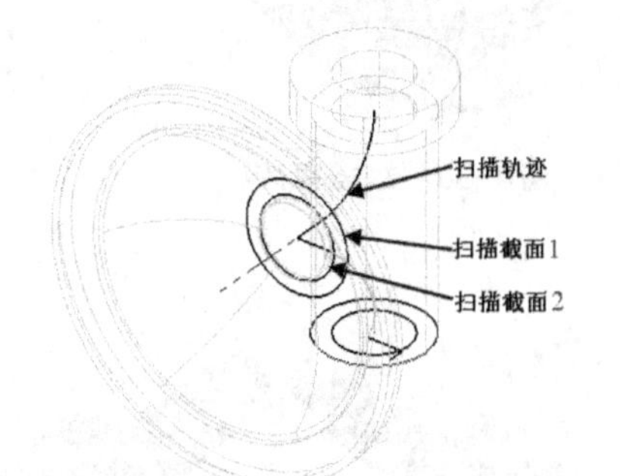

图4-23 扫描示意图

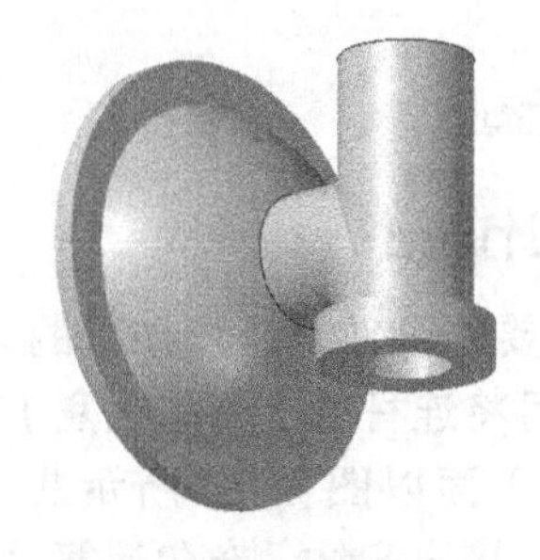

图4-24 扫描实体

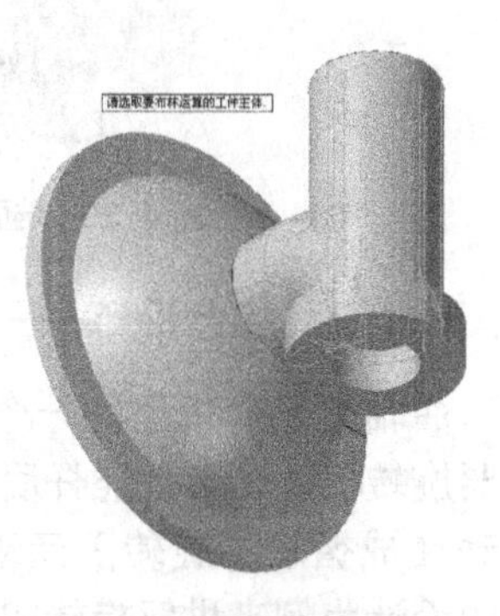

图4-25 选取结合实体

⑨ 此时系统提示 请选取要布林运算的目标主体. ，用鼠标光标选择前面生成的结合实体即可。最终创建的扫描实体如图4-27所示。

（7）创建实体倒圆角特征

① 在实体工具栏中单击 按钮，然后将实体选取过滤器设置为【选择边界】，如图4-28所示。

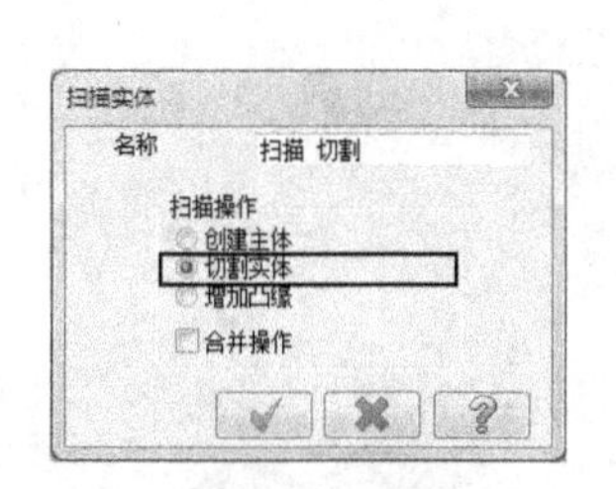

图4-26 扫描设置

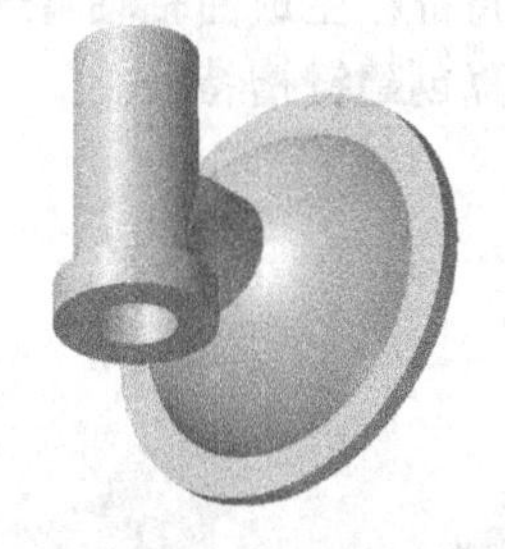

图4-27 扫描实体

图4-28 实体选取过滤器

要点提示

实体选择时，可以通过普通选取工具条设置选取方式。系统提供4种实体选取方式，分别为边、面、背面和实体。用户可以根据需要来选择，该工具称为实体选取过滤器。

② 选择图4-29所示的实体棱边，并按Enter键确认。

③ 在弹出的【倒圆角参数】对话框中设置圆角半径为1.0，并单击 按钮确认。最终生成的实体如图4-30所示。

④ 用相同的方法，对泵体其他部位进行圆角修饰，完善设计。

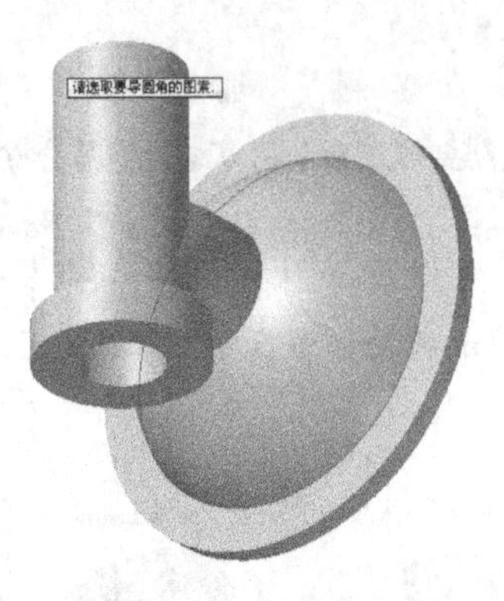

图 4-29 选取倒圆角边

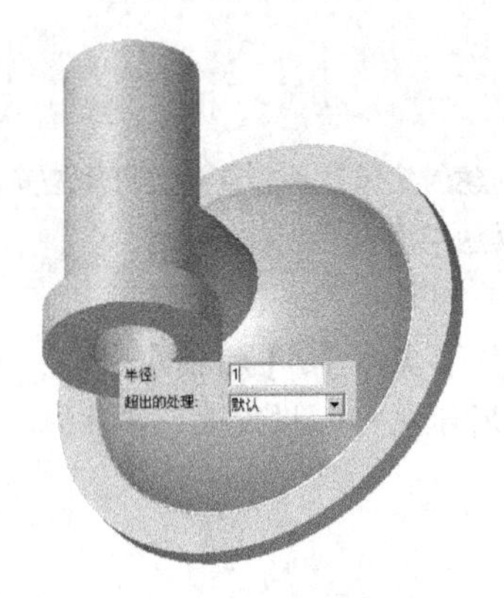

图 4-30 实体倒圆角

4.1.3 综合训练——设计曲轴

曲轴是发动机上的一个重要的机件，是发动机的主要旋转机件，装上连杆后，可将连杆的上下（往复）运动变成循环（旋转）运动。下面以图 4-31 所示曲轴的设计为例来讲解旋转实体、挤出实体、布尔运算、倒圆角等操作。

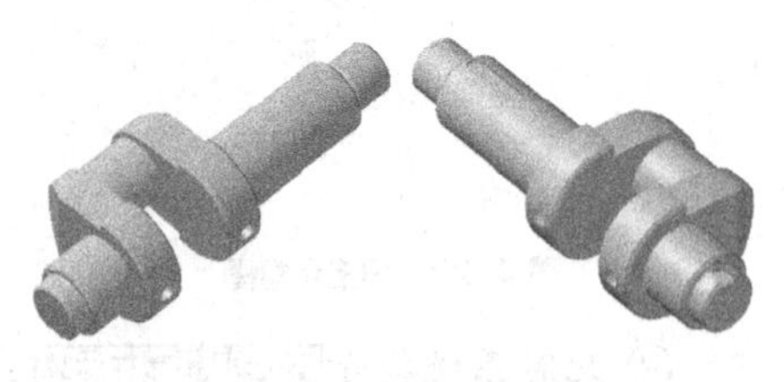

图 4-31 曲轴

1. 涉及的应用工具

（1）绘图环境设置，包括绘图平面、坐标轴的显示以及线宽的设置。

（2）利用矩形、直线等工具绘制旋转截面。

（3）创建旋转实体特征，生成曲轴的轴端、轴头、轴颈部分。

（4）绘制挤出截面创建挤出实体特征，生成曲轴轴臂连接轴头与轴颈。

（5）通过挤出实体特征和布尔运算创建键槽特征。

（6）创建实体倒角特征修饰曲轴。

2. 操作步骤概况

操作步骤概况，如图 4-32 所示。

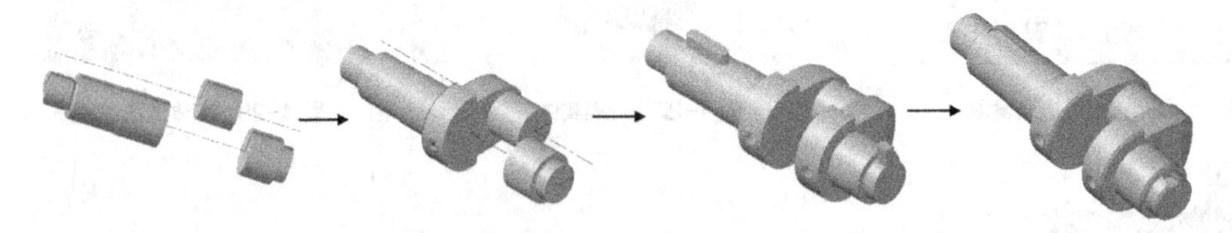

图 4-32 操作步骤

曲轴的设计 1

3. 创建曲轴模型

（1）绘图环境设置

① 在工具栏中单击按钮，设置俯视图构图。

② 设置线宽为第一条实线，线型为中心线。

（2）绘制中心线

① 单击按钮，绘制起始点和终点坐标分别为（-5，0，0）和（289，0，0）的中心线，然后单击按钮确定。

② 执行【转换】/【平移】命令，在绘图区选取绘制的中心线，然后按 Enter 键确定。

③ 在图 4-33 所示的【平移】对话框中设置平移参数，结果如图 4-34 所示。

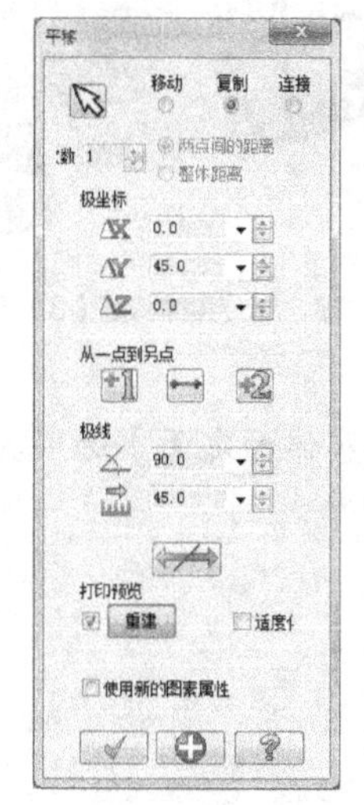

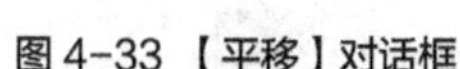
图 4-33 【平移】对话框

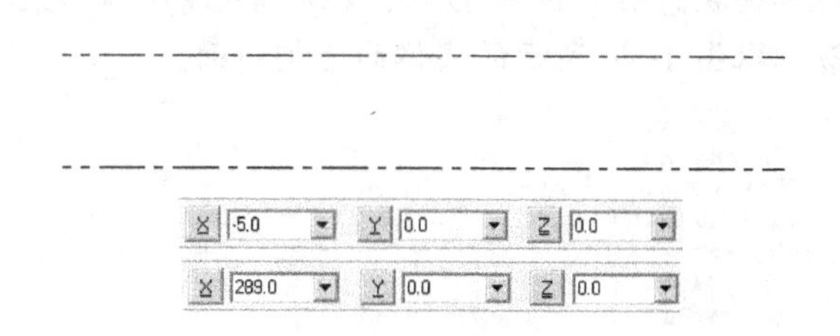

图 4-34　平移图形

（3）创建实体旋转特征

① 将线型修改为实线，线宽为第二条参考线。

② 单击按钮，利用连续直线模式绘制旋转截面，并加以圆角修饰，结果如图 4-35 所示。

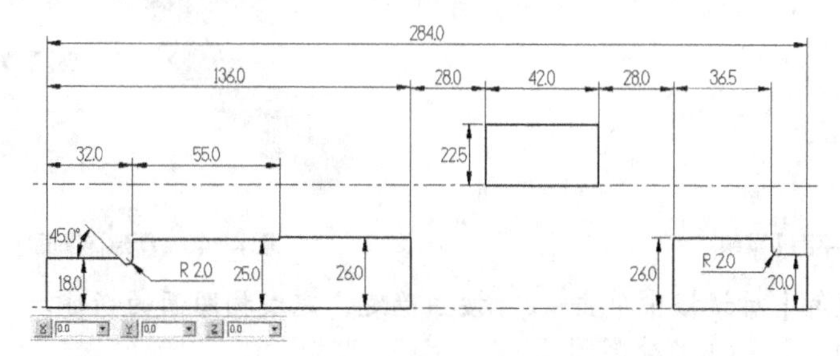

图 4-35　旋转截面

③ 新建图层 2，将其设置为当前图层。

④ 执行【实体】/【旋转】命令，选取最左端的图形为旋转截面，在【串连选项】对话框中单击按钮确定。

⑤ 选取相应的中心线为旋转轴，在弹出的【方向】对话框中单击按钮确定。

⑥ 采用【旋转实体的设置】对话框中的默认设置，结果如图 4-36 所示。

⑦ 用相同的方法创建最右端图形的实体旋转特征，结果如图 4-37 所示。

⑧ 用相同的方法创建中间图形的实体旋转特征，结果如图 4-38 所示。

Mastercam X7 可以通过多种方法创建出同样的效果，只是效率的高低不同而已。例如，旋转可以创建曲轴的基体，而通过多次的实体挤出同样可以完成，但效率较低，故用户在学习过程中应注意总结各方法的特点，养成良好的设计习惯。

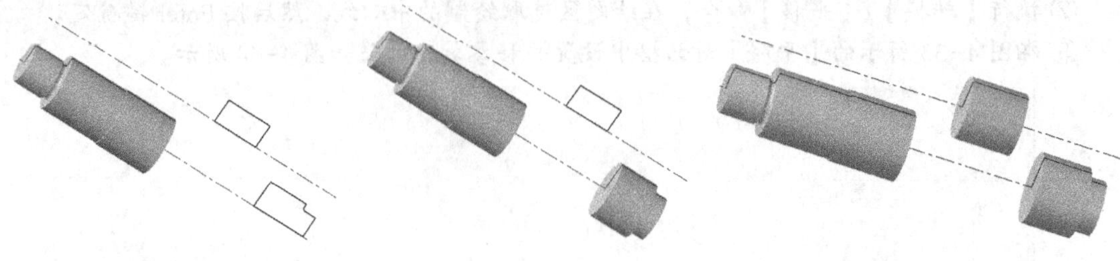

图 4-36 旋转实体特征（1）　　图 4-37 旋转实体特征（2）　　图 4-38 旋转实体特征（3）

（4）新建构图面

① 单击状态栏中的平面按钮，在图 4-39 所示的菜单中选取【按实体面定面】选项。

② 选取图 4-40 所示的实体面为构图面。

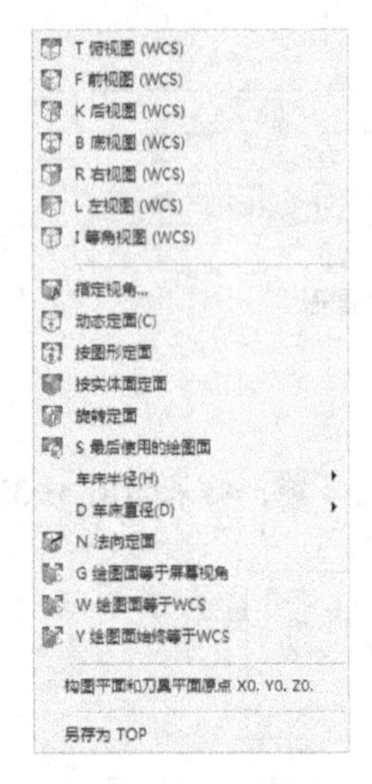

图 4-39 【平面】菜单

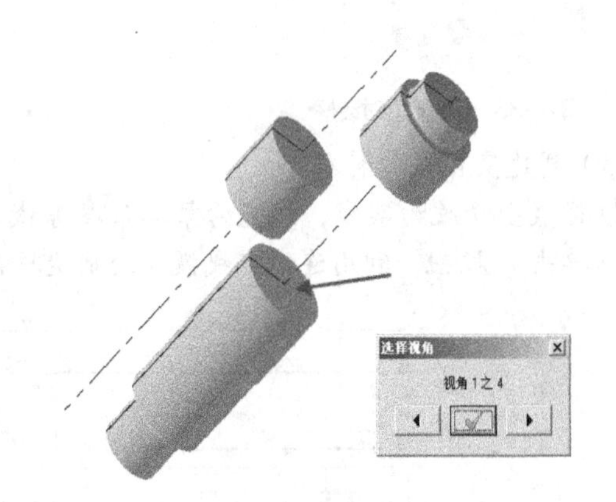

图 4-40 新建构图面

③ 在【选择视角】对话框中单击按钮确定，完成构图面的新建。

曲轴的设计 2

（5）绘制圆

① 新建图层 3，将其设置为当前图层。

② 单击工具栏上的按钮，以线框方式显示模型。

③ 单击按钮，输入圆心坐标（0，0，0），绘制半径为 40 的圆，结果如图 4-41 所示。

④ 单击按钮，并按下【直线】工具栏中的按钮，以圆心为起点绘制长度大于圆半径的垂线段，结果如图 4-42 所示。

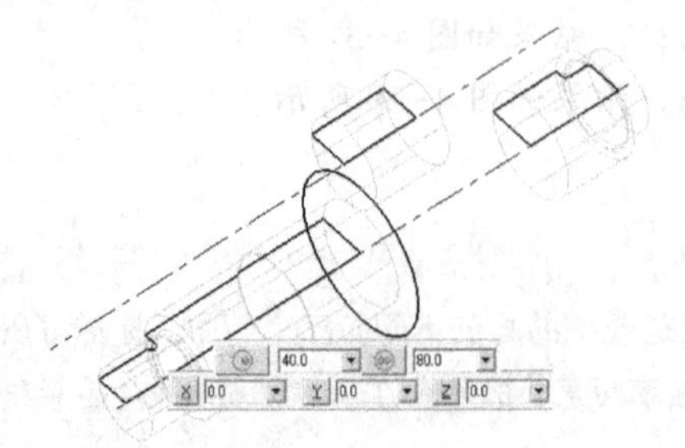

图 4-41 绘制圆

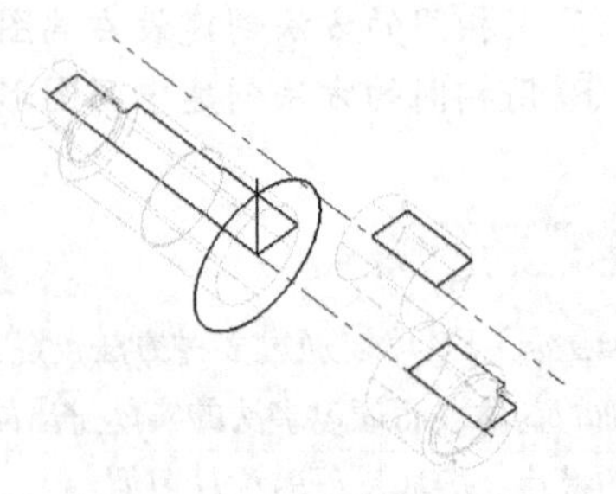

图 4-42 绘制线段

要点提示

创建此线段的目的主要有两个方面：一是为后续实例的创建提供参照；二是为在当前构图面内创建图形时进行捕捉操作提供参照，否则可能造成捕捉错位，使得所创建的图形不在当前构图面内。上一步创建的圆也有同样的设计用途。

⑤ 隐藏图层 2 的显示，结果如图 4-43 所示。

（6）平移图形

① 单击工具栏上的按钮，设置等角视图构图。

② 执行【转换】/【平移】命令，选取刚绘制的垂线段，并按 Enter 键确定。

③ 在【平移】对话框中设置参数，即在 Y 方向文本框中输入数值“8”，结果如图 4-44 所示。

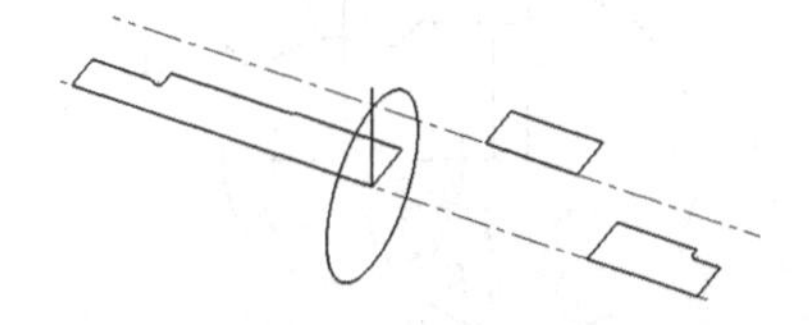

图 4-43　隐藏图层

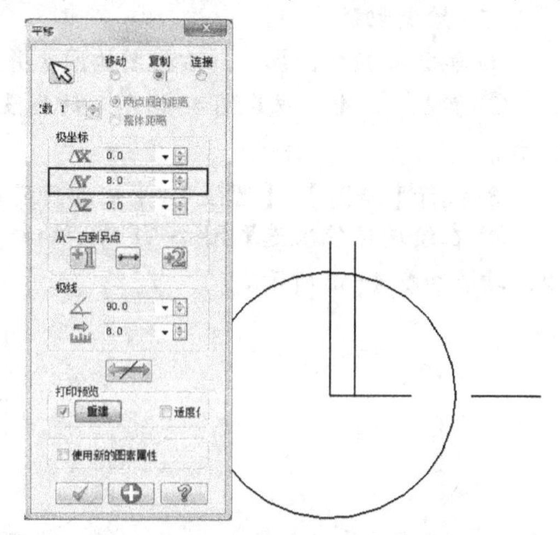

图 4-44　平移图形（1）

④ 用相同的方法再次平移垂线段，在 Y 方向平移 43，结果如图 4-45 所示。

⑤ 单击工具栏上的按钮，切换到等角视图模式，此时的绘图区如图 4-46 所示。

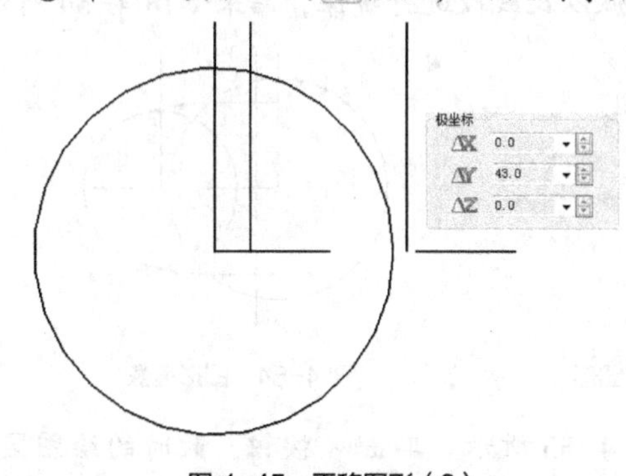

图 4-45　平移图形（2）

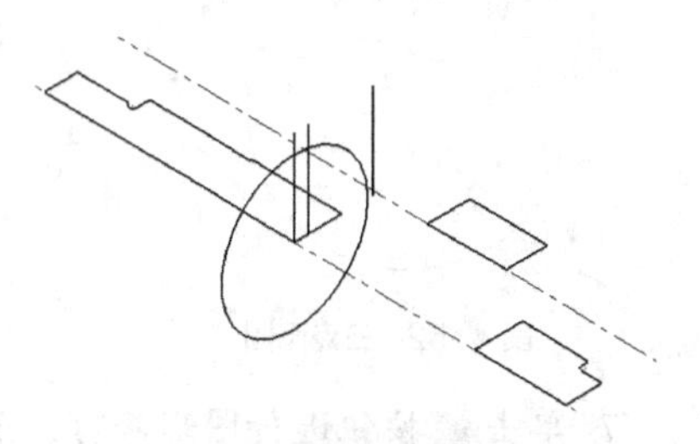

图 4-46　平移图形结果

要点提示

此时转换视图面是为了方便线段的选取，这在模型的创建过程中经常用到，在学习的过程中应当总结一些选取操作的技巧。

⑥ 执行【转换】/【平移】命令，选取图 4-47 所示的线段，并按 Enter 键确定。

⑦ 在【平移】对话框中设置平移参数，即 Z 轴方向平移 31，结果如图 4-48 所示。

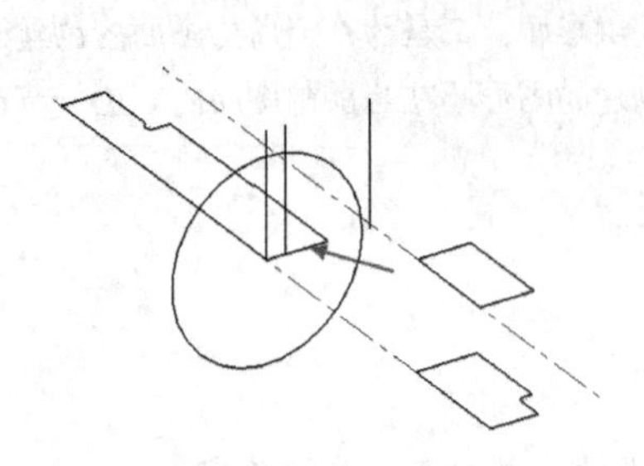

图 4-47 选取平移线段

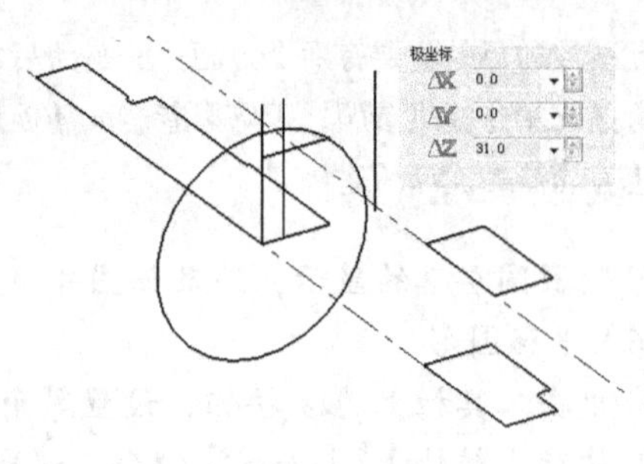

图 4-48 平移结果

（7）绘制切弧

① 单击按钮，切换到右视图构图，并单击按钮将构图面设置为右视图。

② 单击按钮，选取图 4-49 所示的线段端点为圆心，绘制半径为 28 的圆，结果如图 4-50 所示。

③ 执行【绘图】/【圆弧】/【三点画圆】命令，并单击工具栏中的按钮绘制公切圆。

④ 在绘图区依次选取图 4-51 所示的线段和圆，绘制半径为 100 的公切圆，选取所需的圆，结果如图 4-52 所示。

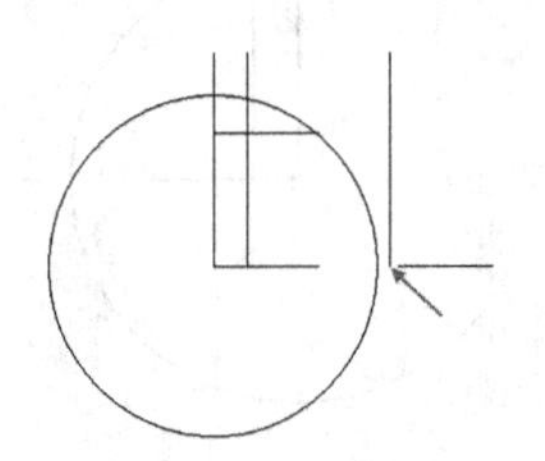

图 4-49 选取圆心

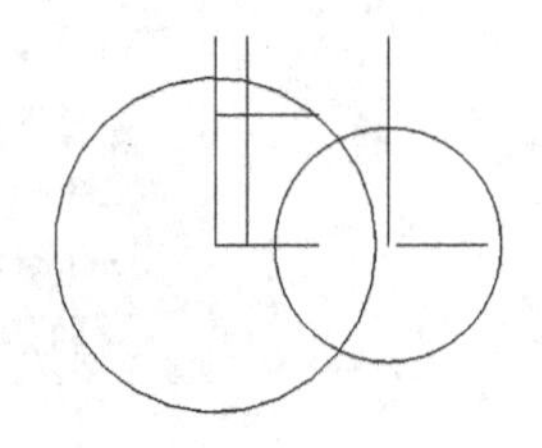

图 4-50 绘制圆

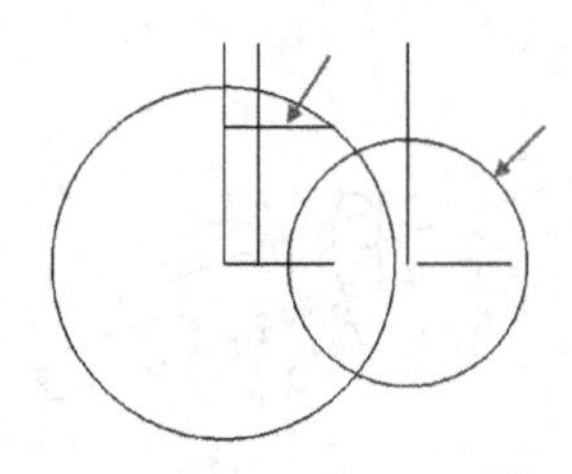

图 4-51 选取三点画圆基准

⑤ 编辑修剪图形，结果如图 4-53 所示。

⑥ 执行【转换】/【镜像】命令，对绘制的切弧以及线段进行镜像，结果如图 4-54 所示。

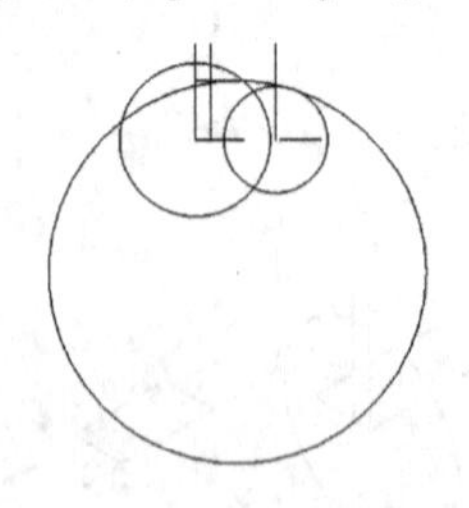

图 4-52 三点画圆

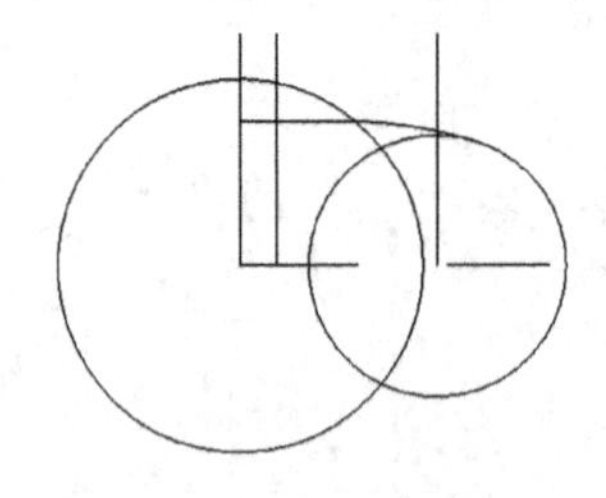

图 4-53 修剪图形

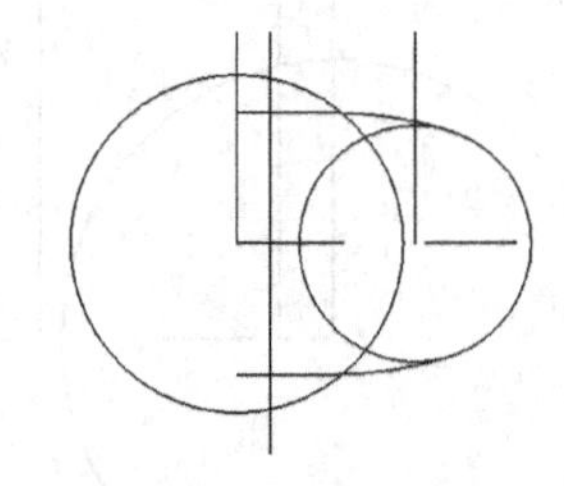

图 4-54 图形镜像

⑦ 单击按钮进行图形修剪，最终结果如图 4-55 所示。单击按钮，此时的绘图区如图 4-56 所示。

（8）创建实体挤出特征

①设置图层 2 为当前图层。

②执行【实体】/【挤出】命令，选取图 4-55 所示的截面，然后单击【串连选项】对话框中的按钮确定。

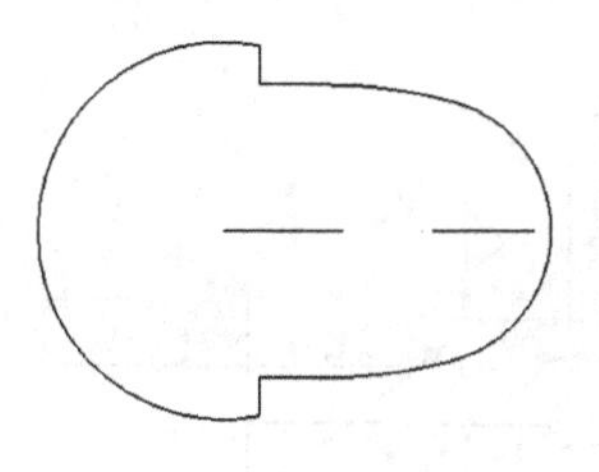

图 4-55　修剪图形

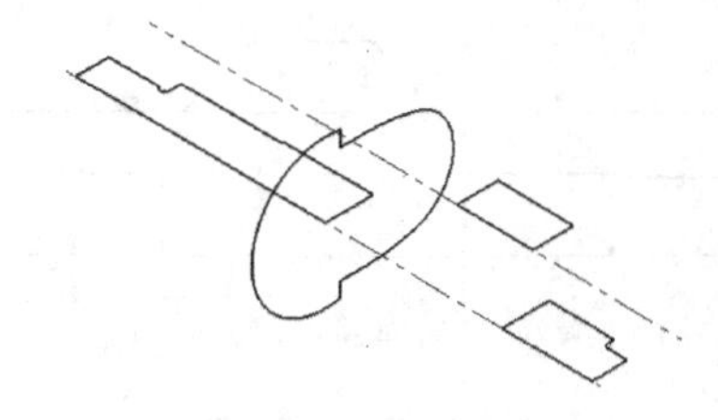

图 4-56　等角视图

③在【挤出串连】对话框中设置挤出参数为 28，挤出方向向上，并单击●按钮进行图形着色，结果如图 4-57 所示。

要点提示

选取挤出截面时，选取成功的标志有两个：一是封闭图形全部变色；二是封闭图形上出现的指示箭头首尾相接或者有首尾相接的趋势。当出现串选不成功时，首先将各线段相接处进行放大，查看是否出现不相交或者局部封闭的现象。

（9）绘制实体旋转截面

① 在工具栏中单击按钮，设置俯视图构图，并将图层 1 设置为当前图层。

② 线型修改为中心线，线宽修改为第一条实线。

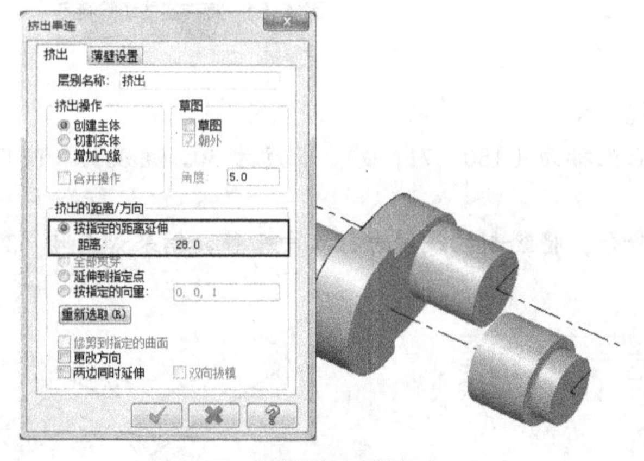

图 4-57　创建挤出实体特征

曲轴的设计 3

③ 单击按钮，绘制起始点坐标为（150，−45，0），长度为 35 的垂线段，结果如图 4-58 所示。

④ 线型修改为实线，线宽修改为第二条实线。

⑤ 单击按钮，输入起始点坐标为（150，−40，0），绘制图 4-59 所示的图形。

（10）创建实体旋转切除特征

① 将图层 2 设置为当前图层。

② 执行【实体】/【旋转】命令，选取图 4-59 所示的图形为旋转截面，然后单击【串连选项】对话框中的按钮确定。

③ 选取中心线为旋转轴，按 Enter 键确定，在图 4-60 所示的【旋转实体的设置】对话框中选中【切割实体】单选项，单击按钮确定。

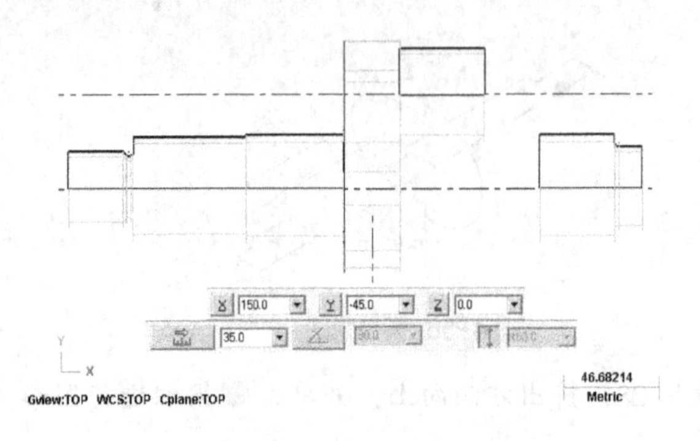

图 4-58 绘制中心线

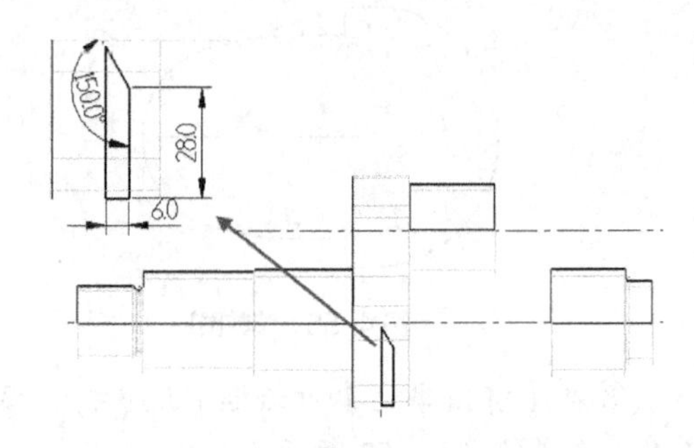

图 4-59 绘制旋转截面

④ 选取挤出实体为切除主体，结果如图 4-61 所示。

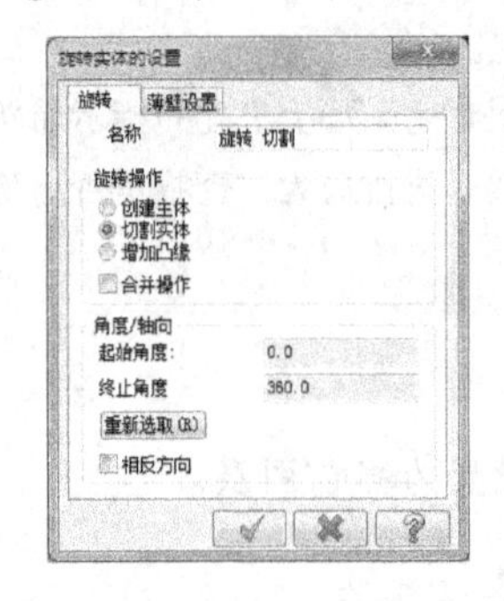

图 4-60 【旋转实体的设置】对话框

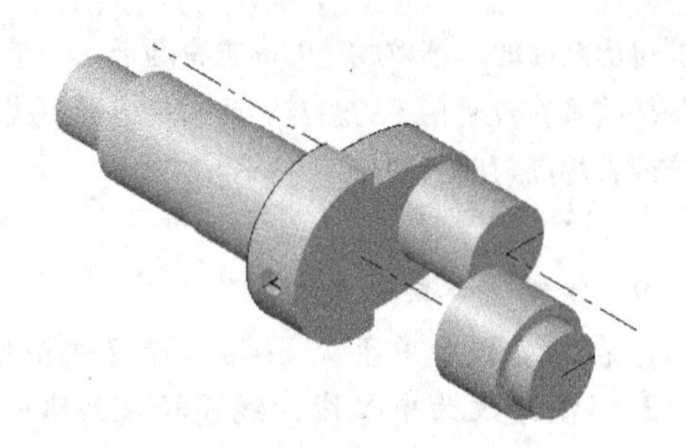

图 4-61 旋转实体切除特征

(11) 创建举升曲面特征

① 将图层 1 设置为当前图层。

② 单击按钮，输入起始点坐标为（150，71，0），长度为 30，角度为 -120° 的线段绘制图 4-62 所示的图形。

③ 执行【转换】/【平移】命令，将绘制的线段进行双向平移，结果如图 4-63 所示。

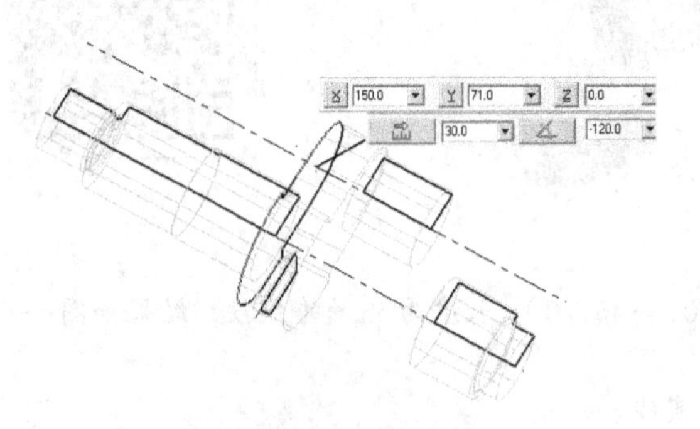

图 4-62 绘制选段

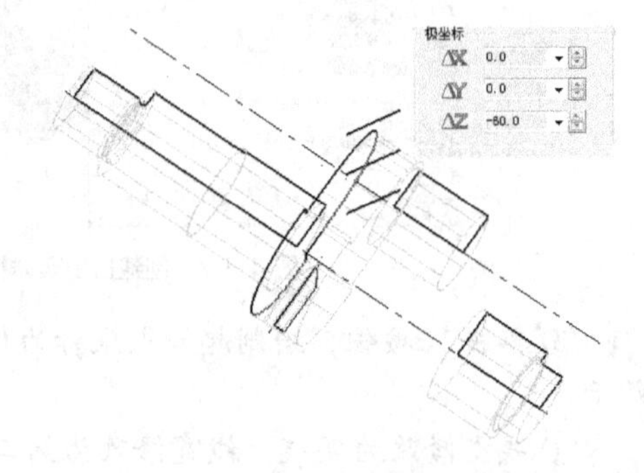

图 4-63 平移图形

(12) 创建举升曲面特征

① 新建图层 4，将其设置为当前图层。

② 执行【绘图】/【曲面】/【直纹 / 举升曲面】命令，依次选取经平移而得到的 3 条线段，单击按钮确定，结果如图 4-64 所示。

(13) 创建实体修剪特征

① 执行【实体】/【修剪】命令，选取与曲面相交的挤出实体作为参照后按 Enter 键确定。

② 在打开的【修剪实体】对话框中选中【曲面】单选项，在绘图区选取举升曲面，修剪结果如图 4-65 所示。

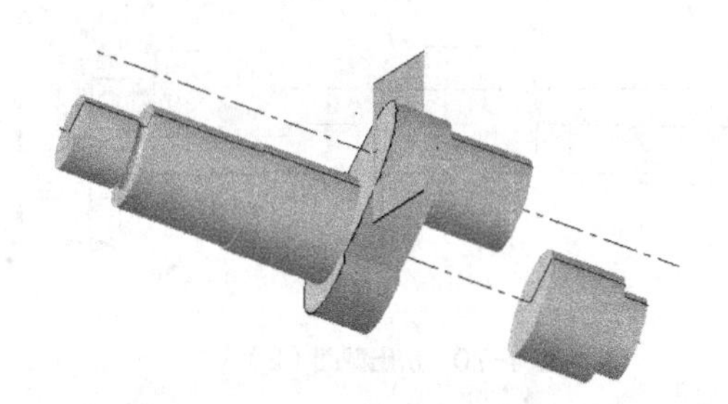

图 4-64　举升曲面特征

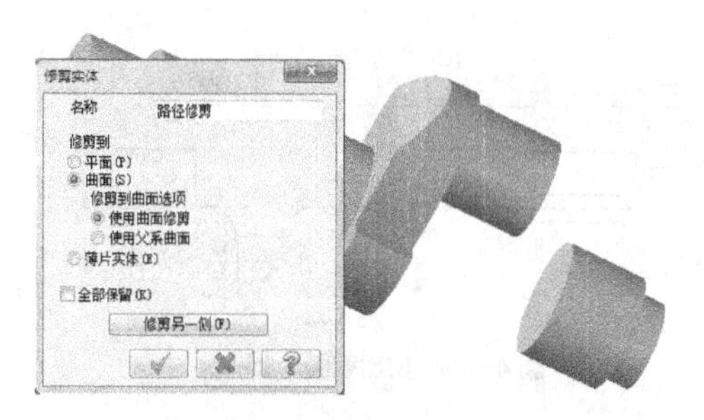

图 4-65　修剪实体

要点提示

图 4-65 所示的修剪结果图是隐藏图层 1、图层 3 和图层 4 后的结果，这样可以更加直观地阐述创建过程，同时也可以将此技术应用在平时复杂模型的创建过程中。

（14）创建实体镜像特征

① 将线形设置为中心线，线宽设置为第一条线宽。

② 单击按钮，绘制两端点坐标分别为（185，67.5，0），（185，45，0）的线段，绘制结果如图 4-66 所示。

曲轴的设计 4

③ 将图层 2 设置为当前图层。

④ 执行【转换】/【镜像】命令，选取图 4-66 所示的实体为镜像对象后按 Enter 键确定。

⑤ 在图 4-67 所示的【镜像】对话框中单击按钮，选取刚绘制的中心线，镜像结果如图 4-68 所示。

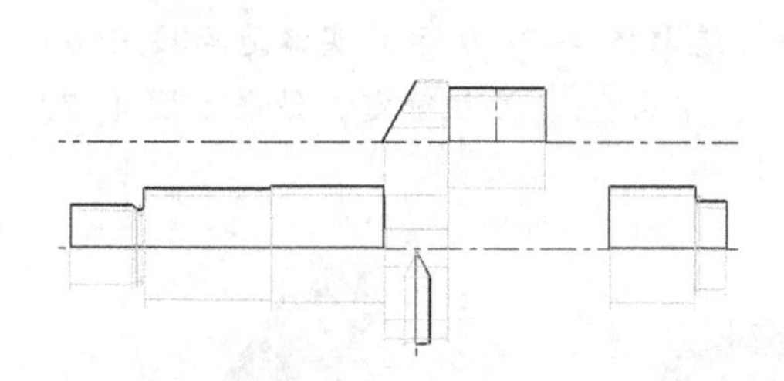

图 4-66　实体镜像特征

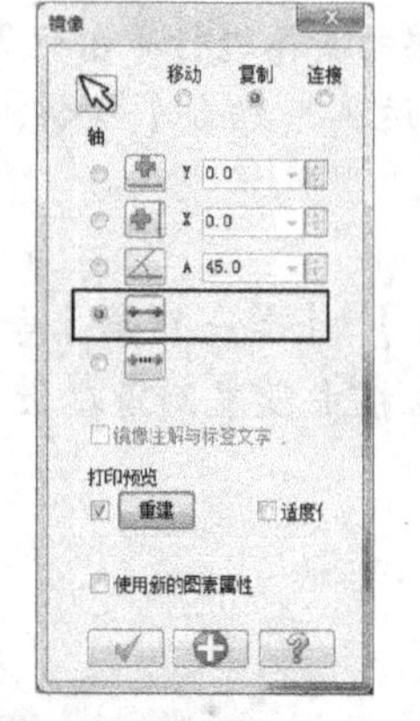

图 4-67 【镜像】对话框

图 4-68　实体镜像特征

（15）绘制挤出截面

① 在工具栏中单击按钮，设置俯视图构图，并将图层 1 设置为当前图层。

② 单击按钮，分别绘制圆心坐标（77，0，36）和（41，0，36），半径为 6 的圆，并在绘制切线后修剪图形，结果如图 4-69 所示。

③ 用相同的方法绘制圆心坐标（276，0，36），半径为 5 的圆以及线段，并修剪图形，结果如图 4-70 所示。

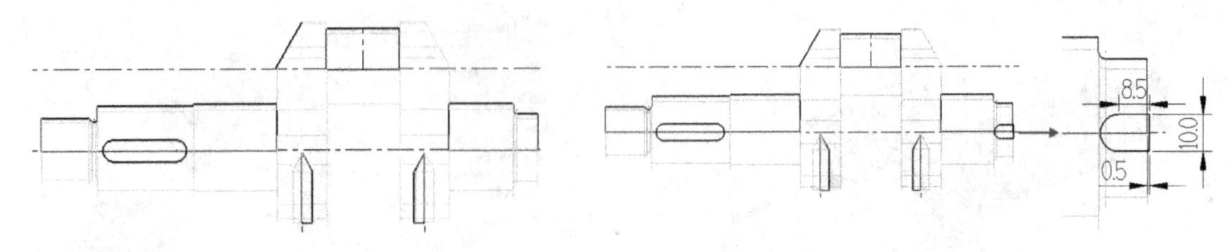

图 4-69　挤出截面（1）　　图 4-70　挤出截面（2）

（16）创建实体挤出特征

① 将图层 2 修改为当前图层。

② 执行【实体】/【挤出】命令，选取图 4-69 所示的挤出截面，然后单击【串连选项】对话框中的 按钮确定。

③ 在【挤出串连】对话框中设置挤出参数为 14，结果如图 4-71 所示。

④ 用相同的方法创建另一封闭截面的挤出特征，挤出参数为 20，结果如图 4-72 所示。

（17）创建实体布尔运算

① 执行【实体】/【布尔运算 - 切割】命令，按顺序依次选取图 4-73 所示的表面，按 Enter 键确定，结果如图 4-74 所示。

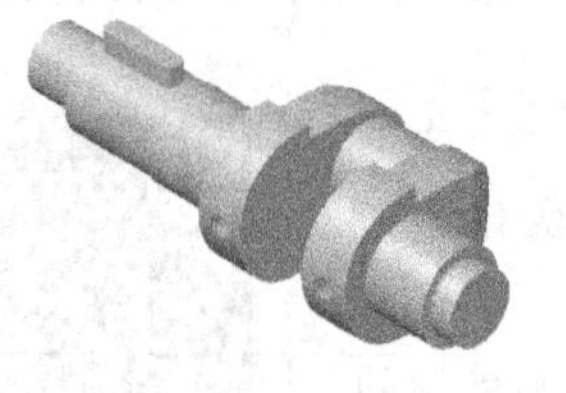

图 4-71　实体挤出特征（1）

图 4-72　实体挤出特征（2）

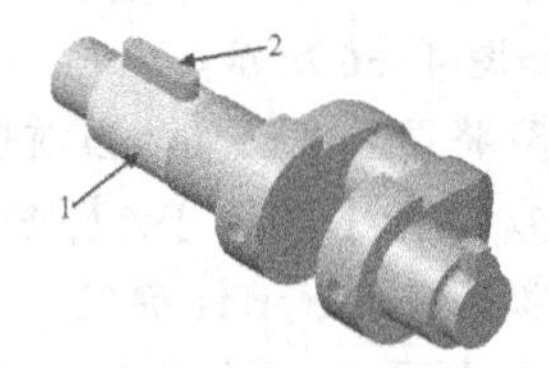

图 4-73　选取实体

② 用相同的方法对另一端的实体进行布尔运算，结果如图 4-75 所示。

③ 执行【实体】/【布尔运算 - 结合】命令，选取相邻的两个实体后按 Enter 键，即可完成布尔求和运算。

（18）修饰模型

① 执行【实体】/【倒角】/【单一距离】命令，选取图 4-76 所示的实体边后按 Enter 键，在【实体倒角设置】对话框中设置倒角参数为 2，单击 按钮确定，结果如图 4-77 所示。

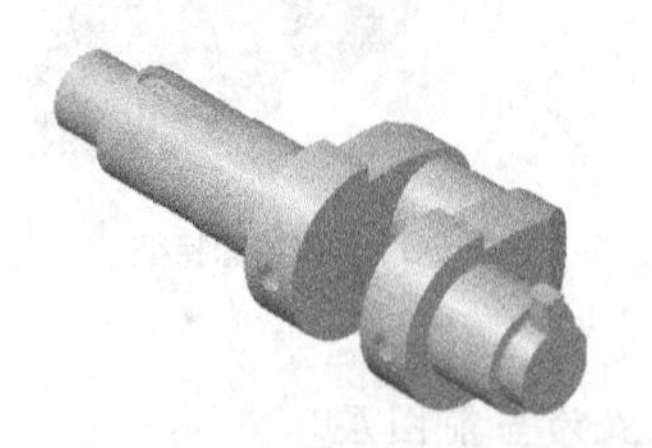

图 4-74　布尔运算 - 切割特征（1）

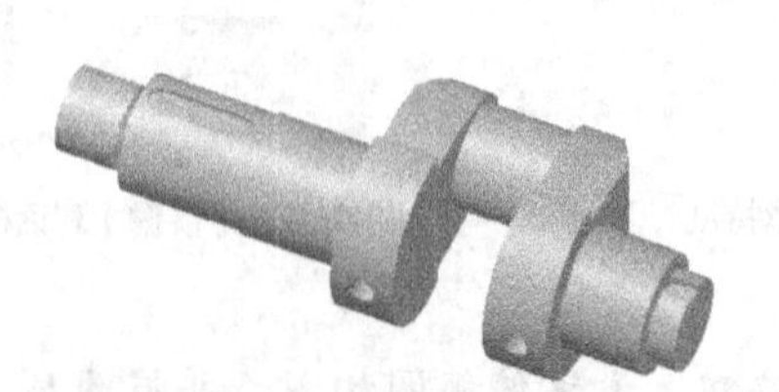

图 4-75　布尔运算 - 切割特征（2）

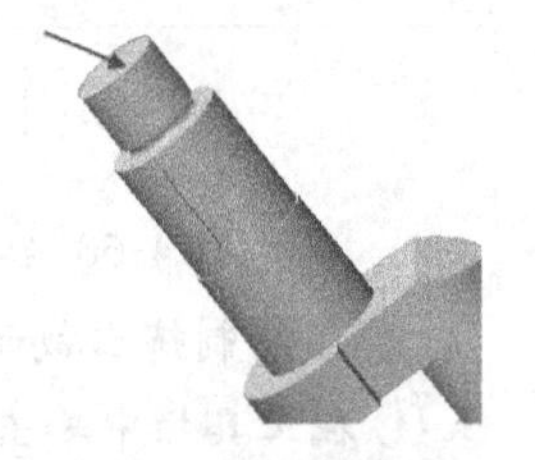

图 4-76　倒角边

② 用类似的方法对其他实体进行倒角和倒圆角修饰，最终结果如图 4-78 所示。

图 4-77 实体倒角特征

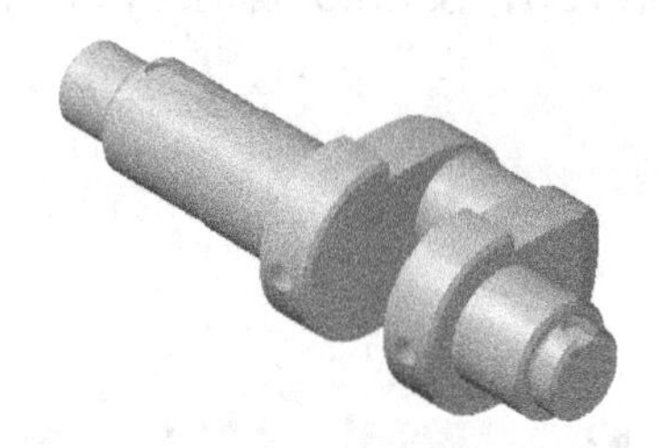

图 4-78 最终结果

4.2 编辑实体

实体的结构复杂，一般情况下都包含了很多特征，如倒圆角、倒角以及在创建过程中对基本实体进行各种逻辑组合，这都涉及实体的编辑功能。

4.2.1 重点知识讲解

编辑基本实体命令主要包括在 Mastercam X7 中的【实体】主菜单中，主要有倒圆角、倒角、抽壳、修剪、移除实体面、牵引面、布尔运算等。

1. 创建实体倒圆角特征

执行【实体】/【倒圆角】命令，其子菜单有【倒圆角】选项和【面与面】选项。单击按钮，选择需要倒圆角的边，按 Enter 键确定，然后设置倒圆角半径，单击按钮确定，如图 4-79 所示。

要点提示

在创建实体边倒圆角时，根据需要可以对整个实体的轮廓边或某个面上的边进行倒圆角。如果需要修改倒圆角半径，可以在窗口左侧的【实体】选项卡中进行重新设置，然后单击 重新计算 按钮即可。

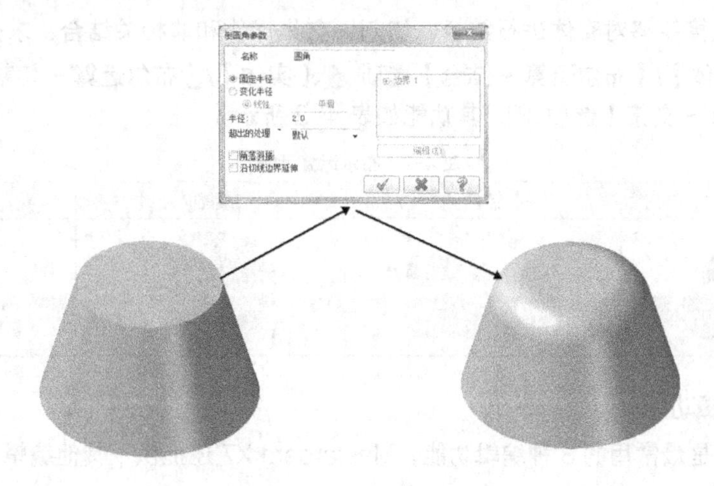

图 4-79 创建倒圆角

单击按钮，选择需要倒圆角的第一个面（曲面 1），按 Enter 键确定，然后选择第二个面（曲面 2），按 Enter 键确定，最后设置倒圆角半径，如图 4-80 所示。

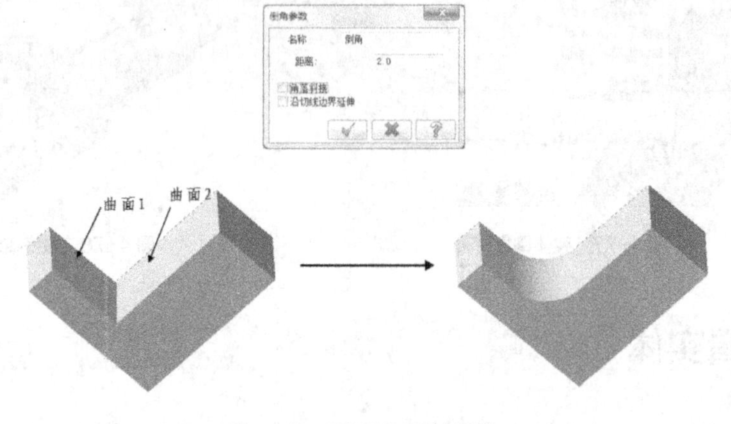

图 4-80 面与面之间的倒圆角

2. 创建实体倒角特征

执行【实体】/【倒角】命令，其子菜单有【单一距离】选项、【不同距离】选项和【距离 / 角度】选项，其具体功能如图 4-81 所示。

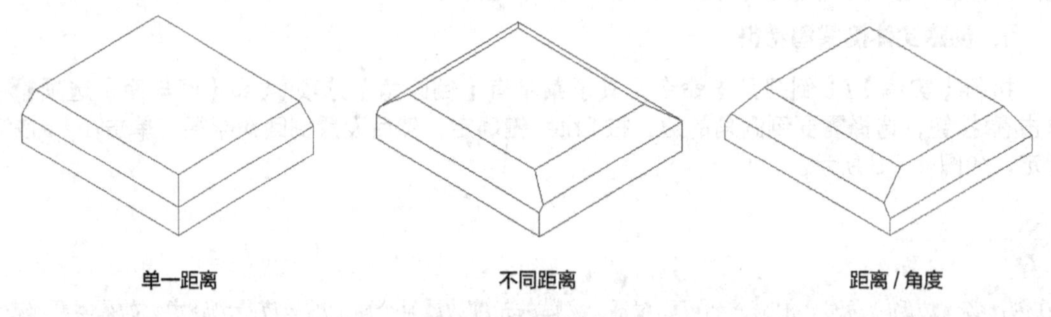

图 4-81 创建倒角特征

3. 布尔运算

实体布尔运算能够对实体进行结合、切割、交集操作和非相关结合、求交集操作，执行命令分别为【实体】/【布尔运算 - 结合】选项、【实体】/【布尔运算 - 切割】选项、【实体】/【布尔运算 - 交集】选项，其功能如表 4-2 所示。

表 4-2 布尔运算示例

合并前	结合	切割	交集

4. 其他编辑功能

上面讲述的是最常用的 3 种编辑功能，Mastercam X7 还提供了其他编辑功能选项，其功能如表 4-3 所示。

表 4-3　编辑方式示例

编辑方式	说　明
抽壳	把选定的实体面或整个实体抽成壳体
修剪	利用平面、曲面或薄壁件对实体进行修剪
移除实体面	将选择的实体面进行一定角度的倾斜，以方便脱模
薄片实体	将由实体转换而来的曲面进行加厚
牵引面	将选择的实体面进行一定角度的拔模

4.2.2 实战演练——设计关节零件

图 4-82 所示的关节零件是运动部件的连接件，是改变力传递方式的常用构件，在机械设计中主要注意尺寸的大小与力传递改变相适应，基本上是根据计算出的尺寸来确定三维实体模型。

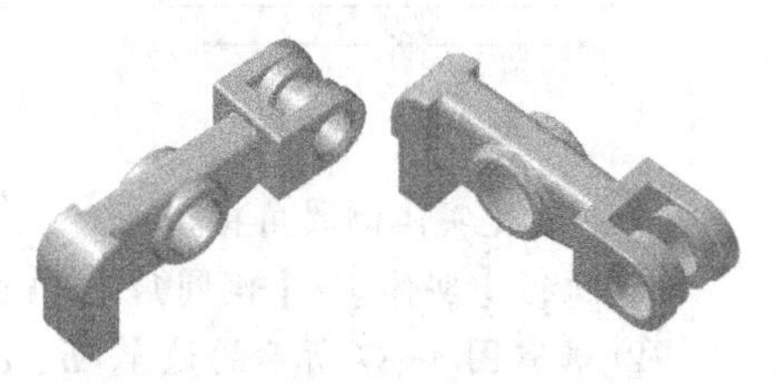

图 4-82　关节零件

1. 涉及的应用工具

使用实体挤出、实体切割、实体倒圆角和布尔运算等设计方法，创建一个关节零件实体，具体如下。

（1）绘图环境设置，包括绘图平面、坐标轴的显示以及线宽的设置。

（2）通过创建挤出实体特征以及倒圆角修饰，创建关节零件基体。

（3）通过实体挤出特征，创建关节零件夹紧块基体。

（4）通过实体挤出特征，创建关节零件 U 形结构单边，并通过镜像功能完成 U 形结构。

（5）通过布尔运算结合建立整体实体效果，利用倒圆角修饰零件结构。

（6）通过实体挤出切除特征，创建关节零件孔特征。

2. 操作步骤概况

操作步骤概况，如图 4-83 所示。

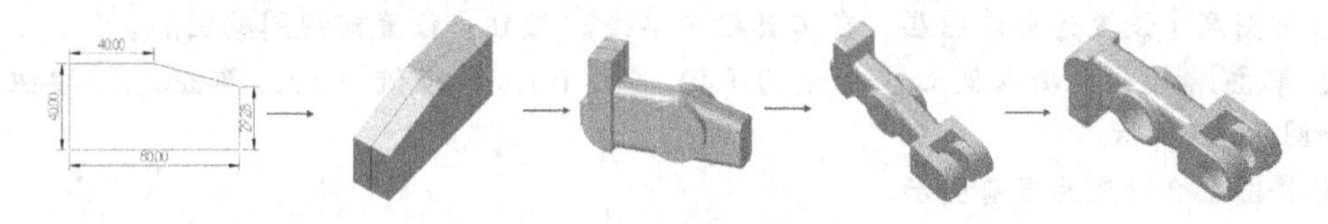

图 4-83　操作步骤

3. 创建关节零件模型

（1）绘图环境设置

① 工具栏中单击按钮，设置前视图构图，然后设置线型为实线，线宽为第二条实线。

② 将图层 1 设置为当前图层，工作深度为 0。

③ 设置绘图模式为 2D，系统颜色为黑色。

（2）创建实体挤出特征

① 绘制图 4-84 所示的图形（线框的左下角坐标为原点）。

② 将图层 2 设置为当前图层。

③ 执行【实体】/【挤出】命令，选取绘制的线框，按 Enter 键确定，设置挤出参数，如图 4-85 所示，单击按钮确定，然后单击工具栏中的按钮，结果如图 4-86 所示。

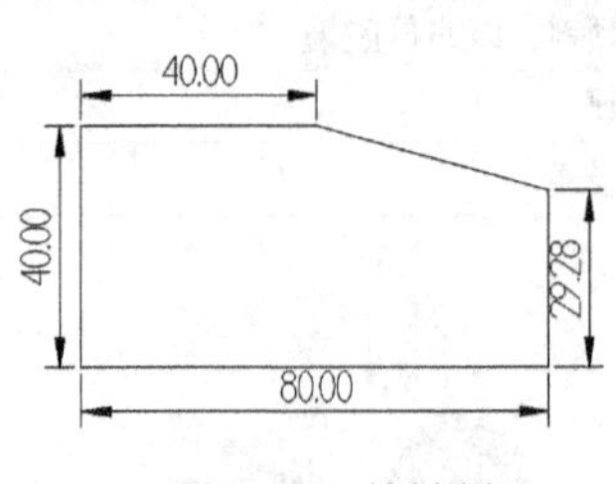

图 4-84 绘制线框

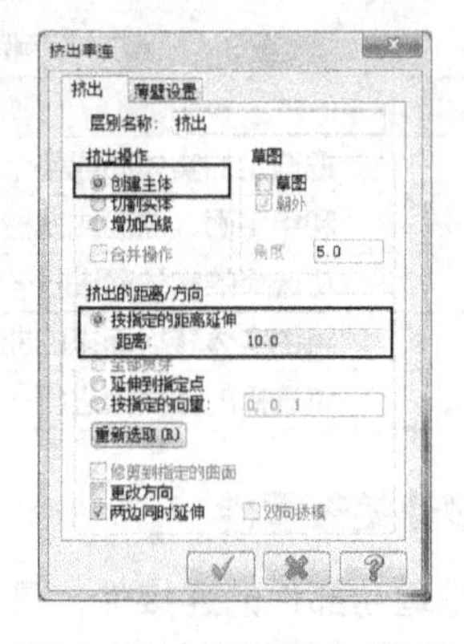

图 4-85 【挤出串连】对话框

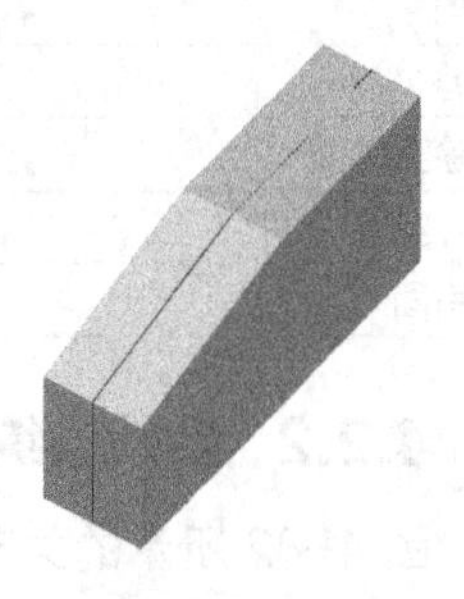

图 4-86 挤出结果

（3）创建实体倒圆角特征

① 执行【实体】/【倒圆角】/【倒圆角】命令。

② 选取图 4-87 所示的边 *a*、*b*、*c*、*d*、*e*、*f* 为倒圆角的边，按 Enter 键确定，设置倒圆角参数，如图 4-88 所示，单击 按钮确定，结果如图 4-89 所示。

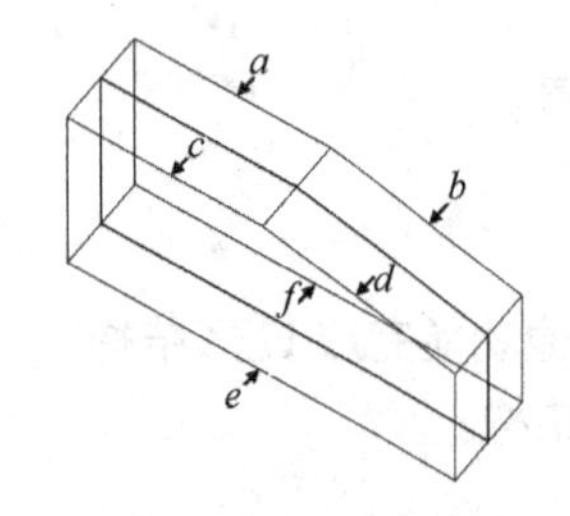

图 4-87 选取倒圆角边

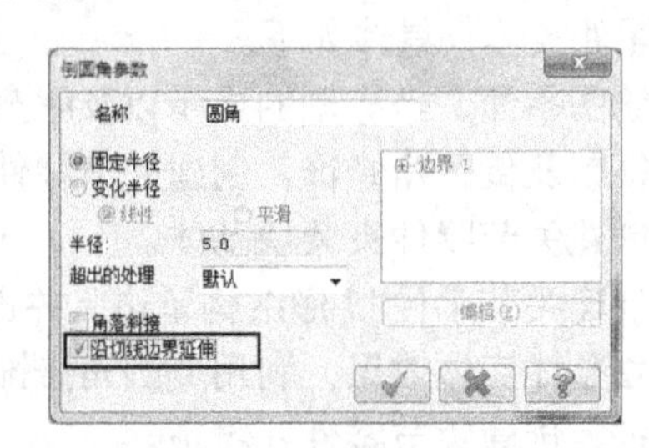

图 4-88 【倒圆角参数】对话框

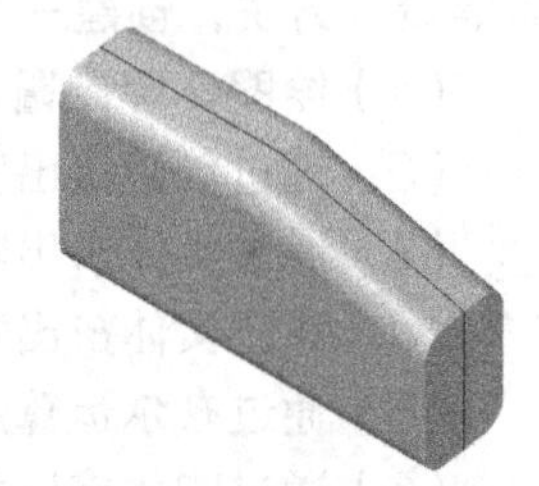

图 4-89 倒圆角结果

（4）创建圆柱

① 将图层 1 设置为当前图层，在工具栏中单击 按钮，设置前视图构图。

② 单击 按钮，输入圆心坐标值为（40，20，0），半径值为 19，单击 按钮确定，结果如图 4-90 所示。

③ 将图层 2 设置为当前图层。

④ 执行【实体】/【挤出】命令，选择所绘制的圆，单击 按钮确定，设置挤出参数，如图 4-91 所示。单击 按钮确定，然后单击工具栏中的 按钮，结果如图 4-92 所示。

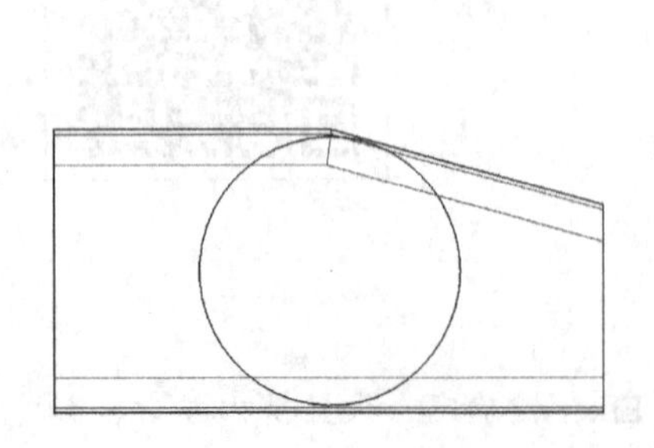

图 4-90 绘制圆

图 4-91 【挤出串连】对话框

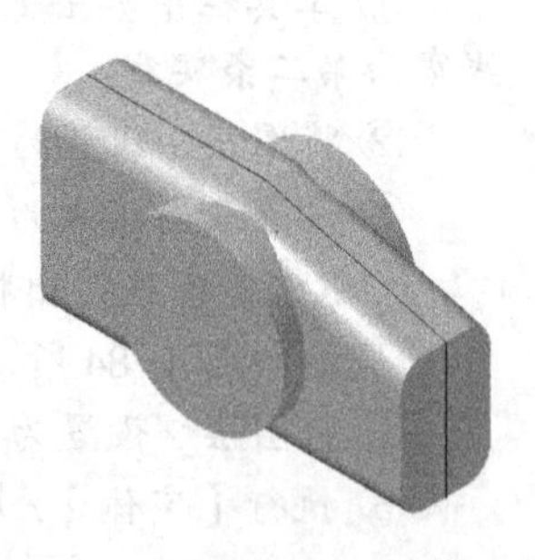

图 4-92 挤出圆柱的结果

（5）创建布尔运算实体结合特征

执行【实体】/【布尔运算 – 结合】命令，依次选取图 4–93 所示的实体 1 和实体 2，按 Enter 键确定。

（6）创建夹紧块基体

① 将图层 1 设置为当前图层，在工具栏中单击按钮，设置前视图构图。

② 绘制图 4–94 所示的图形。

③ 将图层 2 设置为当前图层，执行【实体】/【挤出】命令，选择绘制的图形，单击按钮确定，设置挤出参数，如图 4–95 所示，单击按钮确定，结果如图 4–96 所示。

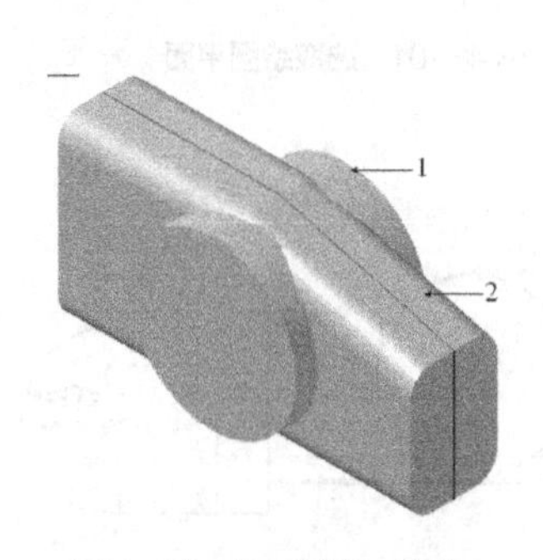

图 4–93　布尔运算 – 结合

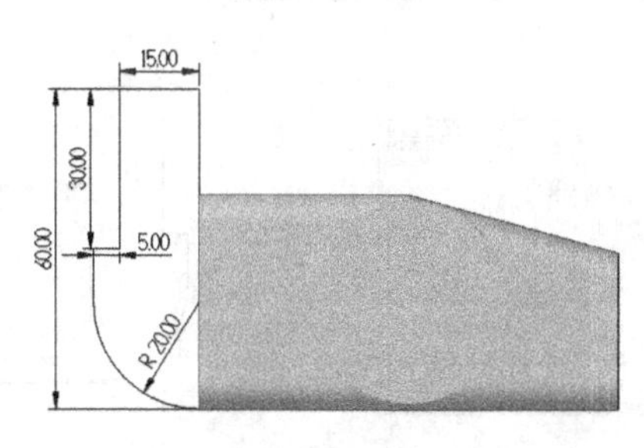

图 4–94　绘制图形

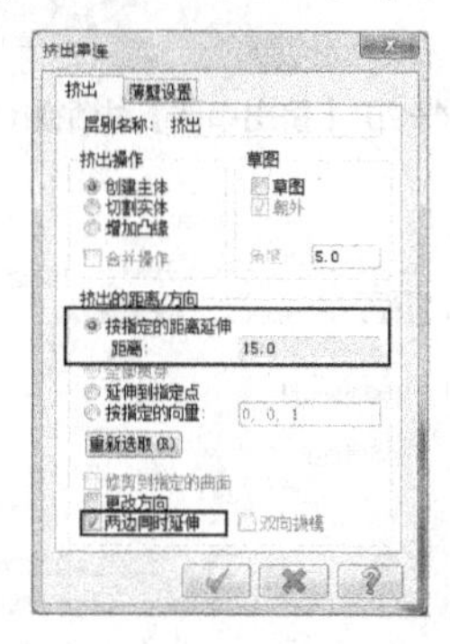
图 4–95【挤出串连】对话框

④ 执行【实体】/【布尔运算 – 结合】命令，依次选取图 4–97 所示的实体 1 和实体 2，按 Enter 键确定。

关节零件的设计 2

（7）创建 U 形结构

① 将图层 1 设置为当前图层，在工具栏中单击按钮，设置前视图构图。

② 绘制图 4–98 所示的图形。

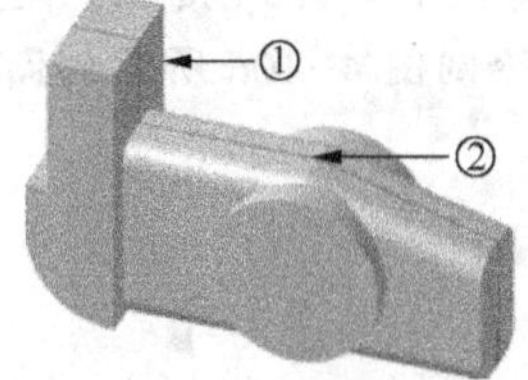

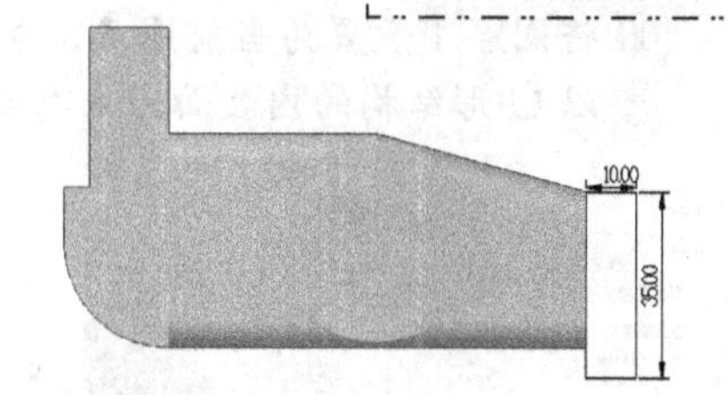

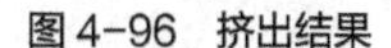
图 4–96　挤出结果　　图 4–97　布尔运算 – 结合　　图 4–98　绘制图形（1）

③ 将图层 2 设置为当前图层。

④ 执行【实体】/【挤出】命令，选择绘制的图形，单击按钮确定，设置挤出参数，如图 4–99 所示，单击按钮确定，结果如图 4–100 所示。

⑤ 单击工具栏中的平面按钮，选择【按实体面定面】选项，然后选取图 4–101 所示的实体面，单击按钮，系统弹出图 4–102 所示的对话框，单击按钮确定。

⑥ 设置【绘图模式】为 2D，将图层 1 设置为当前图层。

⑦ 绘制图 4–103 所示的图形。

⑧ 将图层 2 设置为当前图层。

⑨ 执行【实体】/【挤出】命令，选择绘制的图形，单击按钮确定，设置挤出参数，如图 4–104 所示，单击按钮确定，结果如图 4–105 所示。

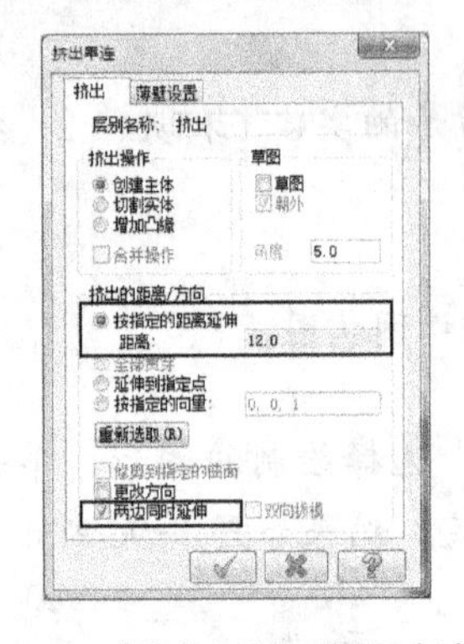

图 4-99 【挤出串连】对话框（1）

图 4-100 挤出实体

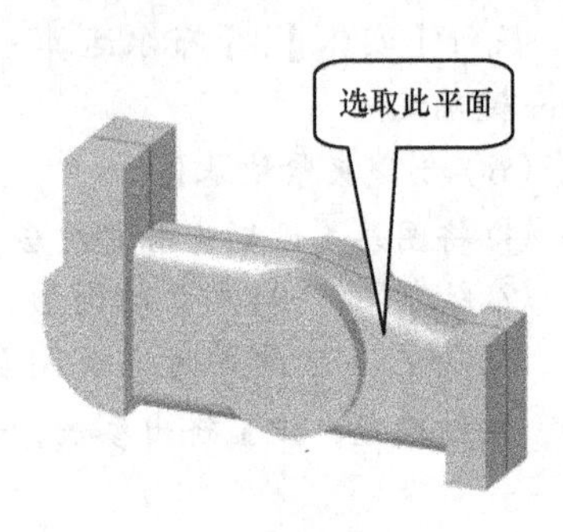

图 4-101 选取绘图平面

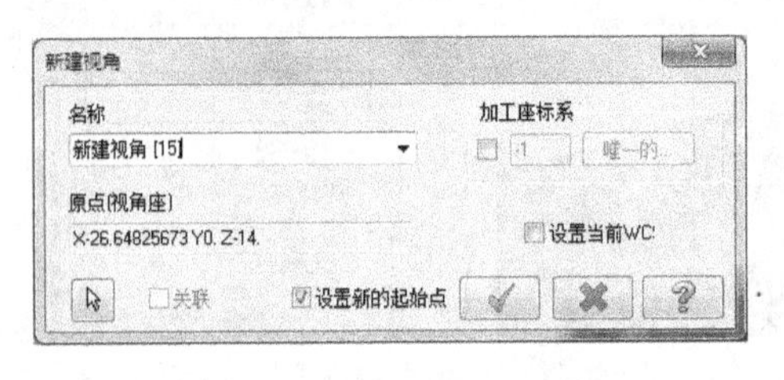

图 4-102 【新建视角】对话框

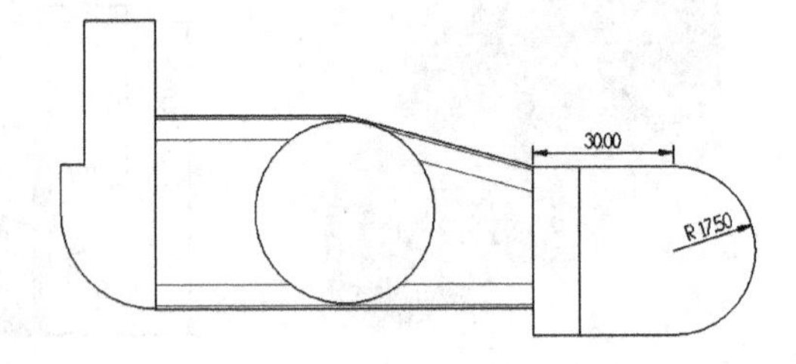

图 4-103 绘制图形（2）

要点提示

若挤出实体的方向与结果不相符，请在【挤出串连】对话框中勾选【更改方向】复选项。下面相同操作均不再提示。

⑩ 将图层 1 设置为当前图层，在工具栏中单击按钮，设置前视图构图。

⑪ 以 U 形结构的内表面为基准面，绘制图 4-106 所示的圆。

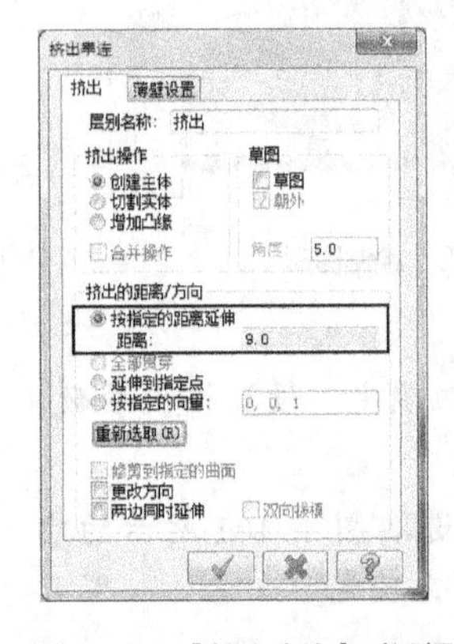

图 4-104 【挤出串连】对话框（2）

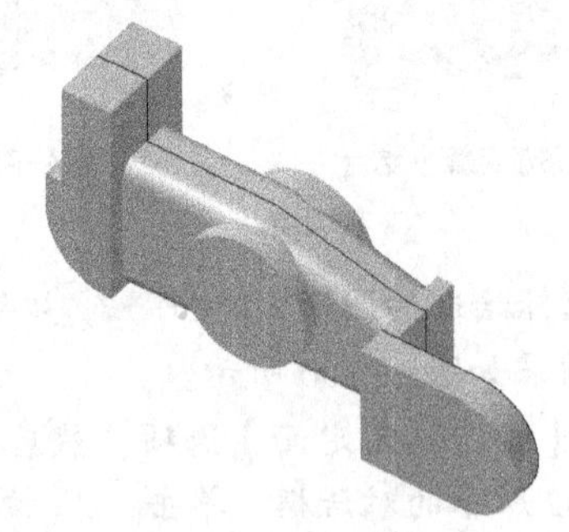
图 4-105 挤出结果（1）

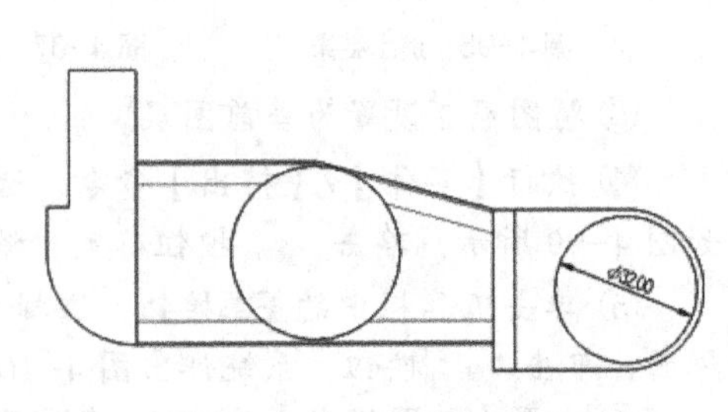

图 4-106 绘制图形（3）

⑫ 将图层 2 设置为当前图层。

⑬ 执行【实体】/【挤出】命令，选择绘制的圆，单击按钮确定，设置挤出参数，如图 4-107 所示，单击按钮确定，结果如图 4-108 所示。

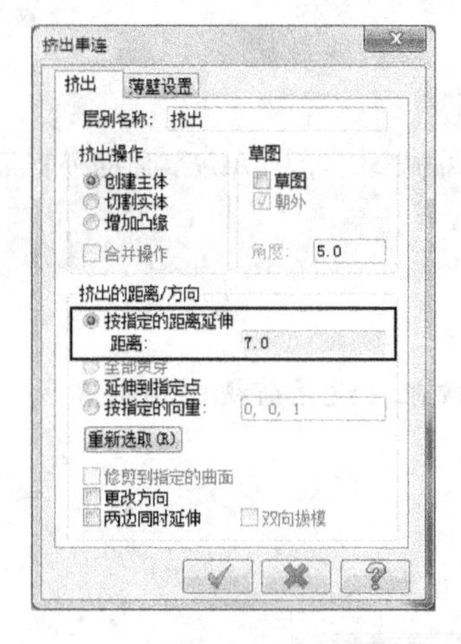

图 4-107 【挤出串连】对话框（3）

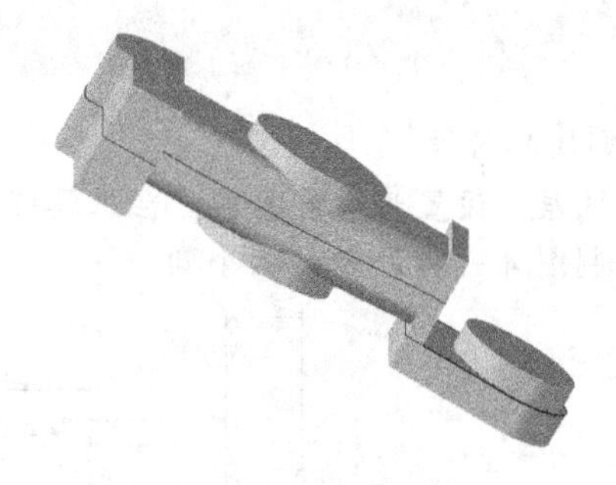

图 4-108　挤出结果（2）

⑭ 隐藏图层 1，然后执行【转换】/【镜像】命令，选取图 4-109 所示的实体 1 和实体 2，按 Enter 键确定。设置镜像参数，如图 4-110 所示，在绘图区域预览到图 4-111 所示的结果，单击 ✓ 按钮确定，结果如图 4-112 所示。

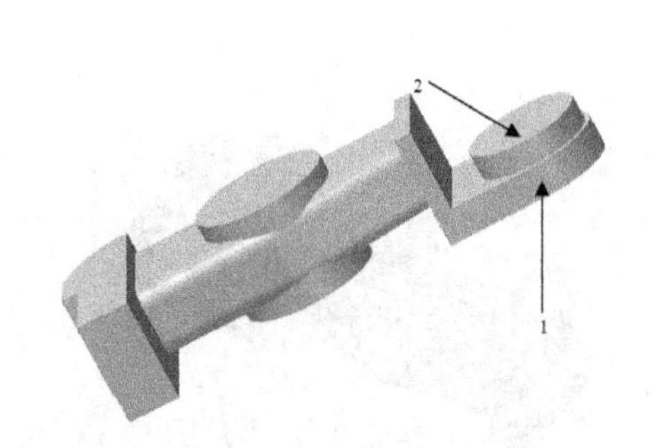

图 4-109　选取实体

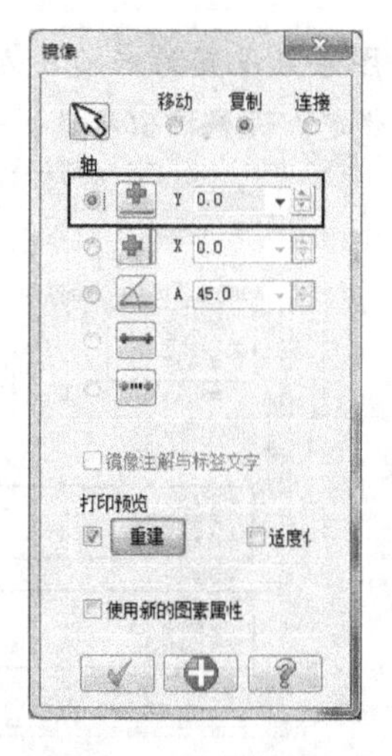

图 4-110 【镜像】对话框

⑮ 执行【实体】/【布尔运算 - 结合】命令，将图 4-112 所示的所有实体结合为一个实体。

⑯ 执行【实体】/【倒圆角】/【倒圆角】命令，选取实体的各个边，设置倒圆角半径值为 2，结果如图 4-113 所示。

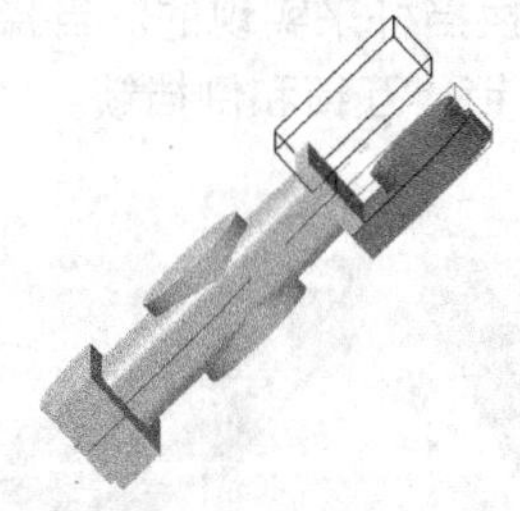

图 4-111　镜像预览

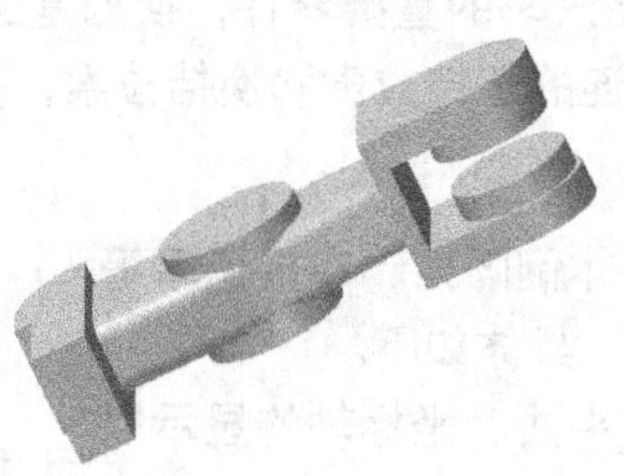

图 4-112　镜像结果

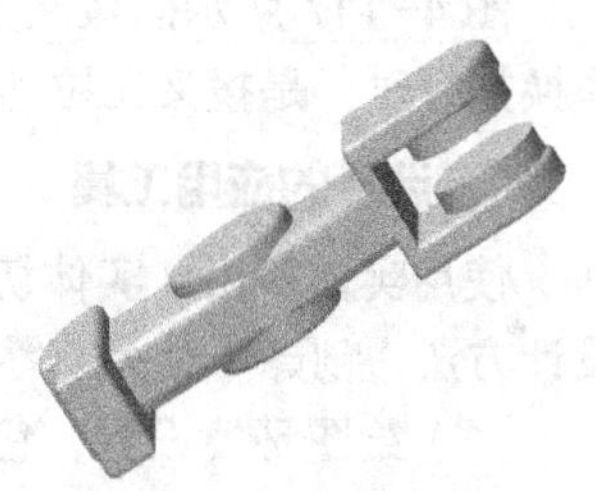

图 4-113　倒圆角结果

要点提示

倒圆角时，可以根据自己的需要选取倒圆角边，这里不做具体的要求，但要保证实体的外表面有倒圆角特征。

（8）创建孔特征

① 将图层 1 设置为当前图层，在工具栏中单击按钮，设置前视图构图。

② 绘制图 4-114 所示的两个圆。

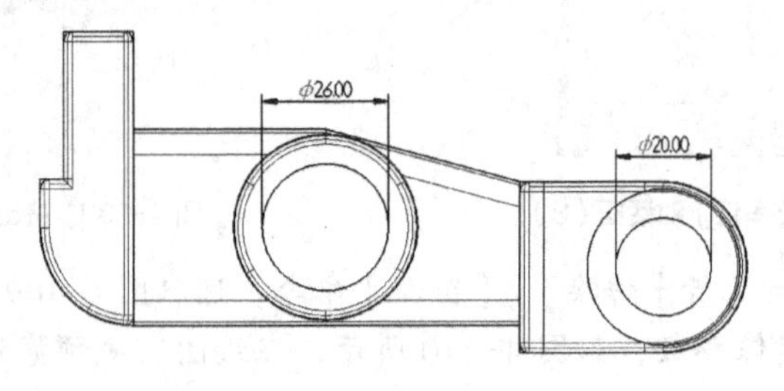

图 4-114　绘制圆

③ 将图层 2 设置为当前图层，执行【实体】/【挤出】命令，选取绘制的两个圆，单击按钮确定，设置挤出参数，如图 4-115 所示，单击按钮确定，结果如图 4-116 所示。

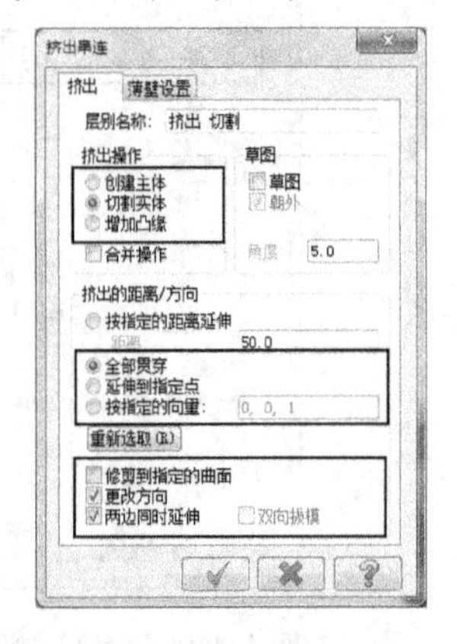

图 4-115 【挤出串连】对话框

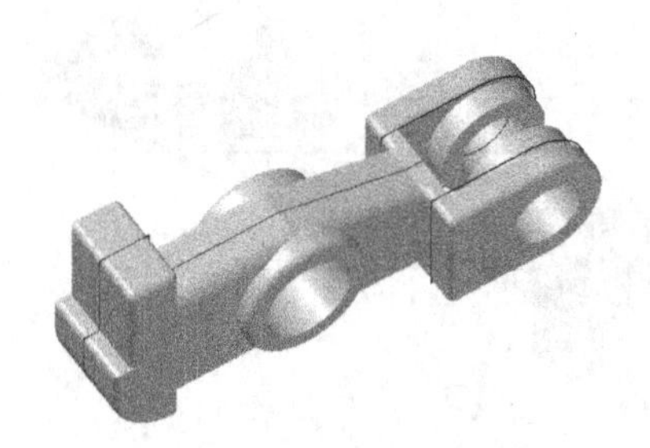

图 4-116　实体切割结果

④ 隐藏图层 1，得到最终结果。

4.2.3　综合训练——设计拨叉

图 4-117 所示的拨叉是手动挡汽车的重要零件，换挡是通过操作换挡杆来实现的。当操作换挡杆时，是拨叉在拉动与它相连的选挡拉索和换挡拉索，并设有自锁、互锁和倒挡锁。

1. 涉及的应用工具

使用实体挤出、实体切割、实体倒圆角、布尔运算等设计方法，创建一个关节零件实体，具体如下。

（1）绘图环境设置，包括绘图平面、坐标轴的显示以及线宽的设置。

（2）通过绘制挤出截面，创建实体挤出特征。

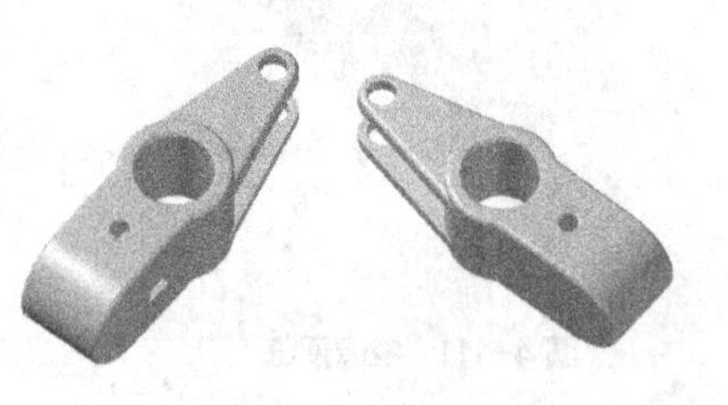

图 4-117　拨叉模型

（3）通过实体挤出切除特征，创建拨叉基体壳特征。

（4）通过实体挤出特征创建拨叉单边，并通过实体镜像完成拨叉基本的结构设计。

（5）通过布尔运算将各实体特征连接为一整体，并通过实体倒圆角、倒角特征修饰拨叉基体。

2. 操作步骤概况

操作步骤概况，如图 4-118 所示。

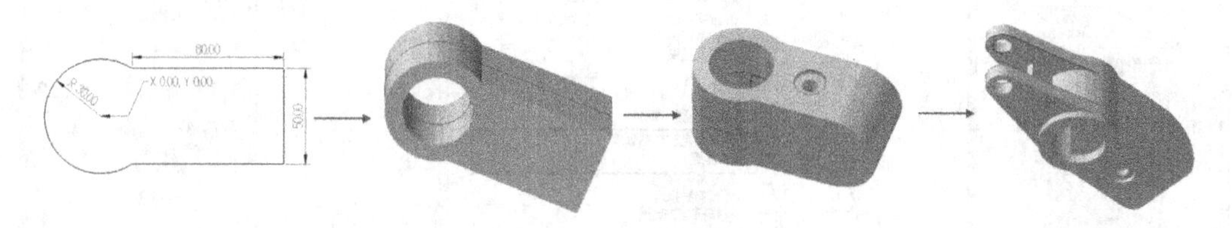

图 4-118　操作步骤

3. 创建拨叉模型

（1）设置绘图环境

① 设置视图模式。单击工具栏中的按钮采用俯视图构图。

② 设置线宽。在辅助工具栏中的选项中，选择第二条实线为线条宽度。完成所有设置的状态栏如图 4-119 所示。

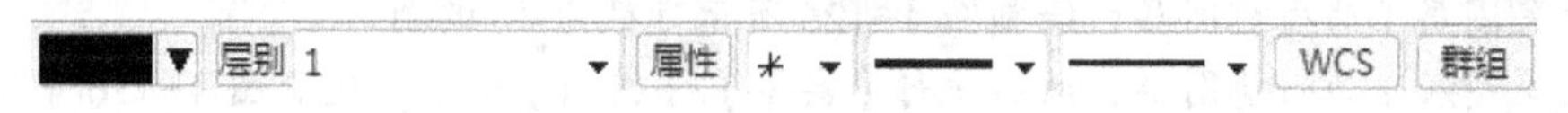

图 4-119　辅助工具栏

（2）绘制二维图形

① 单击按钮，启动绘制圆工具绘制圆心为（0，0，0），半径为 30 和 25 的圆。然后单击按钮，启动绘制直线工具绘制直线，结果如图 4-120 所示。

② 单击按钮，并结合按钮修剪所绘制的图形，结果如图 4-121 所示。

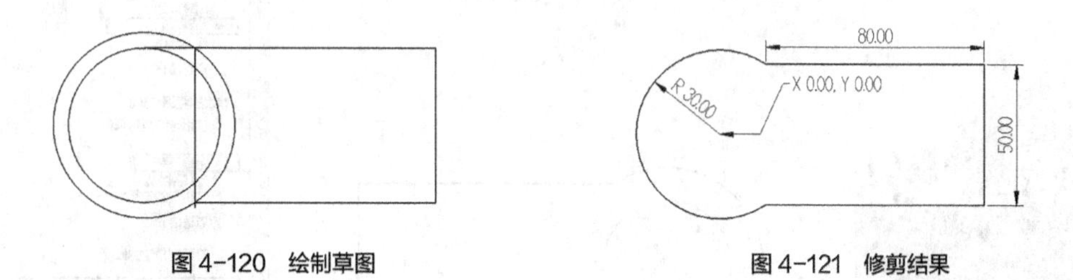

图 4-120　绘制草图　　图 4-121　修剪结果

（3）创建挤出实体特征

① 新建图层 2 并设为当前图层。

② 执行【实体】/【挤出】命令，系统弹出图 4-122 所示的【串连选项】对话框，然后选取图 4-121 所示图形为挤出截面，单击按钮确定。

③ 设置图 4-123 所示的挤出参数，单击按钮确定。

④ 单击按钮进行图形着色，然后执行【屏幕】/【图形着色设置】命令，按图 4-124 所示设置图形着色参数，单击按钮确定，结果如图 4-125 所示。

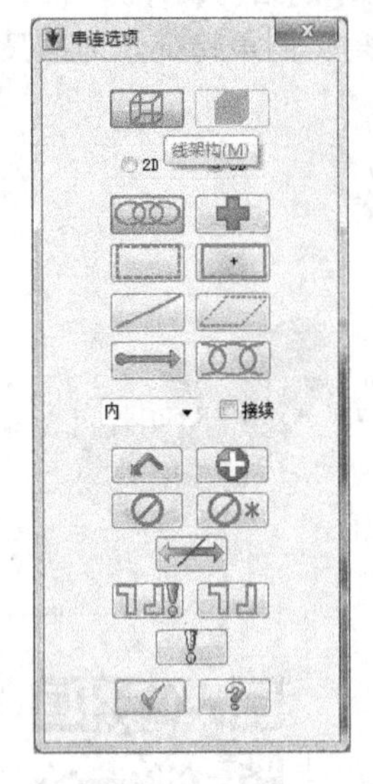

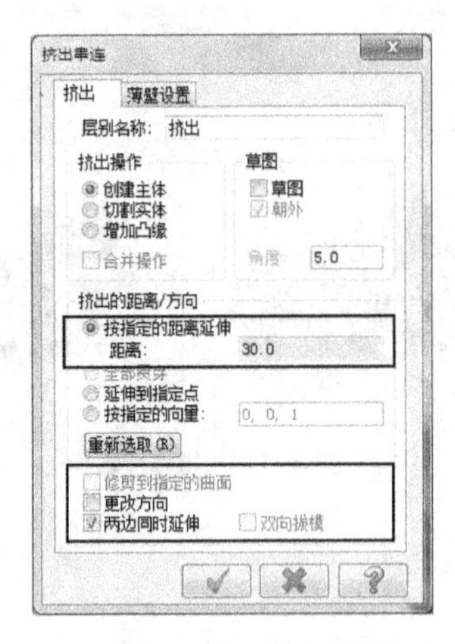

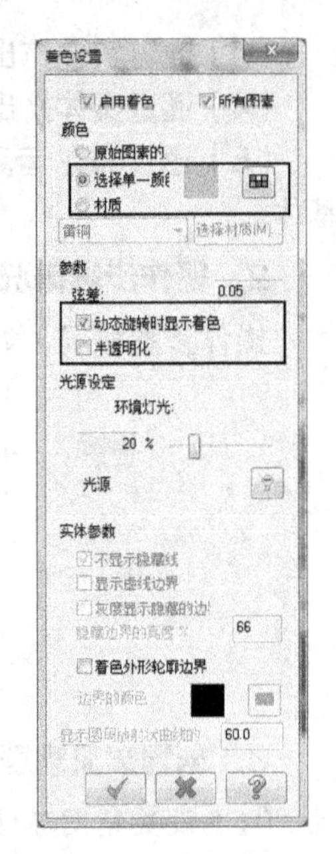

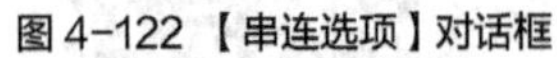
图 4-122 【串连选项】对话框　　图 4-123 【挤出串连】对话框　　图 4-124 【着色设置】对话框

（4）创建挤出剪切特征

① 单击按钮，设置显示模式为线架实体，并设置俯视图为当前视图。

② 设置图层 1 为当前图层，绘制图 4-126 所示直径为 40 的圆。

③ 设置图层 2 为当前图层，然后执行【实体】/【挤出】命令，选取图 4-126 中所绘制圆，单击按钮确定。

④ 按图 4-127 所示设置挤出剪切特征参数，单击按钮确定，然后单击按钮进行图形着色，结果如图 4-128 所示。

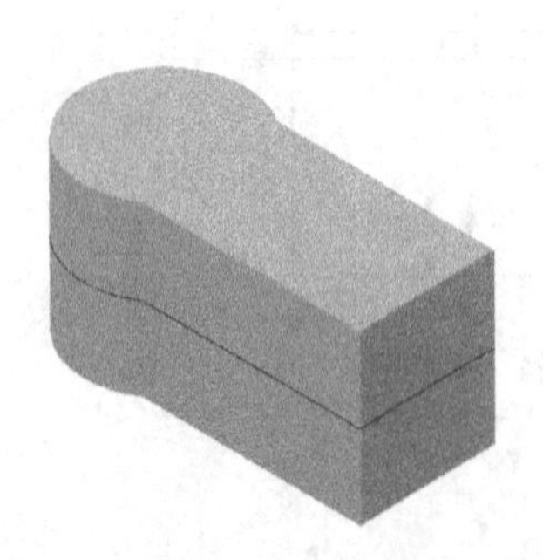
图 4-125 挤出实体

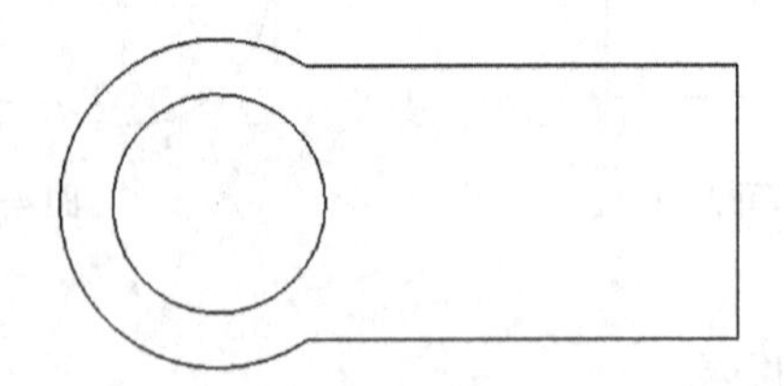
图 4-126 挤出截面

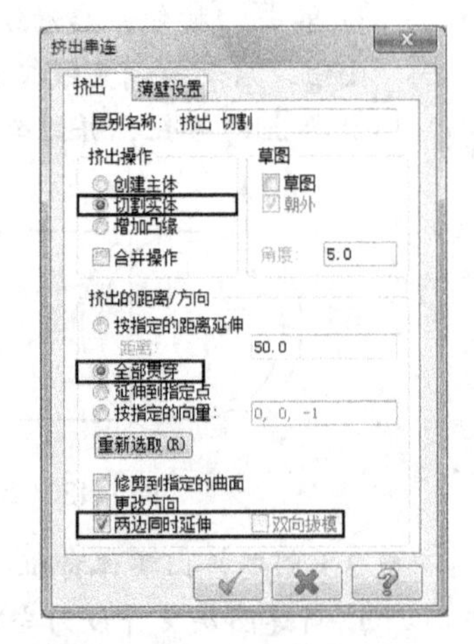

图 4-127 【挤出串连】对话框

（5）创建实体倒圆角特征

① 执行【实体】/【倒圆角】/【倒圆角】命令，选取图 4-129 所示倒圆角边后按 Enter 键确定。

② 按图 4-130 所示设置倒圆角特征参数，单击按钮确定，结果如图 4-131 所示。

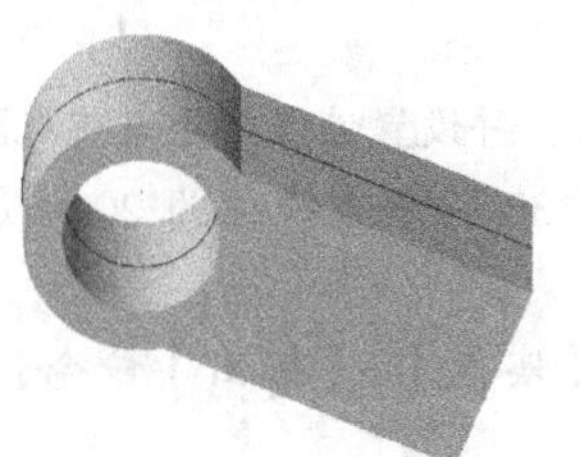

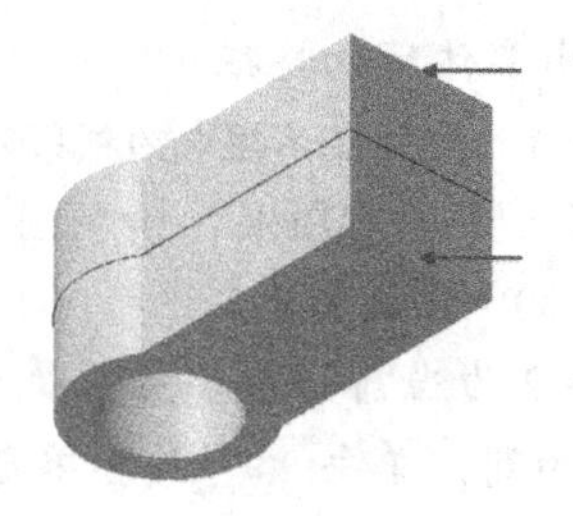

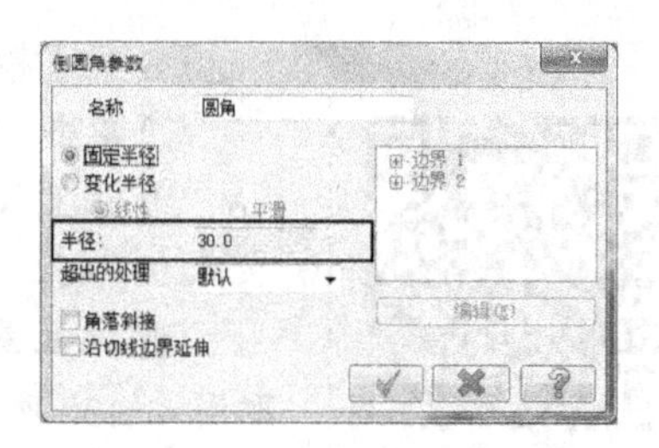

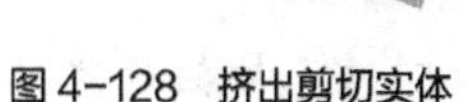
图4-128 挤出剪切实体　　图4-129 倒圆角边　　图4-130 【倒圆角参数】对话框

（6）创建挤出剪切特征

① 单击按钮，设置显示模式为线架实体，并设置前视图为当前视图。

② 设置图层1为当前图层，绘制图4-132所示的挤出截面。

③ 设置图层2为当前图层，然后执行【实体】/【挤出】命令，选取图4-132所示的挤出截面，单击按钮确定。

④ 设置图4-133所示的挤出特征参数，单击按钮确定，然后单击按钮进行图形着色，结果如图4-134所示。

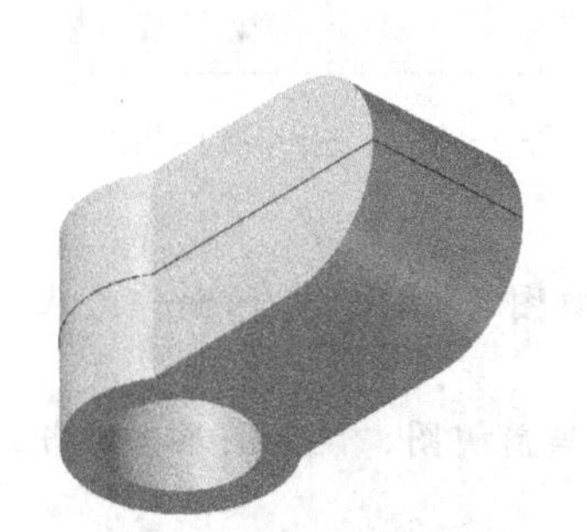

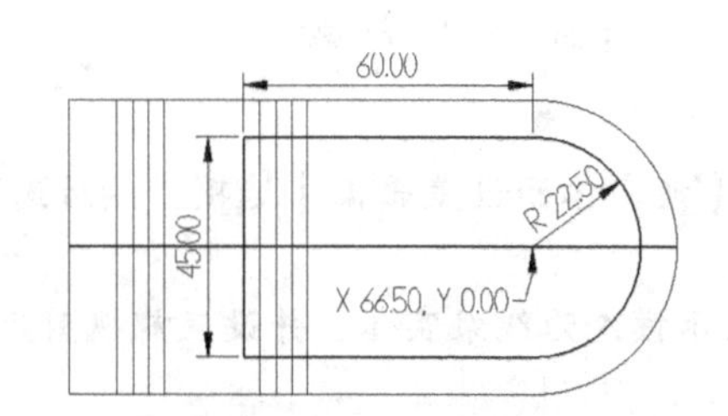

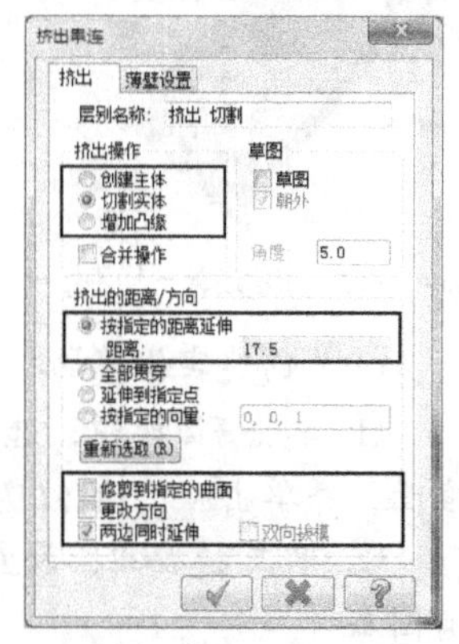

图4-131 实体倒圆角　　图4-132 挤出截面　　图4-133 【挤出串连】对话框

（7）创建布尔运算 - 切割特征

① 单击按钮，启动画圆柱体工具，输入圆柱体基准点位置坐标为（45，0，0）。

② 设置图4-135所示圆柱体的特征参数，单击按钮确定，生成图4-136所示的实体。

③ 执行【实体】/【布尔运算 - 切割】命令，依次选取图4-136所示的实体1和实体2，然后按Enter键确定，结果如图4-137所示。

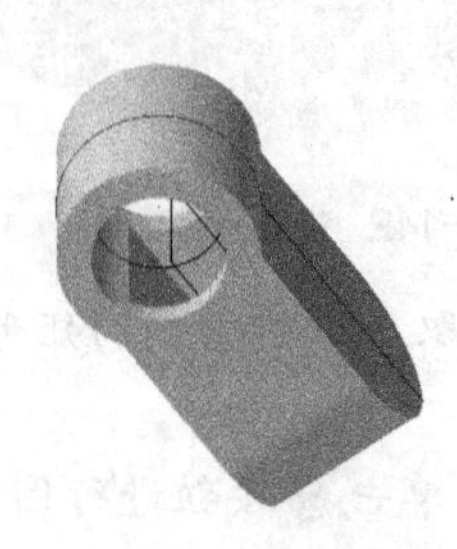

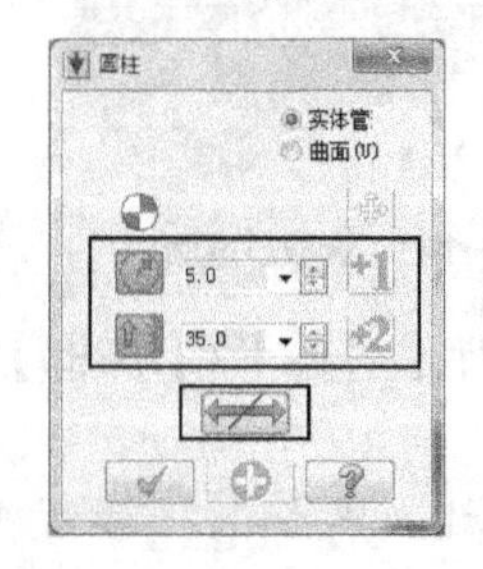

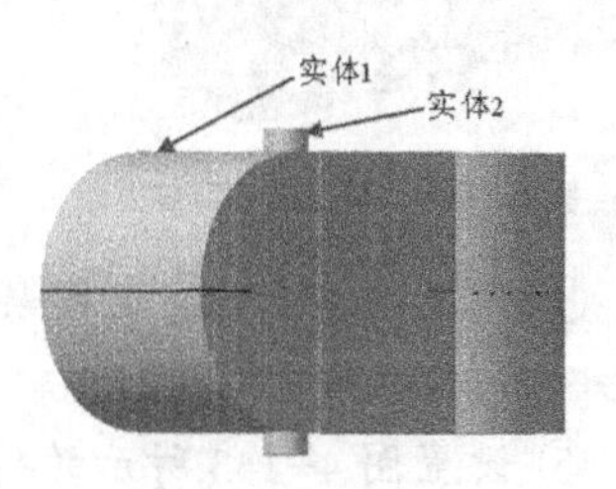

图4-134 挤出剪切实体　　图4-135 【圆柱】对话框　　图4-136 选取切割实体

（8）创建挤出实体剪切特征

① 单击按钮，设置显示模式为线架实体，并设置俯视图为当前视图。

② 设置图层1为当前图层，绘制图4-138所示直径值为20、圆心坐标为（45，0，30）的圆截面。

③ 设置图层2为当前图层，然后执行【实体】/【挤出】命令，选取图4-138所示的圆，单击按钮确定。

④ 设置图4-139所示的挤出特征参数，单击按钮确定，然后单击按钮进行图形着色，结果如图4-140所示。

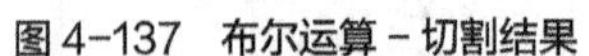

图4-137 布尔运算－切割结果

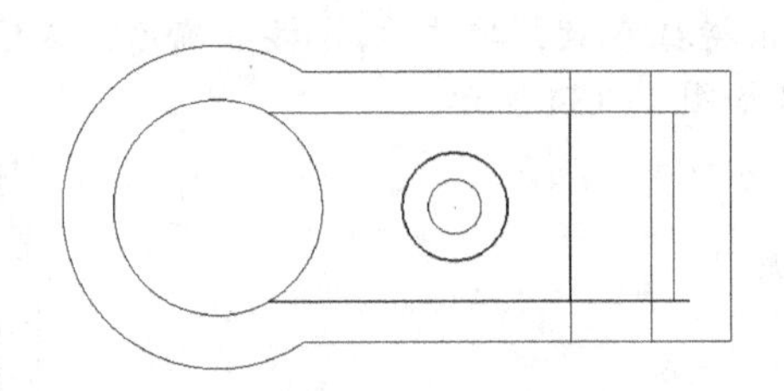

图4-138 挤出截面

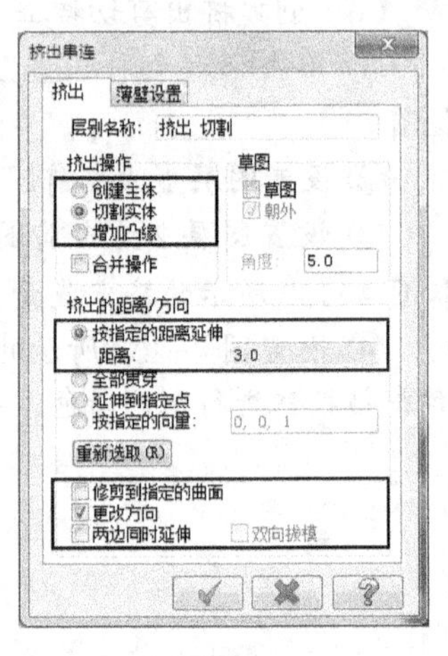

图4-139 【挤出串连】对话框

（9）创建实体剪切特征

① 单击平面按钮，选择【按实体面设置平面】选项，然后选取图4-141所示的面作为基准面，并单击按钮确定。

② 单击按钮，设置显示模式为线架实体，并设置前视图为当前视图，设置图层1为当前图层。

③ 单击按钮，并单击按钮，设置以基准点绘制矩形，然后输入基准点坐标为（45，0，25），并在按钮的文本框中输入数值为“15”，在按钮的文本框中输入数值为“10”。单击按钮确定，结果如图4-142所示。

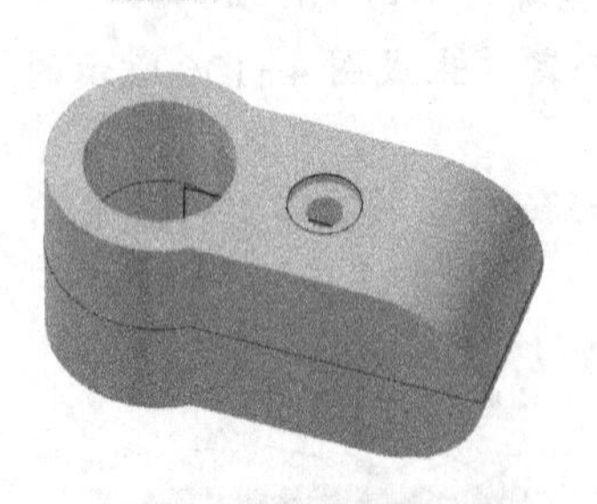

图4-140 挤出剪切实体

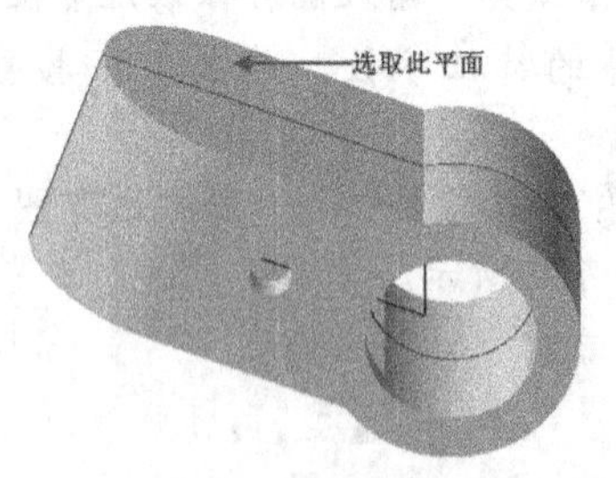

图4-141 选取基准面

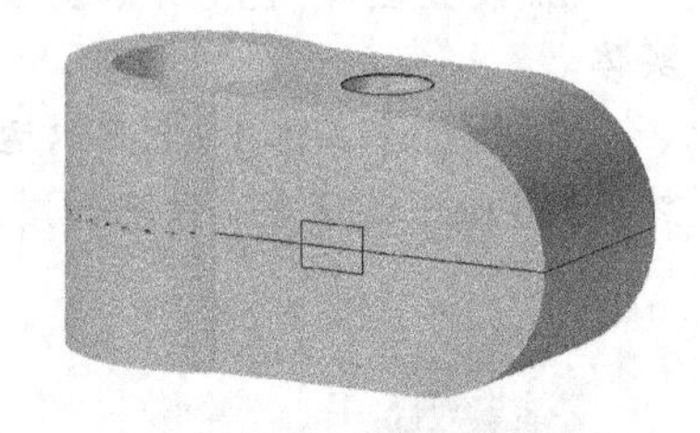

图4-142 挤出剪切截面

④ 设置图层2为当前图层，然后执行【实体】/【挤出】命令，选取上步所绘制的矩形，单击按钮确定。

⑤ 设置图4-143所示的挤出特征参数，单击按钮确定，然后单击按钮进行图形着色，结果如图4-144所示。

（10）创建挤出实体特征

① 单击按钮，并设置俯视图为当前视图，设置图层 1 为当前图层。

② 单击按钮，并单击按钮，设置以基准点绘制矩形，然后输入基准点坐标为（-40，0，0），绘制长和宽分别为 22 和 6 的矩形，单击按钮确定，结果如图 4-145 所示。

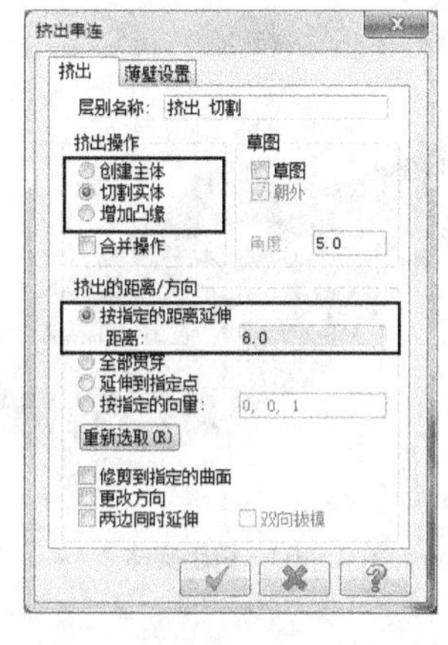

图 4-143 【挤出串连】对话框

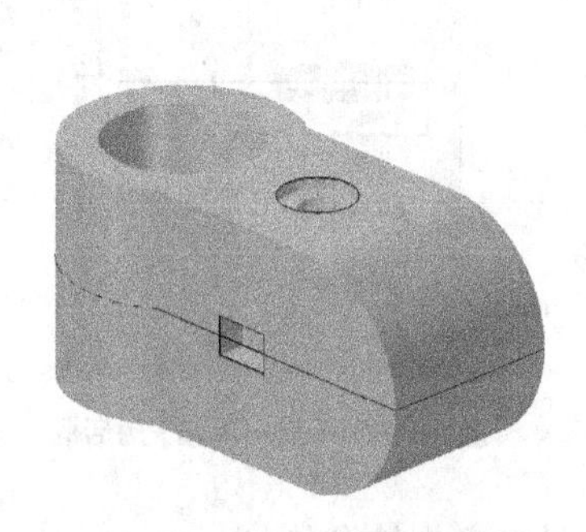

图 4-144　挤出剪切实体

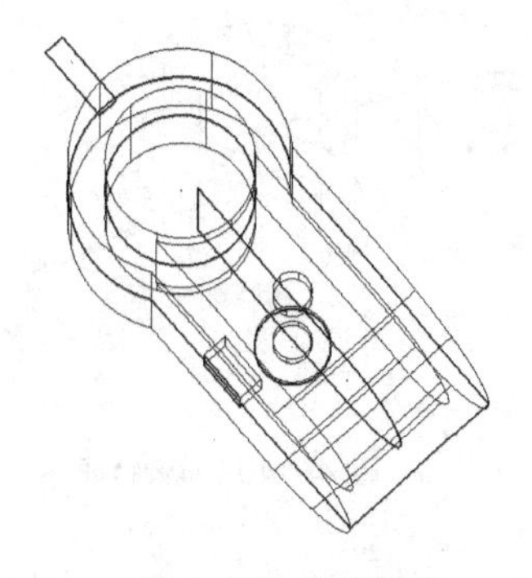

图 4-145　挤出截面

③ 设置图层 2 为当前图层，然后执行【实体】/【挤出】命令，选取图 4-145 所示的矩形，单击按钮确定。

④ 设置图 4-146 所示的挤出特征参数，单击按钮确定，然后单击按钮进行图形着色，得到图 4-147 所示的实体 1。

（11）创建布尔运算 - 结合特征。执行【实体】/【布尔运算 - 结合】命令，依次选取图 4-147 所示的实体 1 和实体 2，然后按 Enter 键确定。

（12）创建实体挤出特征

① 单击按钮设置俯视图构图，并设置图层 3 为当前图层，然后隐藏图层 1 和图层 2。

② 绘制图 4-148 所示的挤出截面。

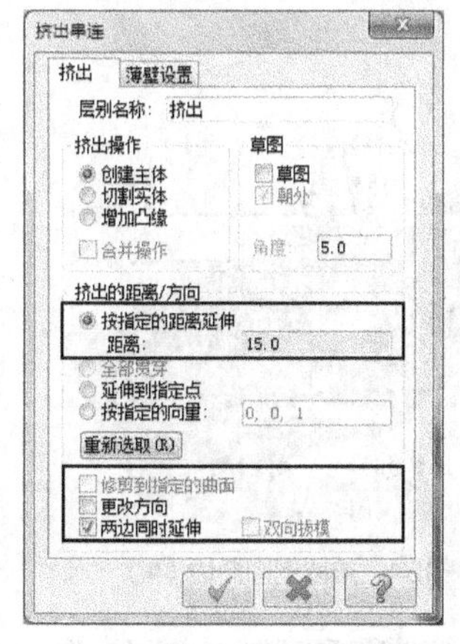

图 4-146 【挤出串连】对话框

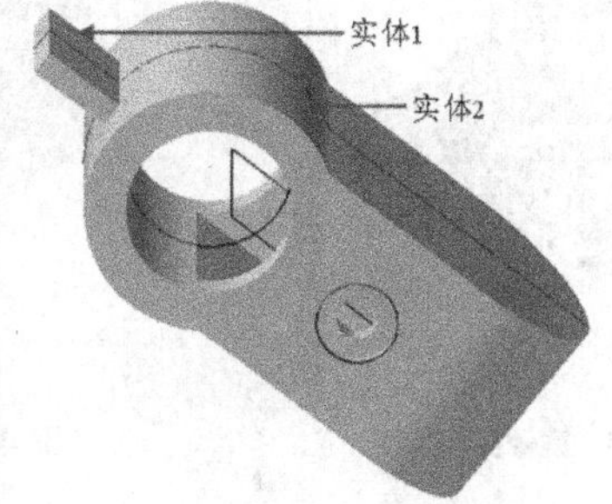

图 4-147　挤出实体

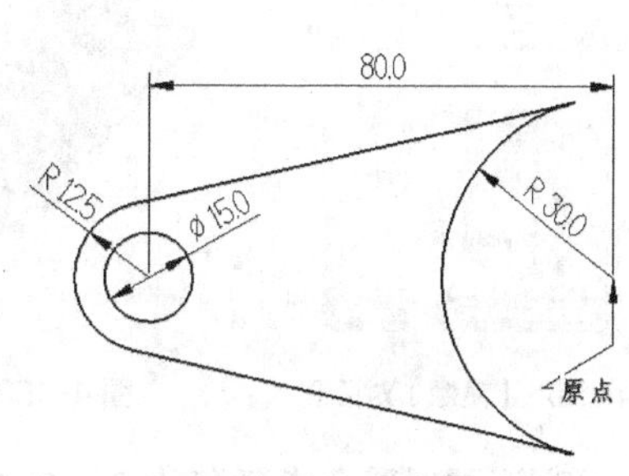

图 4-148　挤出截面

③ 执行命令【转换】/【平移】，选取图 4-148 所示的挤出截面，然后按 Enter 键确定。

④ 设置平移特征参数为沿 Z 轴正向平移 15，单击 按钮确定，然后显示图层 2，结果如图 4-149 所示。

⑤ 设置图层 2 为当前图层，然后执行命令【实体】/【挤出】，选取图 4-149 所示平移的截面，单击 按钮确定。

⑥ 设置图 4-150 所示的参数，单击 按钮确定，结果如图 4-151 所示。

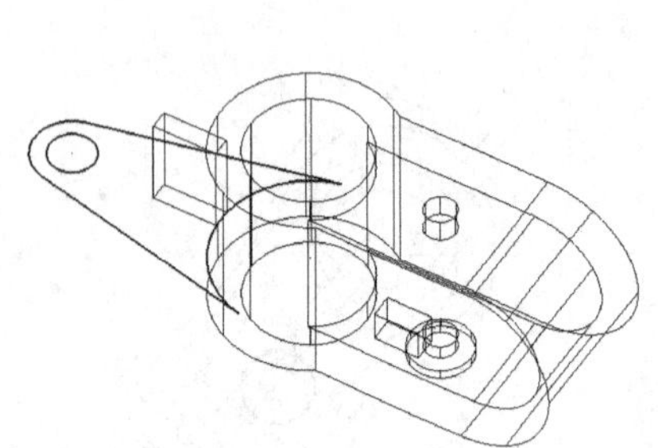

图 4-149 镜像特征

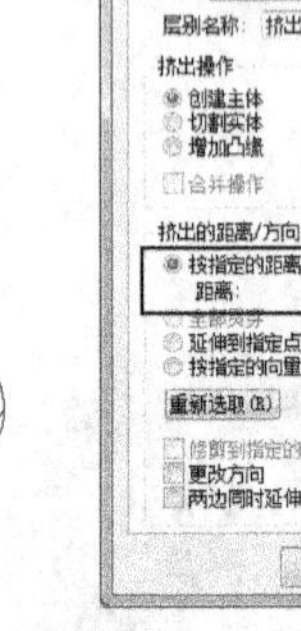

图 4-150 【挤出串连】对话框

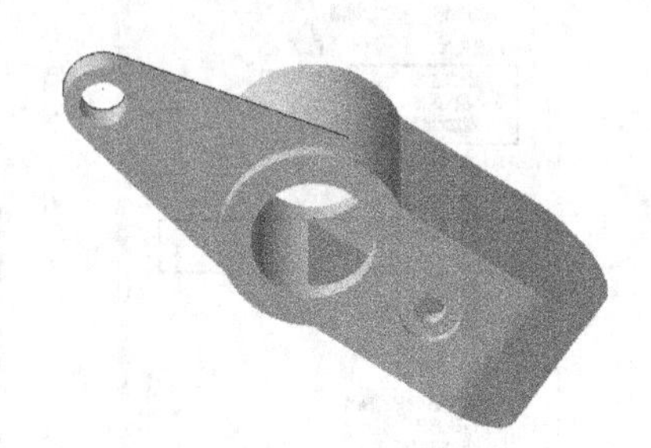

图 4-151 挤出实体

(13) 创建实体镜像特征

① 执行【转换】/【镜像】命令，选取图 4-151 所示新建的挤出实体，然后按 Enter 键。

② 设置视图视角为前视图，设置图 4-152 所示的镜像特征参数，单击 按钮确定，结果如图 4-153 所示。

③ 执行【实体】/【布尔运算 - 结合】命令，选取图 4-153 所示的挤出实体、镜像实体及主体，然后按 Enter 键确定。

(14) 创建实体倒圆角特征

① 隐藏图层 3，然后执行【实体】/【倒圆角】/【倒圆角】命令，选取图 4-154 所示的倒圆角边，然后按 Enter 键确定。

图 4-152 【镜像】对话框

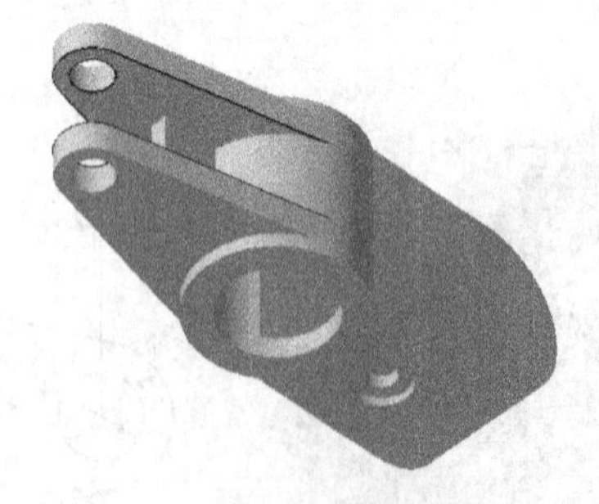

图 4-153 镜像实体特征

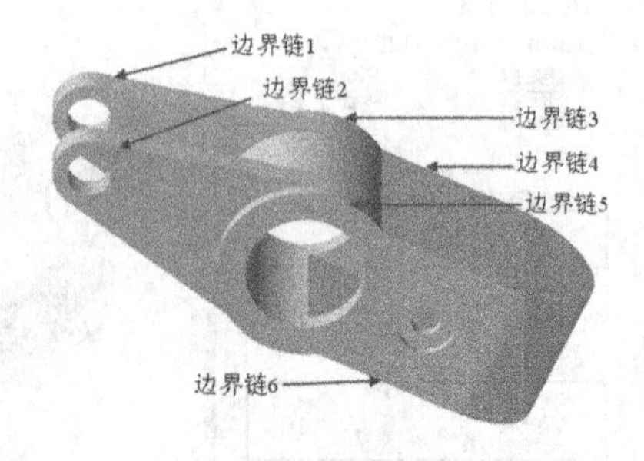

图 4-154 选取倒圆角边（1）

② 设置倒圆角半径值为 3，单击 按钮确定，结果如图 4-155 所示。

③ 用相同的方法，选取图 4-156 所示的边线，设置倒圆角半径值为 1，结果如图 4-157 所示。

图 4-155 倒圆角特征（1）

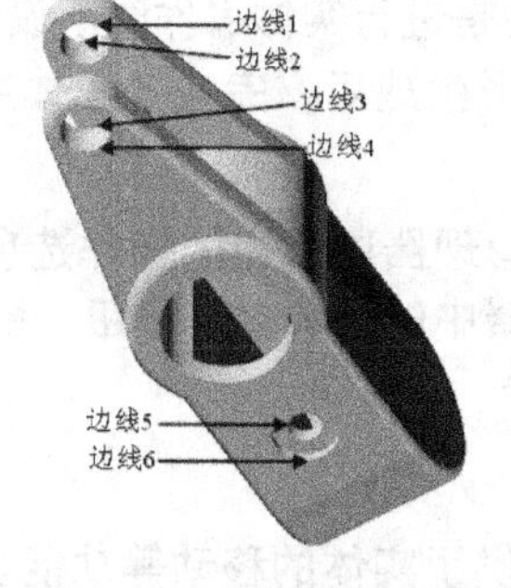

图 4-156 选取倒圆角边（2）

图 4-157 倒圆角特征（2）

（15）创建实体倒角特征

① 执行【实体】/【倒角】/【单一距离】命令，选取图 4-158 所示的边线，然后按 Enter 键确定。

② 设置倒角半径值为 2，单击 按钮确定，结果如图 4-159 所示。

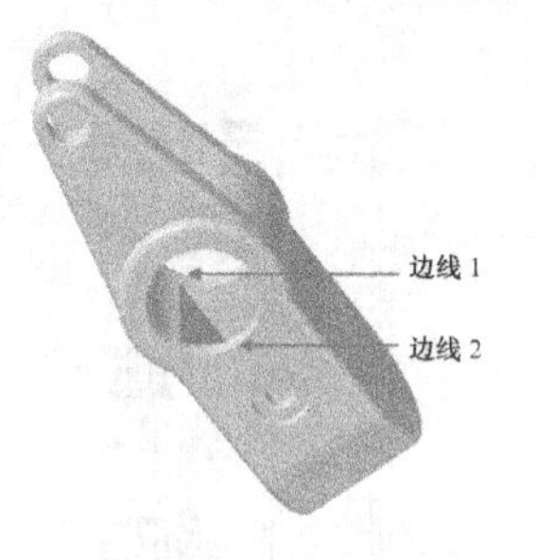

图 4-158 选取倒角边

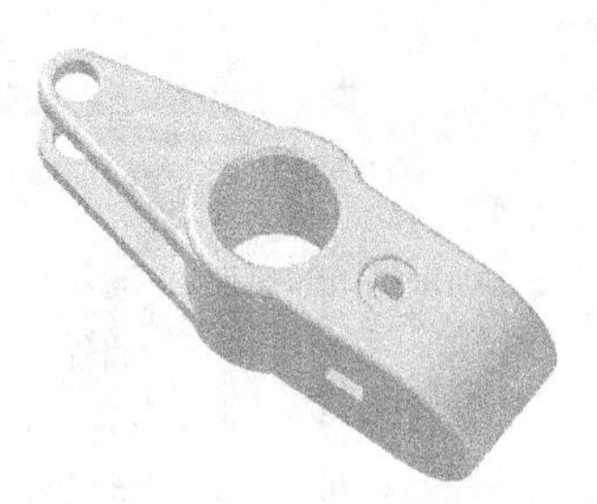
图 4-159 倒角特征

4.3 实体管理器

系统提供了功能强大的操作管理器，即实体管理器，可以对实体、刀具路径进行快捷操作。

4.3.1 重点知识讲解

利用该实体管理器，主要可以完成以下功能操作。

1. 修改实体尺寸

每创建一个新实体或对实体进行编辑、运算等操作后，在实体管理器中就会出现图 4-160 所示的切除、倒圆角等操作名称。

执行【视图】/【显示或隐藏操作管理器】命令，可以将操作管理器打开或隐藏，打开的操作管理器默认放置在屏幕的左侧，选择其中的【实体】标签，即可打开用于实体的操作管理器，利用该实体的操作管理器，可以很方便快捷地修改实体。

（1）命令启动方式

当需要修改任何一个实体操作的参数时，只需要用鼠标单击其中的【参数】选项，回到相应操作的设置对话框，单击 全部重建 按钮，即可重新设置实体尺寸。

（2）注意事项

在操作时，请注意以下几点。

• 这里所修改的实体尺寸，指的是进行实体操作时所设置的实体参数，如挤出距离、旋转角度、抽壳厚度等。系统无法在图形生成后，完成各实体所需截面、路径等二维图形的尺寸修改。

• 完成实体参数修改后，实体管理器中相应的操作选项上会打上图 4-161 所示的“ ”标记，此时需要单击实体操作管理器中的 全部重建 按钮，系统则会自动完成尺寸修改等计算。如果无法完成修改，系统会出现警告。

2. 移动实体功能

为了方便用户操作，系统还提供了实体的移动等功能。移动功能能够快速交换实体构建的先后顺序，而复制能帮助用户减少相似实体的重复构建，这两种功能都能提高用户的建模效率。

（1）命令启动方式

在操作该功能时，只需要在实体管理器中选择需要移动的实体，并压住鼠标左键，拖拉到需要放置的实体上面，系统将会把该实体移动到放置实体的下一步进行创建，操作示意图如图 4-162 所示。

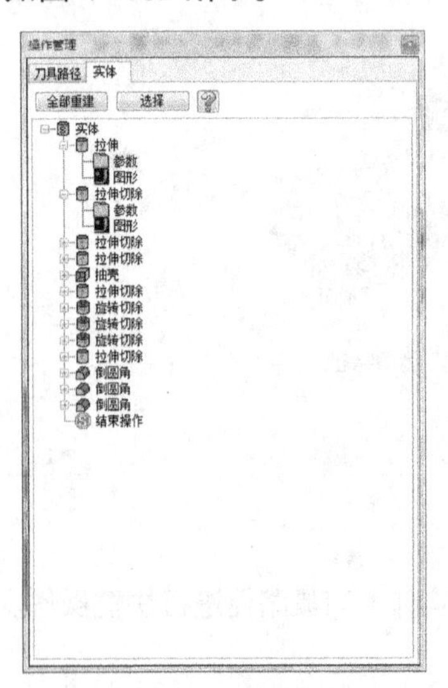

图 4-160 操作管理器

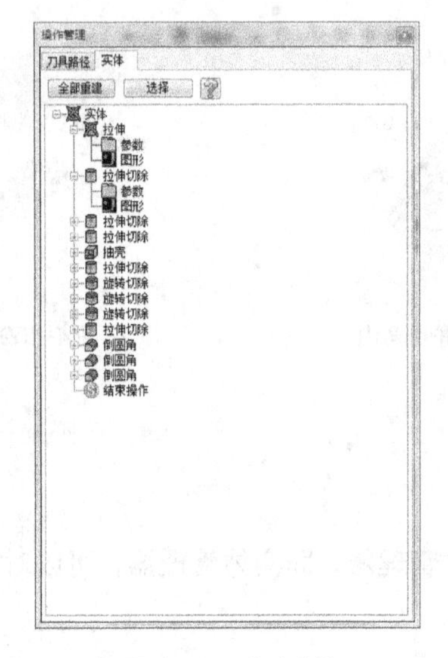

图 4-161 修改实体

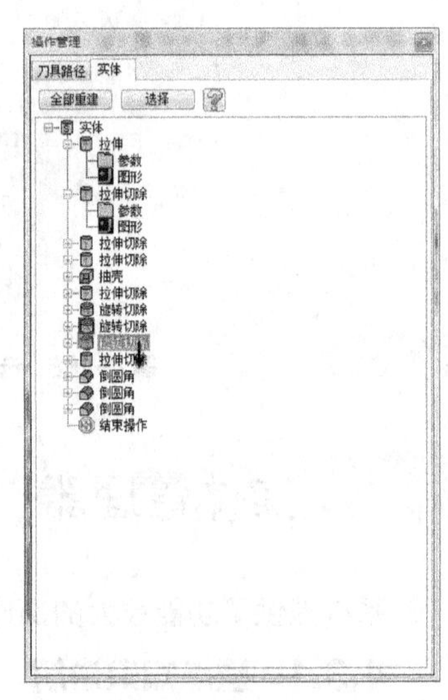

图 4-162 实体移动功能

（2）注意事项

在操作中需要注意以下几点。

• 在使用移动功能时，系统会出现“↓”标记；如果出现“⊘”标记，表示无法完成移动。

• 移动实体时，并不是实体操作管理器中所有的实体都可以任意移动，要注意实体中的“父－子关系”。

• 只能移动独立的实体，无法移动实体的附加特征，比如基于实体的倒角、布尔运算等，即只能移动一个独立的“父特征”实体。

• 移动实体时，系统会及时运算，能完成的功能立即生成，不能完成的系统自动拒绝。不会出现类似修改尺寸等需要手动操作进行重新计算生成的情况。

4.3.2 实战演练——设计吊钩

吊钩是起重机械中最常见的一种吊具，常借助于滑轮等部件悬挂在起升机构的钢丝绳上。

吊钩在作业过程中常受冲击，须采用合理的结构设计以及韧性好的优质碳素钢制造。下面以图 4-163 所示的吊钩为例，讲解如何设计工程零件。

1. 涉及的应用工具

（1）绘图环境设置，包括绘图平面、坐标轴的显示以及线宽的设置。
（2）通过绘制圆弧、圆，完成扫描截面以及扫描轨迹的绘制。
（3）创建扫描实体特征，生产吊钩主体。
（4）绘制螺旋线作为扫描轨迹，创建实体螺旋扫描的特征。
（5）通过布尔运算 - 切割特征修剪实体。
（6）创建实体倒圆角特征，修饰实体吊钩模型。

2. 操作步骤概况

操作步骤概况，如图 4-164 所示。

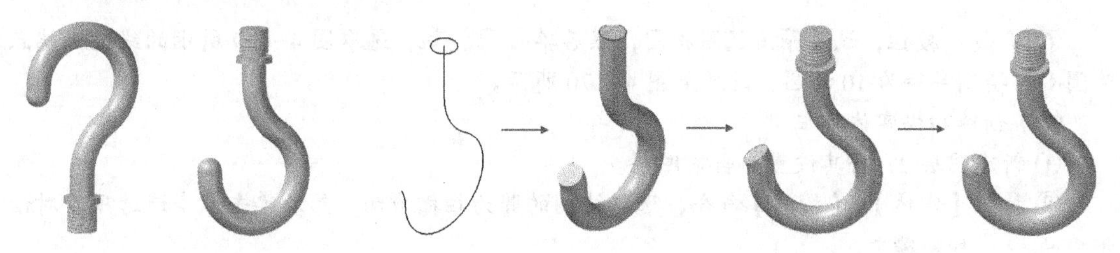

图 4-163 吊钩　　图 4-164 操作步骤

3. 创建吊钩模型

（1）绘图环境设置

① 在工具栏中单击按钮，设置右视图构图。

② 设置线宽为第二条实线。

（2）绘制扫描轨迹和截面

① 单击按钮，绘制圆心坐标为（0，0，0）、半径值为 40 和圆心坐标为（-70，0，0）、半径值为 30 的两个圆，如图 4-165 所示。

② 单击按钮，绘制起始点和终点分别为（0，0，0）、（0，120，0）的线段，结果如图 4-166 所示。

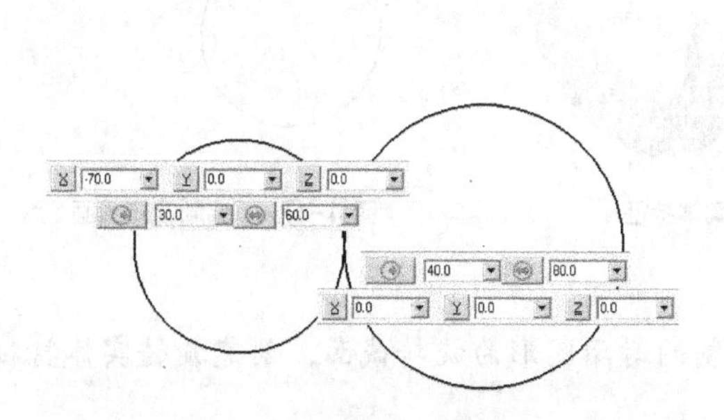

图 4-165 绘制圆　　图 4-166 绘制线段

③ 执行【绘图】/【圆弧】/【切弧】命令，依次选取半径为 40 的圆和线段，然后输入切弧半径为 50，结果如图 4-167 所示。

④ 单击按钮，绘制起始点（-70，0，0）、长度为 37，角度为 30° 的线段，结果如

图 4-168 所示。

⑤ 单击按钮，修剪图形，结果如图 4-169 所示。

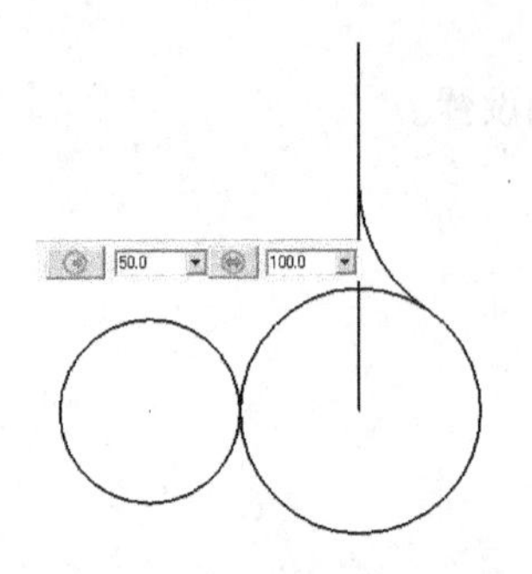

图 4-167 绘制圆弧

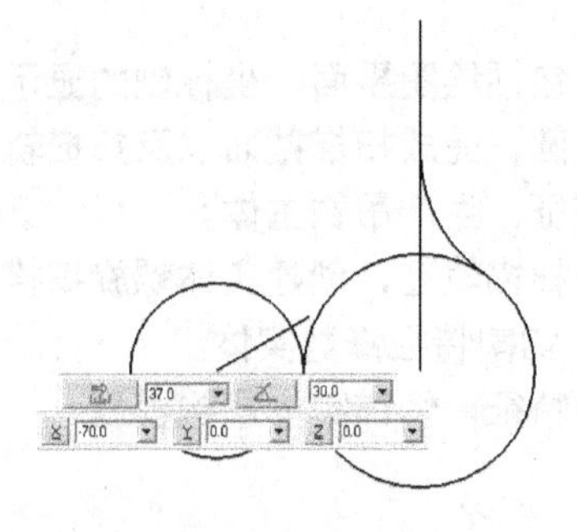

图 4-168 绘制线段

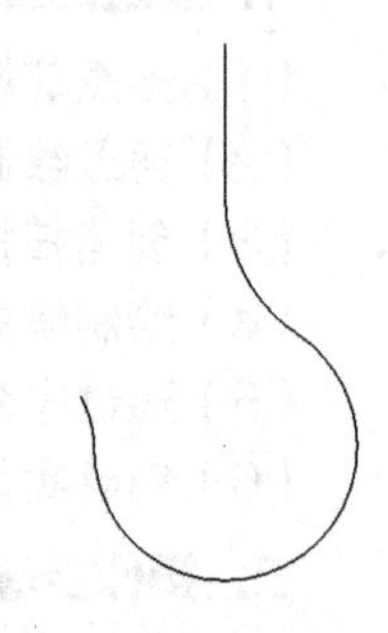

图 4-169 修剪图形

⑥ 单击按钮，设置等角视图构图，然后单击按钮，选取图 4-169 所示的线段上端点为圆心，绘制半径为 10 的圆，结果如图 4-170 所示。

（3）创建扫描实体特征

① 新建图层 2，将其设置为当前图层。

② 执行【实体】/【扫描】命令，选取绘制的圆为扫描截面，然后单击【串连选项】对话框中的按钮确定。

③ 选取剩余图形为扫描轨迹，然后单击【扫描实体的设置】对话框中的按钮确定，结果如图 4-171 所示。

（4）创建旋转实体特征

① 在工具栏中单击按钮，设置右视图构图，并将图层 1 设置为当前图层。

② 单击按钮，绘制图 4-172 所示的旋转截面。

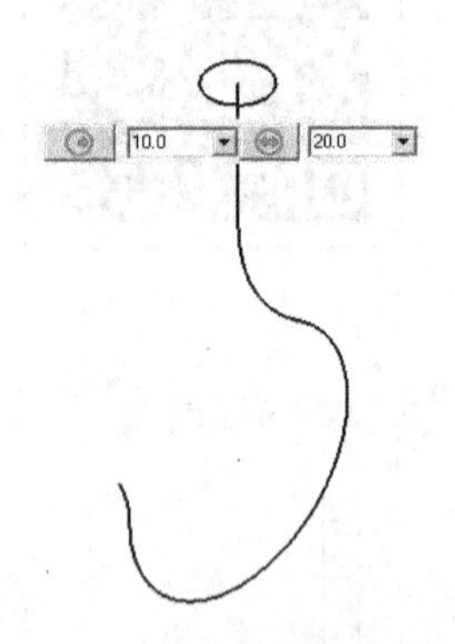

图 4-170 绘制扫描截面

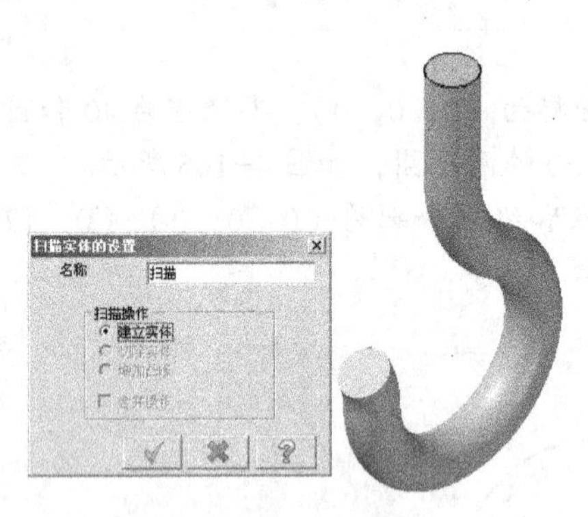

图 4-171 创建扫描实体特征

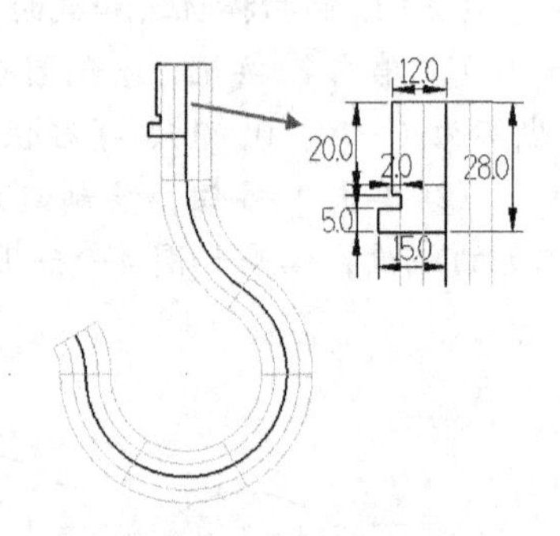

图 4-172 绘制旋转截面

③ 将图层 2 设置为当前图层。

④ 执行【实体】/【旋转】命令，选取刚绘制的封闭图形为旋转截面，创建旋转实体特征，结果如图 4-173 所示。

（5）创建实体扫描特征

① 隐藏图层 2 的显示，并新建图层 3，将其设置为当前图层。

② 执行【绘图】/【绘制螺旋线】命令，输入螺旋线圆心坐标为（0，0，100），然后在图 4-174 所示的【螺旋线选项】对话框中设置螺距、圈数等参数，结果如图 4-175 所示。

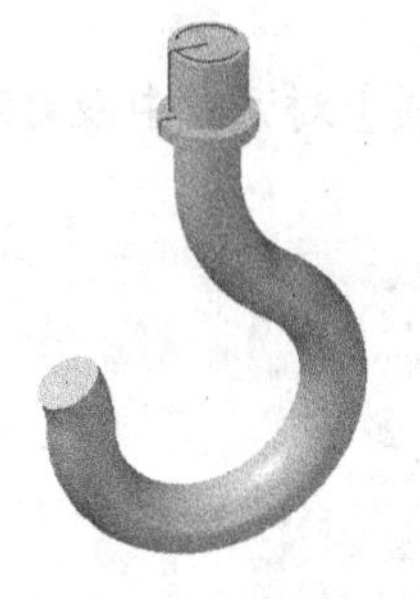

图 4-173　创建旋转实体主体

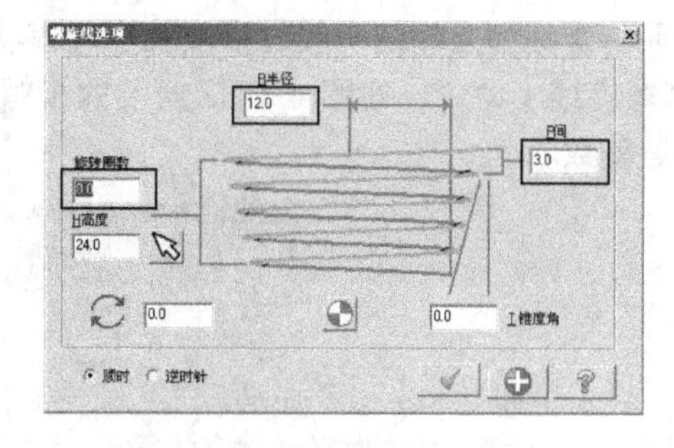

图 4-174 【螺旋线选项】对话框

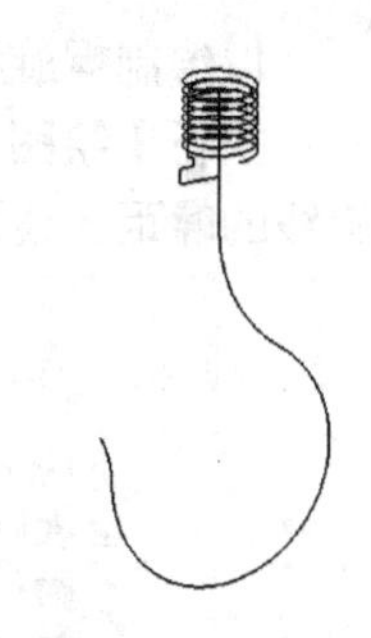

图 4-175　绘制螺旋线

③ 单击按钮，设置前视图构图，然后绘制图 4-176 所示的三角形螺旋截面（截面形状和大小自拟，大致满足要求即可）。

④ 执行【实体】/【扫描】命令，选取图 4-176 所示的三角形为扫描截面，按 Enter 键确定，然后选取螺旋线为扫描轨迹建立实体模型，结果如图 4-177 所示。

（6）创建布尔运算－切割特征

① 隐藏图层 1、图层 3 的显示。

② 执行【实体】/【布尔运算－切割】命令，依次选取旋转实体和扫描实体，按 Enter 键确定，结果如图 4-178 所示。

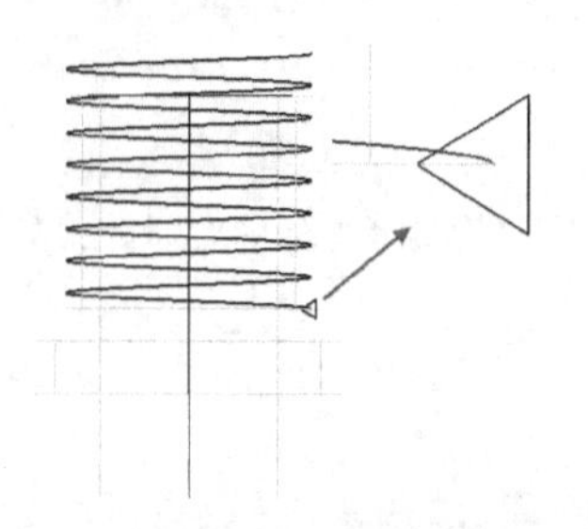

图 4-176　绘制扫描截面

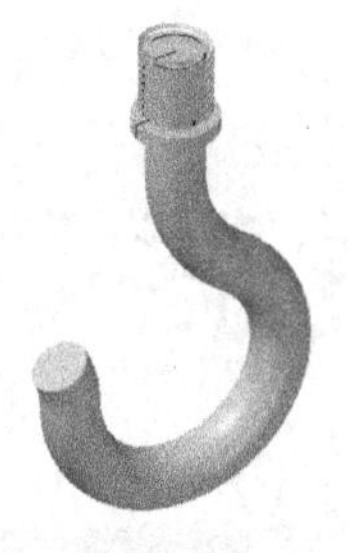

图 4-177　创建扫描实体特征

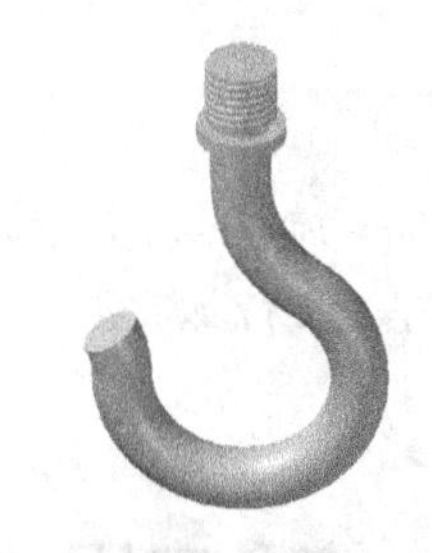

图 4-178　创建布尔运算－切割特征

（7）创建实体倒圆角特征

① 执行【实体】/【倒圆角】/【倒圆角】命令，选取图 4-179 所示的倒圆角边，按 Enter 键确定。

② 在【倒圆角参数】对话框中设置倒圆角参数为 10，结果如图 4-180 所示。

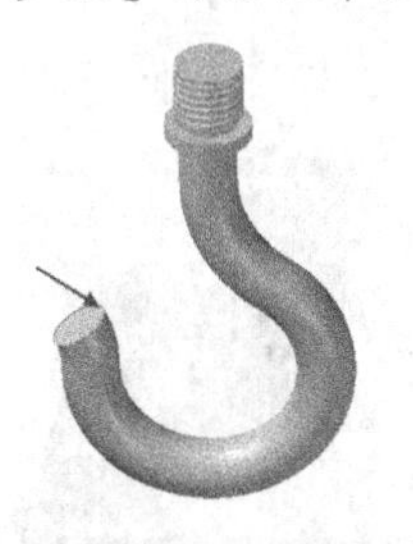

图 4-179　倒圆角边

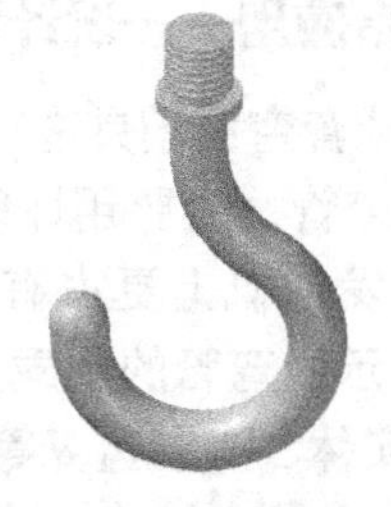

图 4-180　实体倒圆角特征

4. 相关难点知识讲解——特殊线型的绘制

Mastercam X7 为了方便用户快捷地绘制多边形、矩形、椭圆、盘旋线、螺旋线等特殊线型，满足用户以特殊线型为基础而进行的相关实体或曲面的特征操作，特在【绘图】主菜单中设置了图 4-181 所示的几个绘制特殊线型的功能命令。

以绘制螺旋线为例说明特殊线型绘制的一般过程以及注意事项。

执行【绘图】/【绘制螺旋线】命令，在图 4-182 所示的【螺旋线选项】对话框中设置螺旋线的螺距、线数、半径等参数。

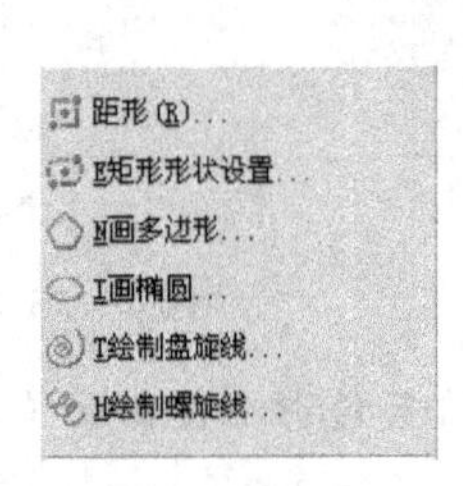

图 4-181 特殊线型命令

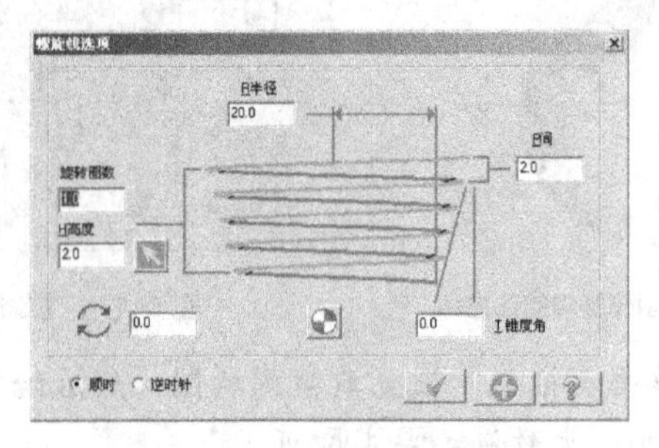

图 4-182 【螺旋线选项】对话框

- 半径：螺旋线的半径，倘若设置锥度角则为最大端的半径值。
- 螺距：螺旋线相邻两圈的垂直高度，代表着螺旋线的紧密程度。
- 旋转圈数：螺旋线的螺旋的次数，和螺距一同决定螺旋线的高度。
- 锥度角：设置带有锥度的螺旋线。
- 顺时、逆时针：螺旋线的旋转方向，默认情况为顺时针。

要点提示

绘制螺旋线时要特别注意螺旋线的圈数、螺距以及半径的标准化，应尽量参考国标中对弹簧的参数的规定，符合机械行业标准。

4.4 综合应用

三维实体建模的各个工具并不是独立使用，而是通过多种实体建模工具的协作，才能够完成复杂三维模型的设计，下面通过几个综合应用案例，进一步巩固三维实体建模技术的灵活运用。

4.4.1 综合应用——设计弯管

弯管是采用成套弯曲模具进行弯曲而成的，大部分机器设备都用到弯管，主要用以输油、输气、输液等，弯管在飞机及其发动机上更占有相当重要的地位，下面以图 4-183 所示的弯管的创建为例来说明挤出实体、扫描实体、切割实体、布尔运算等功能的使用方法。

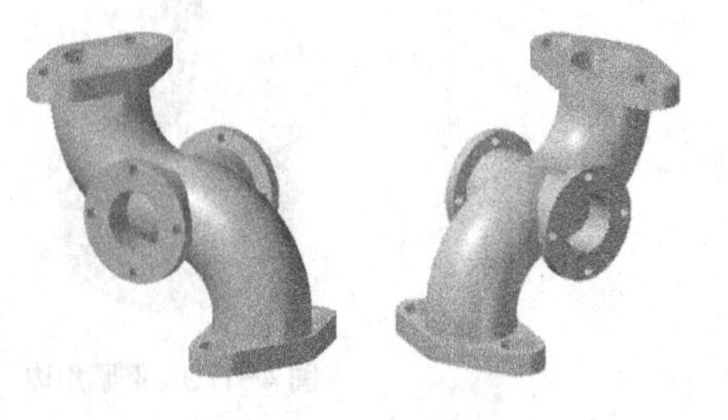

图 4-183 弯管

1. 涉及的应用工具

（1）绘图环境设置，包括绘图平面、坐标轴的显示以及线宽的设置。

（2）采用旋转实体和绘制基本实体的方法绘出直管的外形。

（3）采用扫描实体和挤出实体的方法绘出两弯管的外形。

（4）通过布尔运算－切割特征修剪实体模型。

（5）通过布尔运算－结合特征将扫描、挤出等实体结合为整体。

2. 操作步骤概况

操作步骤概况，如图 4-184 所示。

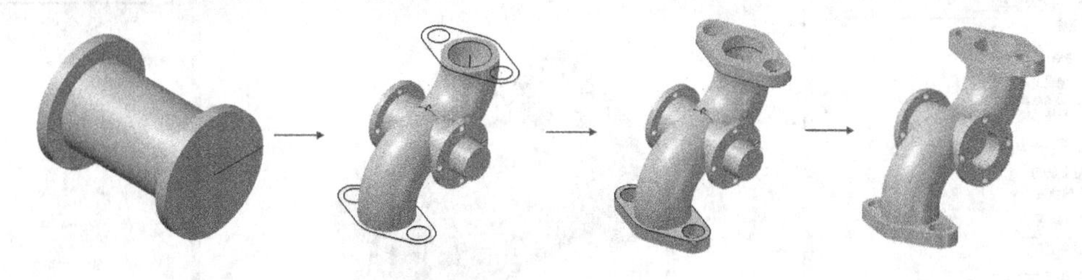

图 4-184　操作步骤

3. 创建弯管模型

（1）绘图环境设置

① 在工具栏中单击按钮，设置前视图构图。

② 设置线宽为第二条实线。

（2）创建实体旋转特征

① 单击按钮，并按下工具栏中的按钮，依次输入坐标分别为（65，0，0）、（65，50，0）、（55，50，0）、（55，35，0）、（-55，35，0）、（-55，50，0）、（-65，50，0）、（-65，0，0）、（65，0，0），绘制图 4-185 所示的连续线段。

② 新建图层 2，将其设置为当前图层。

③ 执行【实体】/【旋转】命令，选取绘制的封闭图形为旋转截面，在【串连选项】对话框中的单击按钮确定。

④ 选取封闭图形下端的水平线为旋转轴，在图 4-186 所示的【方向】对话框中单击按钮确定。

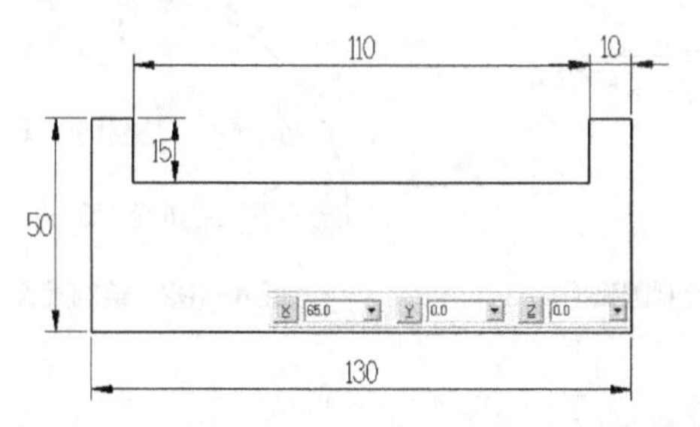

图 4-185　旋转截面

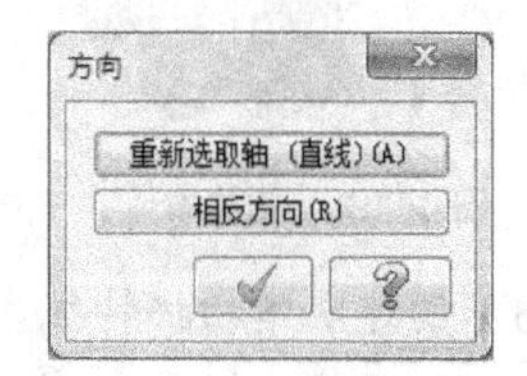

图 4-186 【方向】对话框

⑤ 采用图 4-187 所示的【旋转实体的设置】对话框中的默认参数，单击按钮确定，结果如图 4-188 所示。

（3）创建圆柱体

单击按钮，输入（-65，0，0），在图 4-189 所示的【圆柱】对话框中设置高度为 160、半径为 25，并沿 X 轴定位伸长，单击按钮确定，结果如图 4-190 所示。

（4）绘制扫描截面及截面

① 单击按钮，设置右视图构图，并将图层 1 设置为当前图层。

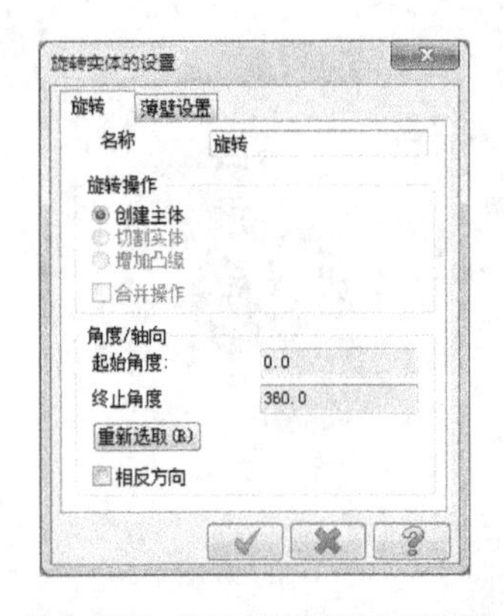

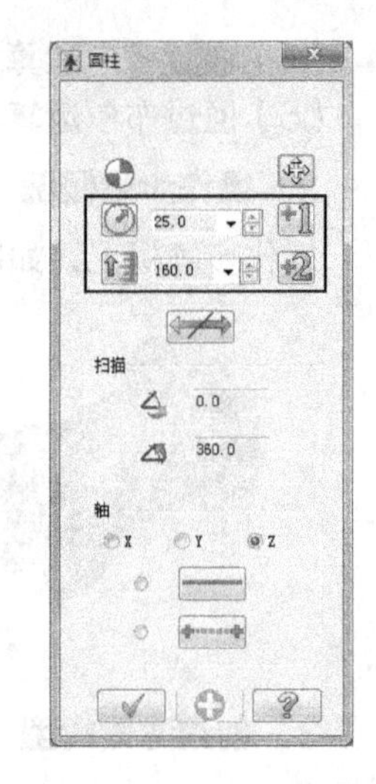

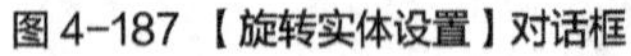

图 4-187 【旋转实体设置】对话框　　图 4-188 旋转实体特征　　图 4-189 【圆柱】对话框

② 执行【绘图】/【圆弧】/【两点画弧】命令，绘制圆弧两端点坐标（80，80，0）、（0，0，0），半径为 80 的圆弧，选取满足条件的圆弧，结果如图 4-191 所示。

③ 用相同的方法绘制图 4-192 所示的圆弧。

④ 单击按钮，绘制两端点坐标分别为（80，80，0）、（80，90，0）的线段，用同样的方法绘制两端点坐标分别为（-80，-80，0）、（-80，-90，0）的线段，结果如图 4-193 所示。

⑤ 单击按钮，设置前视图构图。

⑥ 单击按钮，绘制圆心坐标为(0，0，0)，半径分别为 40、30 的两圆，结果如图 4-194 所示。

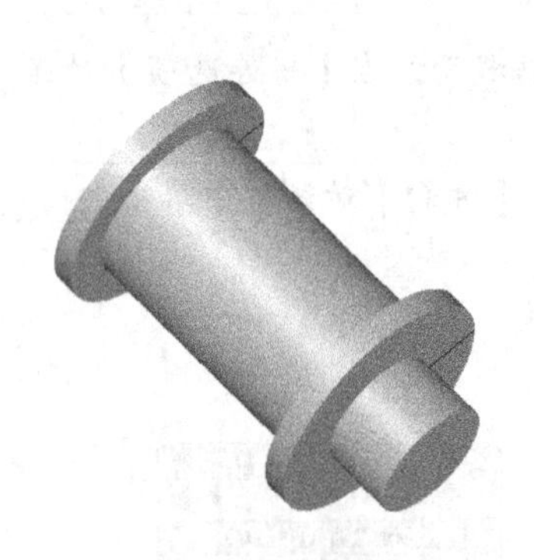

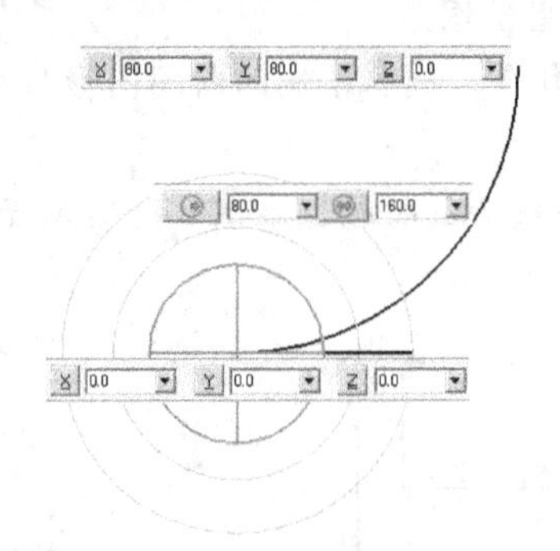

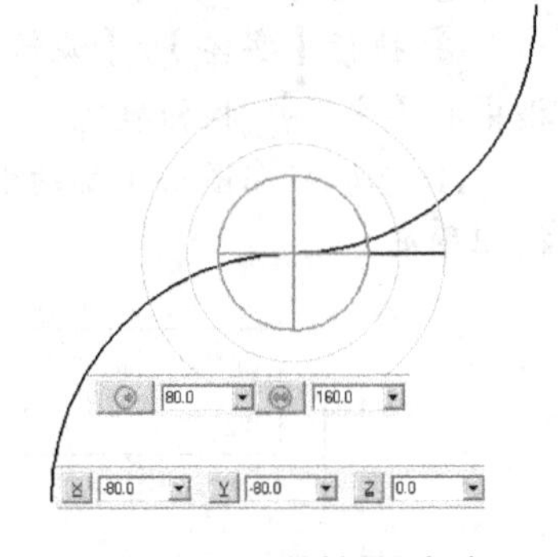

图 4-190 圆柱体　　图 4-191 绘制圆弧（1）　　图 4-192 绘制圆弧（2）

（5）创建实体扫描特征

① 将图层 2 设置为当前图层。

② 执行【实体】/【扫描】命令，依次选取图 4-194 所示的两个圆，在【串连选项】对话框中单击按钮确定。

③ 选取图 4-193 所示的曲线为扫描轨迹，实体扫描结果如图 4-195 所示。

（6）绘制实体挤出截面

① 单击按钮，设置右视图构图，新建图层 3，将其设置为当前图层。

② 单击按钮，绘制圆心坐标为（0，42.5，0），半径为 4.5 的圆，然后将其旋转形成均布的 4 个圆的挤出截面 1，结果如图 4-196 所示。

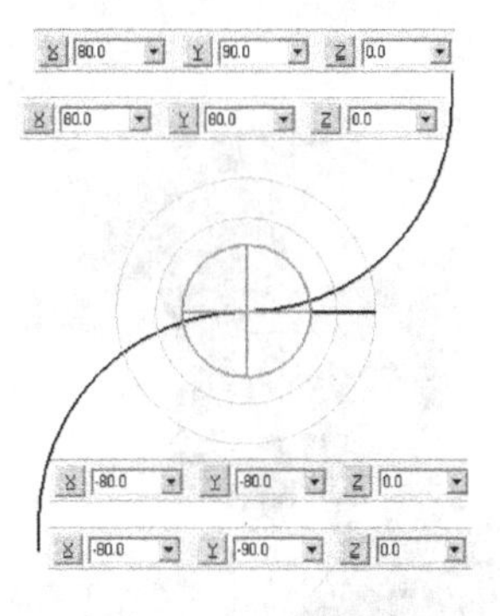
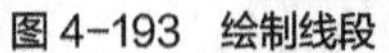
图 4-193 绘制线段

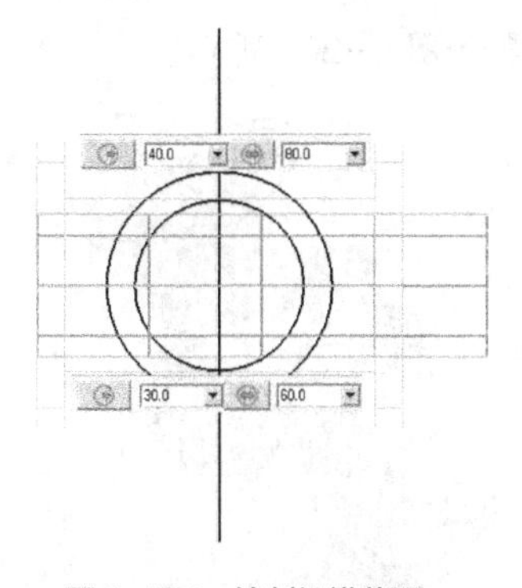
图 4-194 绘制扫描截面

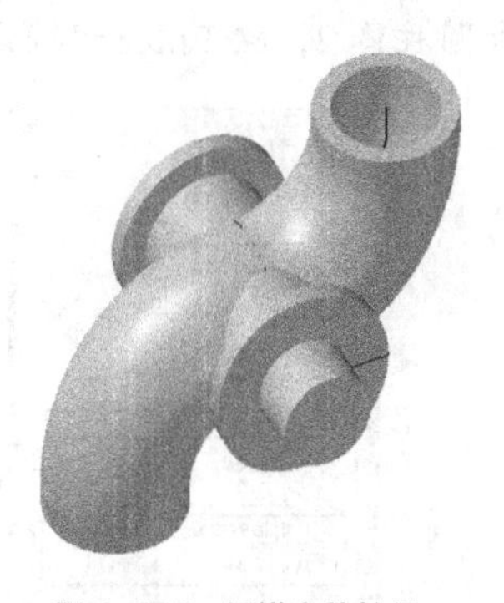
图 4-195 扫描实体特征

③ 单击按钮，设置俯视图构图，并设置构图深度为 90，绘制图 4-197 所示的挤出截面 2，其中圆心坐标为（0，80，90）。

④ 将构图深度改为 -90，绘制出图 4-198 所示的挤出截面 3，该截面与截面 2 完全一致并且关于 *X* 轴对称。

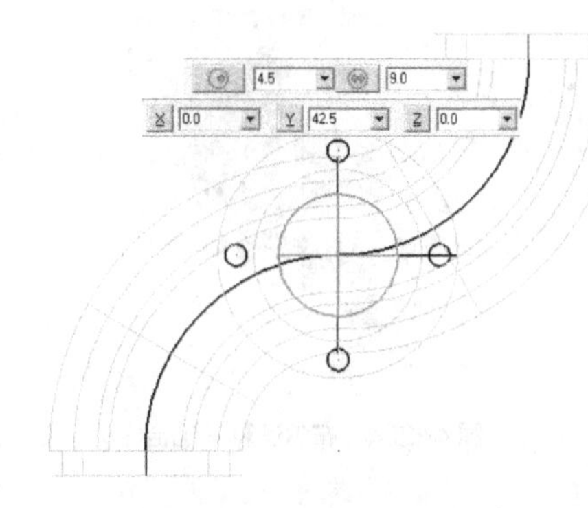
图 4-196 绘制挤出截面（1）

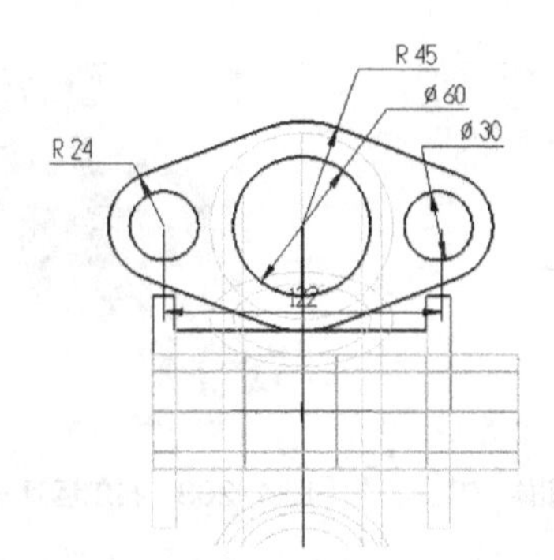

图 4-197 绘制挤出截面（2）

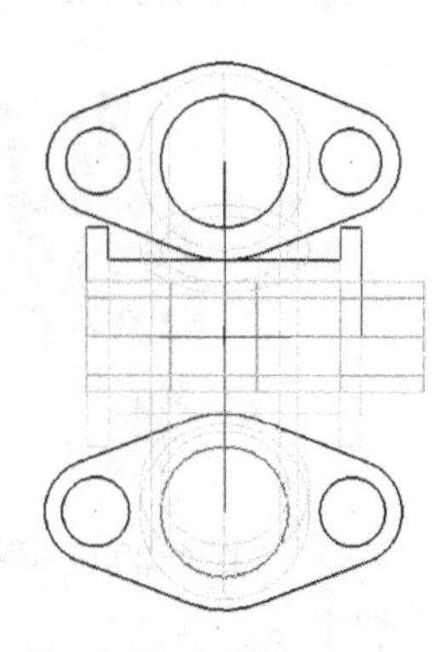
图 4-198 绘制挤出截面（3）

要点提示

这一步也可以直接对截面 2 进行复制处理来得到图 4-198 所示的图形。具体方法：首先将截面 2 沿 X 轴镜像复制处理，再将视图模式转为侧视图，对复制的图形沿 X 轴进行镜像复制处理即可。

弯管的设计 3

（7）创建实体挤出特征

① 将图层 2 设置为当前图层。

② 执行【实体】/【挤出】命令，依次选取图 4-196 所示的 4 个均布圆。

③ 在图 4-199 所示的【挤出串连】对话框中分别选中【切割实体】和【全部贯穿】单选项，勾选【两边同时延伸】复选项，并选取挤出实体为切除主体，结果如图 4-200 所示。

④ 创建挤出截面 2 和 3 的挤出特征，挤出距离为 20，结果如图 4-201 所示。

（8）实体编辑

① 隐藏图层 1 及图层 3 的显示。

② 执行【实体】/【布尔运算 – 切割】命令，依次选取图 4-202 所示的旋转实体特征 1

和圆柱体 2，按 Enter 键确定，结果如图 4-203 所示。

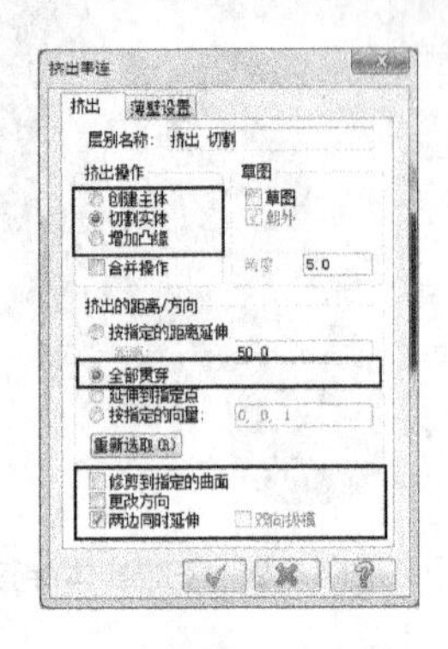

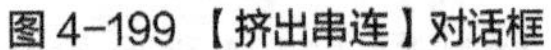

图 4-199 【挤出串连】对话框

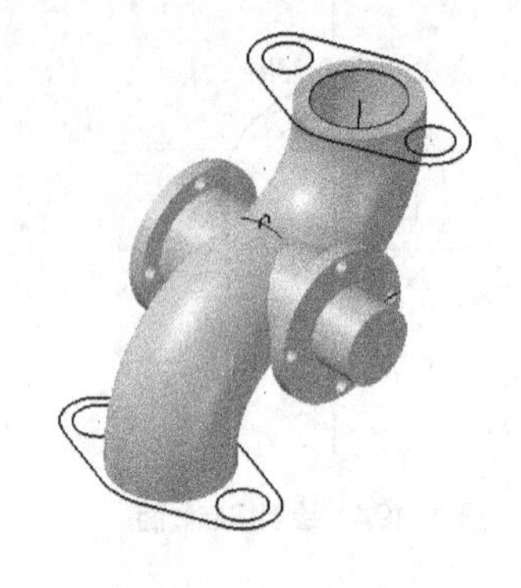

图 4-200 挤出切除实体特征

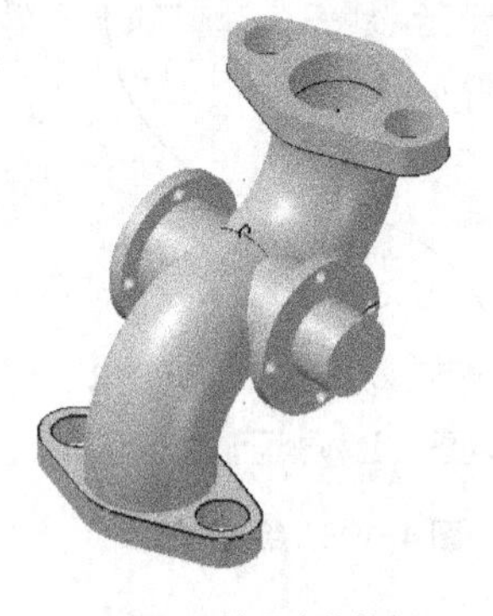

图 4-201 挤出实体特征

③ 执行【实体】/【布尔运算 - 结合】命令，依次选取图 4-202 所示旋转实体特征 1 和扫描实体特征 3，按 Enter 键确定。

④ 用相同的方法将图 4-202 所示挤出实体特征 4 和 5 依次与主体结合，最终结果如图 4-204 所示。

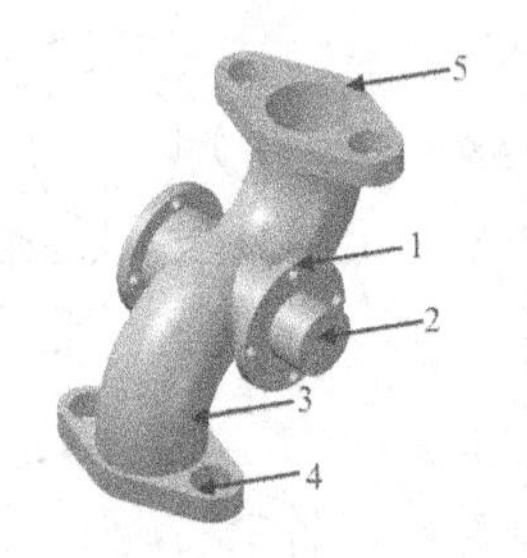

图 4-202 选取实体

图 4-203 布尔运算 - 切割

图 4-204 布尔运算 - 结合

4.4.2 综合应用——设计活塞

活塞是往复活塞式内燃机、压缩机和泵等机械的缸体内沿缸体轴线往复运动的机械零件，在高温高压燃气的推动下做功或活塞在外力作用下对缸体内的流体施加压力，以引起流体流动和提高其压力，是发动机设计中的核心部件。下面以图 4-205 所示的活塞模型的设计介绍挤出实体、挤出切割实体、抽壳、旋转实体、实体修饰等操作。

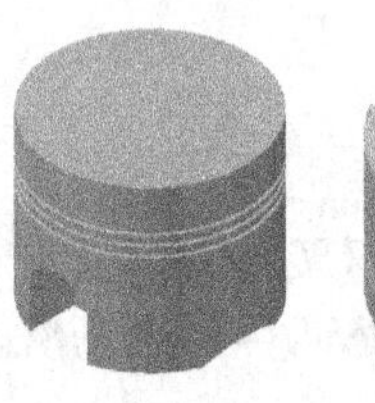

图 4-205 活塞

1. 涉及的应用工具

① 绘图环境设置，包括绘图平面、坐标轴的显示以及线宽的设置。

② 创建挤出实体特征，生成活塞主体。

③ 创建挤出切除实体特征，生成活塞工程特征。

④ 通过实体抽壳，将活塞主体创建为薄壁零件。

⑤ 通过创建旋转切除实体特征，生成活塞密封环槽。

⑥ 创建实体倒圆角特征，修饰活塞模型。

2. 操作步骤概况

操作步骤概况，如图 4-206 所示。

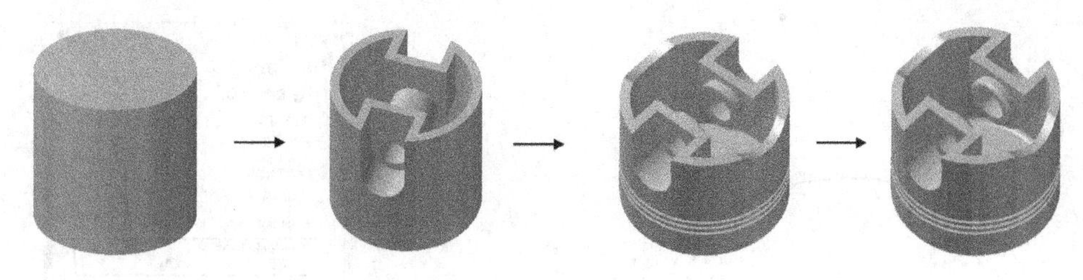

图4-206 操作步骤

3. 创建活塞模型

（1）绘图环境设置

① 在工具栏中单击按钮，设置俯视图构图。

② 设置线宽为第二条实线。

（2）创建活塞主体

① 单击按钮，输入圆心坐标（0，0，0），绘制半径为40的圆，结果如图4-207所示。

② 新建图层2，设置为当前图层。并单击按钮，设置等角视图构图。

③ 执行【实体】/【挤出】命令，选取绘制的圆，然后单击【串连选项】对话框中的按钮确定。

④ 在弹出的【挤出串连】对话框中设置挤出参数为80，挤出方向向上，并单击按钮进行图形着色，结果如图4-208所示。

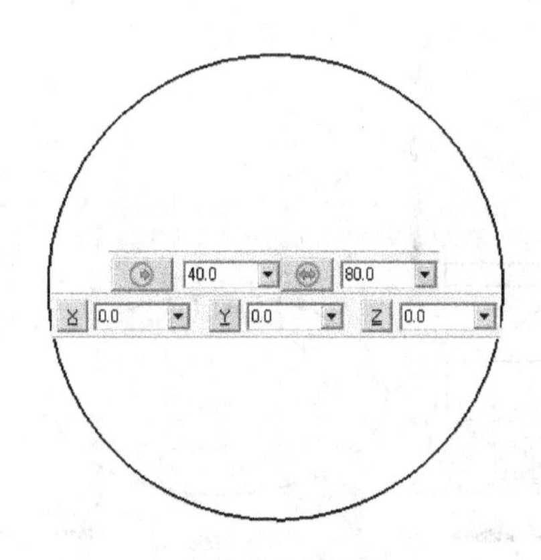

图4-207 绘制圆

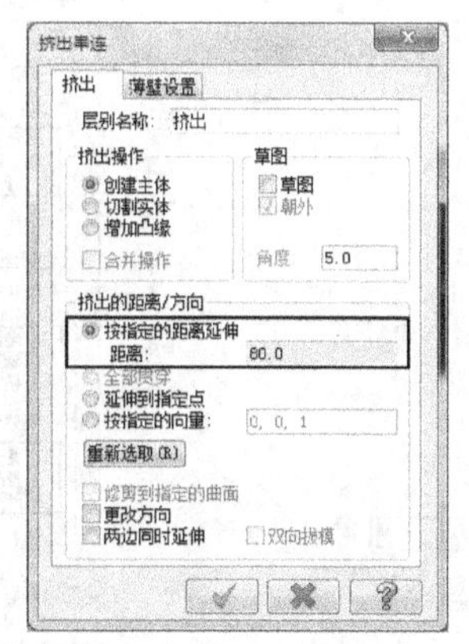

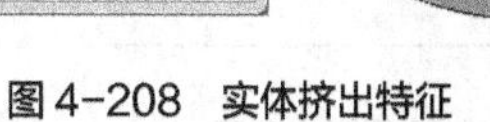

图4-208 实体挤出特征

要点提示

更改挤出方向有以下几种方法。

（1）单击绘图区挤出截面上的方向箭头标识，如图4-209所示。

（2）在【挤出串连】对话框中输入负数值，如“-80”。

（3）勾选【挤出串连】对话框中的【更改方向】复选项，如图4-210所示。

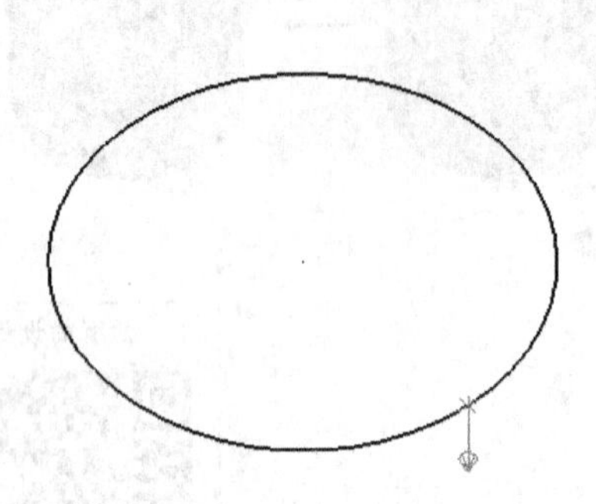

图 4-209 挤出方向

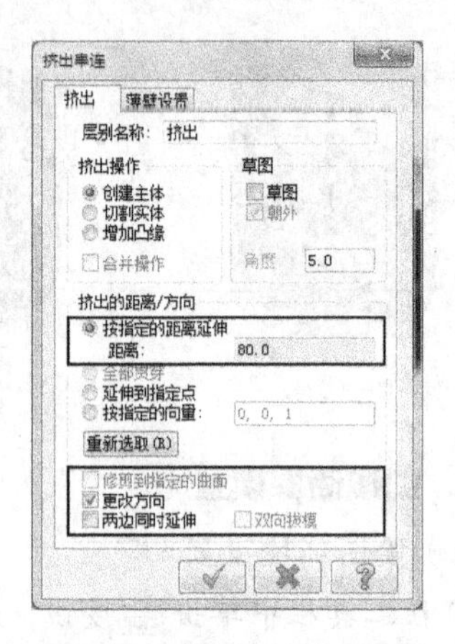

图 4-210 【挤出串连】对话框

（3）创建挤出实体切除特征 1

① 单击按钮，设置前视图构图，并将图层 1 设置为当前图层。

② 单击按钮，输入圆心坐标(0，30，0)，绘制直径为 15 的圆，结果如图 4-211 所示。

③ 设置图层 2 为当前图层。并单击按钮，设置等角视图构图。

④ 执行【实体】/【挤出】命令，选取绘制的圆，单击按钮确认，在弹出的【挤出串连】对话框中选中【切割实体】和【全部贯穿】单选项，勾选【两边同时延伸】复选项，单击按钮确认，结果如图 4-212 所示。

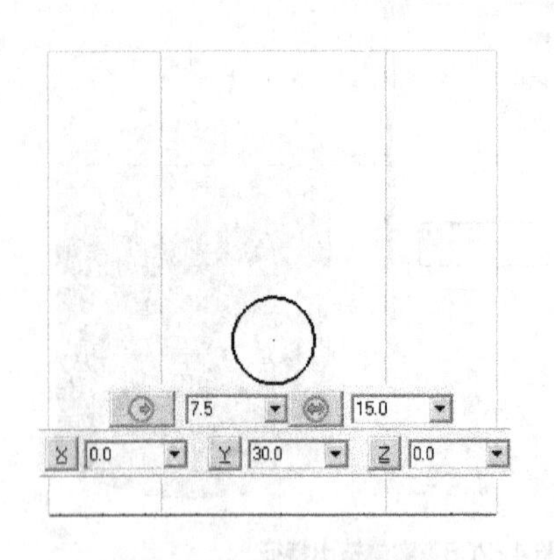

图 4-211 绘制挤出截面

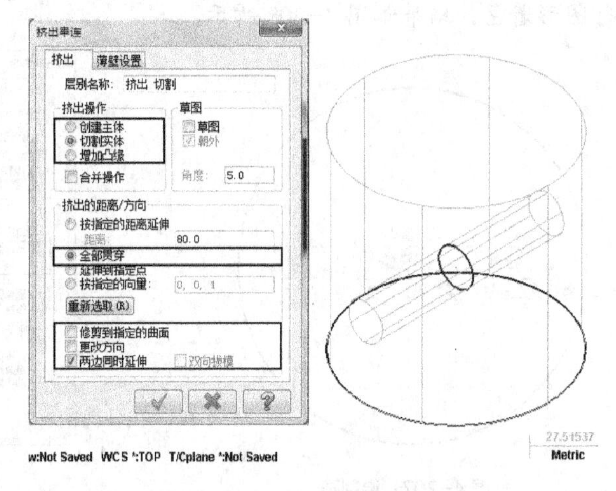

图 4-212 挤出实体切除特征

（4）绘制挤出实体截面

① 单击按钮，设置前视图构图，并将图层 1 设置为当前图层。

② 执行【绘图】/【圆弧】/【极坐标圆弧】命令，输入圆心坐标为(0，30，0)，绘制直径为 24，起始角度为 0°，终止角度为 180° 的圆弧，如图 4-213 所示。

③ 单击按钮，分别以圆弧的两端点为起始点，绘制长度为 30，角度为 270° 的线段，然后连接两条线段的的下端点，结果如图 4-214 所示。

④ 执行【转换】/【平移】命令，选择绘制的圆弧和 3 条线段，按 Enter 键确定，在弹出的【平移】对话框中设置参数，结果如图 4-215 所示。

⑤ 用相同的方法反方向复制图形，结果如图 4-216 所示。

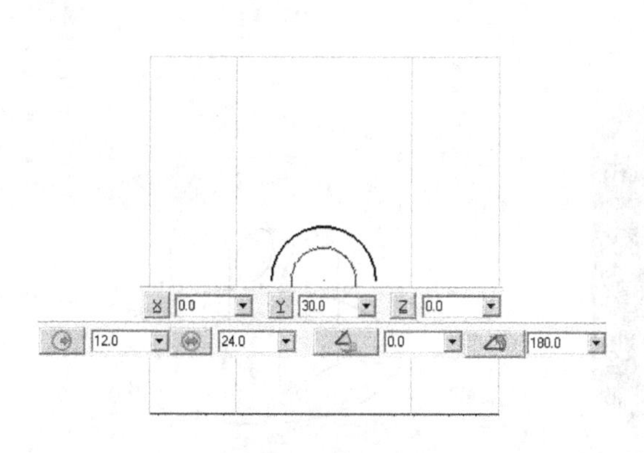

图 4-213　绘制圆弧

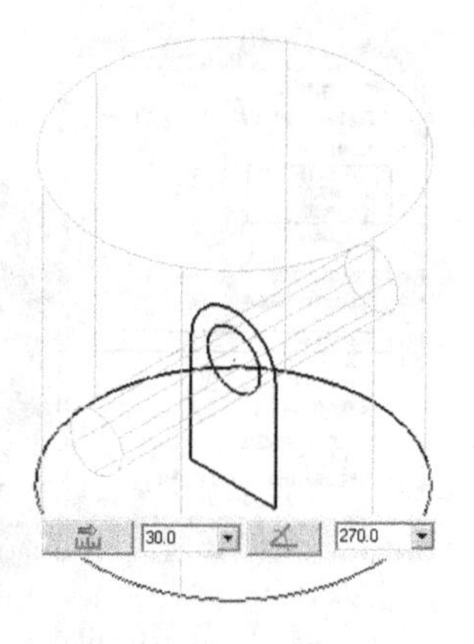

图 4-214　绘制线段

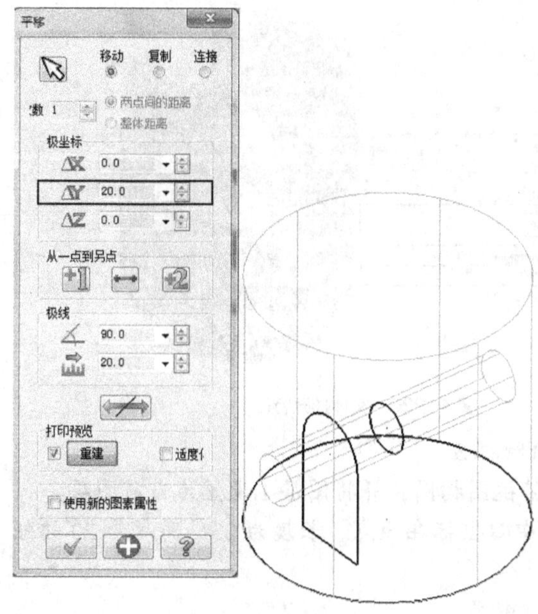

图 4-215　平移图形

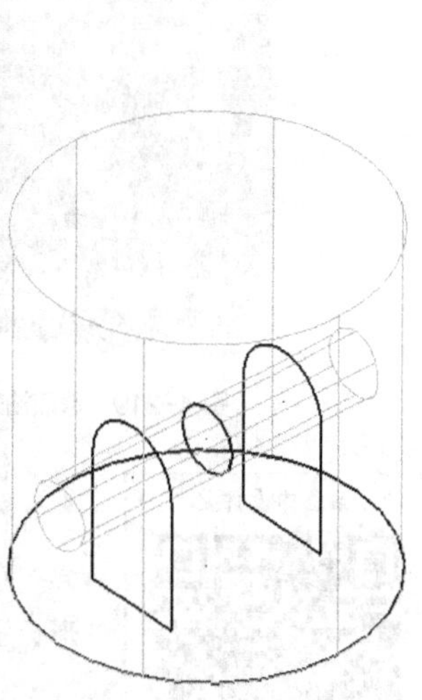

图 4-216　复制图形

（5）创建挤出实体切除特征 2

① 将图层 2 设置为当前图层。

② 执行【实体】/【挤出】命令，选取其中一个平移图形，然后单击【串连选项】对话框中的 按钮确定。

③ 在【挤出串连】对话框中依次选中【切割实体】和【全部贯穿】单选项，结果如图 4-217 所示。

④ 用相同的方法创建另一平移图形的实体切除特征，结果如图 4-218 所示。

（6）创建实体抽壳特征

① 隐藏图层 1 的显示。

② 执行【实体】/【抽壳】命令，选取图 4-219 所示的面为要开启的面，然后按 Enter 键确定。

③ 在【实体抽壳】对话框中设置向内抽壳厚度为 5，结果如图 4-220 所示。

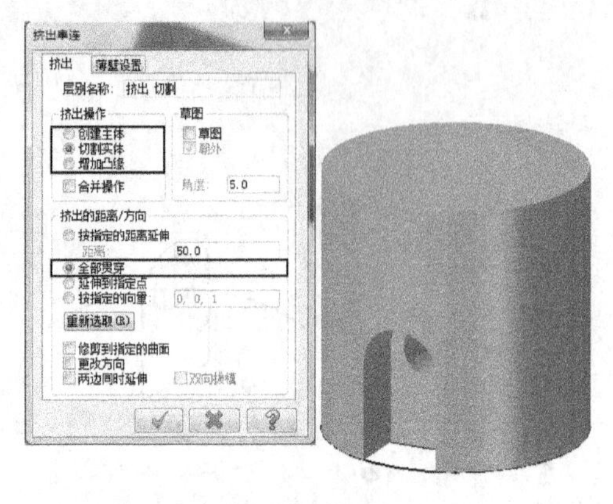

图 4-217 挤出实体切除特征（1）

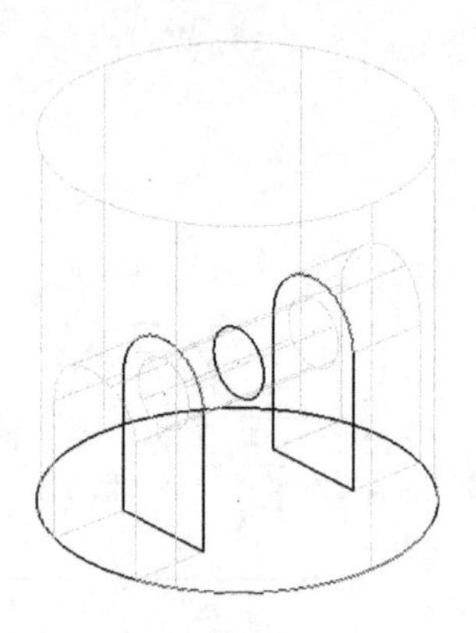

图 4-218 挤出实体切除特征（2）

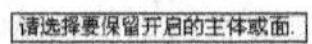

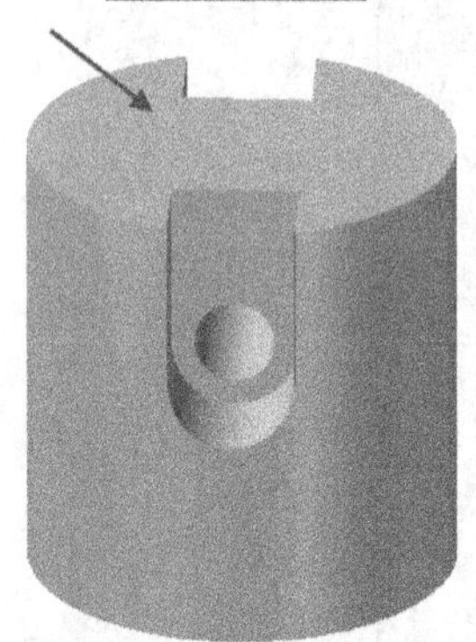

图 4-219 选取抽壳面

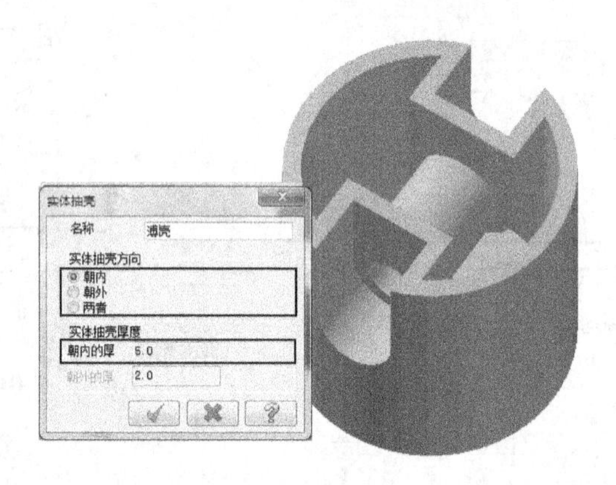

图 4-220 实体抽壳特征

（7）创建挤出实体切除特征 3

① 单击按钮，设置俯视图构图，并将图层 1 设置为当前图层。

② 单击按钮，绘制中心坐标在原点，长度为 25，高度为 20 的矩形，如图 4-221 所示。

③ 将图层 2 设置为当前图层。

④ 执行【实体】/【挤出】命令，选取绘制的矩形为挤出截面，在【挤出串连】对话框中设置切除实体参数为 50，结果如图 4-222 所示。

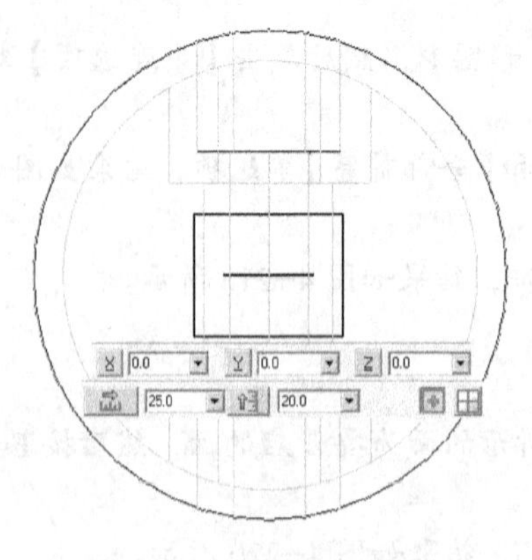

图 4-221 绘制矩形挤出截面

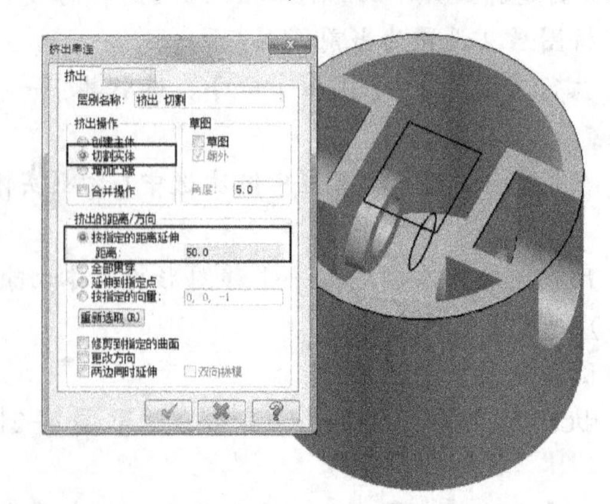

图 4-222 挤出实体切除特征

（8）绘制旋转实体截面和旋转轴

① 单击按钮，设置前视图构图，并将图层 1 设置为当前图层。

② 单击按钮，绘制位置输入坐标分别为（38.5，65，0）、（40，63，0）的矩形，按 Enter 键确定，结果如图 4-223 所示。

③ 执行【转换】/【平移】命令，选择绘制的矩形，按 Enter 键确定，在弹出的【平移】对话框中设置平移参数，结果如图 4-224 所示。

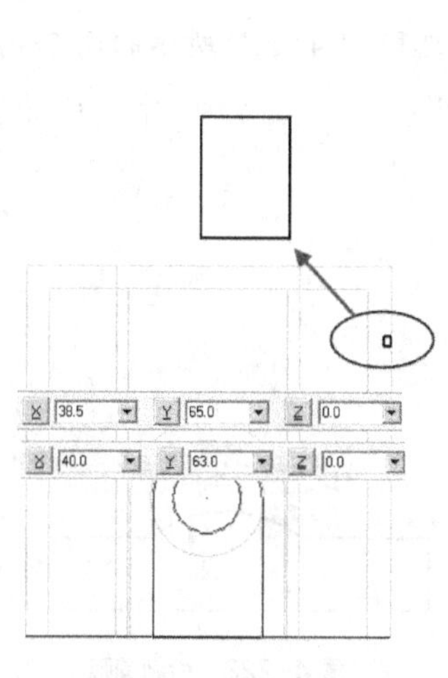

图 4-223 绘制旋转截面

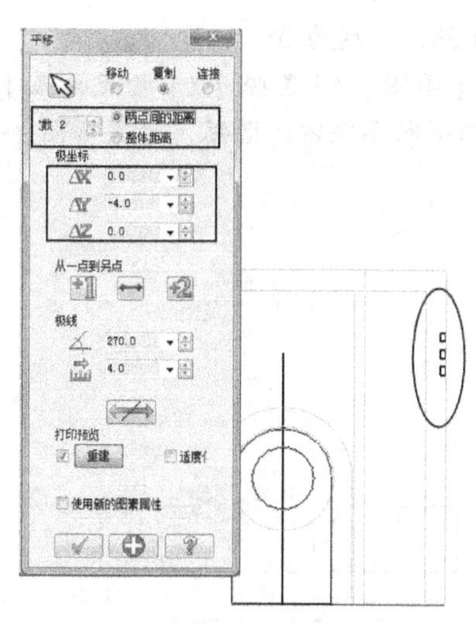

图 4-224 平移图形

④ 单击按钮，绘制起始点和终点坐标分别为（0，0，0）和（0，60，0）线段，然后单击按钮确定。

（9）创建旋转实体切除特征

① 执行【实体】/【旋转】命令，依次选取经平移的 3 个矩形，然后单击【串连选项】对话框中的按钮确定。

② 选取刚绘制的线段为旋转中心，按 Enter 键确定，在图 4-225 所示的【方向】对话框中调整方向，然后单击按钮确定。

③ 在【旋转实体的设置】对话框中设置旋转参数，结果如图 4-226 所示。

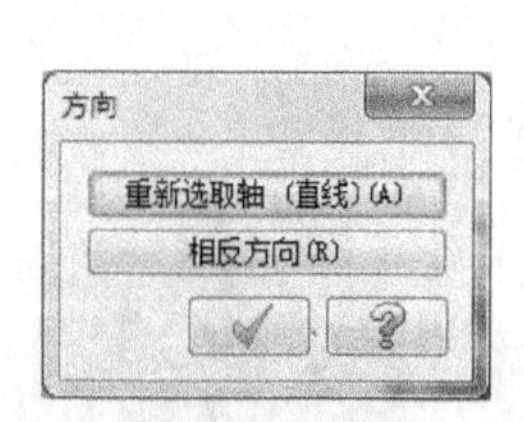

图 4-225 【方向】对话框

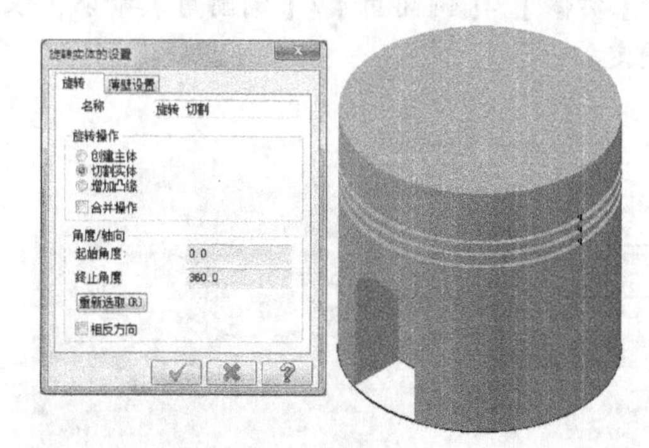

图 4-226 旋转实体切除特征

（10）绘制挤出实体截面

① 单击按钮，设置右视图构图，隐藏图层 1 的显示，并新建图层 3，将其设置为当前图层。

② 单击按钮，在工具栏中单击按钮，依次绘制以下线段，结果如图 4-227 所示。

- 始点和终点分别为（15，14，0）和（40，14，0）。
- 长度为 14，角度为 270°。
- 长度为 80，角度为 180°。
- 长度 14，角度 90°。
- 长度为 25，角度为 0°。

③ 执行【绘图】/【圆弧】/【两点画弧】命令，选取图 4-227 所示的两个端点，输入半径为 25，然后选取要保留的圆弧，结果如图 4-228 所示。

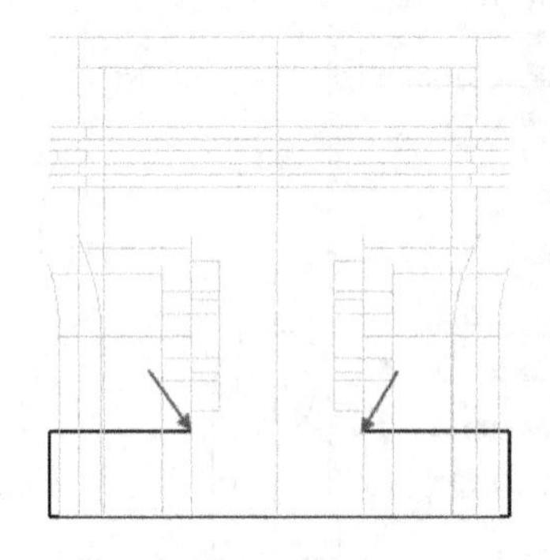

图 4-227　选取端点

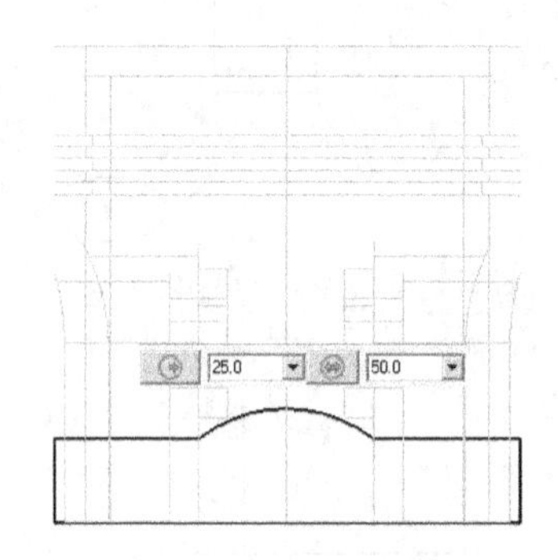

图 4-228　绘制圆弧

（11）创建挤出实体切除特征 4

① 将图层 2 设置为当前图层。

② 执行【实体】/【挤出】命令，选取刚绘制的截面图形，然后单击【串连选项】对话框中的按钮确定。

③ 在【挤出串连】对话框中依次选中【切割实体】和【全部贯穿】单选项，勾选【两边同时延伸】复选项，结果如图 4-229 所示。

（12）创建实体倒圆角特征

① 隐藏图层 3 中图素的显示。

② 执行【实体】/【倒圆角】/【倒圆角】命令，依次选取图 4-230 所示的倒圆角，然后按 Enter 键确定。

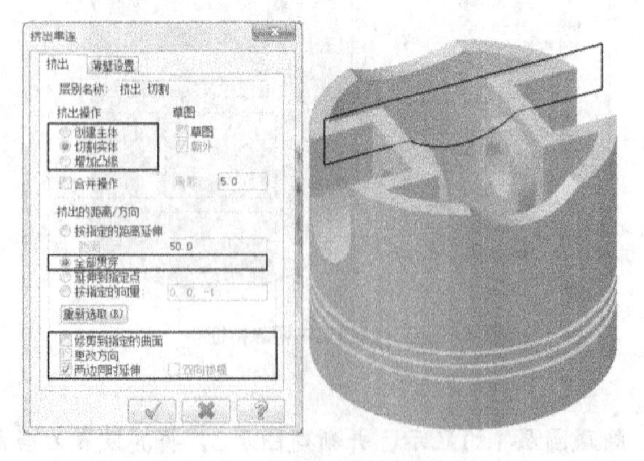

图 4-229　挤出实体切除特征

图 4-230　倒圆角边

③ 在弹出的【倒圆角参数】对话框中设置倒圆角半径为 2.0，单击 ✓ 按钮确定。

④ 用相同的方法对另一边倒圆角，结果如图 4-231 所示。

⑤ 选取图 4-232 所示的边进行实体倒圆角，倒圆角半径为 3，最终结果如图 4-233 所示。

图 4-231 实体倒圆角

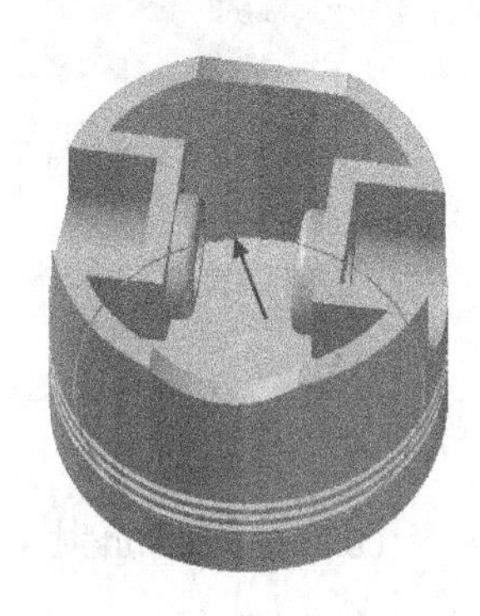
图 4-232 实体倒圆角边

图 4-233 最终结果

本章小结

使用圆柱体、立方体和球体基本实体可以快速搭建实体模型，这对于创建形状比较规则和简单的零件来说，是一种方便快捷的建模方法。如果再配合布尔运算，对基本体进行结合和切割等运算，可以获得更加丰富的设计结果。

举升实体是一种设计原理更具有一般性的建模方法，可以将一组相互平行的截面顺次连接并平滑过渡来生成实体模型。建模时，应该注意各截面的串联方向以及起始点的选择，选择不当可能会造成模型形状的扭曲。

曲面和实体之间并没有不可逾越的鸿沟，二者在一定条件下可以相互转换。对于封闭的曲面，可以对其内部填充创建实体特征，也可以将其中一部分表面转换为薄片实体。对于不封闭曲面，无法直接将其加厚为实体，应该先将其转换为薄片实体后再对其进行加厚操作。

习题

1. 思考题

（1）创建实体造型的基本方法都有哪些？

（2）如何使用旋转、挤出、扫描、抽壳等实体工具？

2. 操作题

（1）利用实体旋转等设计工具，创建图 4-234 所示的模型特征。操作步骤提示如图 4-235 所示。

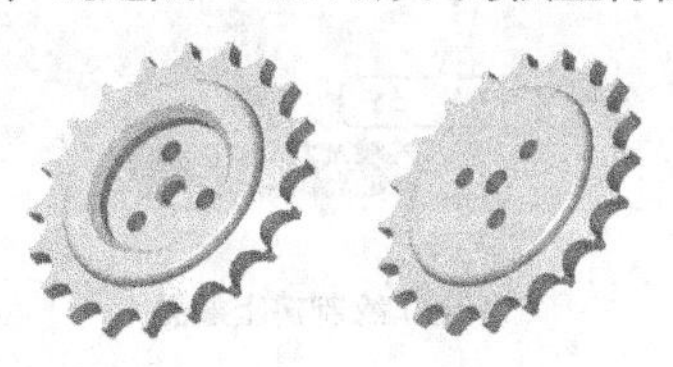
图 4-234 练习（1）

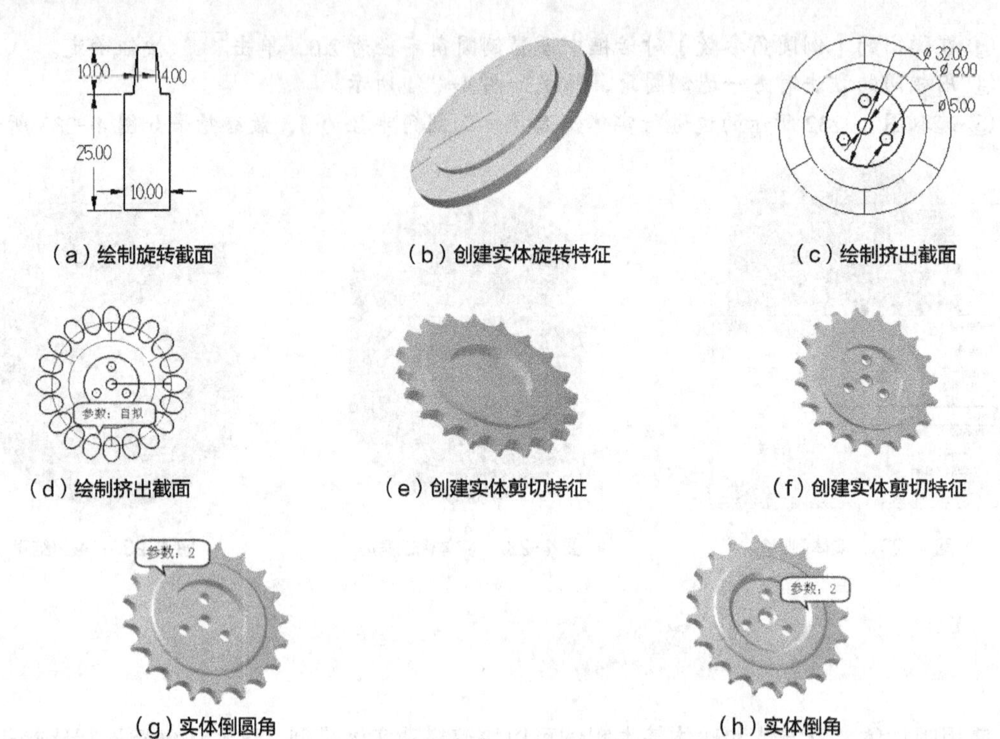

（a）绘制旋转截面　（b）创建实体旋转特征　（c）绘制挤出截面

（d）绘制挤出截面　（e）创建实体剪切特征　（f）创建实体剪切特征

（g）实体倒圆角　（h）实体倒角

图 4-235　步骤提示（1）

（2）利用实体旋转等设计工具，创建图 4-236 所示的模型特征。操作步骤提示如图 4-237 所示。

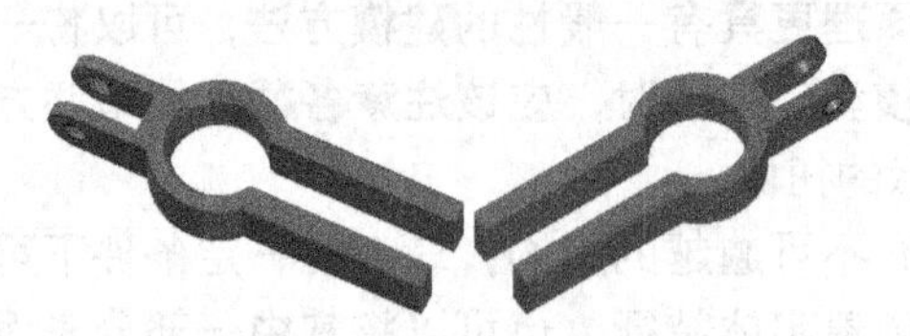

图 4-236　练习（2）

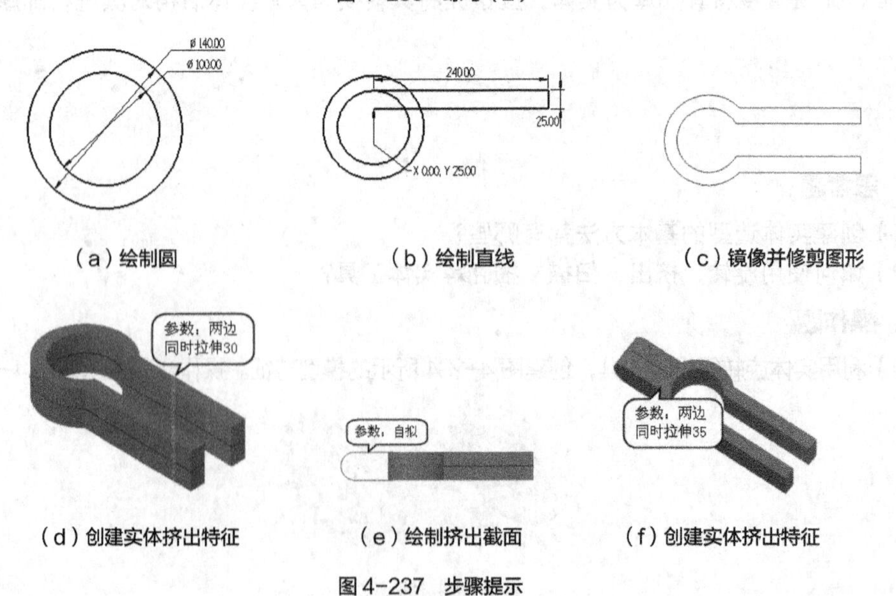

（a）绘制圆　（b）绘制直线　（c）镜像并修剪图形

（d）创建实体挤出特征　（e）绘制挤出截面　（f）创建实体挤出特征

图 4-237　步骤提示

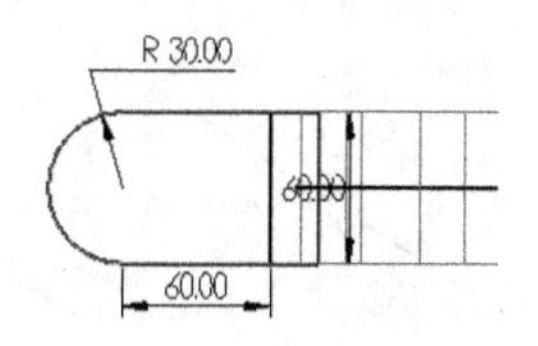

（g）绘制挤出截面

（h）创建实体剪切特征

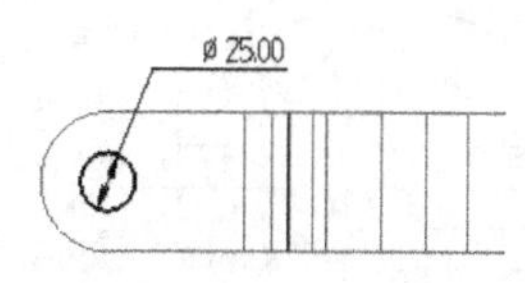

（i）绘制挤出截面

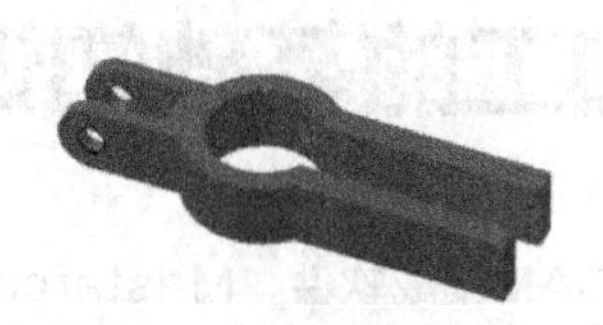

（j）创建实体剪切特征

（k）实体倒圆角

（l）实体倒角

图 4-237 步骤提示（续）

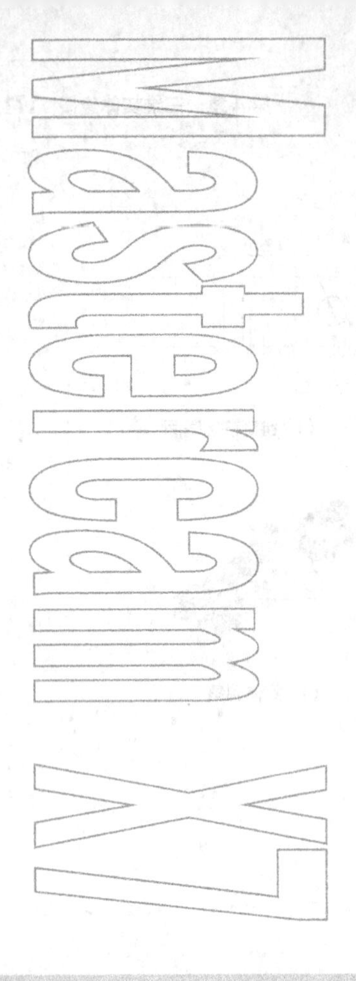

Chapter 5

第5章 CAM加工的基础知识

作为一个CAD/CAM集成软件，Mastercam X7系统包括了设计（CAD）和加工（CAM）两大部分。CAM的最终目的就是要生成加工路径和程序，CAD主要是为CAM服务的。在本书的前半部分讲述了Mastercam X7中CAD方面的相关知识，接下来将重点介绍Mastercam X7中CAM方面的相关知识。

本章重点讲解使用Mastercam X7进行数控加工的基本设置，如加工坐标系、工件设置、刀具管理、操作管理、后处理等设置。

学习目标

- 掌握Mastercam X7的机床类型以及应用范围。
- 掌握刀具管理器的使用技巧。
- 熟悉操作管理器的基本模块。
- 掌握模拟加工、后处理的操作要领。

5.1 CAM 加工环境概述

对于数控加工，首先要建立几何模型，系统根据几何模型再生成相应的 NC 代码，最后由这些 NC 代码驱动机床进行相应的动作，加工出满足设计意图和使用要求的零件。几何模型的建立由 CAD 完成，NC 代码的生成和加工由 CAM 完成。

5.1.1　机床及加工类型

在 Mastercam X7 的【机床类型】主菜单中包括图 5-1 所示的【铣床】、【车床】、【线切割】、【雕刻】以及【铣削车】5 个选项。选取其中的任意一项，就可以针对不同类型的机床来设置具体的参数，不同机床类型所对应的对话框内容也不尽相同。

① 铣床模块不仅可以用来生成铣削加工刀具路径，还可以进行外形铣削、型腔加工、钻孔加工、平面加工、曲面加工、多轴加工等的模拟。

② 车床模块不仅可以用来生成车削加工刀具路径，还可以进行粗车、精车、切槽以及车螺纹的加工模拟。

③ 线切割模块主要用来生成线切割激光加工路径，从而高效地编制出任何线切割加工程序，可进行多轴上下异形零件的加工模拟，并支持各种 CNC 控制器。

1. 铣床

铣床模块是 Mastercam X7 的主要功能，在【机床类型】主菜单中选取【铣床】选项，铣床类型如图 5-2 所示。

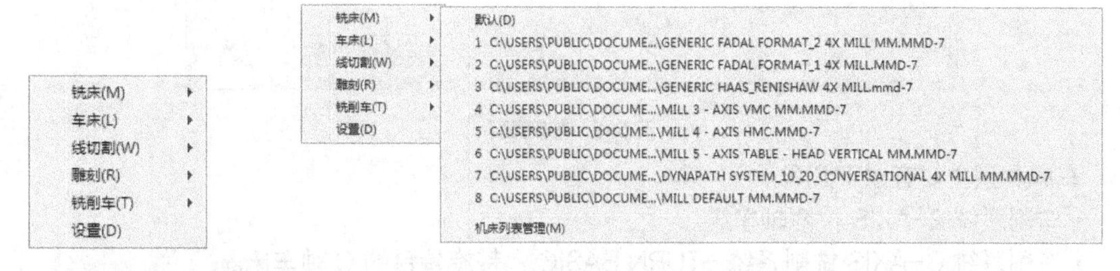

图 5-1 【机床类型】主菜单　　　　图 5-2　铣床类型

铣床类型主要有以下几种。

（1）铣削系统 3-AXIS HMC：3 轴卧式铣床，该类铣床的主轴平行于机床工作台面。

（2）铣削系统 3-AXIS VMC：3 轴立式铣床，该类铣床的主轴垂直于机床工作台面。

（3）铣削系统 4-AXIS HMC：4 轴卧式铣床。

（4）铣削系统 4-AXIS VMC：4 轴立式铣床。

要点提示

在 3 轴铣床的工作台上加一个数控分度头，并和原来的 3 轴联动，就变成了 4 轴联动数控铣床。

（5）铣削系统 5-AXIS TABLE-HEAD VERTICAL：5 轴立式铣床。

（6）铣削系统 5-AXIS TABLE-HEAD HORIZONTAL：5 轴卧式铣床。

要点提示

如果在 3 轴铣床工作台上安装一个数控回转工作台，在数控回转工作台上再安装一个数控分度头，就变成了 5 轴联动数控铣床。

（7）铣削系统 DEFAULT：系统默认的铣床类型。

2. 车床

车床模块可用来生成车削加工刀具路径，在【机床类型】主菜单中选取【车床】/【机床列表管理】选项，系统弹出图 5-3 所示的【自定义机床菜单管理】对话框，从中可选取常用的车床类型。

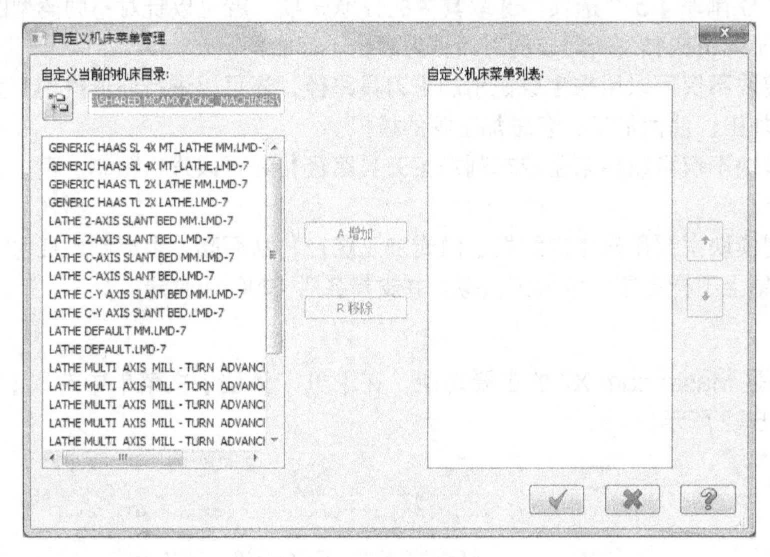

图 5-3　车床类型

车床类型主要有以下几种。

- 车削系统 2-AXIS：两轴车床。
- 车削系统 C-AXIS 铣削系统 -TURN BASIC：带旋转台的 C 轴车床。
- 车削系统 DEFAULT：系统默认的车床类型。
- 车削系统 MULTI-AXIS、铣削系统 -TURN ADVANCED 2-2：带 2-2 旋转台的多轴车床。
- 车削系统 MULTI-AXIS、铣削系统 -TURN ADVANCED 2-4-B：带 2-4-B 旋转台的多轴车床。
- 车削系统 MULTI-AXIS、铣削系统 -TURN ADVANCED 2-4：带 2-4 旋转台的多轴车床。

要点提示

其中 2-2 的多轴车床指的是双主轴数控车床，当再在双主轴数控车床配备两个独立的回转刀架时，就可以进行 4 轴控制，即为 2-4 旋转台的多轴车床。

3. 线切割

线切割模块用来生成线切割激光加工路径，在【机床类型】主菜单中选取【线切割】/【机床列表管理】选项，系统弹出图 5-4 所示的【自定义机床菜单管理】对话框，从中可选取常用的线切割激光机床类型。

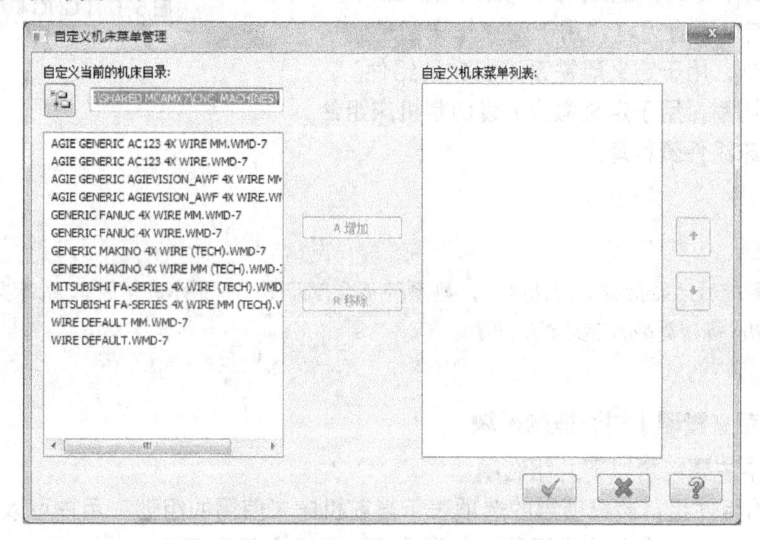

图 5-4 【自定义机床菜单管理】对话框

一般情况下，选择默认的机床选项（即【默认】选项），由系统自行判定该零件用何种机床。

5.1.2 机床管理器

执行【设置】/【机床定义管理器】命令，打开图 5-5 所示【机床定义管理】在对话框，在该对话框中可对设备的选择、定义进行集中管理。

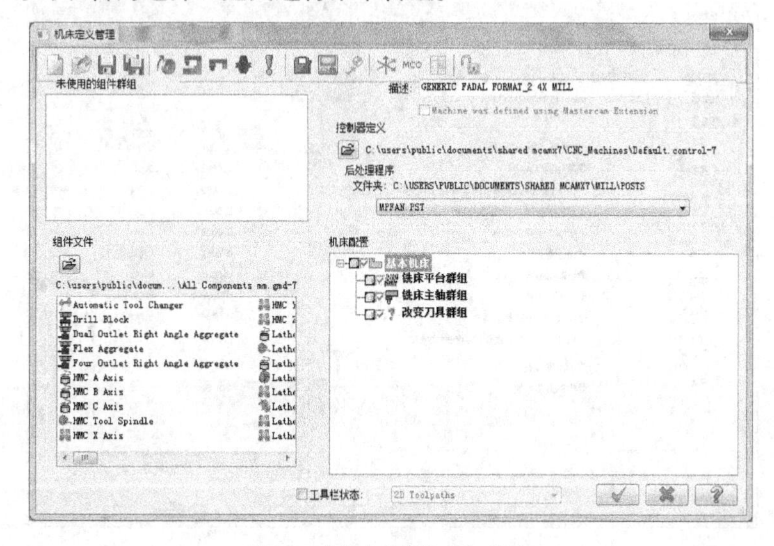

图 5-5 【机床定义管理】对话框

1. 新建 CNC 机床

图 5-6 【CNC 机床类型】对话框

在【机床定义管理】对话框中单击 按钮，系统弹出图 5-6 所示的【CNC 机床类型】对话框，包括以下几个按钮。

- ：铣床 / 立式 / 卧式，用于定义铣床组件。
- ：车床 / 垂直刀塔，用于定义车床组件。
- ：雕刻，用于定义雕铣系统机床的组件。
- ：线切割，用于定义激光 / 线切割机床组件。
- ：机床组件资料库。

要点提示

如果用户进入系统后已经指定了机床类型，则系统不会打开图 5-6 所示的【CNC 机床类型】对话框，而会直接进入相应机床类型的定义对话框中。

2.【机床定义管理】对话框的模块

该对话框中主要包含以下几组选项。

• 未使用的组件组：该选项组的选项表示当前机床未使用的组件，用户可以直接双击需要添加的机床组件，系统会自动将组件加入到【机床参数】列表框中。

• 组件文件：该选项组显示当前组件文件路径，并列出该文件所包含的组件。当然，用户也可以自定义组件文件。

• 控制器定义器：用于指定机床控制器，该选项只有在指定了相应的机床后才会显亮。

• 机床参数：当设定了相应的机床类型、机床组件等后，其下的列表区会列出相应的条目。

5.1.3 控制器定义

执行【设置】/【控制器定义】命令，系统打开图 5-7 所示【自定义控制器】对话框。

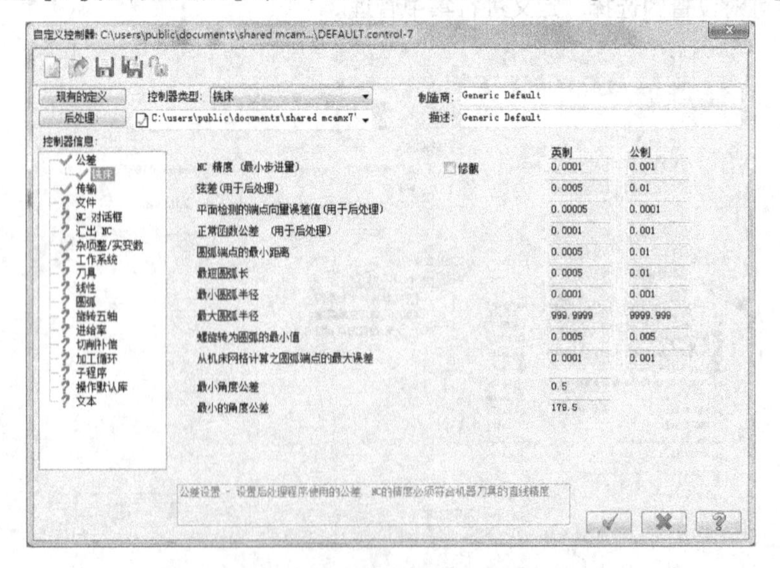

图 5-7 【自定义控制器】对话框

单击按钮，用户可以对控制器进行自定义，自定义的参数将作为后处理生成 NC 代码的基本规则。

5.2 刀具设置

Mastercam X7 系统在生成刀具路径前，首先要选择该加工中使用的刀具。根据零件的工艺性，一个零件的加工往往会分成多个加工步骤，并使用多把刀具，刀具的选择直接影响加工的成败和效率。刀具参数的设置是 Mastercam X7 加工参数设置的重点，具有重要的地位。在众多的 CAD/CAM 软件中，Mastercam X7 之所以占有一席之地，其强大的刀具管理功能也是其原因之一。

5.2.1 刀具管理器

执行【刀具路径】/【刀具管理器】命令，系统打开图 5-8 所示的【刀具管理】对话框。

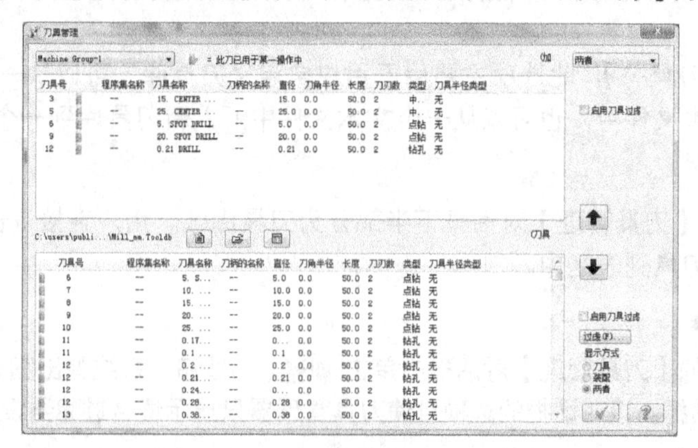

图 5-8 【刀具管理】对话框

下面介绍【刀具管理】对话框的主要组成部分。

1. 刀具列表区

图 5-8 所示的【刀具管理】对话框上半部分为刀具列表区，用户除了可以查看已添加刀具的基本信息，还可以对刀具进行添加、删除和编辑等基本操作。选择了合适的刀具以后，系统就会在列表区中显示当前刀具的基本属性，主要包括下列参数。

（1）刀具号

显示出已设置刀具的编号，一般为数字。

（2）类型

显示出已设置刀具的类型，如铣削系统平底铣刀、球头铣刀等。

（3）直径

显示出已设置刀具的直径，单位为 mm。

（4）刀具名称

显示出已设置刀具的名称，显示格式一般为“刀具直径 . 刀具类型”。

（5）刀角半径

显示出已设置刀具的刀角半径，单位为 mm。通过刀具直径和刀角半径，可以判断出当前铣刀的类型，当刀角半径等于刀具半径时，即为球头铣刀；刀角半径为 0 时，即为平底铣刀；否则为鼻铣刀。

（6）刀具半径类型

从刀角形状，可以区分刀具的基本类型。当选择不同的刀具后，此项参数会显示【无】、【角落】和【全部】3 种格式。

•【无】表示无刀角，即刀角半径为 0。

•【角落】表示有刀角，即刀角半径小于刀具半径。

•【全部】表示全刀角，即刀角半径等于刀具半径。

若列表中没有显示所需刀具，则可通过单击鼠标右键，在弹出的图 5-9 所示的快捷菜单中选择【创建新刀具】选项来添加新刀。

此快捷菜单中常用选项的功用如下。

•【创建新刀具】：添加一把新刀具到刀具列表中。

•【编辑刀具】：打开【定义刀具】对话框。

•【删除刀具】：从刀具列表中删除已选刀具，若在对话框中没有显示刀具，系统不显示该选项。

•【汇入 / 汇出刀具…】：此选项主要用于用户自定义刀具库，可以从一个刀具文件汇出刀具库信息到一个文本文件中，也可以从一个文本文件中汇入新刀具库到一个刀具文件中。

2. 刀具库区

图 5-8 所示的【刀具管理】对话框下半部分为刀具库区。用户直接双击此列表中的条目，就可以添加刀具到刀具列表区中。

3. 刀具过滤器

在图 5-8 所示的【刀具管理】对话框中单击 过虑(F)... 按钮，系统弹出图 5-10 所示的【刀具过滤列表设置】对话框。该对话框的选项可使刀具管理器只显示适合过滤器设定条件的那些刀具。

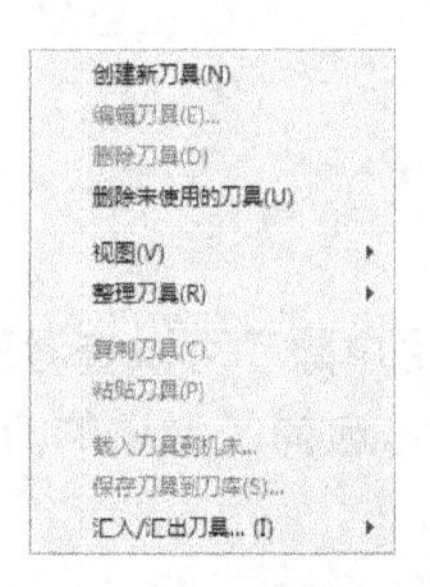

图 5-9 快捷菜单

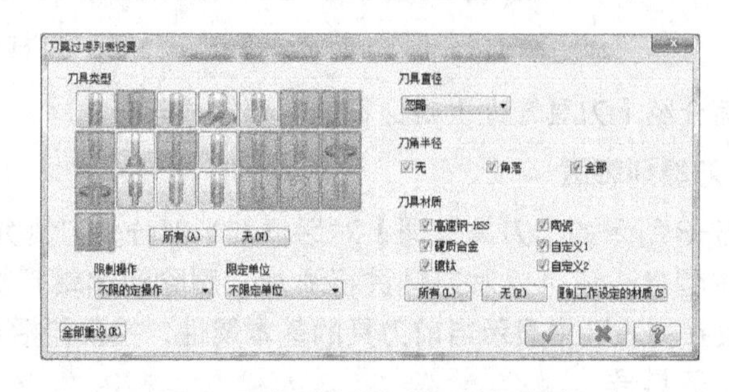

图 5-10 【刀具过滤列表设置】对话框

【刀具过滤列表设置】对话框中的选项及其功用如下。

（1）从【刀具类型】分组框中的刀具类型按钮中选择刀具类型，单击 所有(A) 或 无(N) 按钮则可以显示或不显示所有的刀具类型。

（2）用户也可以在对话框右方的【刀具直径】、【刀角半径】以及【刀具材质】分组框中选择屏蔽选项，以提供更多过滤标准。

①【刀具直径】

按照刀具直径，限制刀具管理器显示某种类型的刀具，从下拉列表中选择所需的选项即可。

•【忽略】：忽略刀具直径。

•【等于】：显示等于刀具直径值的刀具，直径值在选项后的文本框中输入。

•【小于】：显示小于刀具直径值的刀具，直径值在选项后的文本框中输入。

•【大于】：显示大于刀具直径值的刀具，直径值在选项后的文本框中输入。

•【两者之间】：显示介于两个直径值之间的刀具，直径值在选项后的文本框中输入。

②【刀角半径】

根据刀具的半径形式限制刀具管理器显示某种类型的刀具，可以选择下拉列表中的一个或多个选项。

•【无】：不使用半径类型的刀具，仅显示平端刀具。

•【角落】：显示圆角刀具。

•【全部】：显示全半径圆角刀具。

③【刀具材质】

通过对刀具材质的限制，系统在刀具管理器中显示出符合条件的刀具，用户可以选择下列的一个或多个选项。

•【高速钢 HSS】。

•【硬质合金】。

•【镀钛】(即 YT 类硬质合金钢刀具)。

•【陶瓷】。

• 自定义。

修改完刀具过滤选项后，单击【刀具过滤列表设置】对话框中的按钮，再勾选【刀具管理】对话框中的【启用刀具过滤】复选项，刀具库就会根据过滤器中所设置的项目自动过滤，只显示出满足用户需求的刀具。

4．添加刀具

当用户需要添加刀具时，可以直接双击刀具库区中需要的刀具，还可以在刀具列表区中的空白区域单击鼠标右键，打开图 5-9 所示的快捷菜单，选择其中的【创建新刀具】选项，系统打开图 5-11 所示的【创建新刀具】对话框可选取刀具类型，然后根据刀具类型设置刀具参数。

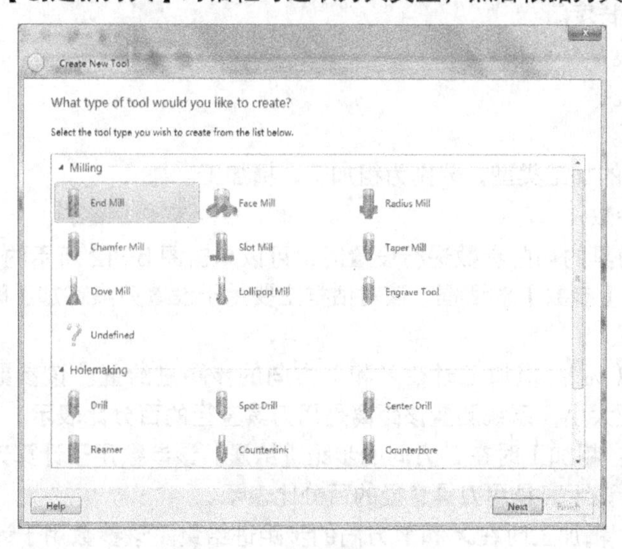

图 5-11 【创建新刀具】对话框

(1) 刀具类型

系统提供了平底铣刀、球刀、圆鼻刀、槽刀、镗杆等多种类型的刀具可供选择，在

图 5-11 所示【创建新刀具】对话框中双击要选取的面铣刀具图标，系统将打开图 5-12 所示的对话框，在该对话框中就可以进行刀具尺寸参数的编辑。

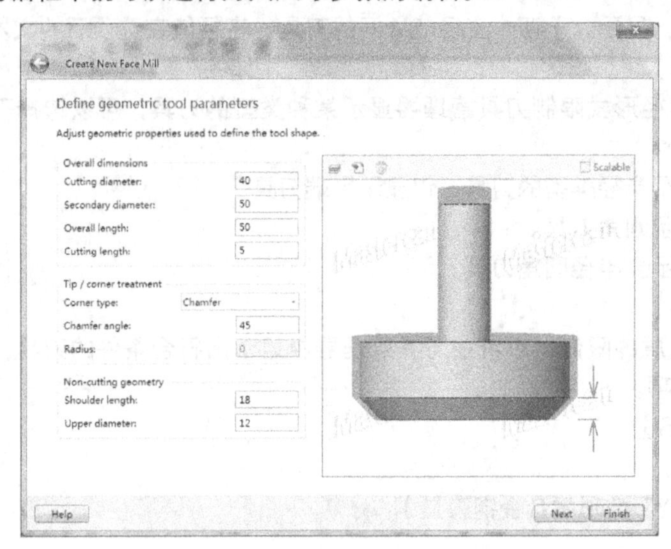

图 5-12 刀具参数设置

（2）编辑刀具

在实际加工中，需要根据不同的情况，对刀具外形尺寸进行不同的设置，其功用如下。

- 定义刀具直径。
- 定义刀具排屑槽长度。
- 定义刀具切削刃长度。
- 定义刀具编号，即刀具在刀具库中的编号。
- 定义刀具位置号，有的数控机床中的刀具是以刀座位置编号的，可在此输入编号。
- 定义刀具外露长度。
- 定义刀柄直径。
- 定义夹头长度。
- 定义夹头直径。
- 设置刀具适用的加工类型，分别为粗加工、精加工。

（3）刀具切削参数

当用户需要对刀具的切削参数进行设置时，可以单击图 5-12 所示的 Next 按钮，系统弹出图 5-13 所示的【参数】对话框，该对话框主要用于设置刀具在加工时的有关参数。主要参数选项的含义如下。

• XY 粗铣步进（%）：粗加工时在 *X* 和 *Y* 方向的步距进给量。该参数用于计算刀具在 *X* 和 *Y* 轴的粗加工步距大小，系统测量该距离是用刀具直径的百分比表示。

• Z 向粗铣步进：粗加工时在 *Z* 方向的步距进给量。该参数用于计算刀具在 *Z* 轴的粗加工步距大小，系统测量该距离是用刀具直径的百分比表示。

• XY 精修步进：精加工时在 *X* 和 *Y* 方向的步距进给量。该参数用于计算刀具在 *X* 和 *Y* 轴的精加工步距大小，系统测量该距离是用刀具直径的百分比表示。

• Z 向精修步进：精加工时在 *Z* 轴方向的步距进给量。该参数计算刀具在 *Z* 轴的精加工步距大小，系统测量该距离是用刀具直径的百分比表示。

• 中心直径（无切刃）：引导孔直径。在镗孔、攻螺纹时，需要事先加工出一个底孔（即引导孔），一般引导孔直径设置为刀具能进入孔的最小直径。

• 直径补正号码：刀具半径补偿号（当使用 G41、G42 语句在机床控制器补偿时，设置在数控机床中的刀具半径补偿器号码）。

• 刀长补正号码：刀具长度补偿号，用于在机床控制器补偿时，设置在数控机床中的刀具长度补偿器号码。

• 进给率：进给速度（mm/min）。

• 下刀速率：轴向进刀速度。

• 提刀速率：退刀速度。该参数仅用于刀具沿 Z 轴正向退出。

• 主轴旋转方向分组框：用于设定主轴的顺时针旋转和逆时针旋转。

• Coolant 按钮：该按钮用于指定加工时的冷却方式。单击 Coolant 按钮打开图 5-14 所示【Coolant】（冷却）对话框。该对话框中主要包括 Flood（大量喷射冷却液）、Mist（雾状喷射冷却液）、Thru-tool（直接冷却刀具的切削区）3 种冷却方式。其后的下拉列表中的 Off 表示关闭，On 表示打开。由于此选项需要机床功能支持，因此一般选择关闭各种冷却液，在加工时由操作人员手动控制。

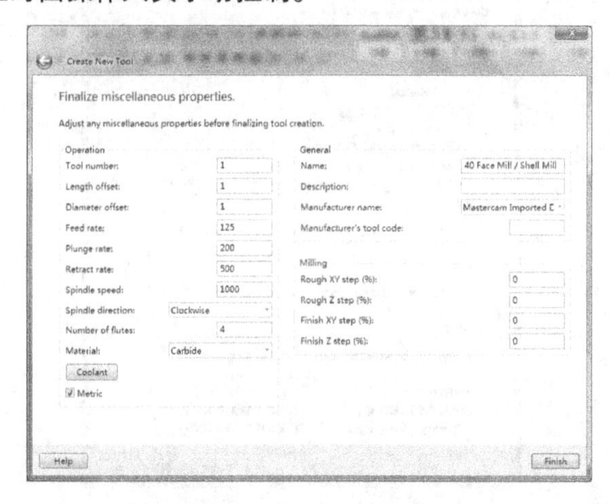

图 5-13 【参数】对话框

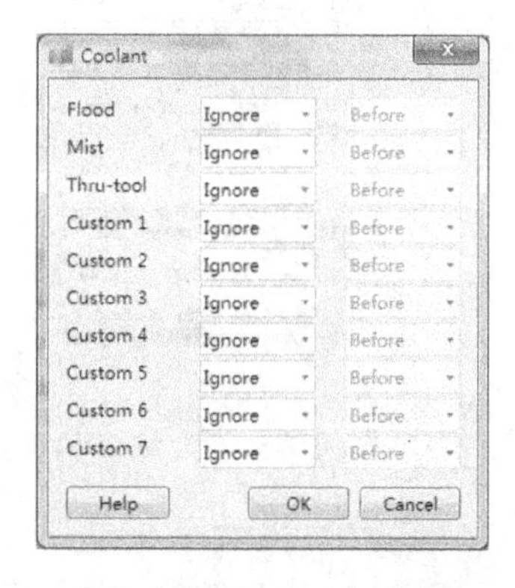

图 5-14 【Coolant】对话框

另外，在设置好刀具后，可双击【刀具管理】对话框中的新建的刀具，然后在图 5-15 所示的【定义刀具】对话框中进一步设置刀具参数。

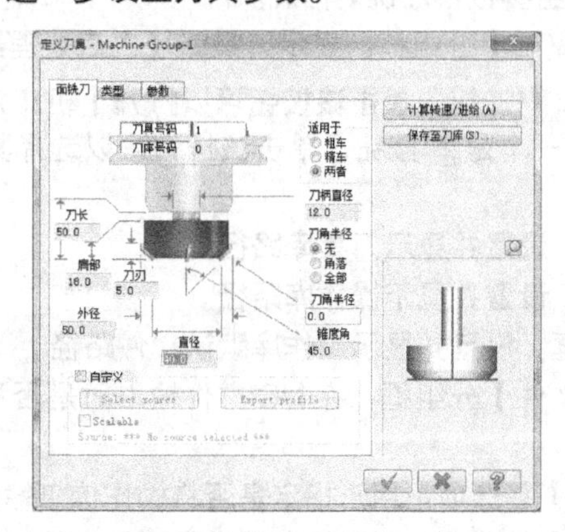

图 5-15 【定义刀具】对话框

5.2.2 机床组参数

在一个数控加工系统中，机床是必不可少的组成部分。在加工中，需要对机床进行各种操作和管理。在 Mastercam X7 中，对机床的操作和管理有专门的菜单及选项。

执行【视图】/【显示或隐藏操作管理器】命令，可以打开或关闭图 5-16 所示的【操作管理器】对话框。

在操作管理器中选择【属性】选项组下的【文件】选项，可以打开图 5-17 所示的【机器群组属性】对话框。主要包括【文件】、【刀具设置】和【材料设置】3 个选项卡，下面分别进行说明。

1. 文件管理

文件管理主要是对系统的一些基本文件进行管理，包括 NCI 文件名、刀具库及操作库等文件，主要包括以下内容。

（1）【群组名称】：按添加机床类型的顺序显示在图 5-17 中，如“Machine Group-1”等。

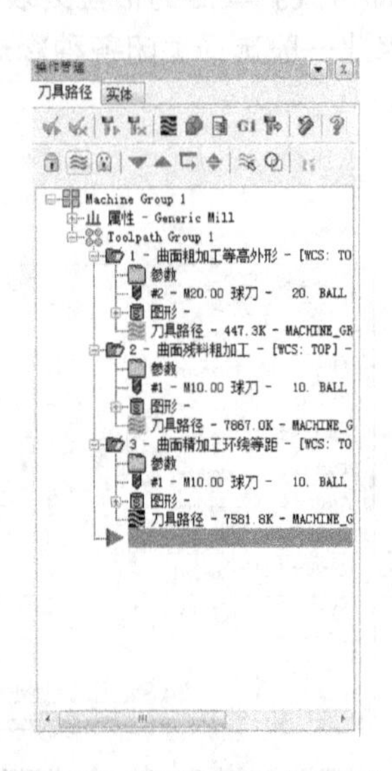

图 5-16 【操作管理器】对话框

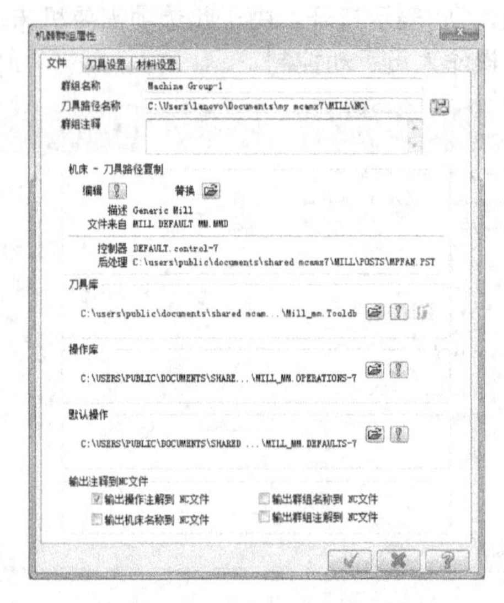

图 5-17 【机器群组属性】对话框

（2）【刀具路径名称】：用于指定刀具路径文件在计算机中存储的位置。

（3）【群组注释】：机床组参数备注说明信息。

（4）【机床 - 刀具路径复制】分组框：显示刀具路径、后处理器等基本信息。其中有两个按钮可供用户使用，一个是按钮，单击该按钮可以打开【机床定义管理】对话框，用户可以修改机床的基本设置。另一个是按钮，单击该按钮可以选择其他机床控制器来替换当前机床的控制器。

（5）【刀具库】分组框：设置并显示刀具库路径。

（6）【操作库】分组框：设置并显示操作库路径。

（7）【默认操作】分组框：设置并显示操作库默认文件路径。

（8）【输出注释到 NC 文件】分组框：在 NC 文件输出时是否添加注释信息等选项，包括 4 个选项。

- 【输出操作注解到 NC】复选项：用于指定是否将操作信息输出到 NC 文件中。
- 【输出群组名称到 NC】复选项：用于指定是否将群组名输出到 NC 文件。

•【输出机床名称到 NC】复选项：用于指定是否将机床名称输出到 NC 文件。
•【输出群组注解到 NC】复选项：用于指定是否将注释信息输出到 NC 文件。

2. 刀具设置

单击打开【机器群组属性】对话框中【刀具设置】选项卡，如图 5-18 所示。

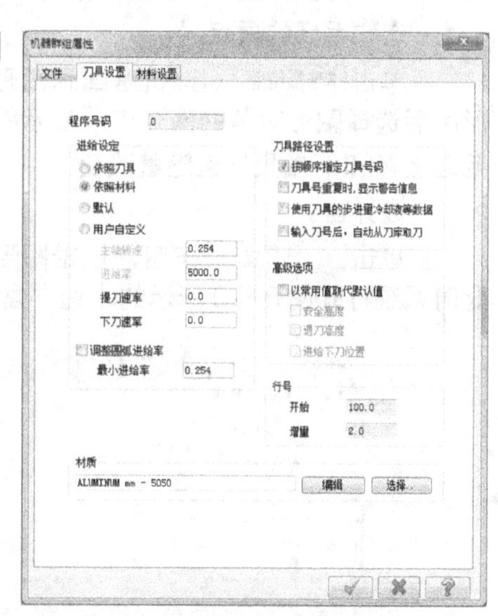

图 5-18 【刀具设置】选项卡

该选项卡中主要包括以下几组参数。

（1）【进给设定】分组框

该分组框共有 5 个选项，其作用分别如下。

•【依照刀具】单选项：选择在刀具管理器中设置的进给速度来作为加工的进给速度。

•【依照材料】单选项：选择在材料定义中设置的进给速度来作为加工的进给速度。

•【默认】单选项：采用系统默认的进给速度作为加工的进给速度。

•【用户自定义】单选项：用户可以根据需要自拟主轴转速、进给率、提刀速率以及下刀速率。

•【调整圆弧进给率】复选项：在加工圆弧轨迹时自动调节进给速度，一般是减速。

（2）【刀具路径设置】分组框

该分组框共有【按顺序指定刀具号码】、【刀具号重复时，显示警告讯息】、【使用刀具的步进量冷却液等资料】和【输入刀号后，自动从刀库取刀】4 个复选项，可以完成设定刀具号的分配、冷却等。

（3）【高级选项】分组框

勾选【高级选项】分组框中的【以常用值取代默认值】复选项，表示使用默认值，不选中表示由用户自行设定。

（4）【行号】分组框

在输出 NC 程序时行号的自动生成规则，主要是对行号的起始和增量进行设置。

（5）【材质】分组框

用于设定并显示工件材料信息，具体使用方法请参考后续内容。

3. 材料设置

材料设置指的是设置当前的工件参数，它包括工件材料的形状、尺寸和原点的设置。设置好工件后，在验证刀具路径时可以看到所设置工件的三维图形效果。打开【机器群组属性】对话框中的【材料设置】选项卡，如图 5-19 所示。

（1）工件材料形状的选择

根据毛坯形状可选择立方体和圆柱体两种毛坯。在选择圆柱体时，可选 *X*、*Y* 和 *Z* 轴来确定圆柱摆放的方向。

•【实体】单选项：可通过单击按钮在图形中选择一部分实体作为毛坯形状。
•【文件】单选项：可通过单击按钮从一个 STL 文件输入毛坯形状。
•【显示】复选项：决定是否在屏幕上显示工件。

（2）工件尺寸设置

Mastercam X7 提供了以下几种设置工件尺寸的方法。

• 直接输入。

• 用户可以在图 5-19 所示的对话框中，输入 *X*、*Y* 和 *Z* 的数值以确定工件尺寸。

• 选取毛坯的顶点。

• 单击 E选择角落... 按钮返回到图形区，选择零件的相对角以定义一个零件毛坯，返回图形区后选择图形对角的两个点，表示图形的两个角，该选项根据选择的角重新计算毛坯原点，毛坯上 *X* 和 *Y* 轴尺寸也随着改变。

• 边界盒。

• 单击 B边界盒 按钮，根据图形边界确定工件尺寸，并自动改变 *X*、*Y* 轴和原点坐标。此时系统打开图 5-20 所示的【边界盒选项】对话框。

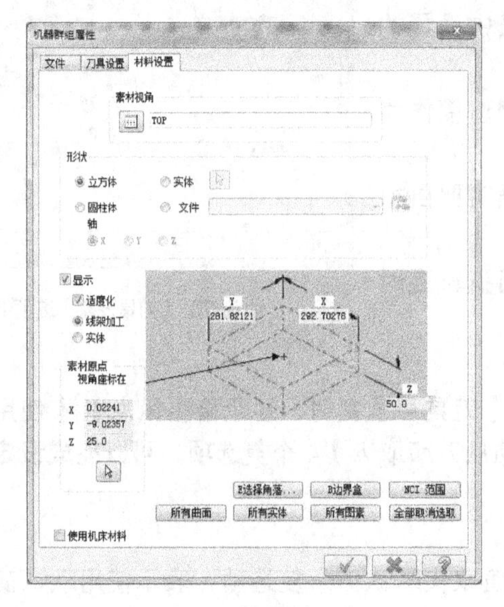

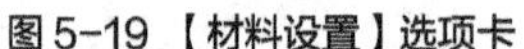
图 5-19 【材料设置】选项卡

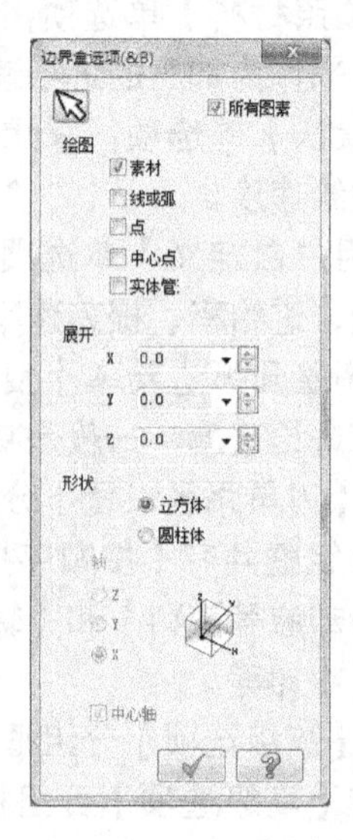

图 5-20 【边界盒选项】对话框

该对话框主要包括以下 3 组参数。

①【绘图】分组框：用于指定生成工件形状的图形模型的类型。

②【展开】分组框：用于指定生成的工件尺寸在图形尺寸基础上的扩展量，该扩展尺寸相当于工件的加工余量。

③【形状】分组框：用于指定工件的形状，其中【立方体】单选项表示采用长方体工件，【圆柱体】单选项表示采用圆柱体工件。当选中【圆柱体】单选项时需要指定工件的旋转轴，即可确定工件的摆放位置。

• NCI 范围。

• 单击 NCI 范围 按钮，根据刀具在 NCI 文档中的移动范围确定工件尺寸，并自动改变 *X*、*Y* 轴和原点坐标。

（3）工件原点设置

Mastercam X7 提供了以下几种设置工件原点的方法。

• 系统默认。系统默认的毛坯原点位于毛坯的中心。

• 直接输入。用户可以通过在图 5-19 所示的【材料设置】选项卡中的【素材原点】分组框中，输入 *X*、*Y* 和 *Z* 的数值以确定工件原点。

• 屏幕拾取。用户也可单击按钮返回到图形区中选择一点作为工件原点，X、Y 和 Z 轴的坐标值将自动改变。

（4）工件显示设置

设置完工件类型、尺寸以及原点之后，用户可以将工件显示在图形窗口中。具体的做法是在图 5-19 所示的【材料设置】选项卡中勾选【显示】复选项，就可以将工件显示在图形窗口中，该分组框包括以下几个设置。

•【适度化】：工件以适合屏幕方式显示在图形窗口。

•【线架加工】：工件以线框形式显示在图形窗口，系统默认以红色虚线的形式显示。

•【实体】：工件以实体形式显示在图形窗口。

5.3 操作管理

在 Mastercam X7 中，加工零件产生的所有刀具路径都将显示在图 5-21 所示的【操作管理】对话框中。【操作管理】不再是个活动对话框，而是被固定放置在主窗口左侧，管理刀具路径的功能也更加强大。使用该对话框可以对刀具路径、加工参数和操作等进行管理，还可以产生、编辑和重新计算新刀具路径，并进行路径模拟仿真及后处理等操作，以验证刀具路径是否正确。

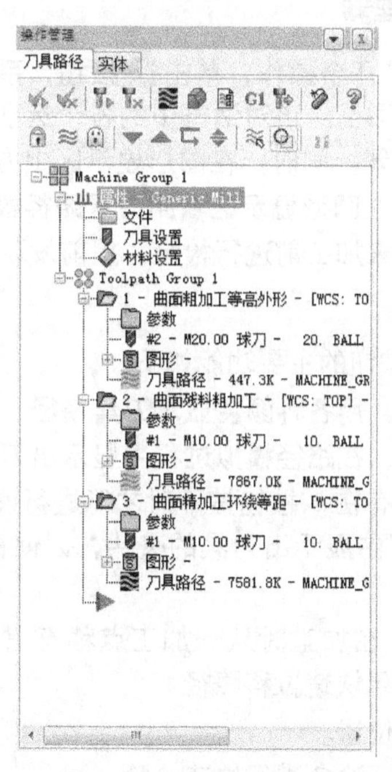

图 5-21 【操作管理】对话框

5.3.1 操作管理器

用户可以在【操作管理】对话框中移动某个操作的位置来改变加工次序，也可以通过改变刀具路径参数、刀具及与刀具路径关联的几何模型等来改变刀具路径。此管理器对话框中的各项可以进行拖动、剪切、复制、删除等操作，对各类参数进行设置后，单击按钮即可生成新的刀具路径。

- ：选取所有操作，被选取的操作在树形文件夹图标上方以小勾（即）标记。
- ：取消已选取的操作。
- ：重新生成刀具路径（所有的刀具路径）。
- ：重新生成刀具路径（只包括修改后失效的刀具路径）。
- ：刀具路径模拟，即刀具路径模拟验证方式。
- ：实体切削模拟。
- ：后处理操作。
- ：高速切削。
- ：删除所有的群组、刀具及操作。
- ：锁住所选操作，不允许对锁住的操作进行编辑。
- ：切换刀具路径的显示开关。
- ：关闭后处理，即在后处理时不生成 NC 代码。

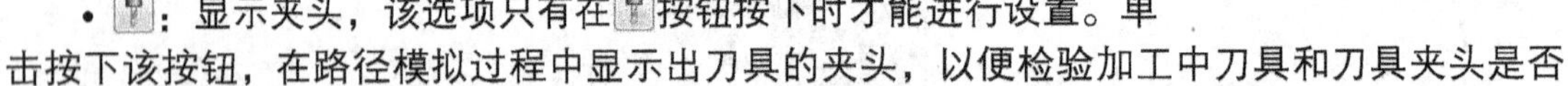

在操作按钮区中，请注意区别其中的刀具路径模拟按钮（即）和切换刀具路径的显示按钮（即）。

5.3.2 刀具路径模拟管理器

在操作管理器中选择一个或几个操作，单击按钮，系统打开图 5-22 所示的【路径模拟】对话框。该对话框中的各个选项可以对刀具路径模拟的各项参数进行设置。同时，在图形显示区上方出现类似视频播放器的控制条。用户可在图形显示区看到刀具路径模拟加工的过程，同时该功能还可以在机床加工前进行检验，提前发现错误。

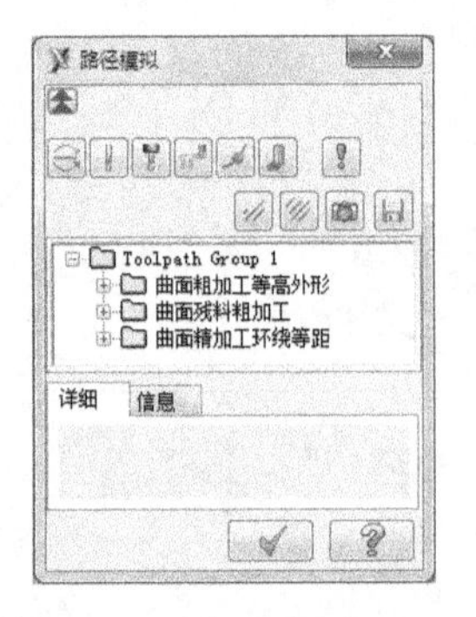

图 5-22 【路径模拟】对话框

1. 刀具路径模拟管理器

【路径模拟】对话框中各个按钮的主要功能如下。

- ：该图标呈按下状态时，用各种颜色显示刀具路径。
- ：该图标呈按下状态时，在路径模拟过程中显示出刀具。
- ：显示夹头，该选项只有在按钮按下时才能进行设置。单击按下该按钮，在路径模拟过程中显示出刀具的夹头，以便检验加工中刀具和刀具夹头是否会与工件碰撞。
- ：显示快速位移路径，在加工时从一加工点移至另一加工点，需要抬刀快速位移，此时并未切削，按下此按钮将显示快速位移路径。
- ：显示刀具路径的节点位置。
- ：快速检验，对刀具路径涂色进行快速检验。
- ：刀具路径模拟参数设置，单击此按钮，可以打开刀具路径模拟参数设置对话框。

另外，按钮区域下方是刀具路径名的显示区域，系统显示当前进行模拟的刀具路径名，此路径名取决于操作管理器中所选择的刀具路径。对话框下方的【详细】选项卡中会动态显示模拟加工中刀具的运动方式及坐标位置，【信息】选项卡会显示 Mastercam X7 估算的加工时间，包括切削时间、快速位移时间等信息。

2. 模拟显示控制区

在【刀具模拟】对话框设置好各个选项后，即可在图形显示区观察刀具路径模拟加工的过程，图形显示区上方有一控制条对模拟过程进行控制，如图 5-23 所示。

图 5-23 【模拟显示】控制条

- ：路径痕迹模式。
- ：运行模式。
- ：设置停止条件。单击此按钮可打开图 5-24 所示的【暂停设定】对话框。在此对话框中可以设置在某步加工、某步操作、刀具路径变化处或具体某坐标位置模拟停止，以便于观察模拟加工过程。

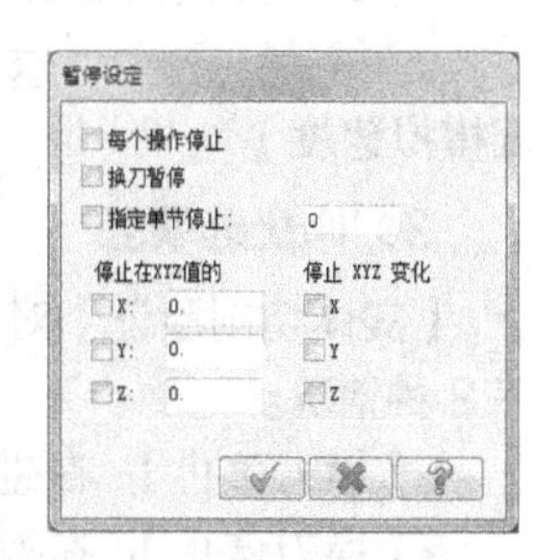

图 5-24 【暂停设定】对话框

5.3.3 加工模拟

在操作管理器中选择一个或几个操作，单击按钮进入【实体切削验证】界面，如图 5-25 所示。

【实体切削验证】界面中的控制选项以及按钮比较多，下面就进行分类介绍。

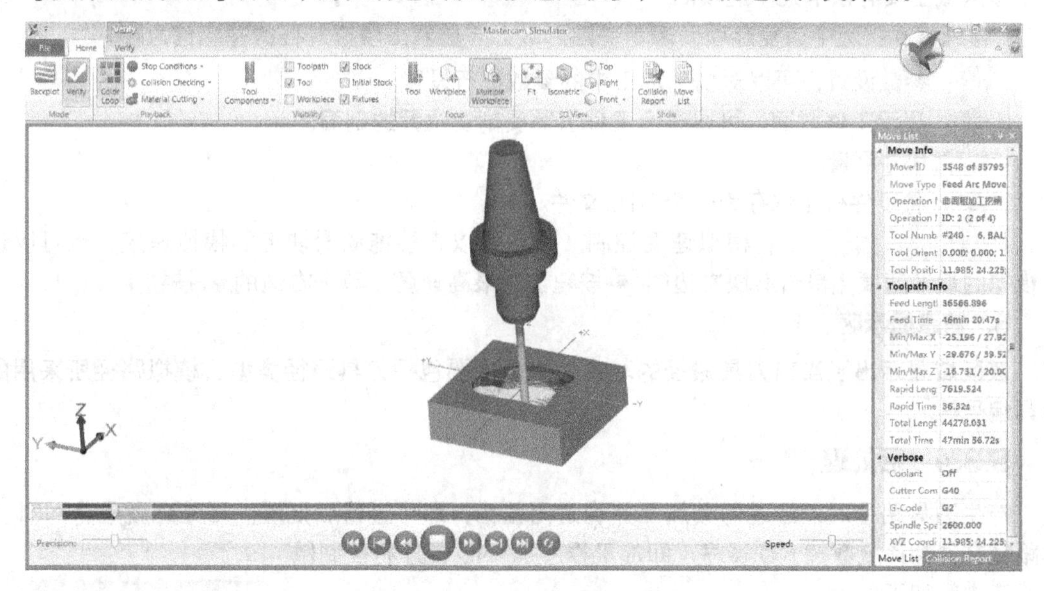

图 5-25 【实体切削验证】界面

1. 模拟控制及刀具显示区

模拟控制及刀具显示区主要包括以下按钮。

- ：结束当前仿真加工，返回初始状态。
- ：开始连续仿真加工。
- ：暂停仿真加工。
- ：步进仿真加工，单击一下走一步或几步。
- ：快速仿真，不显示加工过程，直接显示加工结果。
- ：在仿真加工中显示刀具和夹头。

2. 显示控制区

【实体切削验证】对话框中的【显示控制】分组框主要用于控制模拟切削时的速度与质量，主要包括以下几个选项。

- 【每次手动时的位移】：设定在模拟切削手动调节时刀具的移动步长。
- 【每次重绘时的位移】：设定在模拟切削时重新调整刀具路径的移动步长。
- 【每个刀具路径后更新】：该选项用于指定在每个刀具路径执行后是否立即更新。
- Speed Quality：速度质量滑动条，提高模拟速度（降低模拟质量）或提高模拟质量（降低模拟速度）。

3. 停止选项区

【实体切削验证】对话框中的【停止选项】分组框主要用于指定停止模拟的条件，包括以下3种情况。

- 【撞刀停止】：在碰撞冲突的位置停止。
- 【换刀停止】：在换刀时停止。
- 【完成每个操作后停止】：在每步操作结束后停止。

4. 其他功能区

该区域主要有以下几个选项。

- 详细模式：选中该复选项，表示在图形区上方显示出模拟过程的基本信息。
- ：参数设置，可以对仿真加工中的参数进行设置。
- ：显示工件截面，可以显示工件上需要剖切位置的剖面图。
- ：尺寸测量。
- ：将工件模型保存为一个STL文件。
- ：模拟速度控制。用户可以直接拖动滑块控制模拟速度，也可以选择模拟的最低速度（单击滑块左边的按钮）或最高速度（单击右边的按钮）。

5. 信息显示区

该区域显示出了当前刀具路径的基本信息，主要包括刀具路径类型、模拟路径所采用的刀具编号等。

5.3.4 后处理

产生刀具路径后，经过仿真加工并确定无差错，即可进行后处理。后处理就是将NCI刀具路径文件翻译成数控NC程序（即加工程序），NC程序将控制数控机床进行加工。

单击图5-21所示的【操作管理】对话框中的G1按钮，系统打开图5-26所示【后处理程序】对话框。该对话框可用来设置后处理过程中的有关参数。

1. 选择后处理器

不同的数控系统所用的NC程序格式是不同的，用户应根据所使用的数控系统类型来选择相应的后处理器，系统默认的后处理器为MPFAN.PST（日本FANUC数控系统控制器）。用户可以单击 P更改后处理程序 按钮，选择合适的后处理器。

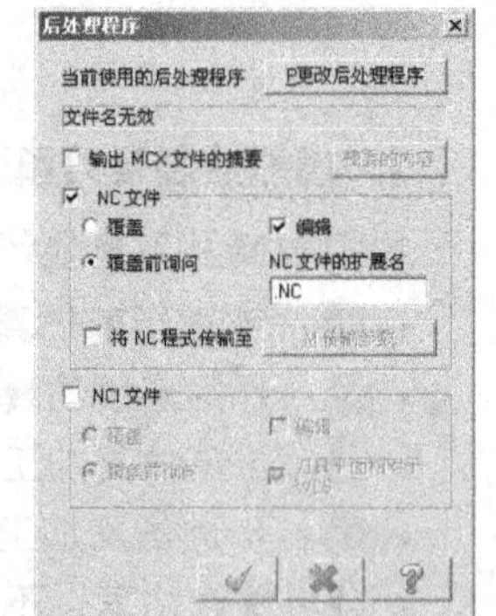

图5-26 【后处理程序】对话框

2.【NC 文件】分组框

【NC 文件】分组框可以对后处理过程中生成的 NC 代码进行设置。主要包括以下选项。

•【覆盖】单选项：覆盖方式。系统自动对原 NC 文件进行覆盖。

•【覆盖前询问】单选项：询问方式。用户可以指定文件名，生成新文件或对已有文件进行覆盖。

•【编辑】复选项：编辑方式。系统在生成 NC 文件后自动打开文件编辑器，用户可以查看和编辑 NC 文件。

•【将 NC 程式传输至】复选项：发送代码到机床。在存储 NC 文件的同时，将代码通过串口或网络传输至机床的数控系统或其他设备。

• M 传输参数：通讯设置。可对传输 NC 文件的通讯参数进行设置。

3.【NCI 文件】分组框

【NCI 文件】分组框可以对后处理过程中生成的 NCI 文件（刀具路径文件）进行设置，其主要选项与【NC 文件】分组框类似。

本章小结

Mastercam X7 作为一个 CAD/CAM 集成软件最终目的就是要生成加工路径和程序，指导便捷生产，本章着重就加工坐标系、工件设置、刀具管理、操作管理和后处理等应用技巧进行讲解，是学习后续二维加工、三维加工以及车削加工的基础，读者学习完本章后，务必要总结 CAM 与 CAD 的区别，切实做到各个模块的无缝连接。

习题

1. 尝试将加工环境设置为铣削系统、车削系统以及线切割系统，并比较其【刀具路径】菜单栏中选项的变化。
2. 尝试在刀具管理器中添加不同型号的铣刀。
3. 打开一个已经设置好的三维铣削结果文件，尝试模拟加工和后处理操作。

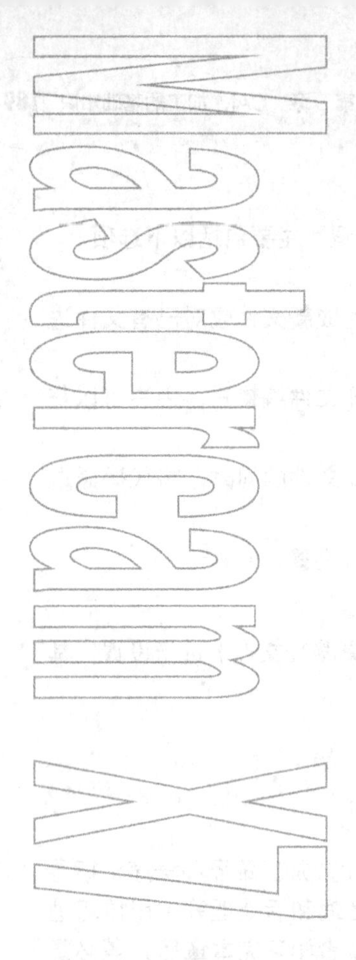

第6章 二维铣削加工

Mastercam X7二维刀具路径模组用来生成二维刀具加工路径，包括外形铣削、面铣削、挖槽、钻孔、雕刻等。各种加工模组生成的刀具路径一般由加工刀具、加工零件的几何模型以及各模组的特有参数来定义。不同的加工模组其各个参数的设置也不相同，学习中应注意总结其共同处，便于系统掌握二维铣削加工方法。

学习要点

学习目标

- 掌握面铣削加工、外形铣削应用的基本方法。
- 掌握挖槽加工的基本操作方法及应用范围。
- 了解雕刻加工的应用技巧。
- 总结面铣削加工、外形铣削加工、挖槽铣削加工以及雕刻加工的区别。
- 熟练掌握各种二维加工方法的综合应用技巧。

6.1 面铣削加工

面铣削加工方式为平面加工，主要用于除掉毛坯顶面的杂质和提高工件的平面度、平行度以及降低表面粗糙度，一般是机加工的首道工序。

6.1.1 重点知识讲解

面铣削加工参数设置的恰当与否直接影响加工效果，因此首先要掌握参数设置的一般规律。平面铣削的参数主要包括切削方式、刀具移动方式、安全高度、参考高度、进给下刀位置、工件表面、切削深度、分层铣削等，如图6-1所示。

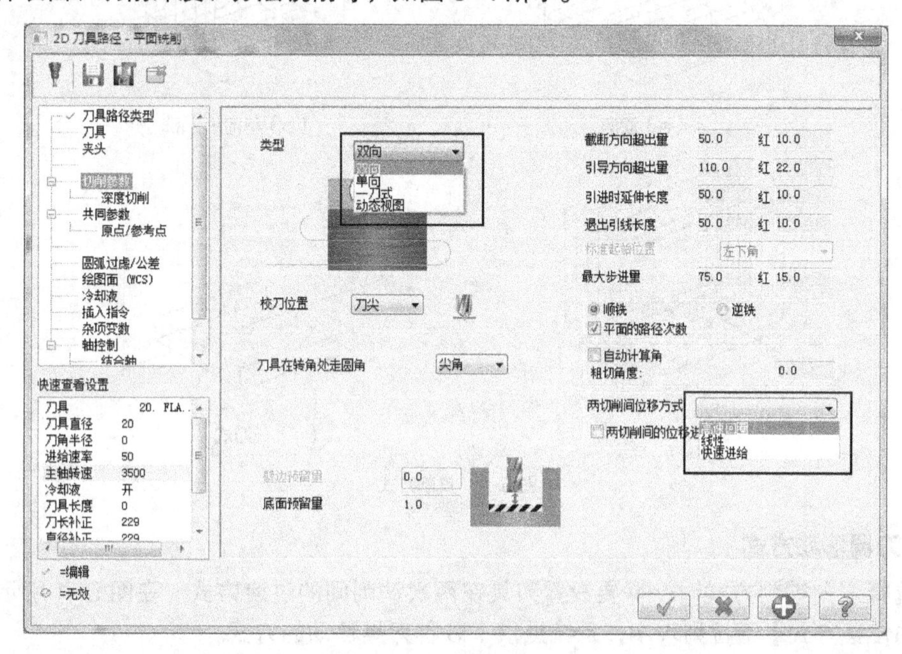

图6-1 切削参数

主要参数说明如下。

1. 切削方式

在进行平面铣削加工时，可以根据需要选取不同的铣削方式。在【2D 刀具路径 - 平面铣削】对话框中的【类型】下拉列表中可以选择不同的铣削方式，如图6-1所示。

•【双向】：刀具在加工中可以往复走刀，来回均切削，如图6-2（a）所示。

•【单向】：单向是指刀具仅沿一个方向走刀，进时切削，回时空走。分为单向顺铣和单向逆铣两种。顺铣是指铣刀与工件接触部分的旋转方向与工件进给方向相反，如图6-2（b）所示；逆铣是指铣刀与工件接触部分的旋转方向与工件进给方向相同，如图6-2（c）所示。

•【一刀式】：仅进行一次铣削，刀具路径的位置为工件的中心位置。采用这种铣削方式时刀具的直径必须大于工件表面的宽度，如图6-2（d）所示。

•【动态视图】：跟随着工件外形进行切削，此切削方式可进一步提高走刀速度以及加工质量，但对机床的性能要求较高。

要点提示

在选择多次走刀铣削，即如图 6-2（a）、（b）、（c）所示时，还需要设置两条刀具路径间的距离，即切削间距。

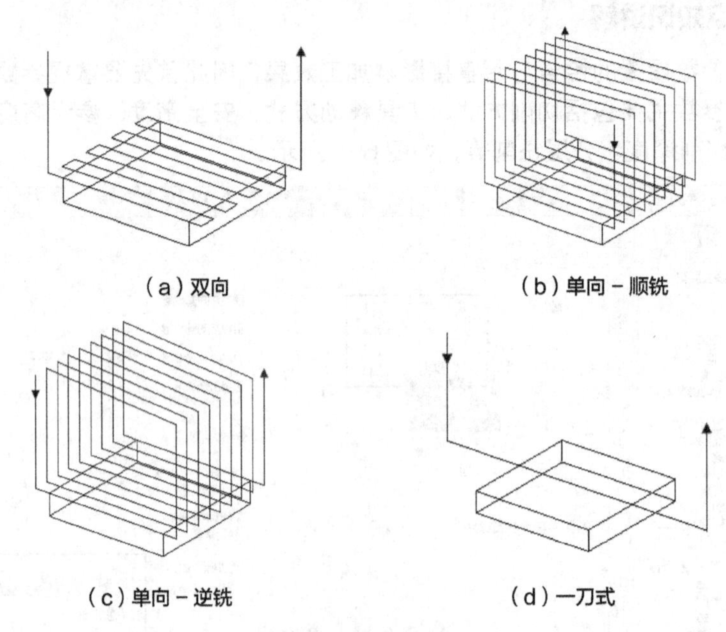

图 6-2　铣削方式

2. 刀具移动方式

当选择双向铣削方式时，需要设置刀具在两次铣削间的过渡方式。在图 6-1 所示的【两切削间的位移方式】下拉列表中，系统提供了 3 种刀具移动的方式。

- 【高速回圈】：选择该选项时，刀具按圆弧的方式移动到下一次铣削的起点，如图 6-3（a）所示。

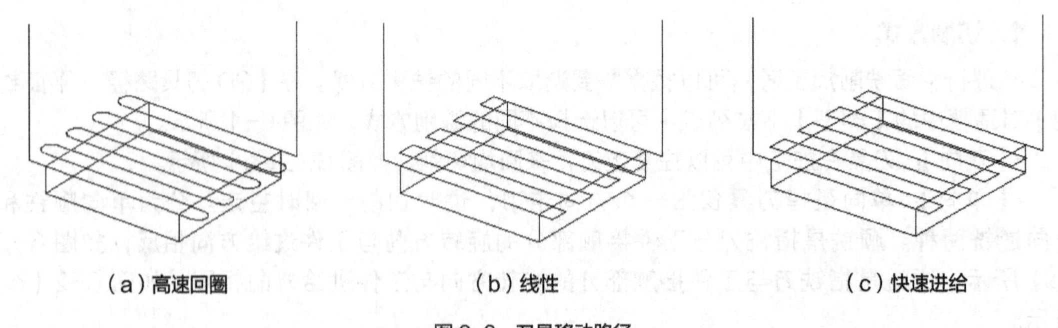

图 6-3　刀具移动路径

- 【线性】：选择该选项时，刀具以直线的方式移动到下一次铣削的起点，如图 6-3（b）所示。
- 【快速进给】：选择该选项时，刀具以直线的方式快速移动到下一次铣削的起点，如图 6-3（c）所示。

要点提示

当选择【高速回圈】或【线性】方式过渡时，用户可以指定刀具过渡的速度。当选择【快速进给】方式过渡时，采用系统默认速度。

3. 共同参数

平面铣削的共同参数主要包括图 6-4 所示的安全高度、参考高度、进给下刀位置、工件表面等参数，其关系如图 6-5 所示。

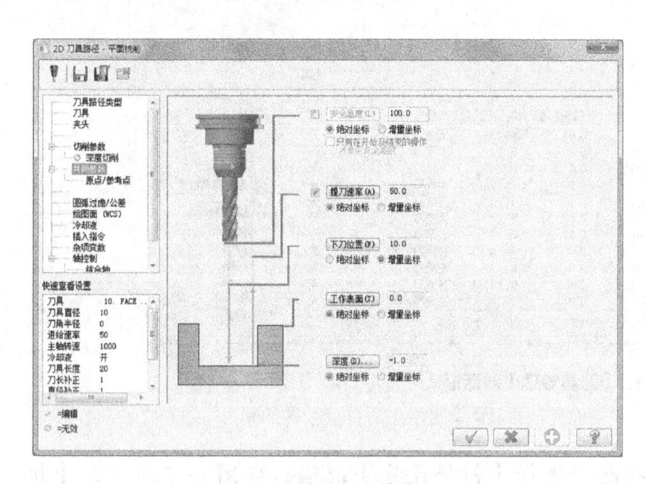

图 6-4　平面铣削参数设置

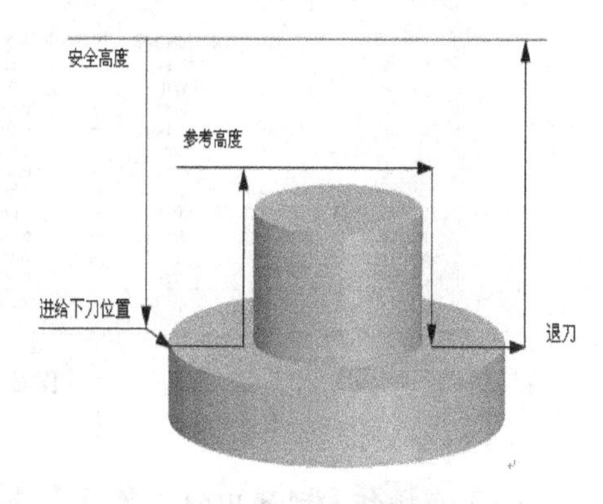

图 6-5　共同参数示意图

•【安全高度】：安全高度是指刀具快速下移至一个不会碰到工件和夹具的高度。在开始进刀前，刀具快速下移到安全高度才开始进刀，加工完成后退回至安全高度。安全高度一般设置离工件表面最高位置 20 ~ 50 mm，采用“绝对坐标”。

•【提刀速率】：提刀速率又称为参考高度、退刀高度，指的是开始下一个刀具路径之前刀具退回的位置，退刀高度的设置应低于安全高度并高于进给下刀位置，一般离工件最高位置 5 ~ 20 mm，采用“绝对坐标”。

•【下刀位置】：当刀具在按进给速度进给之前快速进给到的高度。即刀具从安全高度或参考高度快速进给到此高度，然后变为进给速度再继续下降。一般设定为离工件最高位置 2 ~ 5 mm。

•【工作表面】：工作表面指的是工件上表面的高度值。

•【深度】：指最后的加工深度。在实际加工中，总切削量并不一定等于切削深度，因为粗加工、半精加工等需要为后续的精加工留下一定的加工余量，即总切削量等于切削深度减去 Z 向预留量。

6.1.2　实战演练——加工法兰盘端面

法兰盘的端面铣削

法兰盘端面的加工设置步骤如下。

1. 选择加工机床

（1）打开素材文件“第 6 章 \ 素材 \ 法兰盘面铣削加工 .MCX-7”。

（2）执行【机床类型】/【铣床】/【默认】命令，设置机床类型为铣床。

2. 设置刀具库

执行【刀具路径】/【刀具管理器】命令，在图 6-6 所示的【刀具管理】对话框中选取直径为 5 mm 的面铣刀刀具，然后单击 按钮确定。

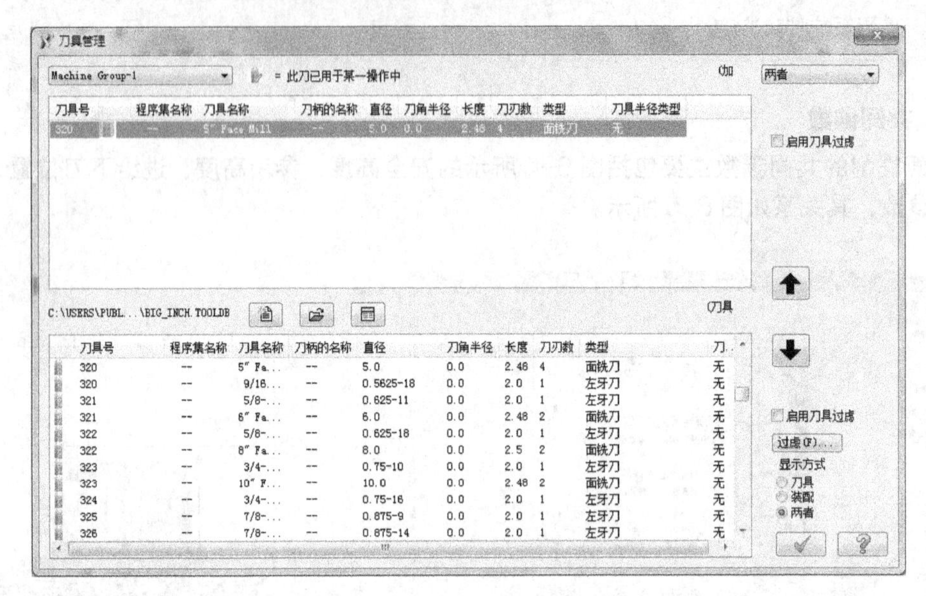

图 6-6 【刀具管理】对话框

3. 设置毛坯

（1）在操作管理器中的【属性】选项组中选择【材料设置】选项，在图 6-7 所示的【机器群组属性】对话框中设置毛坯。

（2）单击 按钮确定，结果如图 6-8 所示。

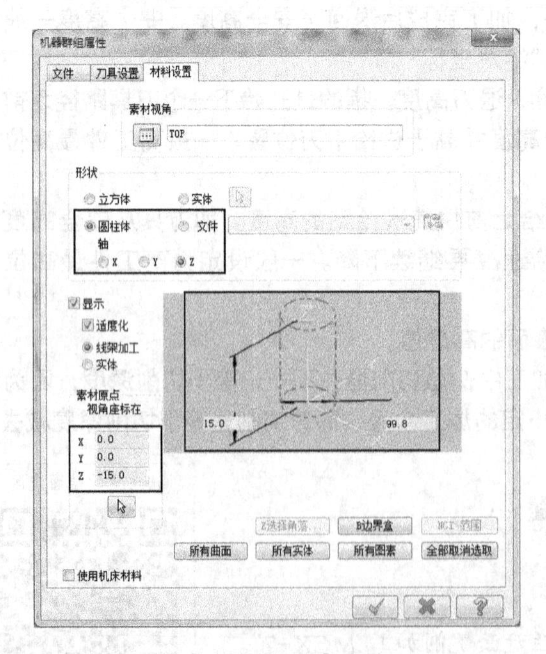

图 6-7 【机器群组属性】对话框

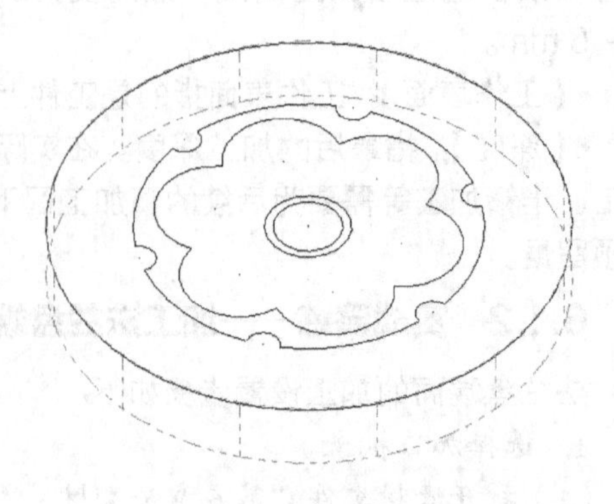

图 6-8 设置毛坯

4. 创建面铣削刀具路径

（1）执行【刀具路径】/【平面铣】命令，在弹出的【输入新 NC 名称】对话框中单击 按钮，系统弹出【串连参数】对话框。

（2）在操作界面上选取图 6-9 所示的外形轮廓为铣削边界，然后单击【串连选项】对话框中的 按钮。

（3）在【2D 刀具路径 - 平面铣削】对话框左栏中选中【刀具】选项卡，并按图 6-10 所示设置刀具参数。

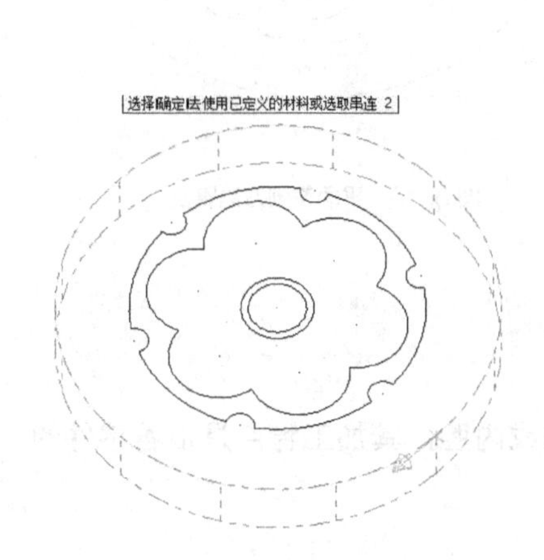

图 6-9 选取切削边界

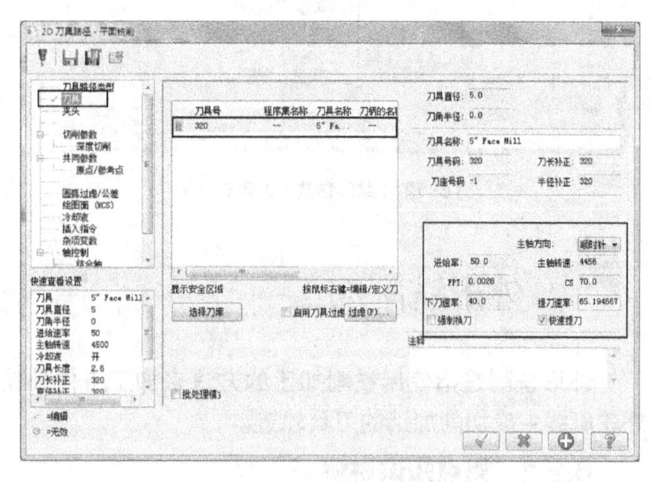

图 6-10 【刀具】选项卡

（4）单击【切削参数】选项卡，然后按图 6-11 所示设置切削参数。其中，切削方式设置为“双向”，步进量设置为 75。

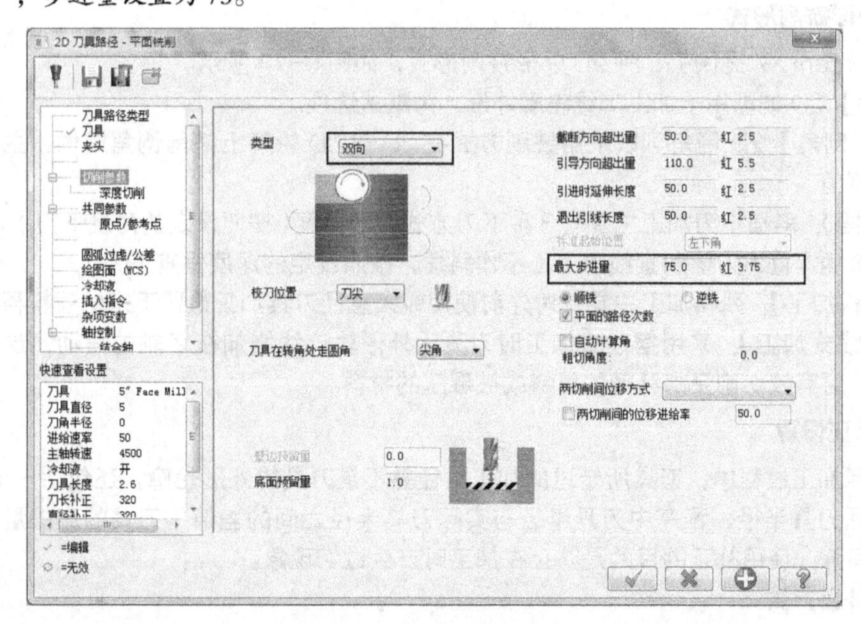

图 6-11 【切削参数】选项卡

（5）单击【共同参数】选项卡，按图 6-12 所示设置共同高度平面加工参数，单击 按钮确定，面铣削刀具路径如图 6-13 所示。

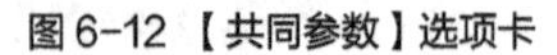

图 6-12 【共同参数】选项卡

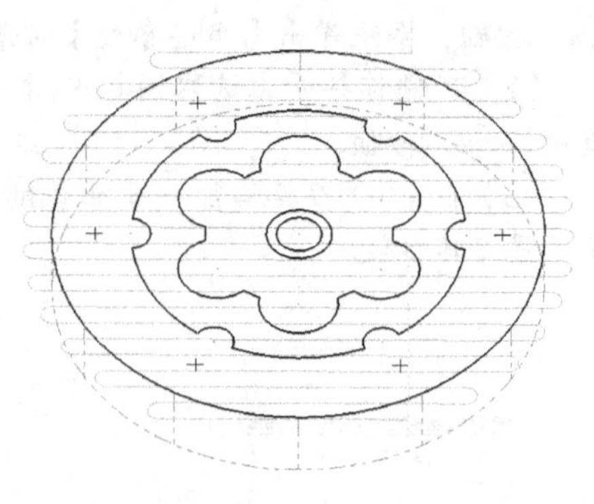

图 6-13 平面铣削刀具路径

6.2 外形铣削加工

外形铣削是指使用铣削加工的方法来加工工件外轮廓或内腔，其加工特点是沿着零件的外轮廓线生成切削加工的刀具轨迹。

6.2.1 重点知识讲解

外形铣削既可用于切削余量较大的粗加工，也可用于切削余量较小的精加工。一般用于加工形状简单、由二维图形决定模型特征的零件，如凸轮、齿轮的轮廓铣削等。

1. 外形铣削形式

Mastercam X7 提供了 5 种 2D 外形铣削形式，如图 6-14 所示。

- 【2D】: 2D 铣削用于加工二维轮廓外形，为默认选项。
- 【2D 倒角】: 2D 倒角可以采用铣削方式在 2D 或 3D 轮廓上铣削倒角结构，主要应用于零件周边倒角。
- 【斜插】: 斜插下刀加工主要有 3 种下刀方式，即角度（按照设定的角度下刀）、深度（按照设定的斜插深度下刀）和直线下刀（不作斜插，按照设定的深度垂直下刀）。
- 【残料加工】: 残料加工主要针对先前使用较大直径刀具加工遗留下来的残料再加工。
- 【摆线式加工】: 采用摆线式加工时刀具沿外形轨迹线增加在 Z 轴的摆动，这样可减少刀具磨损，可有效切削更加稀薄的材料或被碾压的材料。

2. 补正设置

在实际加工过程中，刀具所走过的加工路径并不是刀具的外形轮廓，还包括一个补正量。补正量包括刀具半径、程序中刀具半径与实际刀具半径之间的差值、刀具的磨损量、工件之间的配合间隙。使用补正的目的是防止在加工时产生过切现象。

（1）补正方式

Mastercam X7 提供了 5 种刀具补正方式，如图 6-15 所示。

- 【电脑】: 由计算机计算刀具补正后的刀具路径，刀具中心向指定方向移动一个补正量（一般为刀具的半径），如图 6-16 所示。
- 【控制器】: 使用 CNC 控制器做刀具补正。由控制器将刀具中心向指定方向移动一个存储在寄存器中的补正量（一般为刀具半径），然后通过 G42 或 G41 指令实现补正，此时产生的刀具路径与选取的加工轨迹重合，如图 6-17 所示。

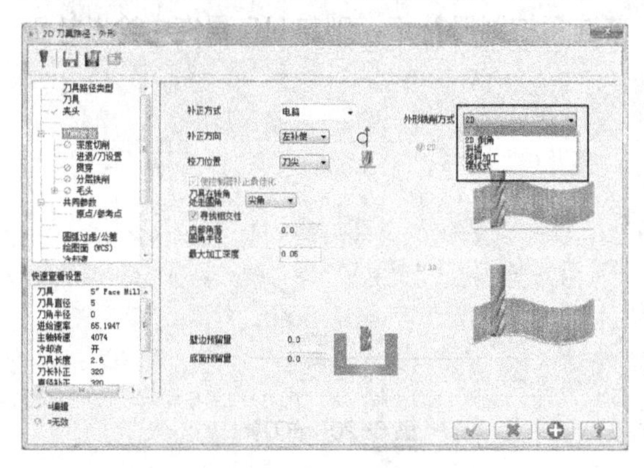

图 6-14　外形铣削的形式

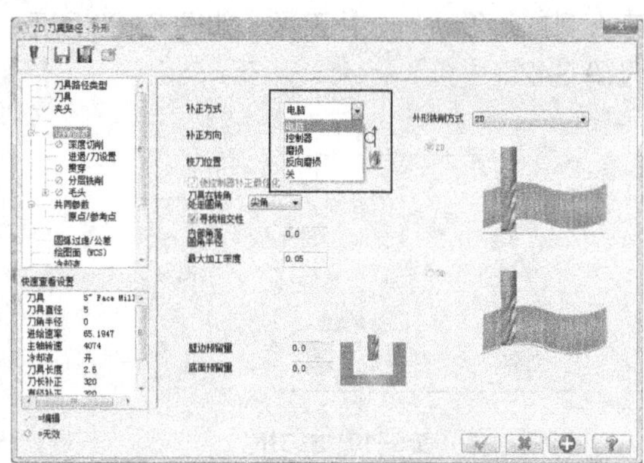

图 6-15　刀具补正方式

•【磨损】：同时采用两种补正方式，且补正方向相同。

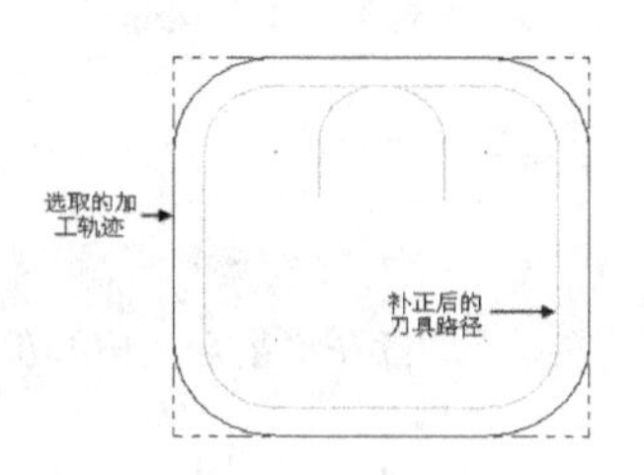

图 6-16　电脑补正

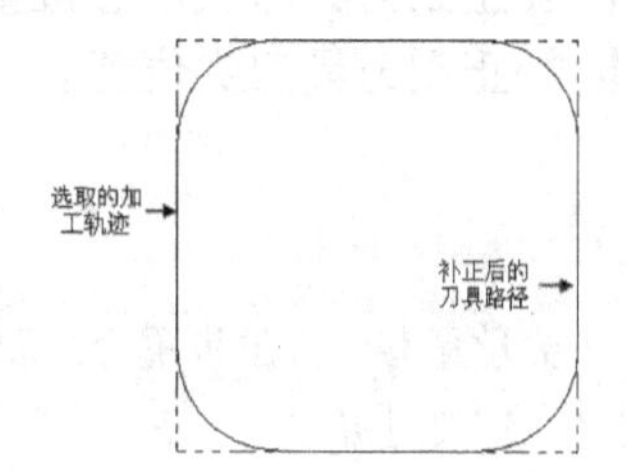

图 6-17　控制器补正

•【反向磨损】：同时采用两种补正方式，但是计算机采用的补正方式与控制器采用的补正方式相反。一个采用左补正时，另一个采用右补正。

•【关】：关闭补正方式。

（2）补正方向

系统提供两种补正方向，如图 6-18 所示。

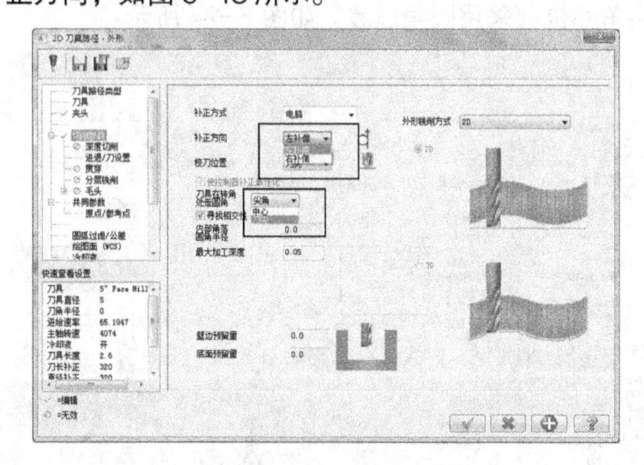

图 6-18　设置补正方向

•【左补偿】：采用左补正。若采用计算机补正，则朝选择的串连方向看去，刀具中心向轮廓左侧方向移动一个补正量，如图 6-19 所示；若选择控制器补正，则在 NC 程序中输出补正代码 G41。

•【右补偿】：采用右补正。若采用计算机补正，则朝选择的串连方向看去，刀具中心向轮廓右侧方向移动一个补正量，如图 6-20 所示；若选择控制器补正，则在 NC 程序中输出补正代码 G42。

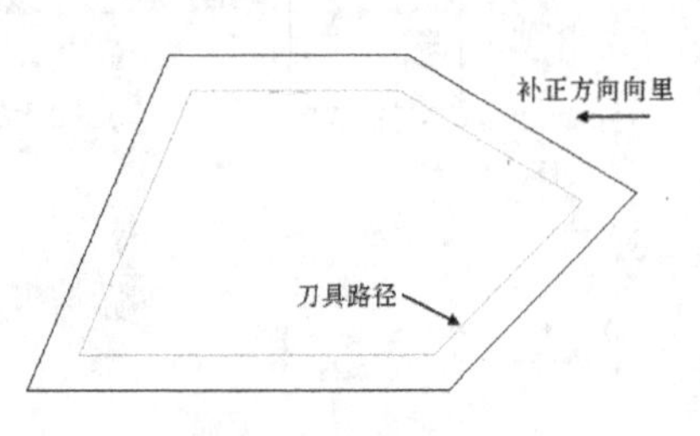

图 6-19　左刀补

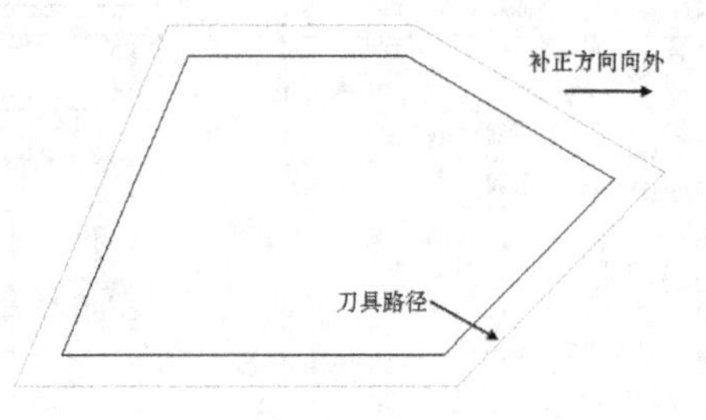

图 6-20　右刀补

（3）校刀位置

系统提供了两种补正位置，如图 6-18 所示。

•【中心】：补正到刀具球头中心位置。

•【刀尖】：补正到刀具刀尖位置。

要点提示

对于平底刀，刀尖位置与中心位置重合；而对于球头刀或圆角刀，二者并不重合，中心位于刀具内部。为避免发生过切，建议使用刀尖补正。

3. 转角设置

在加工转角时，系统提供了 3 种转角设置方式，如图 6-21 所示。

•【无】：所有尖角直接过渡，产生的刀具轨迹为尖角形状，如图 6-22 所示。

•【尖角】：对小于一定数值（默认为 135°）的尖角部位采用圆角过渡，对大于该角度的尖角部位采用尖角过渡，如图 6-23 所示。

•【所有】：所有尖角部位都采用圆角过渡，如图 6-24 所示。

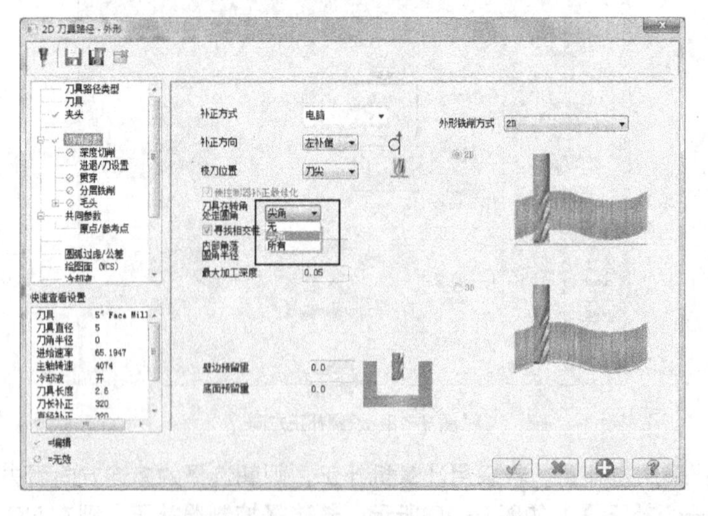

图 6-21　转角设置

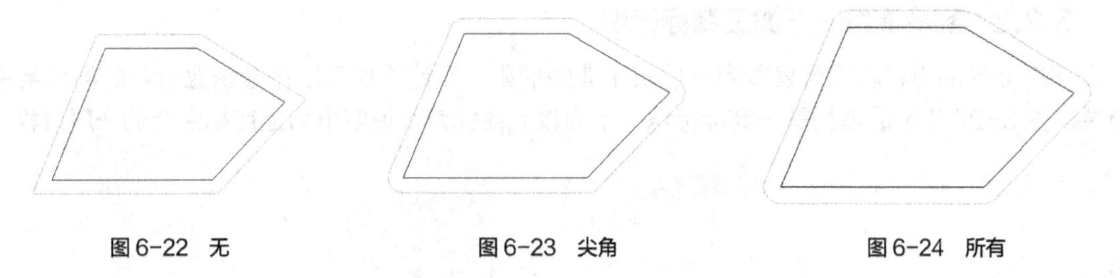

图6-22　无　　　　图6-23　尖角　　　　图6-24　所有

4. 分层铣削

加工中，考虑到加工系统的刚性或者为了获得较高的表面质量，对于较大余量可以分多次来切削。在【2D 刀具路径 - 外形】对话框选中【分层铣削】选项卡，即可打开图6-25所示的【分层铣削】选项设置多层铣削参数。

•【粗车】分组框：设置沿外形粗切次数以及每两次进刀之间的距离。

•【精车】分组框：设置沿外形精修次数以及每两次进刀之间的距离。

•【执行精修时】分组框：【最后深度】单选项表示系统只在铣削的最后深度才执行外形精修路径；【所有深度】单选项表示系统在每一次粗铣后都执行外形精修路径。

5. 深度切削

深度切削指刀具在 *Z* 轴方向分层粗铣和精铣，用于材料较厚无法一次加工至最后深度的情况。在【2D 刀具路径 - 外形】对话框中选中【深度切削】选项卡，即可打开图6-26所示的【深度切削】选项卡，设置深度切削参数。

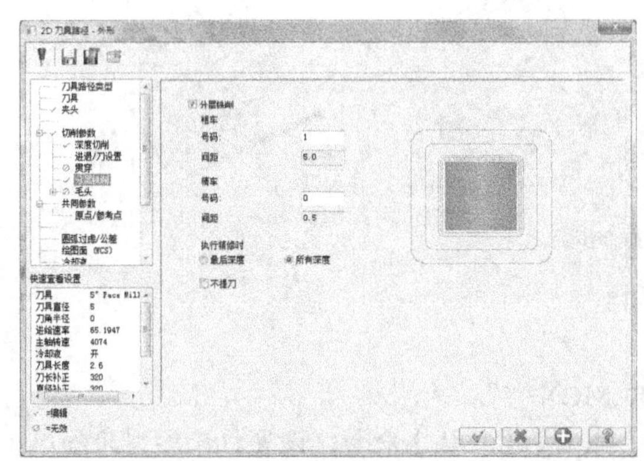

图6-25 【分层铣削】选项卡

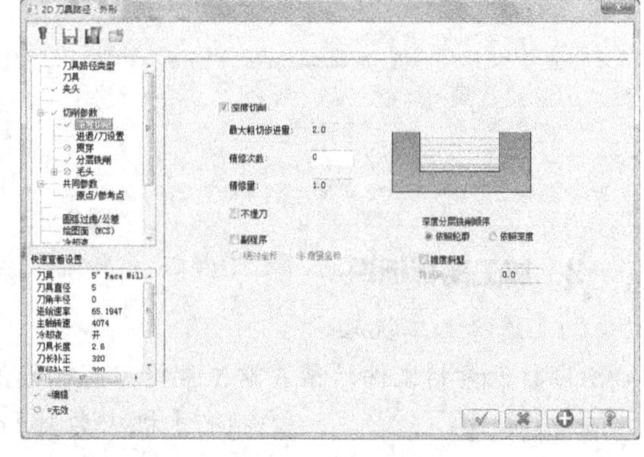

图6-26 【深度切削】选项卡

分层铣削与深度切削都是将较大的余量分多次走刀完成，但是二者的加工方向不同，前者是在 *XY* 平面内的余量，后者是在 *Z* 向的余量，应注意其区别。

在实际加工中，总切削量等于切削深度减去 *XY* 方向或 *Z* 向预留量，因此实际粗切次数要小于设置的最大粗切次数，以 *Z* 轴分层铣削为例，具体数值可按照下式计算（计算后取整）。

$$\text{粗切次数}=\frac{(\text{总数削量}-\text{精修量}\times\text{精修次数})-Z\text{向预留量}}{\text{最大粗切量}}$$

$$\text{实际粗切量}=\frac{(\text{总数削量}-\text{精修量}\times\text{精修次数})-Z\text{向预留量}}{\text{实际粗切次数}}$$

6.2.2 实战演练——加工商标标识

一个商品的商标标识代表着商品以及企业的形象，设计并加工出符合企业形象的标识至关重要。图 6-27 所示的模型是一商标标识，下面以此商标为例说明市场上商标生产的一般过程。

图 6-27 商标标示

1. 涉及的应用工具

（1）分析模型，选取刀具添加到刀具库，然后设置毛坯。

（2）由于是加工凸缘形的工件，因而对刀具没有限制，可以使用大直径刀具，故采用 20 mm 的平底刀铣削外形边，深度为 -20。

（3）采用 10 mm 的平底刀，对内部形状进行挖槽加工，挖槽深度为 -10。

（4）通过模拟实体切削，验证创建刀具路径的正确性。

2. 操作步骤概况

操作步骤概况，如图 6-28 所示。

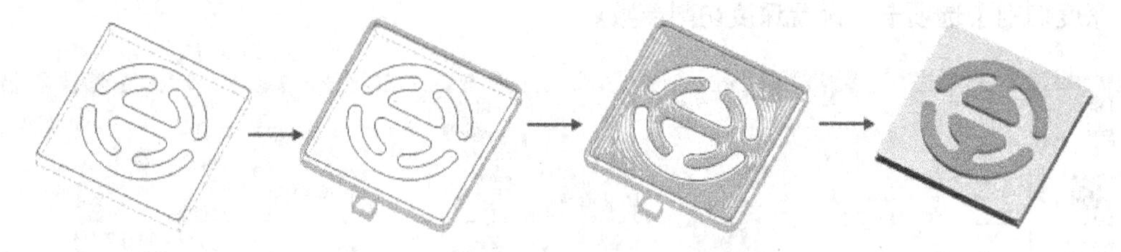

图 6-28 操作步骤

3. 加工商标标识

（1）选择加工机床

① 打开素材文件“第 6 章 \ 素材 \ 商标标识 .MCX-7”。

② 执行【机床类型】/【铣床】/【默认】命令，设置机床类型为铣床。

（2）设置刀具库

执行【刀具路径】/【刀具管理器】命令，在图 6-29 所示的【刀具管理】对话框中选取以下刀具，然后单击 按钮确定。

- 直径为 10 mm 的平底刀。
- 直径为 20 mm 的平底刀。

要点提示

在【刀具管理】对话框中单击 按钮，然后在弹出的对话框中选取 mill_mm.tooldb 刀具库，即可在此刀具库中找到 10 mm、20 mm 的刀具。同时，提醒用户尽量在刀具库中选取刀具，或者自建刀具库保存自己常用刀具。

（3）设置毛坯

① 在操作管理器中的【属性】选项组中选择【材料设置】选项。

② 在【机器群组属性】对话框中按图 6-30 所示设置毛坯，然后单击 按钮确定，结果如图 6-31 所示。

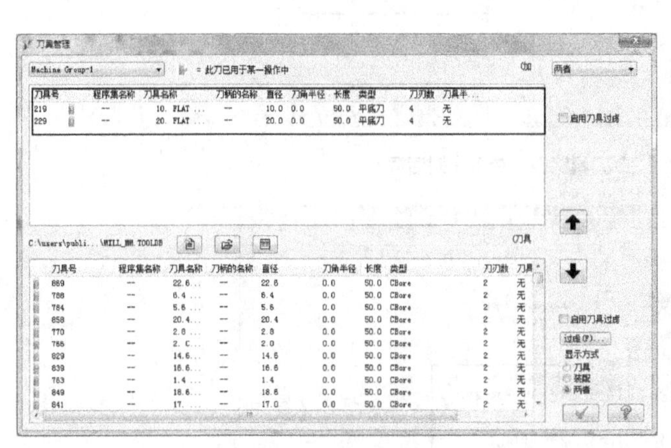

图 6-29 【刀具管理】对话框

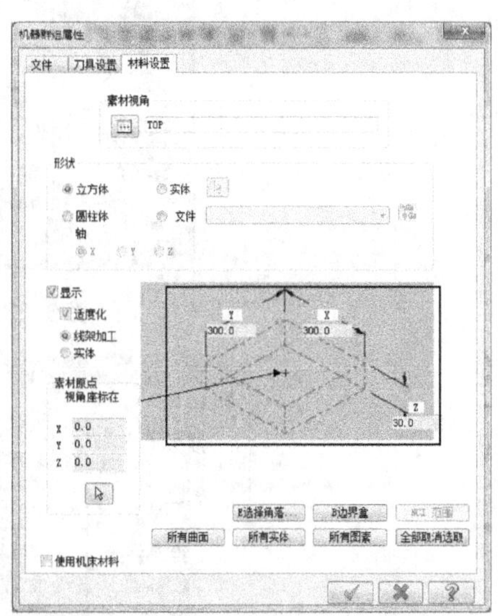

图 6-30 【机器群组属性】对话框

（4）创建外形铣削刀具路径

① 执行【刀具路径】/【外形铣削】命令，系统弹出【输入新 NC 名称】对话框，单击 按钮确定，采用默认名称。

② 在绘图区选取图 6-32 所示的外面的矩形为铣削边界，然后在【串连参数】对话框单击 按钮确定。

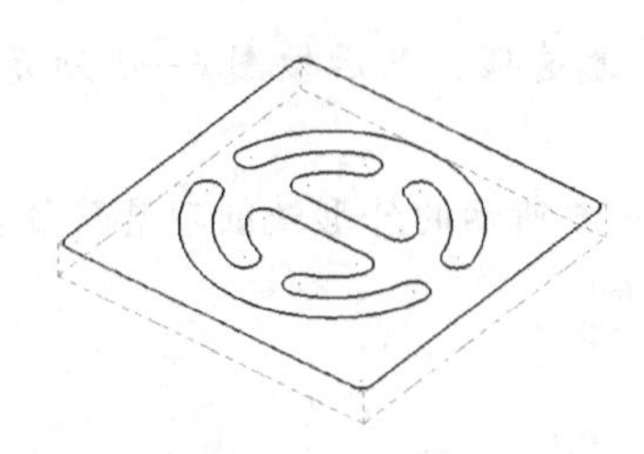

图 6-31 设置毛坯

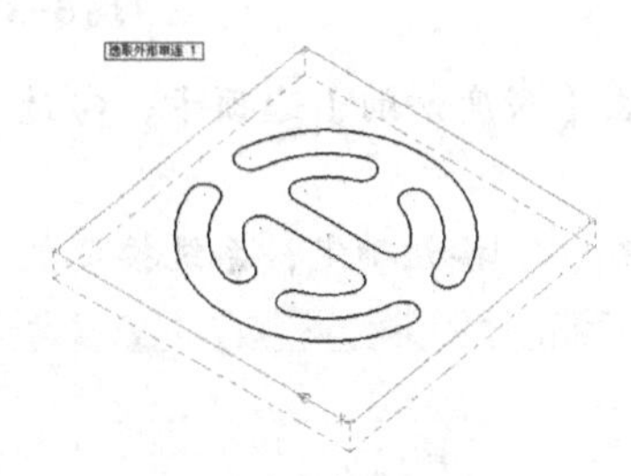

图 6-32 选取外形铣削边界

③ 在【2D 刀具路径 - 外形】对话框中点选【刀具】选项卡，然后选取直径为 20 mm 的平底刀，并设置刀具参数和勾选【快速提刀】复选项，如图 6-33 所示。

要点提示

在刀具库中选取的刀具，一般都自定义有进给率、主轴转速等特定参数，用户只需要根据需求，稍作调整即可。

④ 单击【共同参数】选项卡，按图 6-34 所示设置参数高度、深度等加工参数。

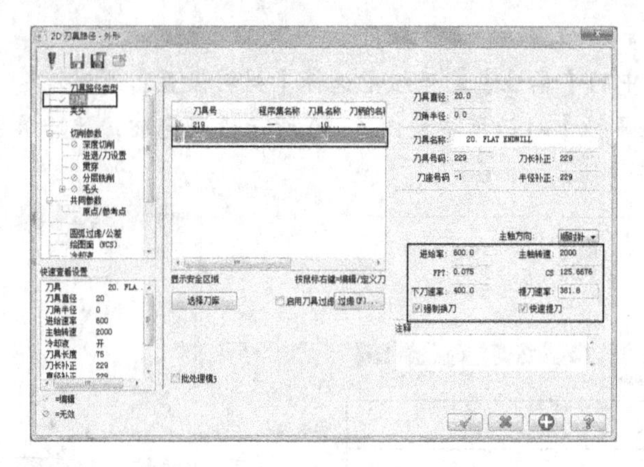

图 6-33 【2D 刀具路径 - 外形】对话框

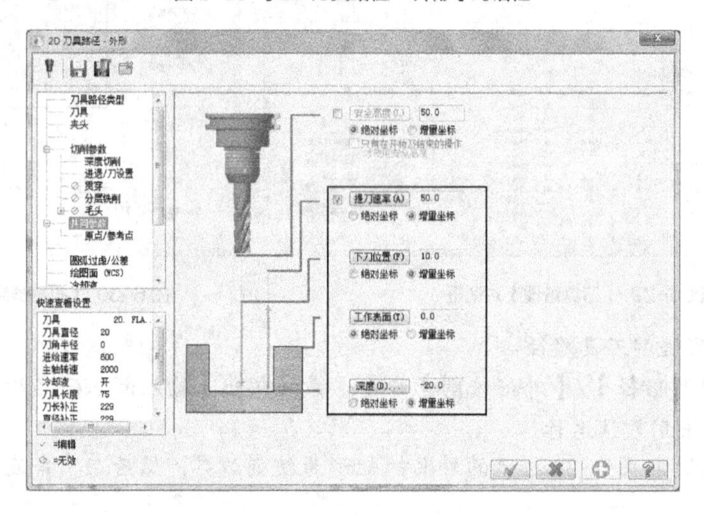

图 6-34 【共同参数】选项卡

⑤ 单击【深度切削】选项卡，勾选【深度切削】复选项，然后按图 6-35 所示设置深度铣削参数。

⑥ 单击 按钮确定，系统按参数自动生成图 6-36 所示的外形铣削刀具路径。

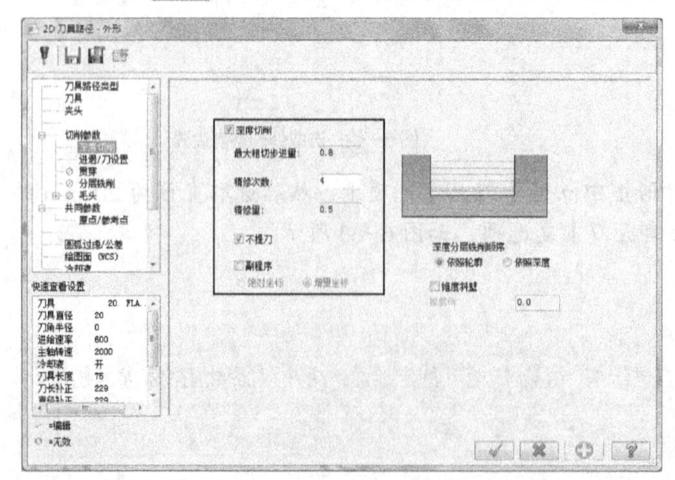

图 6-35 【深度切削】选项卡

图 6-36 外形铣削刀具路径

（5）创建挖槽加工刀具路径

① 执行【刀具路径】/【2D 挖槽】命令，在绘图区依次选取图 6-37 所示的封闭图形为挖槽边界，然后在【串连参数】对话框单击 ✓ 按钮确定。

② 在【2D 刀具路径 -2D 挖槽】对话框中点选【刀具】选项卡，选取直径为 10 mm 的平底刀，然后按图 6-38 所示设置刀具参数。

③ 单击【共同参数】选项卡，按图 6-39 所示设置参数高度、深度等加工参数。

④ 单击【切削参数】选项卡，在【挖槽加工方式】下拉列表中选取【打开】挖槽加工方式，如图 6-40 所示。

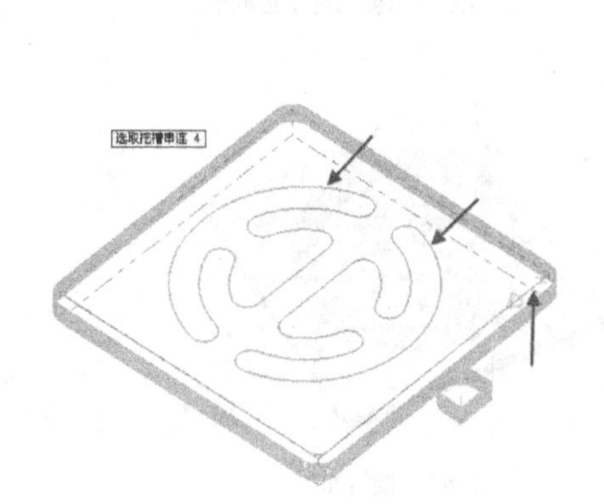

图 6-37 选取挖槽边界

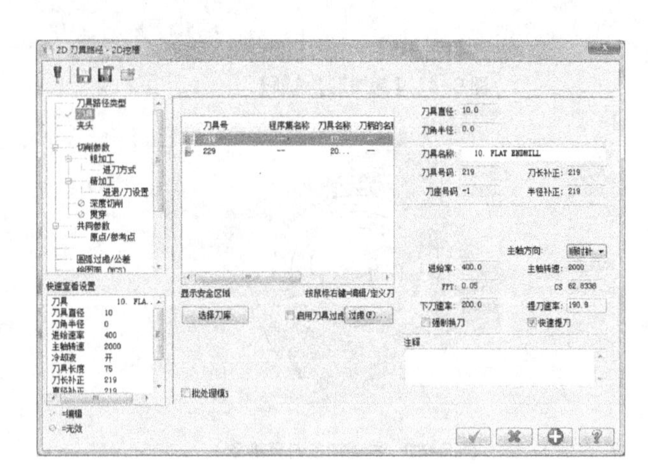

图 6-38 【刀具】选项卡

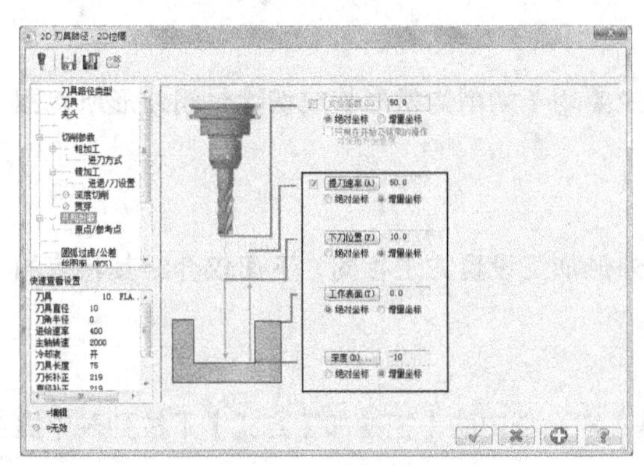

图 6-39 【共同参数】选项卡

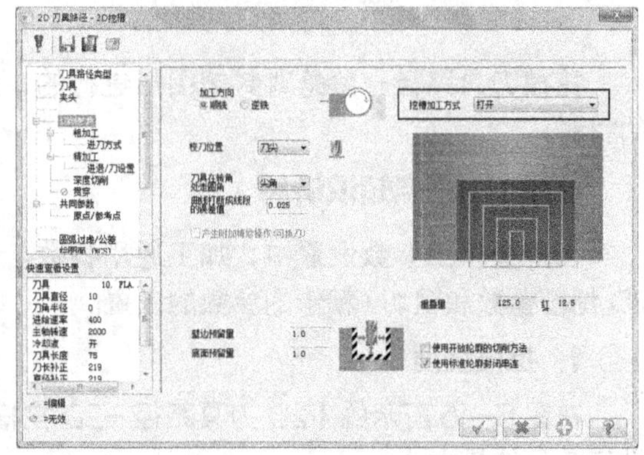

图 6-40 【切削参数】选项卡

⑤ 单击【粗加工】选项卡，按图 6-41 所示设置挖槽粗加工参数。其中，选取粗切方式为“等距环切”。

⑥ 单击【深度切削】选项卡，勾选【深度切削】复选项，然后按图 6-42 所示设置深度铣削参数，单击 ✓ 按钮确定。

⑦ 单击 ✓ 按钮确定，系统按参数自动生成图 6-43 所示的 2D 挖槽加工刀具路径，模拟加工如图 6-44 所示。

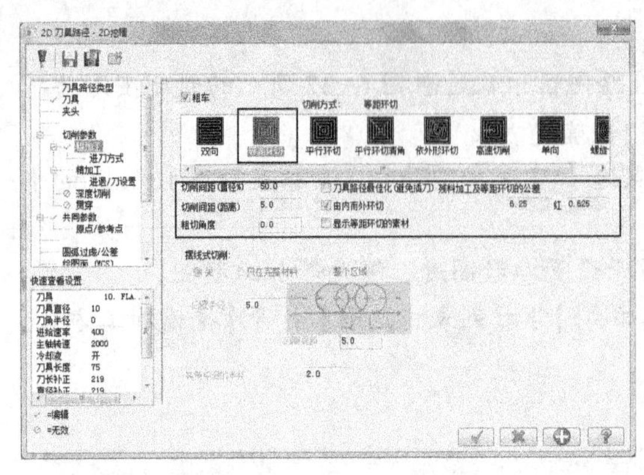

图 6-41 【粗加工】选项卡

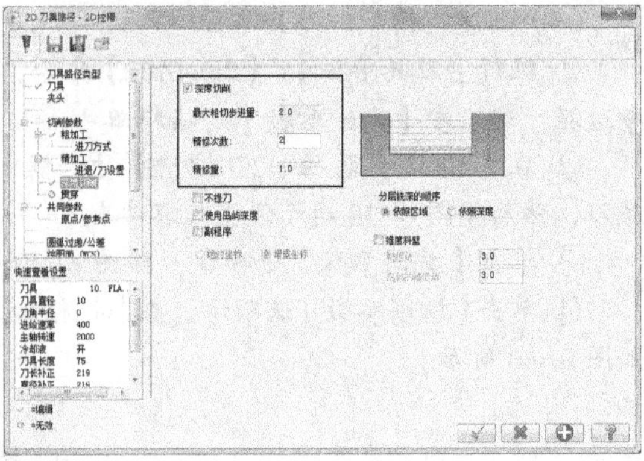

图 6-42 【深度切削】选项卡

图 6-43 挖槽加工刀具路径

图 6-44 模拟加工

6.3 挖槽铣削加工

挖槽刀具路径一般是对封闭图形进行的，主要用于切削沟槽形状或切除封闭外形所包围的材料。

6.3.1 重点知识讲解

在挖槽模组参数设置中，加工通用参数与外形加工设置方法相同，下面仅介绍其特有的 2D 挖槽参数和粗切 / 精修的参数的设置。

1. 挖槽类型

在图 6-45 所示的【2D 刀具路径 -2D 挖槽】对话框中的【挖槽加工方式】下拉列表中提供了 5 种挖槽方式。

•【标准】：该选项采用标准的挖槽方式，即仅铣削定义凹槽内的材料，而不会对边界外或岛屿进行铣削。

•【平面铣削】：该选项的功能类似于面铣削模组的功能，在加工过程中只保证加工出选择的表面，而不考虑是否会对边界外或岛屿的材料进行铣削。一般挖槽加工后可能在边界处留下毛刺，这时可采用该功能对边界进行加工。

•【使用岛屿深度】：当岛屿深度与边界不同时，需要使用该加工方式。该选项不会对边界外的材料进行铣削，但可以将岛屿铣削至所设置的深度。

•【残料加工】：该选项用于进行残料挖槽加工，其设置方法与外形铣削中残料加工中的参数设置相同。

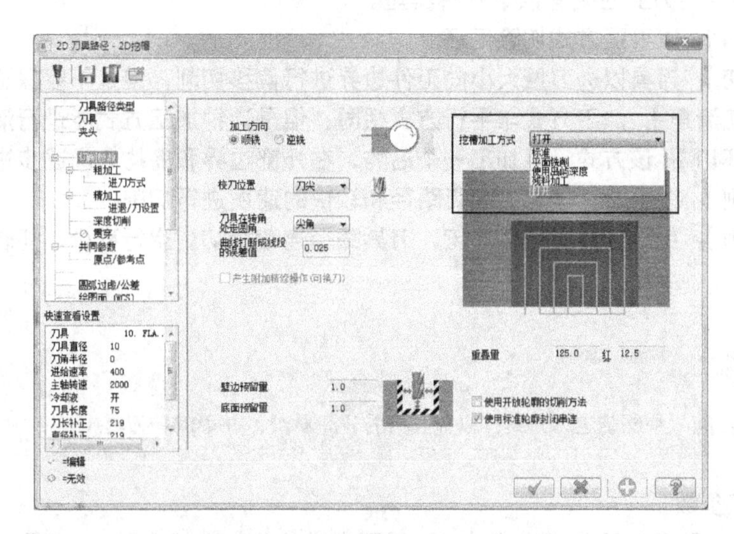

图 6-45 【2D 刀具路径 -2D 挖槽】对话框

•【打开】：当选取的串连中包含有未封闭串连时，只能用开放加工方式，此时系统先将未封闭的串连进行封闭处理，然后对封闭后的区域进行挖槽加工。

2. 粗加工参数

在挖槽加工中加工余量一般比较大，因此需要设置粗、精加工来保证加工质量，如图 6-46 所示。

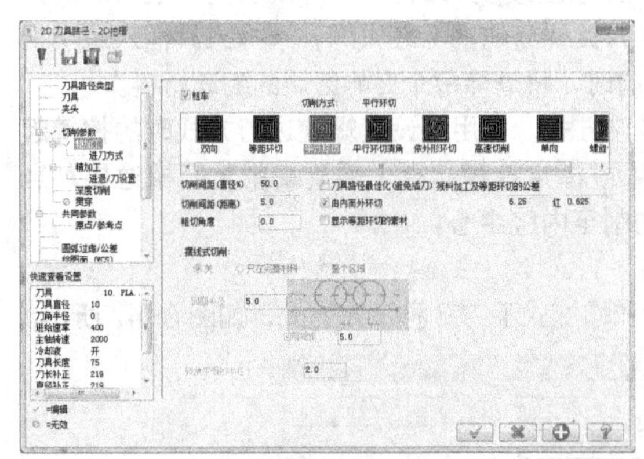

(a)【粗加工】选项卡

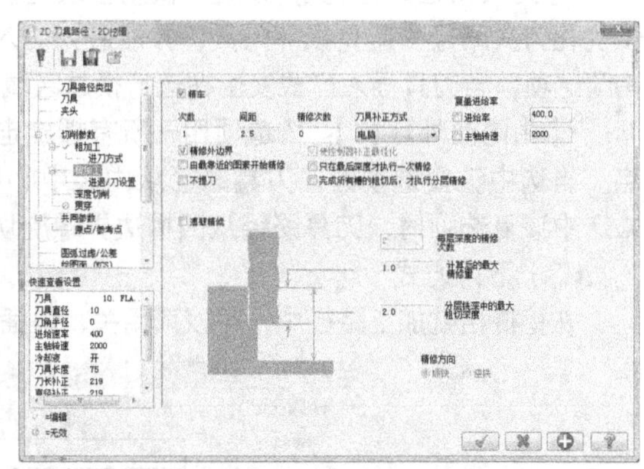

(b)【精加工】选项卡

图 6-46 【粗加工】参数设置

下面就粗加工中的一些参数设置进行说明。

（1）走刀方式

Mastercam X7 提供了粗加工的走刀方式，包括双向、等距环切、平行环切、平行环切清角、依外形环切、高速切削、单向切削和螺旋切削 8 种走刀方式。

这 8 种走刀方式可归为直线及螺旋走刀两大类，直线走刀主要有以下两种类型。

•【双向】：双向切削产生一组有间隔的往复直线刀具路径来切削凹槽。

•【单向切削】：单向切削刀具路径朝同一个方向进行切削，回刀时不进行切削。

螺旋走刀方式是从挖槽中心或特定挖槽起点开始进刀并沿着刀具方向（Z 轴）螺旋下刀

进行切削。螺旋走刀方式主要有以下 6 种类型。

- 【等距环切】：以等距方式切除毛坯。
- 【平行环切】：刀具以进刀量大小向工件边界进行偏移切削，但是不能保证清角。
- 【平行环切清角】：加工方式与平行方式相同，但是这种加工方式能进行清角加工。
- 【依外形环切】：该方式只能加工一个岛屿，在外部边界和岛屿之间逐步进行切削。
- 【高速切削】：以平滑、优化的圆弧路径和较快的速度进行切削。
- 【螺旋切削】：用螺旋线进行粗加工，刀具路径连续相切。空行程少，能较好地清除毛坯余量。

要点提示

在走刀方式中尽可能采用螺旋走刀方式，以提高槽的表面质量，并可保护刀具。

（2）粗加工参数

在粗加工中，除了设置走刀方式外，还需要对进给参数进行设置，主要包括以下几项。

- 【切削间距（直径%）】：设置在 *X* 轴和 *Y* 轴上粗加工之间的切削间距，用刀具直径的百分比计算，调整【切削间距（距离）】参数时自动改变该值。
- 【切削间距（距离）】：该选项是在 *X* 轴和 *Y* 轴上计算的一个距离，等于切削间距百分比乘以刀具直径，调整【切削间距（直径%）】参数自动改变该值。
- 【粗切角度】：当选择双向和单向走刀方式时，为刀具路径的起始方向与 *X* 轴的夹角。
- 【刀具路径最佳化】：该选项仅用于双向铣削内腔的刀具路径，为环绕切削内腔、岛屿提供优化刀具路径，避免损坏刀具，并能避免切入刀具绕岛屿的毛坯太深，选择刀具插入最小切削量选项，当刀具插入形式发生在运行横越区域前时，将清除每个岛屿区域的毛坯材料。
- 【由内而外环切】：该选项用于所有螺旋走刀方式，可用来设置螺旋进刀方式时的挖槽起点。当选中该复选项时，刀具路径从内腔中心（或指定挖槽起点）螺旋切削至凹槽边界；当未选中该复选项时，刀具路径从凹槽边界螺旋切削至内腔中心。

（3）下刀方式

在挖槽粗铣加工路径中，可以采用关、斜插和螺旋式下刀 3 种下刀方式，如图 6-47 所示。

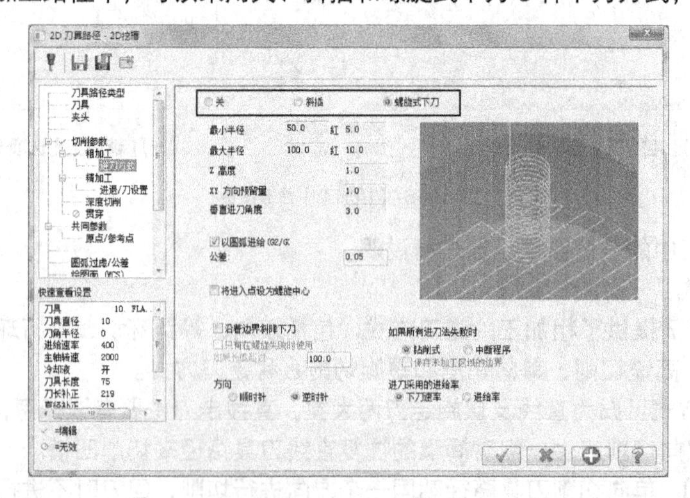

图 6-47　下刀方式

【关】即为默认的垂直下刀方式，刀具从零件上方垂直下刀，需要选用键槽刀，下刀时速度要慢。

粗加工后，为了保证尺寸和表面光洁度，还需要进行精加工，其他两种下刀方式简单，不再赘述。

6.3.2　实战演练——加工轮盘模具

轮盘的毛坯件一般为铸件或锻压件，其模具设计质量的高低直接决定着轮盘后续加工的难易程度，特别是利用挖槽加工方式加工模具，2D 挖槽参数设置以及刀具的选择对产品的质量影响较大，现根据图 6-48 所示的轮盘模具学习挖槽加工的基本要领。

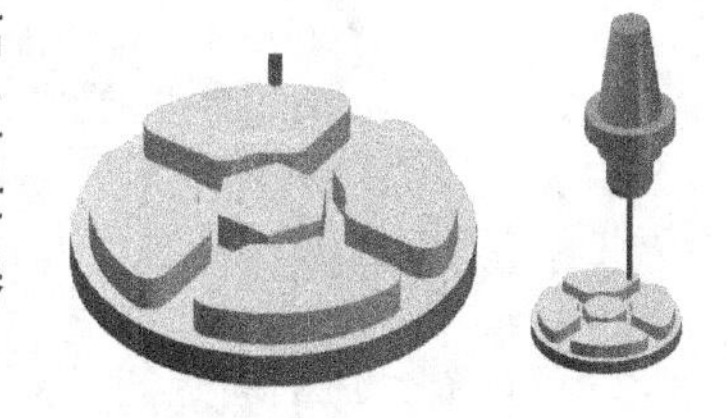

图 6-48　轮盘模具

1. 涉及的应用工具

（1）分析模型，选取刀具添加到刀具库，然后设置毛坯。

（2）利用面铣削加工方式铣削毛坯端面，除掉毛坯端面杂质，为后续挖槽加工奠定基础。

（3）采用 5 mm 的平底刀，对内部形状进行挖槽加工，挖槽深度为 -10。

（4）通过模拟实体切削，验证创建刀具路径的正确性。

2. 操作步骤概况

操作步骤概况，如图 6-49 所示。

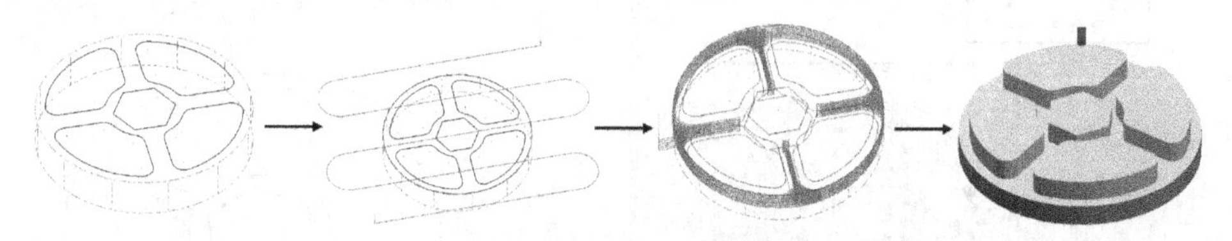

图 6-49　操作步骤

3. 加工轮盘模具

（1）选择加工机床

① 打开素材文件“第 6 章 \ 素材 \ 轮盘模具 .MCX-7”。

② 执行【机床类型】/【铣床】/【默认】命令，设置机床类型为铣床。

（2）设置刀具库

执行【刀具路径】/【刀具管理器】命令，在图 6-50 所示的【刀具管理】对话框中选取以下刀具，然后单击 按钮确定。

• 直径为 50 mm 的面铣刀。

• 直径为 5 mm 的平底刀。

（3）设置毛坯

① 在操作管理器中的【属性】选项组中选择【材料设置】选项。

② 在【机器群组属性】对话框中按图 6-51 所示设置毛坯，然后单击 按钮确定，结果如图 6-52 所示。

（4）创建面铣削刀具路径

① 执行【刀具路径】/【平面铣】命令，在弹出的【输入新 NC 名称】对话框中单击 按钮，系统弹出【串连选项】对话框。

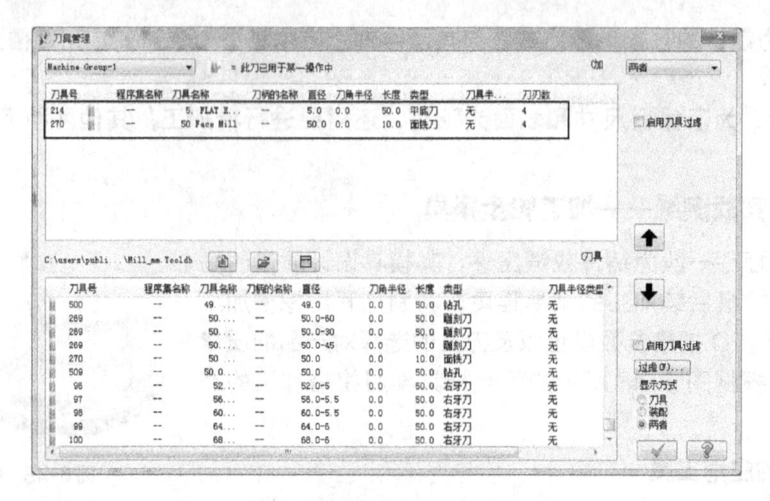

图 6-50 【刀具管理】对话框

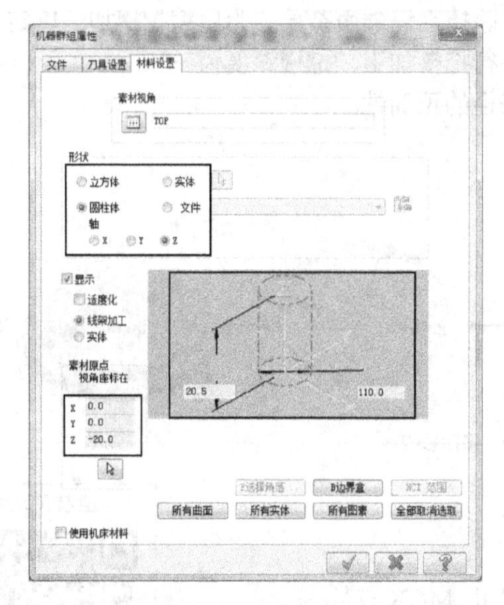

图 6-51 【机器群组属性】对话框

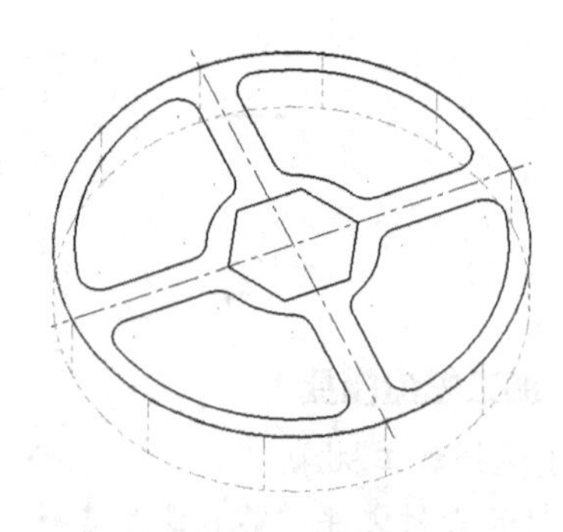

图 6-52 设置毛坯

② 在操作界面上选取图 6-53 所示的外形轮廓为铣削边界，然后单击【串连选项】对话框中的 按钮。

③ 在【2D 刀具路径 - 平面铣削】对话框中点选【刀具】选项卡，选取 50 mm 的面铣刀为铣削刀具，并按图 6-54 所示设置刀具参数。

④ 单击【切削参数】选项卡，在【类型】下拉列表中选取“双向”，设置引导方向超出量为“75”，设置两切削间位移方式为“高速回圈”，如图 6-55 所示。

⑤ 单击【共同参数】选项卡，设置参数高度、深度等加工参数，如图 6-56 所示，然后单击 按钮确定，面铣削刀具路径结果如图 6-57 所示。

（5）创建挖槽铣削刀具路径

① 在【操作管理器】中选取面铣削刀具路径，然后单击 按钮，隐藏面铣削刀具路径。

② 执行【刀具路径】/【2D 挖槽】命令，系统弹出【串连选项】对话框，在操作界面上依次选取图 6-58 所示的 6 个挖槽加工轮廓，然后单击 按钮确定。

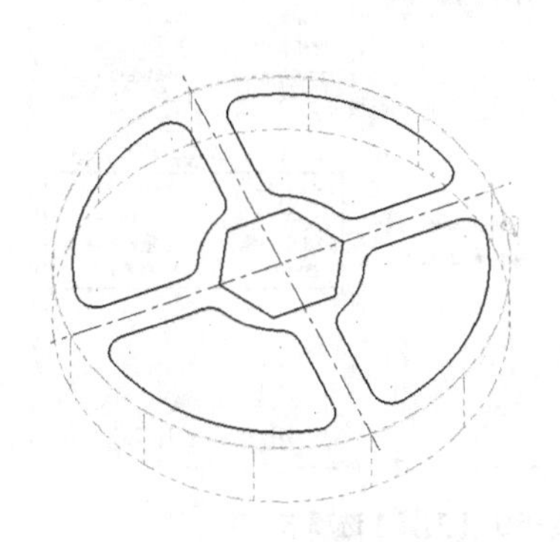

图 6-53 选取面铣削边界

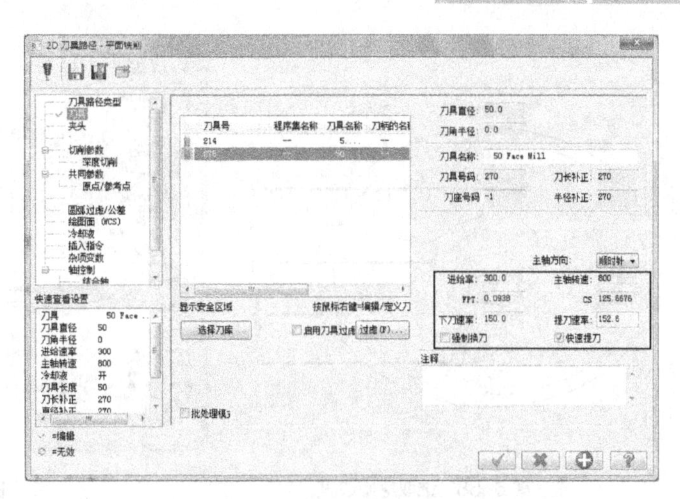

图 6-54 【刀具】选项卡

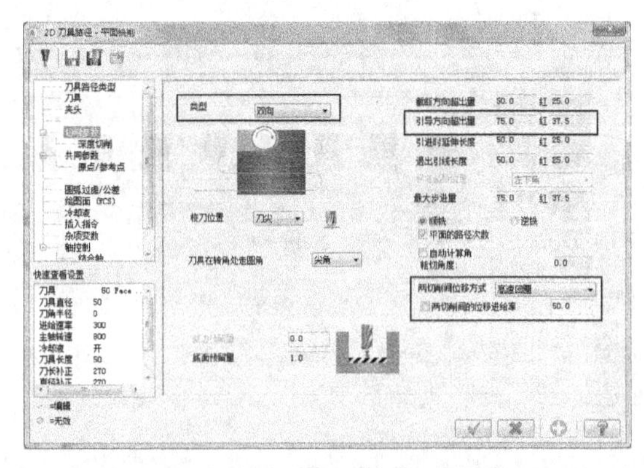

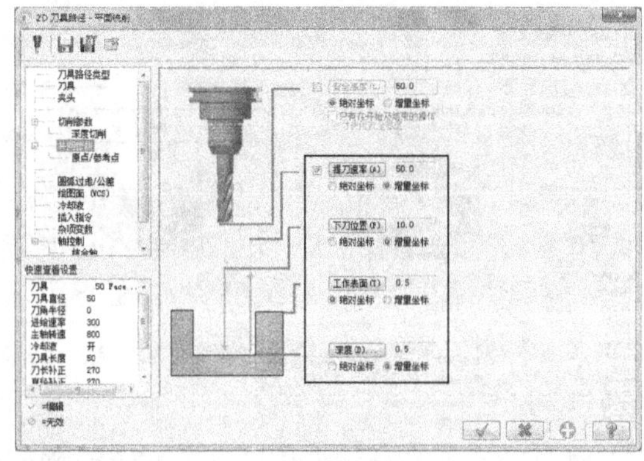

图 6-55 【切削参数】选项卡

图 6-56 【共同参数】选项卡

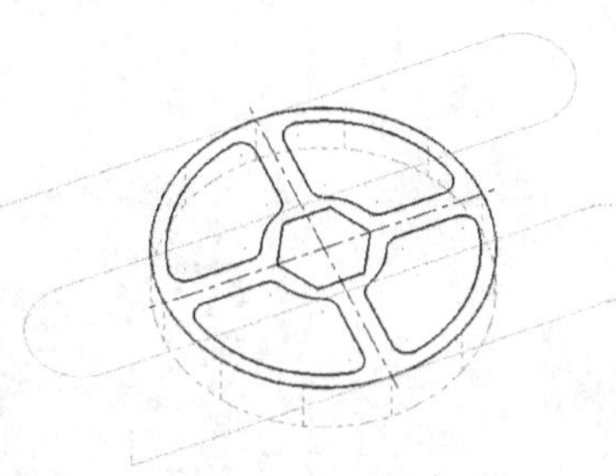

图 6-57 面铣削刀具路径

③ 单击【刀具】选项卡，选取 5 mm 平底刀，然后按图 6-59 所示设置刀具参数。

④ 单击【切削参数】选项卡，在【挖槽加工方式】下拉列表中选取“平面铣削”，设置挖槽加工方式为平面铣削加工，如图 6-60 所示。

⑤ 单击【粗加工】选项卡，设置粗加工方式为“依外形环切”，如图 6-61 所示。

⑥ 单击【深度切削】选项卡，按图 6-62 所示的深度分层切削参数。

⑦ 单击【共同参数】选项卡，按图 6-63 所示设置共同参数，然后单击 ✓ 按钮确定，结果如图 6-64 所示。

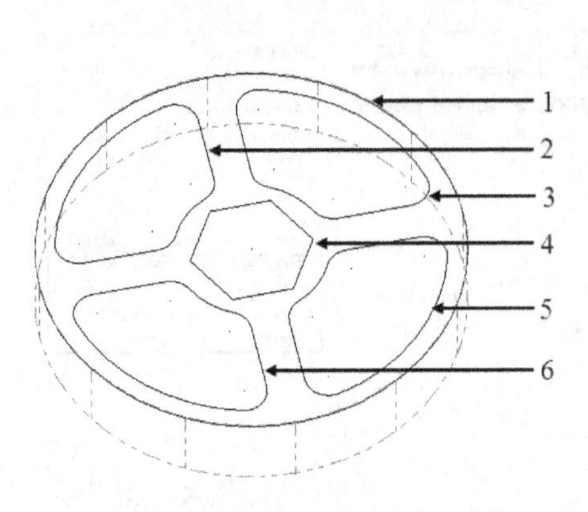

图 6-58 选取挖槽边界

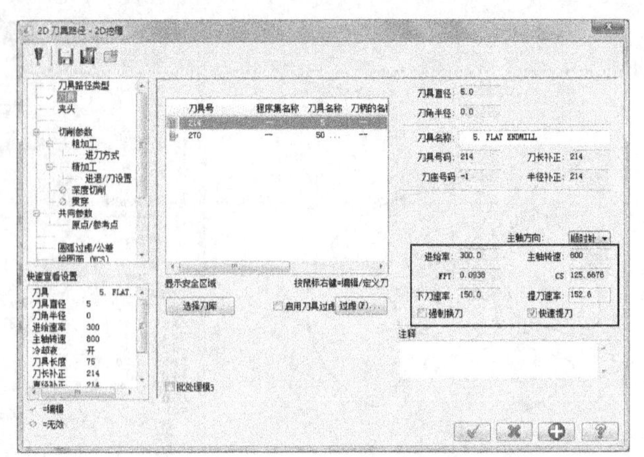

图 6-59 【刀具】选项卡

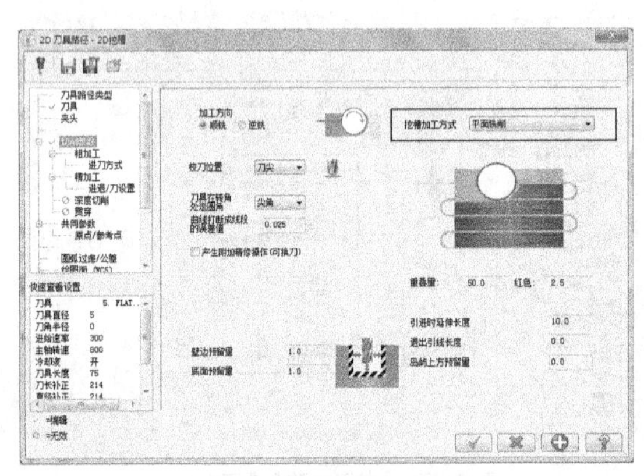

图 6-60 【切削参数】选项卡

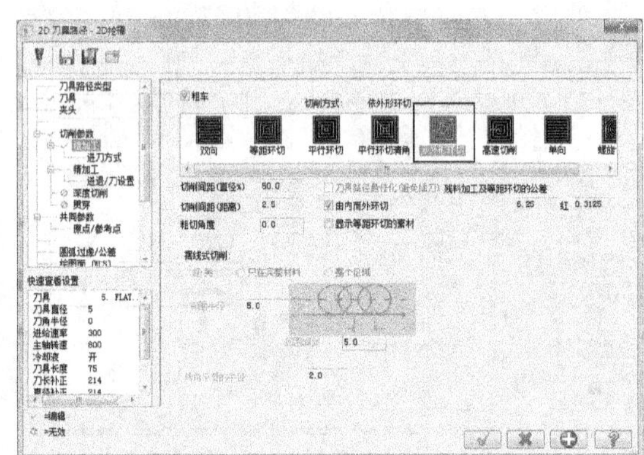

图 6-61 【粗加工】选项卡

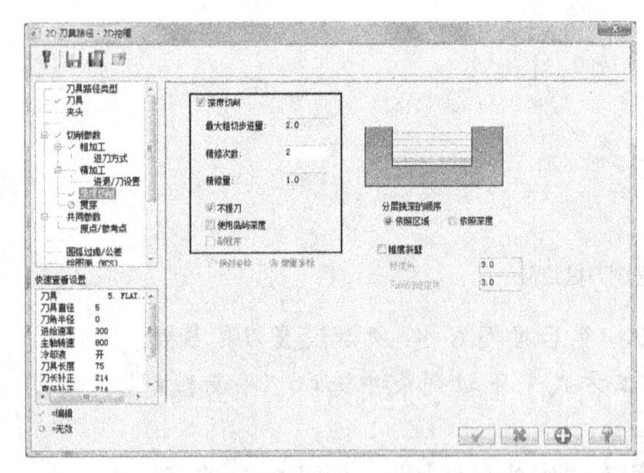

图 6-62 【深度切削】选项卡

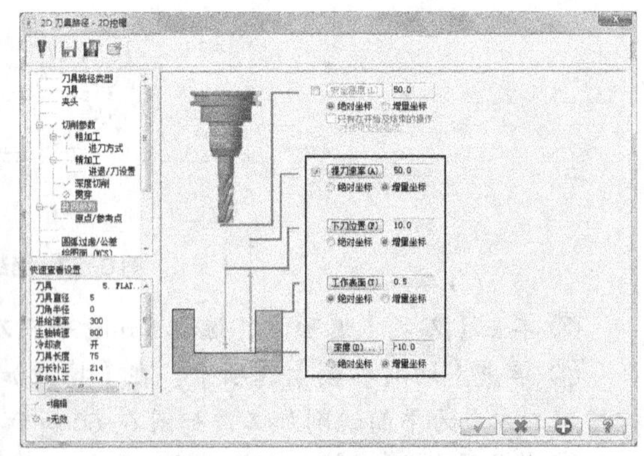

图 6-63 【共同参数】选项卡

（6）仿真模拟

在操作管理器中依次选中面铣削、挖槽加工，然后单击按钮，在【实体切削验证】对话框中进行仿真模拟，结果如图 6-65 所示。

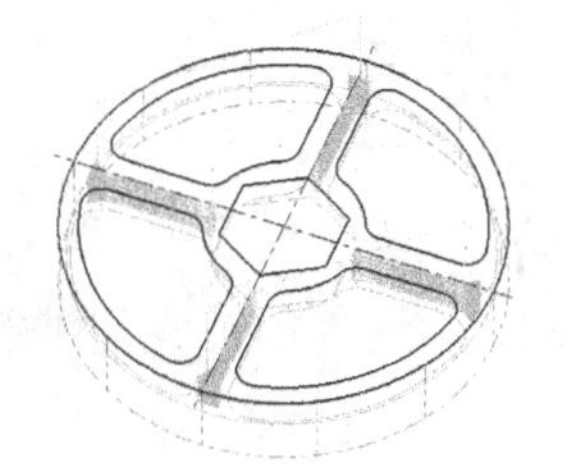

图 6-64 挖槽加工刀具路径

图 6-65 挖槽加工仿真模拟

6.4 钻孔与镗孔加工

钻孔模组是机械加工使用较多的一个工序，包括钻孔、镗孔、攻螺纹等多种制造工艺，而这些加工工艺在普通的钻床或铣床上加工，会比较烦琐且制造精度低，特别是在找正定位方面更为明显。

6.4.1 重点知识讲解

数控钻床、铣床的诞生解决了加工烦琐的问题，而且加工精度及效率都非常高。在Mastercam X7 中钻孔模组由一组特由的参数设置，几何模型的选取与前面的各模组有很大的不同。下面简单介绍创建钻孔数控程序的操作步骤。

1. 操作步骤

创建钻孔数控程序的操作步骤，主要包括绘制轮廓图形、定义机床类型、设置加工环境以及定义刀具参数等。

① 绘制轮廓图形。利用 Mastercam X7 的设计模块绘制轮廓图形或直接导入由其他 CAD/CAM 软件绘制的轮廓图形，这是创建数控程序的基础工作，后面的参数设置均是围绕其特征进行。

② 定义机床类型。执行【机床类型】/【铣床】/【默认】命令，进行铣削加工环境设置，系统将自动根据设置类型调用相对应的机床类型，如果是针对钻孔模组，则可直接选取三轴立式数控铣削系统，即执行【机床类型】/【铣床】/【MILL3-AXIS VMC MM.MMD-7】命令，系统将自动初始化铣削机床应用模块。

③ 设置加工参数。单击展开操作管理器【刀具路径】中的【属性 -Mill Default MM】选项，选取【材料设置】模块，可在图 6-66 所示的对话框中设置工件原点、毛坯参数、刀具参数以及安全区域等内容。

④ 定义刀具路径。加工环境设置完成后，执行【刀具路径】/【钻孔】命令，如果是新创建刀具，系统将弹出图 6-67 所示的【输入新 NC 名称】对话框，输入程序名称后单击 ✔ 按钮，系统将弹出图 6-68 所示的【选取钻孔的点】对话框，用户可以按系统提示选取钻孔位置设定钻孔点。

⑤ 设置刀具参数。

⑥ 设置钻孔加工参数。

⑦ 产生刀具路径。

⑧ 校验并保存文件。

⑨ 后处理。

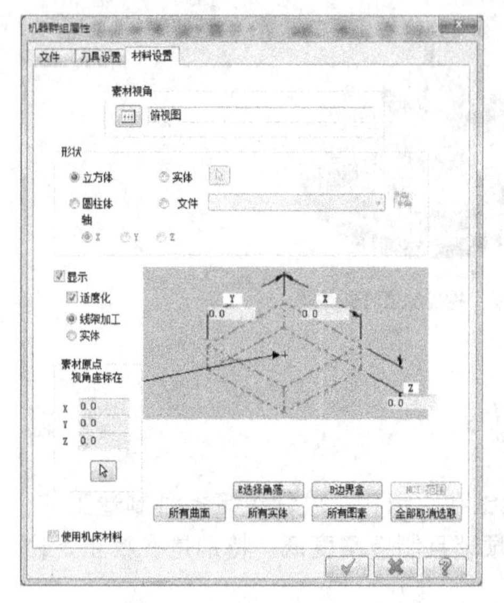

图 6-66 【机器群组属性】对话框

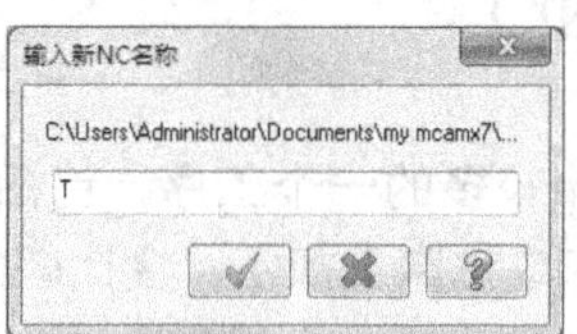

图 6-67 【输入新 NC 名称】对话框

图 6-68 【选取钻孔的点】对话框

2. 钻孔点的选取

在钻孔时选取定位点作为孔的圆心，可以是绘图区中的已有点，也可以是构建一定排列方式的点，在图 6-69 所示的【选取钻孔的点】对话框中提供了多种选取钻孔中心的方法。

（1）手动选取

单击按钮，在屏幕上选取钻孔点的位置，钻孔位置可以是图素上的端点、圆心、中心点等特殊位置，也可以直接输入点坐标值确定加工位置。

（2）自动选取

单击 自动 按钮，系统将自动选取所有的孔中心点，产生切削加工路径，这种选取方式主要应用于处在一条直线上的多点选取。

要点提示

自动选取获取钻孔点时，系统将自动提示制订 3 个加工点作为路径方向控制点，首先选取第 1 点用于设置加工路径的起始点，然后选取第 2 点用于定位加工顺序方向，而第 3 点则为加工路径的终止点。

（3）选取图素

单击 图素 按钮，将已选取的几何对象端点作为钻孔中心。

（4）框选

单击 窗选 按钮，将两个对角点形成的矩形框内所包容的点作为钻孔中心点。

（5）编辑

单击 编辑... 按钮，系统返回图形区并提示选择点，可以对已选取的点进行编辑，重新设置参数，当用户选取点后将弹出图 6-70 所示的【编辑钻孔点】对话框，在该对话框中可进行点的编辑。

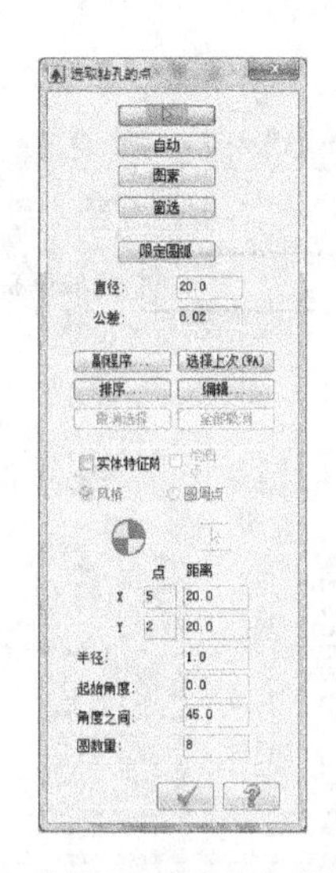

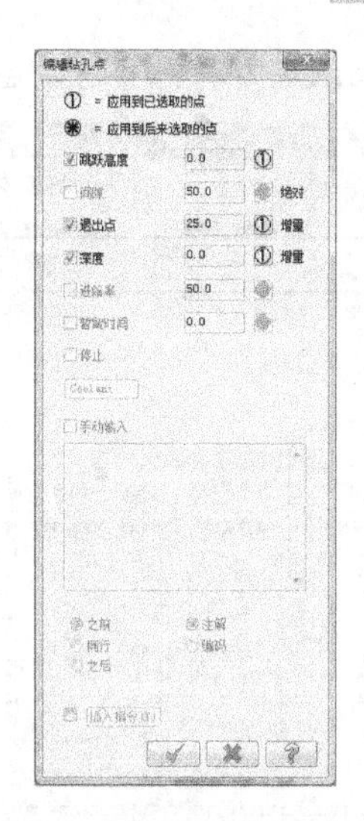

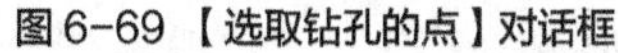
图 6-69 【选取钻孔的点】对话框　　　　图 6-70 【编辑钻孔点】对话框

6.4.2 实战演练——加工花槽底座

如图 6-71 所示的花槽底座是机械设备中用于固定设备其他零部件的工件，其钻孔位置的恰当与否直接影响其性能的高低，故钻孔的位置至关重要，下面以花槽底座作为案例讲述钻孔工艺设计的一般过程。

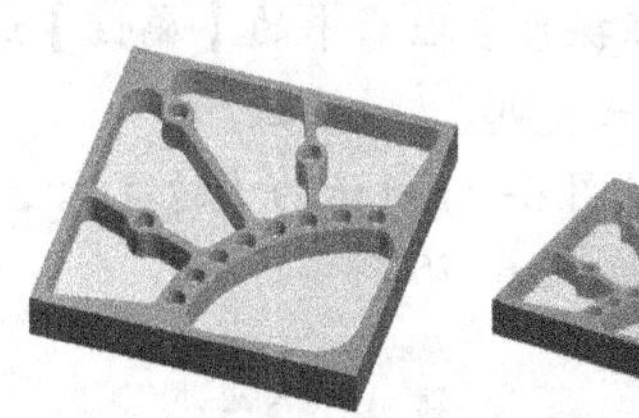

图 6-71　花槽底座

1. 涉及的应用工具

（1）分析模型，选取刀具添加到刀具库，然后设置毛坯。

（2）选取直径为 12 mm 的平底刀，利用挖槽加工方式加工底座的花槽。

（3）选取钻孔点，采用 12 mm 的钻孔刀具，对底座钻孔，钻孔深度为 15 mm。

（4）通过模拟实体切削，验证创建刀具路径的正确性。

2. 操作步骤概况

操作步骤概况，如图 6-72 所示。

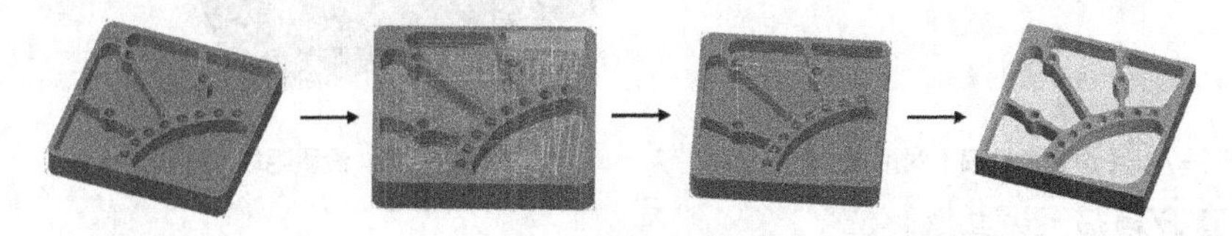
图 6-72　操作步骤

3. 加工花槽底座

（1）选择加工机床

① 打开素材文件“第 6 章 \ 素材 \ 花槽底座 .MCX-7”。

② 执行【机床类型】/【铣床】/【默认】命令，设置机床类型为铣床。

（2）设置刀具库

执行【刀具路径】/【刀具管理器】命令，在图 6-73 所示的【刀具管理】对话框中选取以下刀具，然后单击 按钮确定。

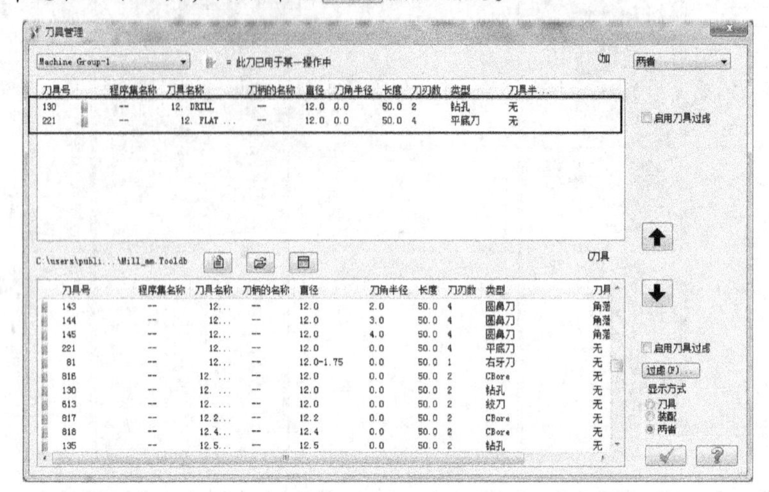

图 6-73 【刀具管理】对话框

- 直径为 12mm 的平底刀。
- 直径为 12mm 的专用钻孔刀具。

（3）设置毛坯

① 在操作管理器中的【属性】选项组中选择【材料设置】选项，在【机器群组属性】对话框中单击 B边界盒 按钮。

② 在图 6-74 所示的【边界盒选项】对话框中设置毛坯边界参数，然后单击 按钮确定，结果如图 6-75 所示。

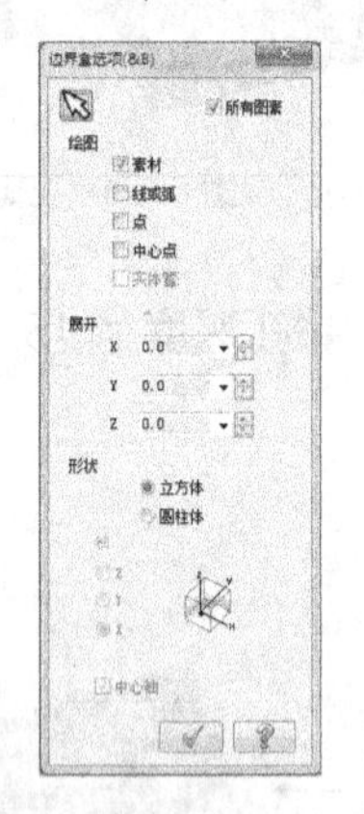

图 6-74 【边界盒选项】对话框

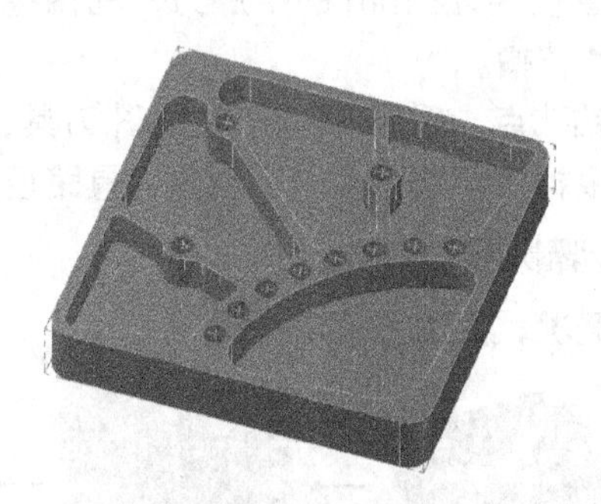

图 6-75 设置毛坯

（4）创建挖槽加工刀具路径

① 执行【刀具路径】/【2D 挖槽】命令，在弹出的【输入新建 NC 名称】对话框中单击 按钮，系统弹出【串连选项】对话框。

② 在对话框中选中【2D】单选项，依次选取图 6-75 所示的 5 个轮廓为挖槽边界，然后单击 按钮确定。

③ 在【2D 刀具路径 -2D 挖槽】对话框中的【刀具】选项卡中选取 1 号平底刀，然后按图 6-76 所示设置刀具参数。

④ 单击【共同参数】选项卡，按图 6-77 所示设置挖槽加工的共同参数。

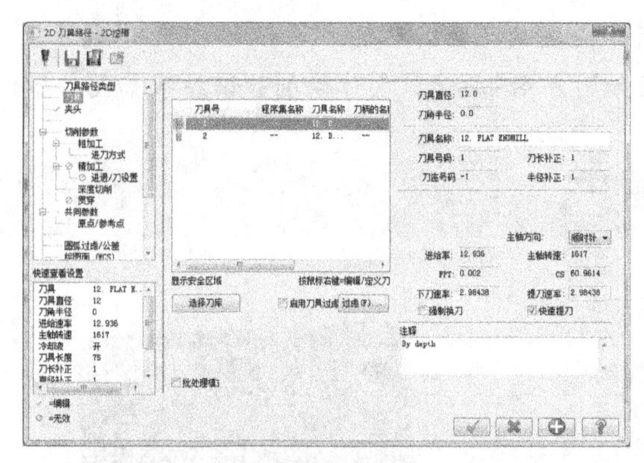

图 6-76 【2D 刀具路径 -2D 挖槽】对话框

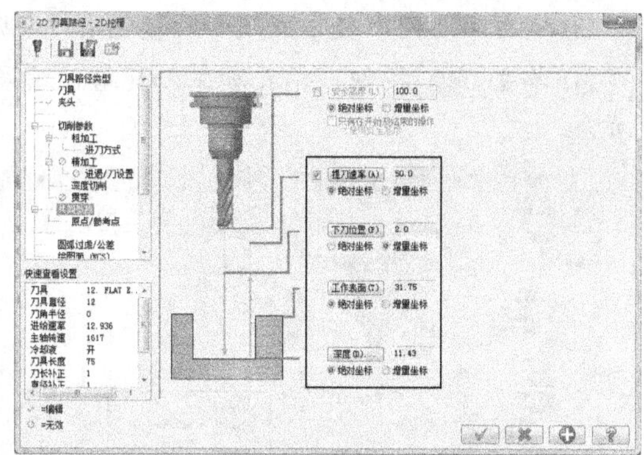

图 6-77 【共同参数】选项卡

⑤单击【粗加工】选项卡，按图 6-78 所示设置粗加工刀具路径参数，然后单击 按钮确定，挖槽加工刀具路径如图 6-79 所示。

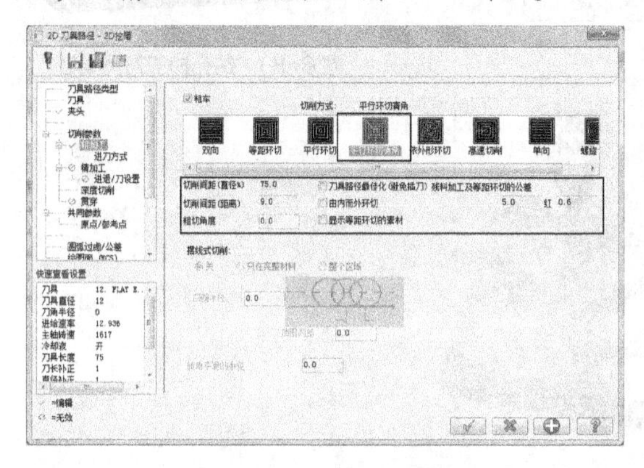

图 6-78 【粗加工】选项卡

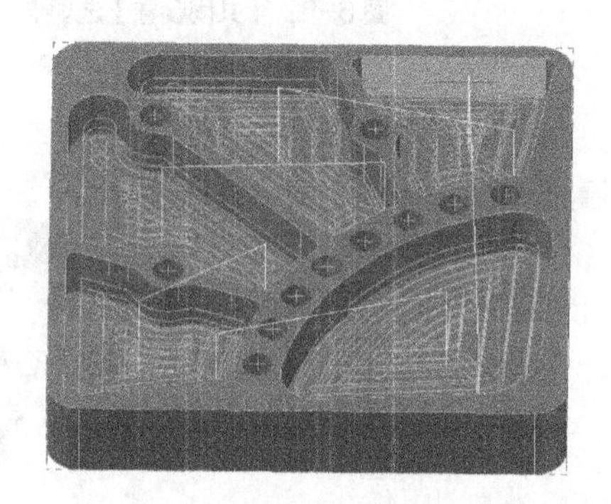

图 6-79　挖槽加工刀具路径

（5）创建钻孔加工刀具路径

① 执行【刀具路径】/【钻孔】命令，系统弹出【选取钻孔的点】对话框，在操作界面里依次选取图 6-80 所示的 11 个钻孔中心点，然后单击 按钮确定。

② 在【2D 刀具路径 - 钻孔 / 全圆铣削 深孔钻 - 无啄孔】对话框中单击【刀具】选项卡，选取 2 号钻头为加工刀具，然后按图 6-81 所示设置刀具参数。

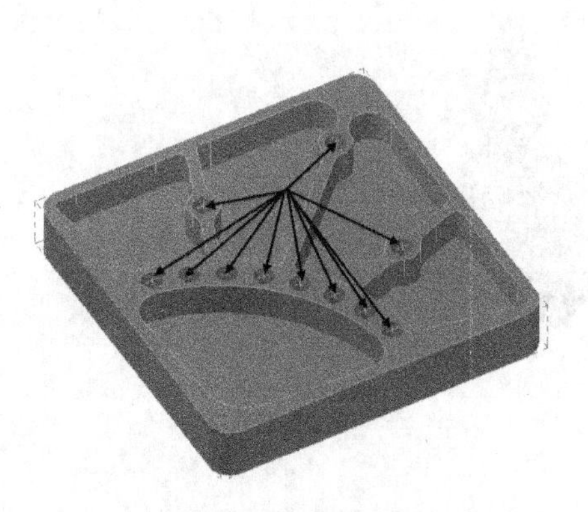

图 6-80　选取钻孔中心点

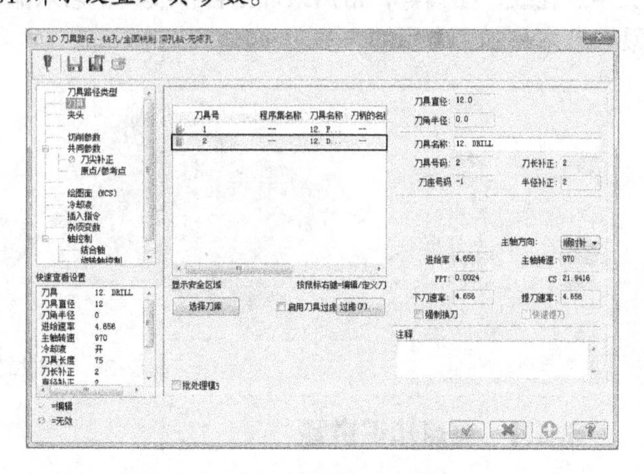

图 6-81 【刀具】选项卡

③ 单击【共同参数】选项卡，按图 6-82 所示设置钻孔共同参数。

④ 单击 ✓ 按钮，钻孔加工刀具路径结果如图 6-83 所示，实体切削验证结果如图 6-84 所示。

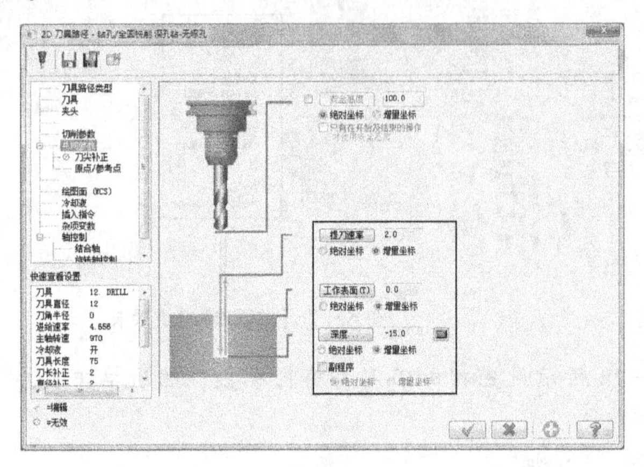

图 6-82 【共同参数】选项卡

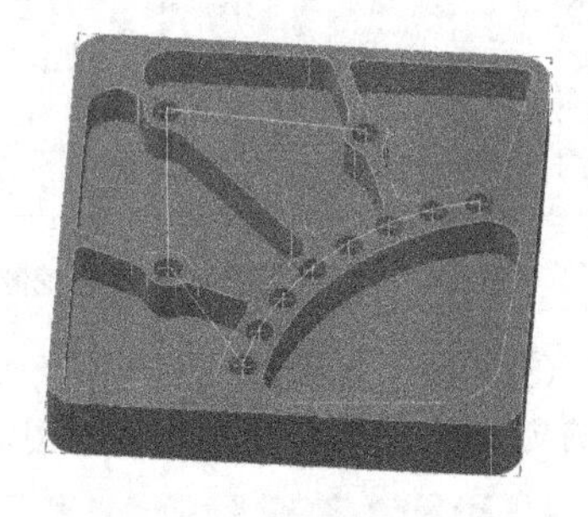

图 6-83 钻孔加工刀具路径

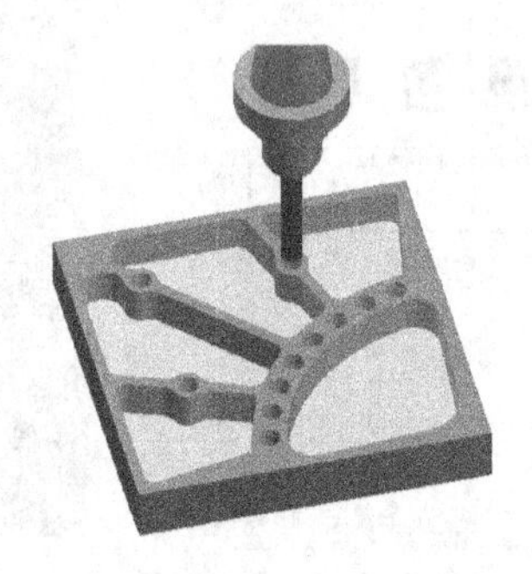

图 6-84 实体切削验证

6.5 雕刻加工

雕刻加工属于二维铣削加工一个特例，一般应用在中小型的数控铣床上雕刻形式多样的文字、花纹、图案等，常用来加工各种模具、艺术品、纪念品、图章等，如图 6-85 所示，是现代艺术品加工常用的方法。

图 6-85 雕刻加工

6.5.1 重点知识讲解

执行【刀具路径】/【雕刻】命令，系统弹出【串连选项】对话框，采用【串连方式】对话框中的几何模型进行串连操作，确认后系统弹出【雕刻】对话框，进入雕刻参数设置环境，如图 6-86 所示。

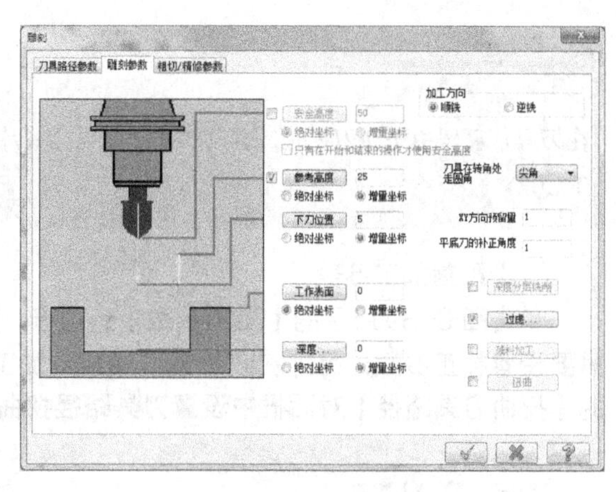

图 6-86 【雕刻】对话框

雕刻加工常用沿线条轮廓雕刻和挖槽雕刻两种方式完成各种图案、文字的加工。

1. 沿线条轮廓雕刻

沿线条轮廓雕刻就是加工时用很细的雕刻刀具，沿着图形线条轮廓的中心线雕刻，勾勒出图形的线条轮廓，主要使用外形铣削加工来实现。

其操作方式与外形铣削大致相同，只是在选择串连图形时，选取线条轮廓即可，其操作过程中需要注意以下几点。

- 雕刻刀具一般较细，如 1mm 的平底刀、1mm 的中心钻等，也可自定义一把专用雕刻成型刀。
- 雕刻主轴转速一般较高，如 10 000 r/min。
- 设置加工参数时，一般雕刻加工深度较浅，常用设置为 −0.5 mm、−1 mm 等，且刀具补偿一般选不补偿（即补正方式为关）。

2. 挖槽雕刻

挖槽雕刻就是用一把较细的铣刀将一个闭合图形的内部或外部挖空，形成凸凹的形状，常用于雕刻凸凹的文字。挖槽雕刻主要使用挖槽加工来实现，也可以使用 Mastercam X7 专门设置的雕刻刀具路径加工来完成，其参数设置与挖槽加工类似。

（1）雕刻刀具路径

执行【机床类型】/【雕刻】/【默认】命令，操作管理器出现图 6-87 所示的机床群组 ROUTER，然后执行【刀具路径】/【雕刻】命令，在操作绘图区选取串连图形后，单击 按钮确定，系统打开图 6-88 所示的【雕刻】对话框，其刀具参数设置一般遵循细刀具、高转速的特点。

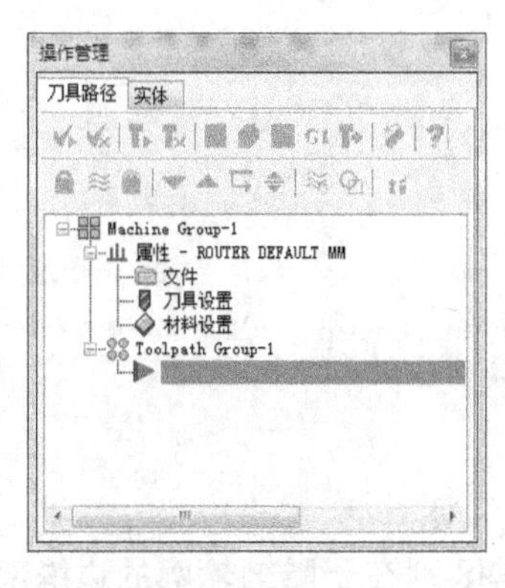

图 6-87　操作管理器

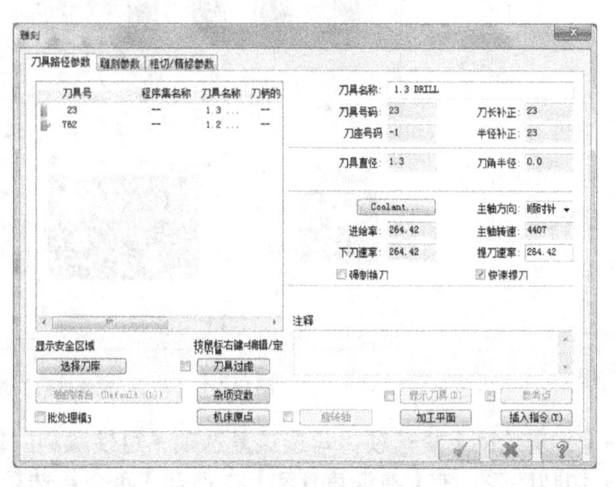

图 6-88 【雕刻】对话框

要点提示

在刀具管理器中添加刀具时，雕刻加工的默认刀具库为 Router_MM.TOOLS，一般选取较细的平底刀或中心钻。

（2）雕刻加工参数

单击图 6-89 所示的【雕刻参数】选项卡，其参数设置与挖槽加工类似，不同之处在于不需要设置补正参数，另外在四轴或五轴雕刻加工中需要单击 扭曲 按钮，在图 6-90 所示的【扭曲刀具路径】对话框中设置刀具路径扭曲特征参数。

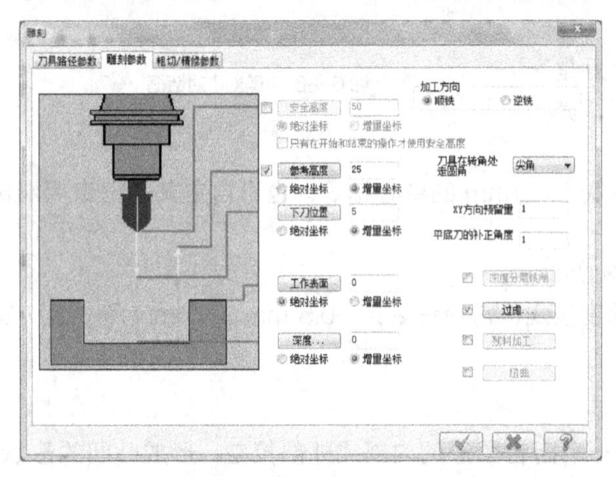

图 6-89 【雕刻参数】选项卡

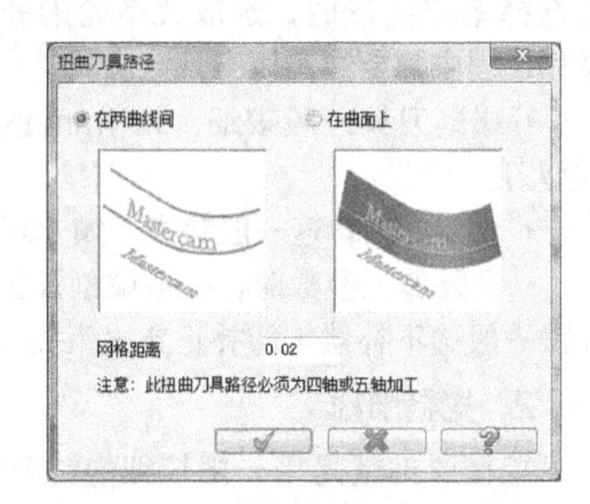

图 6-90 【扭曲刀具路径】对话框

（3）粗切 / 精修参数

单击【粗切 / 精修参数】选项卡，在图 6-91 所示的【粗切 / 精修参数】选项卡中设置粗切 / 精修参数，其设置与挖槽加工类似，需要注意的有以下几点：

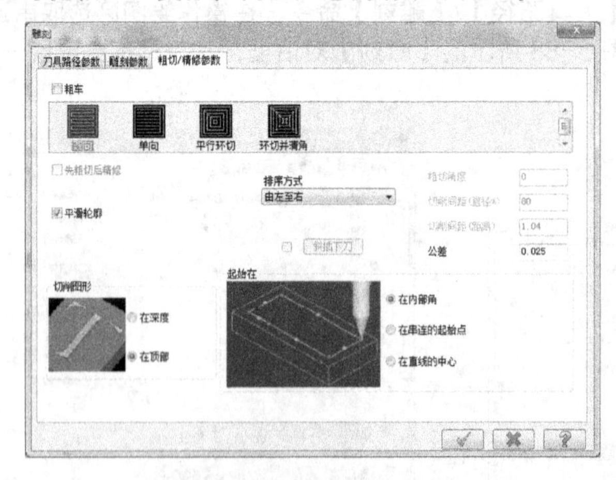

图 6-91 【粗切 / 精修参数】选项卡

- 【平滑轮廓】复选项：勾选该复选项，可使雕刻的轮廓平滑。
- 切削图形：有【在深度】和【在顶部】两个单选项，其区别在于雕刻轮廓的边缘部分。

6.5.2 实战演练——加工艺术品

图 6-92 所示的大树轮廓是艺术家通过手绘而形成线条，然后通过创建各种雕刻加工刀具路径，从而雕刻出此艺术品，在市场中广受欢迎，价格也较为昂贵。

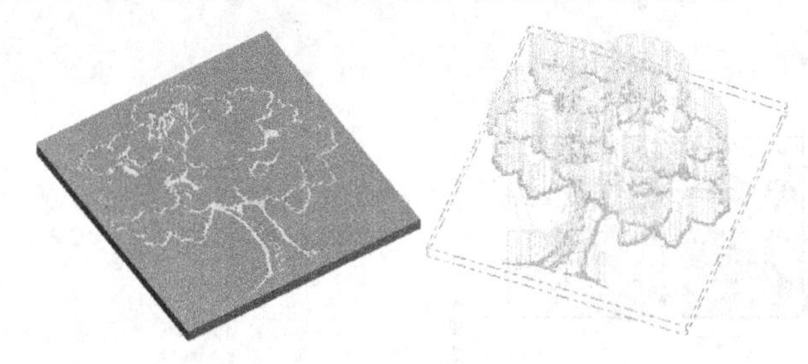

图 6-92 雕刻加工

1. 涉及的应用工具

（1）分析模型，选取刀具添加到刀具库，然后设置毛坯。

（2）选取 1 mm 的平底刀，创建雕刻加工刀具路径，对大树进行粗线条雕刻加工。

（3）选取 0.4 mm 的平底刀，创建精细的雕刻加工刀具路径，对大树轮廓进行精修。

（4）通过模拟实体切削，验证创建刀具路径的正确性。

2. 操作步骤概况

操作步骤概况，如图 6-93 所示。

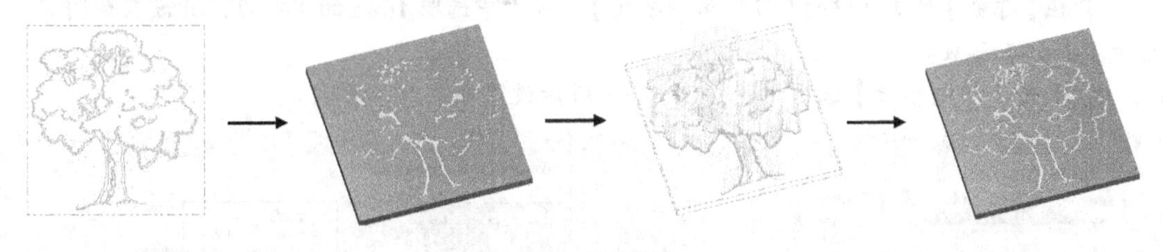

图 6-93 操作步骤

3. 雕刻加工

（1）选择加工机床

① 打开素材文件“第 6 章 \ 素材 \ 雕刻加工 .MCX-7”。

② 执行【机床类型】/【雕刻】/【默认】命令，设置机床类型为铣床。

（2）设置刀具库

执行【刀具路径】/【刀具管理器】命令，在弹出的【刀具管理】对话框中选取以下刀具，然后单击 ✓ 按钮确定。

- 直径为 1 mm 的平底刀。
- 直径为 0.4 mm 的平底刀。

（3）设置毛坯

① 在操作管理器中的【属性】选项组中选择【材料设置】选项，系统弹出【机器群组属性】对话框。

② 在【机器群组属性】对话框中按图 6-94 所示设置毛坯参数，然后单击 ✓ 按钮确定，结果如图 6-95 所示。

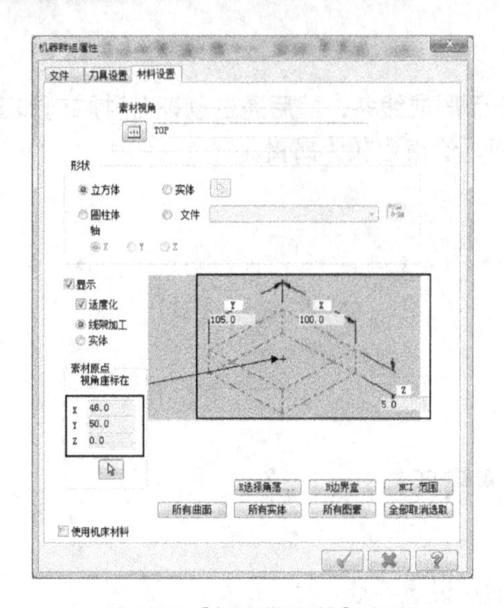

图 6-94 【机器群组属性】对话框

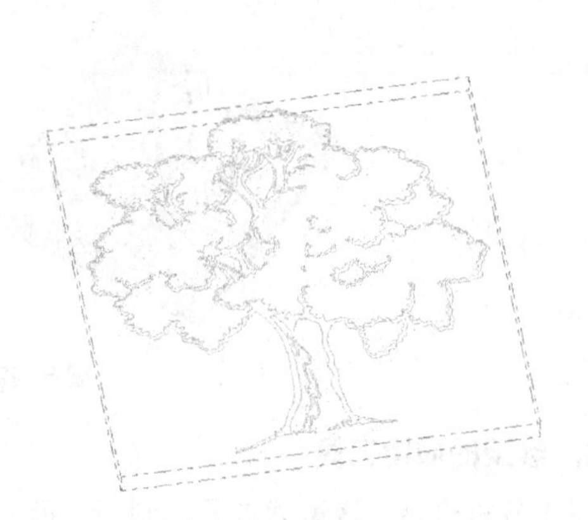

图 6-95 设置毛坯

（4）创建雕刻刀具路径（1mm 平底刀）

① 执行【刀具路径】/【雕刻】命令，在弹出的【输入新 NC 名称】对话框中单击 按钮，系统弹出【串连选项】对话框。

② 单击 按钮，在绘图区框选图形的所有线条，然后单击 按钮确定。

③ 在【雕刻】对话框中的【刀具路径参数】选项卡中选取 1mm 的平底刀，并设置如图 6-96 所示刀具加工参数。

④ 单击【雕刻参数】选项卡，按图 6-97 所示设置雕刻加工参数。

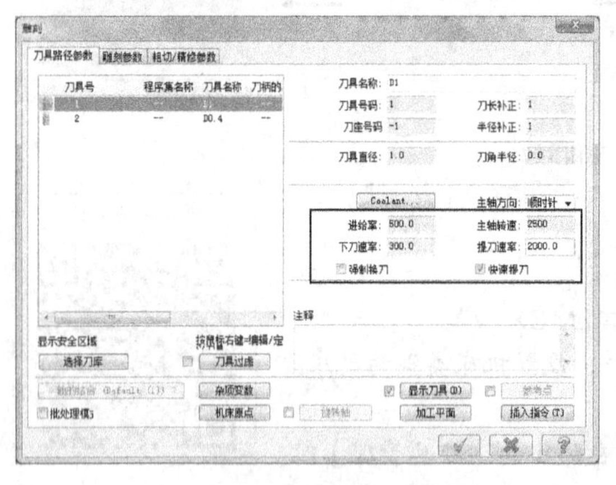

图 6-96 【刀具路径参数】选项卡

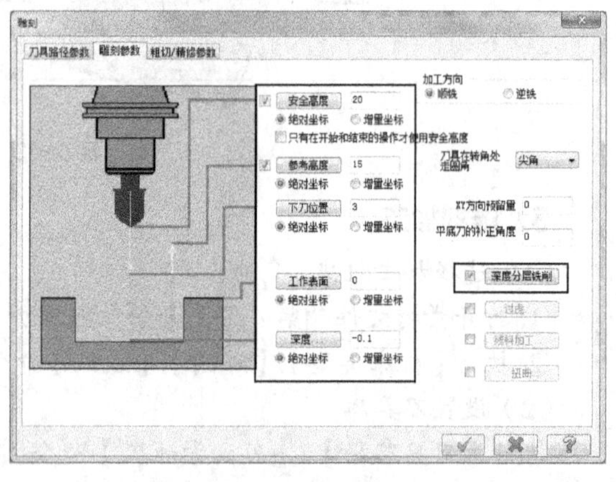

图 6-97 【雕刻参数】选项卡

⑤ 勾选【深度分层铣削】复选项，并单击 深度分层铣削 按钮，在图 6-98 所示的【深度切削】对话框中设置切削参数，并单击 按钮确定。

⑥ 单击【粗切 / 精修参数】选项卡，按图 6-99 所示设置参数，并单击 按钮确定，生产成的刀具路径如图 6-100 所示，经实体切削验证结果如图 6-101 所示。

（5）创建雕刻刀具路径（0.4 mm 平底刀）

① 执行【刀具路径】/【雕刻】命令，系统弹出【串连选项】对话框。

② 单击 按钮，在绘图区框选图形的所有线条，然后单击 按钮确定。

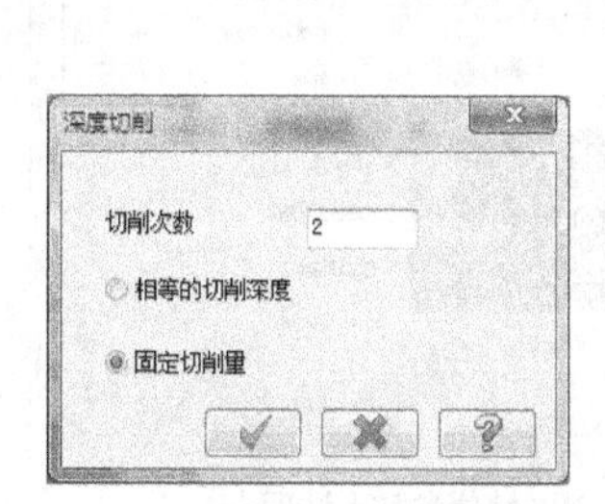

图 6-98 【深度切削】对话框

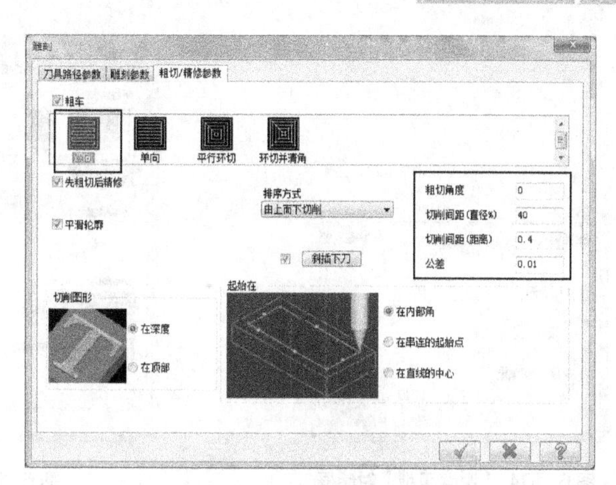

图 6-99 【粗切 / 精修的参数】选项卡

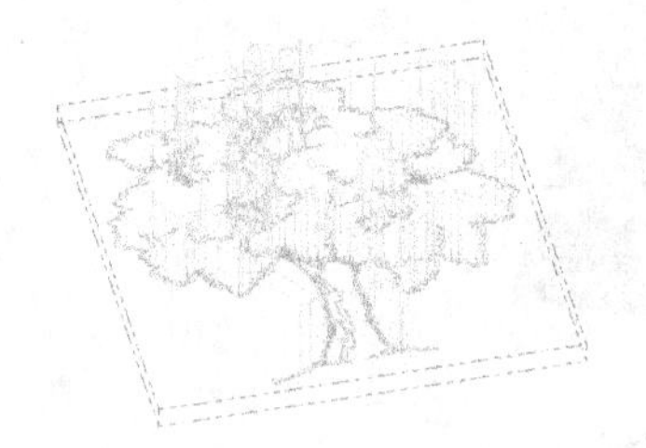

图 6-100 刀具路径

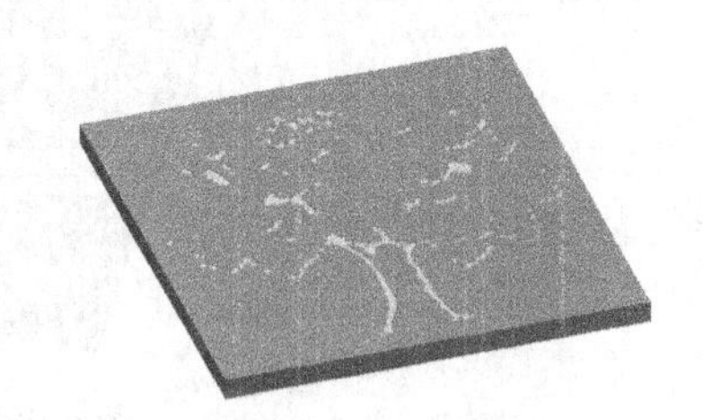

图 6-101 实体切削验证

③ 在【雕刻】对话框中的【刀具路径参数】选项卡中选取 0.4 mm 的平底刀，并设置图 6-102 所示刀具加工参数。

④ 单击【雕刻参数】选项卡，按图 6-103 所示设置雕刻加工参数。

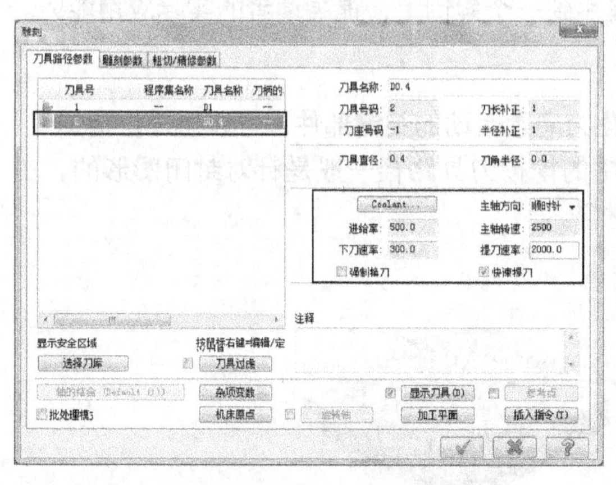

图 6-102 【刀具路径参数】选项卡

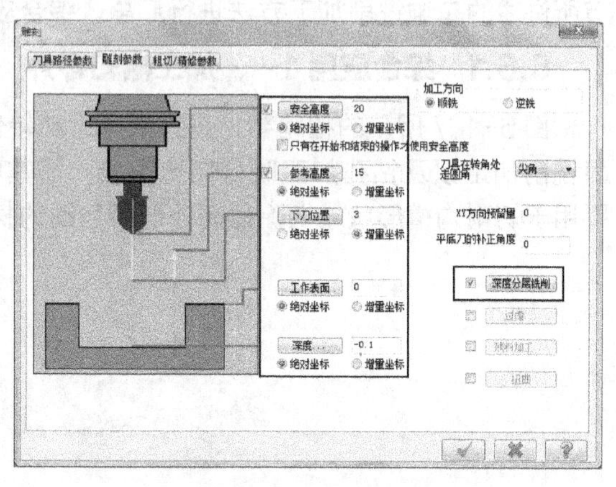

图 6-103 【雕刻参数】选项卡

⑤ 勾选【深度分层铣削】复选项，并单击 深度分层铣削 按钮，在图 6-104 所示的【深度切削】对话框中设置切削参数，并单击 ✓ 按钮确定。

⑥ 单击【粗切 / 精修参数】选项卡，按图 6-105 所示设置参数，并单击 ✓ 按钮确定，经实体切削验证结果如图 6-106 所示。

深度切削

切削次数 2

相等的切削深度

固定切削量

图 6-104 【深度切削】对话框

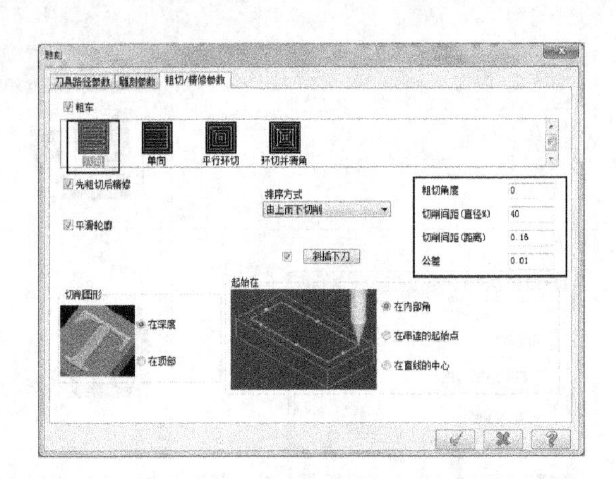

图 6-105 【粗切 / 精修参数】选项卡

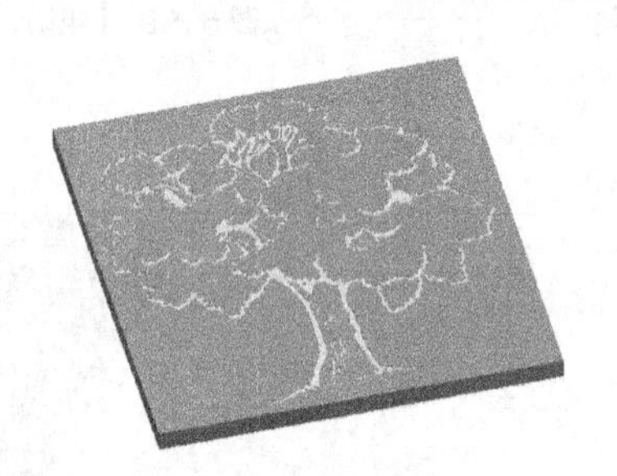

图 6-106 实体切削验证

6.6 综合应用

一个完整的二维铣削加工需要应用多个方法才能完成，而这一章节主要是将上面几个章节所讲述的二维铣削加工方法进行汇总，综合应用到一个案例上，提高读者的实际应用能力。

6.6.1 综合应用 1——加工槽轮零件

图 6-107 所示的槽轮零件是将圆周运动转化为间歇运动的关键部件，可以通过挖槽加工、面铣削加工以及钻孔加工联合制造而成。而其中的挖槽刀具路径一般是针对封闭图形的，主要用于切削沟槽形状或切除封闭外形所包围的材料。

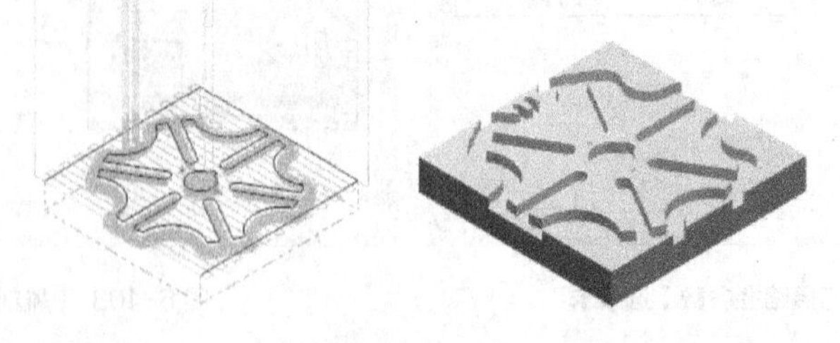

图 6-107 槽轮

1. 涉及的应用工具

（1）设置毛坯。

（2）选择挖槽加工并设置平底刀刀具的主要参数。

（3）通过挖槽加工的工作参数得到刀具路径。

（4）通过模拟加工获得 NC 程序。

2. 操作步骤概况

操作步骤概况，如图 6-108 所示。

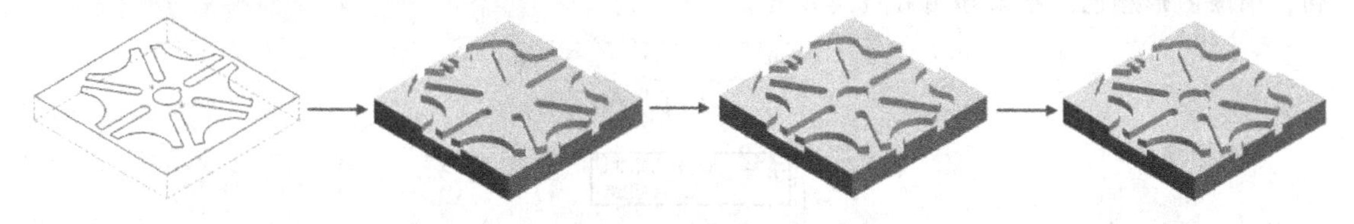

图 6-108 操作步骤

3. 加工槽轮零件

（1）设置绘图环境

① 单击工具栏中的按钮，设置俯视图为当前视图，并单击按钮，设置视角模式为俯视角。

② 在辅助工具栏中设置系统颜色为黑色，单击选项，设置线宽为第 2 条实线。

（2）绘制圆

① 单击工具栏中的按钮，启动绘制圆工具。

② 绘制圆心均为原点，半径值分别为 5、11、30 的圆，单击按钮确定，结果如图 6-109 所示。

③ 以相同的方法绘制圆心坐标为（0，11，0）、半径值为 2 的圆，结果如图 6-110 所示。

（3）绘制任意线

① 单击工具栏中的按钮，然后单击按钮，启动绘制任意切线工具，绘制图 6-111 所示的线段。

② 单击按钮，然后单击状态栏中的按钮，启动修剪图形工具，修剪并删除多余图形，结果如图 6-112 所示。

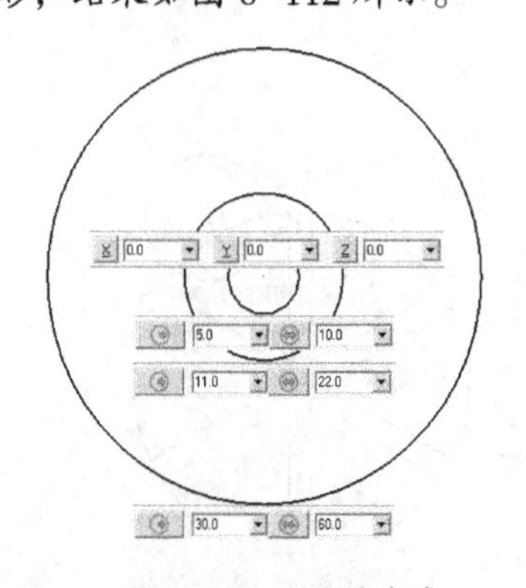

图 6-109 绘制圆（1）

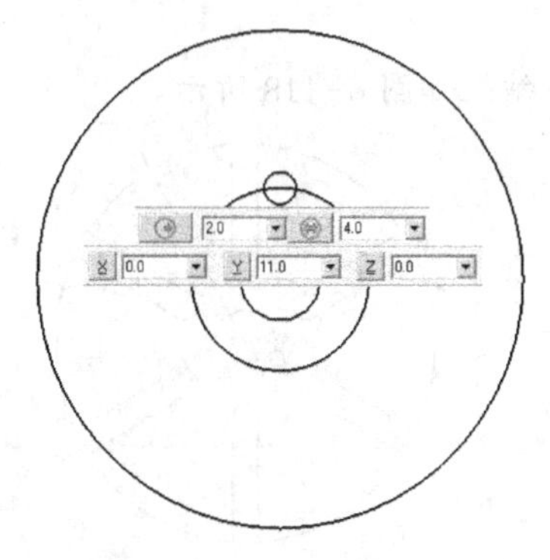

图 6-110 绘制圆（2）

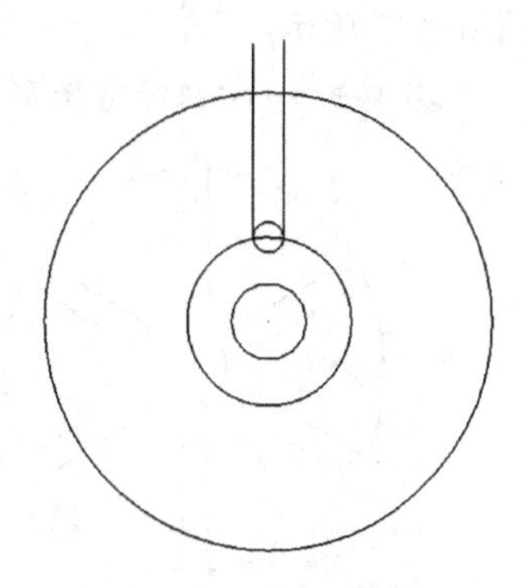

图 6-111 绘制任意线

要点提示

绘制图 6-111 所示的线段时，只要满足一端点与小圆相切，另一端点在大圆之外即可，对其具体的长度不作要求，为之后的图形编辑做准备。

（4）创建图形旋转特征

① 执行【转换】/【旋转】命令，然后选取图 6-112 所示的线段 1、线段 2 和圆弧 1，按 Enter 键确定。

② 按图 6-113 所示设置旋转特征参数，单击 按钮确定，然后单击工具栏中的 按钮，消除图形颜色，结果如图 6-114 所示。

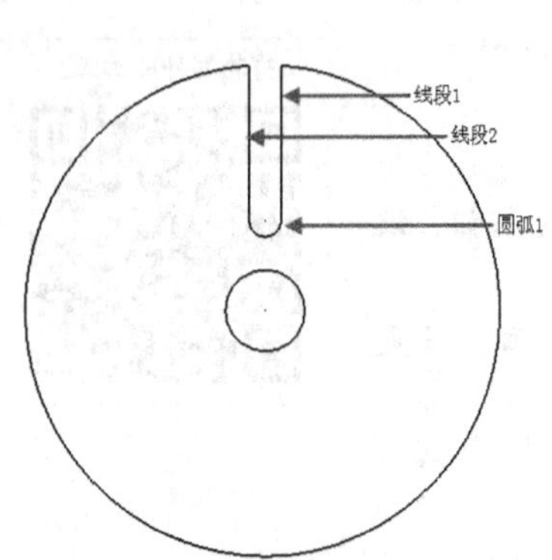

图 6-112　修剪图形

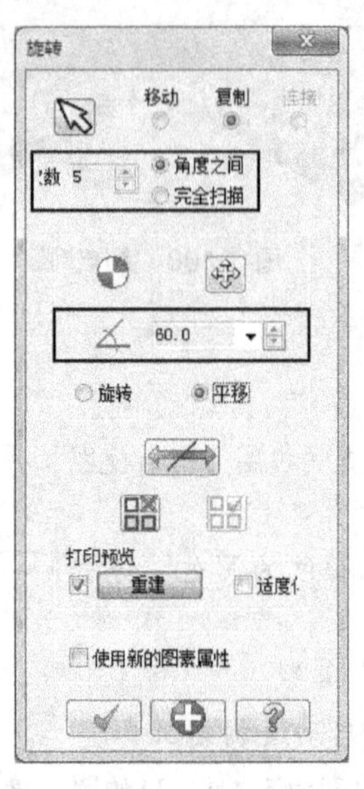

图 6-113　【旋转】对话框（1）

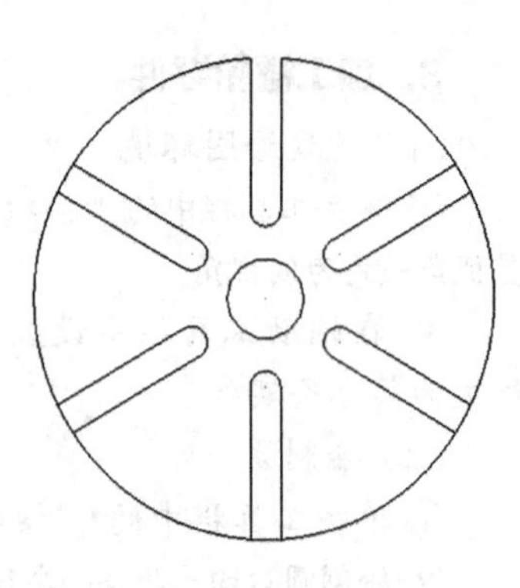

图 6-114　图形旋转特征（1）

③ 单击 按钮，修剪图 6-114 所示的图形，结果如图 6-115 所示。

（5）绘制圆弧

① 单击 按钮，绘制起始点坐标为原点，指定长度为 33.5，角度为 60° 的线段，结果如图 6-116 所示。

② 单击 按钮，绘制以图 6-116 所示线段的终点为圆心，半径值为 11 的圆，结果如图 6-117 所示。

③ 单击 按钮修剪图形，结果如图 6-118 所示。

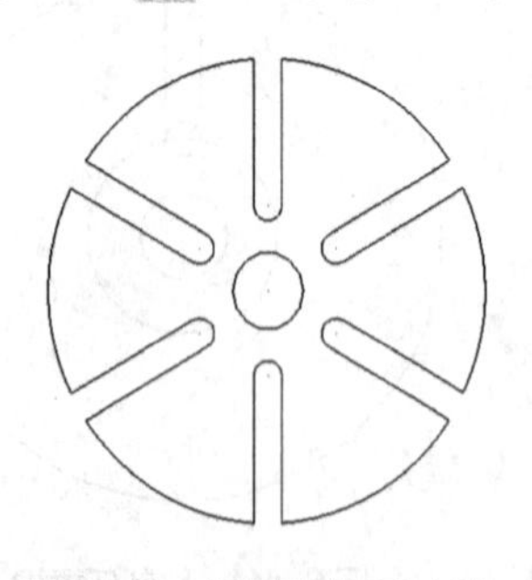

图 6-115　修剪后的图形（1）

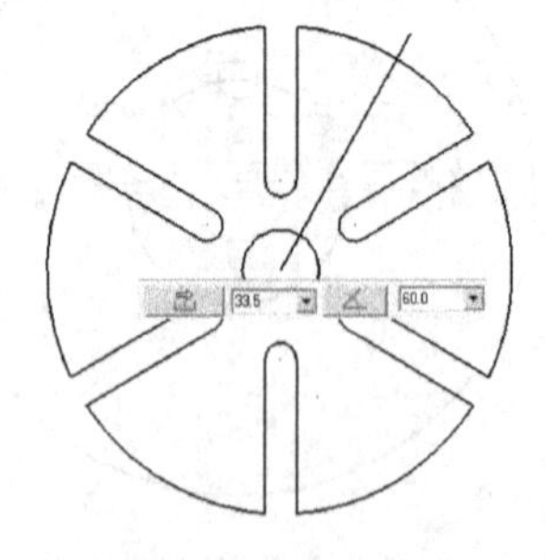

图 6-116　绘制斜线

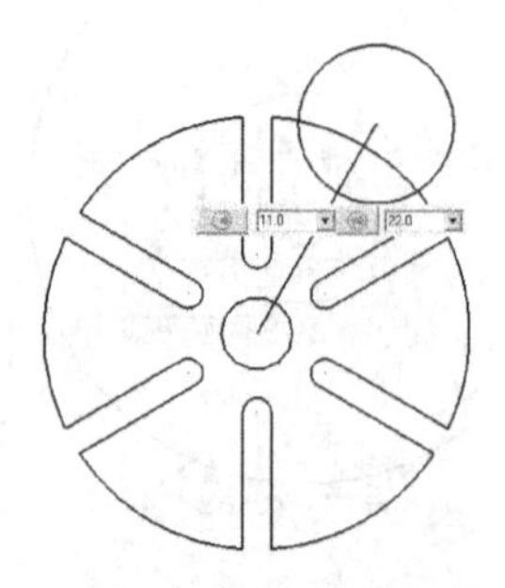

图 6-117　绘制圆（3）

（6）创建图形旋转特征

① 执行【转换】/【旋转】命令，然后选取图 6-118 所示的圆弧，按 Enter 键确定。

② 按图 6-119 所示设置旋转特征参数，单击 按钮确定，然后单击工具栏中的 按钮，消除图形颜色，结果如图 6-120 所示。

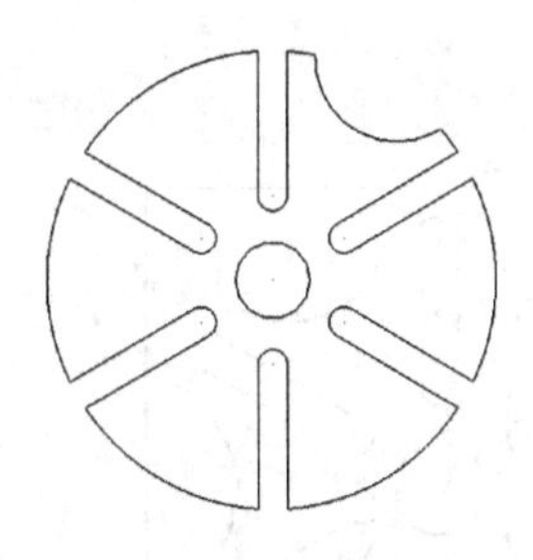

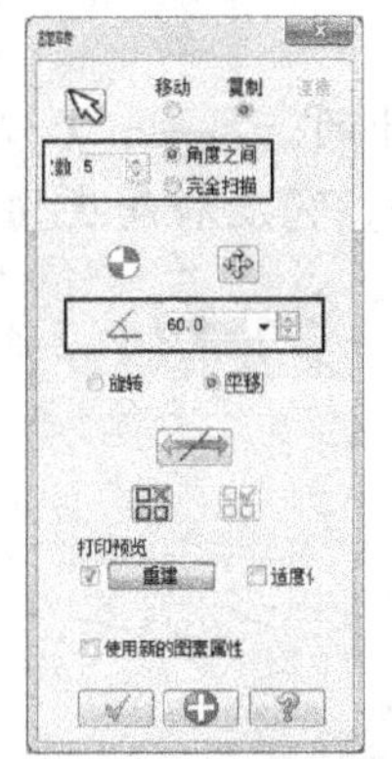

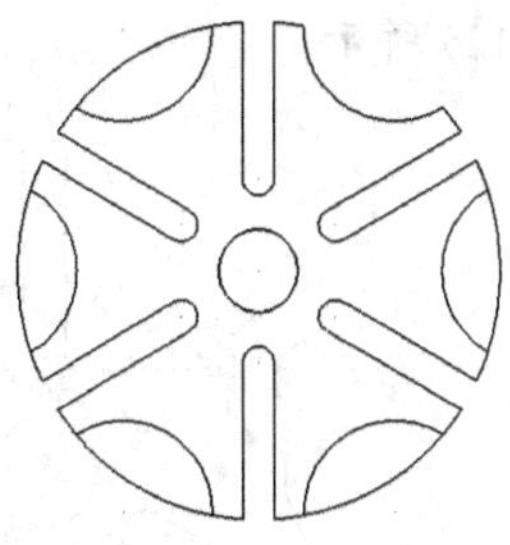

图 6-118　修剪后的图形（2）　　图 6-119 【旋转】对话框（2）　　图 6-120　图形旋转特征（2）

③ 单击按钮，修剪图 6-120 所示的图形，结果如图 6-121 所示。

要点提示

单击按钮修剪图形时，只需要选取两图形夹持的部分，便可以将图形中间的部分删除，方便而又快捷。

（7）绘制矩形

① 单击按钮，然后单击工具栏中的按钮，启动以中心点为基准绘制矩形。

② 输入中心点坐标为（0，5，0），宽度和高度分别为“2”和“2.5”，单击按钮确定，结果如图 6-122 所示。

③ 单击按钮修剪图形，结果如图 6-123 所示。

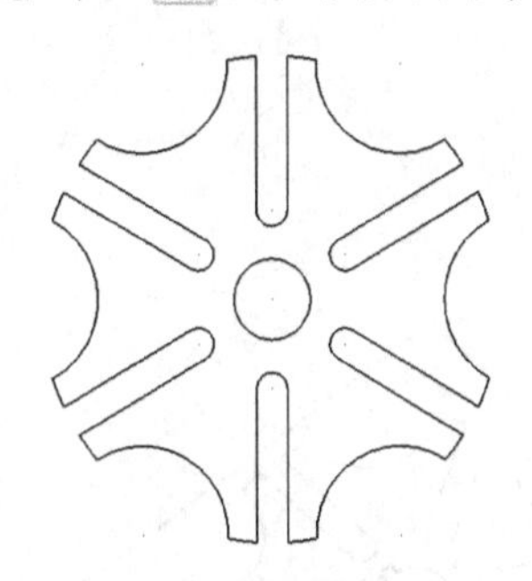

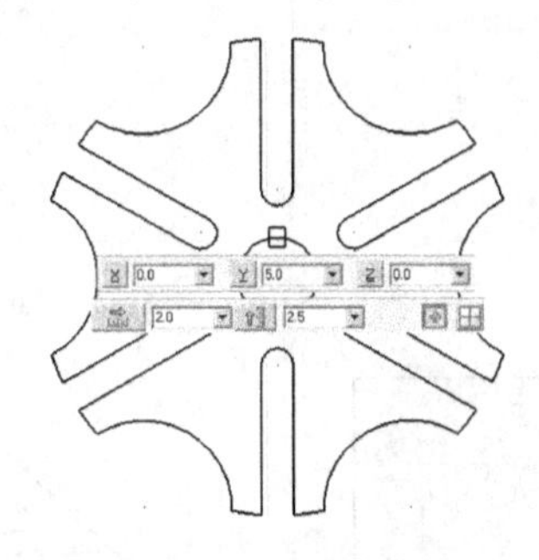

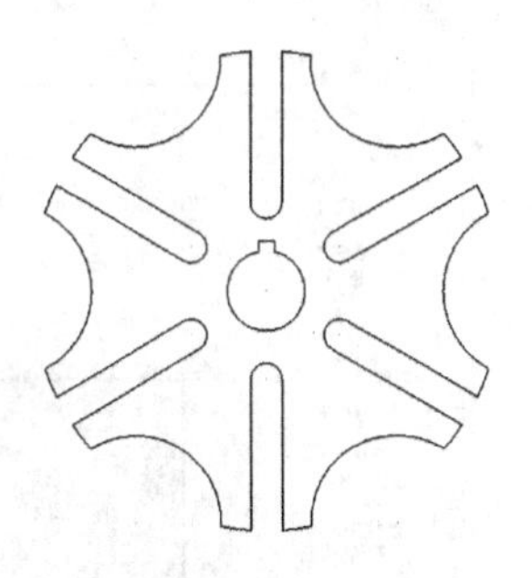

图 6-121　修剪后的图形（3）　　图 6-122　绘制矩形（1）　　图 6-123　修剪后的图形（4）

（8）绘制点

① 执行命令【绘图】/【选择点】/【指定位置】。

② 绘制坐标分别为（7.5，0，0）、（-7.5，0，0）的两个点，单击按钮确定，绘制结果如图 6-124 所示。

要点提示

单击工具栏中的按钮，同样可以绘制指定位置的点。此步骤中所绘制的点是为下面步骤的钻孔作准备，是下面钻孔加工的钻孔位置。

（9）绘制矩形

① 单击按钮，然后单击工具栏中的按钮，启动以中心点为基准绘制矩形。

② 输入中心点坐标为（0，0，0），宽度和高度均为 65，单击按钮确定，结果如图 6-125 所示。

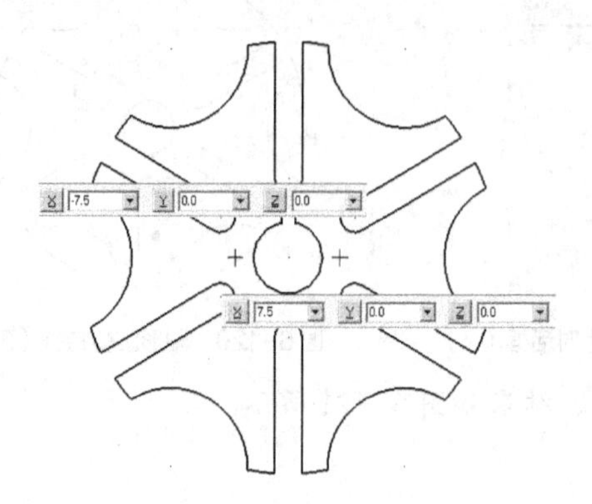

图 6-124 绘制点

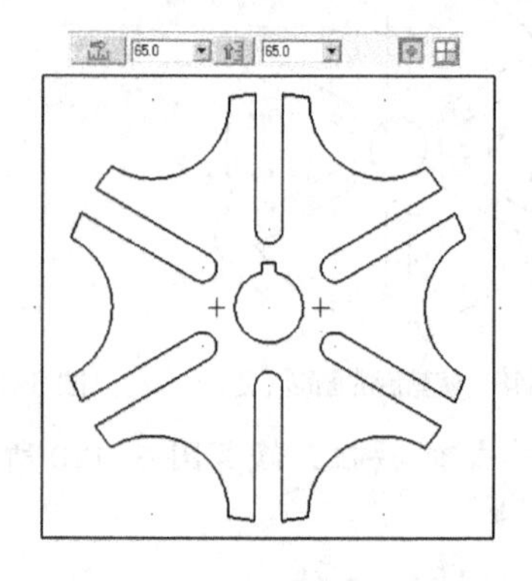

图 6-125 绘制矩形（2）

（10）设置毛坯

① 执行【机床类型】/【铣床】/【默认】命令，在操作管理器中单击【属性 -Generic Mill】选项组，然后单击【材料设置】选项，系统弹出【机器群组属性】对话框。

② 按图 6-126 所示设置材料参数，单击按钮确定，结果如图 6-127 所示。

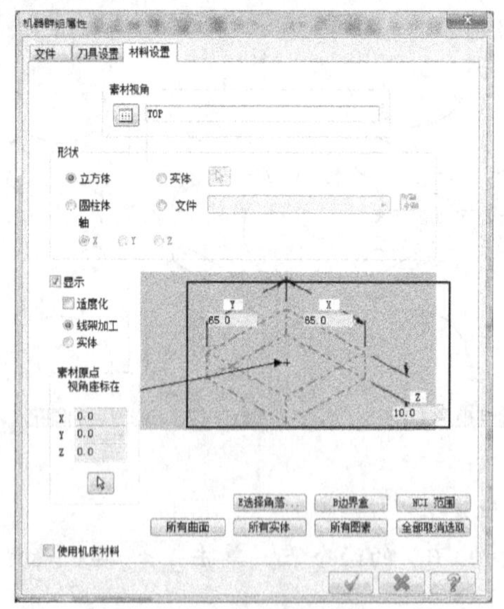

图 6-126 【机器群组属性】对话框

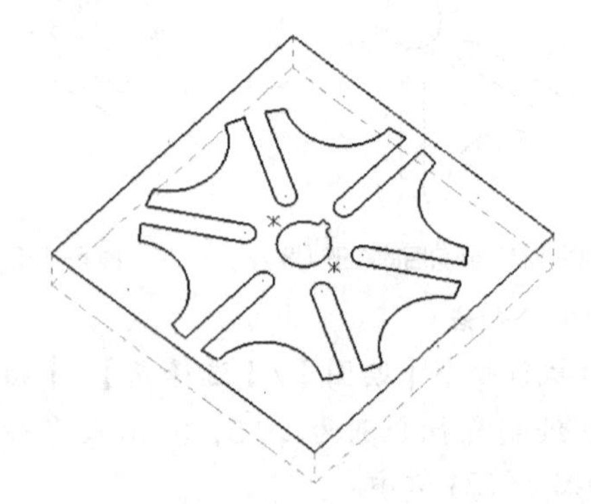

图 6-127 设置毛坯

（11）设置刀具

① 执行【刀具路径】/【刀具管理器】命令，系统弹出【刀具管理】对话框。

② 在【刀具管理】对话框中依次选取以下刀具，结果如图 6-128 所示，然后单击按钮确定。

- 1 号刀具：直径为 4 mm 的面铣刀。
- 2 号刀具：直径为 2 mm 的平底刀。
- 3 号刀具：直径为 1 mm 的平底刀。
- 4 号刀具：直径为 0.76 mm 的点钻。

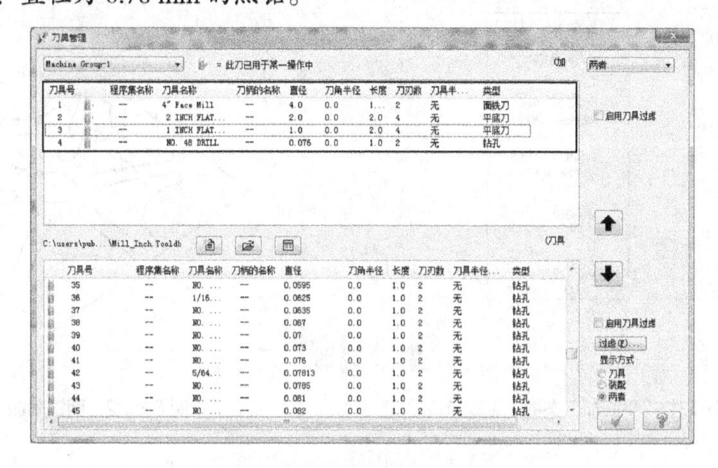

图 6-128 【刀具管理】对话框

要点提示

在【刀具管理】对话框中选取刀具时，双击刀具库中被选中的刀具即可将其移动到自己的刀具库中，然后在自己的刀具库中单击鼠标右键，在弹出的快捷菜单中选择【编辑刀具】命令，在弹出的【定义刀具】对话框中编辑刀具。

（12）创建面铣削加工特征

① 执行【刀具路径】/【平面铣】命令，系统弹出【输入新 NC 名称】对话框，单击 按钮确定。

② 选取图 6-129 所示的矩形边界作为面铣削的边界，单击 按钮确定，系统弹出【2D 刀具路径 - 平面铣削】对话框。

③ 选择 1 号（面铣刀）刀具作为面铣削刀具，然后按图 6-130 所示设置刀具参数。

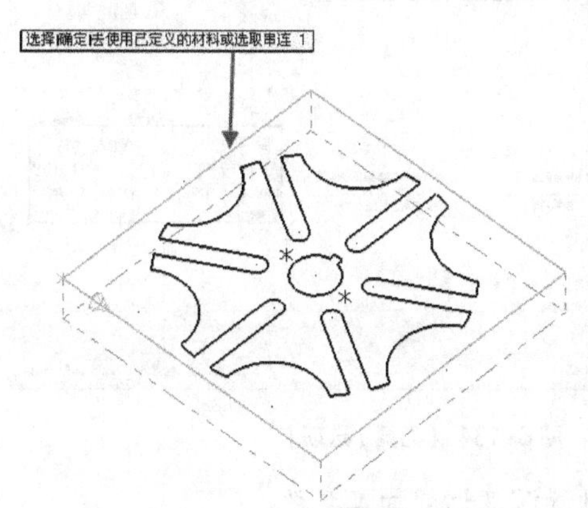

图 6-129　面铣削边界

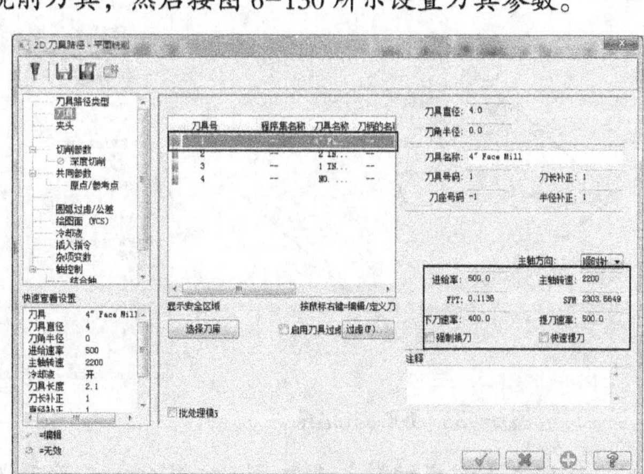

图 6-130 【2D 刀具路径 - 平面铣削】对话框

④ 单击【共同参数】选项卡，按图 6-131 所示设置参考高度、深度等平面加工参数。

⑤ 单击  按钮确定，系统产生图 6-132 所示的面铣削加工刀具路径。

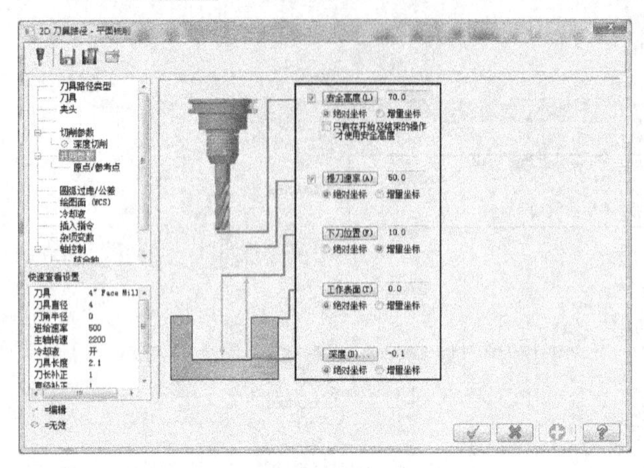

图 6-131 【平面加工参数】选项卡

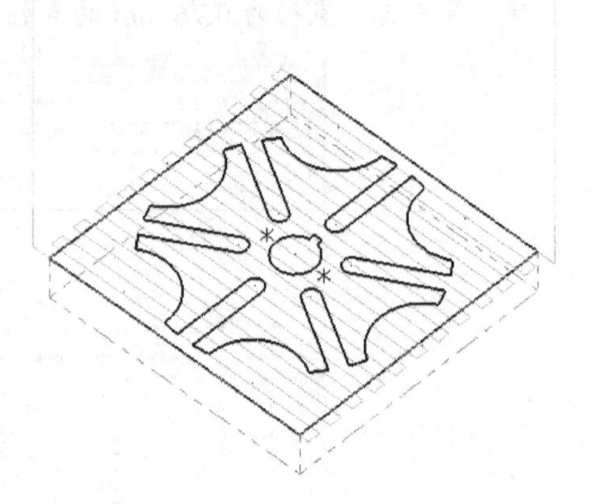

图 6-132 面铣削加工刀具路径

要点提示

面铣削加工的切削方式分为顺铣、逆铣、双向和一刀式 4 种。铣刀和工件接触部分的旋转方向与工件的进给方向相同为顺铣，反之为逆铣，相对逆铣而言，顺铣能产生较为光滑的加工表面。

（13）创建外形铣削加工特征

① 执行【刀具路径】/【外形铣削】命令，系统弹出【串连选项】对话框。

② 选取图 6-133 所示的边界作为外形铣削边界，单击按钮确定，系统弹出【2D 刀具路径 - 外形】对话框。

③ 单击【刀具】选项卡，选择 2 号（2 mm 平底刀）刀具作为外形铣削刀具，按图 6-134 所示设置刀具参数。

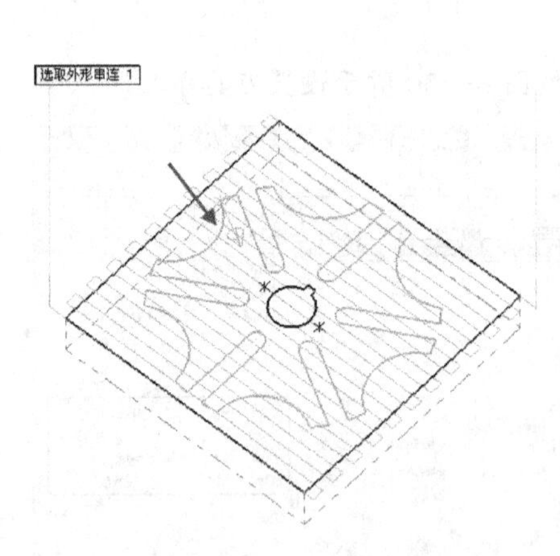

图 6-133 外形铣削边界

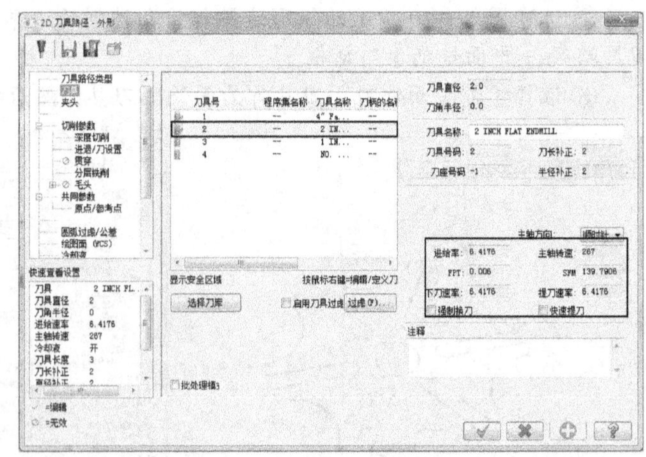

图 6-134 【刀具】选项卡

④ 单击【深度切削】选项卡，按图 6-135 所示设置深度切削加工参数。

⑤ 单击【分层铣削】选项卡，按图 6-136 所示设置分层铣削加工参数。

⑥ 单击【共同参数】选项卡，按图 6–137 所示设置外形铣削共同参数，单击 按钮确定。

⑦ 在【2D 刀具路径 – 外形】对话框中单击 按钮，系统产生图 6–138 所示的外形铣削加工刀具路径。

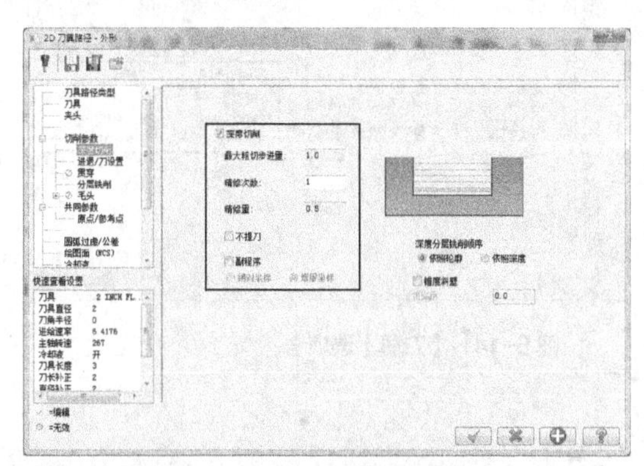

图 6–135 【深度切削】选项卡

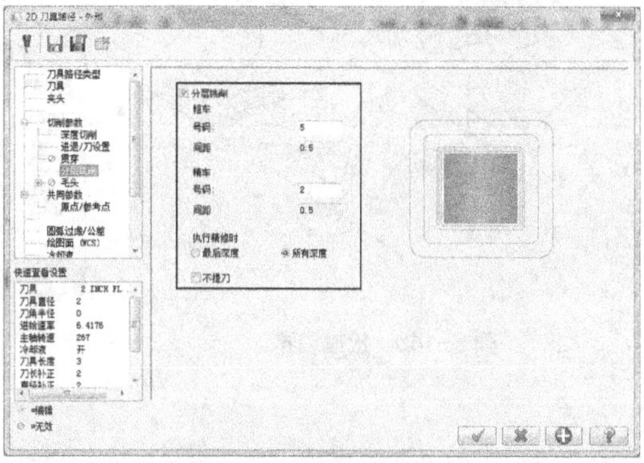

图 6–136 【分层铣削】选项卡

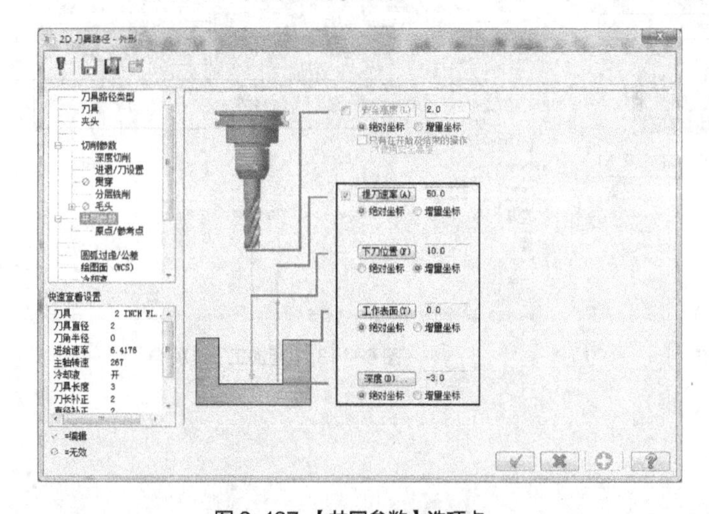

图 6–137 【共同参数】选项卡

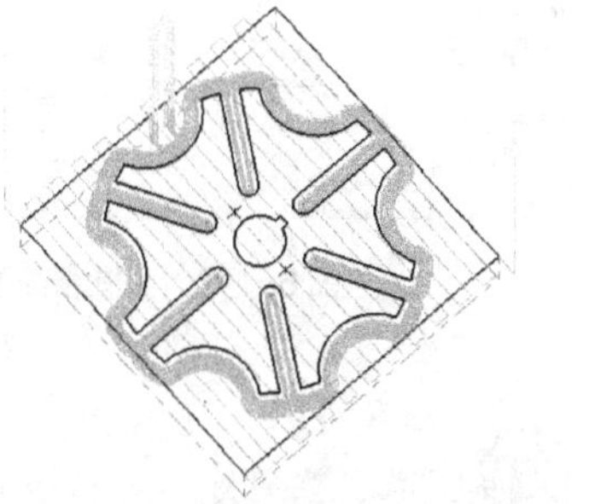

图 6–138 外形铣削刀具路径

⑧ 单击操作管理器中的 按钮进行实体切削验证，结果如图 6–139 所示。

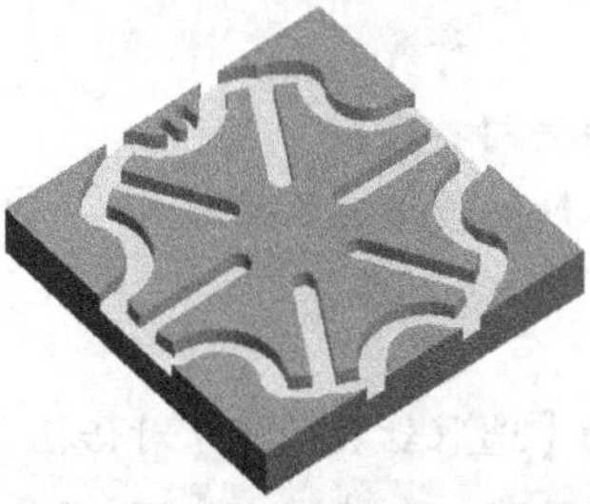

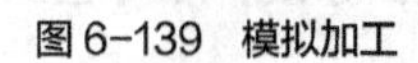

图 6–139 模拟加工

（14）创建挖槽加工特征

① 执行【刀具路径】/【挖槽】命令，系统弹出【串连选项】对话框。

② 选取图 6–140 所示的边界作为挖槽外形，单击 按钮确定，系统弹出【2D 刀具路径 –2D 挖槽】对话框。

③ 单击【刀具】选项卡，选择 3 号（1mm 平底刀）刀具作为挖槽加工的刀具，按图 6–141 所示设置刀具参数。

④ 单击【切削参数】选项卡，按图 6–142 所示设置 2D 挖槽切削参数。

⑤ 单击【粗加工】选项卡，按图 6–143 所示设置 2D 挖槽粗加工参数。

槽轮零件的加工 3

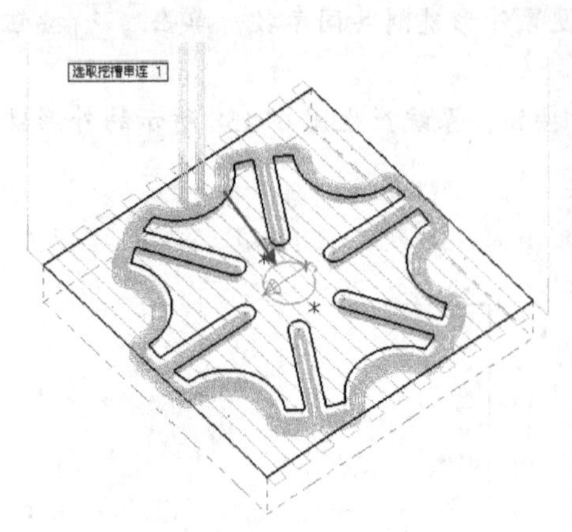

图 6-140 挖槽边界

图 6-141 【刀具】选项卡

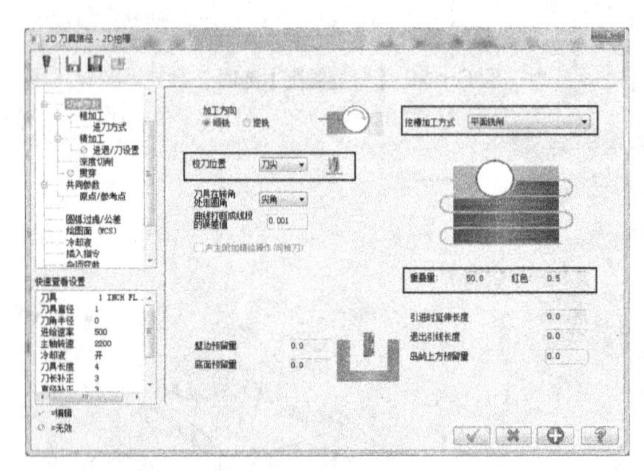

图 6-142 【切削参数】选项卡

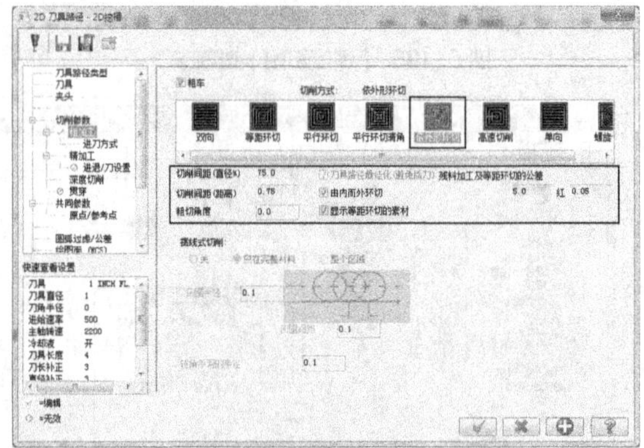

图 6-143 【粗加工】选项卡

要点提示

在【切削参数】选项卡中设置挖槽参数，注意应将挖槽加工方式修改为【平面铣削】，否则刀具路径将出现漏加工等现象。

⑥ 单击【共同参数】选项卡，按图 6-144 所示设置挖槽加工的共同参数。

⑦ 单击 ✔ 按钮确定，系统产生挖槽加工刀具路径，进行实体切削验证后结果如图 6-145 所示。

（15）创建钻孔加工特征

① 执行【刀具路径】/【钻孔】命令，系统弹出图 6-146 所示的【选取钻孔的点】对话框。

② 选取图 6-147 所示的两点作为钻孔的位置，单击 ✔ 按钮确定，系统弹出【2D 刀具路径 - 钻孔 / 全面铣削 深孔钻 - 无啄孔】对话框。

③ 单击【刀具】选项卡，选择 4 号（0.76 mm 点钻）刀具作为钻孔加工刀具，按图 6-148 所示设置刀具参数。

④ 单击【共同参数】选项卡，按图 6-149 所示设置钻孔加工共同参数。

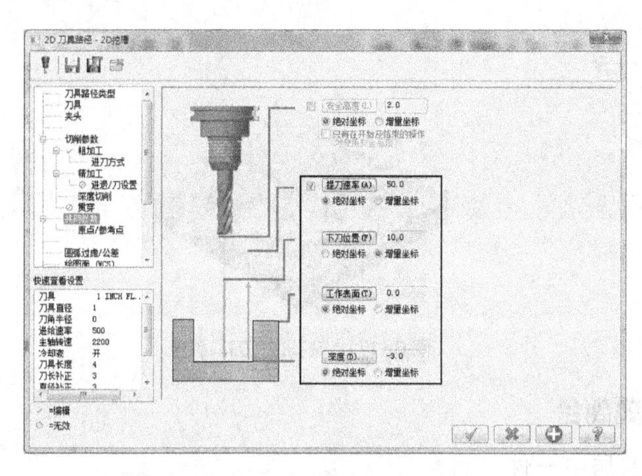

图 6-144 【共同参数】选项卡

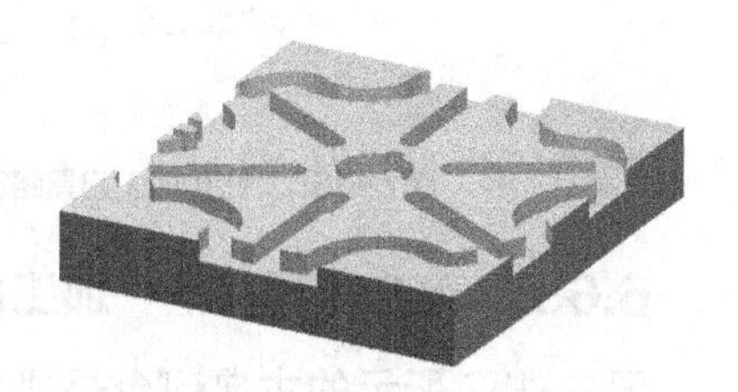

图 6-145 挖槽加工结果

图 6-146 【选取钻孔的点】对话框

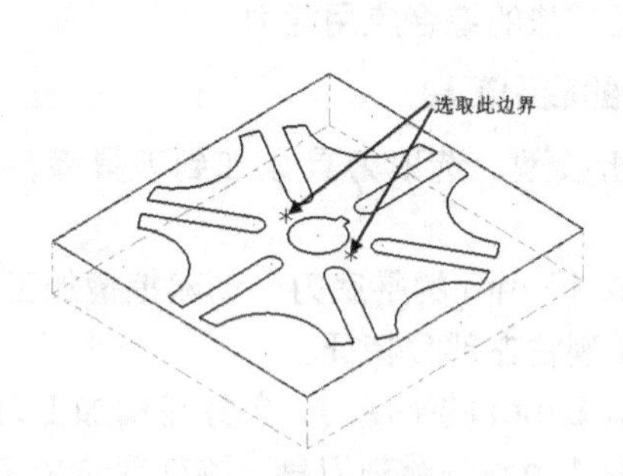

图 6-147 钻孔点

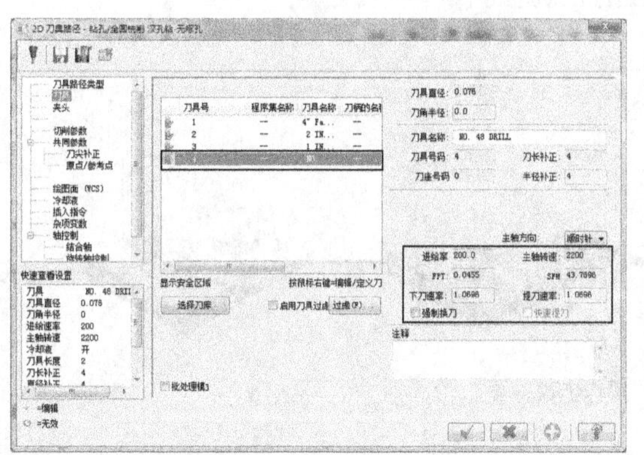

图 6-148 【刀具】选项卡

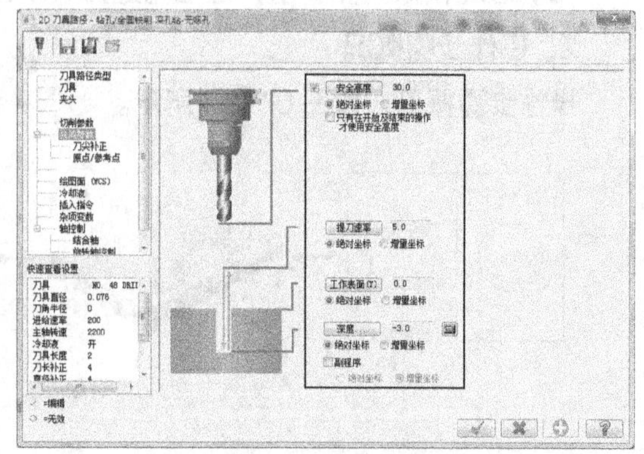

图 6-149 【共同参数】选项卡

⑤ 单击 按钮确定，系统产生图 6-150 所示的钻孔加工刀具路径，实体切削验证结果如图 6-151 所示。

要点提示

实体切削验证步骤对于数控加工编程非常重要，它可以在机床加工前进行检查，提前发现错误，及时纠正。

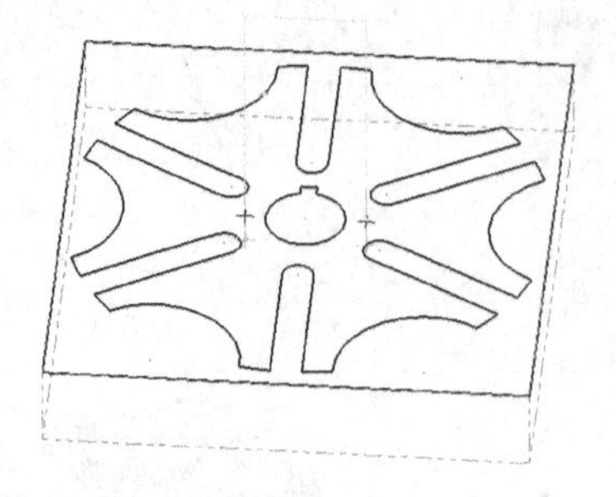

图 6-150 钻孔加工刀具路径

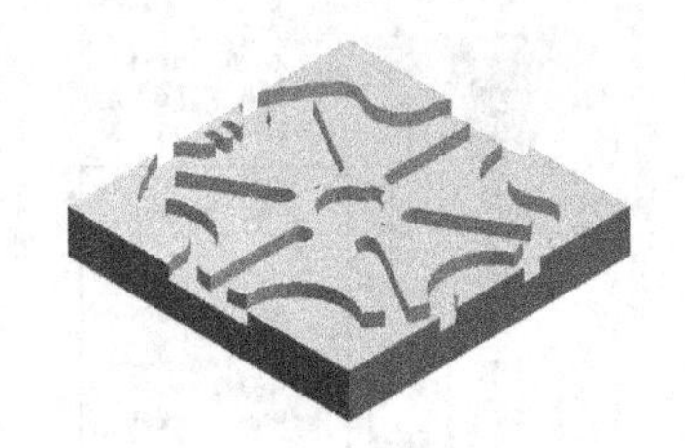

图 6-151 钻孔加工刀具路径

6.6.2 综合应用 2——加工古典砚台

图 6-152 所示的古典砚台是现代家居中一件装饰品，其加工方法综合了挖槽加工、创建文字以及雕刻文字等，可以通过此案例的练习提高对二维铣削加工方法的综合应用能力。

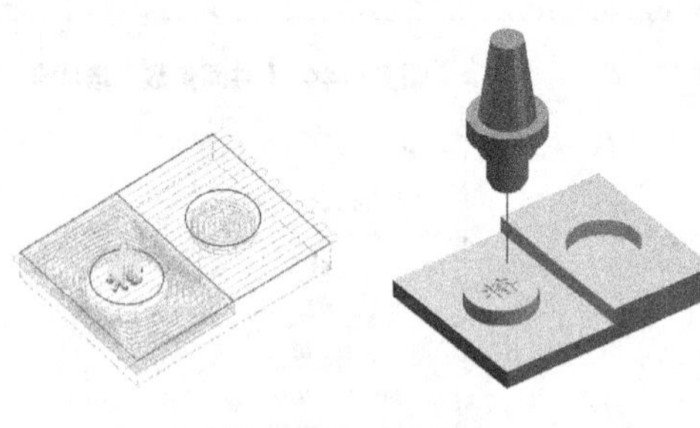

图 6-152 古典砚台

1. 涉及的应用工具

（1）分析模型，选取刀具添加到刀具库，然后设置毛坯。

（2）选取 10 mm 的平底刀，创建挖槽加工刀具路径，加工砚台左部分特征。

（3）选取 8 mm 的平底刀，创建挖槽加工刀具路径，加工砚台墨池特征。

（4）选取 1 mm 的雕刻刀具，雕刻砚台文字。

（5）通过模拟实体切削，验证创建刀具路径的正确性。

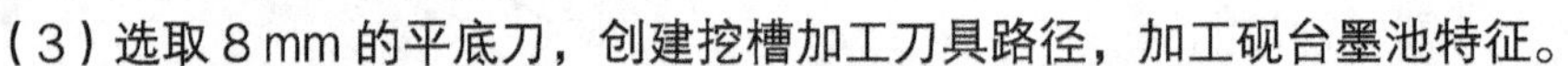

2. 操作步骤概况

操作步骤概况，如图 6-153 所示。

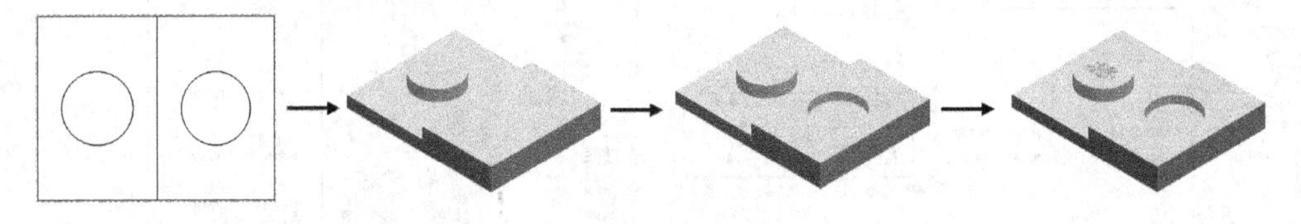

图 6-153 操作步骤

3. 加工古典砚台

（1）选择加工机床

① 打开素材文件“第 6 章 \ 素材 \ 古典砚台 .MCX-7”。

② 执行【机床类型】/【铣床】/【默认】命令。

（2）设置刀具库

执行【刀具路径】/【刀具管理器】命令，在图 6-154 所示的【刀具管理】对话框中选取以下刀具，然后单击 按钮确定。

- 直径为 10 mm 的面铣刀。
- 直径为 8 mm 的平底刀。

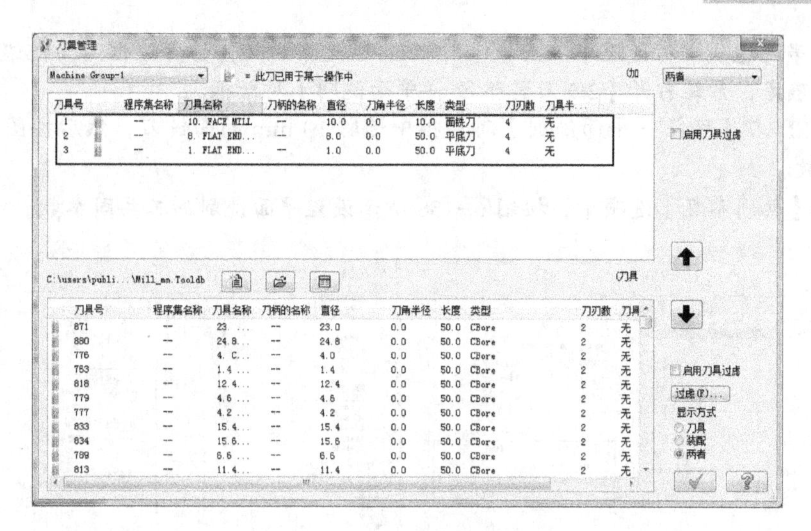

图 6-154 【刀具管理】对话框

• 直径为 1 mm 的平底刀。

（3）设置毛坯

① 在操作管理器中的【属性】选项组中选择【材料设置】选项，系统弹出【机器群组属性】对话框。

② 在【机器群组属性】对话框中按图 6-155 所示设置毛坯参数，然后单击按钮确定，结果如图 6-156 所示。

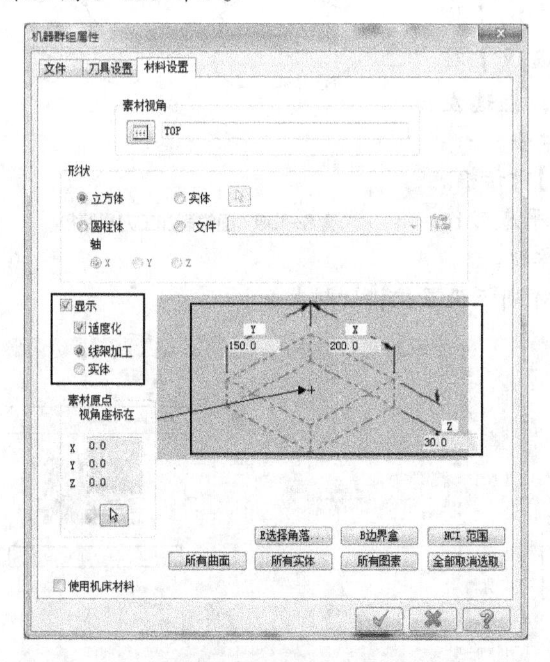

图 6-155 【机器群组属性】对话框

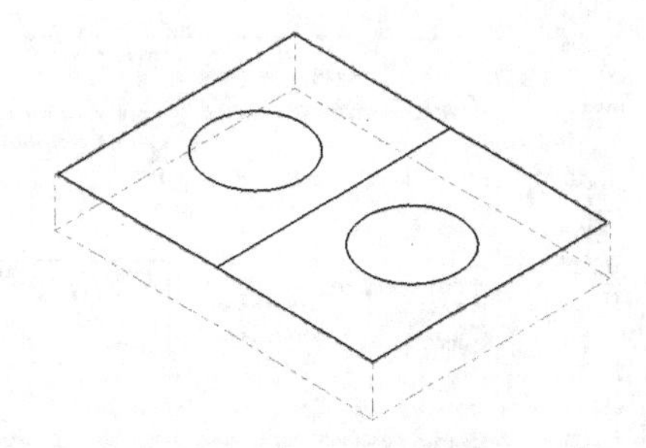

图 6-156 设置毛坯

（4）创建面铣削刀具路径

① 执行【刀具路径】/【平面铣】命令，在弹出的【输入新 NC 名称】对话框中单击按钮，系统弹出【串连选项】对话框。

② 在【串连选项】对话框中单击按钮，框选素材文件的外边框为面铣边界，然后单击按钮确定，系统打开【2D 刀具路径 - 平面铣削】对话框。

③ 在【2D 刀具路径 - 平面铣削】对话框中选取 10 mm 的面铣刀，然后按图 6-157 所示设置刀具参数。

④ 单击【共同参数】选项卡，按图 6-158 所示设置平面铣削加工共同参数。

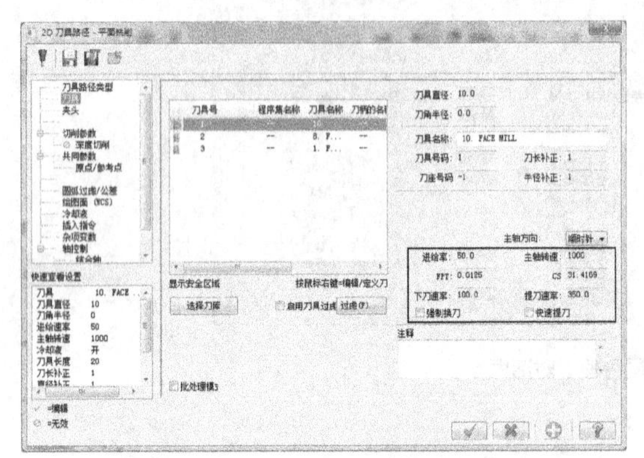

图 6-157 【2D 刀具路径 - 平面铣削】对话框

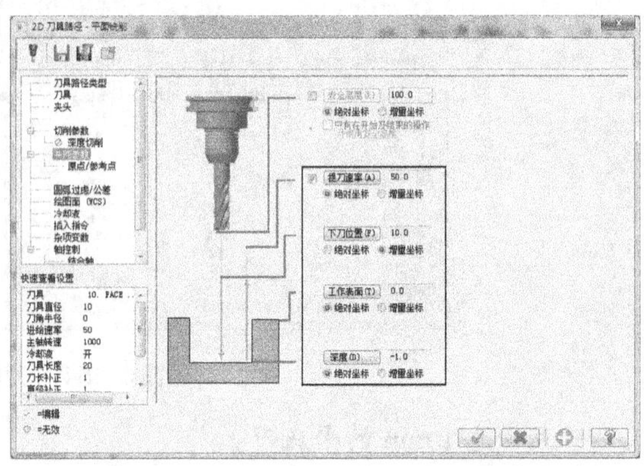

图 6-158 【平面加工参数】选项卡

⑤ 单击按钮确定，生成面铣削刀具路径如图 6-159 所示。

（5）创建挖槽加工刀具路径 1

① 执行【刀具路径】/【挖槽】命令，在【串连选项】对话框中单击按钮，框选左面的矩形和圆，然后单击按钮确定，系统打开【2D 刀具路径 -2D 挖槽】对话框。

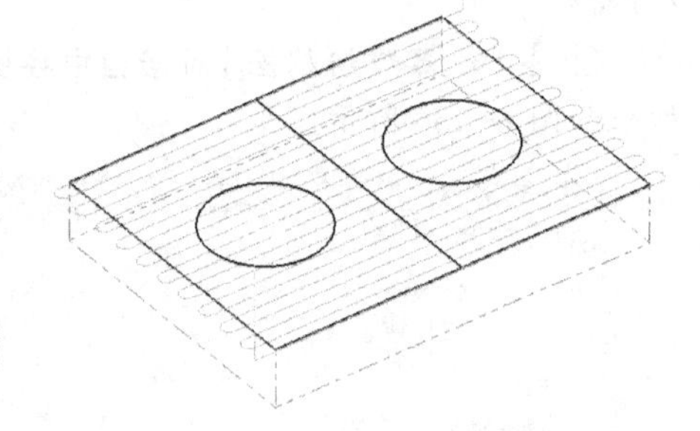

图 6-159 面铣削加工刀具路径

② 单击【刀具】选项卡，选取 8 mm 的平底刀作为加工刀具，然后按图 6-160 所示设置刀具参数。

③ 单击【切削参数】选项卡，按图 6-161 所示设置挖槽切削参数。

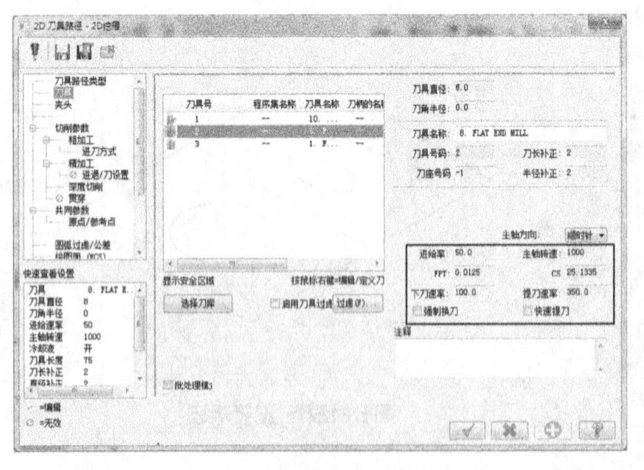

图 6-160 【2D 刀具路径 -2D 挖槽】对话框

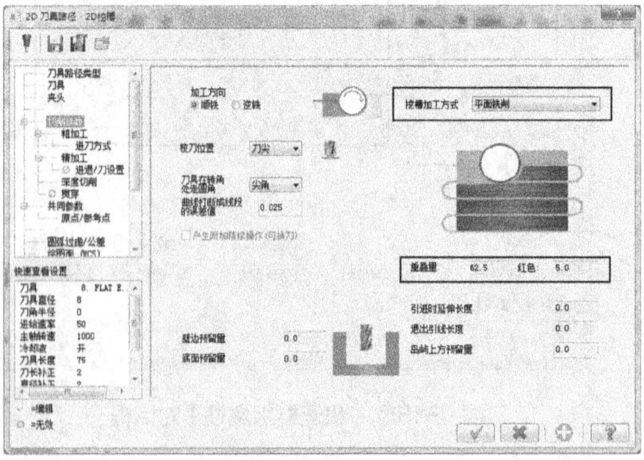

图 6-161 【切削参数】选项卡

④ 单击【粗加工】选项卡，按图 6-162 所示设置粗加工参数。

⑤ 单击【深度切削】选项卡，按图 6-163 所示设置深度切削参数。

⑥ 单击【共同参数】选项卡，按图 6-164 所示设置挖槽加工参数，然后单击 按钮确定，生成挖槽刀具路径如图 6-165 所示，实体切削验证结果如图 6-166 所示。

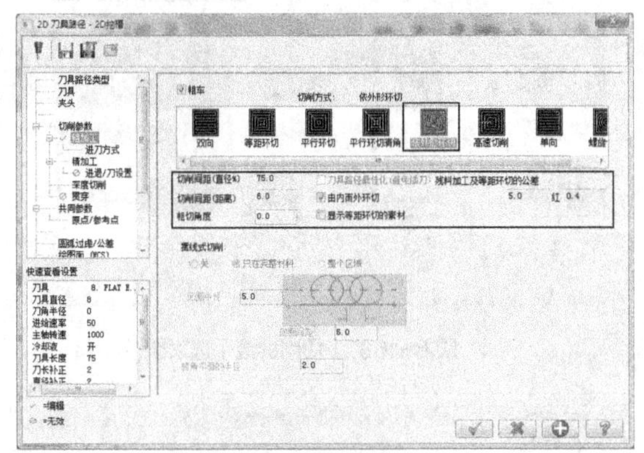

图 6-162 【粗加工】对话框

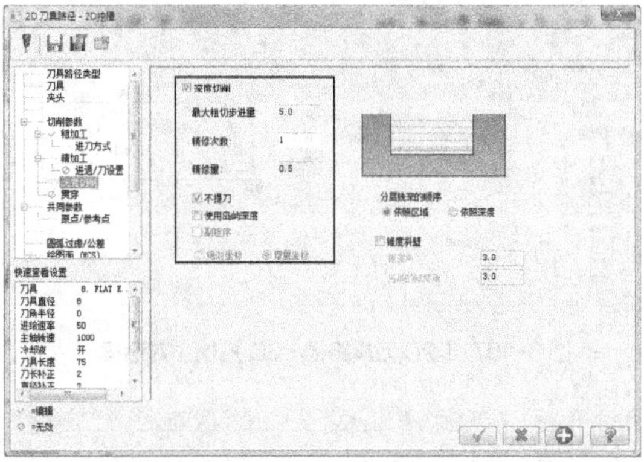

图 6-163 【深度切削】对话框

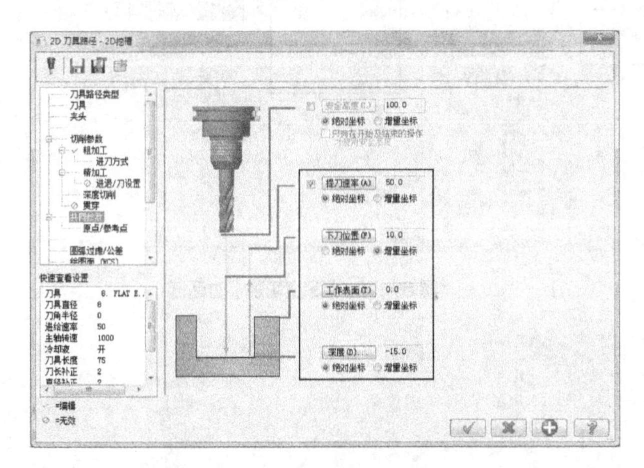

图 6-164 【共同参数】选项卡

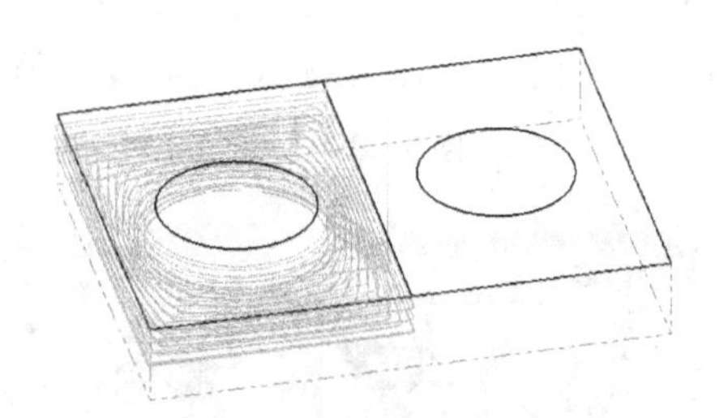

图 6-165 挖槽刀具路径

（6）创建挖槽加工刀具路径 2

① 执行【刀具路径】/【挖槽】命令，在【串连选项】对话框中单击 按钮，框选右面圆，然后单击 按钮确定。

② 单击【刀具】选项卡，选取 8 mm 的平底刀作为加工刀具，然后按图 6-167 所示设置刀具参数。

③ 单击【切削参数】选项卡，按图 6-168 所示设置挖槽切削参数。

④ 单击【粗加工】选项卡，按图 6-169 所示设置粗加工参数。

图 6-166 挖槽仿真模拟

⑤ 单击【深度切削】选项卡，按图 6-170 所示设置深度切削参数。

⑥ 单击【共同参数】选项卡，按图 6-171 所示设置挖槽加工参数，然后单击 按钮确定，生成挖槽刀具路径如图 6-172 所示，实体切削验证结果如图 6-173 所示。

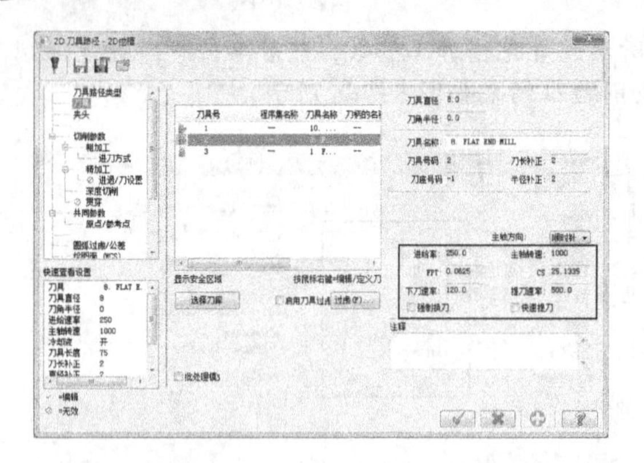

图 6-167 【2D 刀具路径 -2D 挖槽】对话框

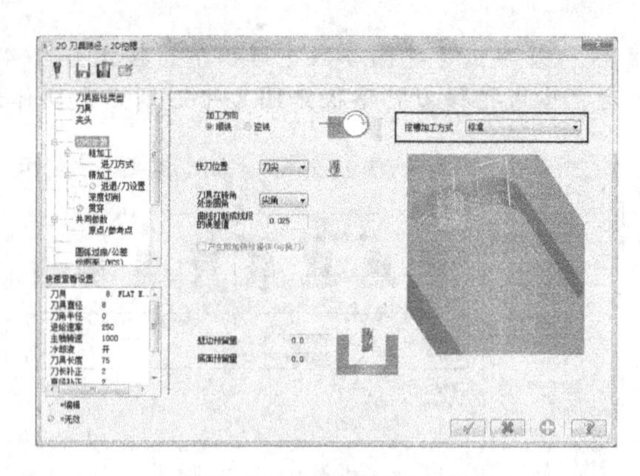

图 6-168 【切削参数】选项卡

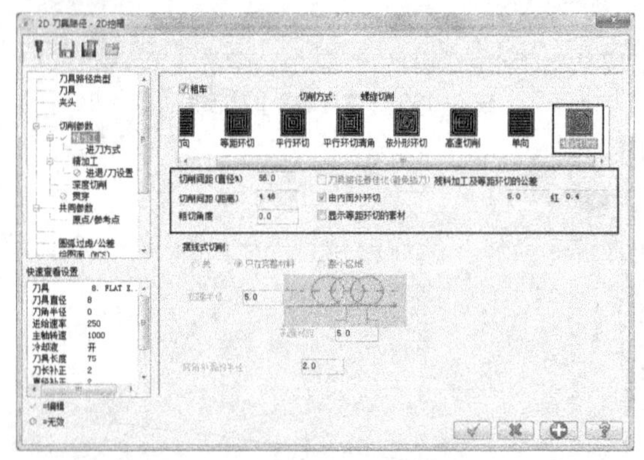

图 6-169 【粗加工】对话框

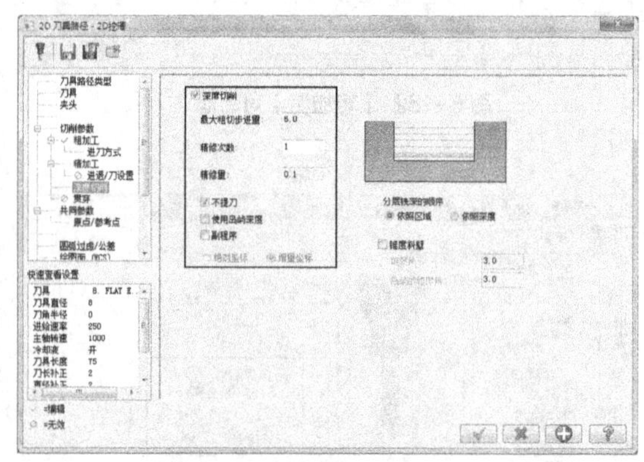

图 6-170 【深度切削】对话框

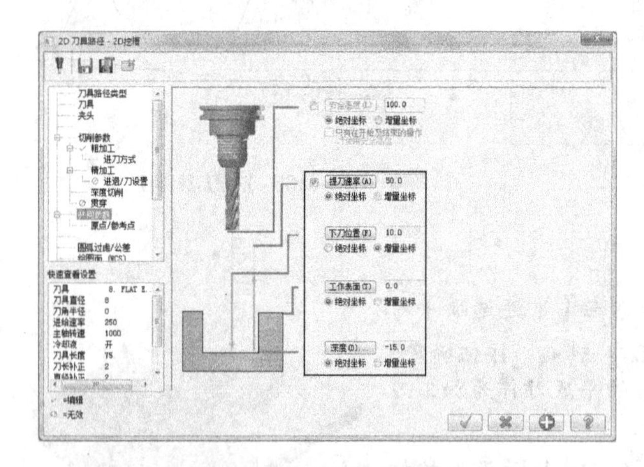

图 6-171 【共同参数】选项卡

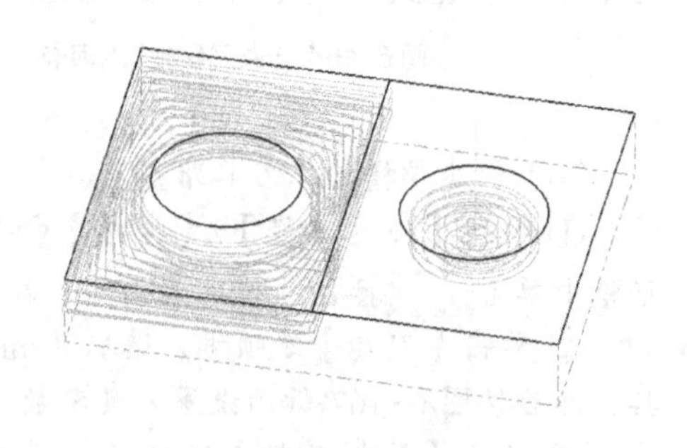

图 6-172 挖槽刀具路径

（7）绘制文字

① 执行【绘图】/【绘制文字】命令，在图 6-174 所示的对话框中设置文字特征，然后单击 ✔ 按钮确定。

② 输入文字起始点坐标为（-68，-11，0），结果如图 6-175 所示。

图 6-173 挖槽仿真模拟

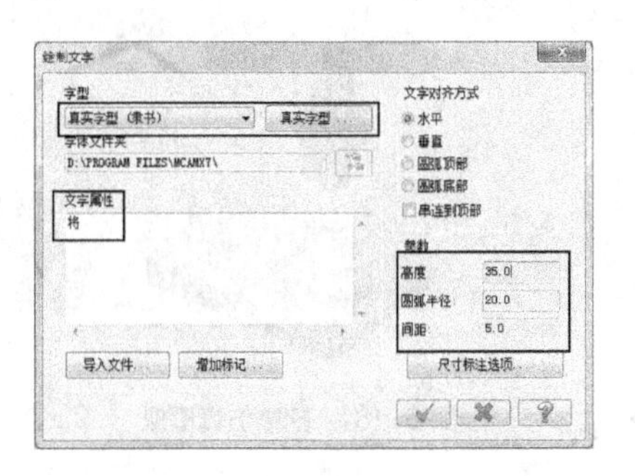

图6-174 【绘制文字】对话框

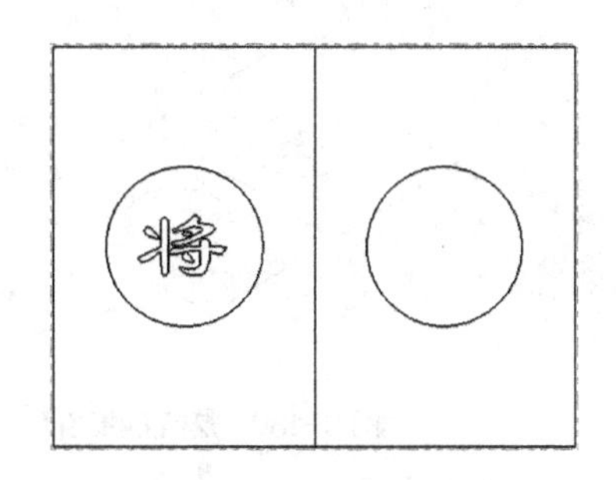

图6-175 绘制文字

（8）创建雕刻刀具路径

① 执行【刀具路径】/【雕刻】命令，在【串连选项】对话框中单击按钮，然后框选所绘制的文字，然后在文字的上方单击定位雕刻加工的搜寻点，单击按钮确定。

② 在【雕刻】对话框中选取 1 mm 的平底刀，然后按图 6-176 所示设置刀具参数。

③ 单击【雕刻参数】选项卡，按图 6-177 所示设置雕刻加工参数。

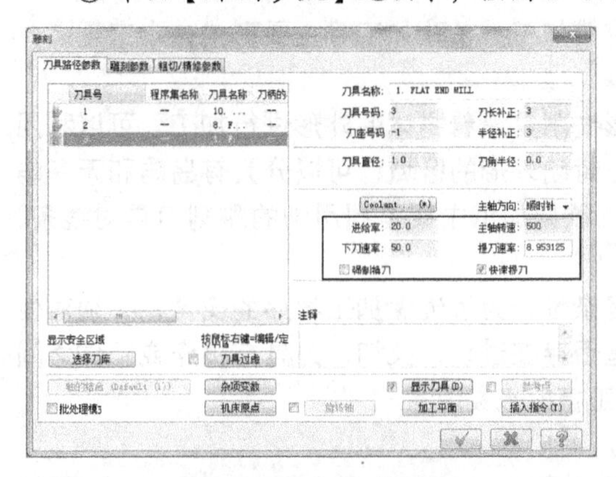

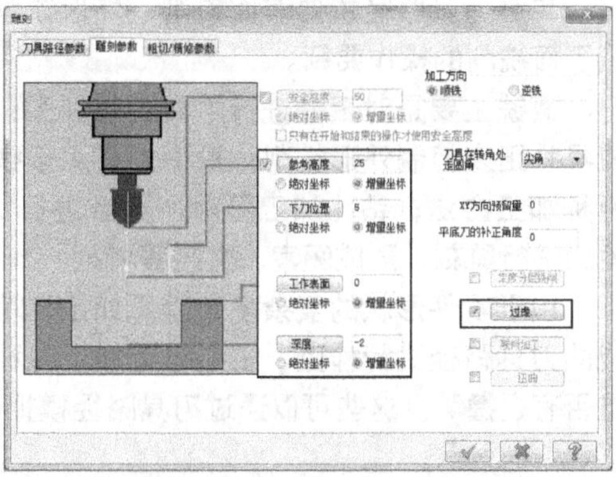

图6-176 【雕刻】对话框

图6-177 【雕刻参数】选项卡

④ 单击 过虑... 按钮，按图 6-178 所示设置加工误差等参数，单击按钮确定。

⑤ 单击【粗切 / 精修参数】选项卡，按图 6-179 所示设置精修参数，单击按钮确定。

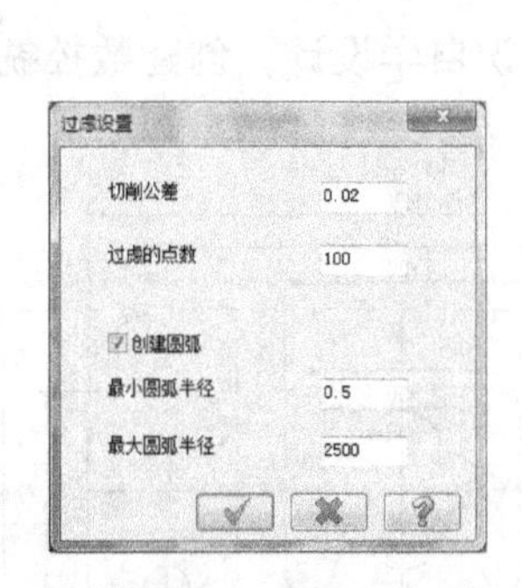

图6-178 【过滤设置】对话框

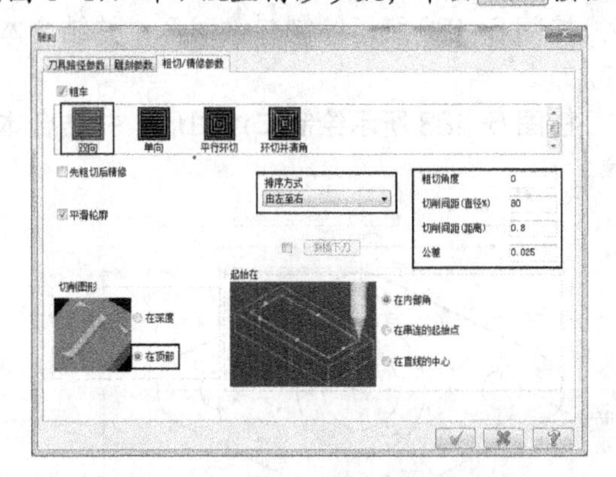

图6-179 【粗切 / 精修参数】选项卡

⑥ 系统自动生成图 6-180 所示雕刻文字刀具路径，最终实体切削验证结果如图 6-181 所示。

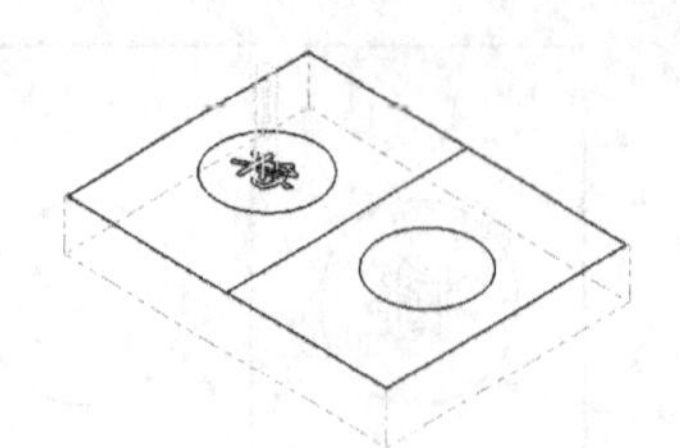

图 6-180 挖槽刀具路径

图 6-181 挖槽仿真模拟

（9）后处理

① 在左侧操作管理器中单击G1按钮，打开【后处理程序】对话框。

② 设置相关参数并保存文件。

本章小结

二维刀具路径主要有面铣削、外形铣削、挖槽加工、钻孔加工等主要形式，本章重点介绍了面铣削的操作要领。

面铣主要是对工件进行平面铣削加工；外形铣削是沿着物体的外形进行加工，可以利用刀具补正来控制外形铣削；挖槽主要用于铣削一封闭外形的区域，可以分为有岛屿和无岛屿两种加工方法；钻孔加工可对所选点进行钻孔；雕刻加工主要是利用细的雕刻刀具对线条、轮廓进行雕刻，形成图案、文字等特征。

由于零件形状的复杂多变以及加工环境的复杂性，为了确保加工程序的安全，必须对生成的刀具路径进行检查，主要检查加工过程中是否存在过切、欠切，刀具与机床或工件之间是否有碰撞等。这些可以通过刀具路径模拟和加工模拟来实现。

习题

1. 请简要阐述面铣削、外形铣削、挖槽加工以及钻孔加工的操作要领。

2. 按图 6-182 所示绘制二维图形，并结合本章节所学知识自学设计，创建数控铣削加工程序。

3. 按图 6-183 所示绘制二维图形，并结合本章节所学知识自学设计，创建数控铣削加工程序。

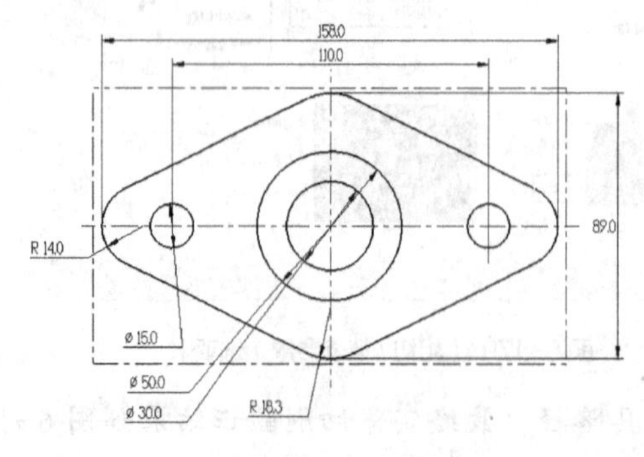

图 6-182 习题 2

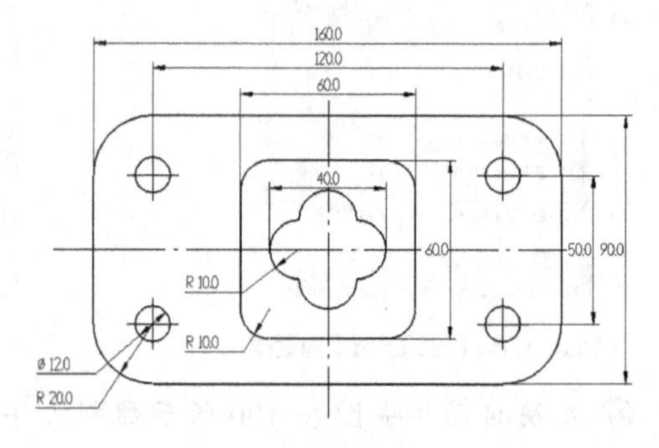

图 6-183 习题 3

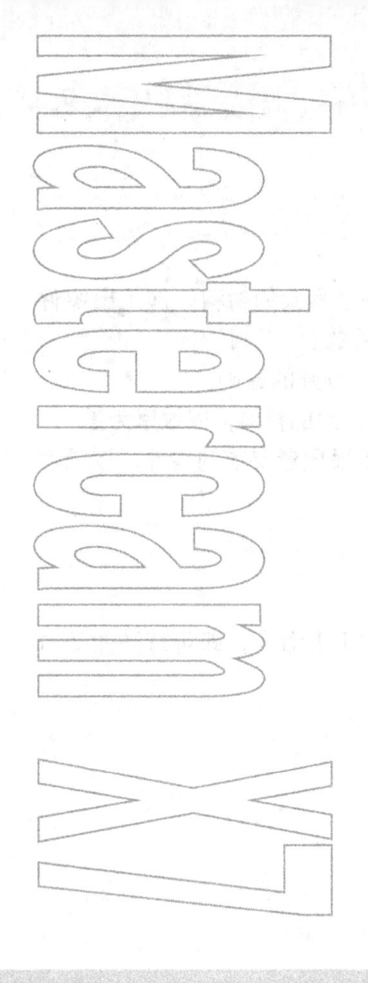

Chapter

7

第7章 三维铣削加工

在机械加工中，经常需要加工一些模具或模型，这些模具或模型中包含有大量的曲面加工，需要通过粗加工、精加工等三维铣削方式准确地加工。它与二维加工的最大不同在于Z向不是一种间歇式的运动，而是与XY方向一起运动，从而形成三维的刀具路径。

学习目标

- 了解三维铣削加工过程中的注意项点。
- 掌握曲面粗加工、曲面精加工应用的基本方法。
- 掌握曲面粗加工和精加工的内在联系。
- 熟练掌握各种三维铣削加工方法的综合应用技巧。

7.1 曲面粗加工

粗加工是相对于精加工而言的，目的是最大限度地切除工件上多余的材料，加工出零件的基本轮廓。如何发挥刀具的能力并提高生产率是粗加工的主要目的。

根据机械加工的一般知识可知，零件加工一般遵循粗、精加工分开的原则。

- 粗加工：使用较大的刀具进给量，尽可能快地去除零件表面多余的材料，以效率为重。
- 精加工：使用较小的刀具进给量，加工出合乎尺寸精度和表面质量要求的零件，以精度和质量为重。

对于大型的复杂零件，在二者之间还可以安排半精加工工序。

7.1.1 重点知识讲解

设置机床类型为铣削系统后，执行【刀具路径】/【曲面粗加工】命令，即可打开图 7-1 所示的曲面粗加工的子菜单。

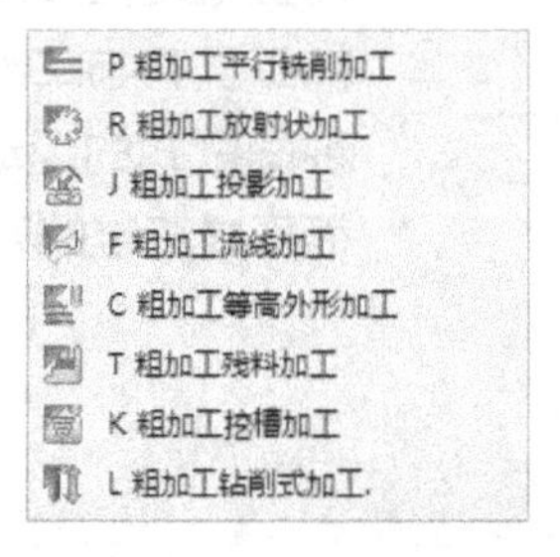

图 7-1 曲面粗加工的基本方法

在三维刀具路径中，曲面粗加工方法的特点及用途如表 7-1 所示。

表 7-1 曲面粗加工的特点及用途

加工方法	刀具路径特点	用途	示意图
平行铣削加工	沿着特定方向产生一系列平行的刀具路径	加工形状比较单一的凸体或凹体	
放射状加工	放射状的加工路径	加工中心对称的回转体工件	
投影加工	将已有刀具路径或几何图形投影到曲面上	在曲面上复制特定的刀具或图案	
流线加工	沿着指定的流线方向生成刀具路径	加工具有流线形状的零件，可选择加工方向	
等高外形加工	沿曲面的外轮廓在高度方向上逐级下降生成刀具路径	加工外形对称的零件	

续表

加工方法	刀具路径特点	用途	示意图
残料加工	去除由于刀具选择过大或加工方式不合理生成的残料生成刀具路径	去除工件上前续未加工未切除的残料	
挖槽加工	以挖槽方式生成刀具路径	切除封闭区域内的材料	
钻削式加工	切除位置曲面或凹槽边界处材料生成刀具路径	迅速去除粗加工余量	

下面详细介绍下各加工方法。

1. 平行铣削加工

平行铣削加工主要用于对单一凸起或者凹陷状的简单造型工件做粗加工，造型复杂的工件不适合采用此方法。平行铣削刀具路径都是直线平行路径，刀具的负荷平衡，每刀的切深和间距可取较大值，适合做重切削，但是只能直线下刀，残料和提刀次数较多。

（1）执行【刀具路径】/【曲面粗加工】/【粗加工平行铣削加工】命令，调用平行粗加工模组。

（2）弹出【选择工件形状】对话框，如图 7-2 所示。其中有【凸】、【凹】和【未定义】3 个单选项。一般选择【未定义】方式，由系统自动识别图形的凹凸形状。

（3）系统提示用户选择图形，选择曲面或实体（选中的曲面或实体系统以黄色显示）。

（4）选取之后按 Enter 键，系统弹出【刀具路径的曲面选取】对话框，如图 7-3 所示。利用此对话框，用户可以重新进行曲面或实体的选择、修改等操作，其中主要有以下 4 部分内容。

图 7-2 【选择工件形状】对话框

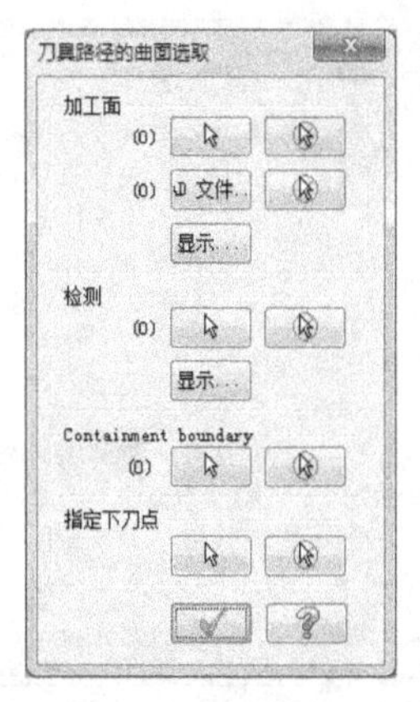

图 7-3 【刀具路径的曲面选取】对话框

- 【加工面】：指定加工的曲面。
- 【检测】：检查毛坯余量。
- 【切削范围】：指定包含的加工曲面。
- 【指定下刀点】：用于定义起刀位置。

（5）设置好后，系统弹出【曲面粗加工平行铣削】对话框，如图 7-4 所示。

• 刀具路径误差：整体误差(T)... 按钮后面的文本框用于设置刀具路径与几何模型的精度误差。误差值设置越小，加工得到的曲面精度就越高，但计算所需时间较长，为了提高加工速度，在粗加工中输入值可稍大一些。

用户可以直接在文本框中输入设定的误差值，也可以单击 整体误差(T)... 按钮对刀具路径误差进行具体的设置。

• 最大步距值：大切削间距(M) 按钮后面的文本框可以设置两个相邻切削路径间的最大距离。该值必须小于刀具的直径，主要根据刀具强度和材料硬度确定该值。数值越大，生成的刀具路径数目越少，加工结果越粗糙；该值越小，生成的刀具路径数目越多，加工结果越平滑，但生成刀具路径需要的时间就越长。

• 切削方法：图 7-4 所示的【切削方式】下拉列表用于设置刀具在 *XY* 平面内的走刀方式，其中有以下两个选项。

【双向】：在加工中刀具可以往复切削曲面。

【单向】：在加工时刀具只能沿一个方向进行切削。

• 加工方式角度：图 7-4 所示的加工方式角度是指刀具路径与 *X* 轴的夹角。比如 0° 代表 +*X*，90° 代表 +*Y*，180° 代表 −*X*，270° 代表 −*Y*，360° 代表 +*X*。

• 最大进刀量：图 7-4 所示的【最大 *Z* 轴进给量】文本框用来设置两相邻切削路径层间的最大 *Z* 方向距离（即层进刀量）。

2. 放射状粗加工

放射状粗加工是以指定的一点为放射中心，以扇面的方式产生刀具路径，适用于圆形坯件的切削。放射状粗加工大部分的参数设置与平行粗加工相同，在此仅对特有的参数设置进行阐述。

执行【刀具路径】/【曲面粗加工】/【粗加工放射状加工】命令，调用放射状粗加工模组，系统弹出图 7-5 所示的【曲面粗加工放射状】对话框。

图 7-4 【曲面粗加工平行铣削】对话框

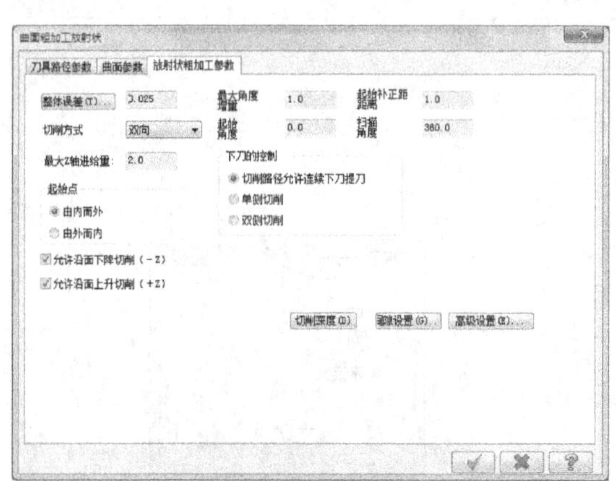

图 7-5 【曲面粗加工放射状】对话框

（1）角度与距离参数

•【最大角度增量】：设置放射状刀具路径的角度增量，其值越小，表面越光滑。

•【起始角度】：设置放射状刀具路径的起始角度。

•【扫描角度】：设置刀具路径扫描过的总角度。

•【起始补正距离】：设置刀具路径起点到中心的距离。

（2）放射方向的控制

放射方向有【由内而外】和【由外而内】两种形式，前者指刀具从放射中心向圆周切削；后者则相反。

3．投影粗加工

投影粗加工是将已有的刀具路径或几何图形投影到曲面上产生粗加工刀具路径，执行【刀具路径】/【曲面粗加工】/【粗加工投影加工】命令后，可通过图 7-6 所示的【曲面粗加工投影】对话框设置该模组的参数。

（1）投影方式

投影粗加工模组的参数设置需要指定用于投影的对象，可用于投影的对象包括以下几种。

•【NCI】：选用已经完成的 NCI 刀具路径进行投影。

•【曲线】：选取一条或一组曲线进行投影。如果选择用曲线投影，则在关闭对话框后还要选取用于投影的一组曲线。

•【点】：选取一个点或一组点进行投影，如果选择用点进行投影，则在关闭对话框后还要选择用于投影的一组点。

（2）下刀的控制

该模块可以选择下刀过程中的方式，有【切削路径允许连续下刀提刀】、【单侧切削】以及【双侧切削】3 个选项供选择，其中单侧切削需要在切削末端提刀、起点下刀连续单项作业，而双侧切削则可以连续来回切削，无须下刀提刀的过程。

4．流线粗加工

流线粗加工是一种沿着曲面的流线方向生成刀具路径的加工方法。例如，对于使用扫描方法创建的曲面，扫描轨迹线的方向即为流线方向。

执行【刀具路径】/【曲面粗加工】/【粗加工流线加工】命令后，可在图 7-7 所示的【曲面粗加工流线】对话框中设置流线粗加工参数，其特殊参数设置如下。

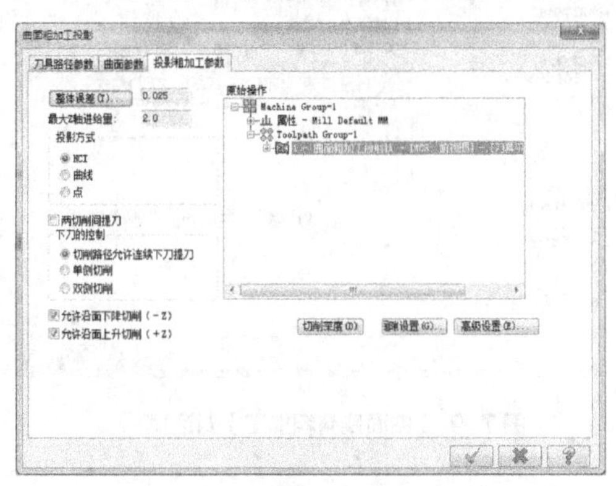

图 7-6 【曲面粗加工投影】对话框

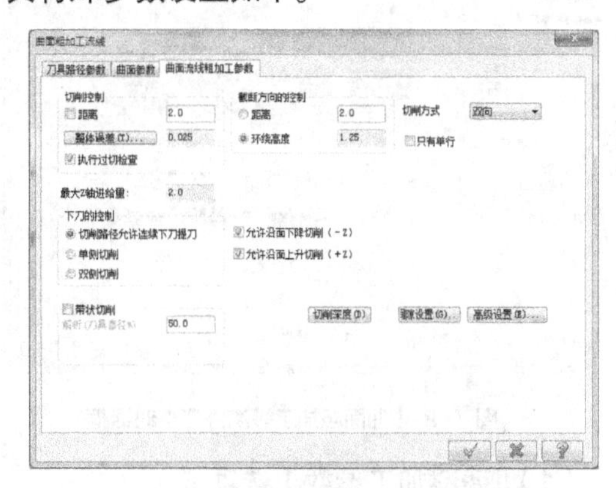

图 7-7 【曲面粗加工流线】对话框

（1）切削方向的控制

•【距离】：设置切削方向的步进量。

•【执行过切检查】：勾选此复选项后，系统在切削过程中将检查过切现象，并给出信息。

（2）截断方向的控制

•【距离】：设置截断方向的步进量。

•【环绕高度】：选中此单选项时，系统以设定的环绕高度控制截断方向的步进量，其值越小，截断方向的步进量也越小。

5. 等高外形粗加工

等高外形加工是使用刀具逐层去除材料，直至加工出最终的表面为止。这种方法比较适合于毛坯表面与最终表面外形接近的情况。

执行【刀具路径】/【曲面粗加工】/【粗加工等高外形加工】命令，可在图 7-8 所示的【曲面粗加工等高外形】对话框中设置等高外形粗加工参数，其特殊参数设置如下。

（1）封闭式轮廓的方向

•【顺铣】：采用顺铣方式加工。

•【逆铣】：采用逆铣方式加工。

•【起始长度】：每层等高外形粗加工刀具路径起点到默认起始点的距离。

（2）两区段间的路径过渡方式

•【高速回圈】：刀具以平滑方式越过曲面间隙，适合于高速加工。

•【打断】：刀具以打断方式越过曲面间隙，即遇到间隙时，刀具退刀，移动到间隙另一端，再继续加工。

•【斜插】：刀具以斜插方式越过曲面间隙。

•【沿着曲面】：刀具沿着曲面上升或下降越过曲面间隙。

6. 残料粗加工

残料加工是用于去除零件表面残料的加工方法，执行【刀具路径】/【曲面粗加工】/【粗加工残料加工】命令，可在图 7-9 所示的【曲面残料粗加工】对话框中设置残料粗加工参数，其特殊参数设置如下。

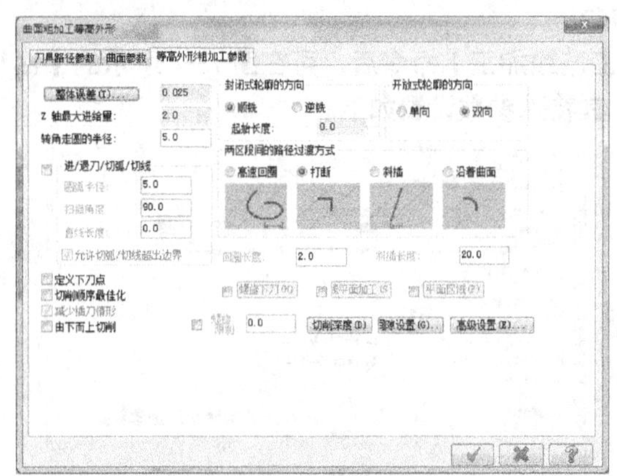

图 7-8 【曲面粗加工等高外形】对话框

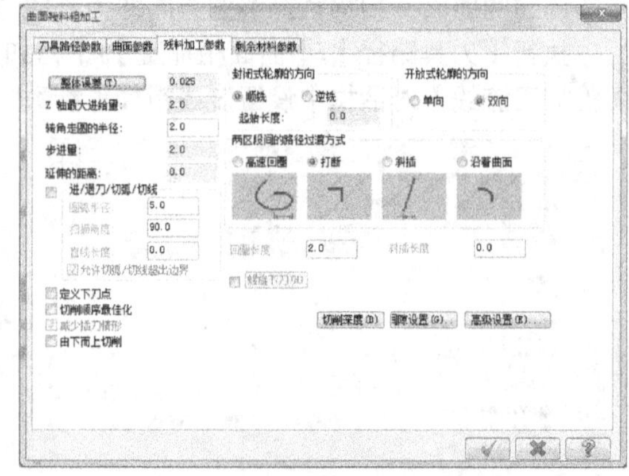

图 7-9 【曲面残料粗加工】对话框

（1）【残料加工参数】选项卡

•【封闭式轮廓的方向】分组框：用来设定封闭式曲面外形的切削方向，有顺铣和逆铣两种方式。

•【开放式轮廓的方向】分组框：用来设定开放式曲面外形的切削方向，有单向和双向两种方式。

•【两区段间的路径过渡方式】分组框：软件提供了高速回圈、打断、斜插和沿着曲面 4 种加工过渡方式。

（2）【剩余材料参数】选项卡

剩余材料的计算方式共有 4 种。

- 【所有先前的操作】：对前面所有的加工操作进行残料计算。
- 【另一个操作】：可以从右侧操作栏中选择某一个操作进行残料计算。
- 【粗铣的刀具】：针对符合设定刀具直径、刀角半径大小的加工操作进行残料计算。
- 【STL 文件】：系统对 STL 文件进行残料计算。

要点提示

材料的解析度数值将影响残料加工的质量和速度，数值越小，加工质量越好，该值越大，其加工速度越快。

7. 挖槽粗加工

挖槽粗加工是加工时按高度将加工路径分层，即在同一个高度完成所有的加工后，再进行下一个高度的加工。可以将限制边界范围内的所有废料切除掉，是方块状毛坯粗加工的较为理想的方式。其特殊参数设置如下。

- 【螺旋式下刀】复选项：勾选此选项，将启动螺旋或斜插下刀方式。
- 【指定进刀点】复选项：勾选此选项，系统以选择加工曲面前选择的点作为切入点。
- 【由切削范围外下刀】复选项：勾选此选项，系统从挖槽边界外下刀。
- 【铣平面】复选项：勾选此选项，系统将启动平面铣削功能。

8. 钻削式粗加工

钻削式粗加工是以类似于高速钻孔的方式去除材料，是一种能够快速去除大量加工余量的方法，一般用于小批量加工中。顾名思义就是刀具在毛坯上采用类似钻孔的方式来切除材料，要求加工速度快，但由于上下动作频繁，对机床 Z 轴运动要求较高。

执行【刀具路径】/【曲面粗加工】/【粗加工钻削式加工】命令后，可在【曲面粗加工钻削式】对话框中设置参数，其操作较为简单，这里不再赘述。

要点提示

对于前 5 种加工方法，需要指定加工的曲面对象。在稍后的实例中，将全面介绍这些粗加工方法在加工中的综合应用。

7.1.2 实战演练——凸模零件的粗加工

图 7-10 所示的凸模零件在模具中是非常重要的部件，在机械设计中典型的凸模是与凹模相对应的，一同决定产品的内部型腔结构和特征。一般凸模加工在下刀和排屑方面都要优于凹模。凸模一般情况下是凸出来的，用在成型产品的内壁，与凹模在加工上相似但又有一些区别。其加工特点如下。

- 凸模也是模具的成型部分，因而凸模材料也需要较高硬度。
- 对于凸模加工中的分型面如果是平面，可以在最后利用挖槽面铣加工进行铣削。

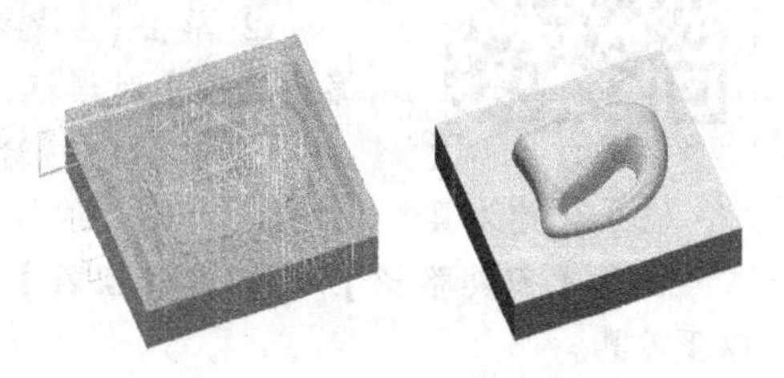

图 7-10　凸模零件

- 在进行选刀时也是先大刀，后小刀。
- 凸模通常是凸出来的，因而在进行程序编制时，一般可以从切削范围外下刀。

要点提示

由于本章节只对粗加工进行介绍，为了能够将整个模具零件加工完毕，精加工部分将在 7.2 小节进行讲解，此小节的结果文件将作为 7.2 小节的素材文件来用。

1. 涉及的应用工具

采用挖槽粗加工作为首次开粗，再利用等高外形精加工进行光刀，最后利用浅平面精加工进行光刀。具体的加工顺序规划如下。

（1）用直径为 20 mm 的圆鼻刀采用挖槽粗加工进行开粗。

（2）用直径为 6 mm 的球刀采用挖槽粗加工进行二次开粗。

（3）用直径为 6 mm 的球刀采用等高外形精加工进行半精加工。

（4）用直径为 6 mm 的球刀采用浅平面精加工进行精修。

（5）用直径为 6 mm 的平刀采用精加工残料清角加工进行分型面的精修。

2. 操作步骤概况

操作步骤概况，如图 7-11 所示。

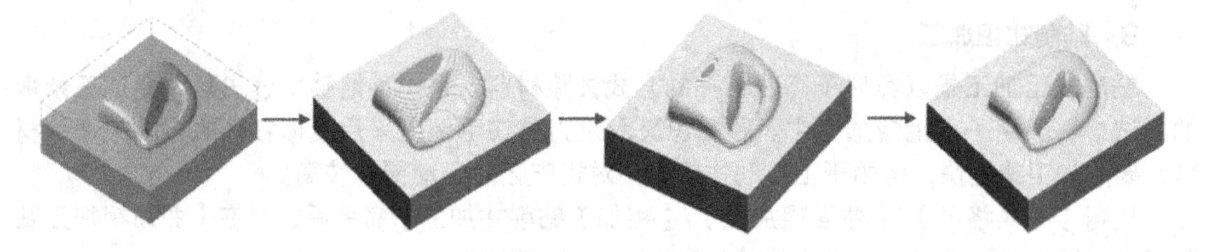

图 7-11 操作步骤

3. 粗加工凸模零件

（1）进入加工环境

① 打开素材文件“第 7 章 \ 素材 \ 凸模零件 .MCX-7”，得到图 7-12 所示的图形。

② 执行【机床类型】/【铣床】/【默认】命令，启动通用铣削模块。

（2）设置毛坯

① 在操作管理器中单击【属性 -Generic Mill】选项组，在展开的选项中单击【材料设置】选项，系统弹出图 7-13 所示的【机器群组属性】对话框。

② 单击【机器群组属性】对话框中的 B边界盒 按钮，系统弹出【边界盒选项】对话框，设置以工件坯构建矩形边界盒，如图 7-14 所示。

③ 单击 ✔ 按钮确定，毛坯设置结果如图 7-15 所示。

（3）创建刀具

执行【刀具路径】/【刀具管理器】命令，在图 7-16 所示的【刀具管理】对话框中添加以下刀具。

图7-12 凸模零件

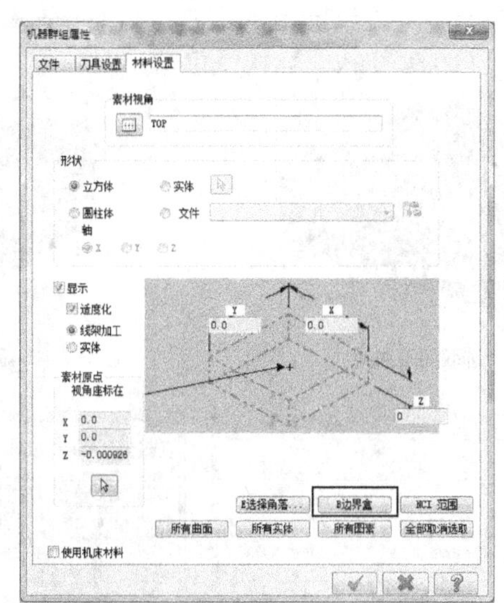

图7-13 【机器群组属性】对话框

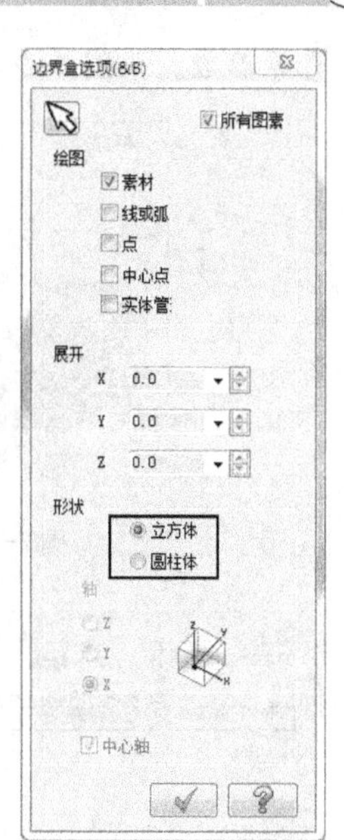

图7-14 【边界盒选项】对话框

- 直径为 20 mm 的圆鼻刀；
- 直径为 6 mm 的球刀；
- 直径为 6 mm 的平底刀。

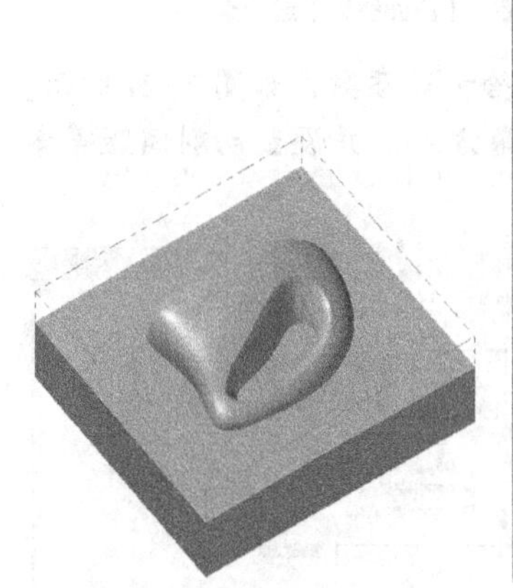

图7-15 设置毛坯

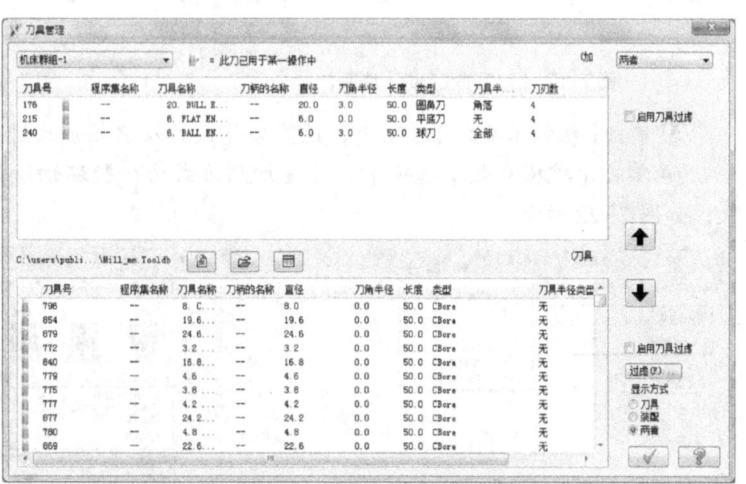

图7-16 【刀具管理】对话框

（4）创建粗加工挖槽加工刀具路径 1

① 执行【刀具路径】/【曲面粗加工】/【粗加工挖槽加工】命令，框选图 7-17 所示的曲面为挖槽加工面，按 Enter 键确定。

② 在【刀具路径的曲面选取】对话框中单击【切削范围】模块的 按钮，选取图 7-18 所示凸模的矩形边界为切削边界，单击 按钮确定。

③ 在【曲面粗加工挖槽】对话框中的【刀具路径参数】选项卡中选取直径为 20 mm 的圆鼻刀，然后设置进给率、主轴转速等刀具参数，如图 7-19 所示。

④ 单击【曲面参数】选项卡，设置安全高度、参考高度、进给下刀位置以及加工面预留

量等参数，如图 7-20 所示。

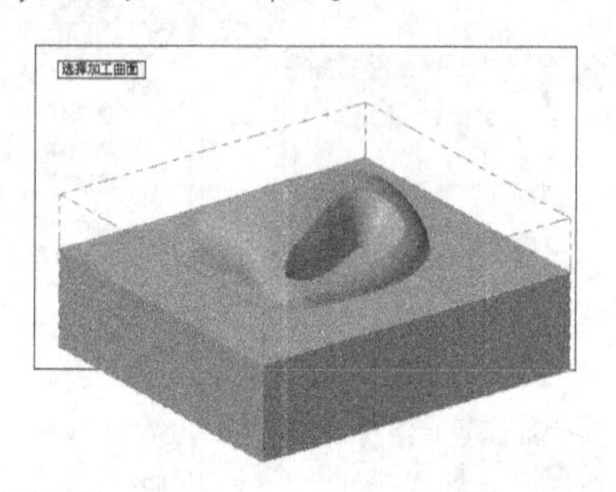

图 7-17 选取加工曲面

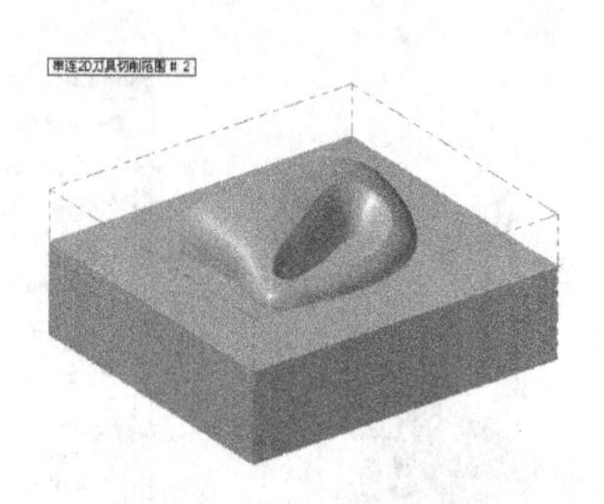

图 7-18 选取切削范围

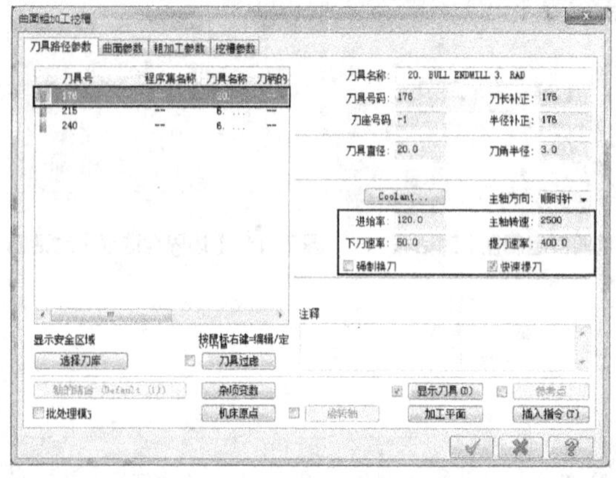

图 7-19 【刀具路径参数】选项卡

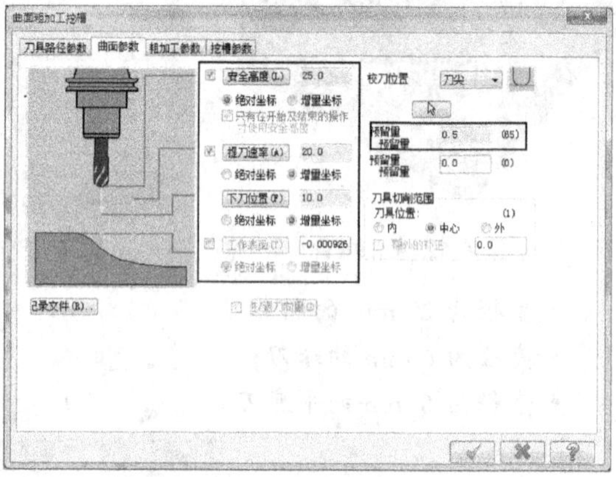

图 7-20 【曲面参数】选项卡

⑤ 单击【粗加工参数】选项卡，设置整体误差及 Z 轴最大进给量等参数，如图 7-21 所示。

⑥ 单击【挖槽参数】选项卡，设置切削方式为平行环切清角方式，并设置切削间距等参数，如图 7-22 所示。

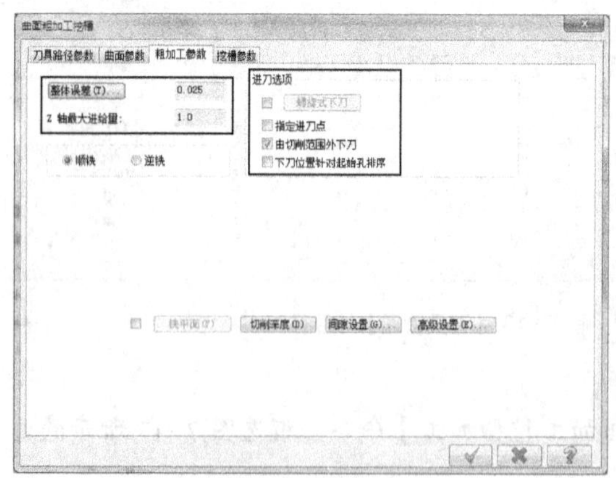

图 7-21 【粗加工参数】选项卡

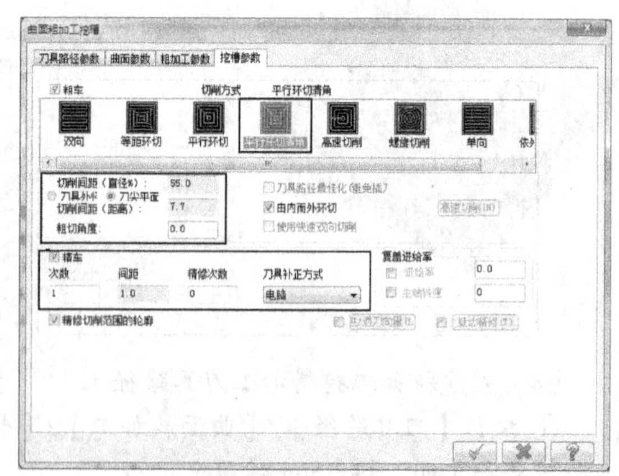

图 7-22 【挖槽参数】选项卡

⑦ 单击 按钮确定，系统按设置的参数自动生成图 7-23 所示的粗加工挖槽加工刀具路径。

⑧ 在操作管理器窗口中单击 按钮进行模拟加工，结果如图 7-24 所示。

图 7-23　粗加工挖槽加工刀具路径

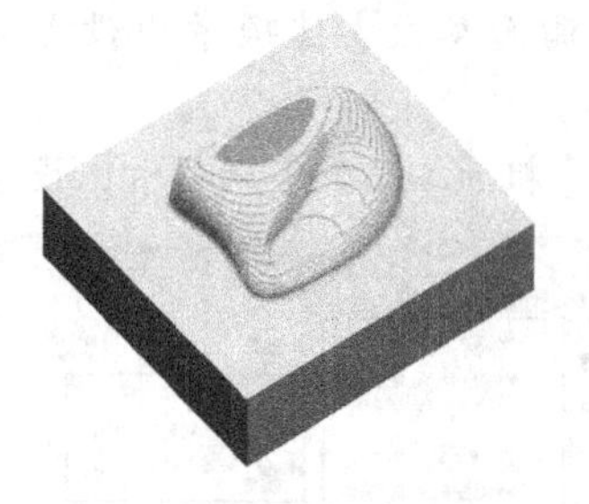

图 7-24　粗加工挖槽加工

（5）创建粗加工挖槽加工刀具路径 2

① 在操作管理器中选中粗加工挖槽加工，然后单击鼠标右键，在弹出的菜单中选取【复制】选项，如图 7-25 所示。

② 在操作管理器的空白处单击右键，在弹出的菜单中选取【粘贴】选项，如图 7-26 所示。

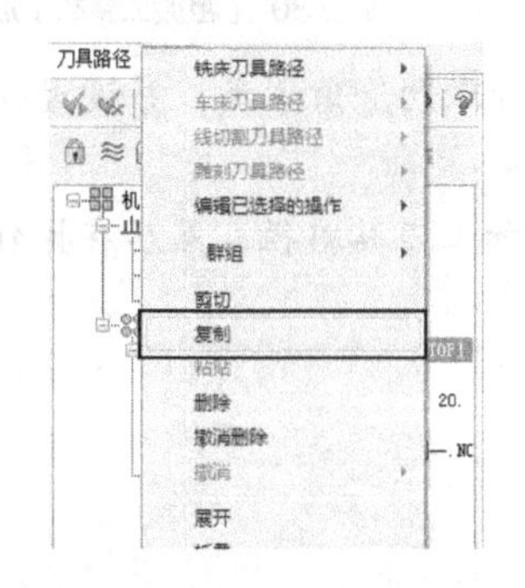

图 7-25　复制刀具路径

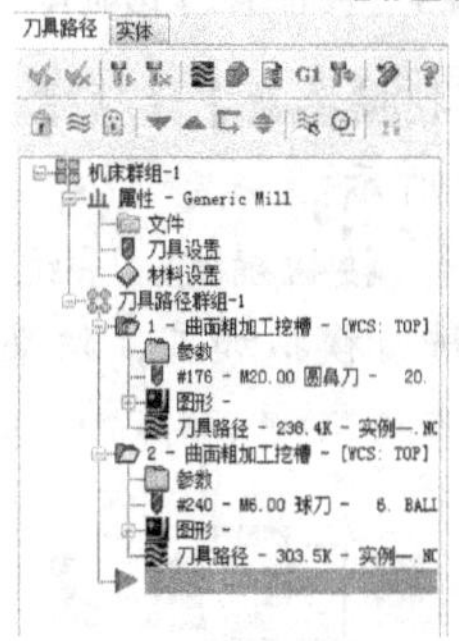

图 7-26　粘贴刀具路径

③ 在操作管理器中单击刚粘贴的曲面粗加工挖槽【参数】选项，在弹出的【刀具路径参数】选项卡中选取直径为 6 mm 的球刀，然后设置刀具参数，如图 7-27 所示。

④ 单击【曲面参数】选项卡，然后单击 按钮，系统弹出【刀具路径的曲面选取】对话框。

⑤ 在【切削范围】模块中单击 按钮清除以前选取的边界，然后单击 按钮，选取图 7-28 所示的边界为挖槽边界，然后单击 按钮确定。

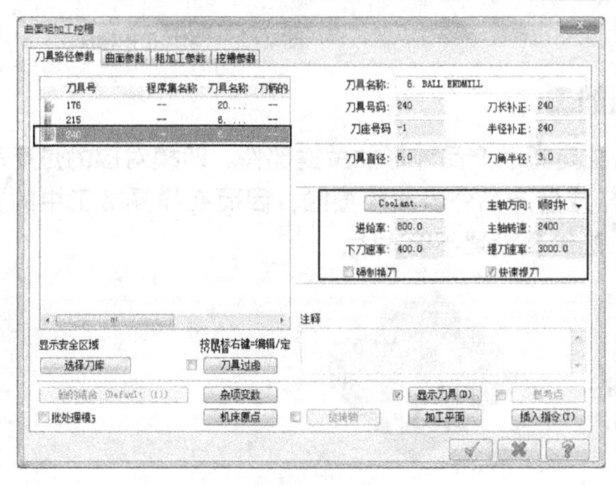

图 7-27　【刀具参数】选项卡

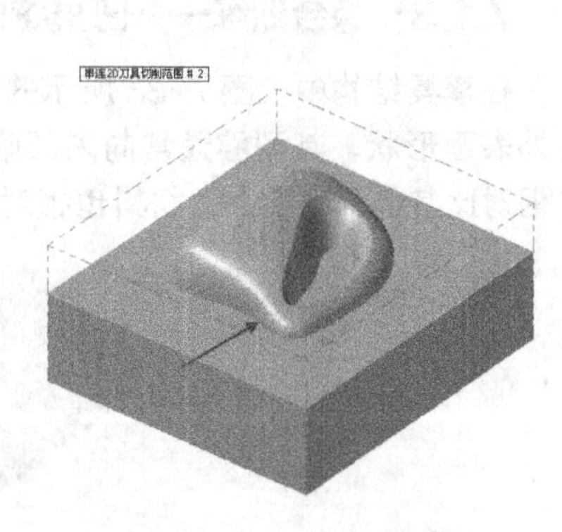

图 7-28　选取切削范围

⑥ 在【曲面参数】选项卡中设置安全高度、参考高度以及进给下刀位置等参数，如图 7–29 所示。

⑦ 单击【粗加工参数】选项卡，设置整体误差等参数，如图 7–30 所示。

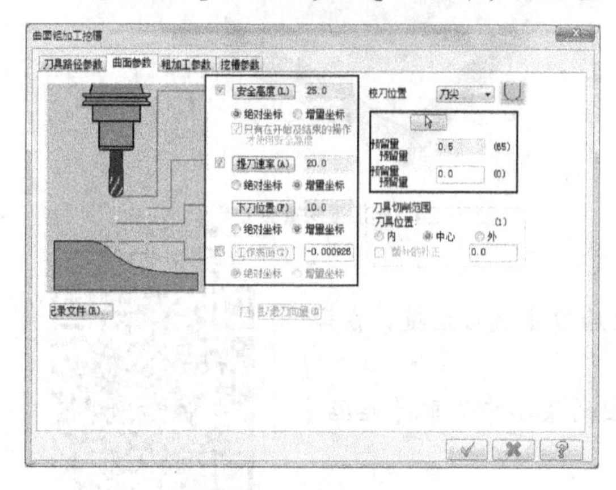

图 7–29 【曲面参数】选项卡

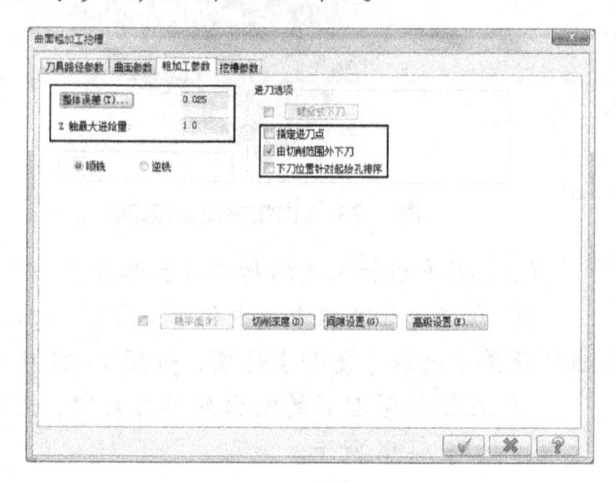

图 7–30 【粗加工参数】选项卡

⑧ 单击【挖槽参数】选项卡，设置切削方式为平行环切清角方式，并设置切削间距等参数，如图 7–31 所示。

⑨ 单击 ✓ 按钮确定，系统自动生成粗加工挖槽加工刀具路径，然后在操作管理器窗口中单击 按钮进行模拟加工，结果如图 7–32 所示。

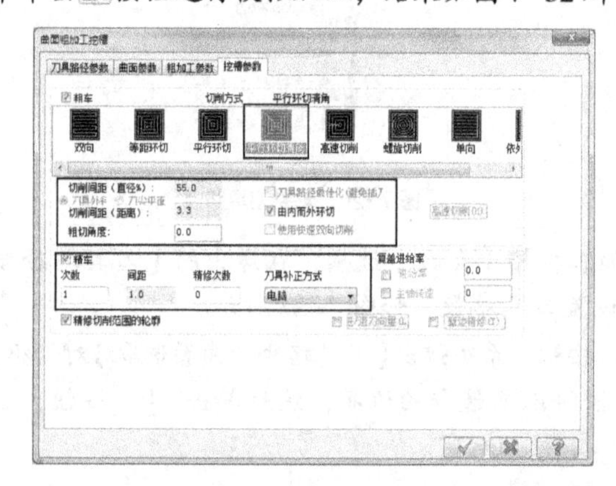

图 7–31 【挖槽参数】选项卡

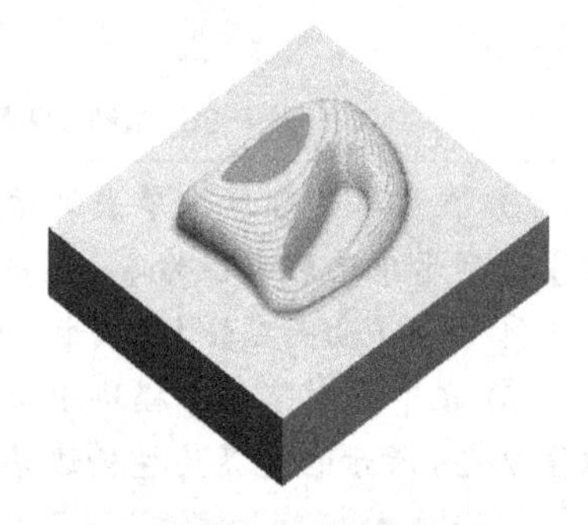

图 7–32 粗加工挖槽加工

7.1.3 综合训练——凹模零件的粗加工

在模具结构中，图 7–33 所示的凹模是决定塑胶产品外形的关键部件。凹模对应的是产品的外表面形状，其型腔通常向内凹陷凹模与成型产品外表面相接触，因而在模具加工中的要求相对比其他部件要高，材料也相对较硬，进给量设置不能太大。

图 7–33 凹模零件

要点提示

由于 7.1 节只对粗加工进行介绍，为了能够将整个模具零件加工完毕，精加工部分将在 7.2 节进行讲解，本小节的结果文件将作为 7.2 节的素材文件来用。

1. 涉及的应用工具

在进行模具凹模的加工时，加工刀具路径一般是先采用挖槽粗加工，然后还要经过多次半精加工或精加工。

此处采用挖槽粗加工作为首次开粗，再利用等高外形精加工进行半精加工，最后使用平行精加工进行精加工。

（1）设置毛坯参数。

（2）用直径为 20 mm 的圆鼻刀采用挖槽粗加工开粗。

（3）用直径为 6 mm 的球刀采用挖槽粗加工进行二次开粗。

（4）用直径为 6 mm 的球刀采用等高外形精加工进行半精加工。

（5）用直径为 6 mm 的球刀采用平行精加工进行精修。

2. 操作步骤概况

操作步骤概况，如图 7-34 所示。

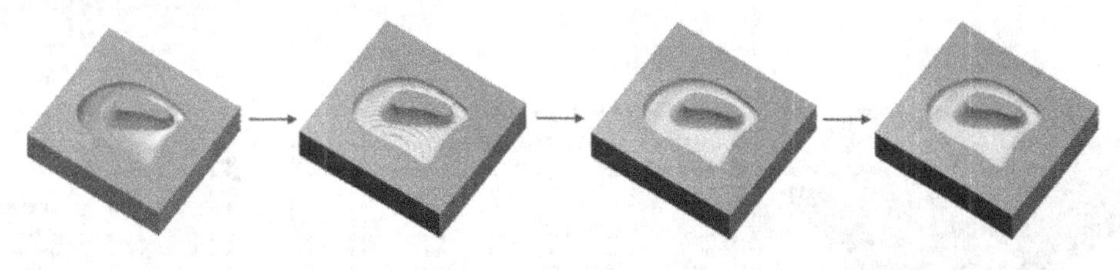

图 7-34　操作步骤

3. 粗加工凹模零件

（1）进入加工环境

① 打开素材文件“第 7 章 \ 素材 \ 凹模零件 .MCX-7”，得到图 7-35 所示图形。

② 执行【机床类型】/【铣床】/【默认】命令，启动通用铣削模块。

（2）设置毛坯

① 在操作管理器中单击【属性 -Generic Mill】选项组，在展开的选项中单击【材料设置】选项。

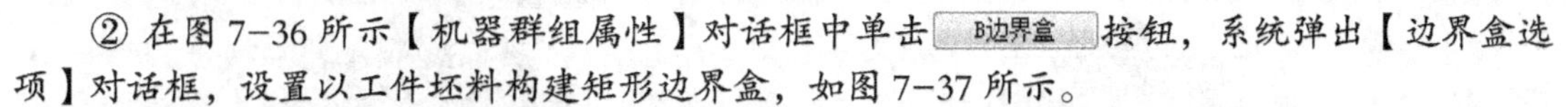

② 在图 7-36 所示【机器群组属性】对话框中单击 B边界盒 按钮，系统弹出【边界盒选项】对话框，设置以工件坯料构建矩形边界盒，如图 7-37 所示。

③ 单击 ✓ 按钮确定，毛坯设置结果如图 7-38 所示。

（3）创建刀具

执行【刀具路径】/【刀具管理器】命令，在图 7-39 所示的【刀具管理】对话框中添加以下刀具。

- 直径为 20 mm、刀角半径为 2 mm 的圆鼻刀；
- 直径为 6 mm 的球刀。

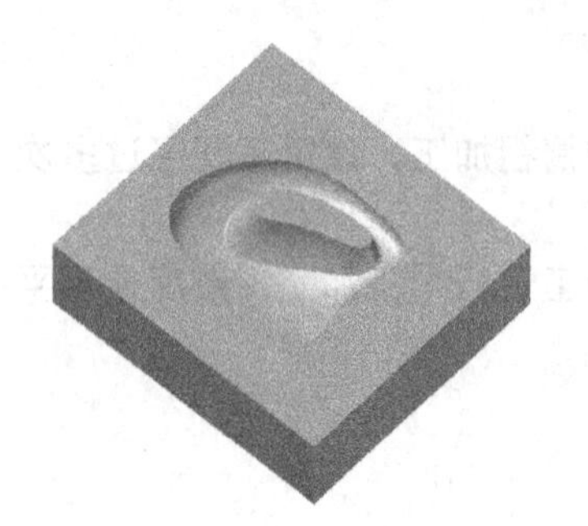

图 7-35 凹模零件

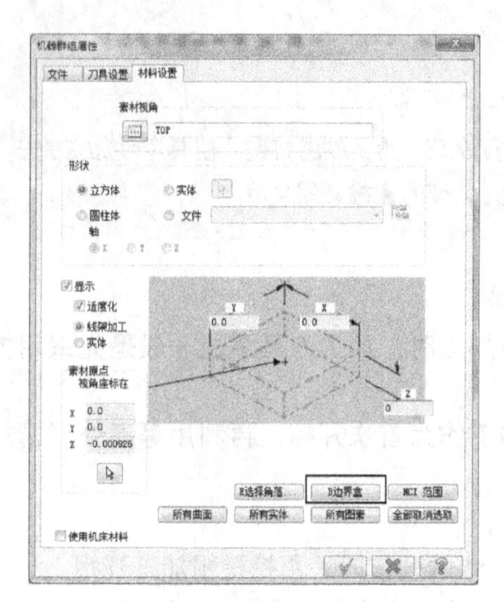

图 7-36 【机器群组属性】对话框

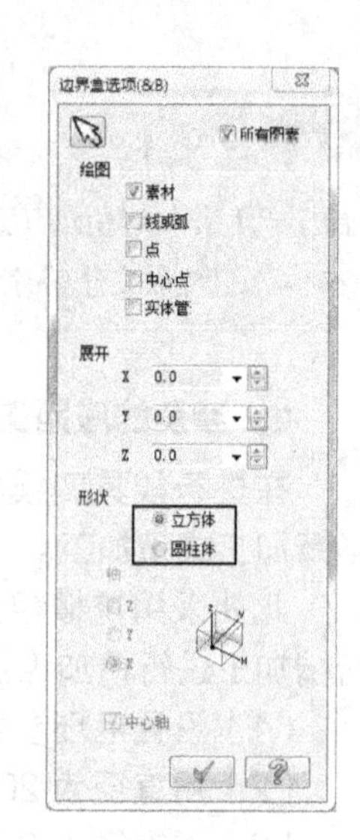

图 7-37 【边界盒选项】对话框

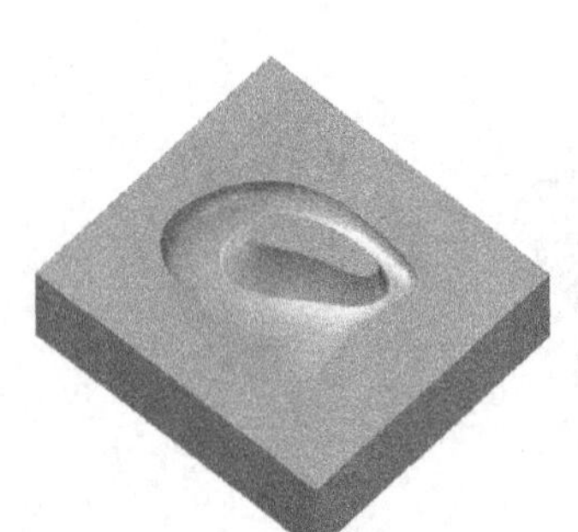

图 7-38 设置毛坯

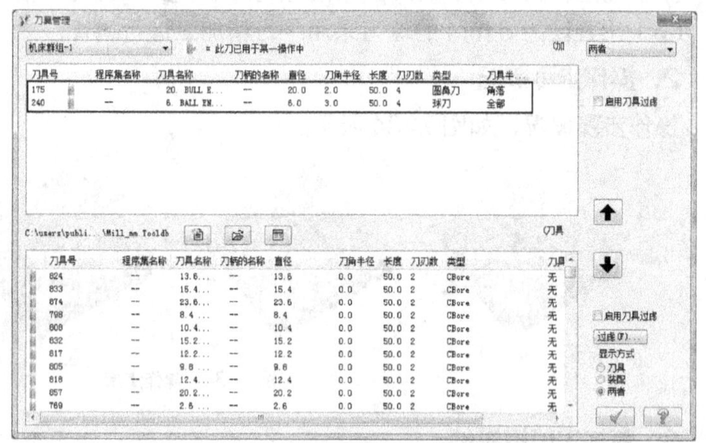

图 7-39 【刀具管理】对话框

（4）创建粗加工挖槽加工刀具路径 1

① 执行【刀具路径】/【曲面粗加工】/【粗加工挖槽加工】命令，框选图 7-40 所示的曲面为挖槽加工面，按 Enter 键确定。

② 在【刀具路径的曲面选取】对话框中单击【切削范围】分组框中的 按钮，选取图 7-41 所示凹模的边界为切削边界，单击 按钮确定。

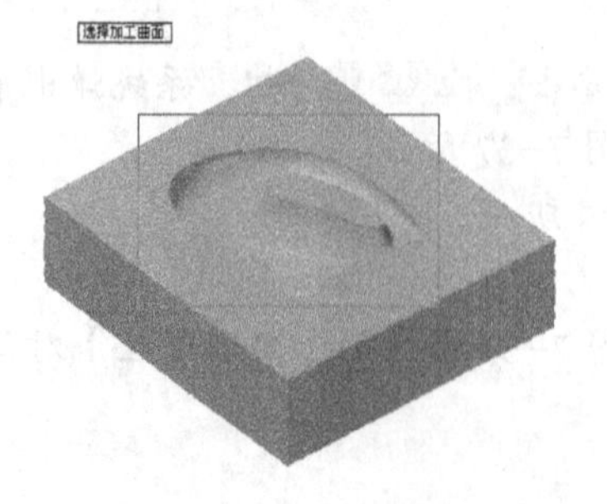

图 7-40 选取加工曲面

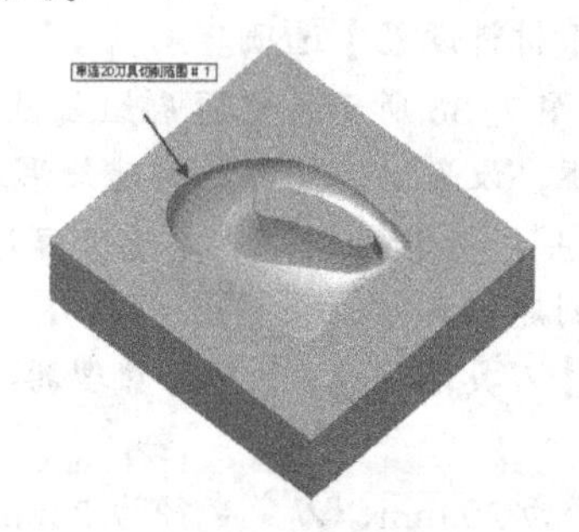

图 7-41 选取切削范围

③ 在【曲面粗加工挖槽】对话框中的【刀具路径参数】选项卡中选取直径为 20 mm 的圆鼻刀，然后设置进给率、主轴转速等刀具参数，如图 7–42 所示。

④ 单击【曲面参数】选项卡，设置安全高度、参考高度、进给下刀位置以及加工面预留量等参数，如图 7–43 所示。

⑤ 单击【粗加工参数】选项卡，设置整体误差及 Z 轴最大进给量等参数，如图 7–44 所示。

⑥ 勾选【斜插式下刀】复选项，然后单击 斜插式下刀 按钮，在弹出的【螺旋 / 斜插式下刀参数】对话框中单击【斜插】选项卡设置斜插下刀参数，如图 7–45 所示。

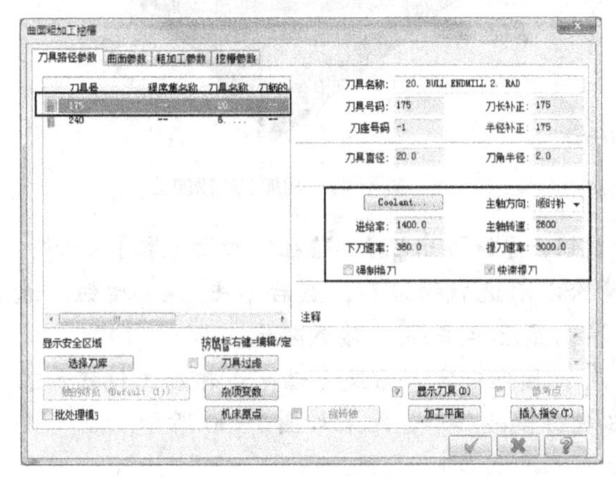

图 7–42 【刀具路径参数】选项卡

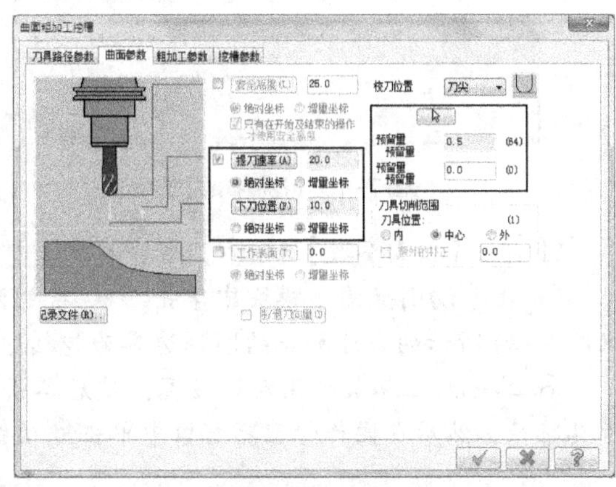

图 7–43 【曲面参数】选项卡

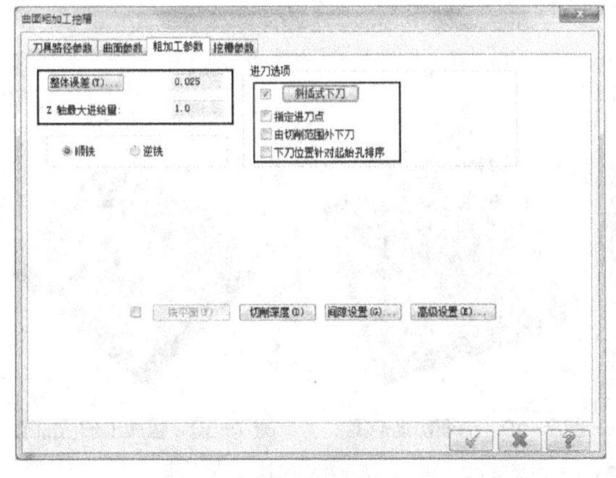

图 7–44 【粗加工参数】选项卡

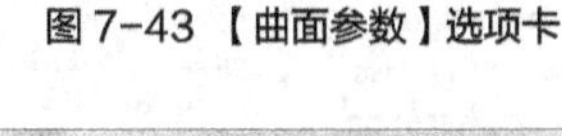

图 7–45 【螺旋 / 斜插式下刀参数】对话框

⑦ 单击【挖槽参数】选项卡，设置切削方式为平行环绕清角方式，并设置切削间距等参数，如图 7–46 所示。

⑧ 单击 ✓ 按钮确定，系统按设置的参数自动生成粗加工挖槽加工刀具路径，在操作管理器窗口中单击 按钮进行模拟加工，结果如图 7–47 所示。

（5）创建粗加工挖槽加工刀具路径 2

① 在操作管理器中选中粗加工挖槽加工，然后单击鼠标右键，在弹出的菜单中选取【复制】选项。

② 在操作管理器的空白处单击右键，在弹出的菜单中选取【粘贴】选项。

③ 在操作管理器中单击刚粘贴的曲面粗加工挖槽【参数】选项，在弹出的【刀具路径参数】选项卡中选取直径为 6mm 的球刀，然后设置刀具参数，如图 7–48 所示。

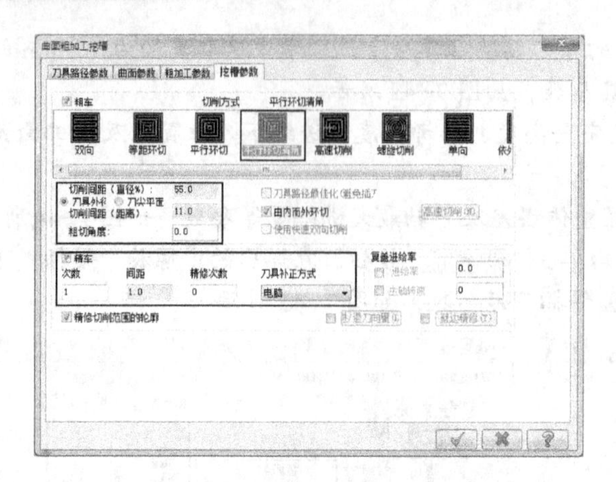

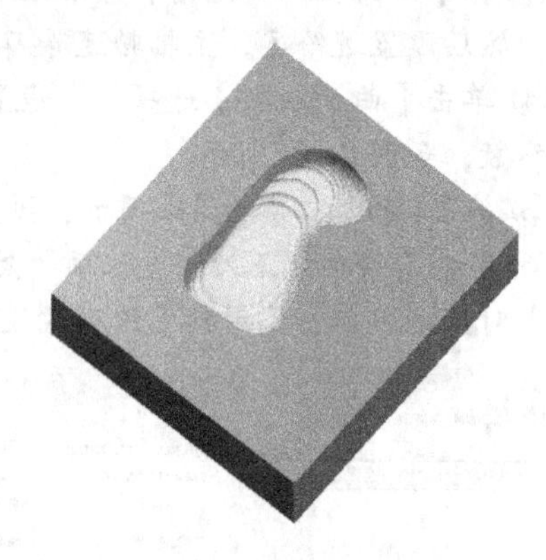

图 7-46 【挖槽参数】选项卡　　　　图 7-47 粗加工挖槽加工

④ 单击【曲面参数】选项卡，然后单击 按钮，系统弹出【刀具路径的曲面选取】对话框。

⑤ 在【切削范围】模块中单击 按钮清除以前选取的边界，然后单击 按钮，选取图 7-49 所示的串连补正的图形边界为挖槽边界，然后单击 按钮确定。

⑥ 其他加工参数采用默认设置，然后单击 按钮确定，系统自动生成粗加工挖槽加工刀具路径，然后在操作管理器窗口中单击 按钮进行模拟加工，结果如图 7-50 所示。

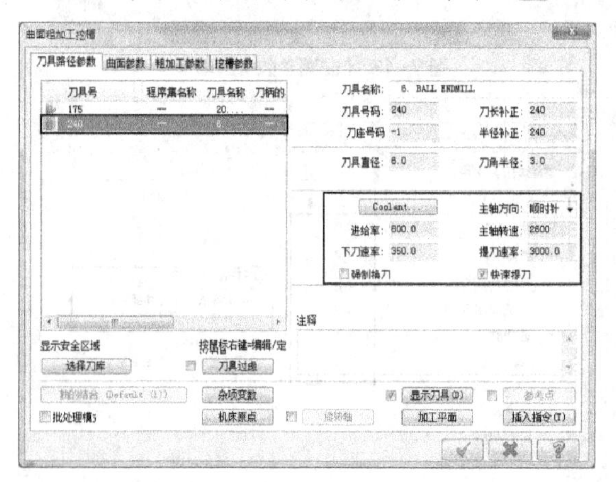

图 7-48 【刀具路径参数】选项卡　　　图 7-49 选取切削范围　　　图 7-50 粗加工挖槽加工

7.2 曲面精加工

根据机械加工的一般原理，毛坯材料首先通过粗加工方法切除大部分加工余量，然后选用适当的方法进行精加工。粗加工以加工效率为主要目标，而精加工则重点追求加工质量，合理的加工流程和正确的加工方法是加工质量的重要保障。

7.2.1 重点知识讲解

Mastercam X7 提供了 11 种曲面精加工方法，执行【刀具路径】/【曲面精加工】命令，即可打开图 7-51 所示的曲面精加工的子菜单。

精加工的部分加工方法与粗加工部分的加工方法名称相同，用法相似，只是具体的参数数量和设置参数值不同，具体情况如下。

P 精加工平行铣削
A 精加工平行陡斜面
R 精加工放射状
J 精加工投影加工
F 精加工流线加工
C 精加工等高外形
S 精加工浅平面加工
E 精加工交线清角加工
L 精加工残料加工
O 精加工环绕等距加工
B 精加工熔接加工

图 7-51　曲面精加工的基本方法

- 精加工平行铣削：刀具轨迹与 X 轴方向相同或倾斜一定角度、切痕平行。与粗加工不同的是由于精加工余量小，不存在分层切削问题。
- 精加工平行陡斜面：用于清除粗加工时残留在较陡斜坡上的余量。
- 精加工放射状：刀具路径围绕一个旋转中心向外成放射状发散。
- 精加工投影加工：将刀具路径或几何图形投影到指定表面上生成刀具路径。
- 精加工流线加工：一种沿着曲面的流线方向生成刀具路径的精加工方法。与平行铣削加工相似，但是加工质量更高。
- 精加工等高外形：刀具逐层去除材料，与粗加工中的等高外形加工内容基本一致。
- 精加工浅平面加工：一种加工平坦平面的方法，与陡斜面相对应。
- 精加工交线清角加工：用于清除曲面各交线交角部分加工余量的加工方法。
- 精加工残料加工：清除加工表面因为刀具或加工方法的原因而残留余量的加工方法。
- 精加工环绕等距加工：用于生成环绕曲面且等距的刀具路径。
- 精加工熔接加工：将曲面投影精加工中的两区曲线熔接独立成熔接加工。

7.2.2　实战演练——凸模零件的精加工

打开素材文件“第 7 章 \ 素材 \ 凸模零件精加工 .MCX-7”。

（1）创建曲面精加工等高外形加工刀具路径

① 执行【刀具路径】/【曲面精加工】/【精加工等高外形】命令，框选图 7-52 所示的曲面为等高外形加工面，按 Enter 键确定。

② 在【刀具路径的曲面选取】对话框中单击【切削范围】模块的按钮，选取图 7-53 所示凸模的矩形边界为切削边界，单击按钮确定。

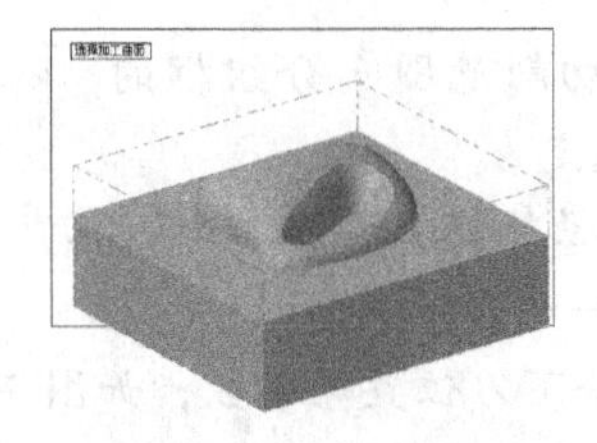

图 7-52　选取加工曲面

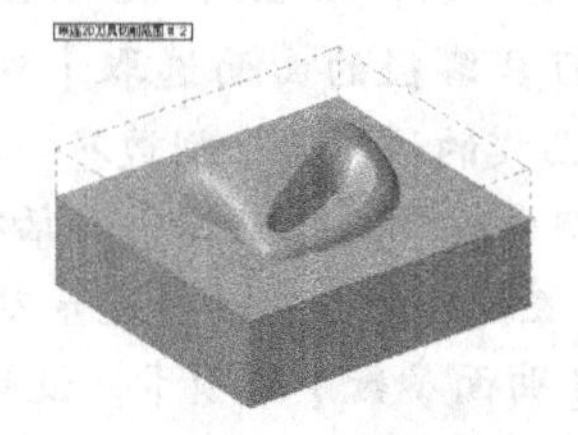

图 7-53　选取切削范围

③ 在【曲面精加工等高外形】对话框中的【刀具路径参数】选项卡中选取直径为 6 mm 的圆鼻刀，然后设置进给率、主轴转速等刀具参数，如图 7-54 所示。

④ 单击【曲面参数】选项卡，设置参考高度、进给下刀位置等参数，如图 7-55 所示。

⑤ 单击【等高外形精加工参数】选项卡，设置整体误差、切削方式等参数，如图 7-56 所示。

⑥ 单击按钮确定，系统自动生成精加工等高外形加工刀具路径，然后在操作管理器窗口中单击按钮进行模拟加工，结果如图 7-57 所示。

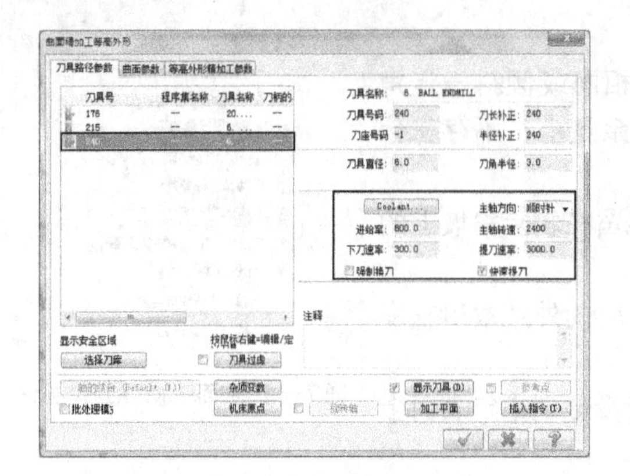

图 7-54 【刀具路径参数】选项卡

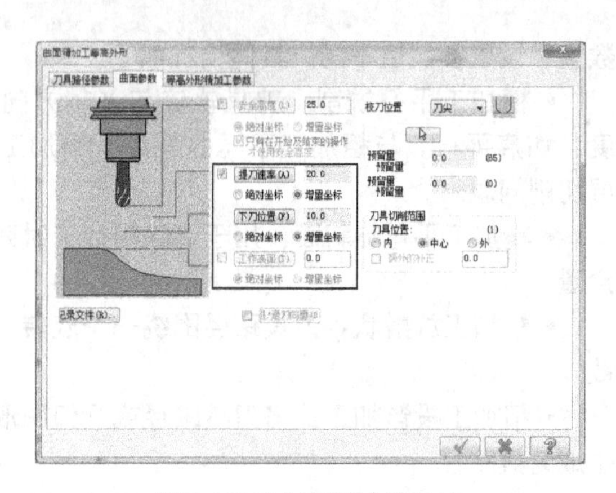

图 7-55 【曲面参数】选项卡

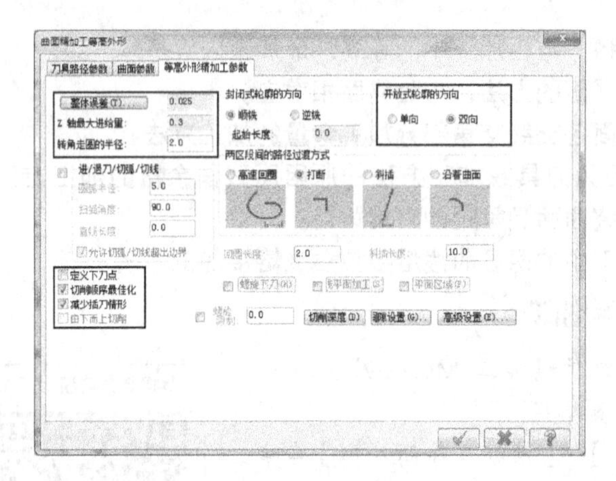

图 7-56 【等高外形精加工参数】选项卡

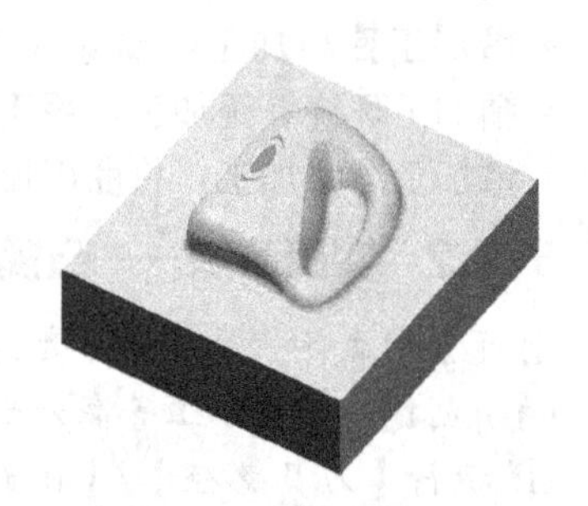

图 7-57 精加工等高外形加工

（2）创建曲面精加工浅平面加工刀具路径

① 执行【刀具路径】/【曲面精加工】/【精加工浅平面加工】命令，框选图 7-52 所示的曲面为浅平面加工面，按 Enter 键确定。

② 在【刀具路径的曲面选取】对话框中单击【切削范围】分组框的按钮，选取图 7-53 所示凸模的边界为切削边界，单击按钮确定。

③ 在【曲面精加工浅平面】对话框中的【刀具路径参数】选项卡中选取直径为 6 mm 的球刀，然后设置进给率、主轴转速等刀具参数，如图 7-58 所示。

④ 单击【曲面参数】选项卡，设置参考高度、进给下刀位置等参数，如图 7-59 所示。

⑤ 单击【浅平面精加工参数】选项卡，设置整体误差、切削方式等参数，如图 7-60 所示。

⑥ 单击按钮确定，系统自动生成精加工浅平面加工刀具路径，然后在操作管理器窗口中单击按钮进行模拟加工，结果如图 7-61 所示。

凸模零件的精加工 2

（3）创建曲面精加工残料加工刀具路径

① 执行【刀具路径】/【曲面精加工】/【精加工残料加工】命令，框选图 7-52 所示的曲面为残料加工面，按 Enter 键确定。

② 在【刀具路径的曲面选取】对话框中单击【切削范围】分组框的按钮，选取图 7-53 所示凸模的边界为切削边界，单击按钮确定。

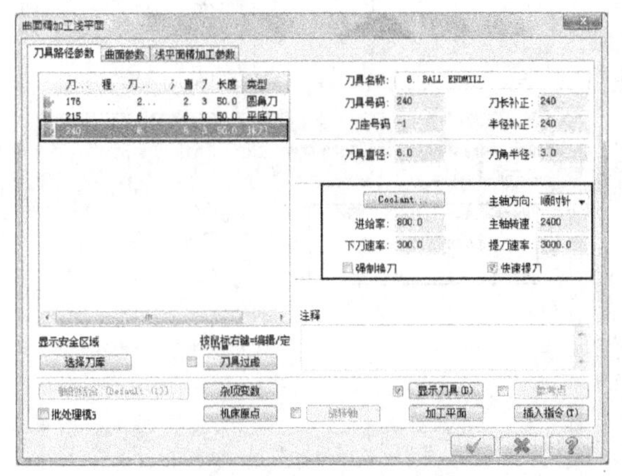

图7-58 【刀具路径参数】选项卡

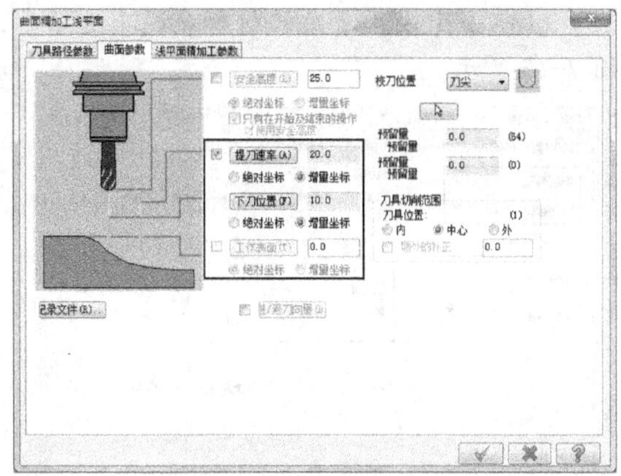

图7-59 【曲面参数】选项卡

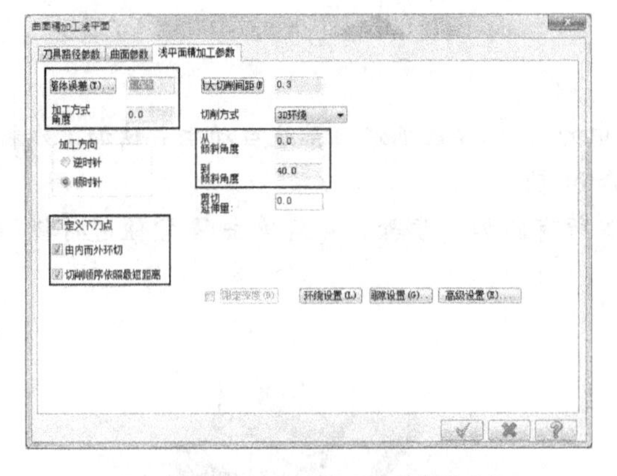

图7-60 【浅平面精加工参数】选项卡

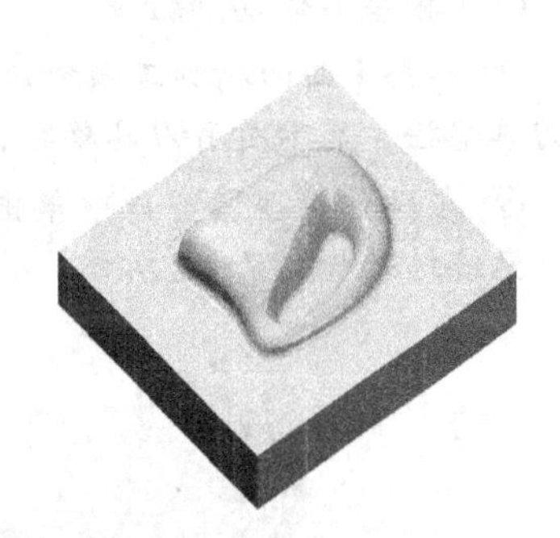

图7-61　精加工浅平面加工

③ 在【曲面精加工残料清角】对话框中的【刀具路径参数】选项卡中选取直径为6 mm的平底刀，然后设置进给率、主轴转速等刀具参数，如图7-62所示。

④ 单击【曲面参数】选项卡，设置参考高度、进给下刀位置等参数，如图7-63所示。

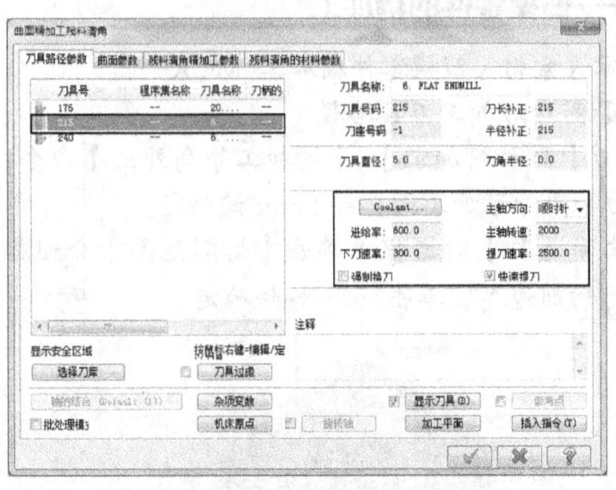

图7-62 【刀具路径参数】选项卡

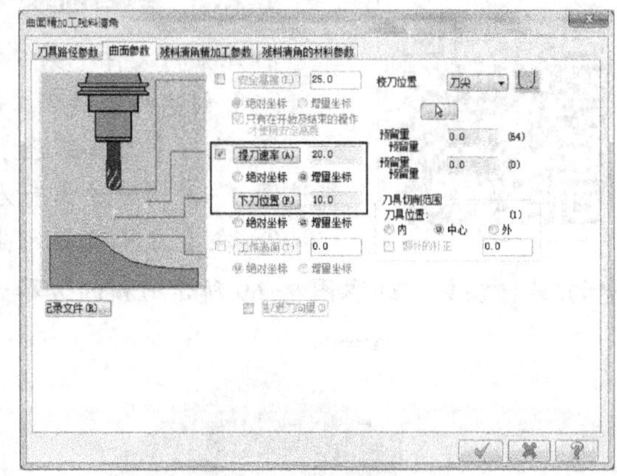

图7-63 【曲面参数】选项卡

⑤ 单击【残料清角精加工参数】选项卡，设置整体误差、加工角度等参数，如图7-64所示。

⑥ 单击【残料清角的材料参数】选项卡，设置粗铣刀刀具直径、重叠距离等参数，如图 7-65 所示。

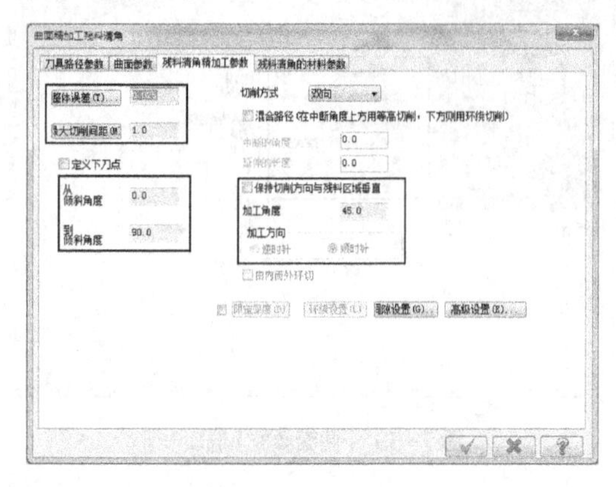

图 7-64 【残料清角精加工参数】选项卡

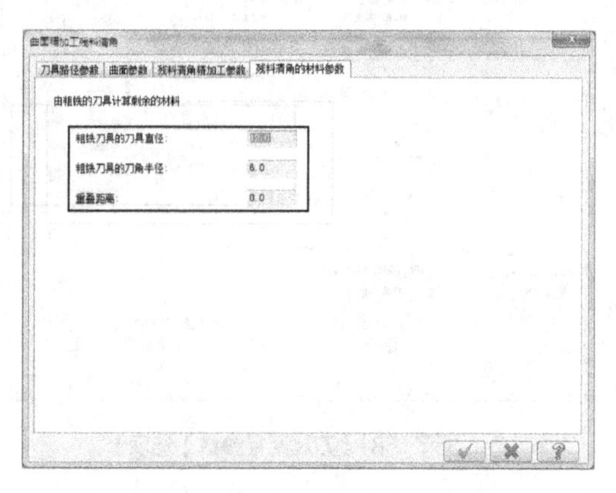

图 7-65 【残料清角的材料参数】选项卡

（4）模型实体切削验证

① 单击【曲面精加工残料清角】对话框中的 按钮确定，系统自动生成精加工残料加工刀具路径，显示所有刀具路径，结果如图 7-66 所示。

② 在操作管理器窗口中单击 按钮选取所有的加工步骤，然后单击 按钮进行模拟加工，最终结果如图 7-67 所示。

图 7-66 所有刀具路径

图 7-67 模拟加工

凹模零件的精加工

7.2.3 综合训练——凹模零件的精加工

打开素材文件“第 7 章 \ 素材 \ 凹模零件精加工 .MCX-7”。

（1）创建曲面精加工等高外形加工刀具路径

① 执行【刀具路径】/【曲面精加工】/【精加工等高外形】命令，框选图 7-68 所示的曲面为等高外形加工面，按 Enter 键确定。

② 在【刀具路径的曲面选取】对话框中单击【切削范围】分组框中的 按钮，选取图 7-69 所示凹模的边界为切削边界，单击 按钮确定。

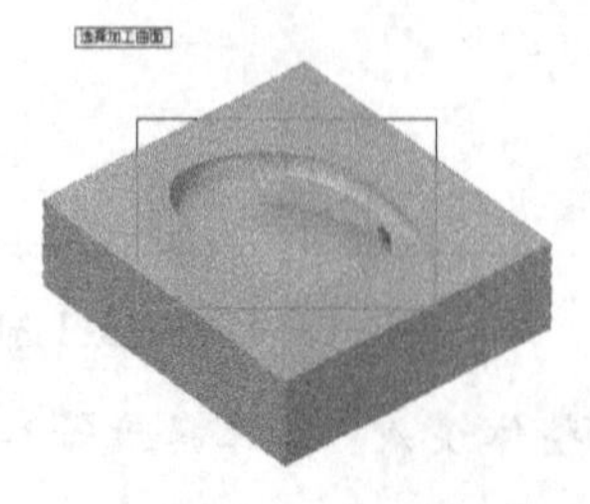

图 7-68 选取加工曲面

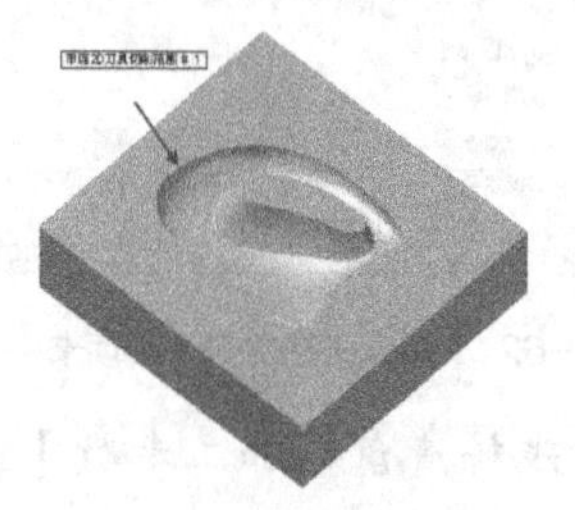

图 7-69 选取切削范围

③ 在【曲面精加工等高外形】对话框中的【刀具路径参数】选项卡中选取直径为 6 mm 的球刀，然后设置进给率、主轴转速等刀具参数，如图 7–70 所示。

④ 单击【曲面参数】选项卡，设置参考高度、进给下刀位置等参数，如图 7–71 所示。

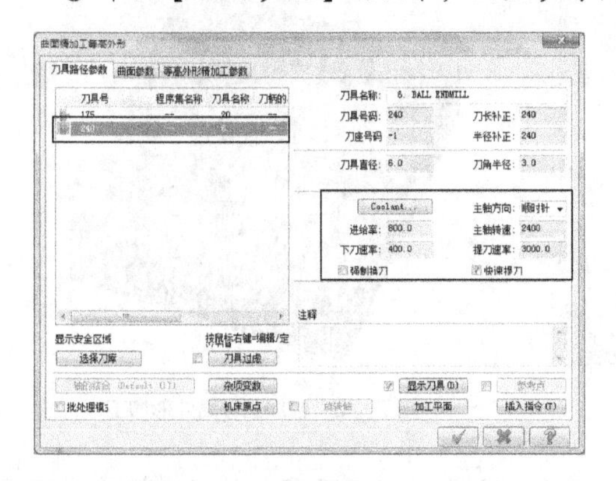

图 7–70 【刀具路径参数】选项卡

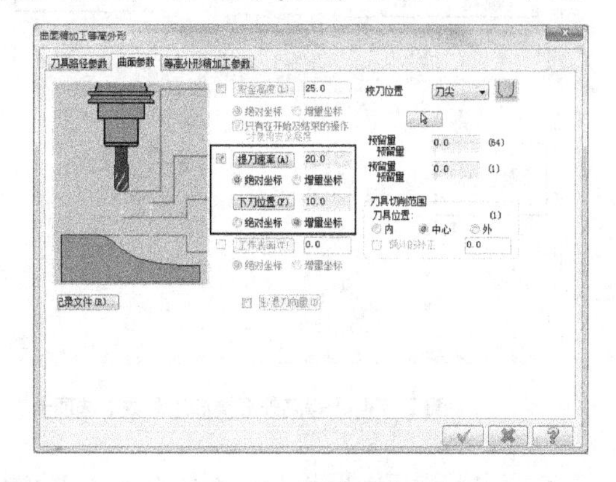

图 7–71 【曲面参数】选项卡

⑤ 单击 按钮，在弹出的【刀具路径的曲面选取】对话框中单击【干涉面】分组框中的 按钮，在绘图区选取图 7–72 所示的曲面为干涉面，然后按 Enter 键确定。

⑥ 系统弹出【刀具路径的曲面选取】对话框，在【切削范围】分组框中单击 按钮，选取图 7–73 所示的矩形边界为切削边界，然后按 Enter 键确定。

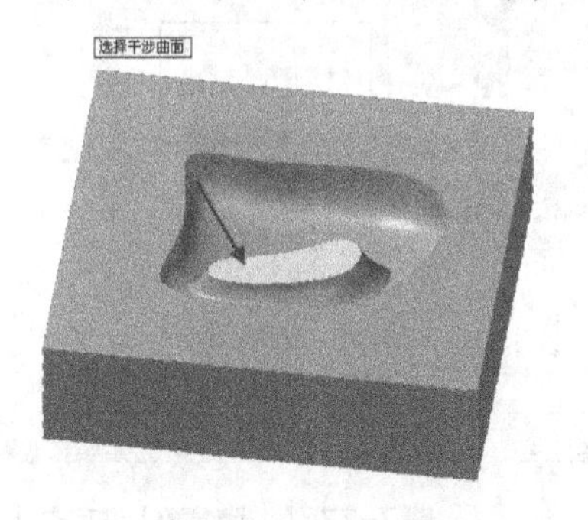

图 7–72　选取干涉面

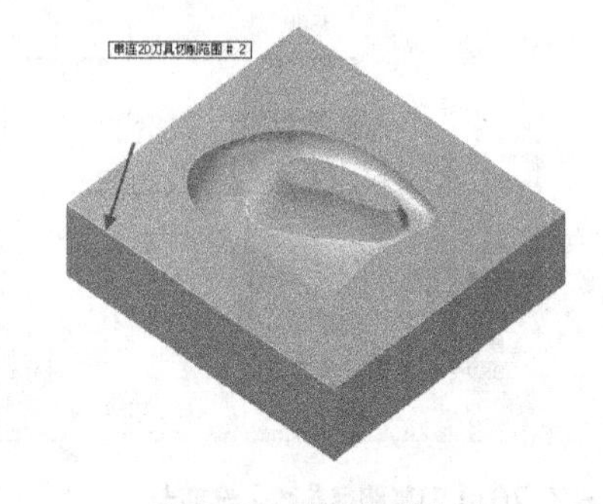

图 7–73　选取切削范围

⑦ 单击【等高外形精加工参数】选项卡，设置整体误差、切削方式等参数，如图 7–74 所示。

⑧ 单击 按钮确定，系统自动生成精加工等高外形加工刀具路径，然后在操作管理器窗口中单击 按钮进行模拟加工，结果如图 7–75 所示。

（2）创建曲面精加工平行铣削加工刀具路径

① 执行【刀具路径】/【曲面精加工】/【精加工平行铣削】命令，框选图 7–68 所示的曲面为平行铣削加工面，按 Enter 键确定。

② 在【刀具路径的曲面选取】对话框中单击【切削范围】分组框的 按钮，选取图 7–69 所示凹模的边界为切削边界，单击 按钮确定。

③ 在【曲面精加工平行铣削】对话框中的【刀具路径参数】选项卡中选取直径为 6 mm 的球刀，然后设置进给率、主轴转速等刀具参数，如图 7–76 所示。

④ 单击【曲面参数】选项卡，设置参考高度、进给下刀位置等参数，如图 7–77 所示。

⑤ 单击【精加工平行铣削参数】选项卡，然后设置最大切削间距、加工角度等参数，如图 7–78 所示。

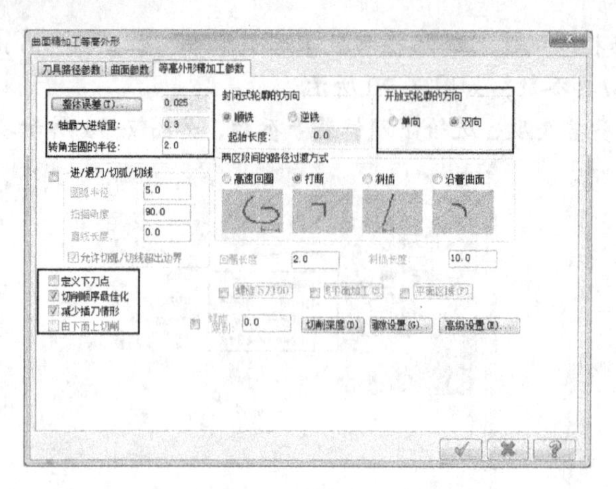

图 7-74 【等高外形精加工参数】选项卡

图 7-75 精加工等高外形加工

⑥ 单击 按钮确定，系统自动生成精加工平行铣削加工刀具路径，然后在操作管理器窗口中单击按钮进行模拟加工，结果如图 7-79 所示。

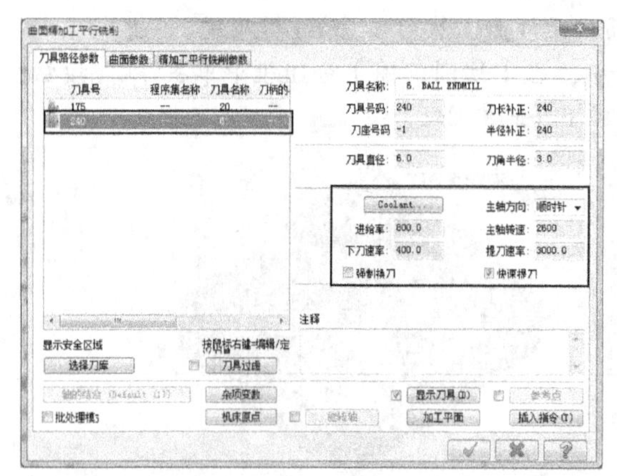

图 7-76 【刀具路径参数】选项卡

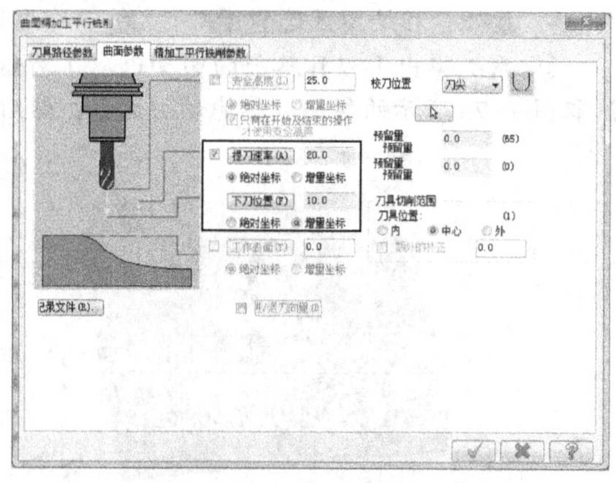

图 7-77 【曲面参数】选项卡

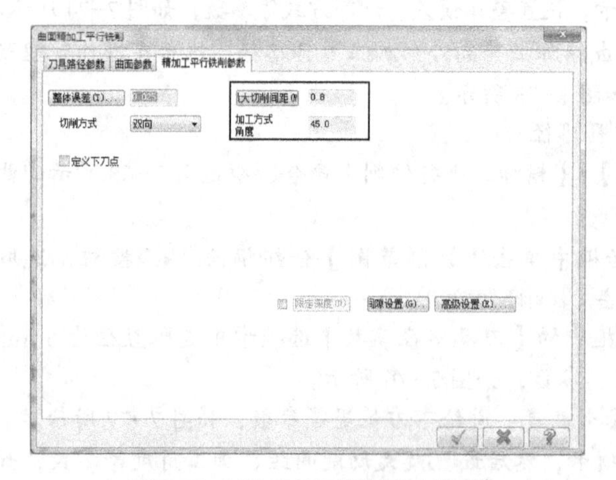

图 7-78 【精加工平行铣削参数】选项卡

图 7-79 精加工平行铣削加工

7.3 曲面综合加工实例

三维曲面加工综合案例的应用，是对上述知识的总结和巩固，同时讲述如何将多个加工方法运用到一个零件的加工中，使其高效、高质量完成加工任务。

7.3.1　综合应用 1——加工注塑模具下模架

注塑产品遍及生活的各个角落，其模具质量的高低直接影响产品的寿命以及使用效果。图 7-80 所示为注塑模具的一个下模架，也是典型曲面模具的一种类型，本案例综合了各种曲面加工方法，是学习曲面加工的实战演练。

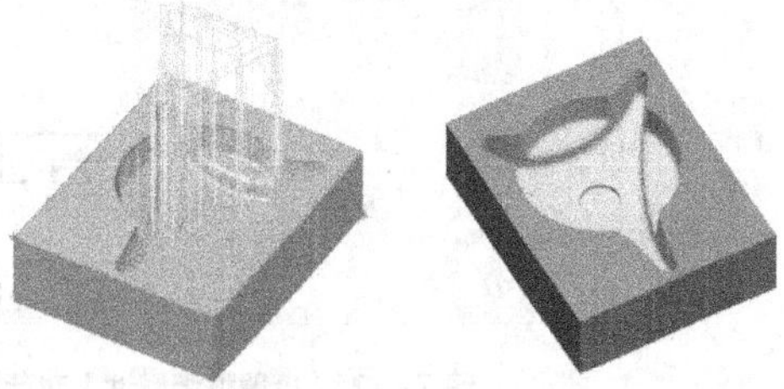

图 7-80　注塑模具下模架

1. 涉及的应用工具

对于注塑模具下模架适于采用挖槽和残料粗加工进行开粗，然后运用等高外形、环绕等距精加工进行半精加工，最后用浅平面精加工和残料清角加工进行精修处理。

（1）设置毛坯参数。

（2）分别用直径为 10 mm 的平底刀和圆鼻刀采用挖槽粗加工进行开粗。

（3）用直径为 5 mm 的平底刀分别采用精加工浅平面加工和等高外形加工进行半精加工。

（4）用直径为 4 mm 的圆鼻刀采用粗加工残料加工进行微小位置二次开粗。

（5）用直径为 4 mm 的圆鼻刀采用精加工环绕等距加工和交线清角加工进行模具的精修。

（6）实体切削验证，检查加工参数的正确性。

2. 操作步骤概况

操作步骤概况，如图 7-81 示。

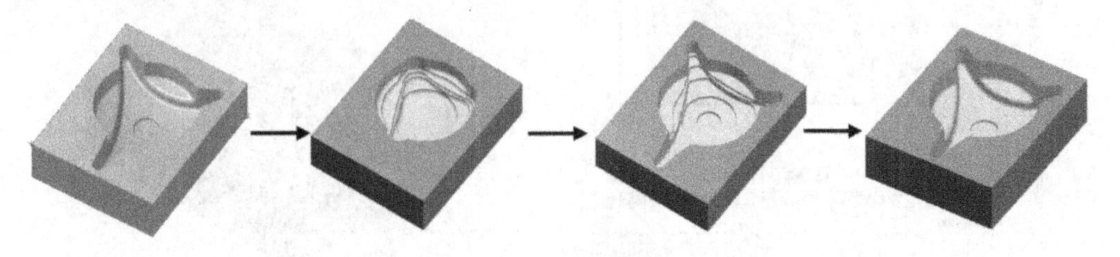

图 7-81　操作步骤

3. 加工注塑模具下模架

（1）设置毛坯

① 打开素材文件“第 7 章 \ 素材 \ 注塑模具下模架 .MCX-7”。

② 执行【机床类型】/【铣床】/【默认】命令，进入铣削加工模组。

③ 在操作管理器中的【属性 -Generic Mill】选项中单击【材料设置】选项，系统弹出图 7-82 所示的【机器群组属性】对话框。

④ 单击【机器群组属性】对话框中的 B边界盒 按钮，系统弹出图 7-83 所示的【边界盒选项】对话框，单击 ✓ 按钮确定。

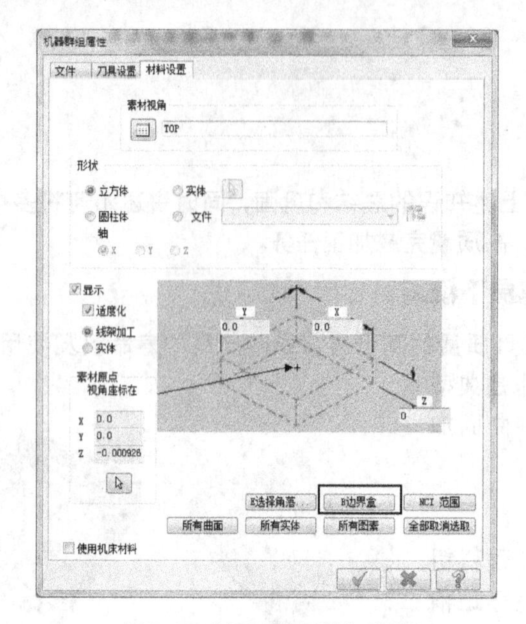

图 7-82 【机器群组属性】对话框

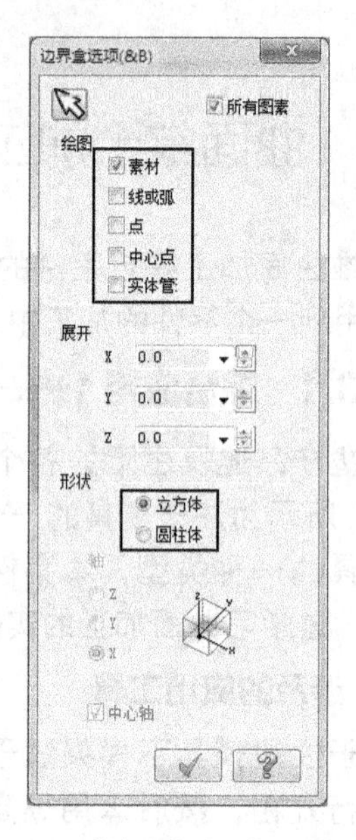

图 7-83 【边界盒选项】对话框

⑤ 系统自动设置图 7-84 所示边界盒特征参数，单击 按钮确定，结果如图 7-85 所示。

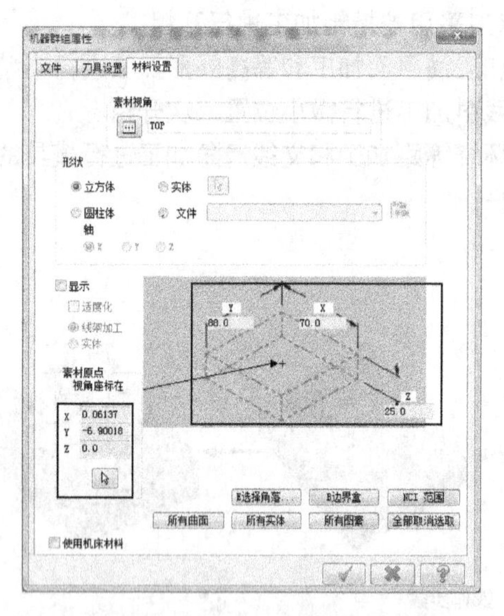

图 7-84 【机器群组属性】对话框

图 7-85 毛坯设置

（2）设置刀具

① 执行【刀具路径】/【刀具管理器】命令，系统弹出【刀具管理】对话框。

② 在【刀具管理】对话框中依次选取以下刀具，结果如图 7-86 所示，然后单击 按钮确定。

- 1 号刀具：直径为 10 mm 的圆鼻刀。
- 2 号刀具：直径为 5 mm 的圆鼻刀。
- 3 号刀具：直径为 4 mm 的圆鼻刀。
- 4 号刀具：直径为 4 mm 的球刀。

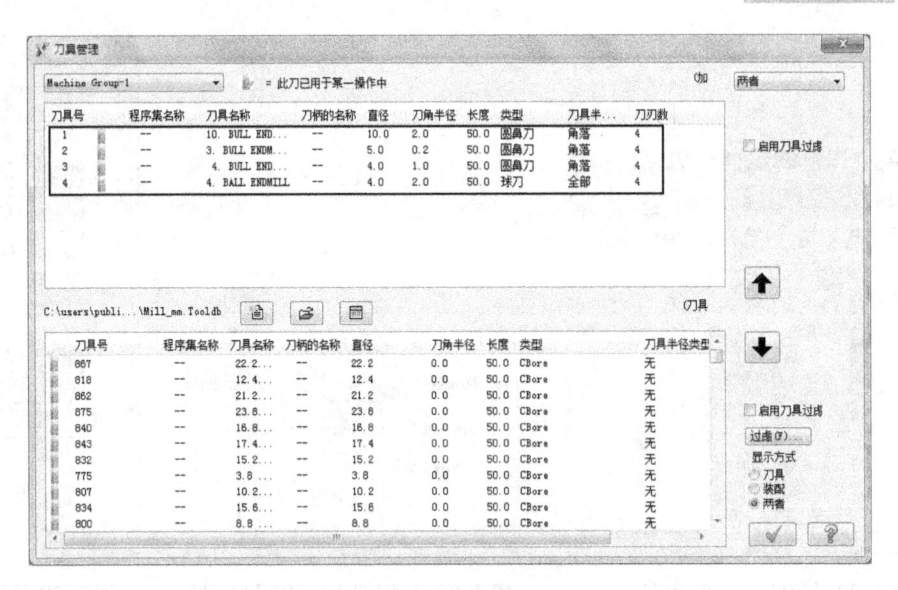

图 7-86 【刀具管理】对话框

要点提示

在【刀具管理】对话框中选取刀具后，其刀具的编号可能不是所需要的编号，此时在选中某一刀具的情况下单击鼠标右键，然后在快捷菜单中选取【编辑刀具】选项，如图 7-87 所示，系统弹出图 7-88 所示的【定义刀具】对话框，在该对话框中编辑刀具参数。

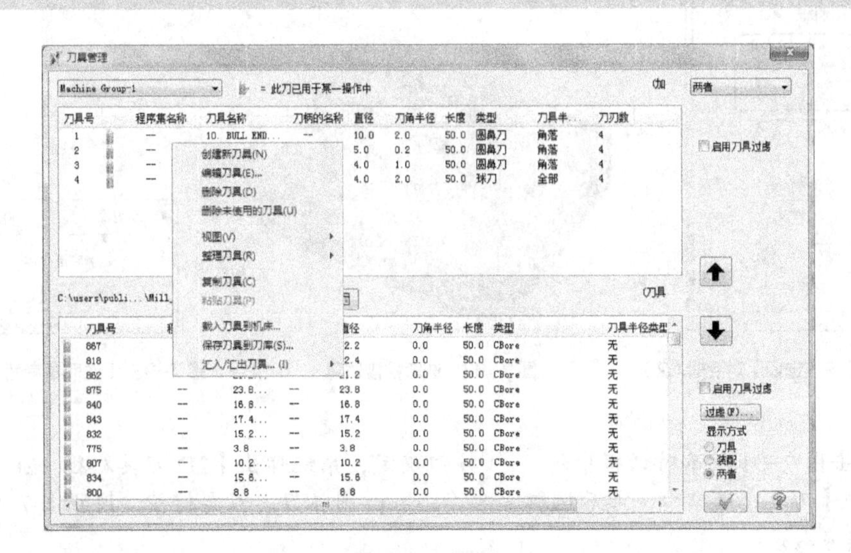

图 7-87　编辑刀具

（3）创建挖槽加工特征

① 执行【刀具路径】/【2D 挖槽】命令，系统弹出图 7-89 所示的【输入新 NC 名称】对话框。

② 在【输入新 NC 名称】对话框中输入 NC 名称后，单击 [✓] 按钮确定。

③ 在图 7-90 所示的【串连选项】对话框中单击 [ ] 按钮，使 [ ] 和 [ ] 按钮处于按下状态，结果如图 7-91 所示。

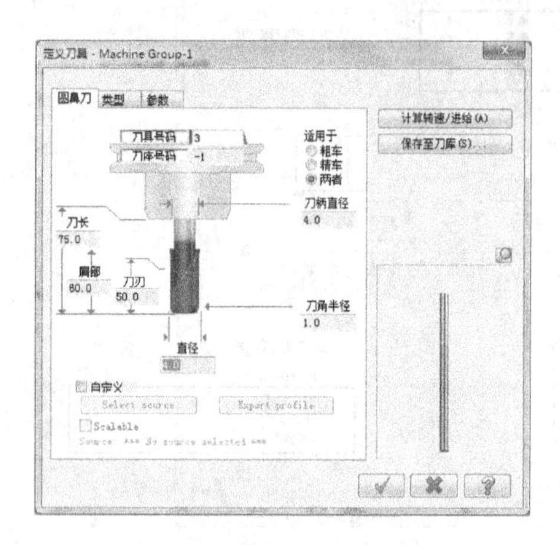

图 7-88 【定义刀具】对话框

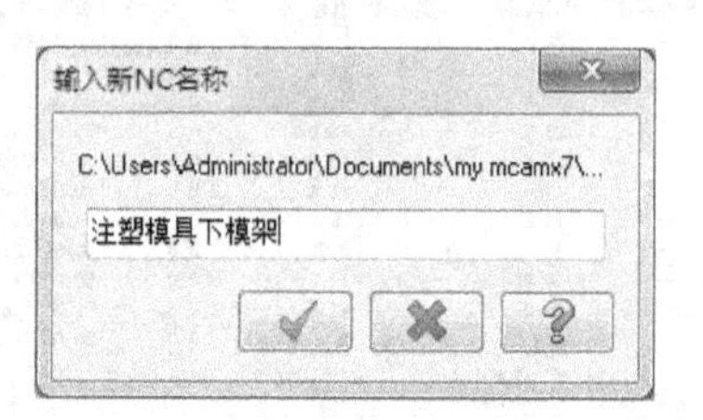

图 7-89 【输入新 NC 名称】对话框

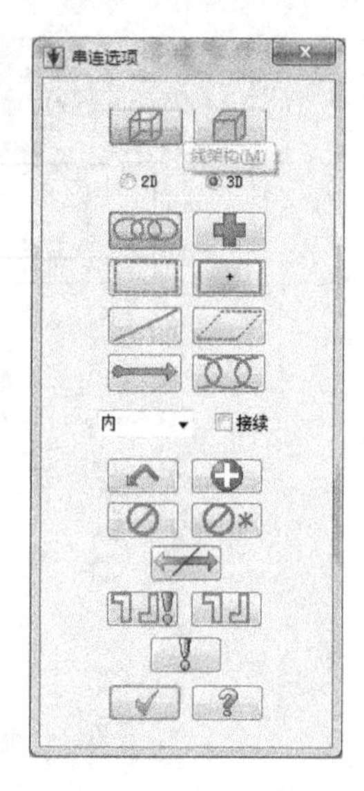

图 7-90 【串连选项】对话框（1）

④ 选取图 7-92 所示的边作为挖槽边界，系统弹出图 7-93 所示的【选取参考面】对话框，单击 按钮确定。

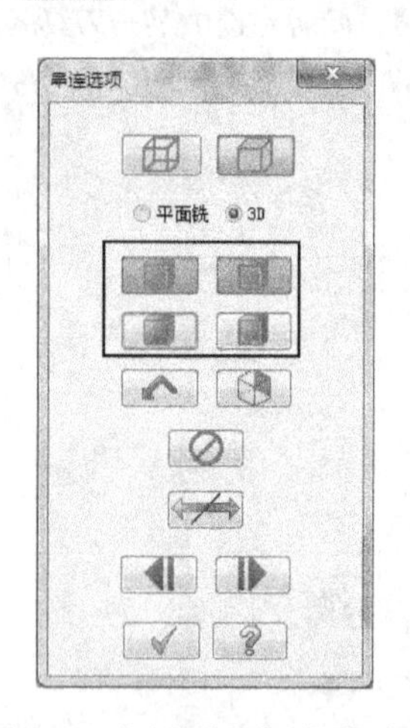

图 7-91 【串连选项】对话框（2）

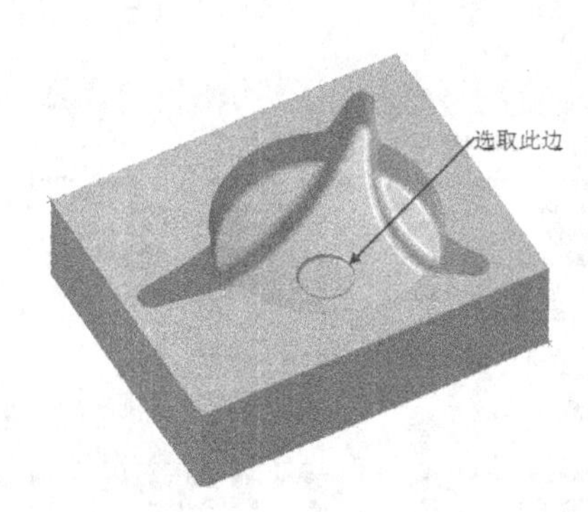

图 7-92 选取挖槽边界

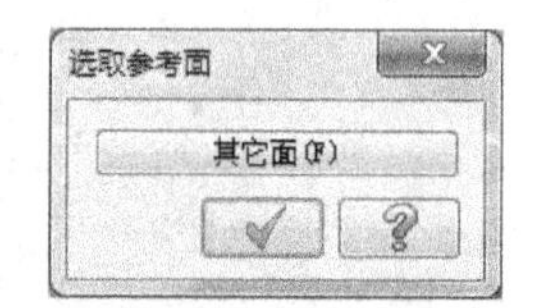

图 7-93 【选取参考面】对话框

⑤ 单击图 7-91 所示对话框中的 按钮确定，系统弹出【2D 刀具路径 -2D 挖槽】对话框，单击【刀具】选项卡，然后选取 1 号（10 mm 圆鼻刀）刀具挖槽，按照图 7-94 所示设置挖槽刀具参数。

⑥ 单击【切削参数】选项卡，按照图 7-95 所示设置切削参数。

⑦ 单击【粗加工】选项卡，按照图 7-96 所示设置粗加工参数。

⑧ 单击【深度切削】选项卡，勾选【深度切削】复选项，然后按照图 7-97 所示设置深度切削参数。

⑨ 单击【共同参数】选项卡，按照图 7-98 所示设置挖槽加工共同参数，单击 按钮确定，系统自动生成图 7-99 所示的 2D 挖槽刀具路径。

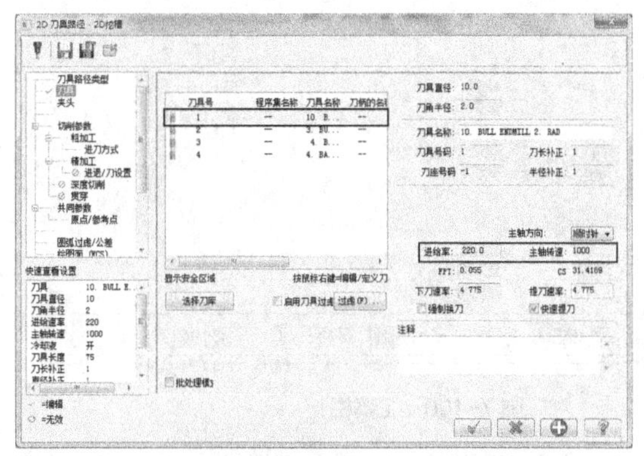

图7-94 【刀具】选项卡

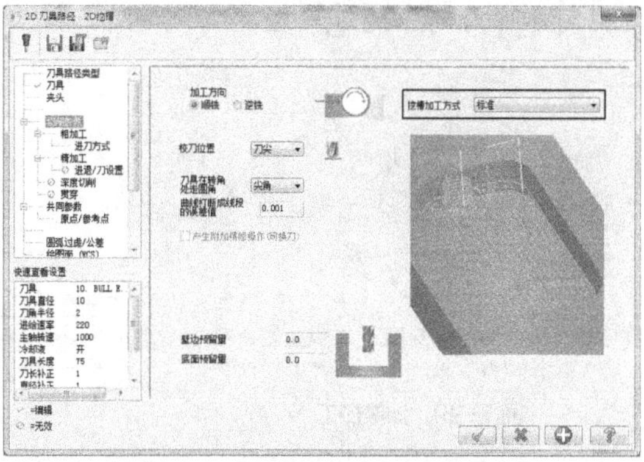

图7-95 【切削参数】选项卡

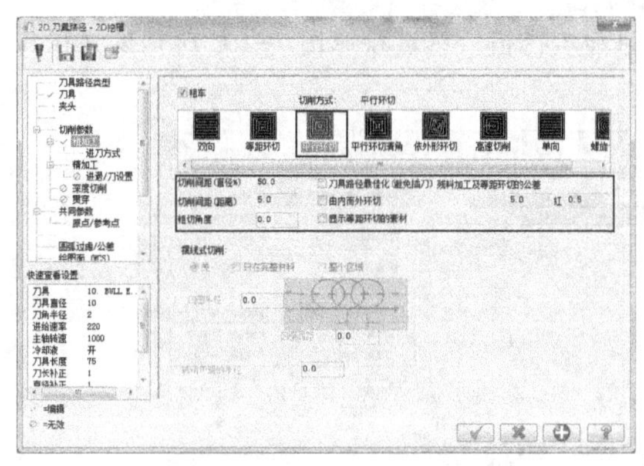

图7-96 【粗加工】选项卡

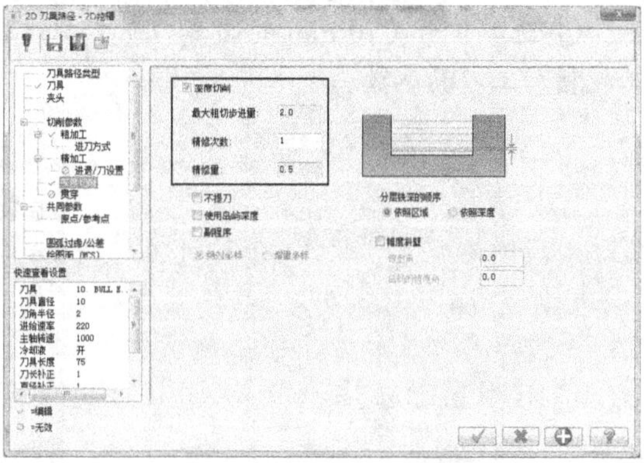

图7-97 【深度切削】选项卡

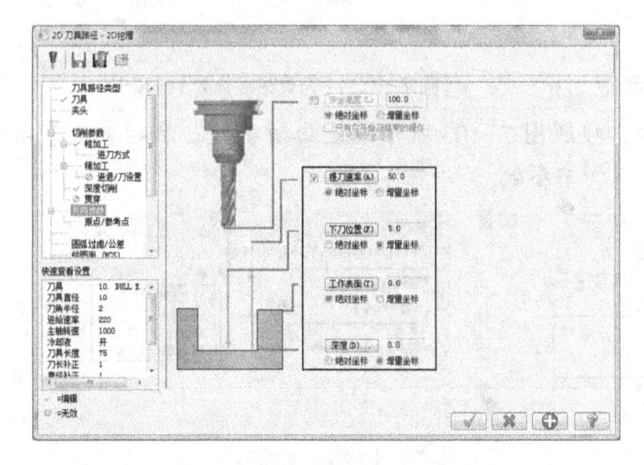

图7-98 【共同参数】选项卡

注塑模具下模架的加工2

要点提示

在操作管理器中选择加工模组后，单击其上面的≋按钮，可以取消刀具路径的显示，而单击≋按钮可以重新显示刀具路径。

（4）创建粗加工挖槽加工特征

① 执行【刀具路径】/【曲面粗加工】/【粗加工挖槽加工】命令，系统提示 选择加工曲面 ，

单击图 7-100 所示的按钮。

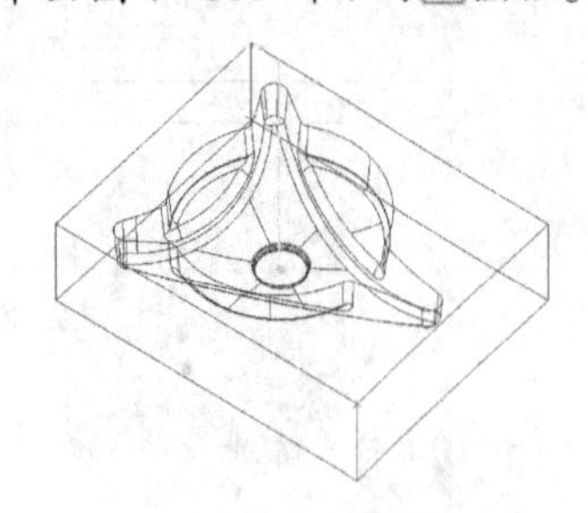

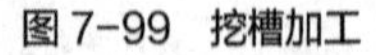

图 7-99 挖槽加工　　图 7-100 工具栏

② 单击实体的任一位置，选中整个实体，然后单击按钮，系统弹出图 7-101 所示的【刀具路径的曲面选取】对话框，单击按钮确定。

③ 选取 1 号（10 mm 的圆鼻刀）刀具进行粗加工挖槽，然后按照图 7-102 所示设置粗加工挖槽加工刀具参数。

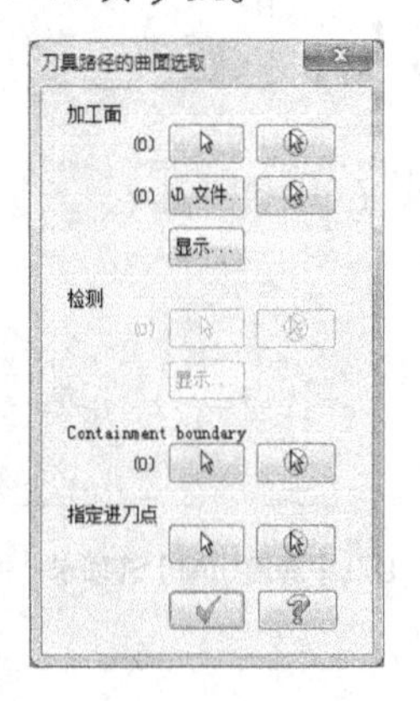

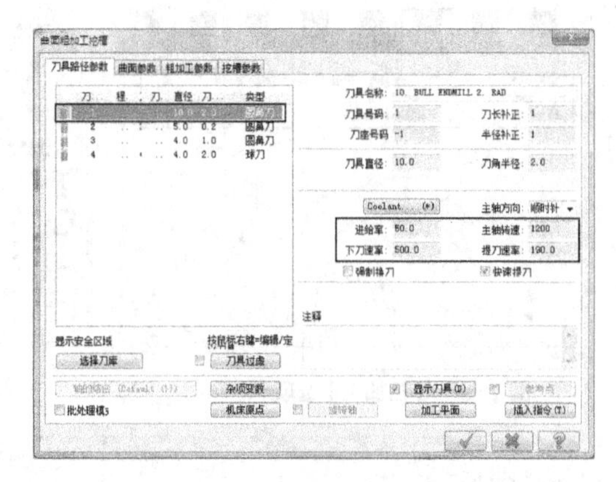

图 7-101 【刀具路径的曲面选取】对话框　　图 7-102 【刀具路径参数】选项卡

④ 单击【曲面参数】选项卡，按照图 7-103 所示设置曲面参数，然后单击【粗加工参数】选项卡，按照图 7-104 所示设置粗加工参数。

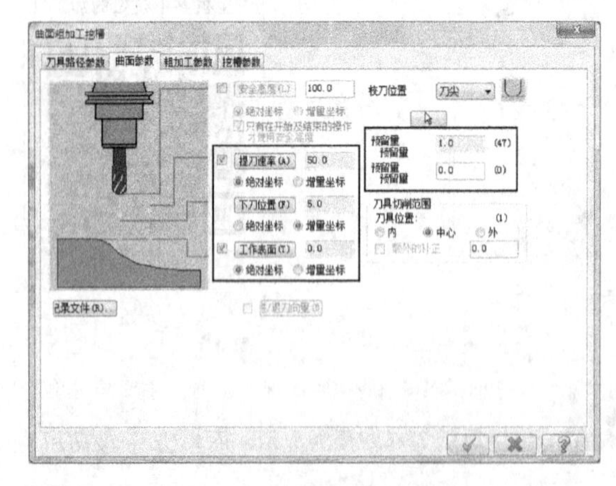

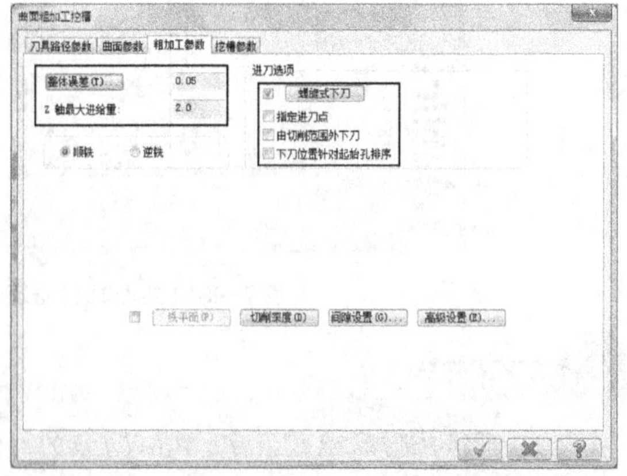

图 7-103 【曲面参数】选项卡　　图 7-104 【粗加工参数】选项卡

⑤ 单击【粗加工参数】选项卡中的 螺旋式下刀 按钮，按照图 7-105 所示设置螺旋式下刀参数，单击按钮确定。

⑥ 单击 切削深度(D) 按钮，按照图 7-106 所示设置切削深度参数，单击 ✓ 按钮确定。

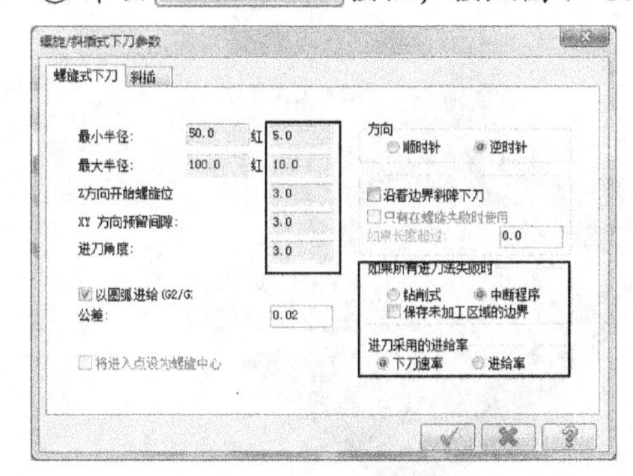

图 7-105 【螺旋 / 斜插式下刀参数】对话框

图 7-106 【切削深度设置】对话框

⑦ 单击【挖槽参数】选项卡，按照图 7-107 所示设置挖槽参数，单击 ✓ 按钮确定，系统自动生成图 7-108 所示的挖槽加工刀具路径。

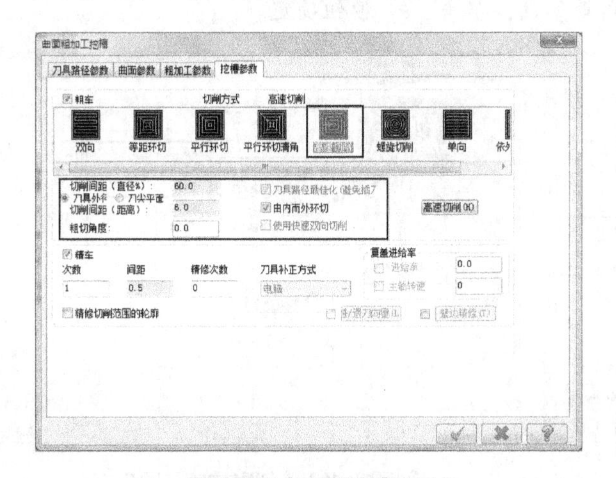

图 7-107 【挖槽参数】选项卡

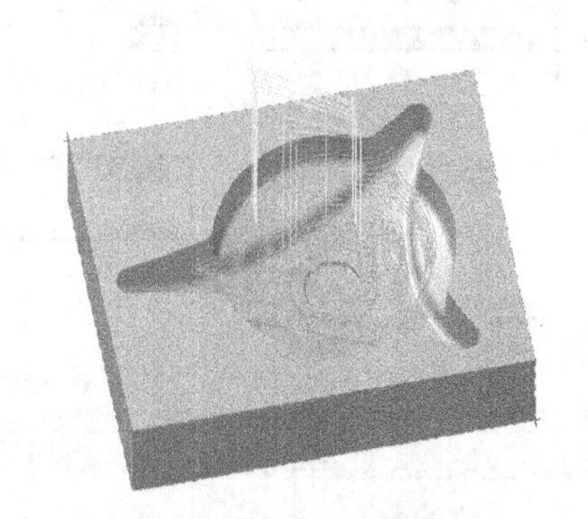

图 7-108 挖槽粗加工

（5）创建等高外形精加工特征

① 执行【刀具路径】/【曲面精加工】/【精加工等高外形】命令，系统提示 选择加工曲面 ，单击图 7-109 所示的 按钮。

图 7-109 工具栏

② 单击实体的任一位置，选中整个实体，然后单击 按钮，系统弹出图 7-110 所示的【刀具路径的曲面选取】对话框。

③ 单击【刀具路径的曲面选取】对话框中【切削范围】分组框中的 按钮，选取图 7-111 所示的实体边，然后单击【选取参考面】对话框中的 ✓ 按钮确定，单击【刀具路径的曲面选取】对话框中的 ✓ 按钮完成操作。

④ 选取 2 号（5 mm 的圆鼻刀）刀具进行精加工等高外形加工，然后按照图 7-112 所示设置精加工等高外形加工刀具参数。

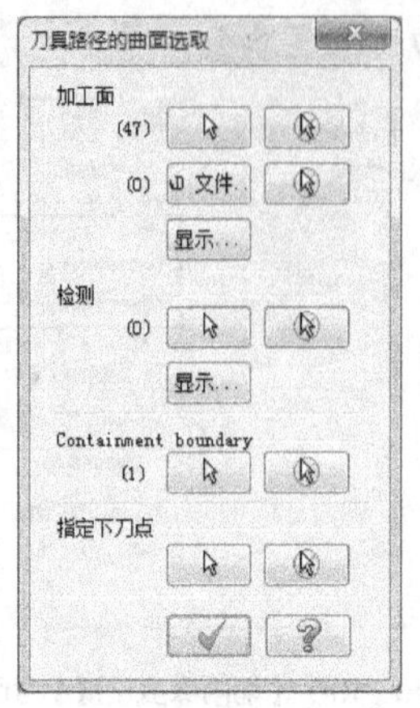

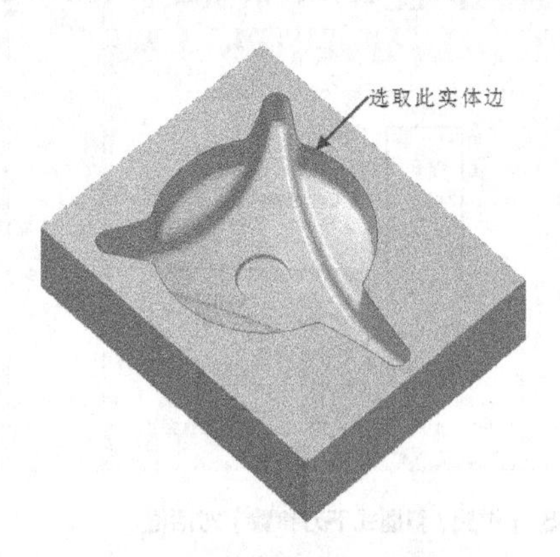

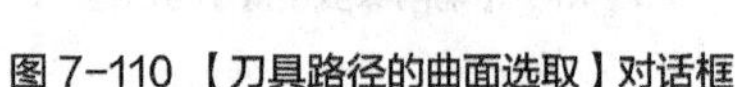

图 7-110 【刀具路径的曲面选取】对话框　　　　图 7-111 选取等高外形加工边界

⑤ 单击【曲面参数】选项卡，按照图 7-113 所示设置曲面加工参数，然后单击 进/退刀向量 按钮，按照图 7-114 所示设置进 / 退刀向量参数，单击 ✓ 按钮确定。

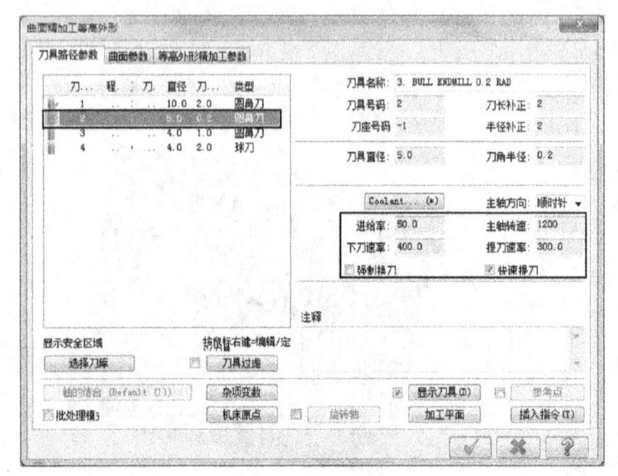

图 7-112 【刀具路径参数】选项卡　　　　图 7-113 【曲面参数】选项卡

⑥ 单击【等高外形精加工参数】选项卡，按照图 7-115 所示设置等高外形精加工参数，然后单击 切削深度 按钮，按照图 7-116 所示设置切削深度参数，单击 ✓ 按钮确定。

⑦ 单击图 7-115 所示对话框中的 ✓ 按钮确定，系统自动生成图 7-117 所示的等高外形精加工刀具路径。

（6）创建浅平面精加工特征

① 执行【刀具路径】/【曲面精加工】/【精加工浅平面加工】命令，系统提示 选择加工曲面，单击图 7-118 所示的 按钮。

② 单击实体的任一位置，选中整个实体，然后单击 按钮，系统弹出图 7-119 所示的【刀具路径的曲面选取】对话框。

③ 单击【刀具路径的曲面选取】对话框中【切削范围】分组框中的 按钮，系统弹出图 7-120 所示的【串连选项】对话框，单击 按钮，然后选取图 7-121 所示的点，单击 ✓ 按钮确定。

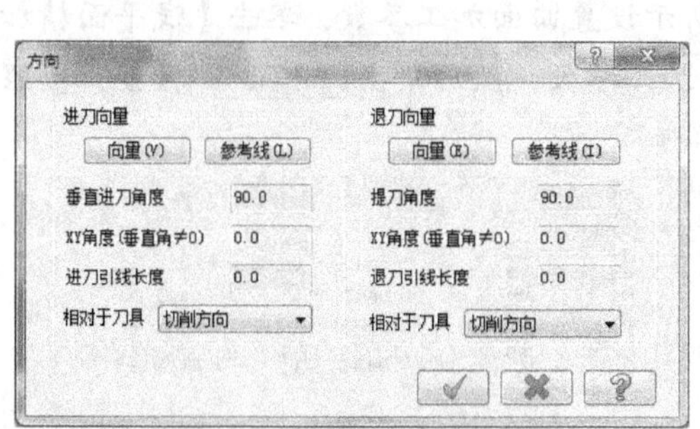

图 7-114 【方向】对话框

图 7-115 【等高外形精加工参数】选项卡

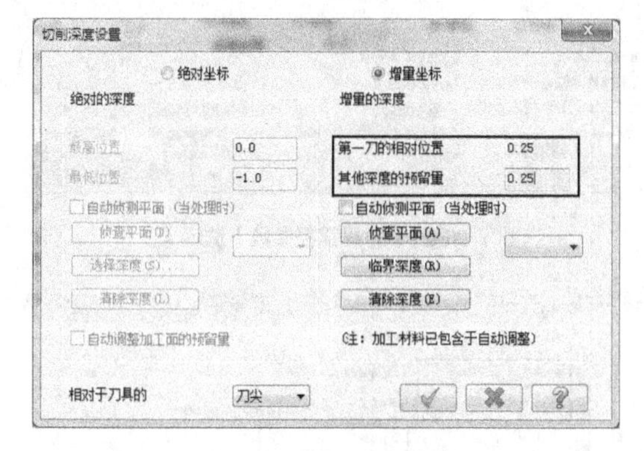

图 7-116 【切削深度设置】对话框

图 7-117　等高外形精加工

图 7-118　工具栏

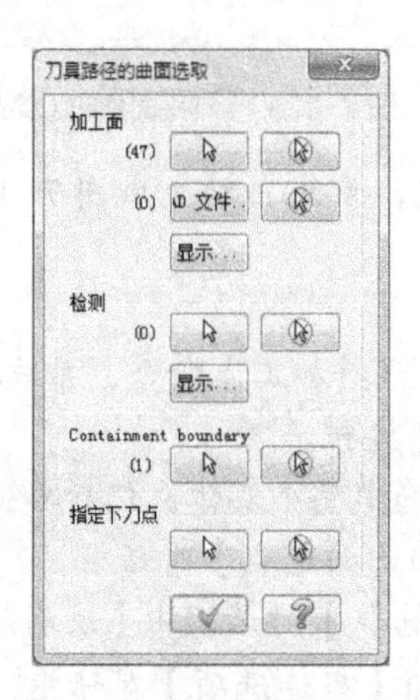

图 7-119 【刀具路径的曲面选取】对话框

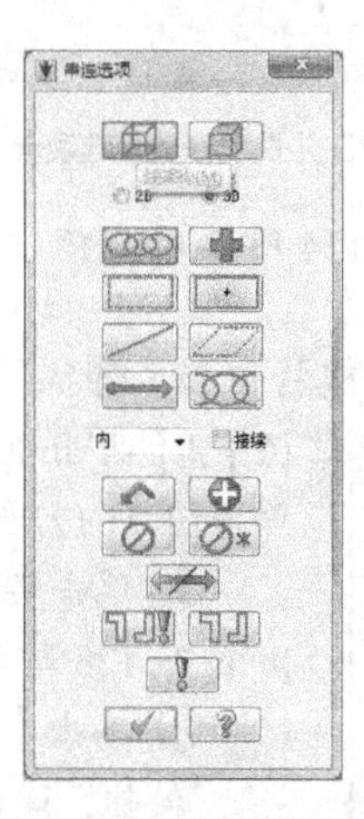

图 7-120 【串连选项】对话框

④ 单击【刀具路径的曲面选取】对话框中的 ✓ 按钮完成操作，在弹出的【曲面精加工浅平面】对话框中选取2号（5 mm的圆鼻刀）刀具进行浅平面精加工，并按图7-122所示设置浅平面精加工刀具参数。

⑤ 单击【曲面参数】选项卡，按照图7-123所示设置曲面加工参数，单击【浅平面精加工参数】选项卡，按照图7-124所示设置浅平面精加工参数，然后单击 限定深度(D) 按钮，按照图7-125所示设置限定深度参数，并单击 ✓ 按钮确定。

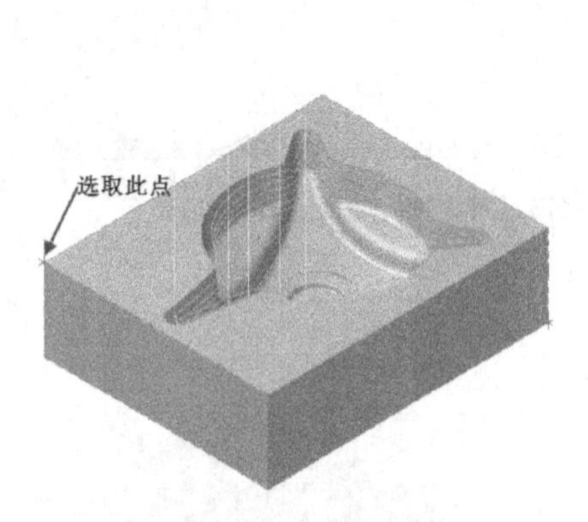

图7-121 选取切削范围

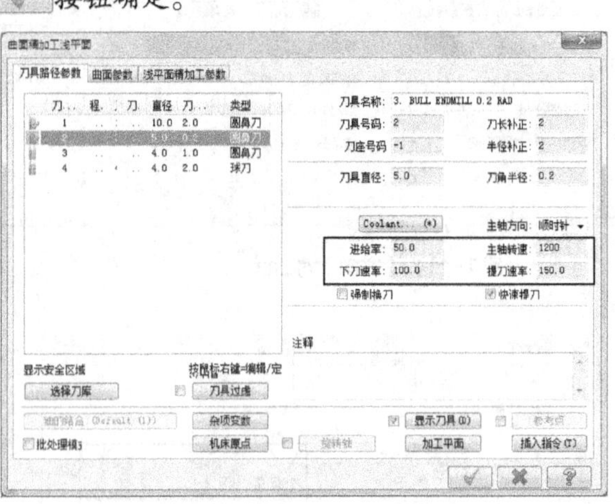

图7-122 【刀具路径参数】选项卡

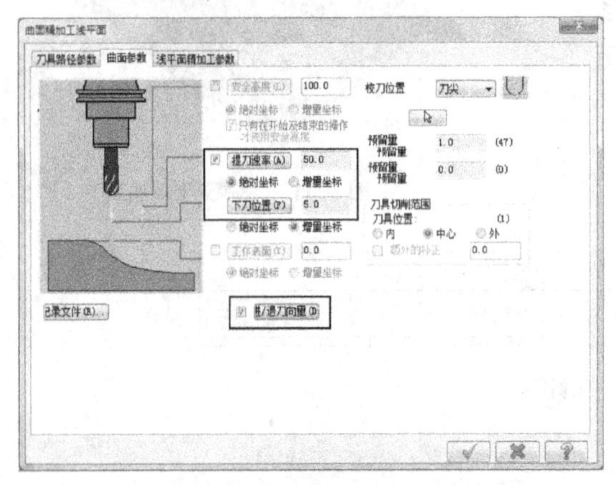

图7-123 【曲面参数】选项卡

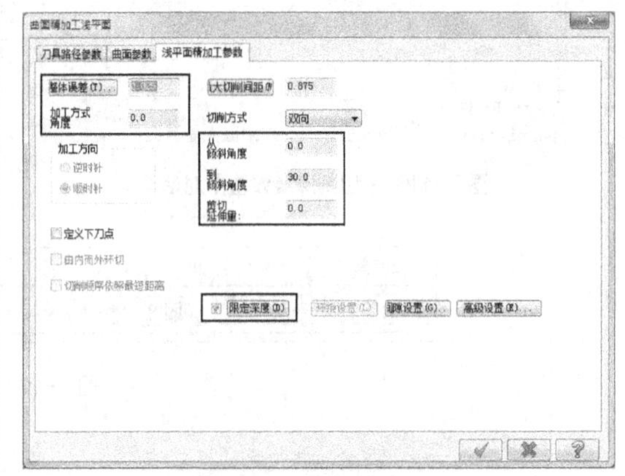

图7-124 【浅平面精加工参数】选项卡

⑥ 单击图7-124所示对话框中的 ✓ 按钮确定，系统自动生成图7-126所示的浅平面精加工刀具路径。

（7）创建曲面残料粗加工特征

① 执行【刀具路径】/【曲面粗加工】/【粗加工残料加工】命令，系统提示 选择加工曲面 ，单击图7-127所示工具条中的按钮。

注塑模具下模架的加工3

② 单击实体的任一位置，选中整个实体，然后单击按钮，系统弹出图7-128所示的【刀具路径的曲面选取】对话框。

③ 单击【刀具路径的曲面选取】对话框中【切削范围】分组框中的按钮，弹出图7-129所示的【串连选项】对话框，单击对话框中的按钮，然后选取图7-131所示的点，单击图7-130所示对话框中

的 ✓ 按钮确定。

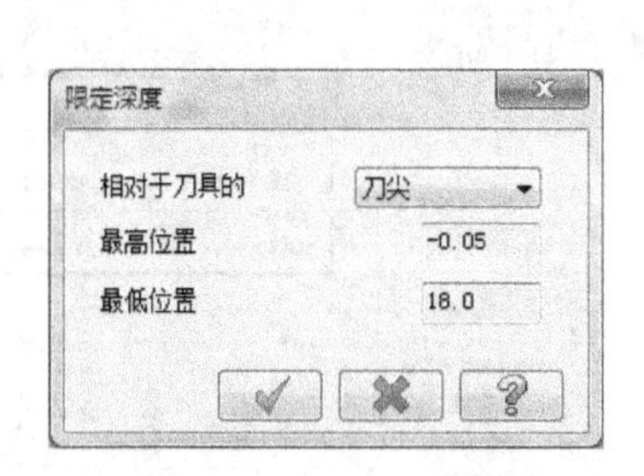

图 7-125 【限定深度】对话框

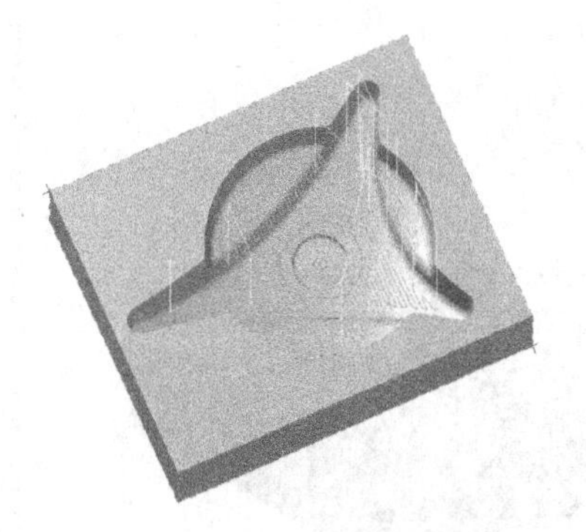

图 7-126　浅平面精加工刀具路径

图 7-127　工具栏

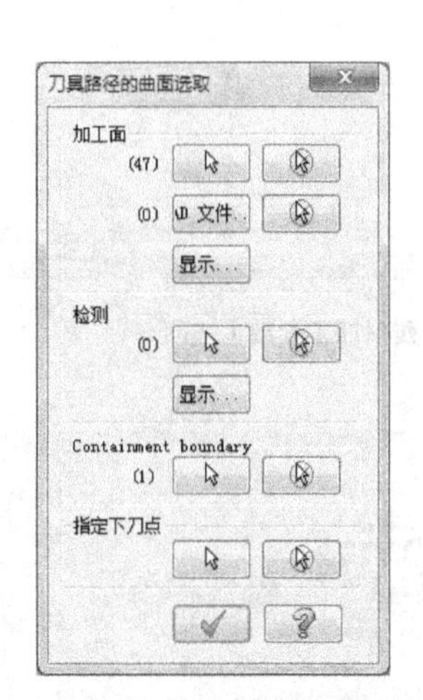

图 7-128 【刀具路径的曲面选取】对话框

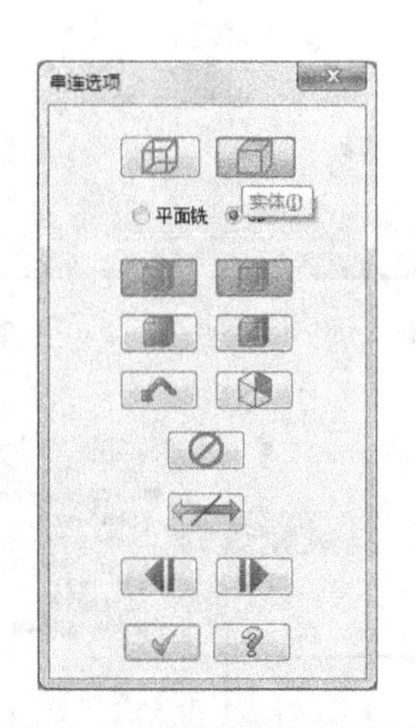

图 7-129 【串连选项】对话框（1）

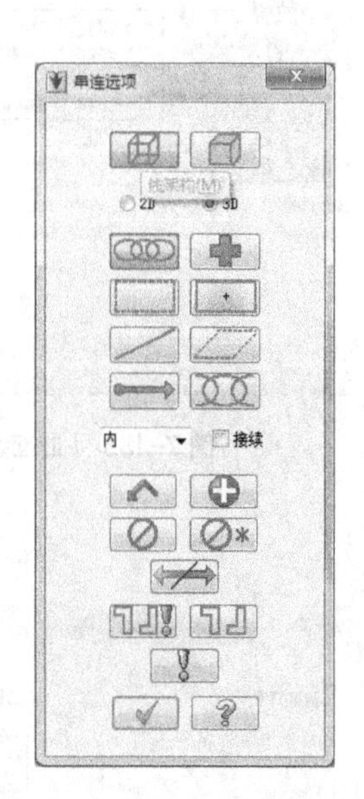

图 7-130 【串连选项】对话框（2）

④ 单击【刀具路径的曲面选取】对话框中的 ✓ 按钮完成操作，在弹出的【曲面残料粗加工】对话框中选取 3 号（4 mm 的圆鼻刀）对刀具进行残料粗加工，并按照图 7-132 所示设置残料粗加工刀具参数。

⑤ 单击【曲面参数】选项卡，按图 7-133 所示设置曲面加工参数，然后单击【残料加工参数】选项卡，按图 7-134 所示设置残料加工参数。

⑥ 单击【残料加工参数】选项卡中的 切削深度(D) 按钮，按照图 7-135 所示设置切削深度参数，并单击 ✓ 按钮确定。

⑦ 单击【剩余残料参数】选项卡，按照图 7-136 所示设置剩余残料参数。

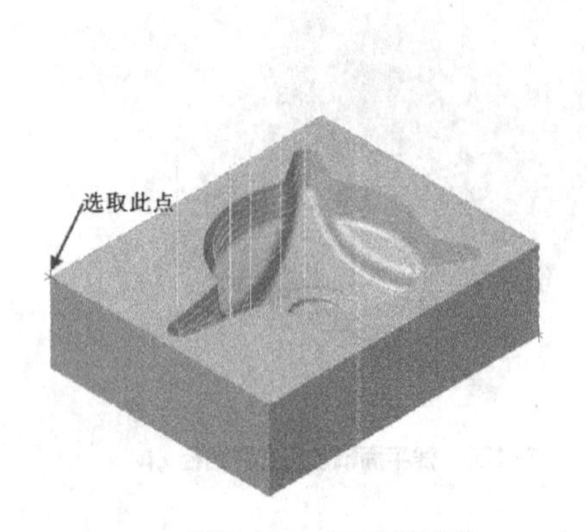

图 7-131　选取切削范围

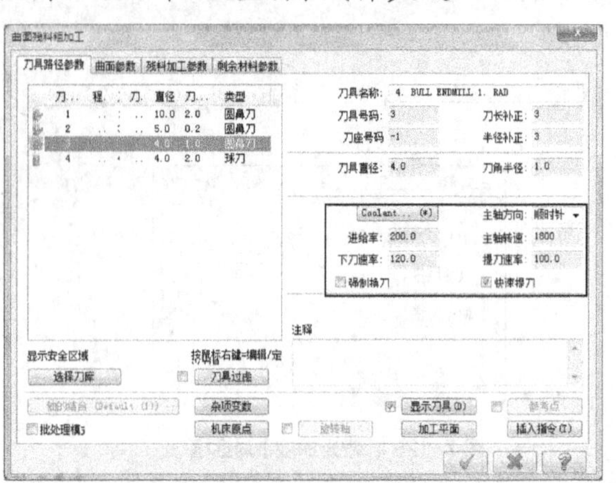

图 7-132 【刀具路径参数】选项卡

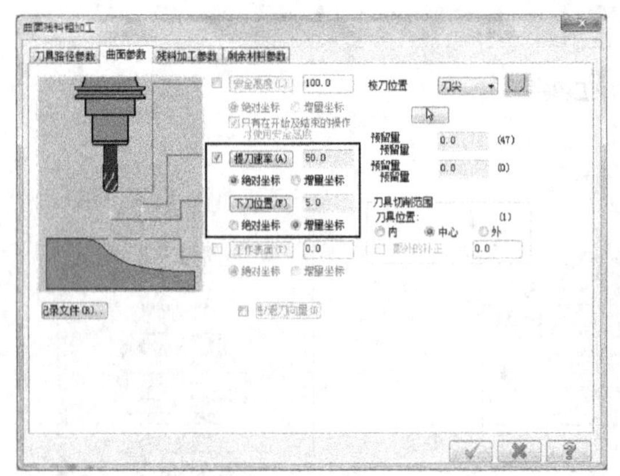

图 7-133 【曲面参数】选项卡

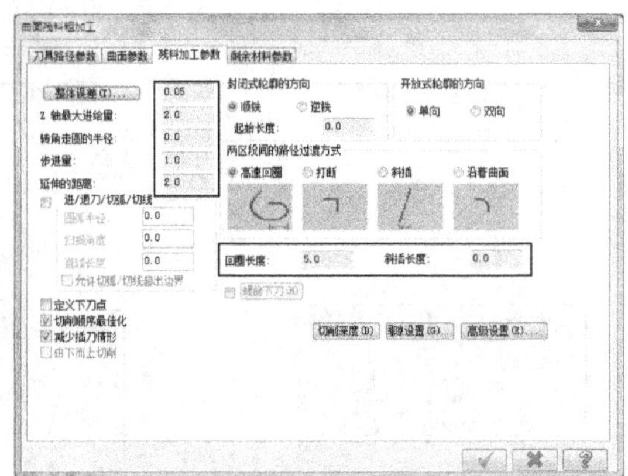

图 7-134 【残料加工参数】选项卡

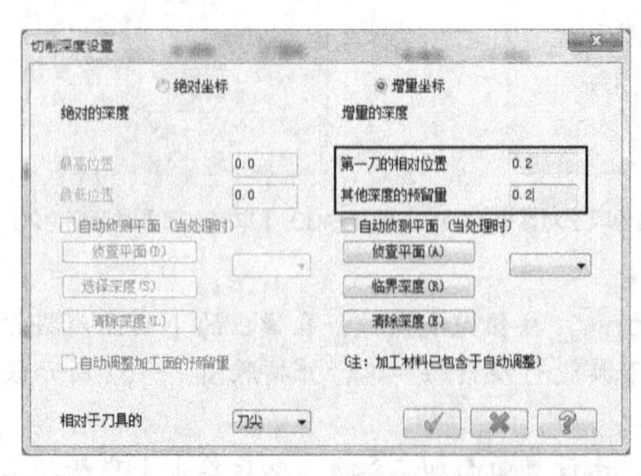

图 7-135 【切削深度设置】对话框

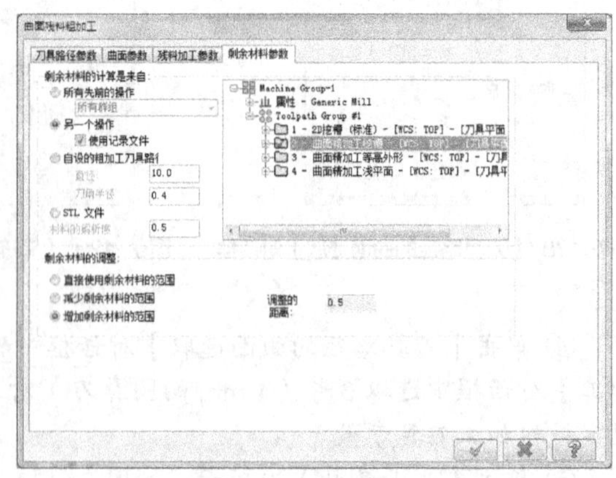

图 7-136 【剩余残料参数】选项卡

⑧ 单击图 7-136 所示对话框中的 ✓ 按钮确定，系统自动生成图 7-137 所示的曲面残料粗加工刀具路径。

（8）创建环绕等距精加工特征。

① 执行【刀具路径】/【曲面精加工】/【精加工环绕等距加工】命令，系统提示 选择加工曲面 ，单击图 7-138 所示的按钮。

图 7-137　曲面残料粗加工刀具路径　　　　图 7-138　工具栏

② 单击实体的任一位置，选中整个实体，然后单击按钮，系统弹出图 7-139 所示的【刀具路径的曲面选取】对话框。

③ 单击【刀具路径的曲面选取】对话框中【切削范围】分组框中的按钮，系统弹出图 7-140 所示的【串连选项】对话框。

④ 单击对话框中的按钮，如图 7-141 所示，选取图 7-142 所示的实体边界，然后单击按钮确定。

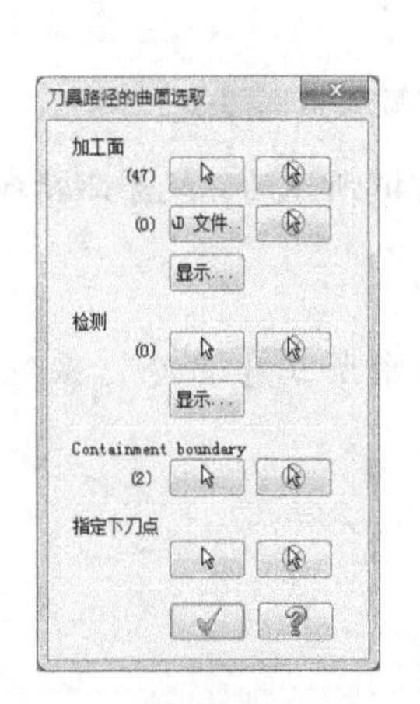

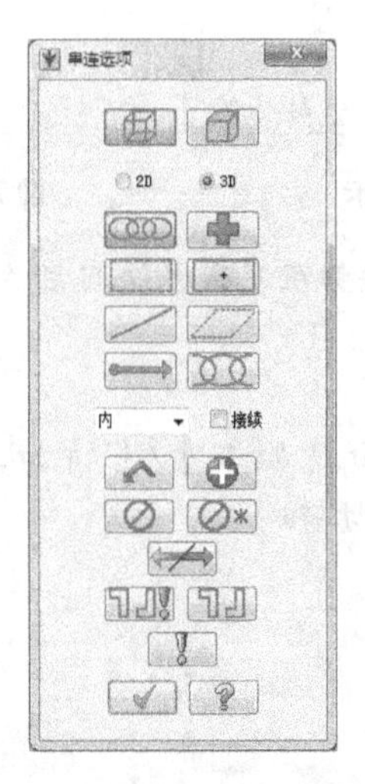

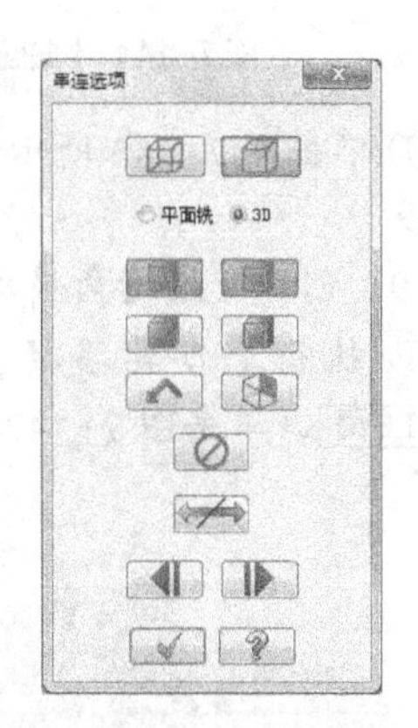

图 7-139 【刀具路径的曲面选取】对话框　图 7-140 【串连选项】对话框（1）　图 7-141 【串连选项】对话框（2）

⑤ 单击【刀具路径的曲面选取】对话框中的按钮完成操作，在弹出的【曲面精加工环绕等距】对话框中选取 3 号（4 mm 的圆鼻刀）刀具进行环绕等距精加工，并按照图 7-143 所示设置环绕等距精加工刀具参数。

⑥ 单击【曲面参数】选项卡，按照图 7-144 所示设置曲面加工参数，然后单击【环绕等距精加工参数】选项卡，按照图 7-145 所示设置环绕等距精加工参数。

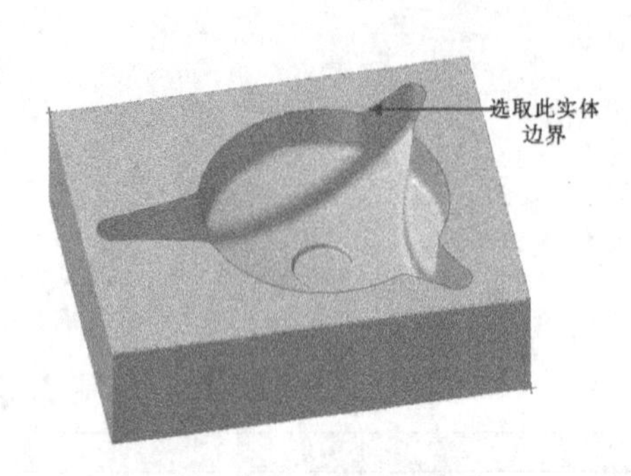

图 7-142　选取切削范围

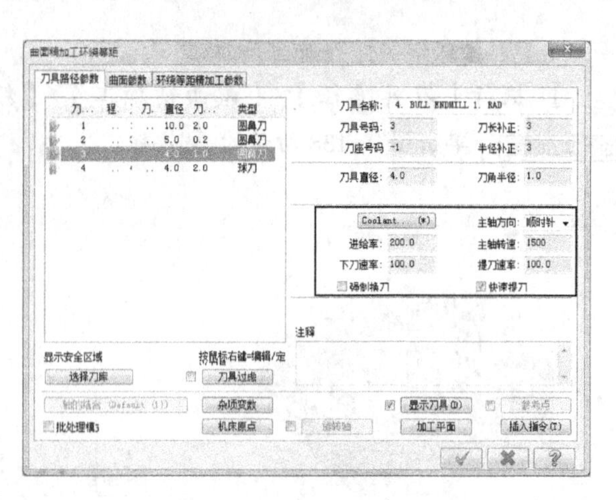

图 7-143 【刀具路径参数】选项卡

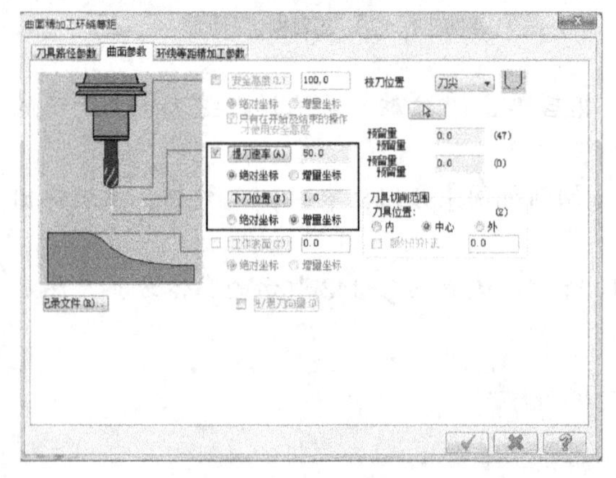

图 7-144 【曲面参数】选项卡

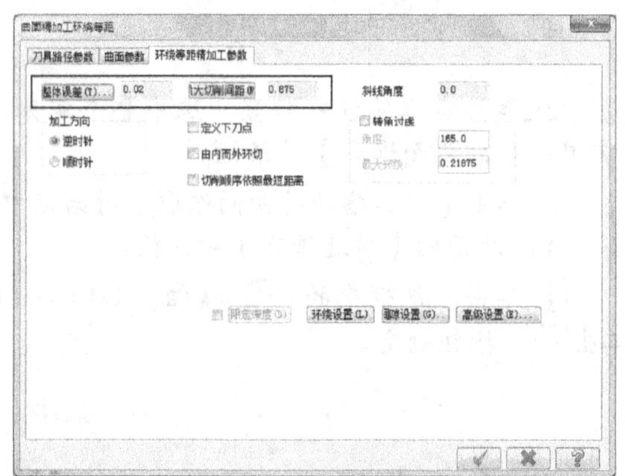

图 7-145 【环绕等距精加工参数】选项卡

⑦ 单击图 7-145 所示的 按钮确定，系统自动生成图 7-146 所示的环绕等距精加工刀具路径。

（9）创建交线清角精加工特征

① 执行【刀具路径】/【曲面精加工】/【精加工交线清角加工】命令，系统提示选择加工曲面，单击图 7-147 所示的按钮。

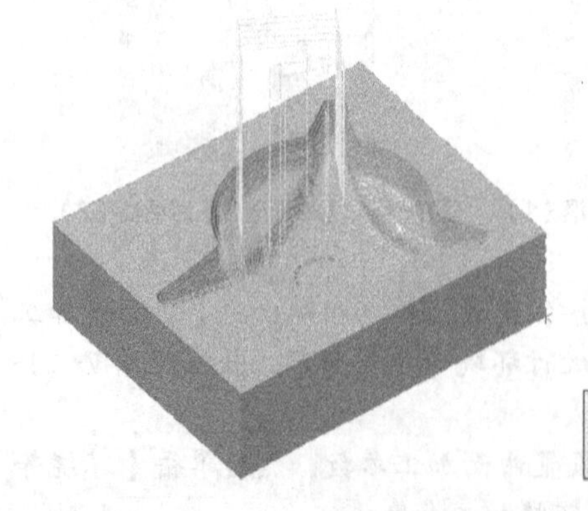

图 7-146　环绕等距精加工刀具路径

图 7-147　工具栏

② 单击实体的任一位置，选中整个实体，然后单击按钮，系统弹出图7-148所示的【刀具路径的曲面选取】对话框。

③ 单击【刀具路径的曲面选取】对话框中【切削范围】分组框中的按钮，系统弹出图7-149所示的【串连选项】对话框。

④ 单击对话框中的按钮，选取图7-151所示的实体边界，按Enter键确定，然后单击图7-150所示对话框中的按钮确定。

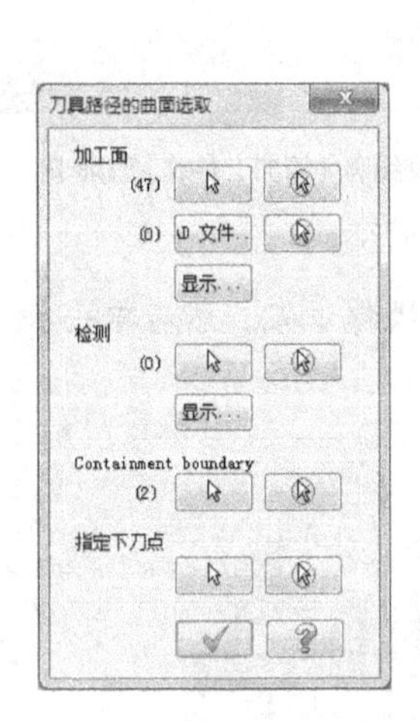

图7-148 【刀具路径的曲面选取】对话框

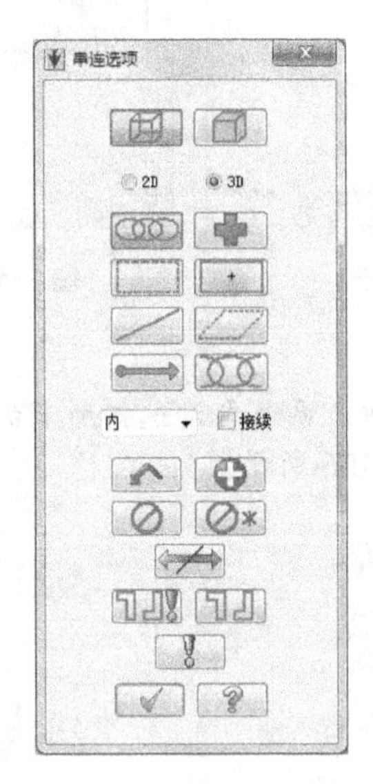

图7-149 【串连选项】对话框（1）

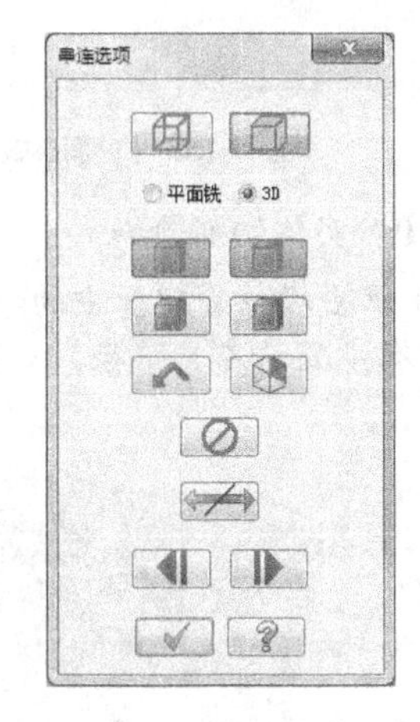

图7-150 【串连选项】对话框（2）

⑤ 单击【刀具路径的曲面选取】对话框中的按钮完成操作，在弹出的【曲面精加工交线清角】对话框中选取4号（4 mm的球刀）刀具，并按图7-152所示设置刀具参数。

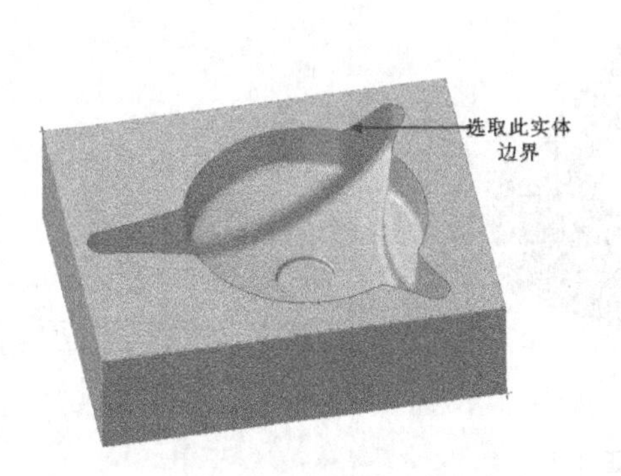

图7-151 选取切削范围

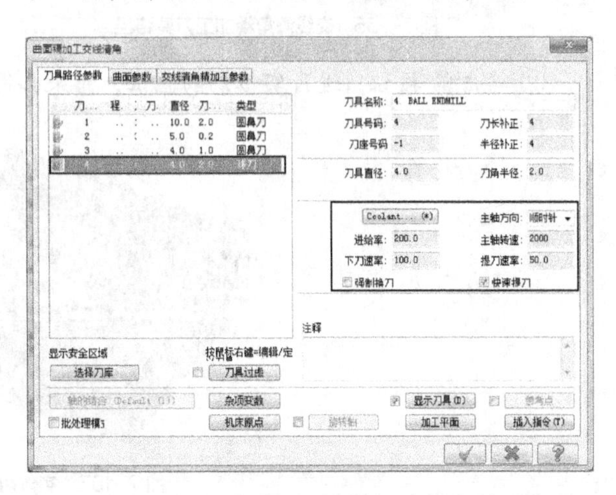

图7-152 【刀具路径参数】选项卡

⑥ 单击【曲面参数】选项卡，按图7-153所示设置曲面参数，然后单击【交线清角精加工参数】选项卡，按图7-154所示设置交线清角精加工参数。

⑦ 单击图7-154所示的按钮确定，系统自动生成图7-155所示的交线清角精加工刀具路径。

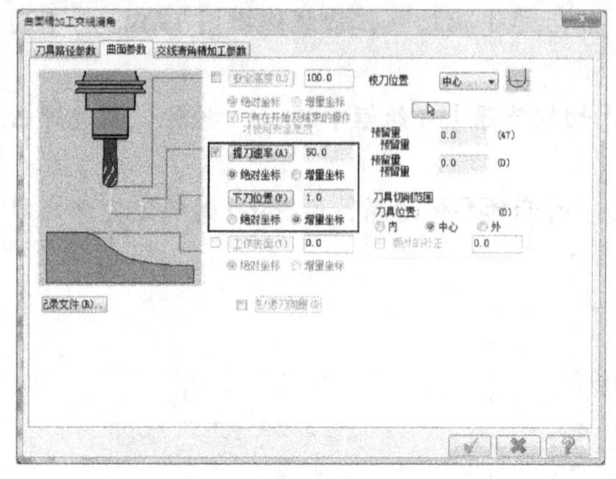

图 7-153 【曲面参数】选项卡

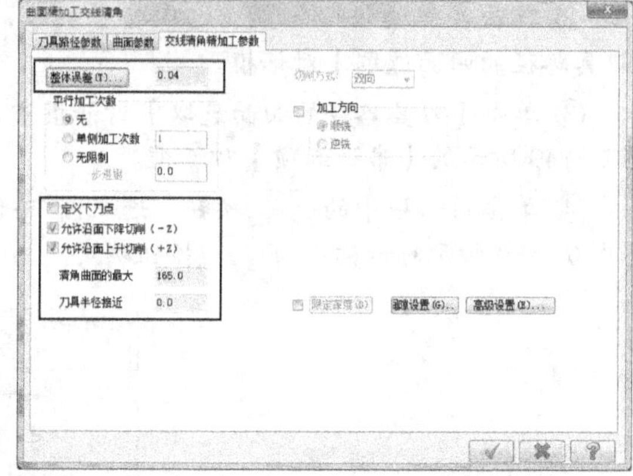

图 7-154 【交线清角精加工参数】选项卡

（10）实体切削验证

① 单击操作管理器中的按钮，系统自动选择所有的加工操作步骤，然后单击按钮，显示所有步骤的刀具路径，如图 7-156 所示。

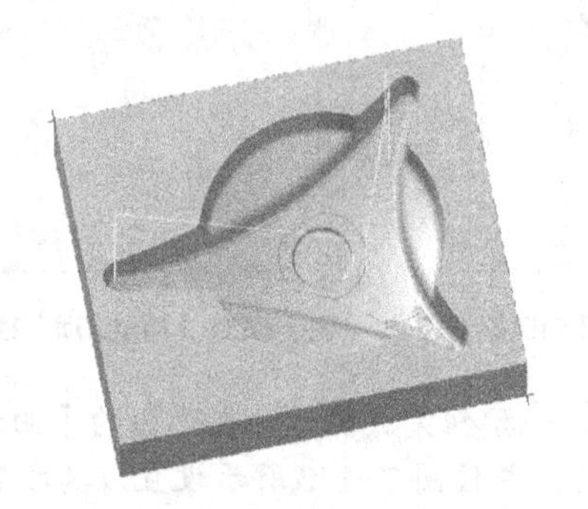

图 7-155 交线清角精加工刀具路径

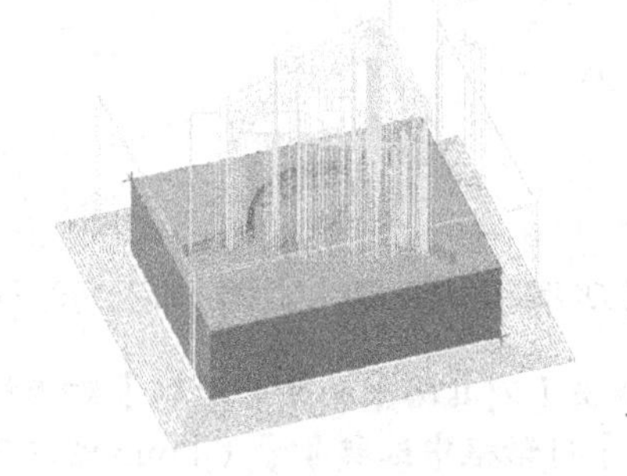

图 7-156 刀具路径

② 单击按钮，进行实体切削验证，结果如图 7-157 所示。

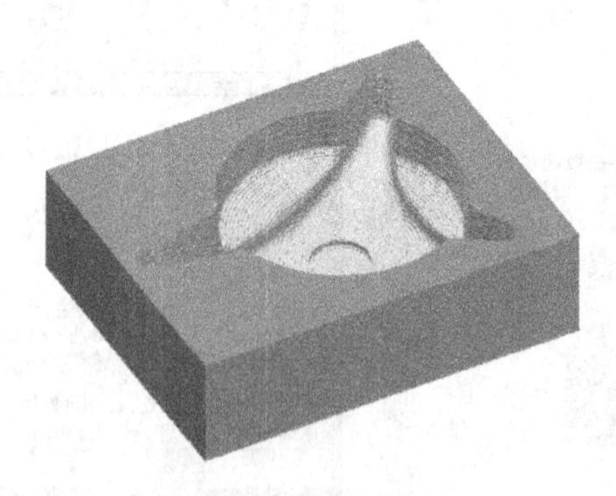

图 7-157 实体切削验证

（11）后处理程序

① 单击操作管理器中的G1按钮，系统弹出图 7-158 所示的【后处理程序】对话框，然后单击按钮确定。

② 在弹出的对话框中选取保存文件位置、类型以及名称，然后单击按钮确定，后处理文件如图 7-159 所示。

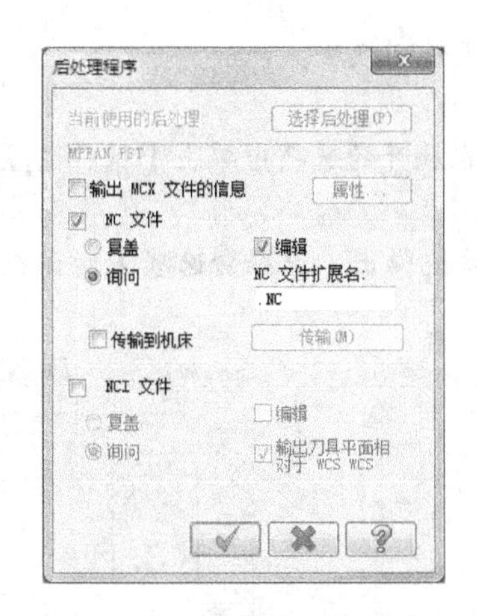

图 7-158 【后处理程序】对话框

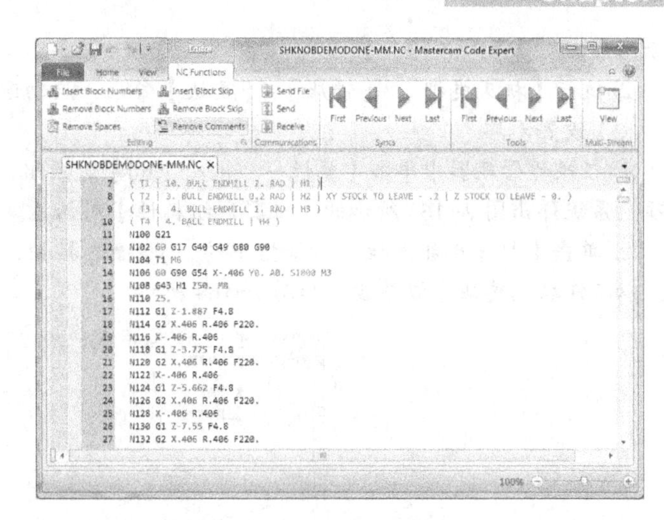

图 7-159　后处理程序文件

7.3.2　综合应用 2——加工手机上盖

图 7-160 所示的手机上盖零件是手机外观设计中最为重要的部分，其设计的优劣直接影响用户的使用性能以及销售商的销售业绩，故手机上盖的设计和加工至关重要。

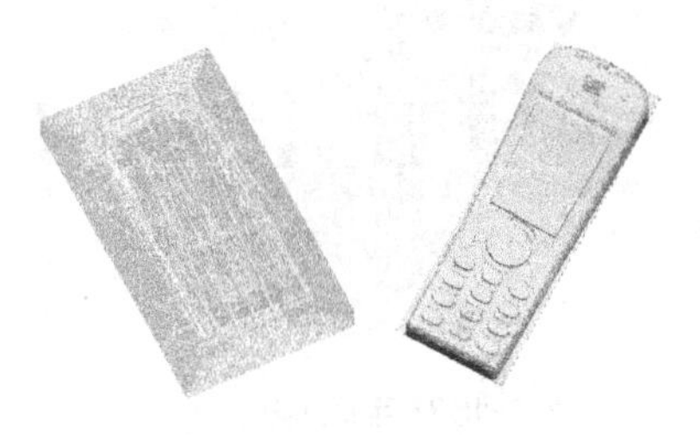

图 7-160　手机上盖

1. 涉及的应用工具

对于手机外壳上盖零件适于采用平行铣削粗加工进行开粗，然后运用环绕等距加工和浅平面加工进行半精加工，最后用残料清角加工进行精修处理。

（1）设置毛坯参数。

（2）用直径为 20 mm 的圆鼻刀采用平行铣削粗加工进行开粗。

（3）用直径为 6 mm 的平底刀采用粗加工残料加工进行二次开粗。

（4）用直径为 4 mm 的平底刀采用精加工环绕等距加工进行半精加工。

（5）用直径为 4 mm 的圆鼻刀采用精加工浅平面加工进行半精加工。

（6）用直径为 2 mm 的平底刀采用精加工残料加工进行手机外壳的精修。

2. 操作步骤概况

操作步骤概况，如图 7-161 所示。

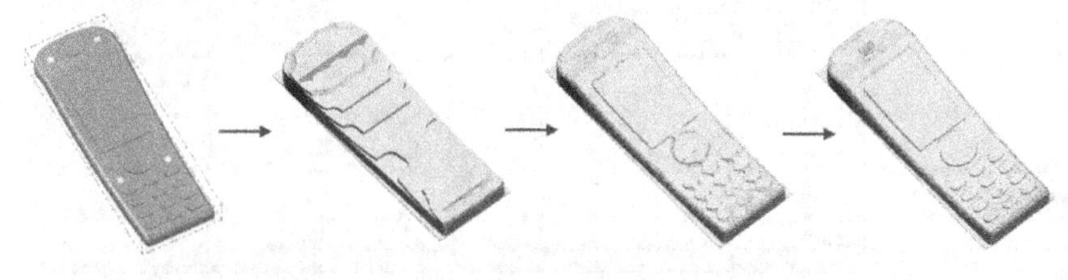

图 7-161　操作步骤

3. 加工手机上盖

（1）进入加工环境

① 打开素材文件“第 7 章\素材\手机外壳.MCX-7”，得到图 7-162

所示图形。

② 执行【机床类型】/【铣床】/【默认】命令，启动通用铣削模块。

（2）设置毛坯

① 在操作管理器中单击【属性 -Generic Mill】选项组，在展开的选项中单击【材料设置】选项，系统弹出图 7-163 所示的【机器群组属性】对话框。

② 单击【机器群组属性】对话框中的 B边界盒 按钮，系统弹出【边界盒选项】对话框，设置以工件坯构建矩形边界盒，如图 7-164 所示。

图 7-162 手机外壳

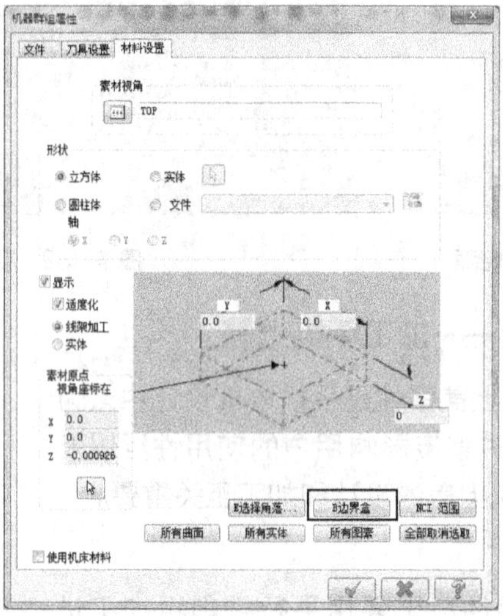

图 7-163 【机器群组属性】对话框

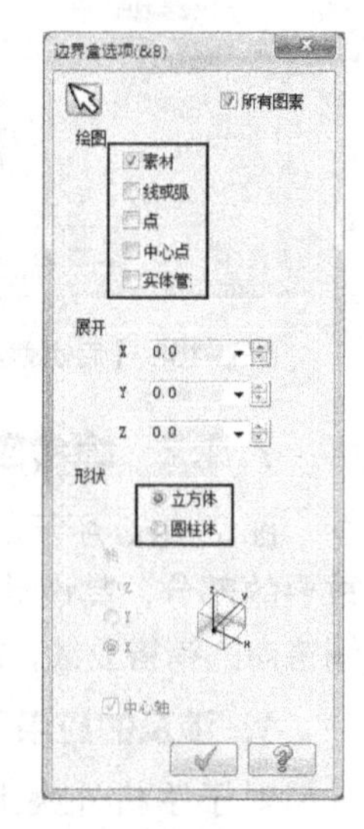

图 7-164 【边界盒选项】对话框

③ 单击 ✓ 按钮确定，毛坯设置结果如图 7-165 所示。

（3）创建刀具

执行【刀具路径】/【刀具管理器】命令，在图 7-166 所示的【刀具管理】对话框中添加以下刀具。

图 7-165 材料设置

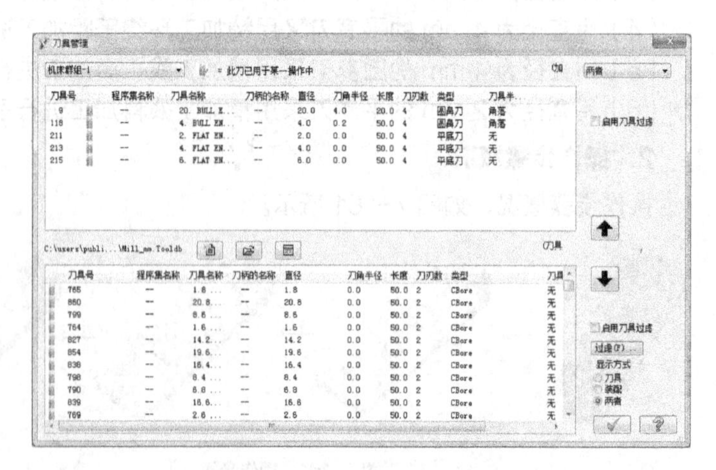

图 7-166 【刀具管理】对话框

- 直径为 20 mm 的圆鼻刀；
- 直径为 4 mm 的圆鼻刀；
- 直径为 2 mm 的平底刀；

• 直径为 4 mm 的平底刀；

• 直径为 6mm 的平底刀。

（4）创建粗加工平行铣削加工刀具路径

① 执行【刀具路径】/【曲面粗加工】/【粗加工平行铣削加工】命令，系统打开【选取工件形状】对话框，参数设置如图 7-167 所示，单击 按钮确定。

② 在弹出的【输入 NC 名称】对话框中设置 NC 文件名，然后单击 按钮确定。

③ 在【普通选择】工具栏中单击 全部... 按钮，在打开的【选择所有 -- 单一选择】对话框中依次勾选【图素】和【曲面】复选项，如图 7-168 所示，单击 按钮确定。

④ 按 Enter 键确定，在图 7-169 所示的【刀具路径的曲面选取】对话框中单击 按钮，完成刀具路径的选取。

图 7-167 【选取工件形状】对话框

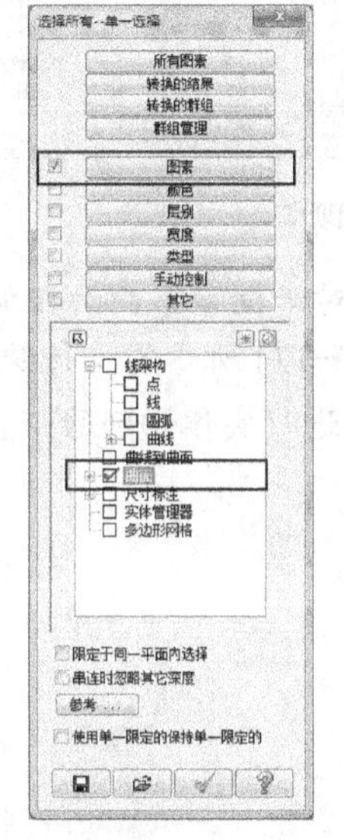
图 7-168 【选择所有 -- 单一选择】对话框

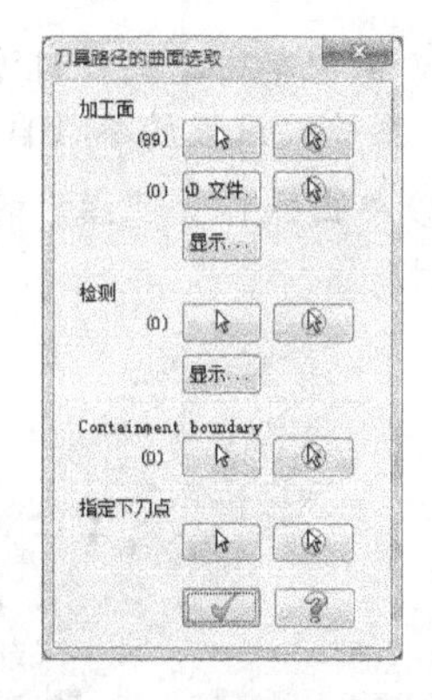
图 7-169 【刀具路径的曲面选取】对话框

⑤ 在弹出的【曲面粗加工平行铣削】对话框的【刀具路径参数】选项卡中选取直径为 20 mm 的圆鼻刀，然后设置进给率、主轴转速等刀具参数，如图 7-170 所示。

⑥ 单击【曲面参数】选项卡，设置安全高度、参考高度以及进给下刀位置等参数，如图 7-171 所示。

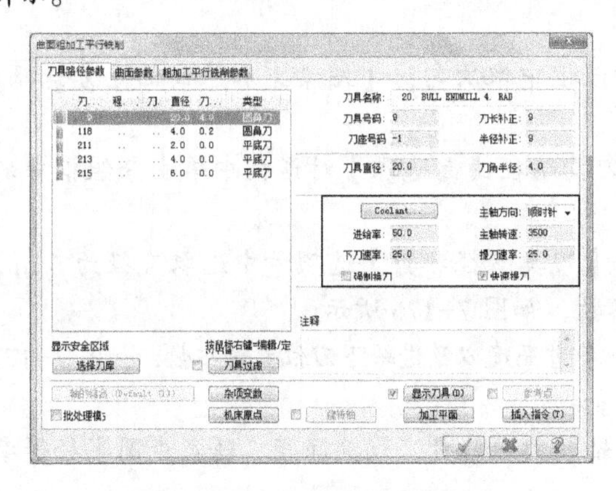
图 7-170 【刀具路径参数】选项卡

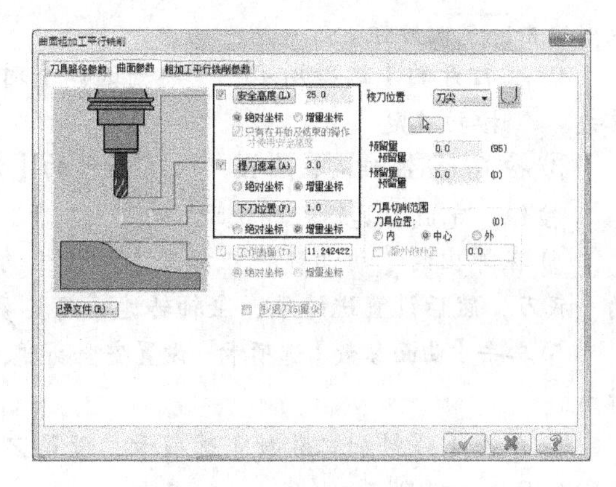
图 7-171 【曲面参数】选项卡

⑦ 单击【粗加工平行铣削参数】选项卡，按图 7-172 所示设置平行铣削参数，并单击 整体误差(T)... 按钮，在图 7-173 所示的【圆弧过滤 / 公差】对话框中设置误差范围。

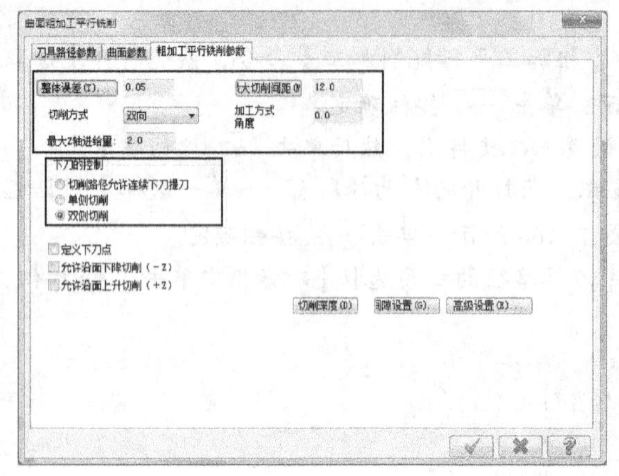

图 7-172 【粗加工平行铣削参数】选项卡

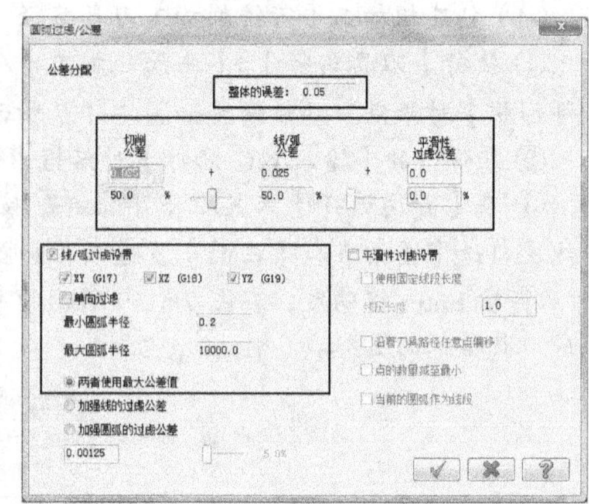

图 7-173 【圆弧过滤 / 公差】对话框

⑧ 依次单击【圆弧过滤 / 公差】对话框和【曲面粗加工平行铣削】对话框中的 ✔ 按钮确定，系统按设置的参数自动生成图 7-174 所示的平行铣削刀具路径。

⑨ 单击操作管理器中的 按钮，进行实体切削验证，结果如图 7-175 所示。

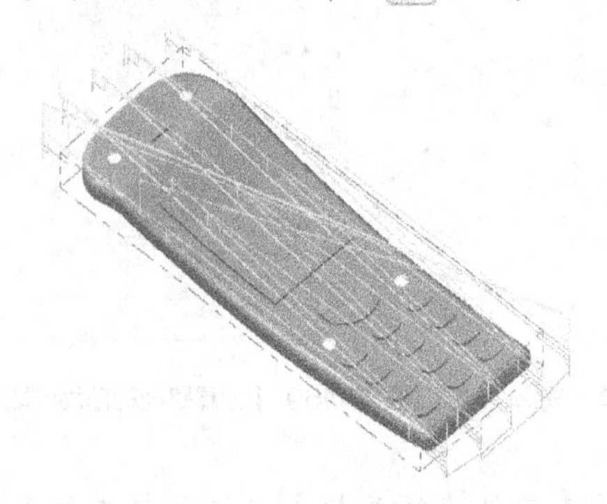

图 7-174 平行铣削刀具路径

图 7-175 粗加工平行铣削加工

（5）创建粗加工残料加工刀具路径

① 执行【刀具路径】/【曲面粗加工】/【粗加工残料加工】命令，在【普通选择】工具栏中单击 全部... 按钮。

② 在打开的【选择所有 -- 单一选择】对话框中依次勾选【图素】和【曲面】复选项，单击 ✔ 按钮确定。

③ 按 Enter 键确定，在图 7-176 所示的【刀具路径曲面选取】对话框中单击分组框中的 ✔ 按钮，完成刀具路径的选取。

④ 在弹出的【曲面残料粗加工】对话框的【刀具路径参数】选项卡中选取直径为 6 mm 的平底刀，然后设置进给率、主轴转速等刀具参数，如图 7-176 所示。

⑤ 单击【曲面参数】选项卡，设置安全高度、参考高度以及进给下刀位置等参数，如图 7-177 所示。

⑥ 单击【残料加工参数】选项卡，设置 Z 轴最大进给量、切削间距、转角走圆半径等参数，如图 7-178 所示。

⑦ 单击 整体误差(T)... 按钮，在图 7–179 所示的【圆弧过滤 / 公差】对话框中设置误差范围。

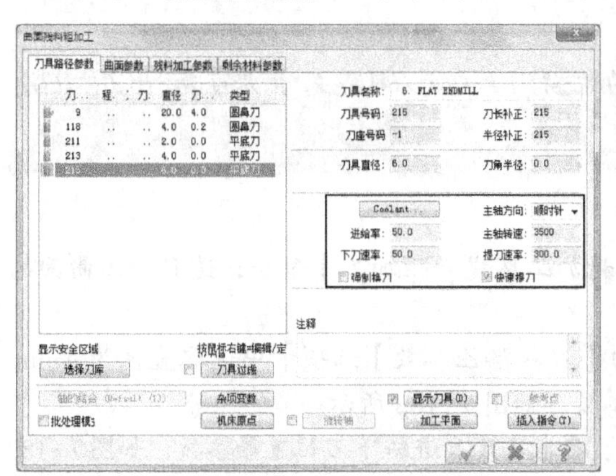

图 7–176 【刀具路径参数】选项卡

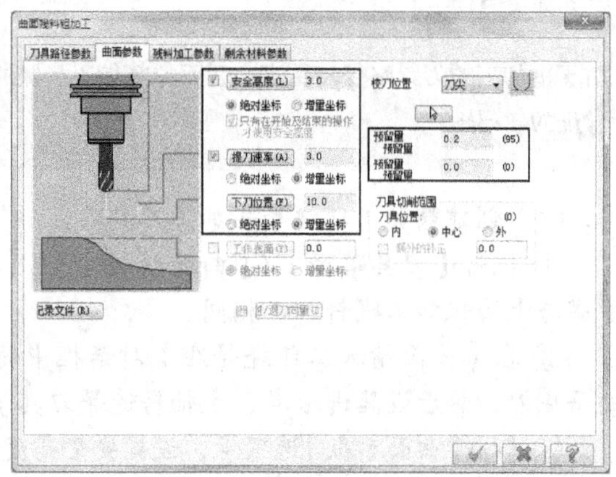

图 7–177 【曲面参数】选项卡

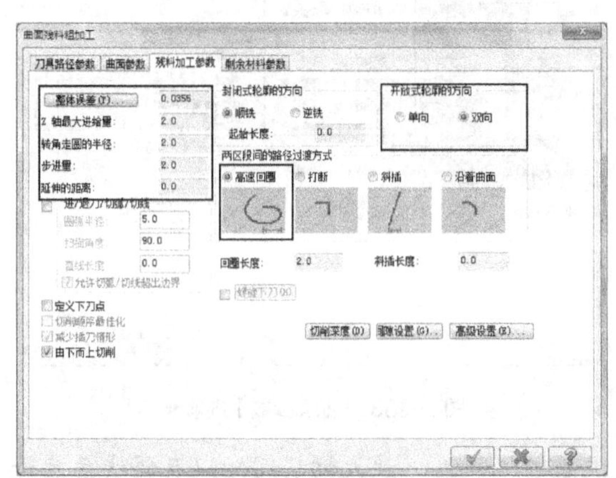

图 7–178 【残料加工参数】选项卡

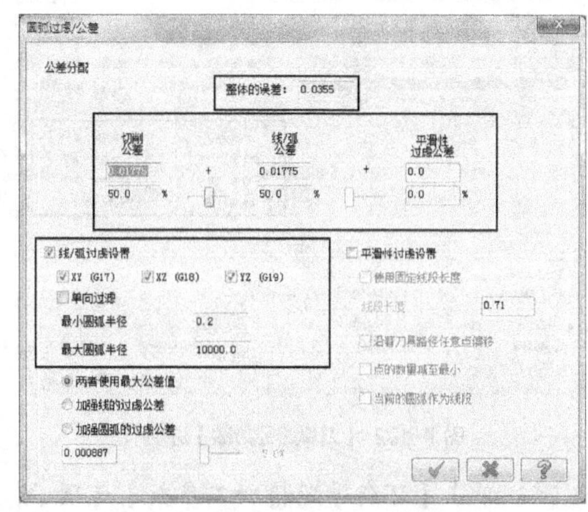

图 7–179 【圆弧过滤 / 公差】对话框

⑧ 依次单击【圆弧过滤 / 公差】对话框和【曲面残料粗加工】对话框中的 ✓ 按钮确定，系统按设置的参数自动生成图 7–180 所示的粗加工残料加工的刀具路径。

⑨ 单击操作管理器中的 按钮，进行实体切削验证，结果如图 7–181 所示。

图 7–180　粗加工残料加工的刀具路径

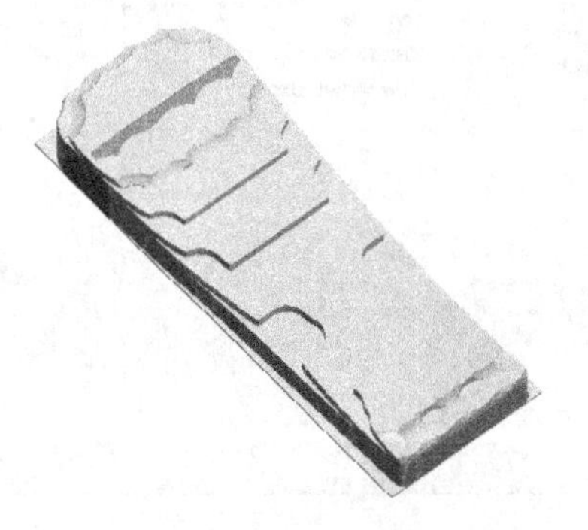

图 7–181　粗加工残料加工

要点提示

由于精加工的刀具路径较稠密，后面的精加工步骤的讲述将不再展示刀具路径，而是直接给出实体切削验证的效果图。

（6）创建精加工环绕等距加工刀具路径

① 执行【刀具路径】/【曲面精加工】/【精加工环绕等距加工】命令，选取加工曲面的步骤与上面粗加工残料加工相同。

② 在【曲面精加工环绕等距】对话框中的【刀具路径参数】选项卡中选取直径为 4 mm 的平底刀，然后设置进给率、主轴转速等刀具参数，如图 7-182 所示。

③ 单击【曲面参数】选项卡，设置安全高度、参考高度、进给下刀位置等参数，如图 7-183 所示。

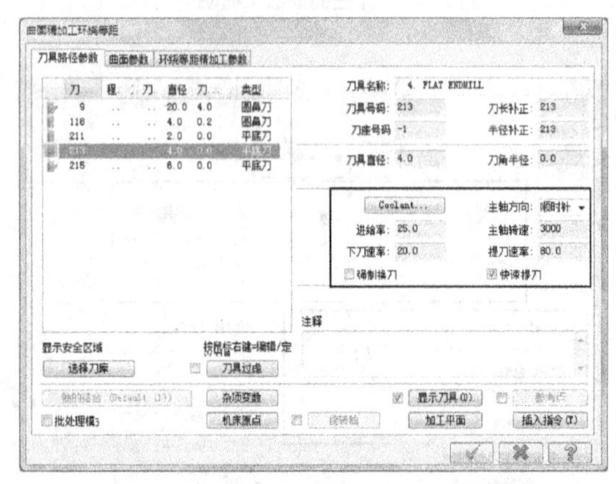

图 7-182 【刀具路径参数】选项卡

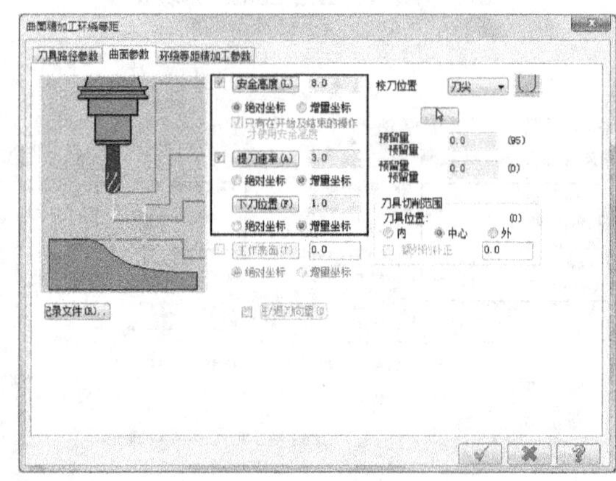

图 7-183 【曲面参数】选项卡

④ 单击【环绕等距精加工参数】选项卡，设置整体误差、最大切削间距以及斜线角度等参数，如图 7-184 所示。

⑤ 依次单击 按钮确定，系统按设置的参数自动生成精加工环绕等距加工的刀具路径。

⑥ 单击操作管理器中的 按钮，进行实体切削验证，结果如图 7-185 所示。

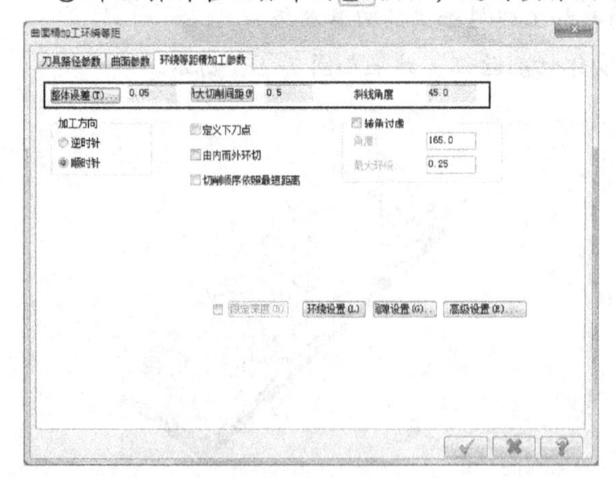

图 7-184 【环绕等距精加工参数】选项卡

图 7-185 精加工环绕等距加工

（7）创建精加工浅平面加工刀具路径

① 执行【刀具路径】/【曲面精加工】/【精加工浅平面加工】命令，选取加工曲面的步骤与上面粗加工残料加工相同。

② 在【曲面精加工浅平面】对话框中的【刀具路径参数】选项卡中选取直径为 4 mm 的圆鼻刀，然后设置进给率、主轴转速等刀具参数，如图 7-186 所示。

③ 单击【曲面参数】选项卡，设置安全高度、参考高度以及进给下刀位置等参数，如图 7-187 所示。

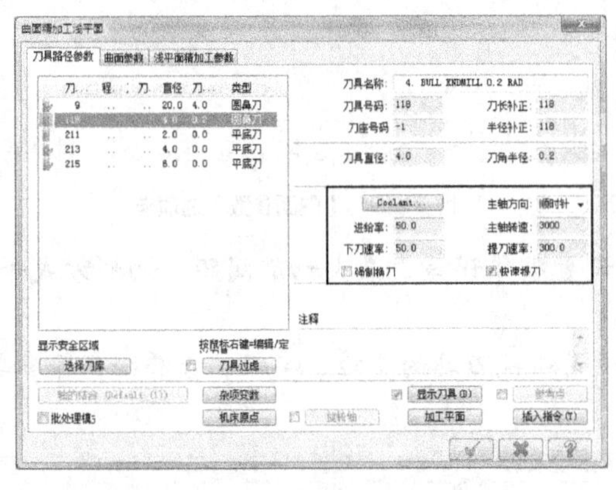

图 7-186 【刀具路径参数】选项卡

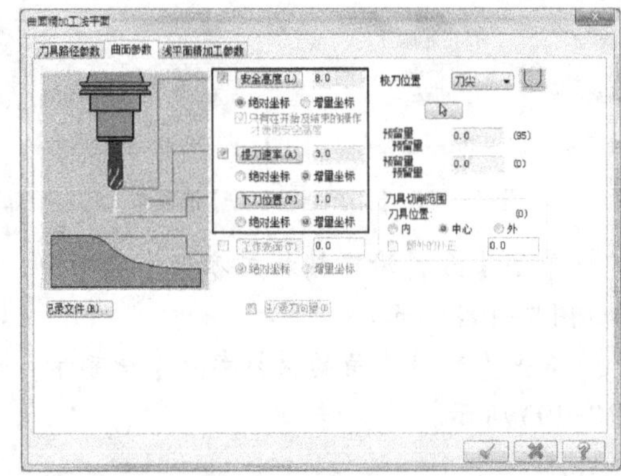

图 7-187 【曲面参数】选项卡

④ 单击【浅平面精加工参数】选项卡，设置整体误差、最大切削间距以及加工角度等参数，如图 7-188 所示。

⑤ 单击 ✔ 按钮确定，系统按设置的参数自动生成精加工浅平面加工的刀具路径。

⑥ 单击操作管理器中的 按钮，进行实体切削验证，结果如图 7-189 所示。

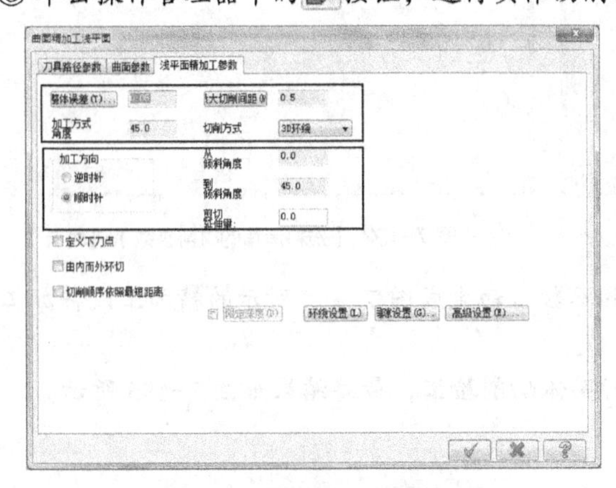

图 7-188 【浅平面精加工参数】选项卡

图 7-189 精加工浅平面加工

（8）创建精加工残料加工刀具路径

① 执行【刀具路径】/【曲面精加工】/【精加工残料加工】命令，选取加工曲面的步骤与上面粗加工残料加工相同。

② 在【曲面精加工残料清角】对话框中的【刀具路径参数】选项卡中选取直径为 2 mm 的平底刀，然后设置进给率、主轴转速等刀具参数，如图 7-190 所示。

③ 单击【曲面参数】选项卡，设置安全高度、参考高度、进给下刀位置等参数，如

图 7-191 所示。

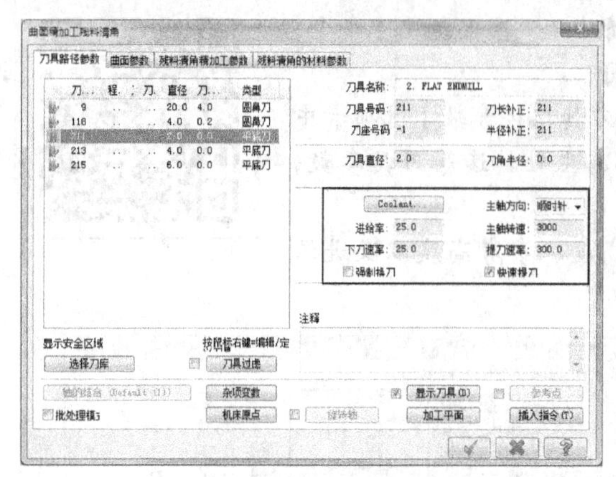

图 7-190 【刀具路径参数】选项卡

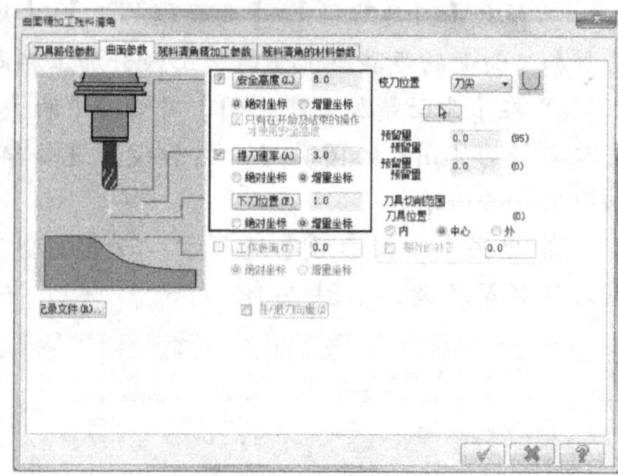

图 7-191 【曲面参数】选项卡

④ 单击【残料清角精加工参数】选项卡，设置整体误差、最大切削间距、切削方式等参数，如图 7-192 所示。

⑤ 单击【残料清角的材料参数】选项卡，设置粗铣刀具的直径、半径、重叠距离等参数，如图 7-193 所示。

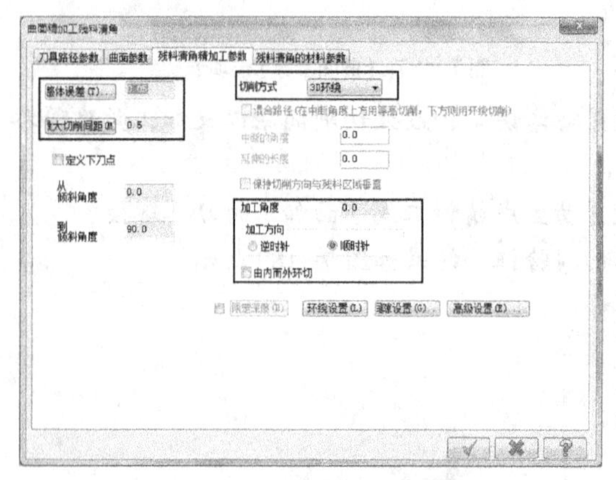

图 7-192 【残料清角精加工参数】选项卡

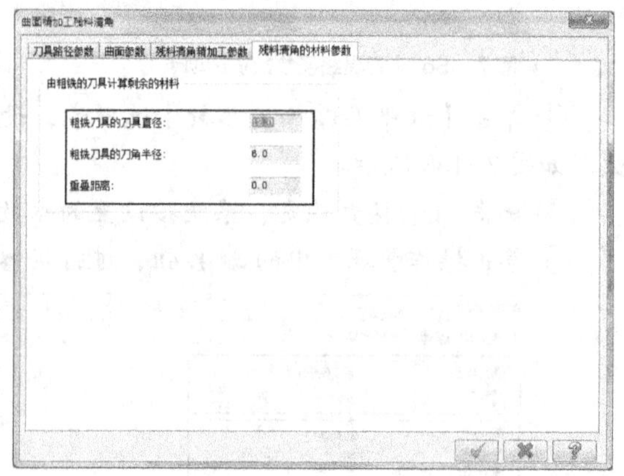

图 7-193 【残料清角的材料参数】选项卡

⑥ 单击 按钮确定，系统按设置的参数自动生成图 7-194 所示的精加工残料加工的刀具路径。

⑦ 单击操作管理器中的 按钮，进行实体切削验证，最终结果如图 7-195 所示。

图 7-194 精加工残料加工的刀具路径

图 7-195 精加工残料加工

本章小结

本章介绍了 Mastercam X7 三维零件的加工方法，不难发现 Mastercam X7 已经将设计和制作分开处理，这样可以很好地与其他 CAD 软件接轨。也就是说，其他 CAD 软件绘制的图形有些不经处理或做少量处理就可以在 Mastercam X7 中使用。

Mastercam X7 将三维零件的加工分为粗加工操作和精加工操作，很好地解决了粗加工的效率与精加工的精度保证问题，这符合日常处理零件制作问题的习惯，也便于读者学习它的操作。此外，Mastercam X7 还充分利用了已经编制好的程序，这样就可以大大节约编程时间和制作费用。

习题

1. 根据图 7-196 所示的零件图尺寸，完成零件的加工造型（建模），并生成合适的加工轨迹。

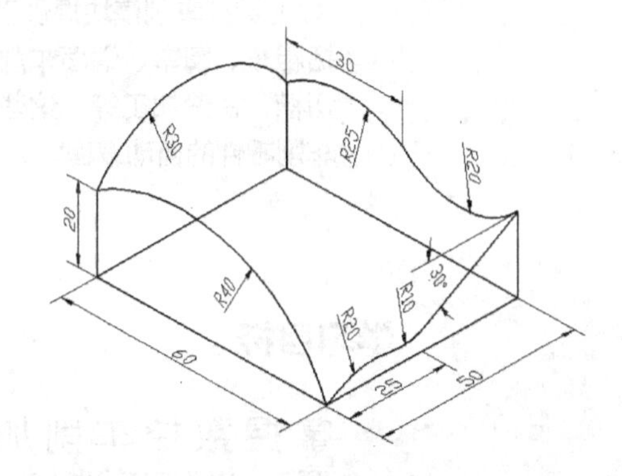

图 7-196　练习 1

2. 根据图 7-197 所示的零件图尺寸，完成零件的加工造型（建模），并生成合适的加工轨迹。

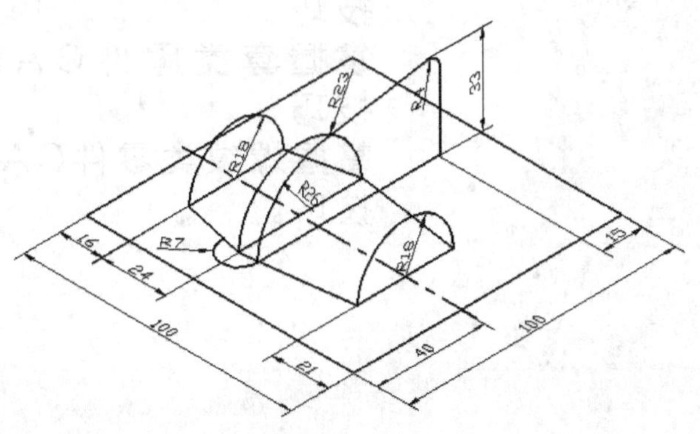

图 7-197　练习 2

Chapter 8

第8章 数控车削加工

车削加工是纯二维的加工，零件也都是回转体，相比铣削加工要简单得多。以前数控车床大都使用手工编程，现在随着CAM技术的普及，在数控车床上也开始利用CAM软件编写车削加工程序。Mastercam X7的数控车削模块提供了常用的车削加工的编程，包括粗车、精车、端面车削、挖槽、钻孔、螺纹切削、切槽、快速加工等。这些车削方法的组合可用于常用车削零件的自动编程。

学习目标

- 掌握数控车削加工刀具设置、坐标系选取、工件设置等基础知识。
- 掌握轴类零件CAM应用技巧。
- 掌握套类零件CAM应用技巧。
- 掌握螺纹类零件CAM应用技巧。

8.1 数控车削加工基础知识

车床加工的各种方法和铣床一样，也要进行工件、刀具及材料参数的设置，其材料的设置方法与铣床加工系统的相同，但工件和刀具的参数设置与铣床加工有较大的不同。在生成刀具路径之后，也可以采用操作管理器进行刀具路径的编辑、模拟、实体模拟及后处理等。

8.1.1 车床坐标系

大多数数控车床使用 X 轴和 Z 轴两轴控制。其中，Z 轴平行于车床主轴，X 轴在水平面上且垂直于车床的主轴。

车床坐标系可以分为左手坐标系和右手坐标系，由刀座位置决定。

• 若刀座和操作人员在同一侧，属于右手坐标系，此时 X 轴正方向为远离机床靠近操作者方向，如图 8-1 所示。

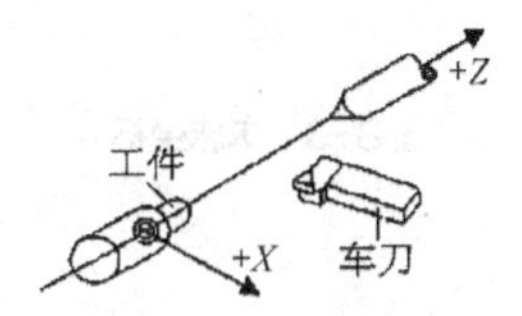

图 8-1　右手坐标系统

• 若刀座和操作人员在不同侧，属于左手坐标系，此时 X 轴正方向为远离机床远离操作者方向，如图 8-2 所示。

通常简易数控车床和经济型数控车床采用右手坐标系，具有斜床身并带转塔刀架的数控车床采用左手坐标系。

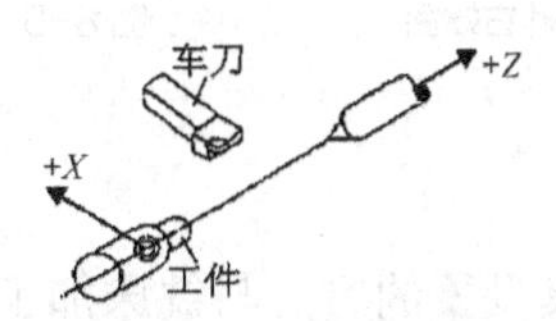

图 8-2　左手坐标系统

车床坐标系的 X 方向坐标有两种表示方法：半径值和直径值。系统采用字母“X”来表示输入的数值为半径值，采用字母“D”来表示输入的数值为直径值。当采用不同的坐标表示方法时，其输入的数值也不同，采用直径表示方法的坐标值应为半径表示方法的 2 倍。

车床加工中，在画图之前要先进行数控机床坐标系的设定。单击平面按钮，打开快捷菜单，选择其中的【车床半径】或【车床直径】选项进行坐标系设置，如图 8-3 所示。常用坐标有【+X+Z】、【−X+Z】、【+D+Z】和【−D+Z】。

编程时使用的坐标系称为工件坐标系。工件坐标系的原点是编程原点，编程时必须先选择坐标原点。选取坐标原点的方法有两种：第一种是选工件的右端面作为坐标原点，如图8-4所示；第二种是选卡盘后端面作为坐标原点，如图 8-5 所示。

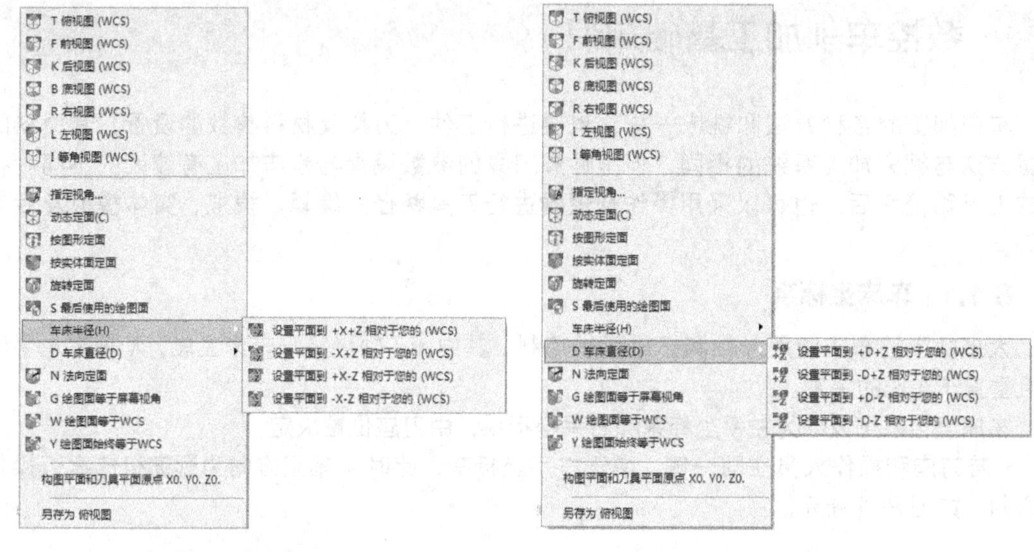

（a）半径值坐标　　（b）直径值坐标

图 8-3　车床坐标

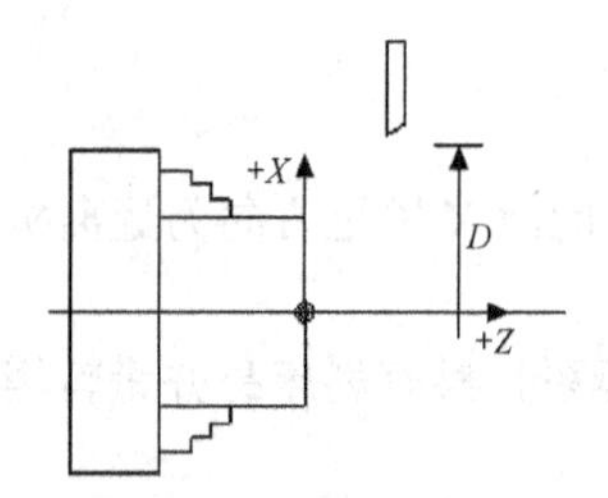

图 8-4　工件坐标系原点位于工件右端面

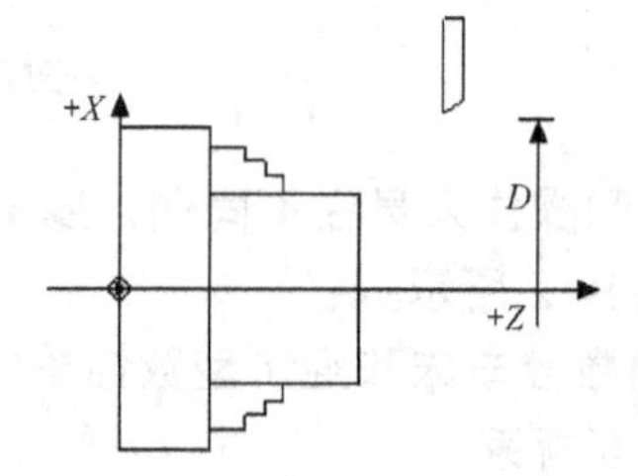

图 8-5　工件坐标系原点位于卡盘后端面

8.1.2　刀具设置

在车床加工系统中，调用刀具设置的方法与铣床加工系统相同，但是车刀结构与铣刀结构有较大差异，车刀通常由刀片和刀杆两部分组成。

1. 车床刀具管理器

在【刀具路径】主菜单中执行【车床刀具管理器】命令，系统弹出图 8-6 所示的【刀具管理】对话框。该对话框的刀具库中列出了各种车刀的外形及尺寸，可根据需要将刀具选择到【加工群组】列表框中。

若【刀具管理】对话框中没有需要的刀具，可在【刀具管理】对话框上端空白处单击鼠标右键，系统将弹出图 8-7 所示的快捷菜单，选择【创建新刀具】命令，可以在弹出的【定义刀具】对话框中创建新刀具。

2. 定义刀具

在图 8-7 所示的快捷菜单中选择【创建新刀具】命令后，将弹出图 8-8 所示的【定义刀具】对话框。在该对话框中，可以完成车刀类型、刀片类型、刀把、切削参数等设置。

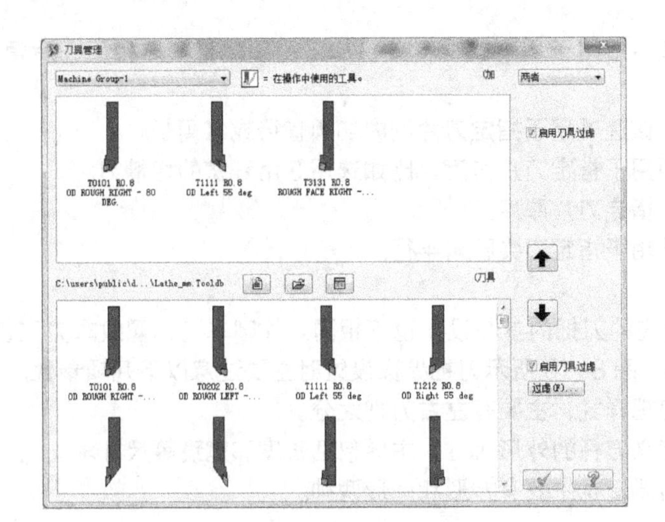

图 8-6 【刀具管理】对话框

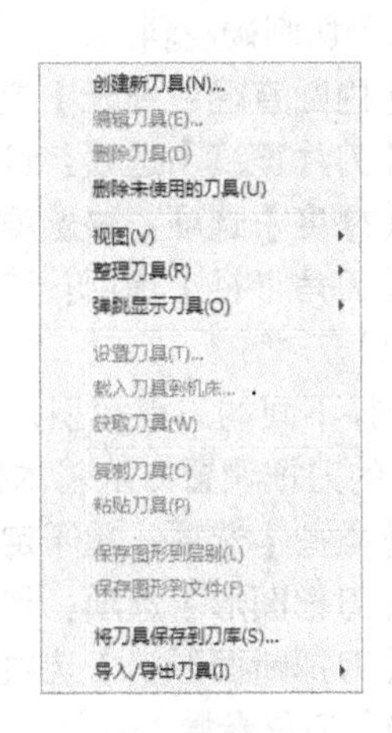

图 8-7　快捷菜单

（1）车刀类型

在【定义刀具】对话框的【类型 - 标准车刀】选项卡中，可以选择需要定义的刀具类型。该选项卡中共有【标准车刀】、【穿丝】、【径向车削 / 截断】、【镗孔】、【钻孔 / 攻牙 / 绞孔】以及【自定义】6 个选项按钮。选择相应类型的选项后，系统进入对应的【刀片】选项卡。

（2）刀片参数

【刀片】选项卡用于刀片参数的设置，如图 8-9 所示。选择不同类型的车刀，其【刀片】选项卡的选项也不尽相同，这里仅以外圆车刀刀片的参数设置进行说明。

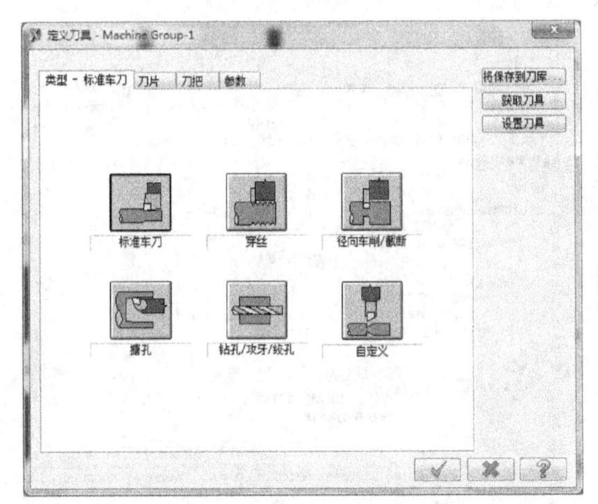

图 8-8 【定义刀具】对话框

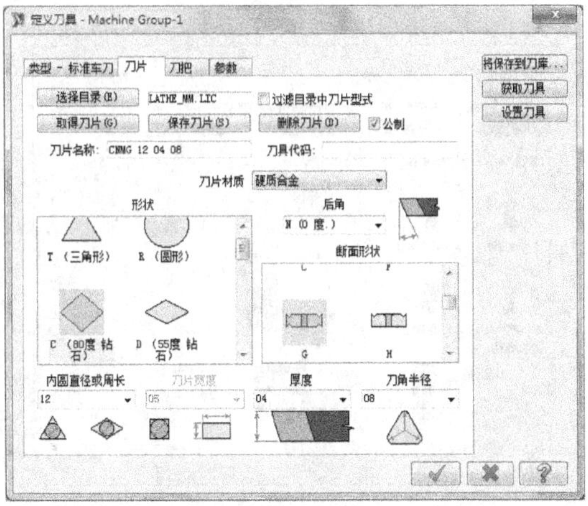

图 8-9 【刀片】选项卡

•【刀片材质】选项：用于定义刀片的材料，主要包括硬质合金、陶瓷材料、立方氮化硼、金刚石等。

•【形状】选项：用于定义刀片的形状。刀片不同的形状可以加工不同的部位，并且刀片是可转位的，可以重复使用。刀片主要有正三边形、菱形、五边形、六边形、八边形、圆形等。

•【断面形状】选项：用于定义刀片截面形状，主要包括矩形、T 字形、工字形等。

•【后角】选项：用于定义刀具后角。后角可以减少后面与切削表面之间的摩擦。后角大时，后面磨损小，刀尖强度下降，常用于切削软材料或易加工的硬化材料。相反，后角小时主要用于切削硬材料。

- •【内圆直径或周长】选项：该选项用于指定刀片的内切圆直径或者周长。
- •【刀片宽度】选项：该选项用于指定刀片宽度，比如选用 3 mm 宽的切槽刀。
- •【厚度】选项：该选项用于指定刀片厚度。
- •【刀角半径】选项：该选项用于指定刀尖圆角半径。

（3）刀把

选择不同的刀具类型，其对应的刀把的参数设置也不相同。外圆车刀、螺纹车刀和切槽 / 切断刀的刀把设置方法基本相同，图 8-10 所示刀把参数设置时主要注意以下几项参数。

- •【类型】选项：用于定义刀把样式，主要有左右刀把之分。
- •【刀把图形】选项：用于定义刀杆的外形尺寸，主要包括长度和宽度等尺寸。
- •【刀把断面形状】选项：断面形状主要有方形和圆形两种。

（4）刀具参数

和铣削系统的铣刀相同，车刀也需要设置切削参数，可以通过图 8-11 所示的【参数】选项卡来进行刀具参数设置。

- •【程式参数】选项：包括指定刀具号码、刀具补正号码、刀塔号码和刀具背面补正号码。
- •【默认的切削参数】选项：用于设置刀具的车削速度、进给量等。
- •【刀具路径参数】选项：用于设置刀具路径的车削深度、重叠量、退刀距离等参数。
- •【Coolant】选项：用于设置加工中冷却的方式。
- •【补正】选项：用于设置刀具偏移的方式。

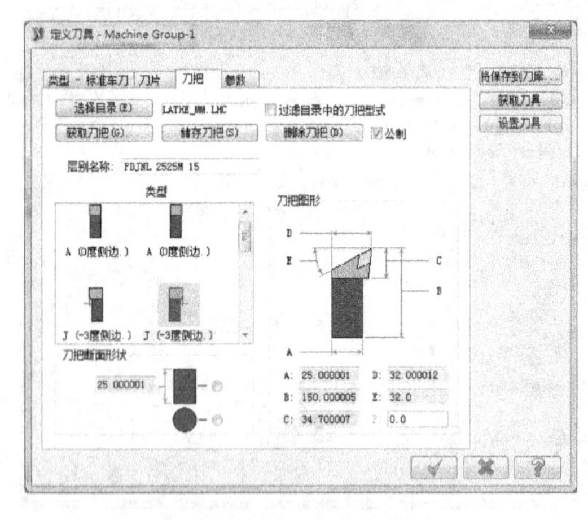

图 8-10 【刀把】选项卡

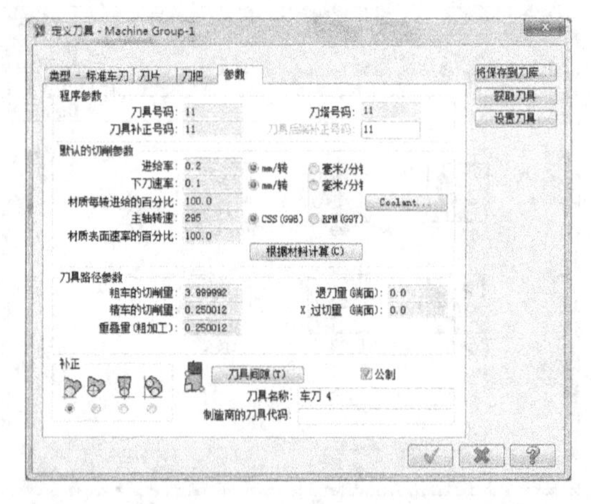

图 8-11 【参数】选项卡

8.1.3 工件设置

在车床加工系统中，设置工件的方法与铣床加工系统基本相同。在【操作管理器】中的【属性】选项组中选择【材料设置】选项，系统弹出图 8-12 所示的【机器群组属性】对话框。用户可以使用该对话框来进行车床加工系统的工件设置、刀具设置及材料设置等。

1. 工件设置

工件外形通过【材料】选项组来设置。首先需要设置工件的主轴转向，可以设置为左主轴转向或右主轴转向，系统的默认设置为左主轴转向。

车床加工工件是以车床主轴为旋转轴的旋转体。单击 信息内容 按钮，系统弹出图 8-13 所示的【机床组件管理 - 素材】对话框，素材体的边界可以采用以下方式来设置。

（1）图形类型

单击【图形】下拉菜单，可在此选取立方体、圆柱、挤出、旋转、实体图素以及没有图形等素材的图形类型，其中圆柱为默认类型。同时，也可设置素材的颜色、透明度等特质。

（2）串连方式

在图 8-13 所示的【机床组件管理 - 素材】对话框中单击 由两点产生(2) 按钮，用户可以选择图形边界来作为工件外形。

（3）参数方式

在【机床组件管理 - 素材】对话框中的【外径】、【内径】文本框中设置素材参数。同时，也可单击 选择... 按钮，在图形中选取基准点。

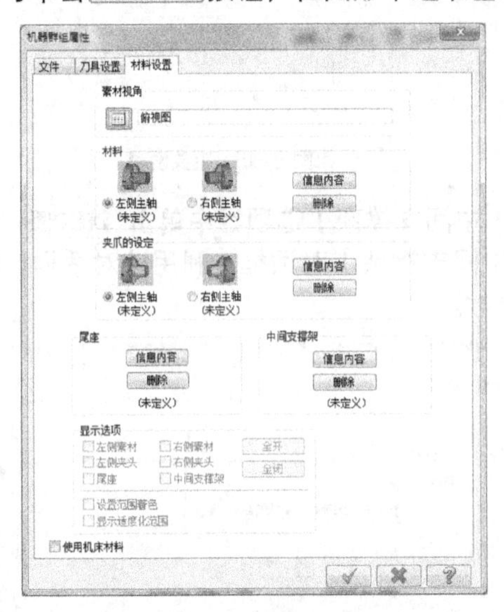

图 8-12 【机器群组属性】对话框

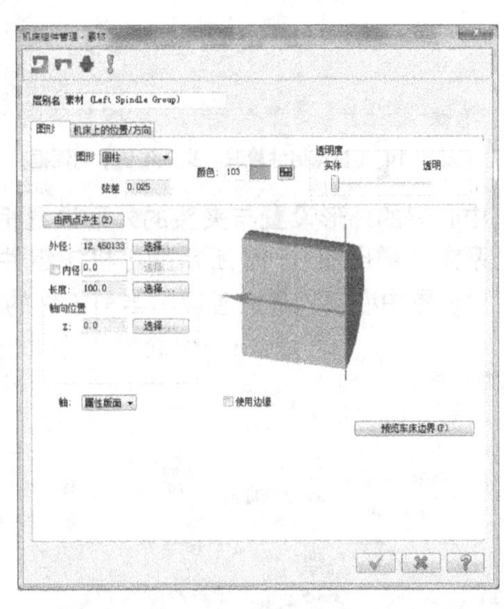

图 8-13 【机床组件管理 - 素材】对话框

2. 夹头设置

工件夹头通过【夹爪的设定】选项组来设置。工件夹头的设置方法与工件外形的设置方法基本相同。

在【夹爪的设定】选项组中单击 信息内容 按钮，系统弹出图 8-14 所示的【机床组件管理 - 夹头设置】对话框。在该对话框中可以设置夹头的类型以及夹持参数，完成后如图 8-15 所示。

3. 尾座设置

尾座的外形设置与夹头的外形设置相同。在【尾座】选项组中单击 信息内容 按钮，系统将弹出图 8-16 所示的【机床组件管理 - 中心】对话框。利用该对话框，用户可以设置顶尖的伸出长度、直径及尾座的长度、宽度等。

4. 中心架设置

当加工细长轴时，常常需要采用中心架来稳定工件的回转运动。

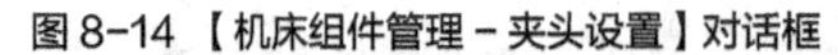

图 8-14 【机床组件管理 - 夹头设置】对话框

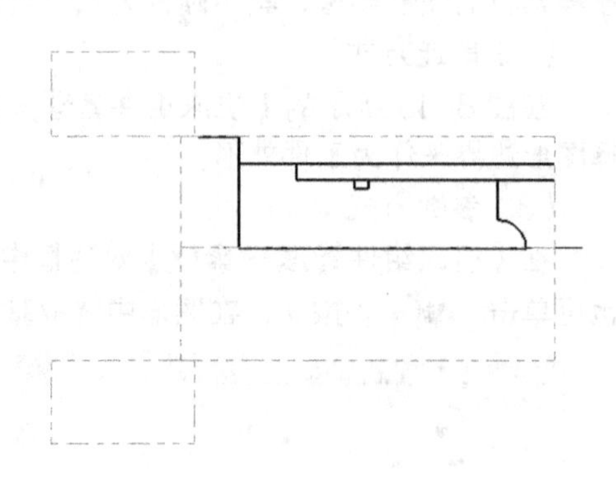

图 8-15 夹头设置

中心架的外形设置与夹头的外形设置相同。在【中间支撑架】选项组中单击 信息内容 按钮，系统将弹出图 8-17 所示的【机床组件管理 - 中间支撑架】对话框。利用该对话框，用户可以设置中心架的最大直径、当前工件的直径等参数。

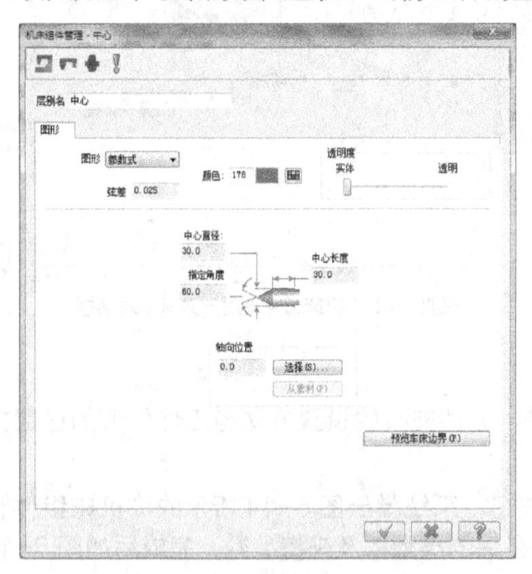

图 8-16 【机床组件管理 - 中心】对话框

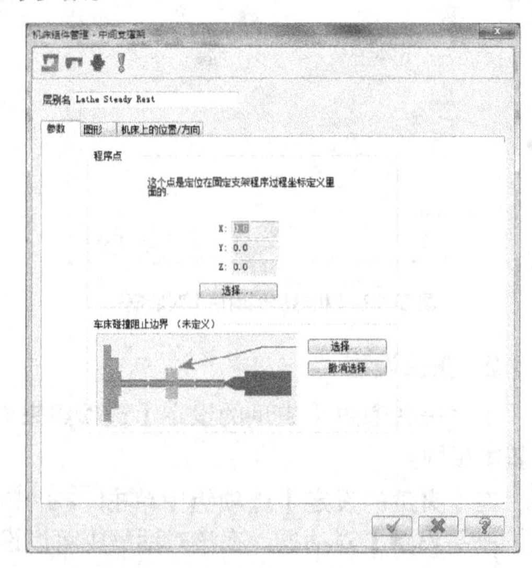

图 8-17 【机床组件管理 - 中间支撑架】对话框

8.2 轴类零件的加工

轴类零件多为传动元件，如连接发动机与差速器之间的传动轴就是典型的轴类零件，一般经过车端面、粗车、精车、截断等工序制造而成，如果是精度要求高的轴类零件，还可以通过磨削工艺等加工而成。

8.2.1 重点知识讲解

1. 粗车参数设置

粗车用于切除工件的大余量材料，使工件接近于最终的尺寸和形状，为精车做准备。在【刀具路径】主菜单中选取【粗车】选项，即可调用粗车模组。

在系统打开的粗车参数设置对话框中，主要有【刀具路径参数】和【粗加工参数】两个选项卡。

（1）刀具设置

与铣床加工一样，车削参数对话框的第一个选项卡也是刀具参数管理，如图 8-18 所示。

（2）粗加工参数

粗加工所特有的参数可在图 8-19 所示【粗加工参数】选项卡中进行设置。该选项卡的设置主要是对加工参数、粗车方向与角度、刀具补偿、走刀形式、进 / 退刀路径以及切进等参数进行设置。

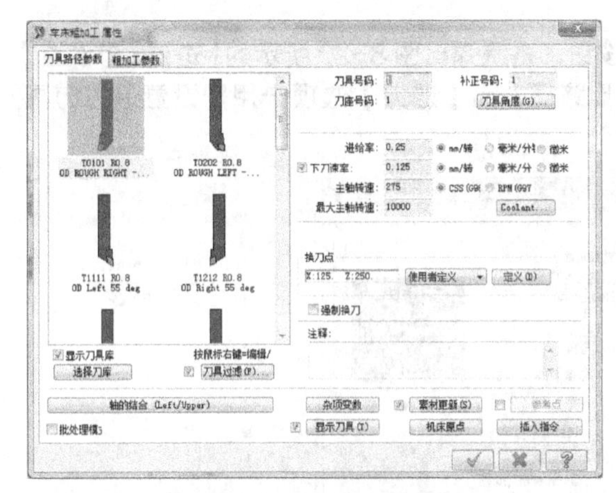

图 8-18 【刀具路径参数】选项卡

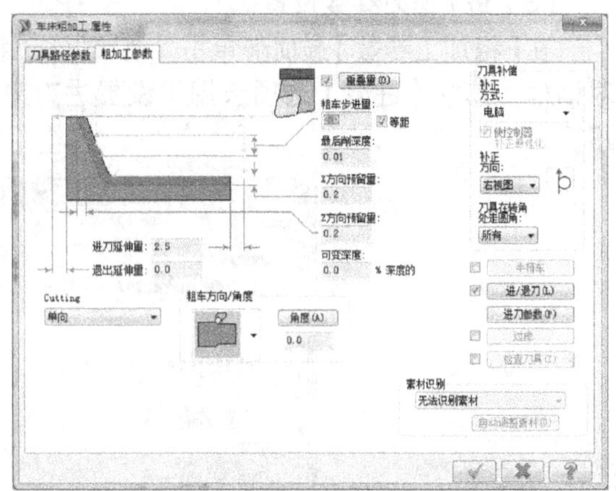

图 8-19 【粗加工参数】选项卡

① 加工参数

粗车的加工参数包括粗车步进量、重叠量、最少的切削深度、进刀延伸量和预留量等参数。

•【粗车步进量】：即最大切削深度。在粗车深度的设置中，如果勾选【等距】复选项，则系统将粗车深度设置为刀具允许的最大车削深度。

•【重叠量】：指相邻粗车削之间的重叠距离。当设置了重叠量时，每次车削的退刀量等于车削深度与重叠量之和。

•【进刀延伸量】：指的是开始进刀时刀具距工件表面的距离。

•【最后削深度】：指直径方向每层的最小背吃刀量。

•【预留量】：指的是在 *X* 轴和 *Z* 轴两个方向上设置预留量。

② 粗车方向 / 角度

用户可以在【粗车方向 / 角度】分组框选择粗车方向和指定粗车角度。

• 粗车方向：系统提供外径、内径、端面和背面 4 个粗车方向。

• 粗车角度：用户可以利用文本框直接输入粗车的角度，系统默认为 0°；也可以单击 角度(A) 按钮进行设置。

要点提示

设置该角度主要用来加工锥面，系统可以生成与圆锥面相平行的刀具路径，否则生成的刀具路径与端面垂直。常用于锥面的精加工，以保证表面质量。

③ 刀具补偿

刀具补偿的设置方法与铣床加工系统中的设置方法相同。

④ 走刀形式

系统提供了两种走刀形式，其内容如下。

- 【单向】：单向是指仅按一个方向进行车削加工，系统默认为单向车削方式。
- 【双向】：双向是指可以在两个方向进行车削加工，只有采用双向刀具进行粗车时才能选择该车削方式，双向走刀有【Zig zag straight】和【Zig zag downward】两种类型可选。

（3）进 / 退刀参数设置

在【粗加工参数】选项卡单击 进/退刀(L) 按钮，系统弹出图 8-20 所示的【进退 / 刀设置】对话框，其中【进刀】选项卡用于设置进刀刀具路径，而【退刀】选项卡用于设置退刀刀具路径。

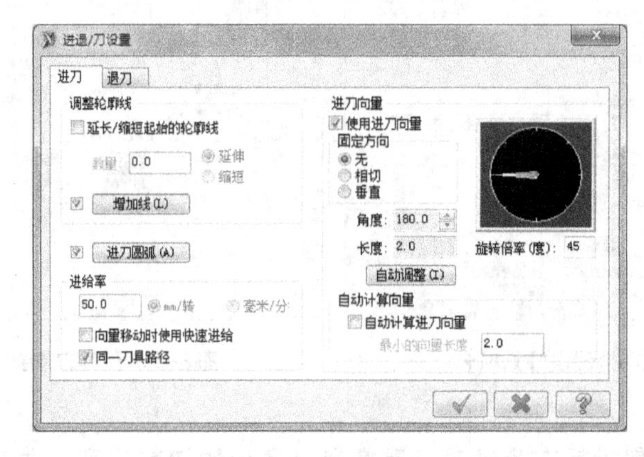

图 8-20 【进退 / 刀设置】对话框

可以通过【延伸 / 缩短起始的轮廓线】复选项、 增加线(L) 、 进刀圆弧(A) 来调整轮廓线，具体操作步骤和表现形式如图 8-21 所示。

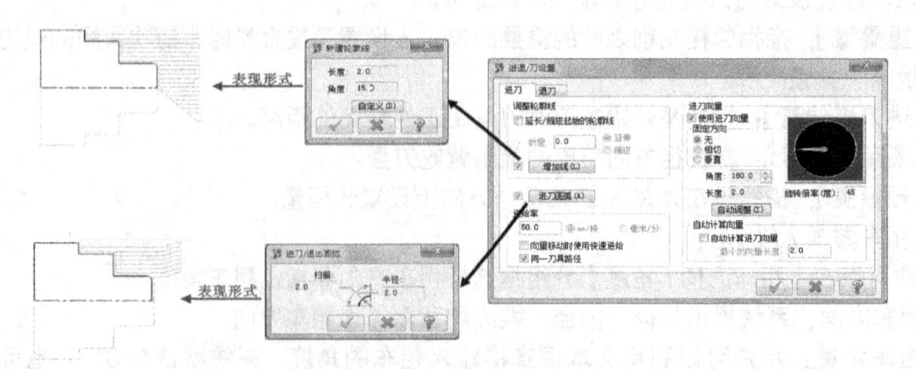

图 8-21 调整轮廓线操作步骤

• 延伸 / 缩短起始轮廓线是轮廓线沿串连起点处的切线方向延伸或者缩短，其改变的数值通过文本框的数值来设定。

• 增加线段通过在【新建轮廓线】对话框中设置增加线段的长度和角度来完成。

• 进退 / 刀圆弧是指在刀具路径中增加一段圆弧，设置参数有【扫掠角度】和【半径】。

2. 精车参数设置

精车加工用于切除工件外侧、内侧或端面的多余材料。在【刀具路径】主菜单中选取【精车】选项，即可调用精车模组。

精车所特有的参数可在图 8-22 所示【精车参数】选项卡中进行设置。

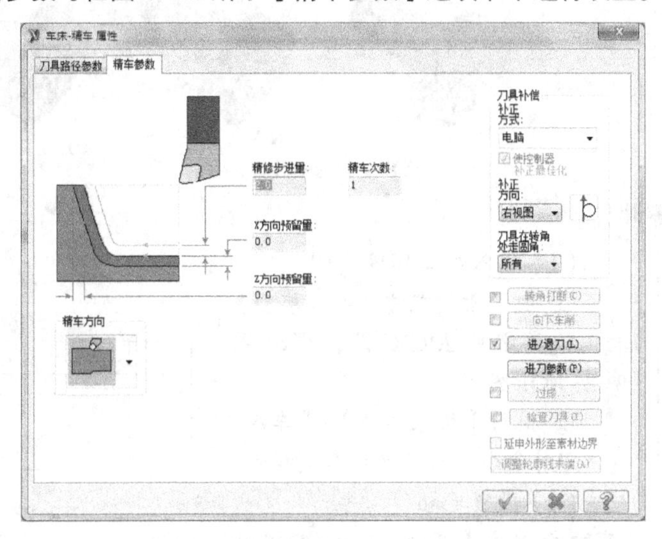

图 8-22 【精车参数】选项卡

精车模组与粗车模组的参数设置方法基本相同，只需要根据粗车加工后的余量及本次精车加工余量来设置精修次数和精车步进量即可。

要点提示

精车加工时，所设置的精车总量应为粗车时所设置的 X、Z 方向上的预留量，而精车总量为精车进步量与精车次数的乘积。

8.2.2 实战演练——加工轴类零件

图 8-23 所示的轴类零件常用车削方式加工，经过车端面、粗车、精车、切断等工序制造而成，如果是精度要求高的轴类零件，还可以通过磨削工艺加工而成。

1. 涉及的应用工具

（1）分析零件结构，确定加工方式，即采用铣削加工、车削加工或者雕刻加工等，轴类零件采用车削系统加工较为合适。

（2）设置毛坯尺寸、夹头卡盘以及材料属性。

（3）选用 T0101 型号的外圆车刀对 ϕ60 柱面、

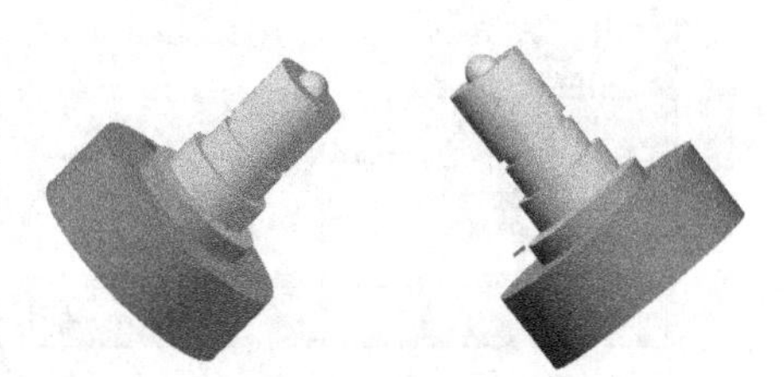

图 8-23 轴类零件

ϕ48×70 柱面以及 R10 球面进行首次粗加工。

（4）调整车床主轴转速以及进给量，选用 T0101 型号的外圆车刀对 ϕ60 柱面、ϕ48×70 柱面以及 R10 球面进行精加工。

（5）选用 T1717 型号的外圆车刀对轴类零件进行径向车削加工，车削出轴上的槽特征。

（6）进行实体切削验证，验证刀具路径的正确性。

2. 操作步骤概况

操作步骤概况，如图 8-24 所示。

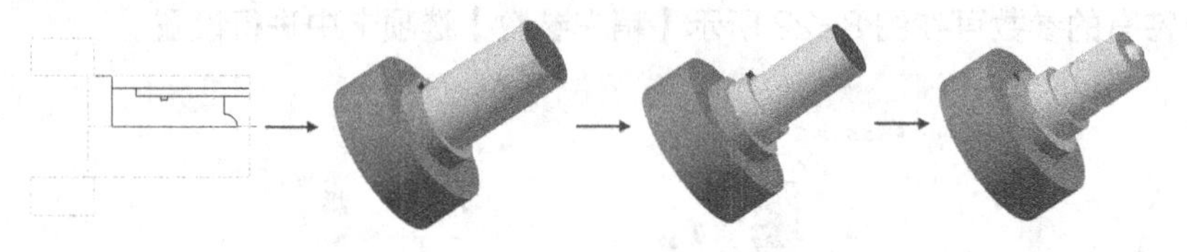

图 8-24 操作步骤

3. 加工轴类零件

（1）进入加工环境

① 打开素材文件“第 8 章\素材\轴类零件.MCX-7”，得到图 8-25 所示图形。

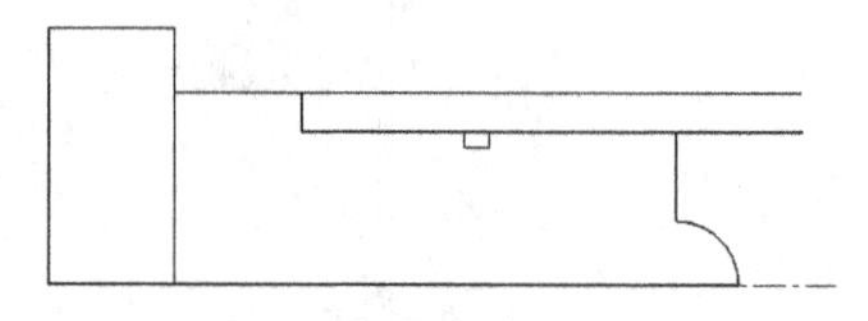

图 8-25 轴类零件

② 执行【机床类型】/【车床】/【默认】命令，启动通用车削模块。

（2）设置毛坯

① 在操作管理器窗口中单击【属性 -Lathe Default MM】选项组，然后单击【材料设置】选项，系统弹出图 8-26 所示的【机器群组属性】对话框。

② 在【材料设置】选项组中单击 信息内容 按钮，在【机床组件管理 - 素材】对话框中按照图 8-27 所示设置毛坯参数，单击 ✓ 按钮确定。

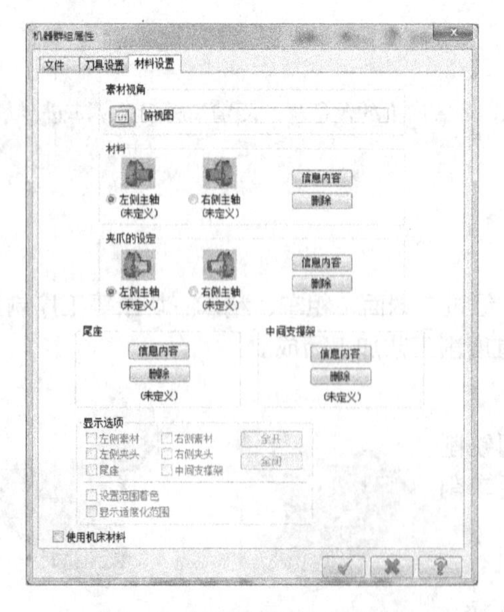

图 8-26 【机器群组属性】对话框

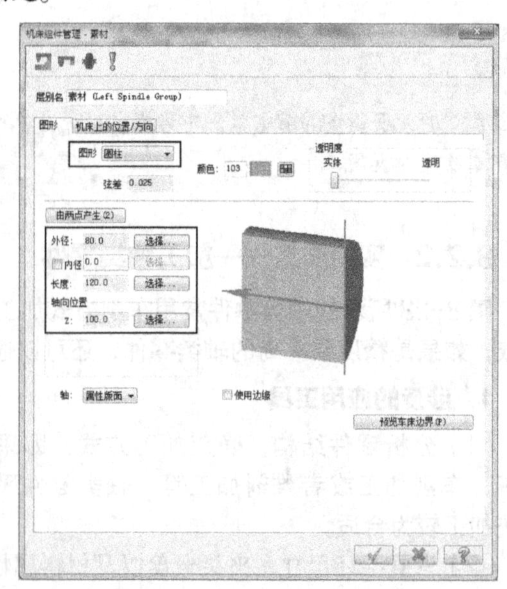

图 8-27 【机床组件管理 - 素材】对话框

③ 在【夹爪的设定】选项组中单击 信息内容 按钮，在【机床组件管理 - 夹头设置】对话框中按图 8-28 所示设置卡盘夹持参数，单击 ✓ 按钮确定。

④ 在【机器群组属性】对话框中单击 ✓ 按钮确定，毛坯设置最终结果如图 8-29 所示。

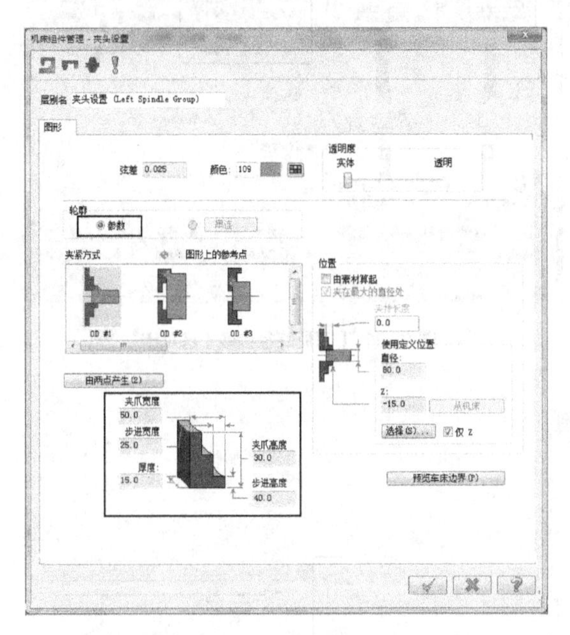

图 8-28 【机床组件管理 - 夹头设置】对话框

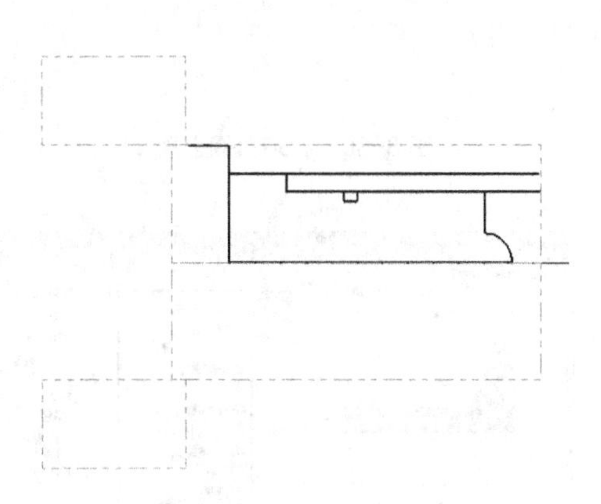

图 8-29 毛坯设置

要点提示

在设置素材和卡盘夹具时，如果想删除以前设置的素材参数，可以单击【机器群组属性】对话框中的 删除 按钮进行操作。

（3）创建粗车 ϕ60 外圆的刀具路径

① 执行【刀具路径】/【粗车】命令，在【输入新 NC 名称】对话框中输入名称，然后单击 ✓ 按钮确定。

② 在绘图区选取图 8-30 所示的线段为粗车边界，然后在【串连选项】对话框中单击 ✓ 按钮确定。

③ 在【车床粗加工 属性】对话框的【刀具路径参数】选项卡中选择 T0101 型号的外圆车刀，并按图 8-31 所示设置刀具参数。

④ 单击【粗加工参数】选项卡，按照图 8-32 所示设置粗车参数，然后单击 ✓ 按钮确定，系统自动生成图 8-33 所示粗车的刀具路径。

（4）创建粗车 ϕ48 外圆的刀具路径

① 执行【刀具路径】/【粗车】命令，在绘图区选取图 8-34 所示的线段为粗车边界，其他参数设置与创建粗车 ϕ60 外圆的刀具路径的操作相同。

②单击操作管理器窗口中的 ✓ 按钮，选取全部加工操作步骤，然后单击 按钮启动实体切削验证工具，模拟加工结果如图 8-35 所示。

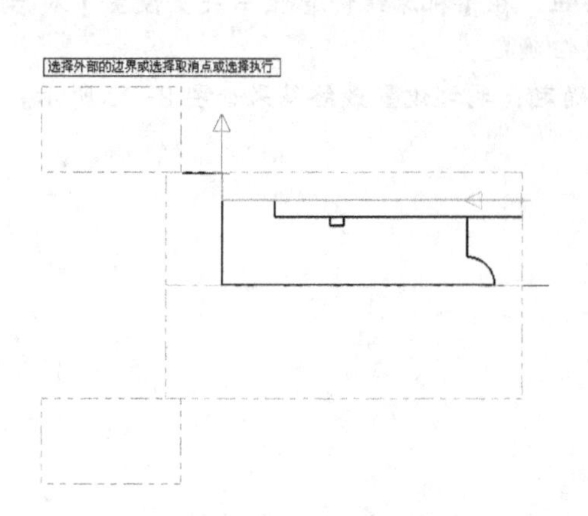

图 8-30 ϕ60 外圆边界

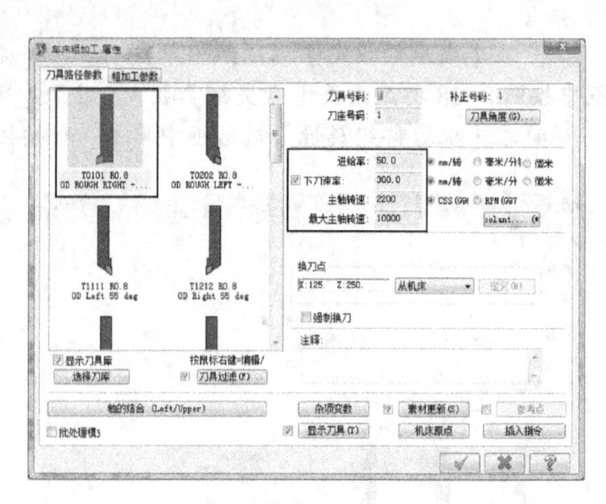

图 8-31 【刀具路径参数】选项卡

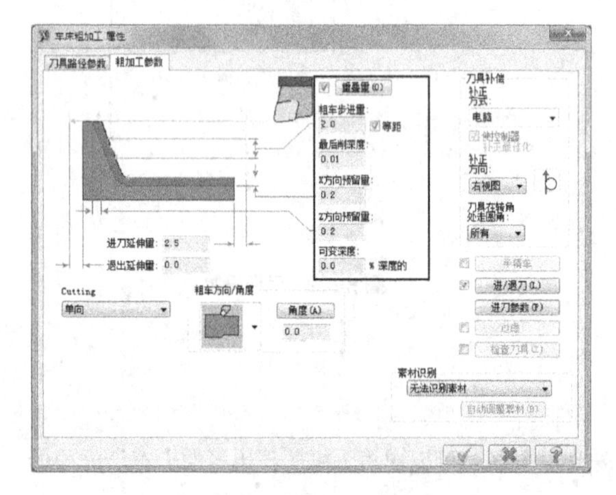

图 8-32 【粗加工参数】选项卡

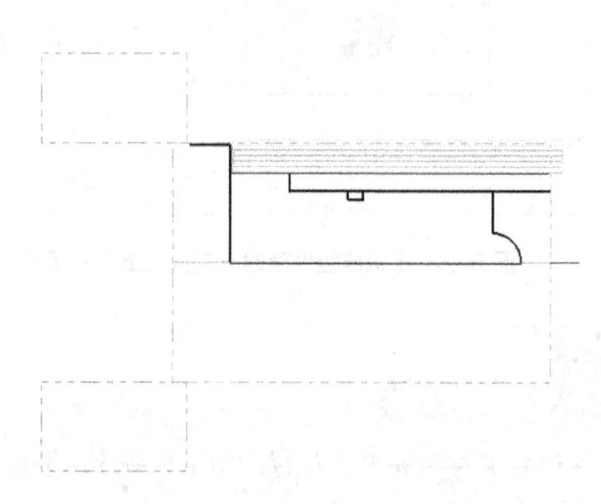

图 8-33 粗车 ϕ60 外圆的刀具路径

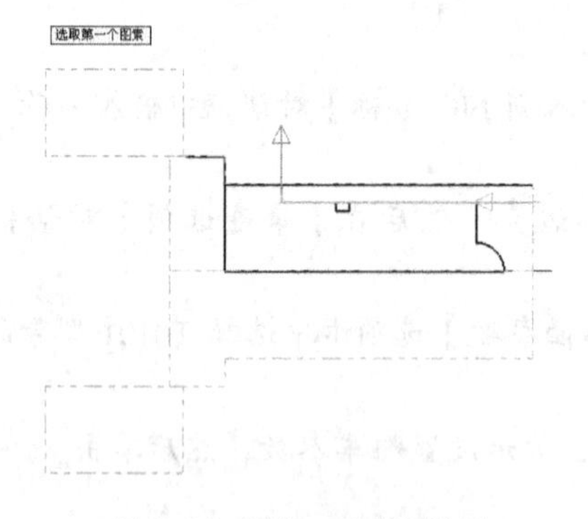

图 8-34 粗车 ϕ48 外圆边界

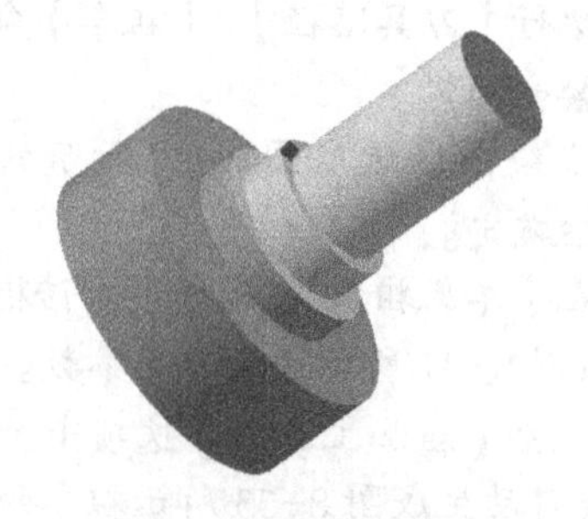

图 8-35 粗车模拟加工

（5）创建粗车 R10 外圆的刀具路径

① 执行【刀具路径】/【粗车】命令，在绘图区选取图 8-36 所示的线段为粗车边界，其他参数设置与创建粗车 ϕ60 外圆的刀具路径的操作相同。

② 单击操作管理器窗口中的按钮，选取全部加工操作步骤，然后单击按钮启动实体切削验证工具，模拟加工结果如图 8-37 所示。

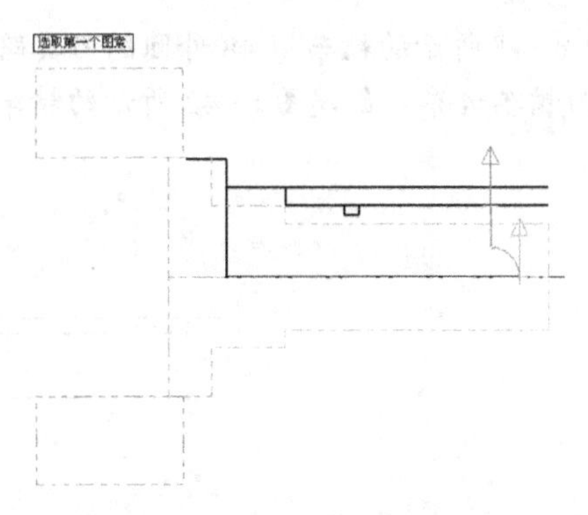

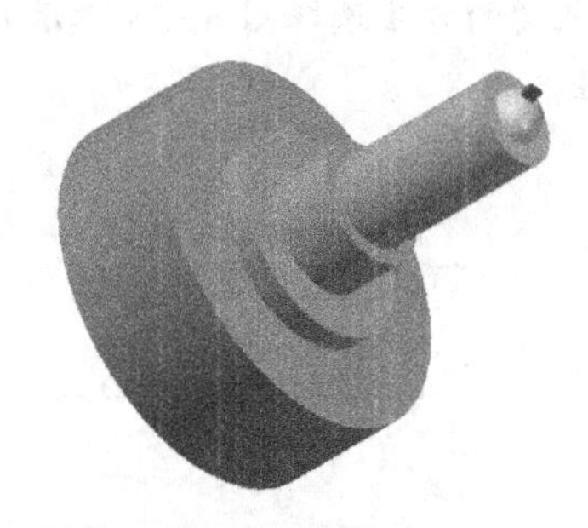

图8-36　R10外圆边界　　　　图8-37　粗车R10外圆模拟加工

（6）创建精车ϕ60外圆的刀具路径

① 执行【刀具路径】/【精车】命令，在绘图区选取图8-30所示的线段为精车边界，然后在【串连选项】对话框中单击 ✓ 按钮确定。

② 在【车床－精车 属性】对话框的【刀具路径参数】选项卡中选择T0101型号的外圆车刀，并按照图8-38所示设置刀具参数。

③ 单击【精车参数】选项卡，按照图8-39所示设置精车参数，然后单击 ✓ 按钮确定，系统自动生成图8-40所示的精车刀具路径。

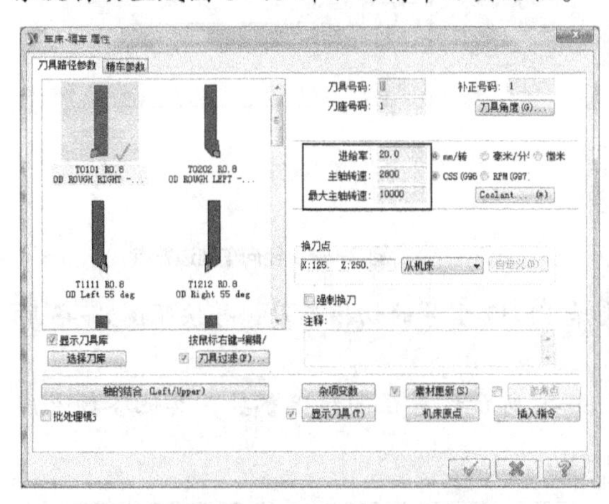

图8-38 【刀具路径参数】选项卡　　　　图8-39 【精车参数】选项卡

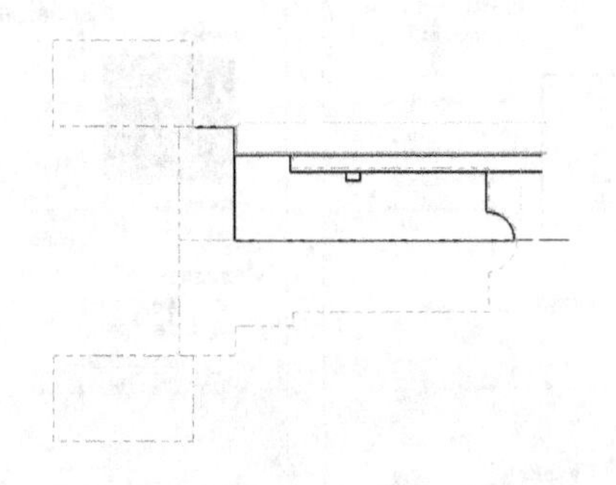

图8-40　精车ϕ60外圆刀具路径

（7）创建精车ϕ48外圆和R10外圆的刀具路径。

① 用相同的方法，在绘图区选取图8-34所示的线段为精车边界，其他参数设置与创建

精车 ϕ60 外圆的刀具路径的操作相同，创建图 8-41 所示的精车 ϕ48 外圆的刀具路径。

② 用相同的方法选取图 8-36 所示的线段为精车边界，创建图 8-42 所示的精车 R10 外圆的刀具路径。

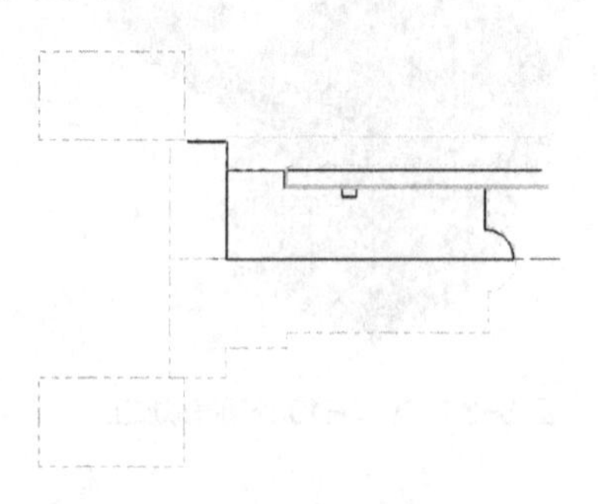

图 8-41 精车 ϕ48 外圆刀具路径

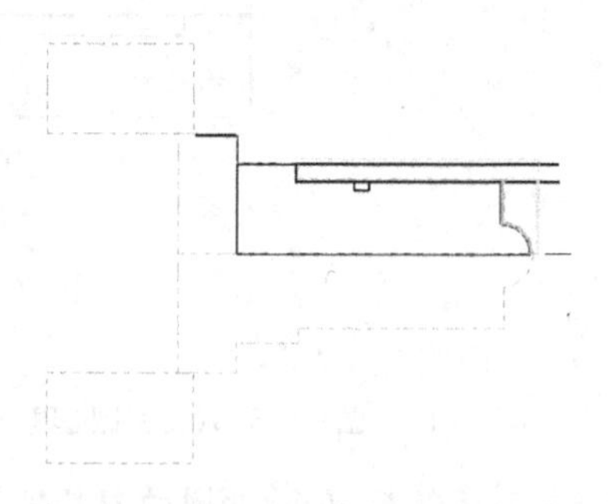

图 8-42 精车 R10 外圆刀具路径

（8）创建径向车削刀具路径

① 执行【刀具路径】/【径向车】命令，系统弹出图 8-43 所示的【径向车削的切槽选项】对话框，选中【2 点】单选项，然后单击 ✓ 按钮确定。

② 在绘图区依次选取图 8-44 所示的两个点为径向车削边界，然后按 Enter 键确定。

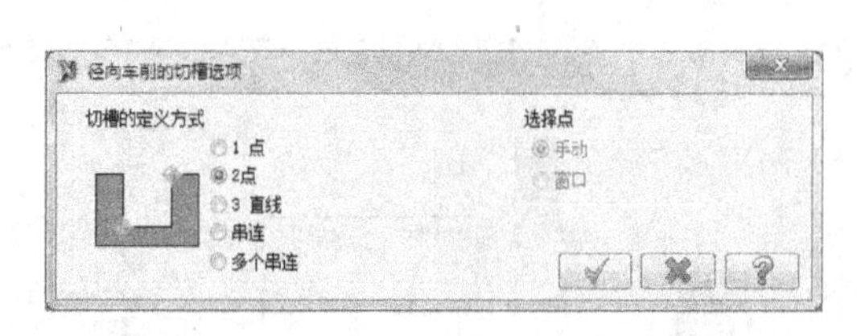

图 8-43 【径向车削的切槽选项】对话框

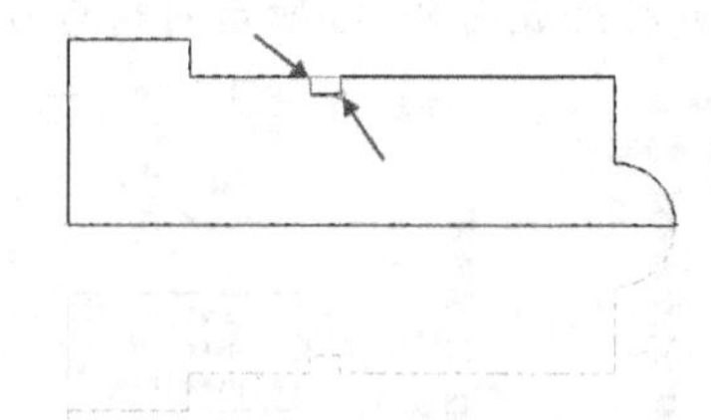

图 8-44 径向车削边界点

③ 在【车床 - 径向粗车 属性】对话框中选择 T1717 型号的切槽车刀，并按照图 8-45 所示设置刀具路径参数。

④ 单击【径向外形参数】选项卡，按照图 8-46 所示设置径向精车参数，其他参数采用系统默认值。

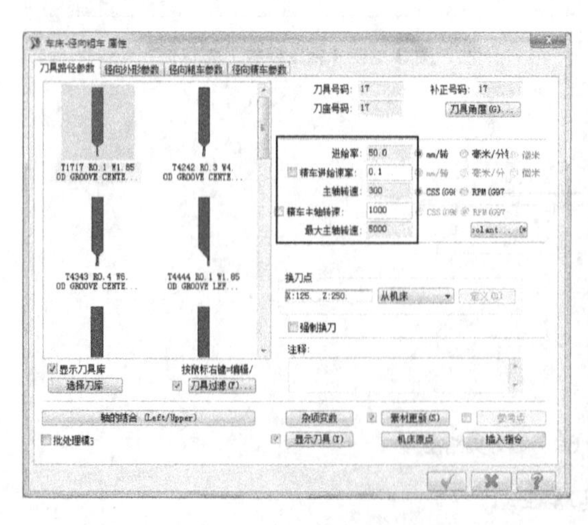

图 8-45 【车床 - 径向粗车 属性】对话框

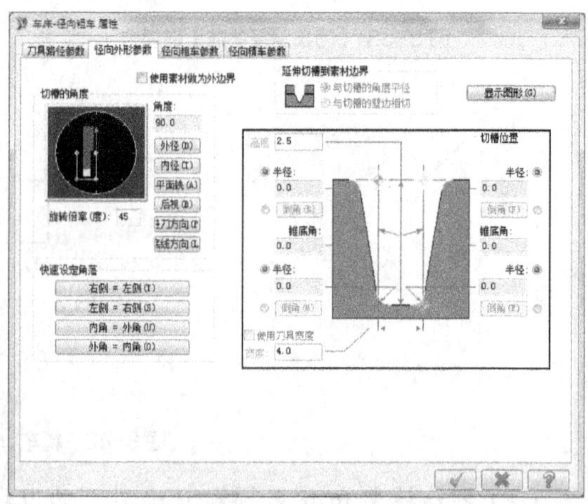

图 8-46 【径向外形参数】选项卡

⑤ 单击【径向精车参数】选项卡，按照图 8-47 所示设置径向精车参数，其他参数采用系统默认值，单击 按钮确定，系统自动生成径向车削刀具路径。

（9）实体切削验证

① 单击操作管理器窗口中的 按钮，选取全部加工操作步骤，然后单击 按钮启动实体切削验证工具。

② 单击【实体切削验证】对话框中的 按钮进行模拟加工，模拟加工结果如图 8-48 所示。

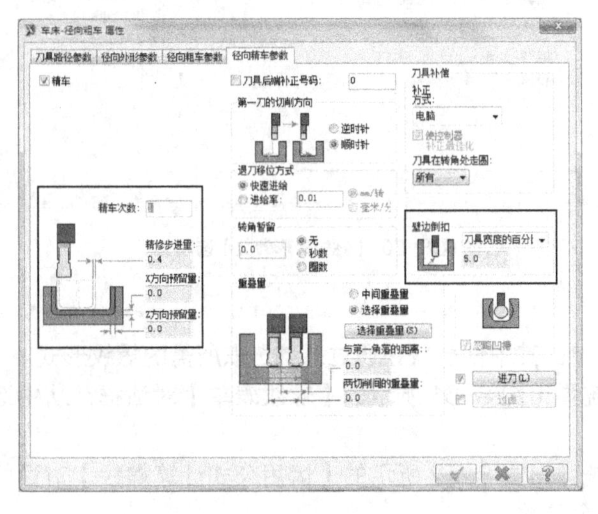

图 8-47 【径向精车参数】选项卡

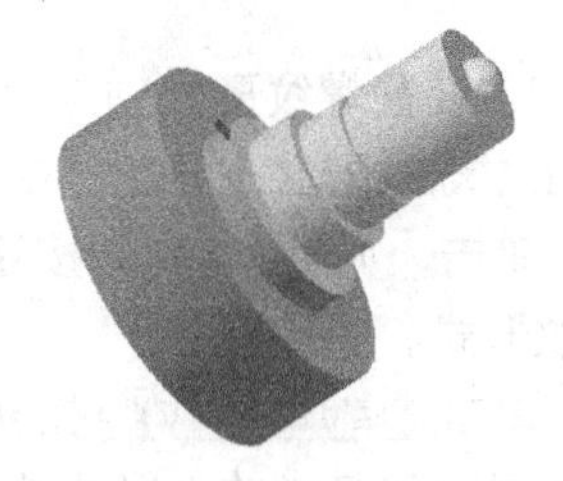

图 8-48　模拟加工

8.3 轴类螺纹零件的加工

轴类螺纹零件主要是在轴的端部加上了螺纹，起密封或者连接作用，本小节在轴类加工的基础上着重介绍螺纹加工的方法及技术要点。

8.3.1　重点知识讲解

螺纹车削加工主要用于加工内螺纹、外螺纹、螺纹槽等。其特有的参数包括螺纹形式参数和车螺纹参数，其加工效果如图 8-49 所示。

1. 设置螺纹形式的参数

执行【刀具路径】/【车螺纹】命令，系统弹出【车床 - 车螺纹 属性】对话框，然后单击【螺纹外形参数】选项卡，该选项卡主要包括设置螺纹形式、螺纹方向等参数，如图 8-50 所示。

（1）设置螺纹外形参数

螺纹的外形参数主要包括导程、牙型角、螺纹外径、螺纹内径、螺纹方向、螺纹锥底角等参数。

• 牙型角包括【牙型全角】和【牙型半角】两个参数。

• 螺纹外径和螺纹内径可以通过文本框输入数值确定，也可单击 大径(螺纹外径) 按钮在绘图区选取点来确定。

• 螺纹的方向包括内径、外径和端面 / 背面 3 种类型，单击 按钮，可以在下拉列表中选择。

图 8-49 螺纹加工

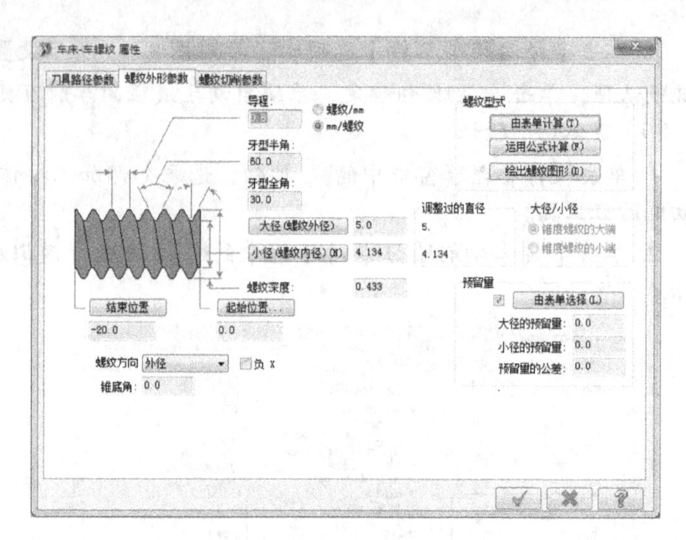

图 8-50 【螺纹外形参数】选项卡

(2) 设置螺纹形式

在【螺纹形式】分组框中，可以单击其中任意按钮通过系统选取所需的螺纹形式。

• 单击 由表单计算(T) 按钮，系统弹出图 8-51 所示的【螺纹表单】对话框，从中选取所需螺纹形式。

• 单击 运用公式计算(F) 按钮，系统弹出图 8-52 所示的【运用公式计算螺纹】对话框，用户输入导程和基本的大径参数计算其余参数。

• 单击 绘出螺纹图形(D) 按钮，用户可以自己在绘图区绘制牙型。

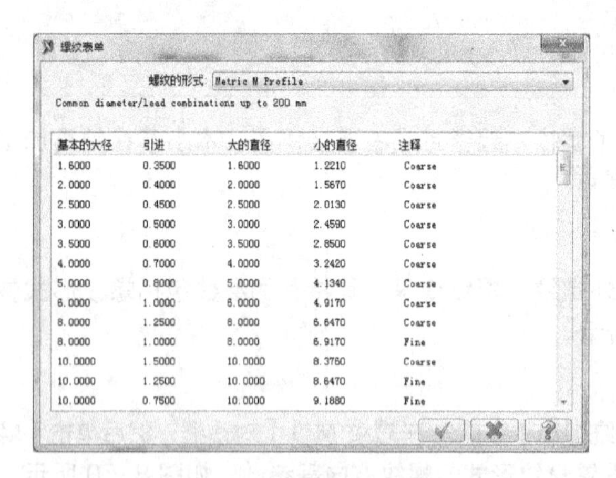

螺纹表单

螺纹的形式: Metric M Profile

Common diameter/lead combinations up to 200 mm

基本的大径	引进	大的直径	小的直径	注释
1.6000	0.3500	1.6000	1.2210	Coarse
2.0000	0.4000	2.0000	1.5670	Coarse
2.5000	0.4500	2.5000	2.0130	Coarse
3.0000	0.5000	3.0000	2.4590	Coarse
3.5000	0.6000	3.5000	2.8500	Coarse
4.0000	0.7000	4.0000	3.2420	Coarse
5.0000	0.8000	5.0000	4.1340	Coarse
6.0000	1.0000	6.0000	4.9170	Coarse
8.0000	1.2500	8.0000	6.6470	Coarse
8.0000	1.0000	8.0000	6.9170	Fine
10.0000	1.5000	10.0000	8.3760	Coarse
10.0000	1.2500	10.0000	8.6470	Fine
10.0000	0.7500	10.0000	9.1880	Fine

图 8-51 【螺纹表单】对话框

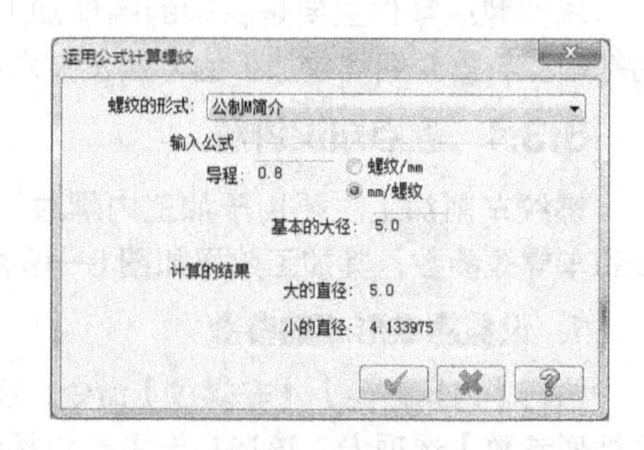

图 8-52 【运用公式计算螺纹】对话框

2. 设置车螺纹参数

单击【螺纹切削参数】选项卡，该选项卡主要包括设置 NC 代码格式、多层切削参数、车螺纹加工工艺等参数，如图 8-53 所示。

(1) 设置 NC 代码格式

NC 文件是控制数控机床进行加工的程序文件，其格式设置的合适与否直接关系到数控加工的难易程度。

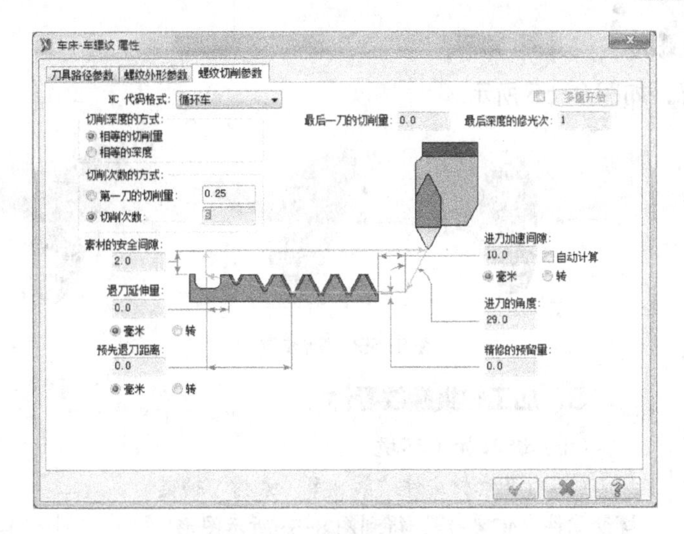

图 8-53 【螺纹切削参数】选项卡

在【NC 代码格式】下拉列表中提供了标准、循环车、方块和交替切削 4 种 NC 代码格式，用户可以根据加工零件的特征选择不同的 NC 代码格式。

（2）设置分层切削参数

分层切削参数包括切削深度和切削次数。

• 当选中【第一刀的切削量】单选项后，系统按用户设定的深度数值做定值切削加工，直至完成加工。

• 当选中【切削次数】单选项后，系统自动计算每次切削的次数，做定数切削加工。

（3）设置车螺纹加工工艺参数

车螺纹加工工艺参数主要包括素材的安全间隙、进 / 退刀等参数的设置。

8.3.2　实战演练——加工轴类螺纹零件

图 8-54 所示的轴类螺纹零件可以通过螺纹连接将施加在轴一端的力或扭矩传递给螺纹端的零件，螺纹是机械传动中的常见连接形式，在加工过程中需要车削螺纹退刀槽，然后车削螺纹。

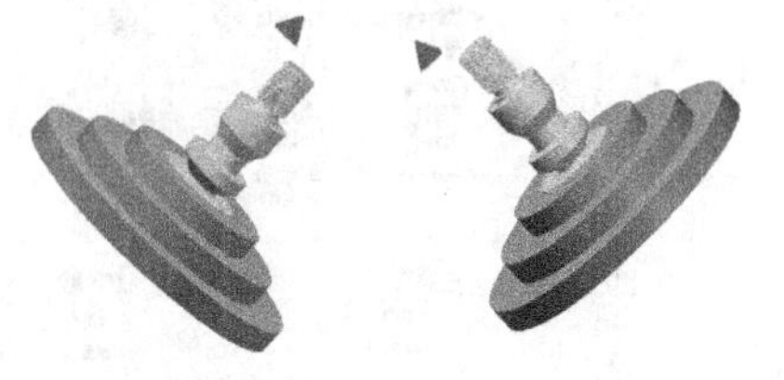

图 8-54　扇叶

1. 涉及的应用工具

（1）分析零件结构，确定加工方式，即铣削加工、车削加工或者雕刻加工等，轴类零件采用车削系统加工较为合适。

（2）设置毛坯尺寸、夹头卡盘以及材料属性。

（3）选用 T0707 型号的外圆车刀，对毛坯进行车削端面，即去除毛坯端面的因铸造、锻造以及腐蚀等形成的不达标材质。

（4）选用 T0303 型号的外圆车刀，根据外形对毛坯进行首次粗加工。

（5）调整车床主轴转速以及进给量，选用 T0303 型号的外圆车刀对零件表面进行精加工。

（6）选用 T1717 型号的切槽刀具对轴类零件进行径向车削加工，车削出轴上的螺纹退刀槽。

（7）选用 T0101 型号的螺纹车刀对轴端进行车削螺纹加工。

（8）进行实体切削验证，验证刀具路径的正确性。

2. 操作步骤概况

操作步骤概况，如图 8-55 所示。

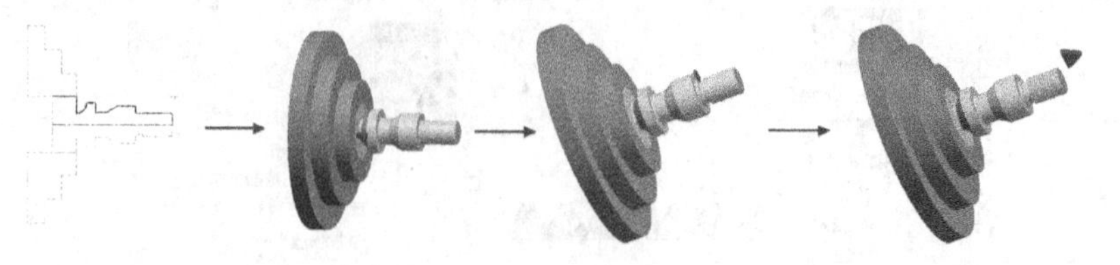

图 8-55 操作步骤

3. 加工轴类螺纹零件

（1）进入加工环境

① 打开素材文件“第 8 章 \ 素材 \ 轴类螺纹零件 .MCX-7”，得到图 8-56 所示图形。

② 执行【机床类型】/【车床】/【默认】命令，启动通用车削模块。

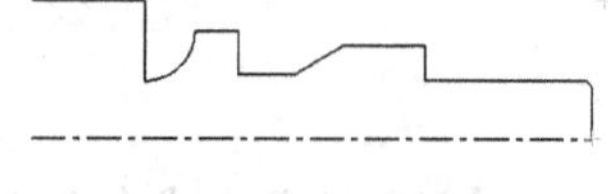

图 8-56 轴类零件

（2）设置毛坯

① 在操作管理器窗口中单击【属性 –Lathe Default】选项组，然后单击【材料设置】选项，系统弹出图 8-57 所示的【机器群组属性】对话框。

② 在【材料设置】分组框中单击 信息内容 按钮，在【机床组件管理 – 素材】对话框中按图 8-58 所示设置毛坯参数，单击 ✔ 按钮确定。

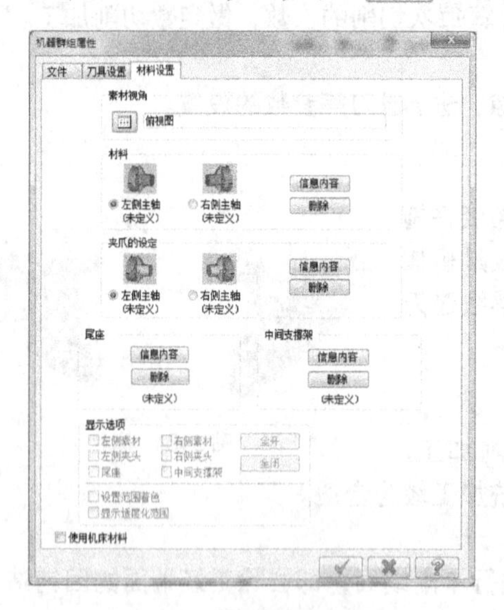

图 8-57 【机器群组属性】对话框

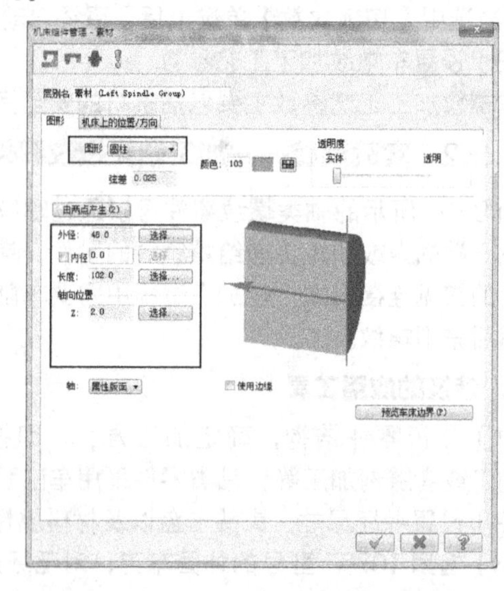

图 8-58 【机床组件管理 – 素材】对话框

③ 在【夹爪的设定】分组框中单击 信息内容 按钮，在【机床组件管理 – 夹头设置】对话框中按照图 8-59 所示设置卡盘夹持参数，单击 ✔ 按钮确定。

④ 在【机器群组属性】对话框中单击 ✔ 按钮确定，毛坯设置最终结果如图 8-60 所示。

（3）创建车削端面刀具路径

① 单击辅助工具栏中的 平面 按钮，选择 设置平面到 +X+Z 相对于您的 (WCS) 选项，设置构图平面模式为半径构图。

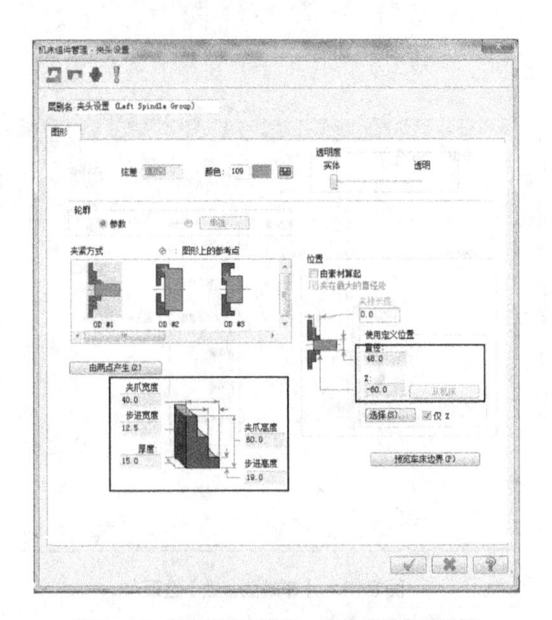

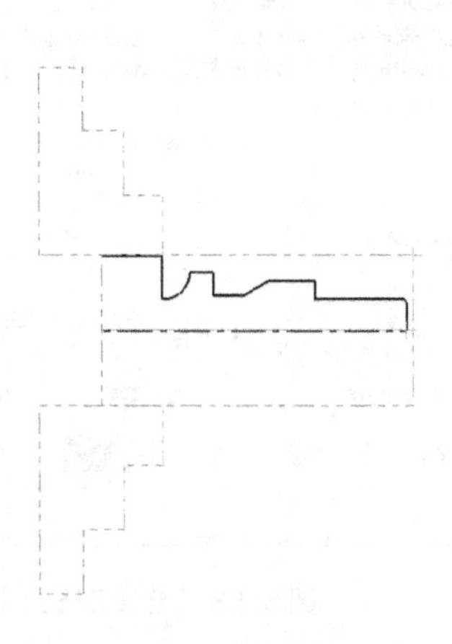

图 8-59 【机床组件管理 - 夹头设置】对话框　　　　图 8-60　毛坯设置

② 执行【刀具路径】/【车端面】命令，在图 8-61 所示的【输入新 NC 名称】对话框中输入名称，然后单击 按钮确定。

③ 在【车床 - 车端面 属性】对话框的【刀具路径参数】选项卡中选择 T0707 型号的外圆车刀，并按照图 8-62 所示设置刀具参数。

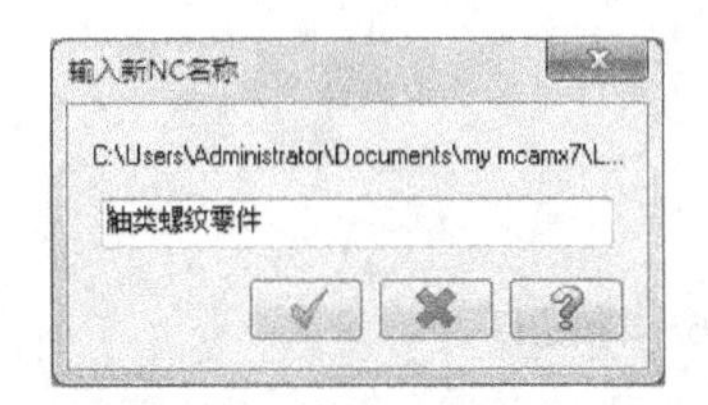

图 8-61 【输入新 NC 名称】对话框

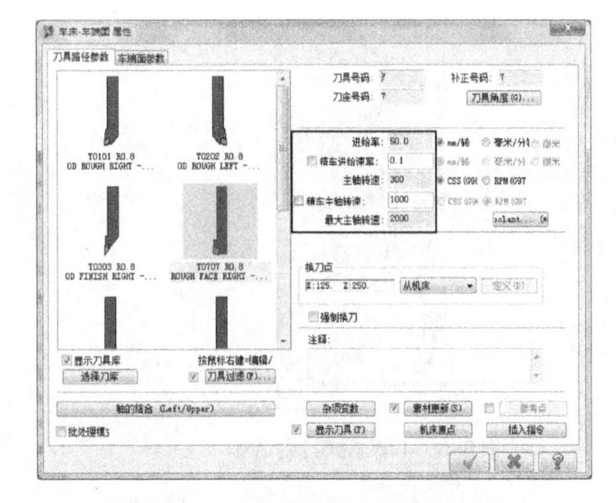

图 8-62 【车床 - 车端面 属性】对话框

要点提示

在【刀具路径参数】选项卡中选择所需的刀具时，如果刀具的具体参数不符合零件的加工工艺要求，可以在选中某个刀具的情况下，单击鼠标右键，在弹出的快捷菜单中选择【编辑刀具】命令，弹出图 8-63 所示的【定义刀具】对话框，在其中设置相关参数。

④ 单击【车端面参数】选项卡，按照图 8-64 所示设置车端面参数，然后单击 按钮

确定，系统自动生成车端面的刀具路径。

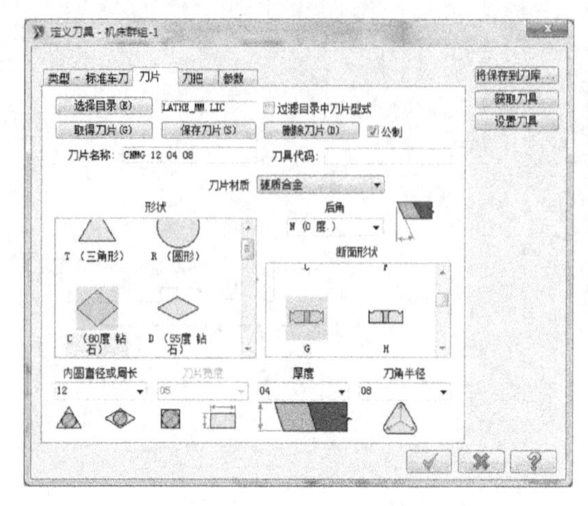

图 8-63 【定义刀具】对话框

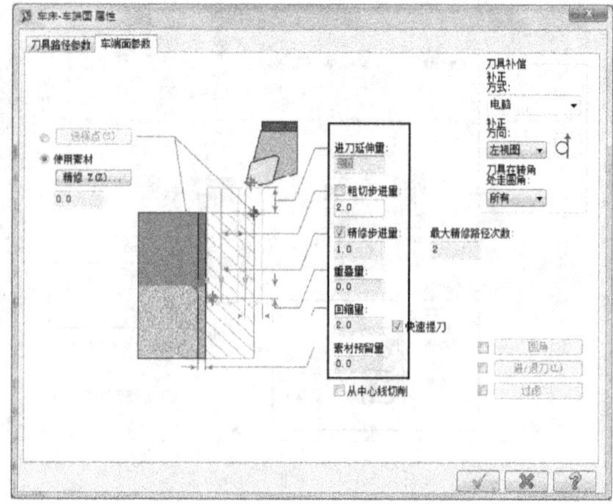

图 8-64 【车端面参数】选项卡

（4）创建粗车外圆刀具路径

① 执行【刀具路径】/【粗车】命令，系统弹出图 8-65 所示的【串连选项】对话框，依次选取图 8-66 所示的两条线段，然后单击 按钮确定。

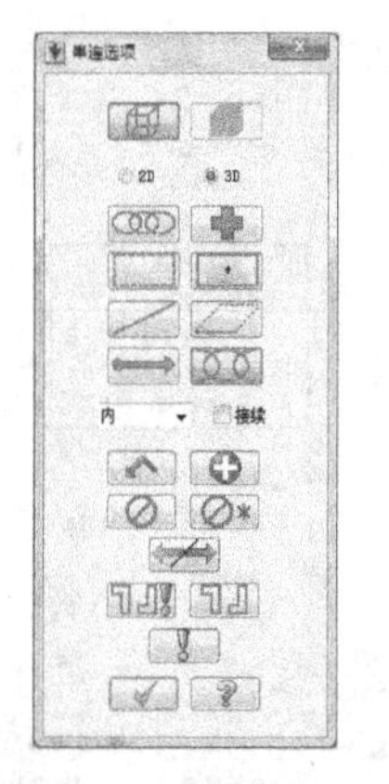

图 8-65 【串连选项】对话框

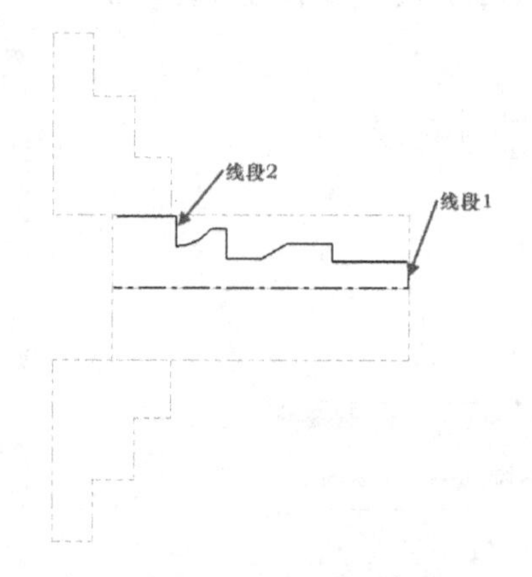

图 8-66 车削边界

② 在【车床粗加工 属性】对话框的【刀具路径参数】选项卡中选择 T0303 型号的刀具，按照图 8-67 所示设置刀具路径参数。

③ 单击【粗加工参数】选项卡，按图 8-68 所示设置粗车参数。

④ 在【粗加工参数】选项卡中单击 进/退刀(L) 按钮，按图 8-69 所示设置参数，然后单击 按钮确定。

⑤ 单击 进刀参数(P) 按钮，按图 8-70 所示设置进刀参数，然后单击 按钮返回【粗加工参数】选项卡。

⑥ 单击 按钮确定，系统自动计算刀具路径，并用线条代替刀具路径显示在零件表面，结果如图 8-71 所示。

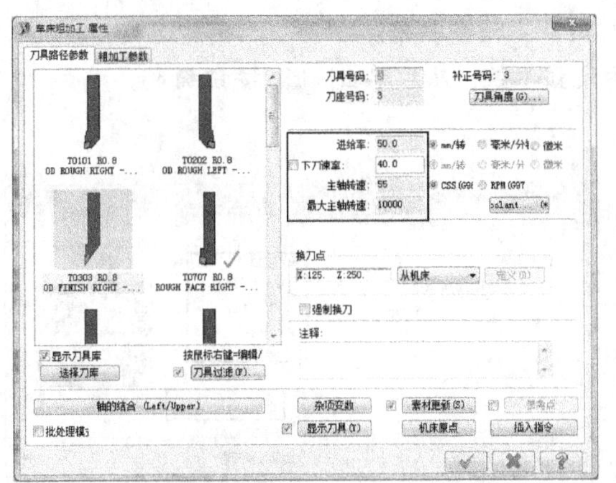

图8-67 【车床粗加工 属性】对话框

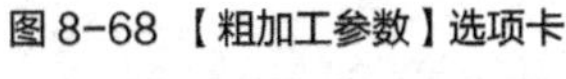

图8-68 【粗加工参数】选项卡

图8-69 【进退/刀设置】对话框

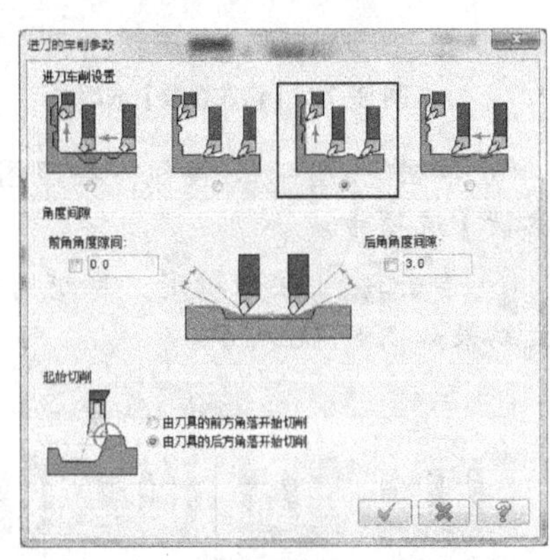

图8-70 【进刀的车削参数】对话框

（5）创建精车外圆刀具路径

① 执行【刀具路径】/【精车】命令，系统弹出【串连选项】对话框，依次选取图8-66所示的两条线段，然后单击按钮确定。

② 在【车床－精车 属性】对话框的【刀具路径参数】选项卡中选择T0303型号的刀具，按图8-72所示设置刀具路径参数。

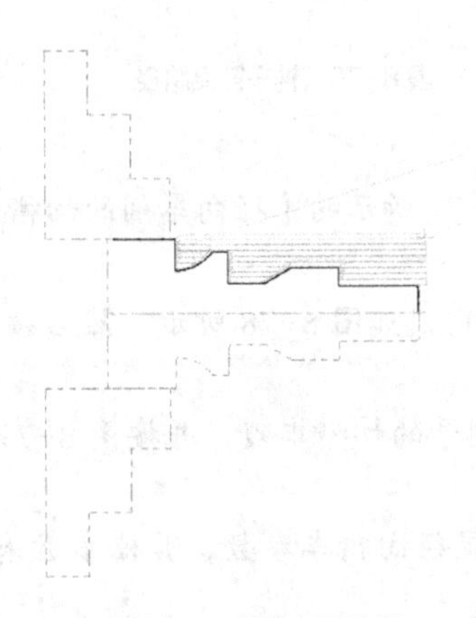

图8-71　粗车刀具路径

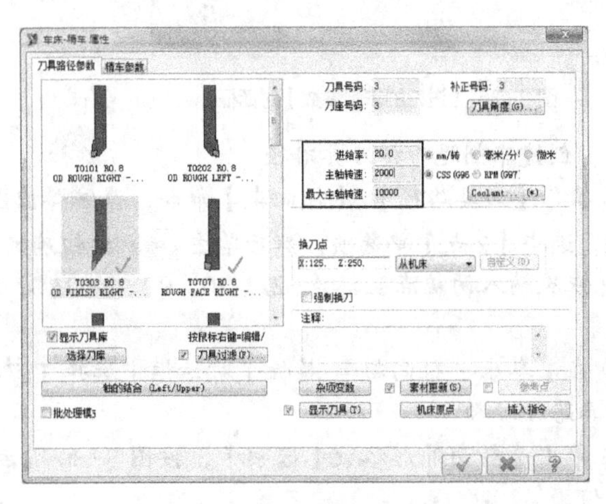

图8-72 【车床－精车 属性】对话框

③ 单击【精车参数】选项卡，按图 8-73 所示设置精车参数。

④ 单击 进/退刀(L) 按钮，按照图 8-74 所示设置参数，然后单击 ✔ 按钮确定。

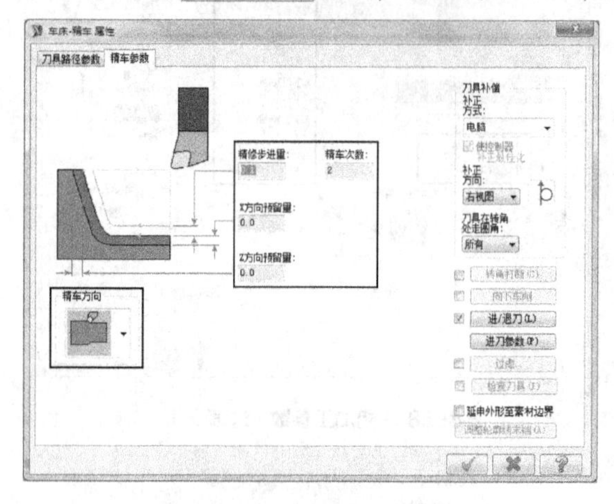

图 8-73 【精车参数】选项卡

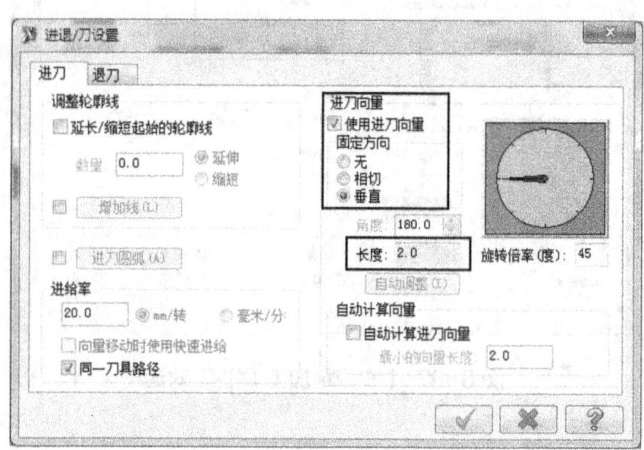

图 8-74 【进退/刀设置】对话框

⑤ 单击 进刀参数(P) 按钮，按照图 8-75 所示设置进刀参数，然后单击 ✔ 按钮返回【精车参数】选项卡。

⑥ 单击 ✔ 按钮确定，系统自动计算刀具路径，并用线条代替刀具路径显示在零件表面，结果如图 8-76 所示。

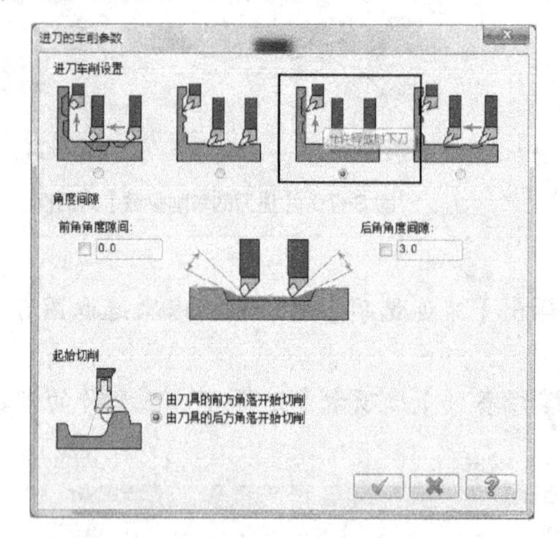

图 8-75 【进刀的车削参数】对话框

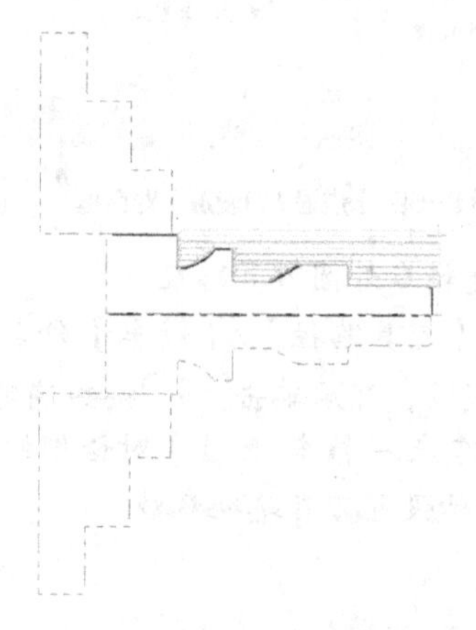

图 8-76 精车刀具路径

(6) 创建车削退刀槽刀具路径

① 执行【刀具路径】/【径向车】命令，系统弹出图 8-77 所示的【径向车削的切槽选项】对话框，选中【2 点】单选项，然后单击 ✔ 按钮确定。

② 依次输入两端点坐标 (−27, 10, 0)、(−23.5, 8, 0)，如图 8-78 所示，然后按 Enter 键确定。

③ 在【车床－径向粗车 属性】对话框中选择 T1717 型号的切槽车刀，并按图 8-79 所示设置刀具路径参数。

④ 单击【径向外形参数】选项卡，按图 8-80 所示设置径向精车参数，其他参数采用系统默认值。

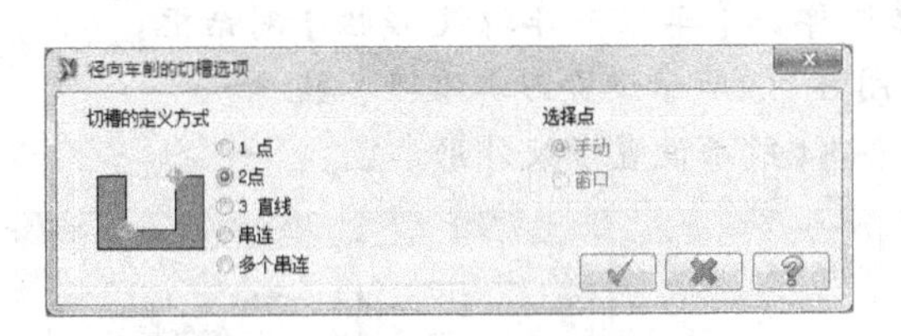

图 8-77 【径向车削的切槽选项】对话框

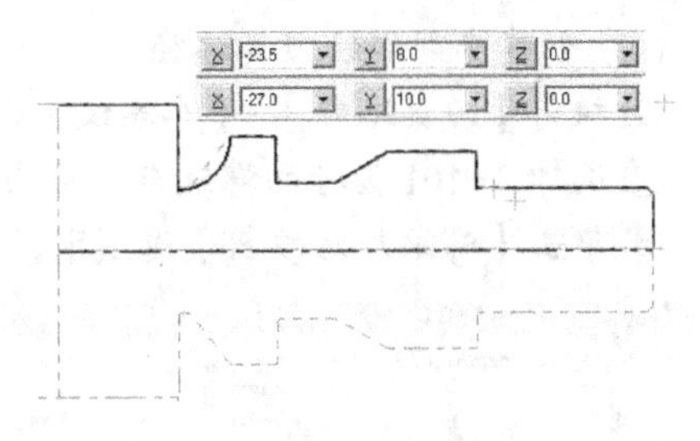

图 8-78　切槽点

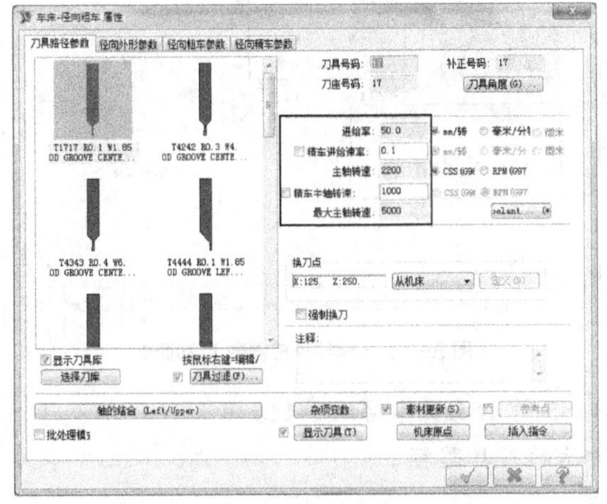

图 8-79 【车床 - 径向粗车 属性】对话框

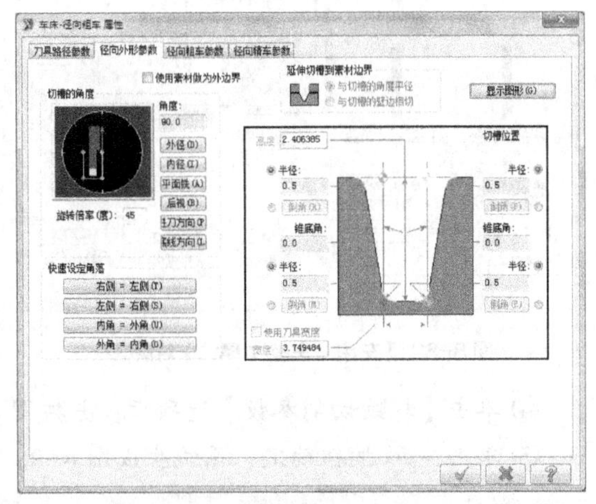

图 8-80 【径向外形参数】选项卡

⑤ 单击【径向精车参数】选项卡，按图 8-81 所示设置径向精车参数，其他参数采用系统默认值，单击 ✓ 按钮确定，系统生成图 8-82 所示的刀具路径。

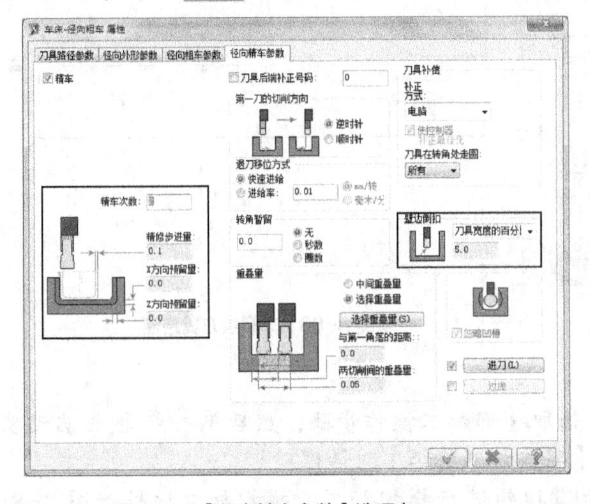

图 8-81 【径向精车参数】选项卡

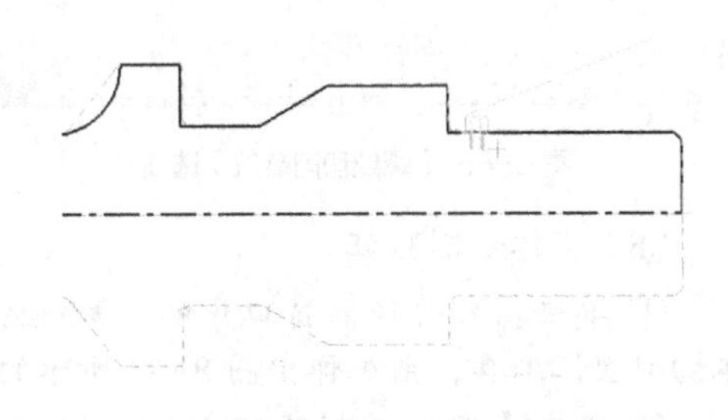

图 8-82　切槽刀具路径

要点提示

请注意螺纹车削中计算螺纹的参数，螺纹的参数设置是否正确，直接关系到加工出的螺纹是否满足要求。在实际使用中，主要注意螺距、牙型角、大径、小径、牙型高等参数的设置。关于这些参数的设置，读者可以参考车工工艺学中的相关知识。

（7）创建车削螺纹刀具路径

① 执行【刀具路径】/【车螺纹】命令，系统弹出【车床－车螺纹 属性】对话框。

② 选择 T0101 型号的螺纹车刀钻头，并按图 8-83 所示设置刀具路径参数。

③ 单击【螺纹外形参数】选项卡，并按图 8-84 所示设置螺纹外形参数。

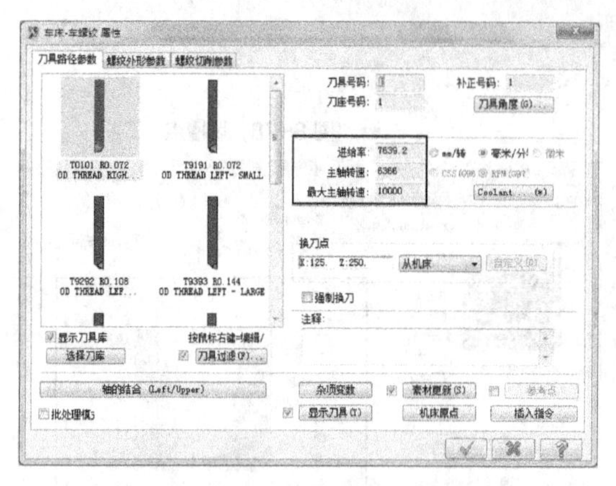

图 8-83 【车床－车螺纹 属性】对话框

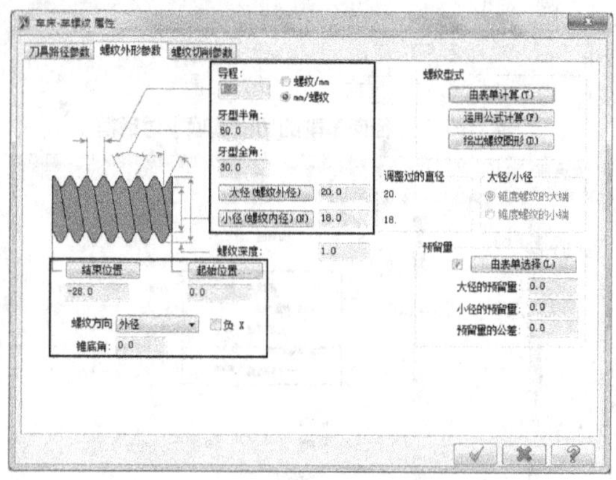

图 8-84 【螺纹外形参数】选项卡

④ 单击【螺纹切削参数】选项卡，并按图 8-85 所示设置车螺纹参数。

⑤ 单击 按钮确定，系统生成图 8-86 所示的刀具路径。

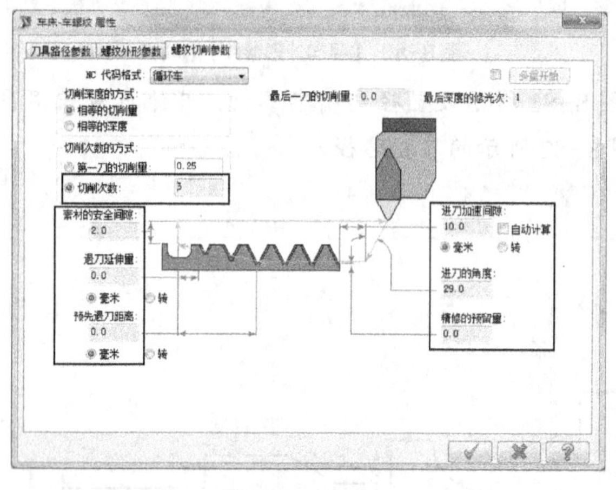

图 8-85 【螺纹切削参数】选项卡

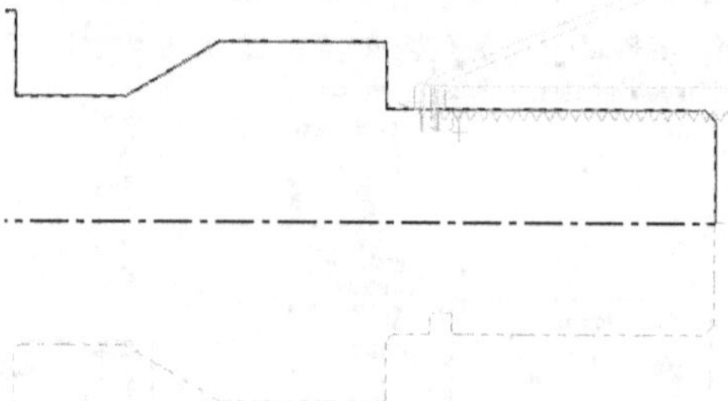

图 8-86 车螺纹刀具路径

（8）实体切削验证

① 单击操作管理器窗口中的 按钮，选取全部加工操作步骤，然后单击 按钮启动实体切削验证工具，系统弹出图 8-87 所示的【实体切削验证】对话框。

② 单击【实体切削验证】对话框中的 按钮进行模拟加工，模拟加工结果如图 8-88 所示。

（9）后处理

① 单击操作管理器顶部的 G1 按钮，如图 8-89 所示，系统打开【后处理程序】对话框，采用图 8-90 所示默认参数设置，然后单击 按钮确定。

② 在图 8-91 所示的【另存为】对话框中输入程序名称，然后单击 保存(S) 按钮，系统自动生成图 8-92 所示的 NC 程序文件。

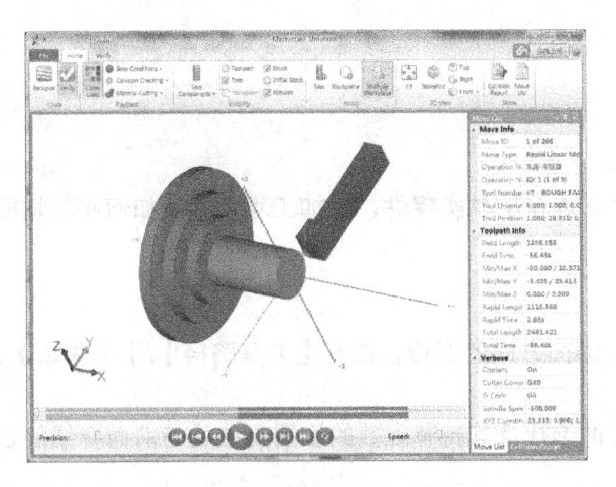

图 8-87 【实体切削验证】对话框

图 8-88 模拟加工结果

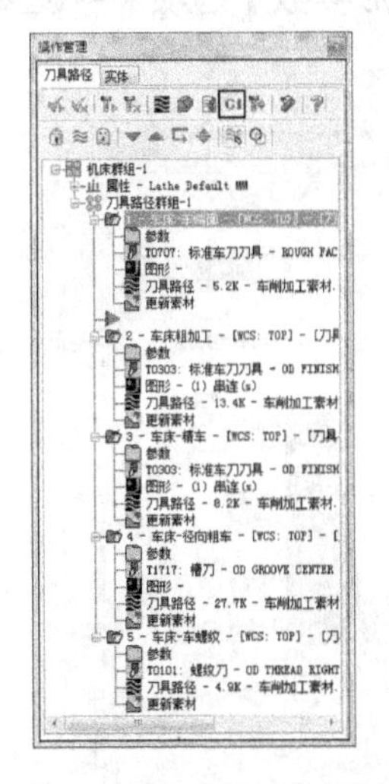

图 8-89 操作管理器窗口

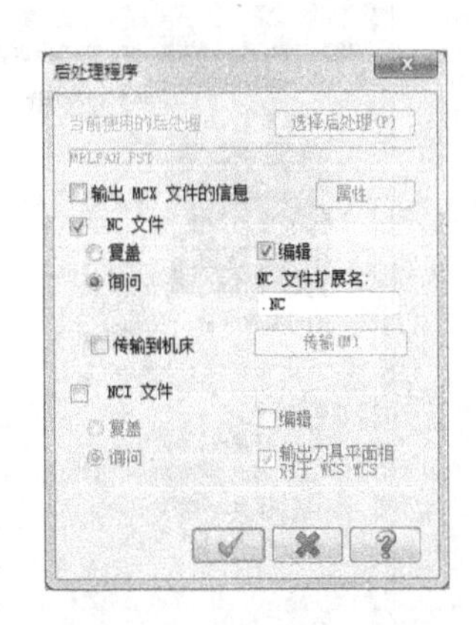

图 8-90 【后处理程序】对话框

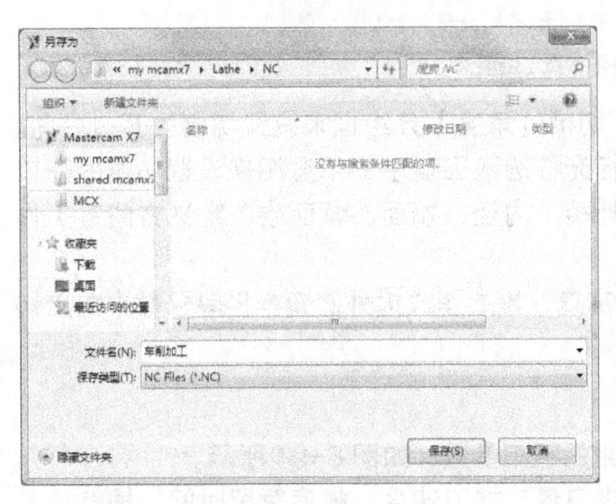

图 8-91 【另存为】对话框

图 8-92 最后生成的 NC 程序

8.4 套类零件的加工

所谓套类零件是长度缩短、直径加大了的轴类零件，其加工难点在于如何将其切槽以及保证标准零件的精确度。

8.4.1 重点知识讲解

切槽加工用于加工垂直于主轴或端面方向的凹槽，执行【刀具路径】/【径向车】命令，即可调用切槽模组。

在切槽模组中，其加工几何模型的选择及其特有参数的设置方法均与前面介绍的各模组有较大不同，主要包括以下几部分。

1. 凹槽设置

切槽的形状及开口方向可以在图 8-93 所示【径向外形参数】选项卡中设置。该选项卡包括切槽的角度、外形等设置。

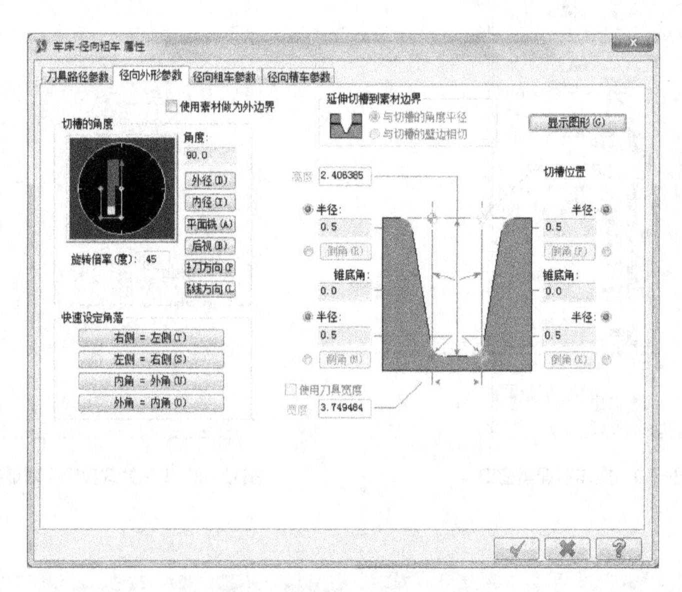

图 8-93 【径向外形参数】选项卡

• 角度设置：用户可通过图 8-93 所示的【切槽的角度】分组框来设置切槽的开口方向。可以直接在【角度】文本框中输入角度或用鼠标光标选取圆盘中的示意图来设置切槽的开口方向，也可以选择系统定义的几种特殊方向（外径、内径、端面、背面或自定义方向等）作为切槽的开口方向。

• 外形设置：用户可以通过图 8-93 所示的高度、锥底角或内外圆角半径等参数来定义切槽的形状。

2. 切槽粗车参数

【径向粗加工参数】选项卡用于设置切槽模组的粗车参数，如图 8-94 所示。

切槽模组的粗车参数主要包括切削方向、进刀量、提刀速度、槽底暂留时间、槽壁加工方式、啄车参数和深度参数的设置。

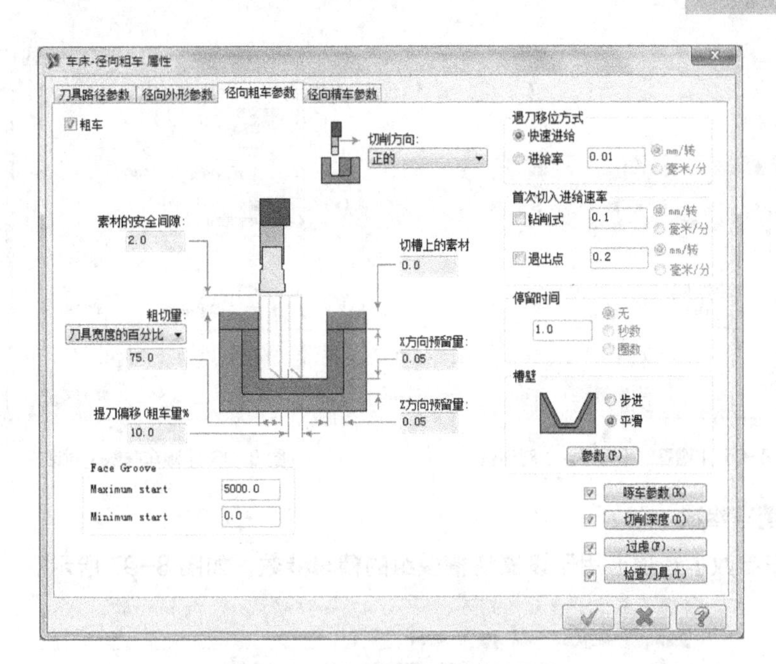

图 8-94 【径向粗加工参数】选项卡

(1) 设置切削方向

粗车加工切削方向有正的、负的、双向 3 种类型，单击 正的 ▾ 里的▾按钮，可以在下拉列表中选择不同的切削方向。

- 【正的】方向表示刀具从切槽的左侧开始沿 +Z 轴方向移动切削。
- 【负的】方向表示刀具从切槽的右侧开始沿 −Z 轴方向移动切削。
- 【双向】方向表示刀具从切槽的中间开始以双向车削方式进行加工。

(2) 设置粗切量

粗切量有次数、步进量和刀具宽度的百分比 3 种用于设置进刀量的方式。

- 【次数】方式表示通过指定的车削次数来计算进刀量。
- 【步进量】方式表示直接指定进刀量。
- 【刀具宽度的百分比】方式表示将进刀量设置为刀具宽度的百分比。

(3) 设置退刀移位方式

退刀移位方式主要用于设置加工中退刀的速度，有快速进给和进给率两种方式。

- 当选中【快速进给】单选项时，系统执行快速退刀的退刀方式。
- 当选中【进给率】单选项时，系统会按用户设定的进给率数值进行退刀。

(4) 设置切削槽壁形式

- 当选中【步进】单选项时，系统按设置的进刀量进行加工，切削形成的侧壁为台阶。
- 当选中【平滑】单选项时，单击 参数(P) 按钮，系统弹出图 8-95 所示的【槽壁的平滑设定】对话框，可以设置槽壁的平滑度。

(5) 设置啄车参数

单击 啄车参数(K) 按钮，系统弹出图 8-96 所示的【啄车参数】对话框。

啄车参数的设置包括【啄车量的计算】、【退刀移位】和【暂留时间】3 个参数。其中【啄车量的计算】分组框用来设置啄车深度。

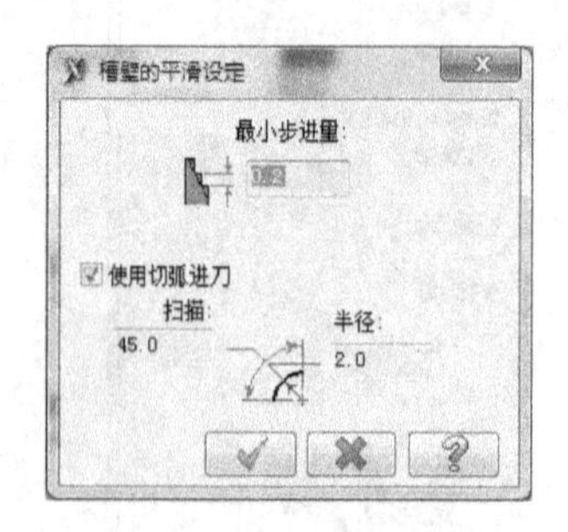

图 8-95 【槽壁的平滑设定】对话框

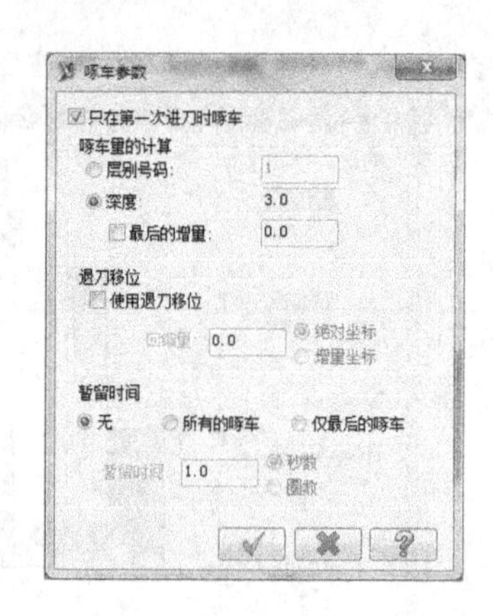

图 8-96 【啄车参数】对话框

3. 切槽精车参数

【径向精车参数】选项卡用于设置切槽模组的精车参数，如图 8-97 所示。

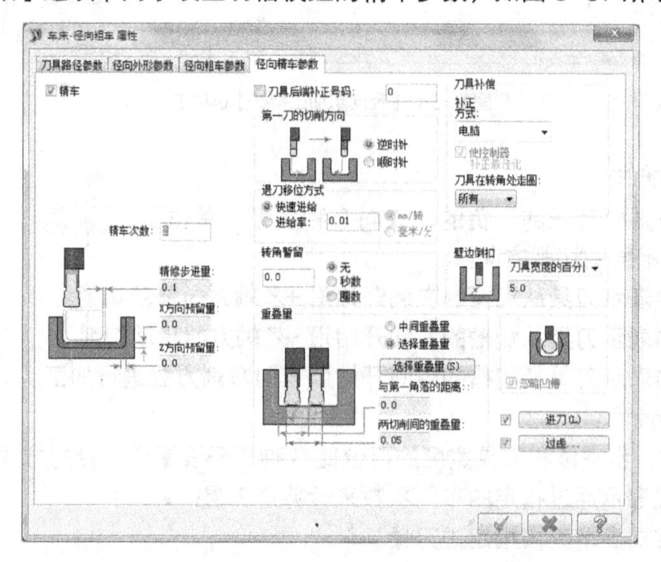

图 8-97 【径向精车参数】选项卡

切槽模组的精车参数主要包括精车次数、精车量、重叠量、切削方向、进退刀等设置。

要点提示

在设置精车分层切削参数时应保持总的切削量与粗车时的预留量相同，否则完成所有工序而达不到预期的效果，即精车次数与精车步进量的乘积等于粗车预留量。

4. 注意事项

系统提供了 5 种选择加工几何模型的方法，来定义切槽加工区域形状。在调用切槽命令后，系统打开【径向车削的切槽选项】对话框，如图 8-98 所示。

该对话框提供了 5 种加工几何模型的方法来定义切槽加工区域形状。

- 【1 点】：在绘图区中选择一点，将所选择的点作为切槽的一个起始角点，实际加工区域大小及外形还需要通过设置切槽外形来进一步定义。选用该方法时，可以选择【选择点】分组框中的【手动】或【窗口】单选项来指定点的拾取方法。

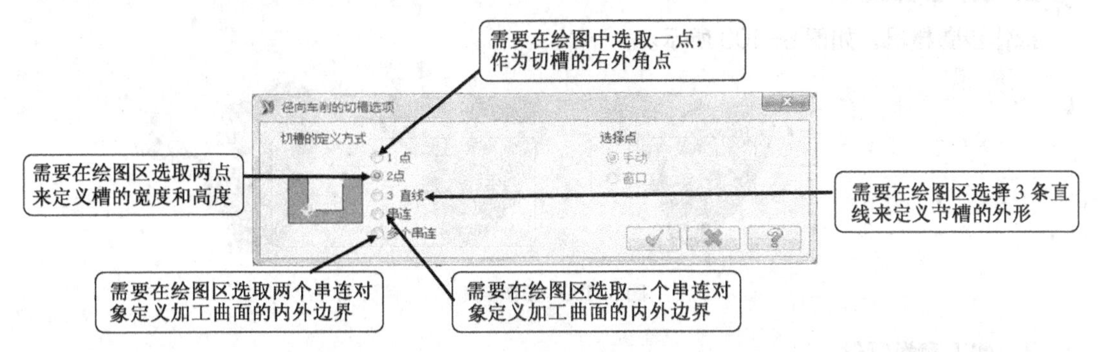

图 8-98 【径向车削的切槽选项】对话框

•【2 点】：在绘图区选择两个点，通过这两个点来定义切槽的宽度和高度，实际的加工区域大小及外形还需要通过设置切槽外形来进一步定义。

•【3 直线】：在绘图区选择 3 条直线，而所选择的 3 条直线为凹槽的 3 条边。这时所选择的 3 条直线仅可以定义切槽的宽度和高度。同样，实际的加工区域大小及外形也需要通过设置切槽外形来进一步定义。

•【串连】：通过选取凹槽的串连几何零件和凹槽的边界的方式来定义凹槽的位置。

•【多个串连】：在绘图区选择两个串连来定义加工区域的内外边界，这时切槽的外形由所选择的串连进行定义，在切槽外形设置中只需要设置切槽的开口方向，且只能使用切槽的粗车方法加工。

8.4.2 综合训练——加工套类零件

图 8-99 所示为套类零件，即空心轴类零件，它是各种机械设备常用的零部件之一。在车削过程中主要采用内径加工，有的零件还要求内部车削螺纹。

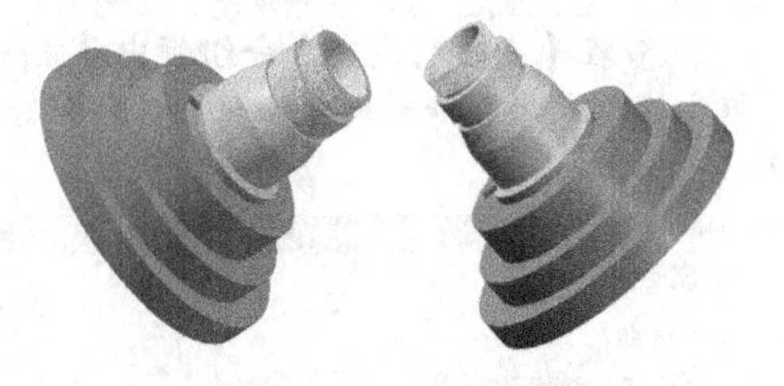

图 8-99 套类零件

1. 涉及的应用工具

分析该零件图，本零件应采用车端面、粗车及精车外轮廓、车槽、钻孔、镗孔、切断等几个步骤的加工，与上例轴类零件不同的是多了钻孔及镗孔的车削。

（1）分析零件结构，确定加工方式，即铣削加工、车削加工或者雕刻加工等，轴类零件采用车削系统加工较为合适。

（2）设置毛坯尺寸、夹头卡盘以及材料属性。

（3）选用 T0242 型号的外圆车刀，根据外形对毛坯进行首次粗加工。

（4）调整车床主轴转速以及进给量，选用 T0242 型号的外圆车刀对零件表面进行精加工。

（5）选用 T1717 型号的切槽刀具对套类零件进行径向车削加工，车削出轴上的螺纹退刀槽和定位槽。

（6）选用 T0303 型号的螺纹车刀对轴端进行车削螺纹加工。

（7）选用 T4747 型号的钻孔刀具对套类零件进行钻孔加工。

（8）选用 T0909 型号的镗孔刀具对套类零件进行镗孔粗加工以及精加工。

（9）选用 T2020 型号的截断刀具对套类零件截断操作。

（10）进行实体切削验证，验证刀具路径的正确性。

2. 操作步骤概况

操作步骤概况，如图 8-100 所示。

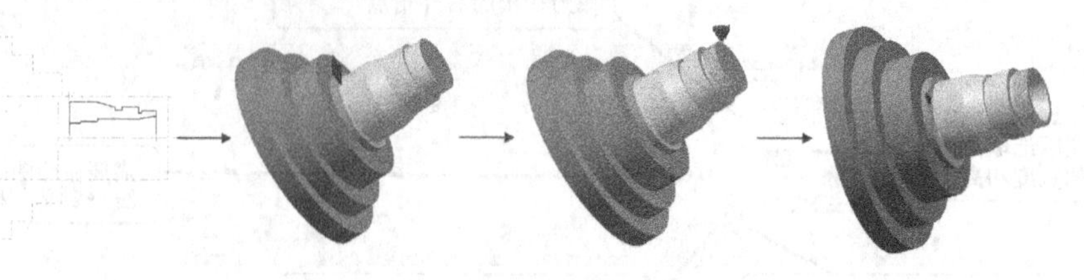

图 8-100 操作步骤

3. 加工套类零件

（1）进入加工环境

① 打开素材文件“第 8 章 \ 素材 \ 套类零件 .MCX-7”，得到图 8-101 所示的图形。

② 执行【机床类型】/【车床】/【默认】命令，启动通用车削模块。

（2）设置毛坯

① 在操作管理器窗口中单击【属性 –Lathe Default】选项组，然后单击【材料设置】选项，系统弹出【机器群组属性】对话框。

加工套类零件 1

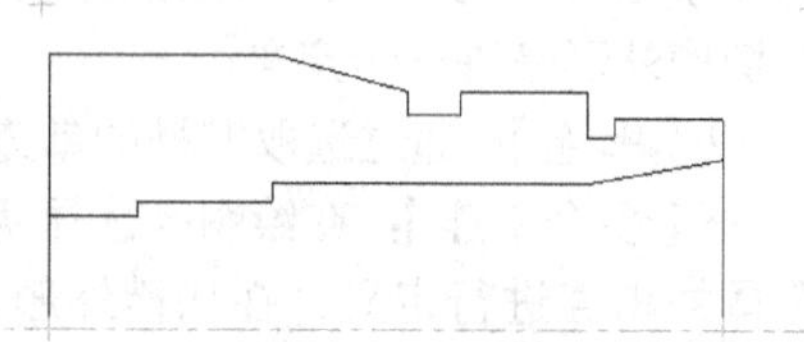

图 8-101 套类零件

② 在【材料】选项组中单击 信息内容 按钮，在【机床组件管理 – 素材】对话框中按图 8-102 所示设置毛坯参数，单击 ✓ 按钮确定。

③ 在【夹爪的设定】分组框中单击 信息内容 按钮，在【机床组件管理 – 夹头设置】对话框中设置卡盘夹持参数，如图 8-103 所示。

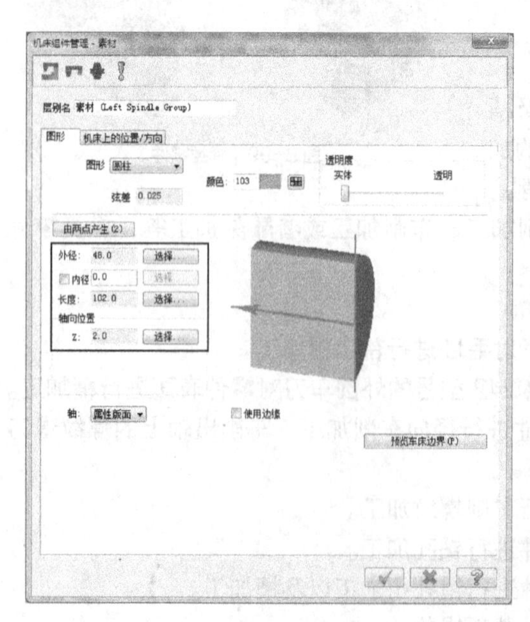

图 8-102 【机床组件管理 – 素材】对话框

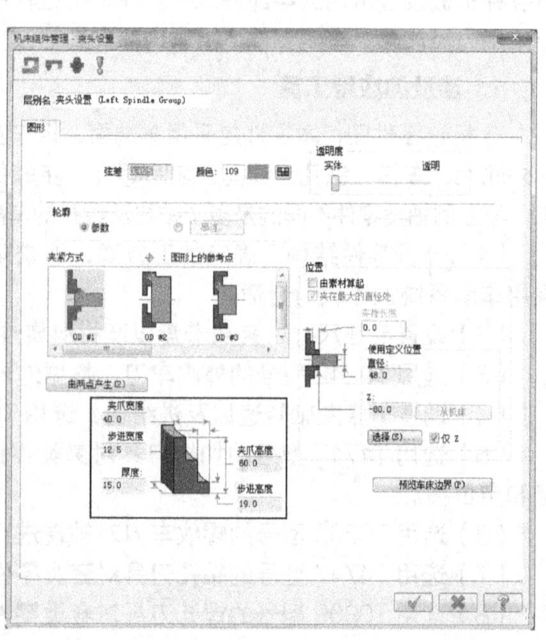

图 8-103 【机床组件管理 – 夹头设置】对话框

④ 在【机器群组属性】对话框中单击 按钮确定，毛坯设置最终结果如图 8-104 所示。

（3）创建车削端面刀具路径

① 执行【刀具路径】/【车端面】命令，系统弹出【输入新 NC 名称】对话框，采用默认设置，单击 按钮确定。

② 在【车床 - 车端面 属性】对话框中选取 T0101 号外圆车刀，然后按图 8-105 所示设置刀具参数。

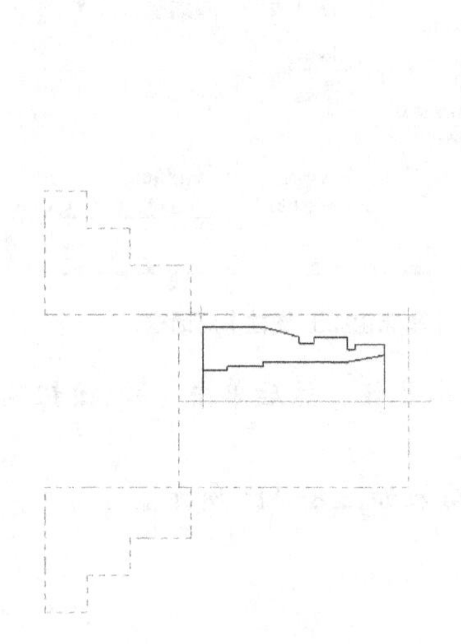

图 8-104 毛坯设置

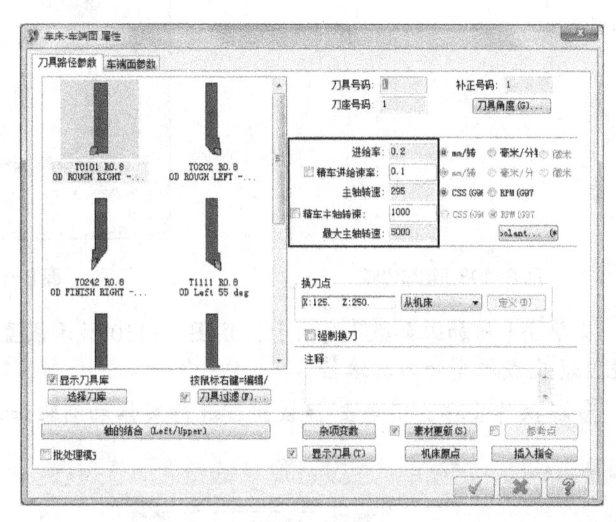

图 8-105 【车床 - 车端面 属性】对话框

③ 单击【车端面参数】选项卡，按图 8-106 所示设置车端面参数，单击 按钮确定，系统自动生成图 8-107 所示的车端面刀具路径。

（4）创建粗车外圆刀具路径

① 执行【刀具路径】/【粗车】命令，在【串连选项】对话框中采用串连的方式选取粗车边界。

② 在绘图区选取图 8-108 所示的线段为粗车边界，然后在【串连选项】对话框中单击 按钮确定。

③ 在【车床粗加工 属性】对话框的【刀具路径参数】选项卡中选择 T0242 型号的外圆车刀，并按照图 8-109 所示设置刀具参数。

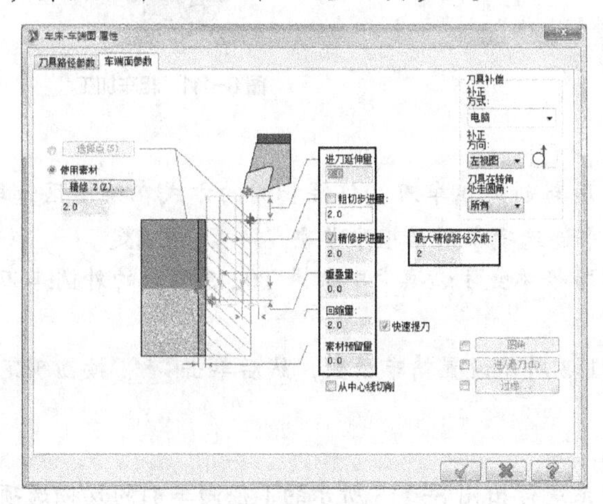

图 8-106 【车端面参数】选项卡

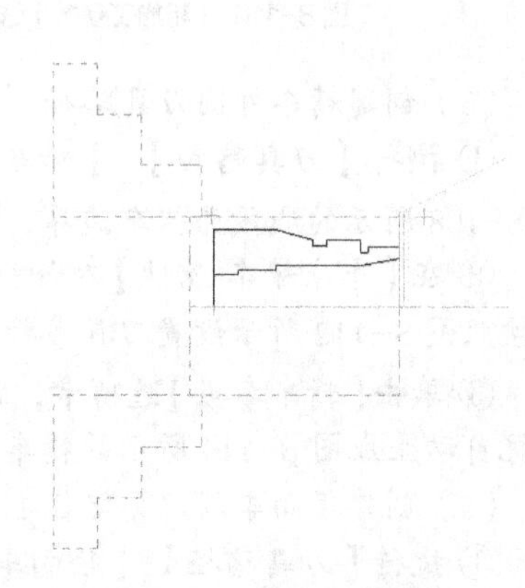

图 8-107 车端面刀具路径

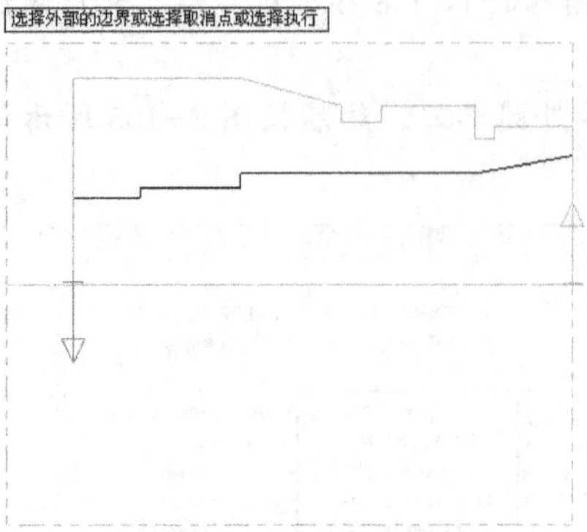

选择外部的边界或选择取消点或选择执行

图 8-108 粗车边界

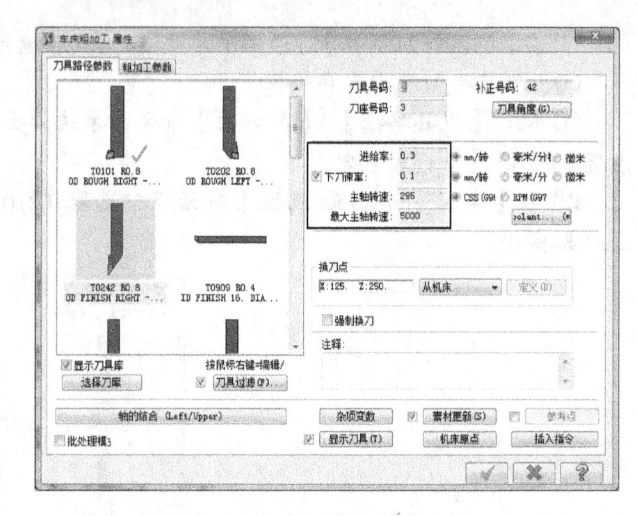

图 8-109 【车床粗加工 属性】对话框

④ 单击【粗加工参数】选项卡，按图 8-110 所示设置粗车参数，然后单击 按钮确定，系统自动生成粗车的刀具路径。

⑤ 在操作管理器中单击 按钮，进行实体切削验证，结果如图 8-111 所示。

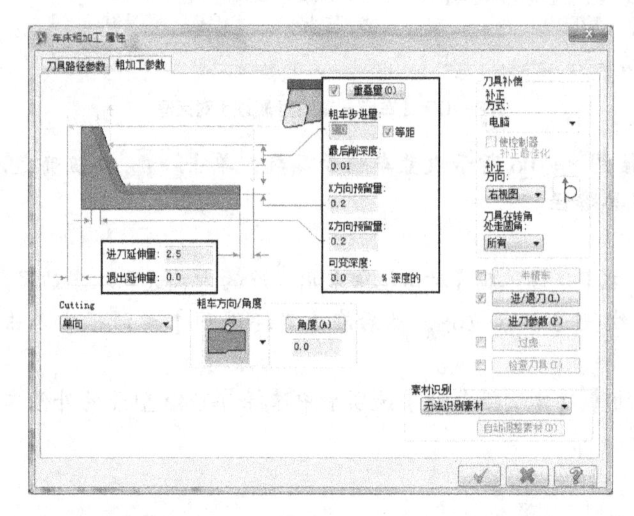

图 8-110 【粗加工参数】选项卡

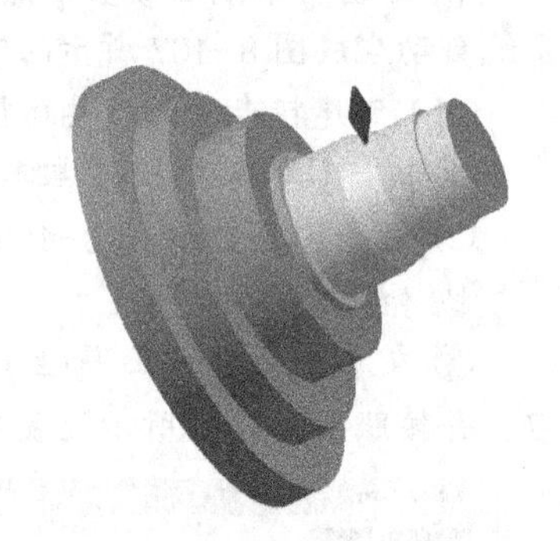

图 8-111 粗车加工

（5）创建精车外圆刀具路径

① 执行【刀具路径】/【精车】命令，用与创建粗车刀具路径相同的方式在绘图区选取图 8-108 所示的线段为粗车边界，然后在【串连选项】对话框中单击 按钮确定。

② 在【车床精车 属性】对话框的【刀具路径参数】选项卡中选择 T0242 型号的外圆车刀，并按照图 8-112 所示设置刀具参数。

③ 单击【精车参数】选项卡，按照图 8-113 所示设置精车参数，然后单击 按钮确定，系统自动生成图 8-114 所示的精车刀具路径。

（6）创建径向车削刀具路径 1

① 执行【刀具路径】/【径向车】命令，系统弹出图 8-115 所示的【径向车削的切槽选项】对话框，选中【2 点】单选项，然后单击 按钮确定。

② 在绘图区依次选取图 8–116 所示的两个点为径向车削边界，然后按 Enter 键确定。

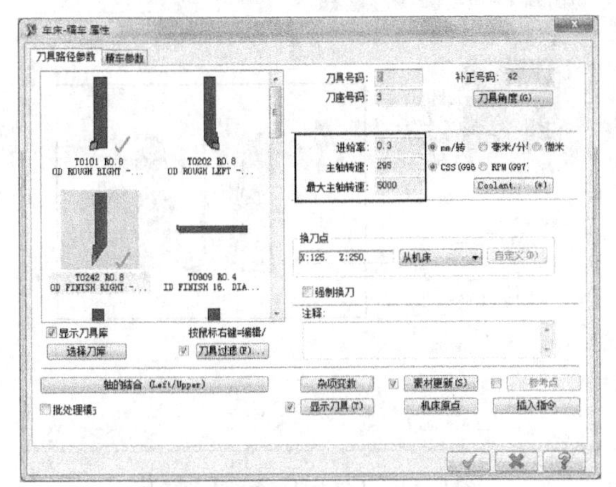

图 8–112 【车床精车 属性】对话框

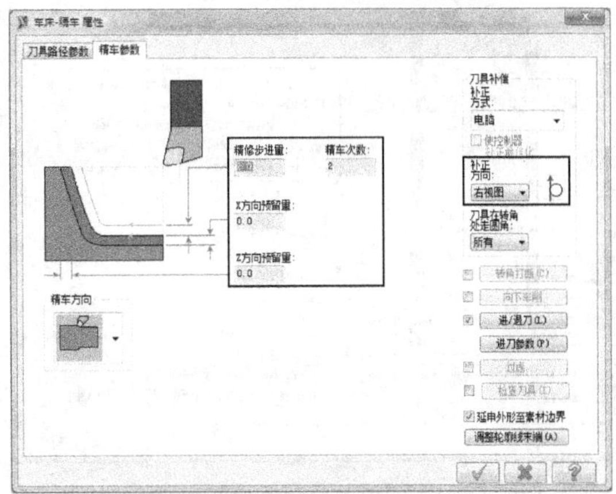

图 8–113 【精车参数】选项卡

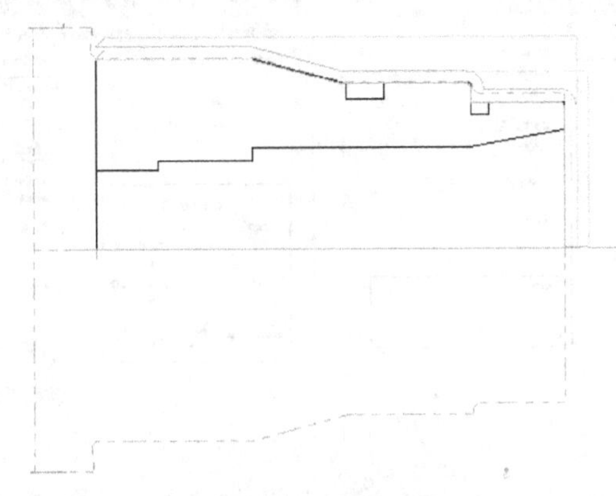

图 8–114　精车刀具路径

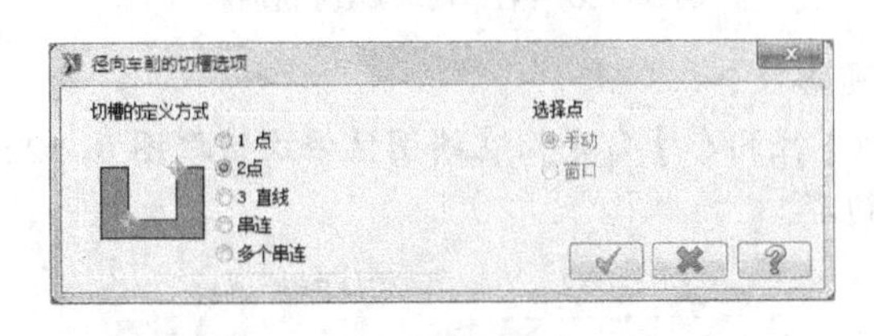

图 8–115 【径向车削的切槽选项】对话框

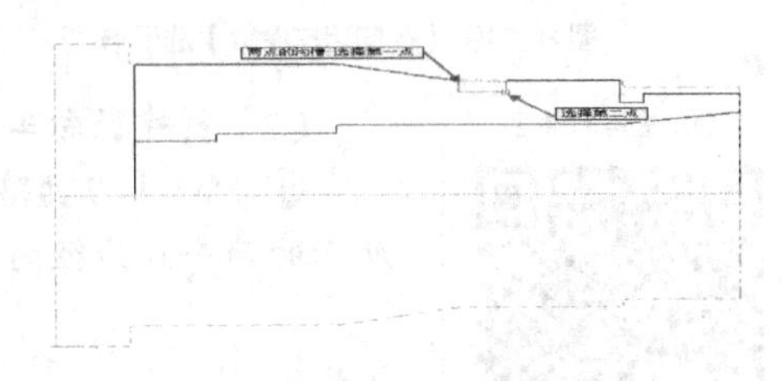

图 8–116　径向车削边界点

③ 在【车床 – 径向粗车 属性】对话框中选择 T1717 型号的切槽车刀，并按照图 8–117 所示设置刀具路径参数。

④ 单击【径向外形参数】选项卡，按照图 8–118 所示设置径向车削外形参数，其他参数采用系统默认值。

⑤ 单击【径向粗车参数】选项卡，按图 8–119 所示设置径向粗车参数，其他参数采用系统默认值。

⑥ 单击【径向精车参数】选项卡，按图 8–120 所示设置径向精车参数，其他参数采用系统默认值，单击 按钮确定，系统自动生成径向车削刀具路径。

⑦ 在操作管理器中单击 按钮，进行实体切削验证，结果如图 8–121 所示。

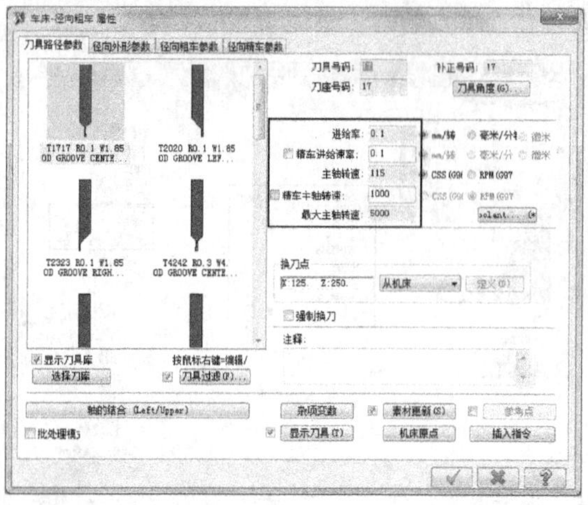

图 8-117 【车床 - 径向粗车 属性】对话框

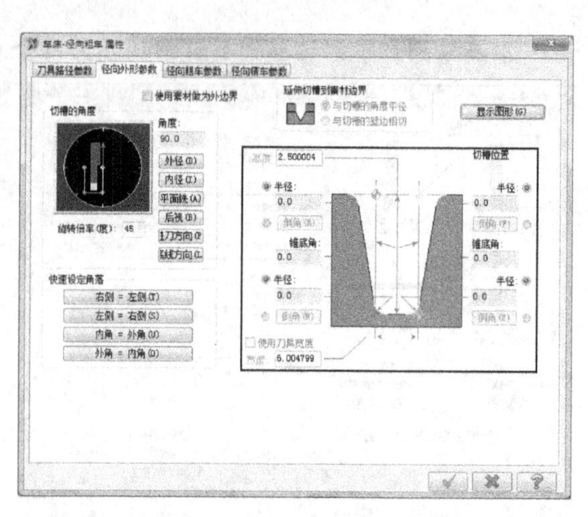

图 8-118 【径向外形参数】选项卡

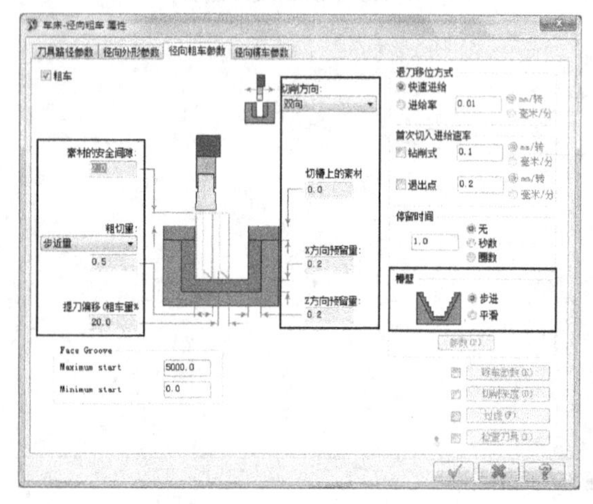

图 8-119 【径向粗车参数】选项卡

图 8-120 【径向精车参数】选项卡

加工套类零件 2

（7）创建径向车削刀具路径 2

① 执行【刀具路径】/【径向车】命令，在绘图区依次选取图 8-122 所示的两个点为径向车削边界。

图 8-121 径向车削加工

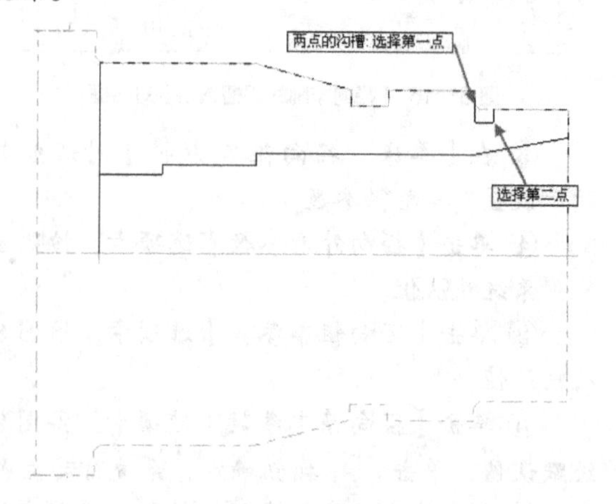

图 8-122 径向车削边界

② 除图 8-123 所示的【径向粗车参数】选项卡参数设置不同外，其他参数设置均与径向车削刀具路径 1 相同。

③ 在操作管理器中单击按钮，进行实体切削验证，结果如图 8-124 所示。

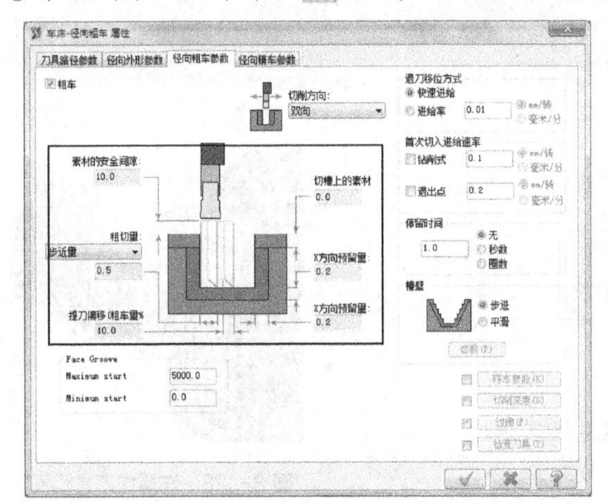

图 8-123 【径向粗车参数】选项卡

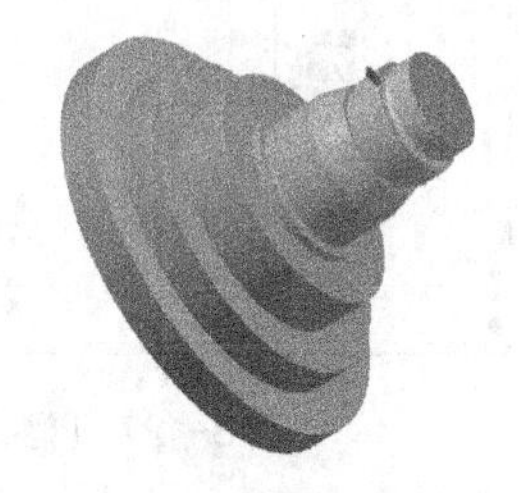

图 8-124 径向车削加工

（8）创建车削螺纹刀具路径

① 执行【刀具路径】/【车螺纹】命令，系统弹出【车床 - 车螺纹 属性】对话框。

② 选择 T0303 型号的螺纹车刀，并按照图 8-125 所示设置刀具路径参数。

③ 单击【螺纹外形参数】选项卡，并按照图 8-126 所示设置螺纹形式参数。

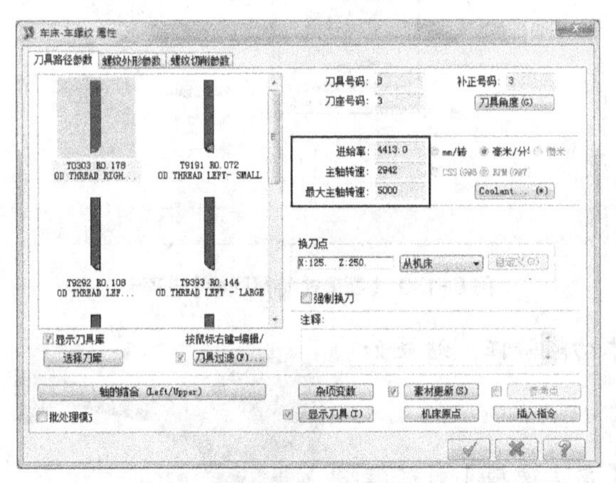

图 8-125 【车床 - 车螺纹 属性】对话框

图 8-126 【螺纹外形参数】选项卡

④ 单击【螺纹切削参数】选项卡，按照图 8-127 所示设置车螺纹参数，然后单击按钮确定，系统生成车削螺纹刀具路径。

⑤ 在操作管理器中单击按钮，进行实体切削验证，结果如图 8-128 所示。

加工套类零件 3

（9）创建钻孔加工刀具路径

① 执行【刀具路径】/【钻孔】命令，系统弹出【车床 - 钻孔 属性】对话框。

② 选择 T4747 型号的钻孔刀具，并按照图 8-129 所示设置刀具路径参数。

③ 单击【断屑式－增量回缩】选项卡，按照图 8-130 所示设置钻孔加工参数，然后单击 ✔ 按钮确定，系统生成钻孔加工刀具路径。

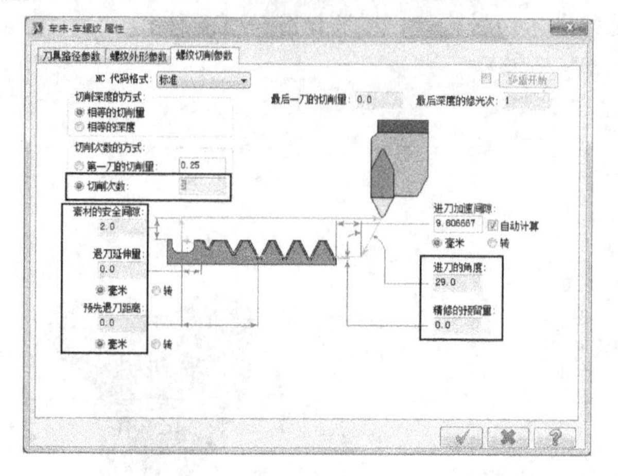

图 8-127 【螺纹切削参数】选项卡

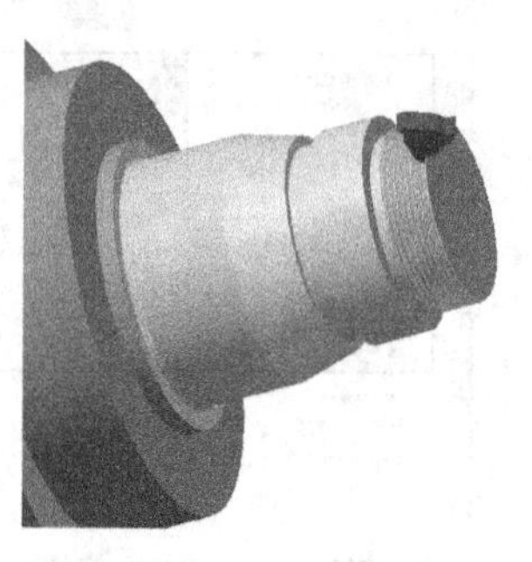

图 8-128 车螺纹刀具路径

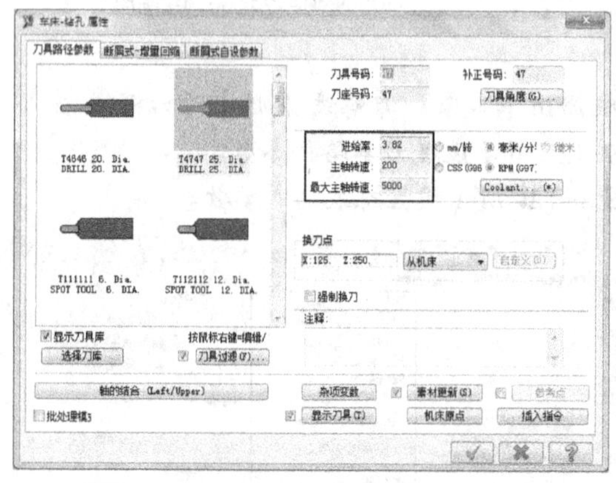

图 8-129 【车床－钻孔 属性】对话框

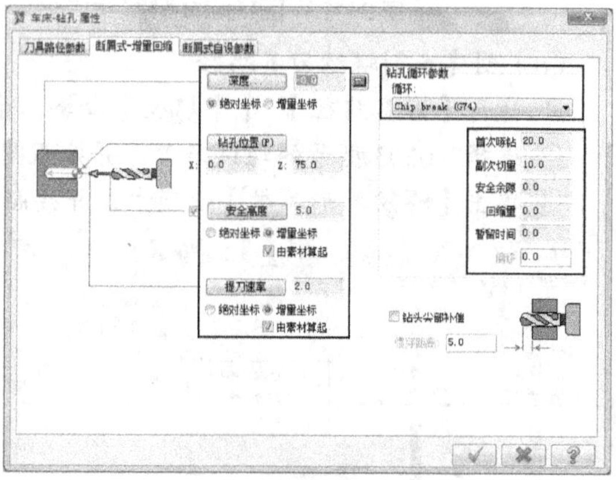

图 8-130 【断屑式 增量回缩】选项卡

④ 在操作管理器中单击 按钮，进行实体切削验证，结果如图 8-131 所示。

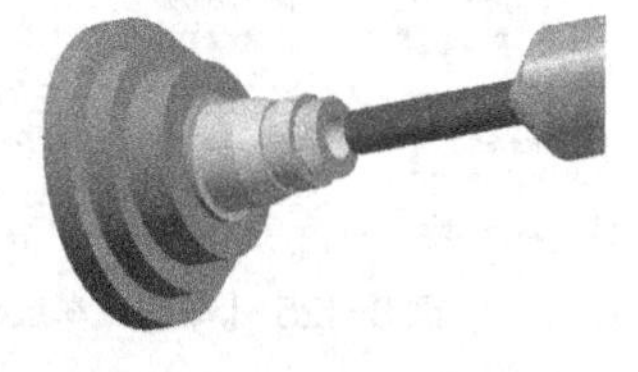

图 8-131 钻孔加工

（10）创建粗车镗孔刀具路径

① 执行【刀具路径】/【粗车】命令，在【串连选项】对话框中单击 按钮，采用串连的方式选取粗车边界。

② 在绘图区选取图 8-132 所示的线段为粗车边界，然后在【串连选项】对话框中单击 ✔ 按钮确定。

③ 在【车床粗加工 属性】对话框的【刀具路径参数】选项卡中选择 T0909 型号的镗孔刀具，并按照图 8-133 所示设置刀具参数。

④ 单击【粗加工参数】选项卡，按照图 8-134 所示设置粗车参数，然后单击 ✔ 按钮确定，系统自动生成粗车镗孔刀具路径。

⑤ 在操作管理器中单击 按钮，进行实体切削验证，结果如图 8-135 所示。

（11）创建精车镗孔刀具路径

① 执行【刀具路径】/【精车】命令，用相同的方法在绘图区选取图 8-132 所示的线段

为精车边界，然后在【串连选项】对话框中单击 ✓ 按钮确定。

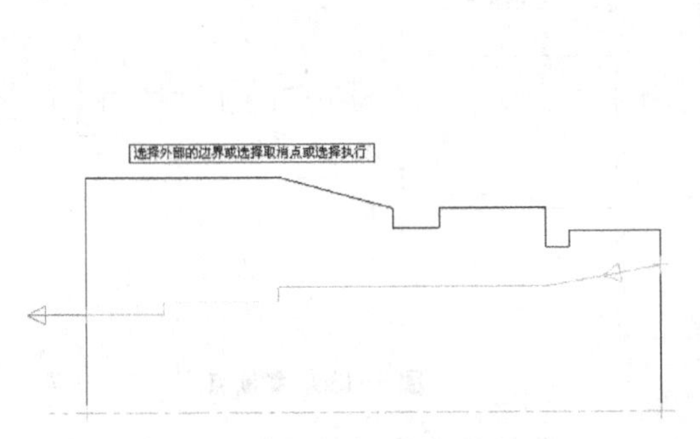

图 8-132　镗孔边界

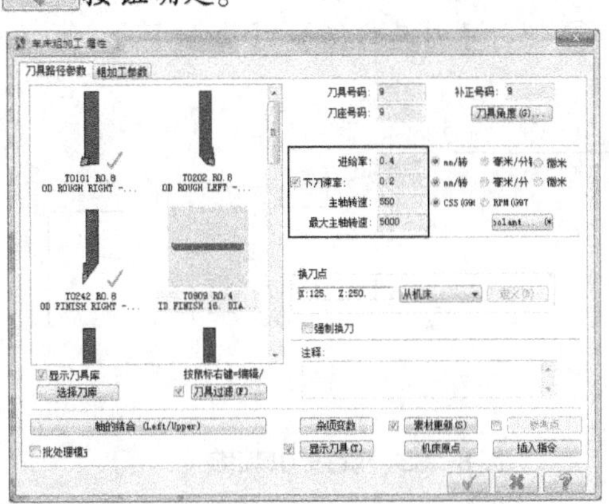

图 8-133 【车床粗加工 属性】对话框

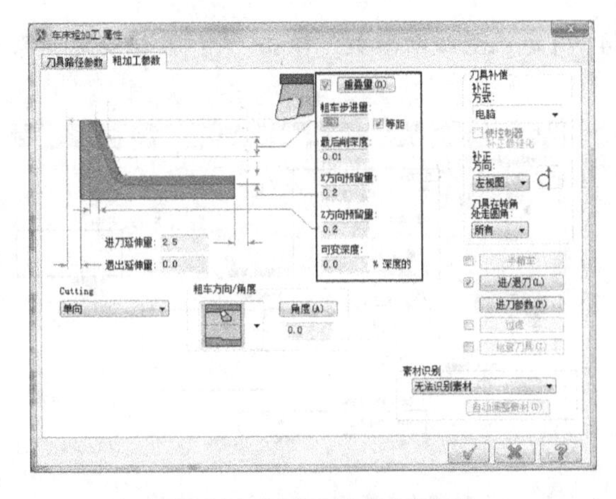

图 8-134 【粗加工参数】选项卡

图 8-135　镗孔加工

② 在【车床 - 精车 属性】对话框的【刀具路径参数】选项卡中选择 T0909 型号的镗孔刀具，并按照图 8-136 所示设置刀具参数。

③ 单击【精车参数】选项卡，按照图 8-137 所示设置精车参数，然后单击 ✓ 按钮确定，系统自动生成图 8-138 所示的精车刀具路径。

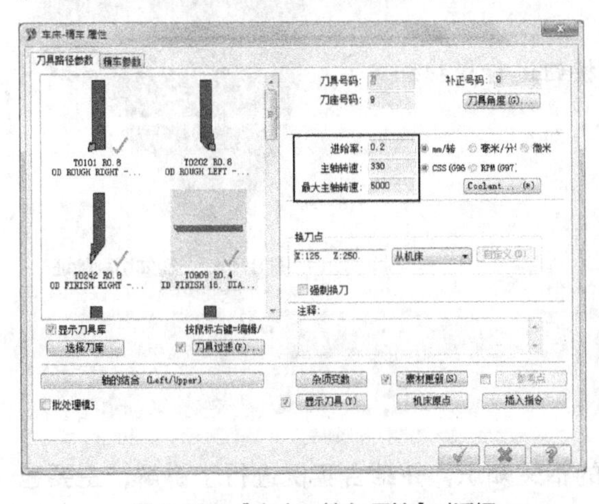

图 8-136 【车床 - 精车 属性】对话框

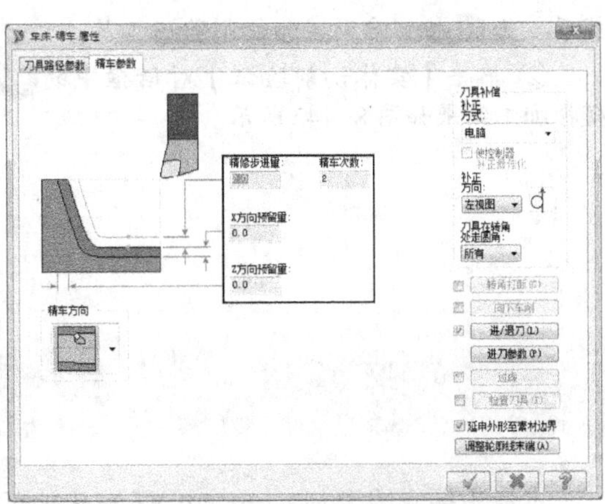

图 8-137 【精车参数】选项卡

（12）创建截断刀具路径

① 执行【刀具路径】/【截断】命令，在绘图区选取图 8-139 所示的点为截断点。

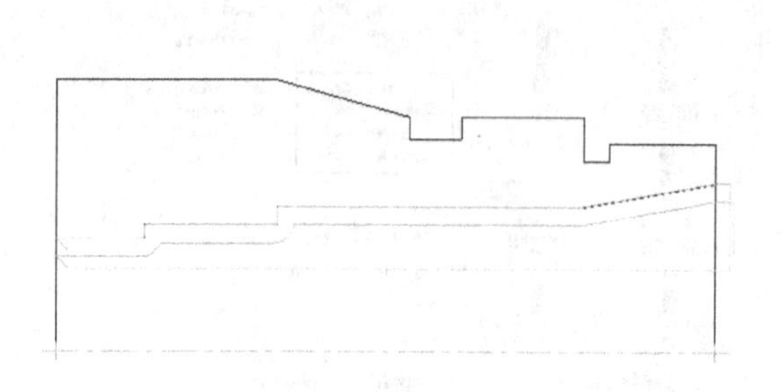

图 8-138 精镗孔刀具路径

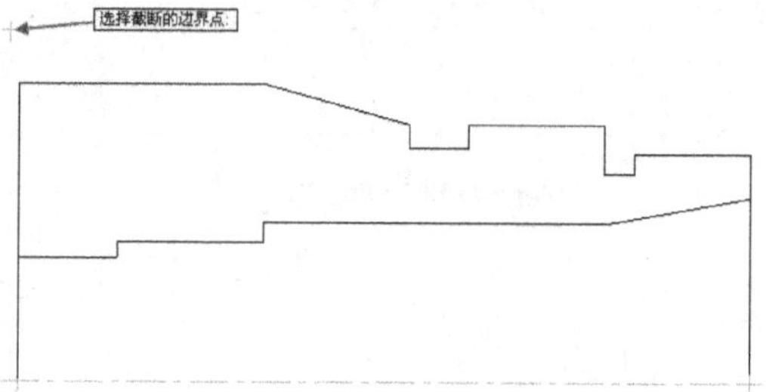

选择截断的边界点

图 8-139 截断点

② 在【车床 - 截断 属性】对话框中选取 T2020 型号的槽刀为截断刀具，然后按图 8-140 所示设置刀具参数。

③ 单击【截断参数】选项卡，按图 8-141 所示设置截断参数，单击 按钮确定，系统自动生成截断刀具路径。

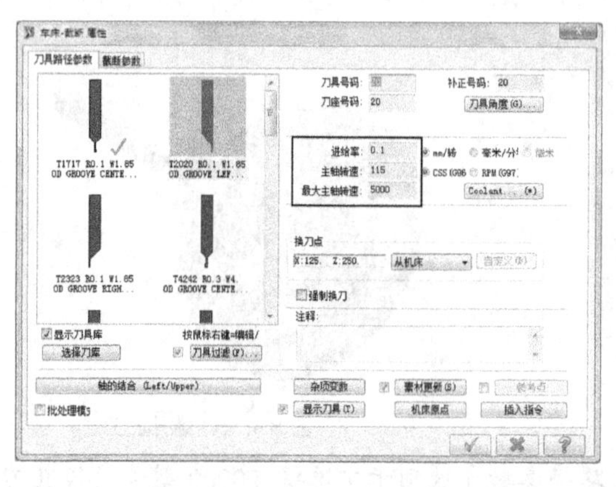

图 8-140 【车床 - 截断 属性】对话框

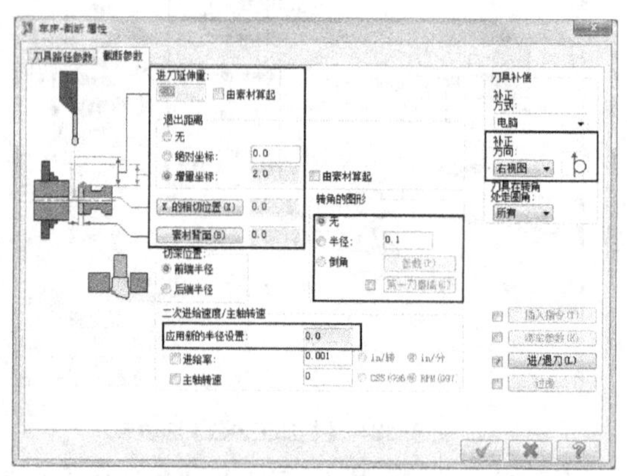

图 8-141 【截断参数】选项卡

（13）实体切削验证

① 单击操作管理器窗口中的 按钮，选取全部加工操作步骤，然后单击 按钮启动实体切削验证工具。

② 单击【实体切削验证】对话框中的 按钮进行模拟加工，模拟加工结果如图 8-142 所示。

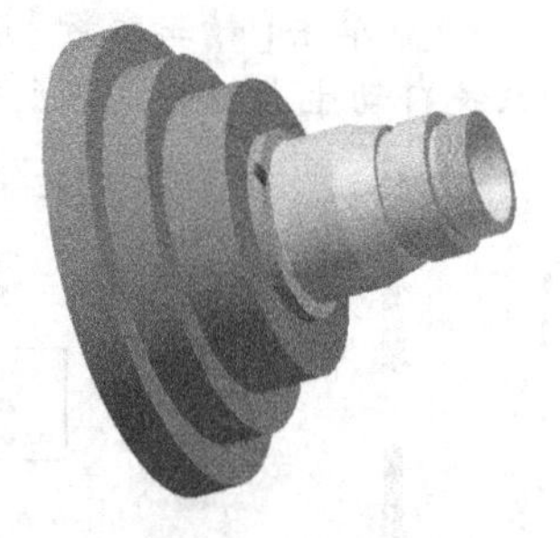

图 8-142 实体切削验证

本章小结

本章主要介绍了 Mastercam X7 车床加工的相关知识，并结合实例进行了讲解，主要包含以下几方面的内容。

（1）介绍了在不同车床坐标系统下加工几何模型时坐标的设定，车床加工系统中工件、卡盘、尾座等外形的设置方法及车床加工刀具的设置方法。

（2）以常见轴类零件为实例，介绍了使用 Mastercam X7 对该零件进行加工编程的方法。它包括粗车加工编程、精车加工编程、切槽加工编程、切断加工编程等操作步骤。

（3）以常见带螺纹零件为实例，介绍了使用 Mastercam X7 进行螺纹加工编程的步骤及方法。

（4）以常见套类零件为实例，介绍了使用 Mastercam X7 对该零件进行加工编程的方法。它包括车端面加工编程、粗车外轮廓加工编程、精车外轮廓加工编程、挖槽加工编程、钻孔加工编程、镗孔加工编程、切断加工编程等操作步骤。

分阶段加工是车削零件加工编程的重要思想，因此，在对车削零件进行加工编程前，先要进行工艺分析，确定加工先后顺序及步骤后，再进行编程。

习题

1. 图 8-143 所示的零件，材料为 45，未标注处倒角为 $C1$，请编制加工程序。
2. 图 8-144 所示的零件，材料为 45，未标注处倒角为 $C1$，请编制加工程序。

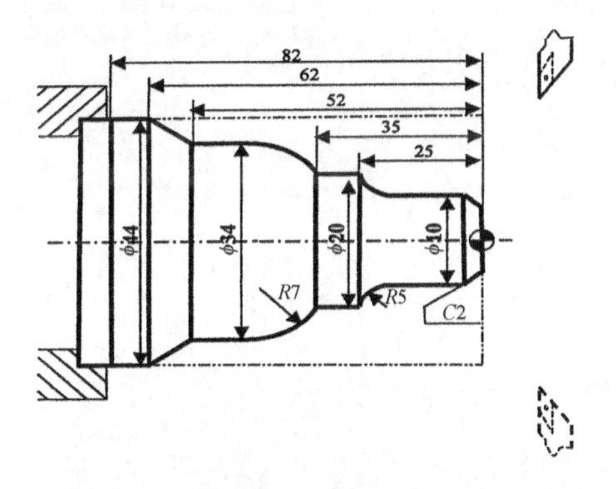

图 8-143　练习 1

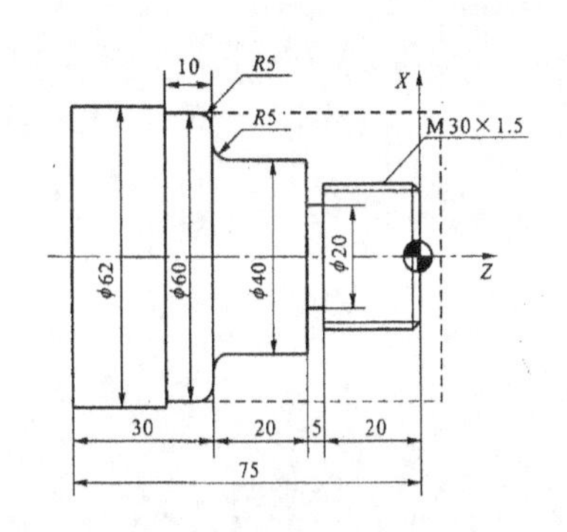

图 8-144　练习 2

3. 图 8-145 所示的零件，材料为 45，未标注处倒角为 $C1$，请编制加工程序。
4. 图 8-146 所示的压头零件，材料为 45，未标注处倒角为 $C1$，请编制加工程序。

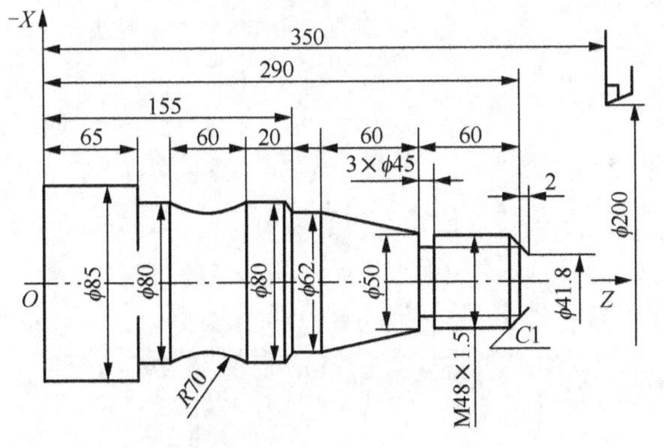

图 8-145　练习 3

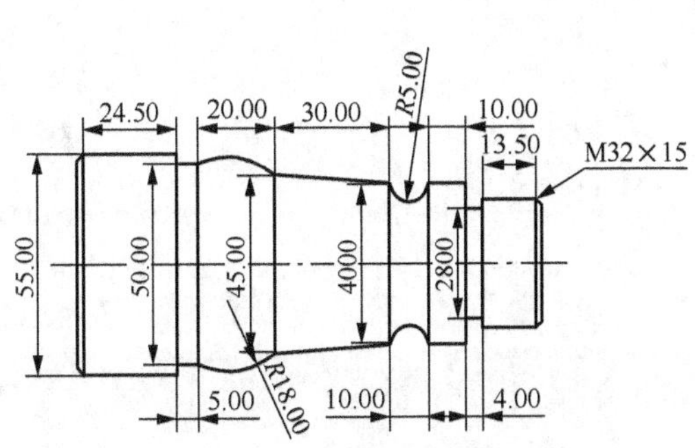

图 8-146　练习 4